“十二五”普通高等教育本科国家级规划教材

数学物理方法

（第四版）

姚端正　周国全　贾俊基　编著

科学出版社

北　京

内 容 简 介

本书是“十二五”普通高等教育本科国家级规划教材，也是国家精品课程、国家级精品资源共享课配套教材.

作者本着去粗取精、更新拓宽的思想科学地组织内容.全书密切结合物理实例，特别注重与后续课程的联系，并增加了一般传统教材中所没有的非线性方程、积分方程、分步傅里叶变换及小波变换等内容.全书分为复变函数论(第一篇)、数学物理方程(第二篇)、特殊函数(第三篇)和近似方法及现代内容(第四篇)四个部分.在每章后都有小结，每小节后都附有习题，习题中包含具有一定深度、难度和挑战度的题，以培养学生分析问题、解决问题的能力和创新能力.为了方便读者，每章后都有以二维码形式链接的授课课件及习题分析与讨论，书末附有习题参考答案.

本书可作为高等院校物理专业和相关专业本科生的教材，也可供相关专业的研究生、教师和科技人员参考使用.

图书在版编目(CIP)数据

数学物理方法/姚端正，周国全，贾俊基编著.—4版.—北京：科学出版社，2020.8

“十二五”普通高等教育本科国家级规划教材

ISBN 978-7-03-065651-3

Ⅰ.①数… Ⅱ.①姚…②周…③贾… Ⅲ.数学物理方法-高等学校-教材 Ⅳ.O411.1

中国版本图书馆CIP数据核字(2020)第120637号

责任编辑：窦京涛 / 责任校对：杨聪敏

责任印制：霍 兵 / 封面设计：华路天然工作室

科学出版社 出版

北京东黄城根北街16号

邮政编码：100717

http://www.sciencep.com

天津安泰印刷有限公司印刷

科学出版社发行 各地新华书店经销

*

1992年8月第 一 版 开本：720×1000 B5

1997年7月第 二 版 印张：24 1/4

2010年3月第 三 版 字数：489 000

2020年8月第 四 版 2024年11月第二十三次印刷

定价：59.00元

(如有印装质量问题，我社负责调换)

第四版前言

本人所编数学物理方法第三版面世业已十年. 然而,“欲穷千里目,更上一层楼”,一本好的教材,必须通过在教学实践中的不断检验、千锤百炼才能造就. 为此在保留了原教材特色的前提下,我们以学生需求为中心,第四版对其内容和体系做了如下修改:

(1) 为了使教材富有新时代特色,既具有高度的针对性和前瞻性,又能适应当前普遍存在的学时偏少的需要,我们改变了原教材体系,将大纲要求的最基本、必讲的内容连贯性地集中放在前三篇,增加了第四篇——近似方法及现代内容,将原教材中的第十一章变分法、第十二章非线性方程、第十三章积分方程、经改写后的的小波变换,特别是新增加的现代内容一并汇入其中,以便使用该教材的学校可根据自身情况对第四篇内容或全讲或选讲,这样既能解决某些学校受学时限制的困扰,又不至降低教材质量,使教材具有广阔的知识视野、国际视野和历史视野.

(2) 非线性方程是近代物理中常会遇到的方程,但大多非线性方程不能求得其解析解,为了使教材能与前沿学科接轨,在非线性方程一章增加了近些年来受广大学者青睐的“分步傅里叶变换法”这一方便的数值解法的内容,这对基础研究极为有用.

(3) 对授课课件、部分章节中的措辞及注释内容进行了修改和补充.

(4) 在每篇的篇头,增加了中国科学家名言,以激励学生传承前辈的奋斗精神、使命担当精神,激发其学习热情. 部分章节增加了有深度、难度和挑战度的习题,以进一步拓宽学生思路,增强其分析问题、解决问题的能力.

(5) 增加了“附录Ⅰ. 矢量微分算子与拉普拉斯算符”和“索引”两部分内容,以方便读者查阅.

还要指出的是,为了方便读者、节省篇幅,第四版将每章的授课课件、习题分析与讨论以及某些注释和证明过程以二维码的形式录入书中,这也是此版与前三版的一个较大差异和改进.

全书由姚端正教授编著. 周国全副教授解答了非线性方程一章的习题,给出了答案;贾俊基副教授解答了积分方程一章的习题,给出了答案,并编写了全书的索引.

最后,感谢窦京涛编辑为本书出版所作的辛苦付出,感谢广大读者尤其是使用本教材的教师对本书的厚爱以及对本书所提出的宝贵意见和建议,感谢科学出版社高教数理分社社长昌盛和武汉大学熊贵光教授多年来对本人工作的支持与帮助.

姚端正

2019 年 6 月于珞珈山

2023 年 12 月修改

第三版前言

浮生却似冰底水，日夜东流人不知. 不知不觉，本人的拙作《数学物理方法》一书已历经了 20 多年的使用历程. 从讲义到出版问世，到再版；从荣获国家教委优秀教材二等奖，到荣获教育部科技进步二等奖，再到入选为普通高等教育“十一五”国家级规划教材；这一路过来，作为一个普通教师，本人心存太多的感慨和感激！我感谢李中辅教授、路见可教授和黄念宁教授在本书编写、修改过程中所作的有益讨论和指教；我感谢保宗悌教授、梁昆淼教授、陆全康教授对本书的悉心评审、评阅，特别是老前辈梁昆淼教授为第二版所写的序；我感谢广大读者尤其是使用本书的教师、学生对本书的厚爱；我感谢武汉大学教务部历年来对教学工作的重视、扶持；我也感谢科学出版社的昌盛编辑和窦京涛编辑为第三版的出版所付出的辛勤劳动. 在第三版即将问世之际，我还要特别感谢金准智教授和熊贵光教授长期以来对本人工作的支持和帮助！我深知，没有大家的帮助和支持，本书不可能一步步地走到今天.

众所周知，数学物理方法是物理类专业的重要基础课，也是一门公认的难教、难学的理论课程. 如何将难教、难学的课程变为易教、易学的课程，如何使数学物理方法教材的内容能适应 21 世纪科技发展的需要，这便是本人编写本书的主要宗旨. 为此，第三版对第二版的内容大致作了如下更改：

1. 将全书的内容编排进行了调整，取消了原书的第四篇，而将其内容作为“非线性方程”、“积分方程”各一章并入第二篇. 全书共含复变函数论、数学物理方程和特殊函数三篇，且为查找方便起见，将全书的 16 章不分篇地统一排序.

2. 受篇幅限制，删去了第二版中的部分章节，将其部分内容并入适当的章节或相关章节的习题中. 如，删去了原书第二篇第二章行波法中的 2.2 节反射波，而将其内容作为习题并入习题 7.1 中；删去了原书第二篇第六章保角变换法，而将其中 1.1 节保角变换的主要内容作为新的一节(1.5 节解析函数的几何性质)添加到第一篇中；删去了原书第二篇第七章复变函数法，而将其内容作为两个习题列入第二篇习题 11.4 中；删去了原书中的附录一(高斯方程和库默方程)、附录二(最陡下降法)、附录三(矢量公式和矢量定理)，将高斯方程和库默方程的相关内容并入第三篇第十六章中，等等.

3. 对部分章节进行了改写. 如，10.5 节含时的格林函数法，13.2 节施密特-希尔伯特理论等.

4. 根据教育部对该课程的要求和近年来科技发展的需要，增加了部分章节或内容. 如，2.3 节中含参量积分的内容，4.3 节 B 函数，5.4 节中的含对数函数的积分，9.5 节小波变换导引，等等.

需要说明的几个问题：

1. 本书可供讲授 72～90 学时(不含习题课)和讲授 54～60 学时(不含习题课)的两种需求者使用.对于讲授 72 学时(不含习题课)的使用者,若学时不够,建议可根据自身的情况或需求删去部分打 * 的节(而不是打 * 的章).对于讲授 54 学时(不含习题课)的使用者,可直接删去打 * 的章.

2. 本书每小节后的大约一半的习题在其配套的《数学物理方法学习指导》(科学出版社,姚端正,2001 年)中有详细解答和分析(为了培养学生分析问题、解决问题的能力,我们有意没有给出全部习题的解答).

3. 为了方便读者,本书为读者提供了 PDF 格式的电子教案光盘(含习题课),并对以本书为教材的老师赠送可修改格式的授课用电子教案.需要指出的是,鉴于本课程应特别注重培养学生逻辑推理能力和分析问题、解决问题的能力,建议使用该教案的授课教师,一定要结合适当的板书推演过程,否则其教学效果将是不理想和不完善的.实际上本电子教案中有些章节已省去了不少推导、证明过程,而第十一章和第十三章,由于完全是通过板书推演来授课,则未录入电子教案.

“路漫漫其修远兮,吾将上下而求索!”尽管我衷心地希望本书能成为广大学习数理方法读者的良师益友,但由于受水平、时间和篇幅的限制,难免有疏漏和不妥之处,敬请专家和广大读者批评指正!

姚端正

2009 年仲夏夜于珞珈山

第二版序言

多年来，姚端正和梁家宝两位先生先后相继为武汉大学物理类专业讲授“数学物理方法”课程. 本书就是他们在长年教学实践的基础上编写出版的优秀教材.

作者十分注意数学与物理的结合，注意阐述有关物理背景和前景. 这个特点对于物理类专业是很重要的.

非线性方程和积分方程对于物理学科的一些新进展很有用，但在同类教科书中却往往阙如. 本书则将有关内容编为第四篇，体现出课程现代化之精神.

本书选材恰当，文字清晰，要言不繁. 尽管增加了第四篇，全书篇幅并不大于同类教材，十分有利于在有限的学时内很好地完成数学物理方法的教学.

在 1995 年的优秀教材评选中，本书荣获国家教委第三届优秀教材二等奖，我以为正是实至名归. 在本书再版之际，谨以此表示祝贺之忱.

梁昆淼

1996 年丙子仲秋

第二版前言

本书第一版虽然荣幸获得了国家教委第三届优秀教材二等奖，但一本好的教材必须通过在教学实践中的千锤百炼，不断地充实、更新，才能满足读者和迅猛发展的科学技术的需要. 故借此再版之机，我们对本书第一版的内容作了如下一些修改：

1. 对部分章、节的写法和内容作了些改动. 如第二篇的§3.5，§5.1，§5.5，§8.2；第三篇的§2.3等，以使本书能更紧密地结合物理学及相关课程的内容.

2. 在第四篇的非线性方程部分增加了“解析近似解和正则摄动法”一节，以满足近代物理学中解大量非线性方程的需要；在附录中增加了“矢量公式和矢量定理”的内容，以便读者学习本课程时查阅；在部分章节中增加了一些例题和习题，特别是将近些年来美国部分高校的研究生试题及CUSPEA考题中与本课程相关的内容分别录入到了相关章节的习题中，以进一步开拓学生视野，提高学生分析问题和解决问题的能力.

3. 删去了第三篇中与高等数学重复的“常微分方程的级数解法”的内容和附录中的“贝塞尔函数表”，仅将所需用到的结论和数据简述在相应章节的附注中.

4. 对习题中可作为公式和结论运用的题加上了公式编号；而对习题中的难题、超纲题打上了*标记.

5. 对书中和习题答案中的印刷错误进行了更正.

本书自1992年问世以来，得到校内外广大读者和专家的关心与支持，特别是武汉大学物理学93级“人才基地班”的同学，为本书的再版提供了许多宝贵的意见，武汉大学出版社为本书的再版给予了大力支持，在此一并表示衷心的感谢.

这次再版，尽管我们倾注了不少心血，但由于水平和时间的限制，错误或不妥之处在所难免，敬请读者批评指正.

编　者

1996年暑期于珞珈山

第一版前言

本书是在多年来武汉大学物理类专业数学物理方法课程所用的自编教材和讲义的基础上修改而成的. 其内容包括复变函数论、数学物理方程、特殊函数、积分方程和非线性方程简介四个部分. 适合物理类专业和相应的专业教学使用.

数学物理方法是物理系基础理论课——四大力学之间的黏合剂，是解决物理学中各种具体问题的重要工具之一. 为了编写出一本较为理想的数学物理方法教材，使之不仅局限于叙述知识，更主要的是引导学生去思考问题，使他们具有分析问题和解决问题的能力，在编写时我们注意了以下几点：

一、第二篇是以数学物理方程的各种解法为主线进行编写的. 这样可使读者一目了然地了解数理方程一般有哪些解法，同时还便于读者将同一问题的不同解法进行对比，从而选择最佳方法来解决具体问题.

二、在每一小节的内容后都编入了相当数量的习题(在附录中有参考答案)，使读者能及时消化所学知识. 在习题中，编入了一定量的能开拓学生知识面的内容. 这样，既不挤占教材篇幅，又可使学生掌握更多知识.

三、每一章后都附有小结，使学生对整章内容融会贯通，加强知识的条理性、系统性. 小结的形式多采用表格或框图，以便于学生对比和加深印象.

四、考虑到物理类专业的特点，对有些定理或公式不是单从数学上进行推导，而是先从物理背景、物理前景方面进行阐述，使读者易于理解和接受. 书中的内容、例题和习题也都尽量结合物理问题和物理实例.

五、随着学科的新进展，根据需要，将传统数学物理方法教科书中没有而对物理学又十分有用的某些积分方程和非线性方程的解法作为第四篇编入到了本书中.

六、为了教学的方便，将本课程用到的其他课程的部分定理、公式，编写到了本书相应章节的注释中.

七、书中打“*”的章节，若受学时限制，教师可只选讲，或放入习题课中讲解，也可不讲.

本书的出版，得到了武汉大学教务处、物理系、物理系基地班及出版社有关负责同志的大力支持. 保宗悌教授在百忙中对本书进行了审阅；李中辅教授对本书的编写提出了一些宝贵的意见并作了有益的指教；龙理老师为本书核对了习题答案，在此一并表示衷心的感谢！

由于编者水平有限，再加之时间仓促，难免有不妥甚至谬误之处，敬请读者批评指正.

编　者

1991 年 10 月

目 录

第一篇 复变函数论

第二篇　数学物理方程

第三篇　特 殊 函 数

*第四篇 近似方法及现代内容

Contents

Part One　Theory of Complex Variable Function

Part Two Equations of Mathematical Physics

Part Three Special Functions

* Part Four Approximation Method and Modern Content

我较为欣赏数学.我欣赏数学家的价值观,我赞美数学的优美和力量:它有战术上的机巧与灵活,又有战略上的雄才远虑.而且,堪称奇迹中的奇迹的是,它的一些美妙概念竟是支配物理世界的基本结构.

——杨振宁(世界著名物理学家,中国科学院院士,诺贝尔物理学奖获得者)

我没有试图直接解决某一物理问题,而只是试图寻找某种优美的数学.

——狄拉克(理论物理学家,英国皇家学会院士,诺贝尔物理学奖获得者)

第一篇　复变函数论

复变函数论是实变函数论的推广与发展.它产生于18世纪,全面发展于19世纪,被誉为19世纪最独特的创造.当时的数学家们公论复变函数论是最丰绕的数学分支,并称之为19世纪的数学享受,赞之是抽象科学中最和谐的理论之一.复变函数论被广泛地应用于自然科学的众多领域,其内容主要包括解析函数理论、黎曼曲面理论、几何函数论、留数理论、广义函数等.本篇将分5章介绍物理学中常用到的以上理论中的相关内容.

第一章　解析函数

复变函数的理论特别是其中的解析函数在物理学中有着广泛的应用. 本章将建立复变函数的基本概念，并在此基础上引入解析函数；在以后各章将介绍解析函数的性质和应用.

1.1　复数及其运算

1. 复数的概念

一对有序的实数(x,y)定义为**复数**，通常表示为

$$z = x + \mathrm{i}y \tag{1.1.1}$$

式中 i 满足 $\mathrm{i}^2 = -1$，称为**虚单位**；而 x 和 y 都是实数，分别称为复数 z 的**实部**和**虚部**，常记为

$$x = \mathrm{Re}z, \quad y = \mathrm{Im}z$$

虚部为零的复数就可看作是实数，即 $x+\mathrm{i}0=x$. 因此，全体实数是全体复数的一部分. 实部为零的复数称为**纯虚数**. 两个复数相等，是指它们的实部和虚部分别相等，即

$$x_1 + \mathrm{i}y_1 = x_2 + \mathrm{i}y_2$$

必须且只须

$$x_1 = x_2, \quad y_1 = y_2$$

复数 $x+\mathrm{i}y$ 和 $x-\mathrm{i}y$ 互称为**共轭复数**，常用 $\bar{z}$ 表示 z 的共轭复数，于是

$$\bar{z} = x - \mathrm{i}y \tag{1.1.2}$$

2. 复数的几何表示

复数的几何表示对于了解复变函数理论中的一些概念，例如多值函数、解析延拓等，很有帮助，而在复变函数论的一个重要应用方面——保角变换，更是必须的.

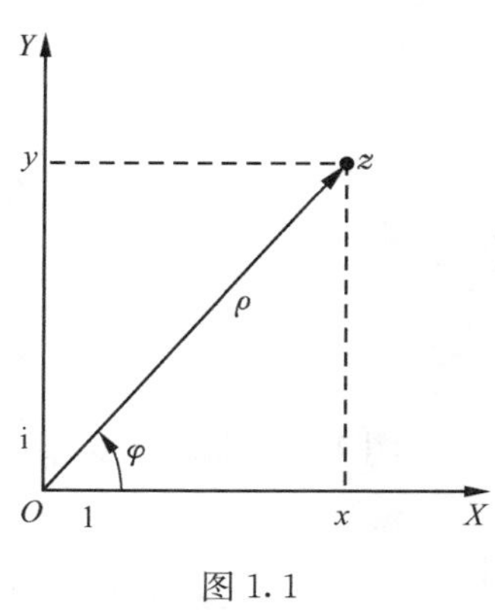

图 1.1

复数 $z = x + \mathrm{i}y$ 可以用平面上的点表示（见图 1.1）. 在平面上作一直角坐标系，取横轴 OX 为实轴，单位为 1，纵横 OY 为虚轴，单位为 i，则复数 z 就可以用横坐标等于 x、纵坐标等于 y 的点表示. 显然，对于每个复数，平面上有唯一的点与之相应；反过来，对于平面上的每一点，也有唯一的一个复数与之相对应. 这也就是

说，复数全体与平面上的点有一一对应的关系. 这样的平面称为**复平面**(或 z 平面).

也可用从原点 O 到 z 点所引的向量 $\overrightarrow{Oz}$ 表示复数 $z=x+\mathrm{i}y$①. 显然，$\overrightarrow{Oz}$ 在实轴和虚轴上的投影分别表示 $z=x+\mathrm{i}y$ 的 x 和 y(图 1.1). 若引入极坐标变量(ρ,φ)，则

$$x=\rho\cos\varphi,\quad y=\rho\sin\varphi$$

于是

$$z=\rho\cos\varphi+\mathrm{i}\rho\sin\varphi \tag{1.1.3}$$

或

$$z=\rho e^{\mathrm{i}\varphi} \tag{1.1.4}$$

(1.1.3)式和(1.1.4)式分别称为复数 z 的三角表示式和指数表示式. 式中的 ρ 为向量 $\overrightarrow{Oz}$ 的长度，称为复数 z 的**模**或**绝对值**，记作

$$\rho=|z|=\sqrt{x^2+y^2} \tag{1.1.5}$$

而 φ 为向量 $\overrightarrow{Oz}$ 与 x 轴的夹角，称为复数 z 的**辐角**，记作

$$\varphi=\mathrm{Arg}z,\qquad \tan\varphi=\frac{y}{x} \tag{1.1.6}$$

任一复数 $z\neq0$ 有无穷多个辐角(例如 30°，30°+2π，30°+4π，…，均为同一向量的辐角)，今以 $\arg z$ 表示其中在 2π 范围内变化的一个特定值，称之为**辐角的主值**，通常取

$$-\pi<\arg z\leqslant\pi$$

于是

$$\mathrm{Arg}z=\arg z+2k\pi,\qquad k=0,\pm1,\pm2,\cdots \tag{1.1.7}$$

注意，当 $z=0$ 时，其模为零，辐角无定义.

$\arg z$ 与 $\mathrm{Arctan}\,\dfrac{y}{x}$ 的主值 $\arctan\dfrac{y}{x}\left(-\dfrac{\pi}{2}<\arctan\dfrac{y}{x}<\dfrac{\pi}{2}\right)$ 有如下关系：

$$\underset{(z\neq0)}{\arg z}=\begin{cases}\arctan\dfrac{y}{x}, & z\text{ 在第 Ⅰ 象限}\\ \arctan\dfrac{y}{x}+\pi, & z\text{ 在第 Ⅱ 象限}\\ \arctan\dfrac{y}{x}-\pi, & z\text{ 在第 Ⅲ 象限}\\ \arctan\dfrac{y}{x}, & z\text{ 在第 Ⅳ 象限}\end{cases} \tag{1.1.8}$$

例 1 已知流体在某点的速度 $v=-1-\mathrm{i}$，求其大小和方向.

解 大小：$|v|=\sqrt{2}$

方向：$\arg v=\arctan\dfrac{-1}{-1}-\pi=-\dfrac{3}{4}\pi$

注意，复数是没有大小的，因此以后在比较大小时只能用模来比较.

前面只是把模为有限的复数跟复数平面上的有限远点一一对应起来；在复

变函数理论中把无穷大也理解为复数平面上的一个“点”，称之为**无限远点**，并记为∞，其模大于任何正数，辐角不定. 显然，我们是难于用平面上的一个具体的点来描绘无限远点的，为此我们将引入复球面的概念. 对于包括无限远点在内的复数的几何图像，也可用复球面来表示. 如图 1.2 所示，把一个球放在复平面上，使其南极 S 与复平面相切于原点 O，设复平面上的任意一点 A 与球的北极 N 的连线交球面于 A' 点，于是，复数平面上的每一有限远点，都有球面上的点（除 N 以外）与之一一对应（此对应关系称做**测地投影**）. 若让 A 点以任何方式无限地远离原点 O，则相应的 A' 点将无限地趋近球面的北极 N，故可将 N 点看作无限远点的代表点，而整个球面就把无限远点包括在内. 这样的球面称为**复球面**或**黎曼**(Riemann)**球面**. 通常所指的复平面不包括无限远点. 包括无限远点的复平面称为**扩充了的复平面**或**全平面**，它与复球面对应. 复平面上只有一个无穷远点.

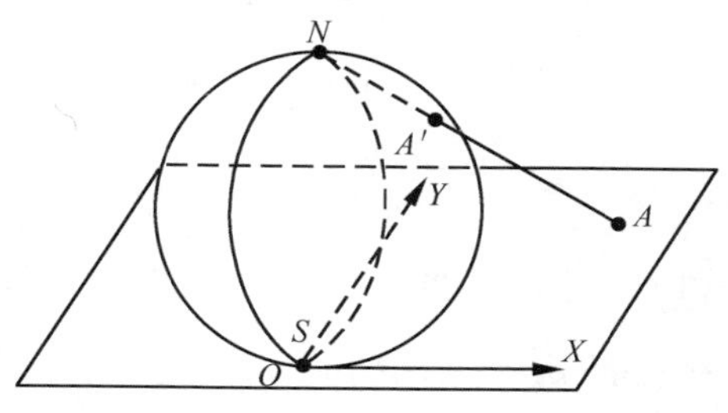

图 1.2

3. 复数的运算规则

由于实数是复数的特例，故在规定其运算方法时，既应使复数运算的法则施行于实数特例时，能够和实数运算的结果相符合，又应使复数的算术运算能够满足实数算术运算的一般规律（如加法遵守交换律与结合律；乘法遵守交换律、结合律与对加法的分配律等），为此我们规定：

(1) 两复数 $z_1=x_1+\mathrm{i}y_1$ 及 $z_2=x_2+\mathrm{i}y_2$ 相加(减)，可将它们的实部与实部，虚部与虚部分别相加(减)，即

$$z_1 \pm z_2 = (x_1 \pm x_2) + \mathrm{i}(y_1 \pm y_2) \tag{1.1.9}$$

(2) 两复数 $z_1=x_1+\mathrm{i}y_1$ 及 $z_2=x_2+\mathrm{i}y_2$ 相乘，可按多项式乘法法则来进行，只需将结果中 i^2 换成-1，即

$$z_1 \cdot z_2 = (x_1x_2 - y_1y_2) + \mathrm{i}(x_1y_2 + y_1x_2) \tag{1.1.10}$$

(3) 两复数 $z_1=x_1+\mathrm{i}y_1$ 及 $z_2=x_2+\mathrm{i}y_2$ 相除（除数$\neq 0$），可先把它写成分式的形式，然后分子分母同乘以分母的共轭复数，再进行化简，即

$$\frac{z_1}{z_2} = \frac{x_1x_2+y_1y_2}{x_2^2+y_2^2} + \mathrm{i}\,\frac{y_1x_2-x_1y_2}{x_2^2+y_2^2}, \quad z_2 \neq 0 \tag{1.1.11}$$

由上述规定很容易证明

$$\mathrm{e}^{\mathrm{i}\varphi_1} \cdot \mathrm{e}^{\mathrm{i}\varphi_2} = \mathrm{e}^{\mathrm{i}(\varphi_1+\varphi_2)} \tag{1.1.12}$$

$$\mathrm{e}^{\mathrm{i}\varphi_1} / \mathrm{e}^{\mathrm{i}\varphi_2} = \mathrm{e}^{\mathrm{i}(\varphi_1-\varphi_2)} \tag{1.1.13}$$

故我们不难得到复数的乘、除、乘方和开方等运算的指数表示式

$$z_1 \cdot z_2 = \rho_1\rho_2\mathrm{e}^{\mathrm{i}(\varphi_1+\varphi_2)} \tag{1.1.14}$$

$$\frac{z_1}{z_2}=\frac{\rho_1}{\rho_2}e^{i(\varphi_1-\varphi_2)} \tag{1.1.15}$$

$$z^n=\rho^n e^{in\varphi},\qquad n=1,2,3,\cdots \tag{1.1.16}$$

$$\sqrt[m]{z}=\sqrt[m]{\rho}\ e^{i\frac{\varphi}{m}}=\sqrt[m]{\rho}\ e^{i\frac{\arg z+2k\pi}{m}},\quad m=2,3,\cdots;k=0,\pm1,\pm2,\cdots \tag{1.1.17}$$

(1.1.17)式中的 k 本可取 $0,\pm1,\pm2,\cdots$，但实际上 k 只要取 $0,1,\cdots,m-1$，就可得到$\sqrt[m]{z}$的 m 个不同的值，即，$\arg(\sqrt[m]{z})=\dfrac{\arg z+2k\pi}{m}$，$k=0,1,2,\cdots,m-1$. 不难验证，$k$ 取其他整数时所得到的$\sqrt[m]{z}$的值与这 m 个值相同.

例 2 求$\sqrt[3]{-8}$之值.

解 因$-8=8e^{i\pi}$，所以

$$\sqrt[3]{-8}=\sqrt[3]{8}e^{i\frac{\pi+2k\pi}{3}},\quad k=0,1,2$$

当 $k=0$ 时，$\sqrt[3]{-8}=\sqrt[3]{8}e^{i\frac{\pi}{3}}=1+i\sqrt{3}$；

当 $k=1$ 时，$\sqrt[3]{-8}=\sqrt[3]{8}e^{i\pi}=-2$；

当 $k=2$ 时，$\sqrt[3]{-8}=\sqrt[3]{8}e^{i\frac{5\pi}{3}}=1-i\sqrt{3}$.

注 ① 当然，矢量的起点可以不在原点；也就是说长度和方向都相同的矢量表示同一个矢量.

习 题 1.1

1. 用复变量表示：

(1) 上半平面；(2) 左半平面；(3) 半圆(包括边界)；(4) 扇形(不要边界).

2. 求出下列关系的几何位置：

(1) $|z-a|=|z-b|$，a 和 b 为复常数；(2) $|z|+\mathrm{Re}z\leqslant1$；

(3) $\mathrm{Re}\,\dfrac{1}{z}=2$；(4) $\left|z-\dfrac{a}{2}\right|+\left|z+\dfrac{a}{2}\right|=c$，$a>0,c>0$.

3. 试证明下列恒等式或关系式，并解释其几何意义：

(1) $|z_1+z_2|^2+|z_1-z_2|^2=2(|z_1|^2+|z_2|^2)$； (1.1.18)

(2) $|z_1+z_2|\leqslant|z_1|+|z_2|$； (1.1.19)

(3) $|z_1+z_2|\geqslant|z_1|-|z_2|$； (1.1.20)

(4) $||z_1|-|z_2||\leqslant|z_1-z_2|$. (1.1.21)

4. 求下列复数的实部、虚部、模与辐角主值：

(1) $1-\cos\alpha+i\sin\alpha,0<\alpha\leqslant\pi$； (2) $\dfrac{1-2i}{3-4i}-\dfrac{2-i}{5i}$；

(3) $(\sqrt{3}+i)^{-3}$； (4) e^{1+i}.

5. 证明**棣摩弗**(De Moivre)**公式**

$$(\cos\theta+i\sin\theta)^n=\cos n\theta+i\sin n\theta \tag{1.1.22}$$

并用 $\cos\theta$ 及 $\sin\theta$ 表示 $\cos n\theta$ 及 $\sin n\theta$.

6. 计算下列数值：

(1) $\sqrt{1+i}$； (2) $(\sqrt{3}-i)^5$； (3) $\mathrm{Arg}(2-2i)$； (4) $(1+\sqrt{3}i)^{-10}$.

7. 求解方程

(1) $z^3-1=0$; (2) $z^2-(2+3\mathrm{i})z-1+3\mathrm{i}=0$.

8. 设流体在点 $z=1+2\mathrm{i}$ 的流速为 $v=\dfrac{3+\mathrm{i}}{2-\mathrm{i}}$,求其大小和方向.

9. 验证下列关系成立:

(1) $z\cdot\bar{z}=|z|^2$, $\dfrac{z+\bar{z}}{2}=\mathrm{Re}z$, $\dfrac{z-\bar{z}}{2\mathrm{i}}=\mathrm{Im}z$;

(2) 设 $R(a,b,c,\cdots)$ 表示对于复数 $a,b,c,\cdots$ 的任一有理运算,则 $\overline{R(a,b,c\cdots)}=R(\bar{a},\bar{b},\bar{c},\cdots)$.

10. 写出下列曲线方程的复变量形式:

(1) 双曲方程 $x^2-y^2=1$;

(2) 椭圆方程 $\dfrac{x^2}{a^2}+\dfrac{y^2}{b^2}=1$;

(3) 圆的方程 $(x-x_0)^2+(y-y_0)^2=R^2$;

(4) 直线方程 $Ax+By+C=0$.

1.2 复变函数

1. 复变函数的概念

设 E 为复数平面的一点集(复数的集合),若按一定的规律,使 E 内每一复数 z 都有一个或多个的 $w=u+\mathrm{i}v$(u 和 v 为实数)与之相应,则称 w 为 z 的**复变函数,定义域**为 E,记作

$$w=f(z),\quad z\in E$$

若一个 z 只有一个 w 之值与之对应(例如 $w=z^2$),则称 w 为 z 的**单值函数**. 特别是若在 E 内至少存在不同的两点 z_1 及 z_2,使 $w=f(z_1)=f(z_2)$,则称 w 在 E 内是**多叶的**(如 $w=z^2$);否则是**单叶的**(如 $w=az+b,a\neq0$).

若一个 z 有多个 w 之值与之对应(例如 $w=\sqrt{z}$),则称 w 为 z 的**多值函数**. 因 $z=x+\mathrm{i}y$,于是

$$w=f(z)=u(x,y)+\mathrm{i}v(x,y) \tag{1.2.1}$$

这表明,一个复变函数无非是两个二元实变函数的有序组合,因而研究一个复变函数,也就是要研究两个实二元函数.

2. 区域的概念

在解析函数论中,函数的定义域不是一般的点集,而是满足一定特殊条件的点集——区域. 为此,下面我们将引入区域及与之有关的一些概念.

(1) 邻域:由不等式 $|z-z_0|<\varepsilon$ 而确定的平面点集,称为定点 z_0 的 ε-**邻域**.

(2) 内点:若 z_0 有一个邻域全含于点集 E 内,则称 z_0 为点集 E 的**内点**. 例如,若 E 为 $|z|<1$ 所确定的点集,则满足 $|z|<1$ 的所有点均为 E 的内点.

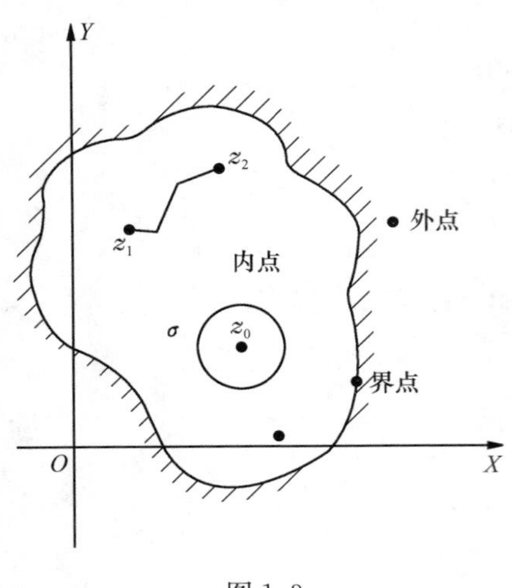

图 1.3

(3) 区域:具备下列性质的点集 σ 称为**区域**.

① 全由内点组成.

② σ 中任意两点可用全在 σ 中的折线连接(图 1.3). 例如,$|z|<1$ 表示 z 平面上以原点为中心,1 为半径的圆形区域.

(4) 外点:若 z_0 不属于区域 σ 且有一个邻域不含有 σ 的点,则称 z_0 为区域 σ 的**外点**. 例如,满足 $|z|>1$ 的所有点都是区域 $|z|<1$ 的外点.

(5) 界点:若 z_0 不属于区域 σ,但以 z_0 为中心的无论多小的邻域内总有属于区域 σ 的点,则称 z_0 为 σ 的**界点**. 例如,满足 $|z|=1$ 的所有点均为区域 $|z|<1$ 的界点. σ 的全部界点称为 σ 的**边界**. 若沿边界走,区域在左方,则走向称为**边界的正向**.

(6) 闭区域:区域 σ 连同它的边界 l 称为**闭区域**,记为 $\bar{\sigma}=\sigma+l$. 例如,$|z|\leqslant 1$ 表示以原点为中心、1 为半径的闭圆(即圆形闭区域).

(7) 单连通区域和复连通区域:若在区域 σ 内作任何**简单的闭曲线**(除起点和终点外别无重点的连续曲线),其内的点都是属于 σ 的点,则称该区域 σ 为**单连通区域**(图 1.4 斜线部分). 不是单连通的区域就是**复连通**(或多连通)**区域**(图 1.5 斜线部分).

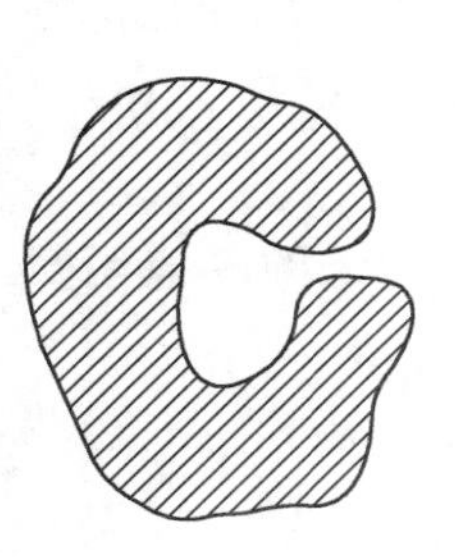

图 1.4

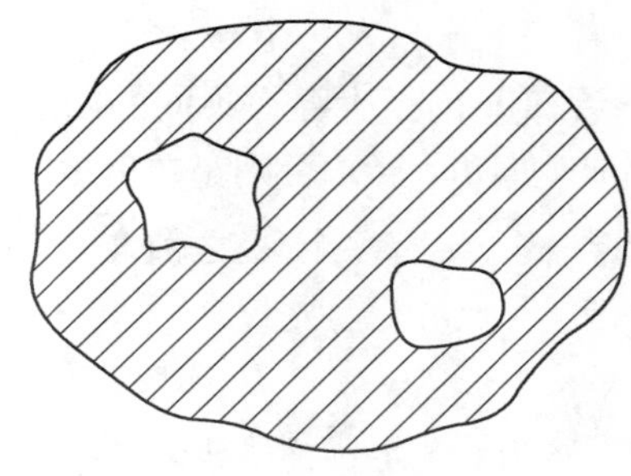
图 1.5

3. 极限与连续性

设函数 $w=f(z)$ 在 z_0 点的某邻域有定义(在 z_0 点不一定有定义),若对于任意给定的 $\varepsilon>0$,总存在有 $\delta>0$,使得当 $0<|z-z_0|<\delta$ 时,就有 $|f(z)-w_0|<\varepsilon$(w_0 为一确定的复常数),则称 $f(z)$ 当 $z\to z_0$ 时以 w_0 为**极限**,并记为

$$\lim_{z\to z_0} f(z)=w_0 \tag{1.2.2}$$

应当注意的是，由于 z 是复平面上的变量，所以上式中 $z \to z_0$ 必须是以任意的方式.

与实函数类似，对于复变函数我们亦可证明下述结论：

(1) 若极限存在必然唯一.

(2) 若两个函数在某点有极限，则其和、差、积、商(分母的极限不能为 0)在该点仍有极限，且其极限值等于他们各自极限值的和、差、积、商.

设 $w=f(z)$ 在 z_0 点及其邻域有定义，并且当 $z \to z_0$ 时，有

$$\lim_{z \to z_0} f(z) = f(z_0) \tag{1.2.3}$$

则称 $f(z)$ 在 z_0 点**连续**. 在区域 σ 内各点均连续的函数称为在 σ 内的**连续函数**.

类似于实函数，对于复变函数我们亦可证明下述结论：

(1) 若两函数在某点连续，则其和、差、积、商(分母不能为 0)在该点仍连续.

(2) 在某点连续的函数的复合函数在该点仍连续.

(3) 若 $f(x)$ 在闭区域 $\bar{\sigma}$ 上连续，则

① $f(z)$ 在 $\bar{\sigma}$ 上有界；

② $|f(z)|$ 在 $\bar{\sigma}$ 上有最大值和最小值；

③ $f(z)$ 在 $\bar{\sigma}$ 上一致连续，即任给 $\varepsilon>0$，有与 z 无关的 $\delta>0$，使对 $\bar{\sigma}$ 上满足 $|z_1-z_2|<\delta$ 的任意两点 z_1 及 z_2，均有 $|f(z_1)-f(z_2)|<\varepsilon$.

不难证明函数 $f(z)=u(x,y)+\mathrm{i}v(x,y)$ 在 z_0 点连续的充分必要条件是，二元实函数 $u(x,y)$ 和 $v(x,y)$ 均在 z_0 点连续.

例 证 $f(z)=\mathrm{e}^{\frac{1}{z}}$ 在原点不连续.

证 因

$$\lim_{z\to 0}\mathrm{e}^{\frac{1}{z}} = 0 \quad (\text{沿负实轴}), \qquad \lim_{z\to 0}\mathrm{e}^{\frac{1}{z}} = \infty \quad (\text{沿正实轴})$$

故 $f(z)$ 在原点无确定的极限，从而在原点不连续.

习 题 1.2

1. 求下列复变函数的实部与虚部：

(1) $w=\dfrac{z-1}{z+1}$；　　(2) $w=z^3$.

2. 画出下列关系所表示的 z 点的轨迹的图形并确定它是不是区域：

(1) $\mathrm{Im}z>1$ 且 $|z|<2$；　　(2) $|z-2\mathrm{i}|=|z+2|$；

(3) $0<\arg(z-1)<\dfrac{\pi}{4}$ 且 $2\leqslant \mathrm{Re}z\leqslant 3$；　　(4) $|z-1+2\mathrm{i}|=5$.

3. 求下列复数序列的极限：

(1) $\dfrac{1+\sqrt{3}\mathrm{i}}{5},\left(\dfrac{1+\sqrt{3}\mathrm{i}}{5}\right)^2,\cdots\left(\dfrac{1+\sqrt{3}\mathrm{i}}{5}\right)^n,\cdots$

(2) $1,\dfrac{1}{2}\mathrm{i},-\dfrac{1}{3},-\dfrac{1}{4}\mathrm{i},\dfrac{1}{5},\dfrac{1}{6}\mathrm{i},-\dfrac{1}{7},-\dfrac{1}{8}\mathrm{i}\cdots$

4. 证明 $f(z)=\dfrac{1}{2\mathrm{i}}\left(\dfrac{z}{\bar{z}}-\dfrac{\bar{z}}{z}\right)$ 在原点不连续.

1.3 微商及解析函数

1. 微商及微分

设 $w=f(z)$是在 z 点及其邻域定义的单值函数,若

$$\lim_{\Delta z\to 0}\frac{\Delta f}{\Delta z}=\lim_{\Delta z\to 0}\frac{f(z+\Delta z)-f(z)}{\Delta z} \tag{1.3.1}$$

在 z 点存在,并且是与 $\Delta z\to 0$ 的方式无关的有限值,则称 $f(z)$在 z 点**可导或可微**,而称此极限值为 $f(z)$在 z 点的**导数**,记为

$$f'(z)=\lim_{\Delta z\to 0}\frac{\Delta f}{\Delta z} \tag{1.3.2}$$

例 1 证明 $f(z)=z^n$ 在复平面上每点均可导,且

$$(z^n)'=nz^{n-1} \tag{1.3.3}$$

证 因对于任意固定的 z 均有

$$\lim_{\Delta z\to 0}\frac{(z+\Delta z)^n-z^n}{\Delta z}=\lim_{\Delta z\to 0}\left[nz^{n-1}+\frac{n(n-1)}{2}z^{n-2}\Delta z+\cdots+(\Delta z)^{n-1}\right]=nz^{n-1}$$

例 2 证明 $f(z)=\bar{z}$ 在复平面上均不可微.

证 因

$$\lim_{\Delta z\to 0}\frac{\overline{z+\Delta z}-\bar{z}}{\Delta z}=\lim_{\Delta z\to 0}\frac{\overline{\Delta z}}{\Delta z}$$

而

$$\lim_{\substack{\Delta x=0\\ \Delta y\to 0}}\frac{\Delta\bar{z}}{\Delta z}=\lim_{\Delta y\to 0}\frac{-\Delta y}{\Delta y}=-1,\quad \lim_{\substack{\Delta x\to 0\\ \Delta y=0}}\frac{\overline{\Delta z}}{\Delta z}=\lim_{\Delta x\to 0}\frac{\Delta x}{\Delta x}=1$$

类似于实变函数,我们记

$$\mathrm{d}w=f'(z)\mathrm{d}z\quad(\text{或 } \mathrm{d}f=f'(z)\mathrm{d}z) \tag{1.3.4}$$

称之为函数 $w=f(z)$的**微分**. 若用 $\mathrm{d}z$ 除(1.3.4)式两边,便得

$$f'(z)=\frac{\mathrm{d}w}{\mathrm{d}z}\quad\left(\text{或 } f'(z)=\frac{\mathrm{d}f}{\mathrm{d}z}\right) \tag{1.3.5}$$

即导数 $f'(z)$等于函数的微分与自变量的微分之商. 故导数又称为**微商**.

由于复变函数的导数与微分的定义,形式上和数学分析中单元函数的相应定义一致,因此,微分学中所有的**求导和微分法则**,都可以推广到复变函数中来

$$[f_1(z)\pm f_2(z)]'=f_1'(z)\pm f_2'(z)$$

$$[f_1(z)\cdot f_2(z)]'=f_1'(z)\cdot f_2(z)+f_1(z)\cdot f_2'(z)$$

$$\left[\frac{f_1(z)}{f_2(z)}\right]'=\frac{f_1'(z)\cdot f_2(z)-f_1(z)\cdot f_2'(z)}{[f_2(z)]^2},\quad f_2(z)\neq 0$$

$$\frac{\mathrm{d}g[f(z)]}{\mathrm{d}z}=\frac{\mathrm{d}g(\zeta)}{\mathrm{d}\zeta}\cdot\frac{\mathrm{d}f(z)}{\mathrm{d}z},\quad \zeta=f(z)$$

$$\frac{\mathrm{d}w}{\mathrm{d}z}=1\Big/\frac{\mathrm{d}z}{\mathrm{d}w}\quad\left(\frac{\mathrm{d}z}{\mathrm{d}w}\neq 0\right)$$

2. 柯西-黎曼条件

下面我们讨论函数可微的必要条件.

设 $f(z)=u(x,y)+\mathrm{i}v(x,y)$ 在一点 $z=x+\mathrm{i}y$ 可微,则

$$f'(z)=\lim_{\Delta z\to 0}\frac{\Delta f}{\Delta z}=\lim_{\substack{\Delta x\to 0\\ \Delta y\to 0}}\frac{\Delta u+\mathrm{i}\Delta v}{\Delta x+\mathrm{i}\Delta y}\tag{1.3.6}$$

其中

$$\Delta u=u(x+\Delta x,y+\Delta y)-u(x,y)$$
$$\Delta v=v(x+\Delta x,y+\Delta y)-v(x,y)$$

因为 Δz 无论按什么方式趋于 0 时(1.3.6)式总是成立的,现让 Δz 沿平行于实轴的方向趋于 0,则

$$f'(z)=\lim_{\substack{\Delta x\to 0\\ \Delta y=0}}\frac{\Delta u+\mathrm{i}\Delta v}{\Delta x+\mathrm{i}\Delta y}=\frac{\partial u}{\partial x}+\mathrm{i}\,\frac{\partial v}{\partial x}\tag{1.3.7}$$

又让 Δz 沿平行于 y 轴的方向趋于 0,则

$$f'(z)=\lim_{\substack{\Delta x=0\\ \Delta y\to 0}}\frac{\Delta u+\mathrm{i}\Delta v}{\Delta x+\mathrm{i}\Delta y}=-\mathrm{i}\,\frac{\partial u}{\partial y}+\frac{\partial v}{\partial y}\tag{1.3.8}$$

比较(1.3.8)式及(1.3.7)式得出

$$\frac{\partial u}{\partial x}=\frac{\partial v}{\partial y},\qquad \frac{\partial v}{\partial x}=-\frac{\partial u}{\partial y}\tag{1.3.9}$$

(1.3.9)式称为**柯西-黎曼(Cauchy-Riemann)条件**(简记为 C-R 条件),它是在 $w=f(z)$ 存在微商的条件下导出的,只是函数**可导的必要条件**,而不是充分条件,即具备这一条件的 $f(z)$ 不一定可导. 例如 $f(z)=\sqrt{|xy|}$,即 $u=\sqrt{|xy|}$,$v=0$,显然在 $z=0$ 点是满足 C-R 条件的,但在 $z=0$ 点却不可微. 因为若让 $\Delta z=\Delta r\,\mathrm{e}^{\mathrm{i}\varphi}\to 0$,则 $\lim\limits_{\Delta z\to 0}\dfrac{\Delta f}{\Delta z}=\dfrac{\sqrt{\cos\varphi\cdot\sin\varphi}}{\mathrm{e}^{\mathrm{i}\varphi}}$ 之值将随 φ 不同而不同.

函数 $f(z)=u(x,y)+\mathrm{i}v(x,y)$ 在 z 点**可导的充分条件**是

(1) u,v 在 z 点有连续的一阶偏微商;

(2) u,v 在 z 点满足 C-R 条件.

今证明如下.

因 u,v 有连续的一阶偏导数. 故 u,v 的全微分存在,即

$$\mathrm{d}u=\frac{\partial u}{\partial x}\mathrm{d}x+\frac{\partial u}{\partial y}\mathrm{d}y,\quad \mathrm{d}v=\frac{\partial v}{\partial x}\mathrm{d}x+\frac{\partial v}{\partial y}\mathrm{d}y$$

而

$$\mathrm{d}f=\mathrm{d}u+\mathrm{i}\mathrm{d}v=\left(\frac{\partial u}{\partial x}+\mathrm{i}\,\frac{\partial v}{\partial x}\right)\mathrm{d}x+\left(\frac{\partial u}{\partial y}+\mathrm{i}\,\frac{\partial v}{\partial y}\right)\mathrm{d}y$$

又由 C-R 条件有

$$\frac{\partial v}{\partial x}=-\frac{\partial u}{\partial y},\quad \frac{\partial v}{\partial y}=\frac{\partial u}{\partial x}$$

则

$$\begin{aligned}\mathrm{d}f&=\left(\frac{\partial u}{\partial x}-\mathrm{i}\frac{\partial u}{\partial y}\right)\mathrm{d}x+\left(\frac{\partial u}{\partial y}+\mathrm{i}\frac{\partial u}{\partial x}\right)\mathrm{d}y\\&=\left(\frac{\partial u}{\partial x}-\mathrm{i}\frac{\partial u}{\partial y}\right)(\mathrm{d}x+\mathrm{i}\mathrm{d}y)\end{aligned}$$

于是

$$\frac{\mathrm{d}f}{\mathrm{d}z}=\frac{\left(\frac{\partial u}{\partial x}-\mathrm{i}\frac{\partial u}{\partial y}\right)(\mathrm{d}x+\mathrm{i}\mathrm{d}y)}{\mathrm{d}x+\mathrm{i}\mathrm{d}y}=\frac{\partial u}{\partial x}-\mathrm{i}\frac{\partial u}{\partial y}\tag{1.3.10}$$

此式无论 Δz 以什么方式趋于零都存在，所以 $f(z)$ 在 z 点可导.

(1.3.10)式可以作为计算复变函数微商的公式，结合 C-R 条件还可得到计算微商的其他三个公式

$$\frac{\mathrm{d}f}{\mathrm{d}z}=\frac{\partial v}{\partial y}-\mathrm{i}\frac{\partial u}{\partial y}=\frac{\partial v}{\partial y}+\mathrm{i}\frac{\partial v}{\partial x}=\frac{\partial u}{\partial x}+\mathrm{i}\frac{\partial v}{\partial x}\tag{1.3.11}$$

3. 解析函数及其物理解释

如果函数 $w=f(z)$ 在 z_0 点及其邻域均可导，则称 $w=f(z)$ 在 z_0 点**解析**. 如果函数 $w=f(z)$ 在 z_0 点不解析，则 z_0 称为 $w=f(z)$ 的**奇点**. 如果函数 $w=f(z)$ 在区域 σ 内处处可导，则称 $f(z)$ 在区域 σ 内解析，或称 $f(z)$ 为区域 σ 内的**解析函数**.

显然，由函数可导的必要条件与充分必要条件，我们不难推得函数解析的必要条件与充分必要条件.

例 3 试证 $f(z)=\mathrm{e}^x(\cos y+\mathrm{i}\sin y)$ 在复平面上解析，且 $f'(z)=f(z)$.

证 因 $u=\mathrm{e}^x\cos y, v=\mathrm{e}^x\sin y$，而 $\frac{\partial u}{\partial x}=\mathrm{e}^x\cos y, \frac{\partial u}{\partial y}=-\mathrm{e}^x\sin y, \frac{\partial v}{\partial x}=\mathrm{e}^x\sin y, \frac{\partial v}{\partial y}=\mathrm{e}^x\cos y$ 均在复平面上处处连续，且满足 C-R 条件，所以 $f(z)$ 在复平面上解析；且由(1.3.11)式有

$$f'(z)=\mathrm{e}^x\cos y+\mathrm{i}\mathrm{e}^x\sin y=f(z)$$

由解析函数的定义和函数的求导法则可得：

(1) 如果函数 $f(z)$ 在区域 σ 中解析，则它在这个区域中是连续的.

(2) 如果 $f_1(z)$ 和 $f_2(z)$ 是区域 σ 中的解析函数，则其和、差、积、商（商的情形要求分母在 σ 内不为零）也是该区域中的解析函数.

(3) 如果函数 $\zeta=f(z)$ 在区域 σ 内解析，而函数 $w=g(\zeta)$ 在区域 G 内解析，若对于 σ 内的每一点 z，函数 $f(z)$ 的值 ζ 均属于 G，则函数 $w=g[f(z)]$ 是区域 σ 上复变量 z 的一个解析函数.

(4) 如果 $w=f(z)$ 是区域 σ 上的一个解析函数，且在点 $z_0\in\sigma$ 的邻域中 $|f'(z)|\neq 0$，则在点 $w_0=f(z_0)\in G$ 的邻域中函数 $f(z)$ 的值定义一个反函数 $z=\varphi(w)$，它是复变

量 w 的解析函数. 于是我们有 $f'(z_0)=\dfrac{1}{\varphi'(w_0)}$.

我们已经知道解析函数的实部和虚部有 C-R 条件联系着，现在我们进一步阐明其实部和虚部的特性. 为此，我们首先引入几个概念.

在区域 σ 中连续并有连续的一、二阶偏导数的实变函数 $u(x,y)$，如果满足方程

$$\frac{\partial^2 u}{\partial x^2}+\frac{\partial^2 u}{\partial y^2}=0$$

则称 $u(x,y)$ 为区域 σ 上的**调和函数**. 方程 $\dfrac{\partial^2 u}{\partial x^2}+\dfrac{\partial^2 u}{\partial y^2}=0$（或记作 $\Delta u=0$）称为二维**拉普拉斯(Laplace)方程**. 而方程 $\dfrac{\partial^2 u}{\partial x^2}+\dfrac{\partial^2 u}{\partial y^2}=-h(x,y)$ 和方程 $\dfrac{\partial^2 u}{\partial x^2}+\dfrac{\partial^2 u}{\partial y^2}+\lambda u=0$ 分别称为二维**泊松(Poisson)方程**和二维**亥姆霍兹(Helmhotz)方程**. 在物理学中，许多平面场，如稳定温度场、静电场、无旋流的速度场等，都满足这几个方程.

定理 1.1 解析函数的实部和虚部都是调和函数，且其梯度向量相互正交.

证 设 $f(z)=u+\mathrm{i}v$ 在区域 σ 上解析，于是在 σ 上 C-R 条件(1.3.9)成立. 即

$$\frac{\partial u}{\partial x}=\frac{\partial v}{\partial y},\quad \frac{\partial v}{\partial x}=-\frac{\partial u}{\partial y}$$

而第二章将证明解析函数具有任意阶微商，因而此处 u 和 v 也有各阶偏微商，故有

$$\frac{\partial^2 u}{\partial x^2}=\frac{\partial^2 v}{\partial x\partial y},\quad \frac{\partial^2 v}{\partial x\partial y}=-\frac{\partial^2 u}{\partial y^2}$$

因此在 σ 上有

$$\frac{\partial^2 u}{\partial x^2}+\frac{\partial^2 u}{\partial y^2}=0 \tag{1.3.12}$$

同样可以证明在 σ 上有

$$\frac{\partial^2 v}{\partial x^2}+\frac{\partial^2 v}{\partial y^2}=0 \tag{1.3.13}$$

所以，$u(x,y)$ 和 $v(x,y)$ 都是区域 σ 上的调和函数.

而将 C-R 条件(1.3.9)式的两个等式对应相乘有

$$\frac{\partial u}{\partial x}\cdot\frac{\partial v}{\partial x}=-\frac{\partial v}{\partial y}\cdot\frac{\partial u}{\partial y}$$

即

$$\frac{\partial u}{\partial x}\cdot\frac{\partial v}{\partial x}+\frac{\partial u}{\partial y}\cdot\frac{\partial v}{\partial y}=0$$

亦即

$$\nabla u\cdot\nabla v=0 \tag{1.3.14}$$

这表明解析函数实部和虚部的梯度向量 ∇u 与 ∇v 正交. 而 ∇u 和 ∇v 分别是曲线 $u(x,y)=$常数与 $v(x,y)=$常数的法向向量，这说明 $u=$常数和 $v=$常数是彼此互相正交的两曲线族.

由于解析函数的这一性质，**解析函数的理论在平面场问题中有重要应用**. 现在以静电场为例来分析. 既然实际的空间是三维的，静电场当然总是三维的. 但如果电荷沿三维空间的某方向上分布是均匀的，我们取此方向为 z 方向，则电场和电势 $\varphi(x,y)$ 都与空间坐标 z 无关，我们只要在 xy 平面上研究它就够了. 这样的静电场叫作**平**

面静电场,它的电势 $\varphi(x,y)$在 xy 平面的无源(即无电荷)区域中是满足二维拉普拉斯方程的. 即

$$\frac{\partial^2\varphi}{\partial x^2}+\frac{\partial^2\varphi}{\partial y^2}=0 \tag{1.3.15}$$

比较方程(1.3.12)[或(1.3.13)]与方程(1.3.15)可见,解析函数的实部(或虚部)可以解释为某平面静电场的势.

注意到平面静电场的等势线族 $\varphi(x,y)=$常数与电场线族也是处处相互正交的,所以,如果我们将解析函数的实部 $u(x,y)$[或虚部 $v(x,y)$]解释为某平面静电场的势,那么 $v(x,y)$[或$u(x,y)$]的等值线族就是该静电场的电场线族. 正因为如此,人们常用一解析函数来描绘这一无源平面静电场,并称此解析函数为该平面静电场的**复势**. 显然,同一平面静电场的复势可以相差一常数.

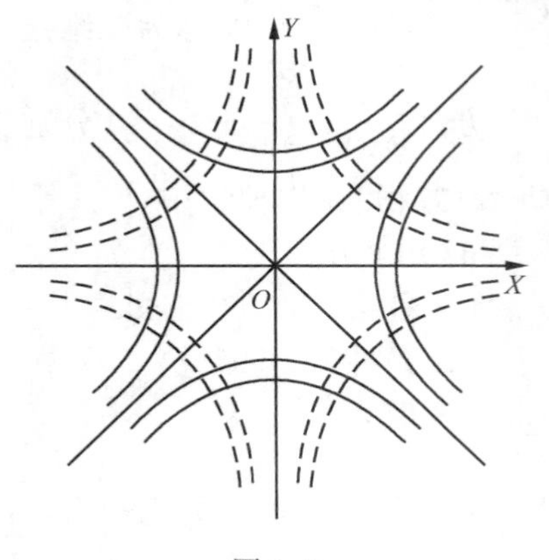

图 1.6

例 4 考虑解析函数 $f(z)=z^2=x^2-y^2+\mathrm{i}2xy$,它对应什么样的平面静电场的复势?

解 如图 1.6 所示,实线族 $u=x^2-y^2=$常数与虚线族 $v=2xy=$常数在 z 平面互相正交. 如将其虚部 $v=2xy$ 看作平面静电场的势,则等势线族和电场线族分别为 $2xy=$常数和 $x^2-y^2=$常数,这是以实轴和虚轴为截口的两块互相垂直的甚大的带电导体平面的静电场.

以上分析同样也适用于具有类似性质的其他平面标量场. 一般而言,一既无源又无旋的平面矢量场,总可以构造一个解析函数,即复势与之对应. 采用复势来研究平面矢量场,不但形式紧凑,而且可使计算大为简化.

由于解析函数的实部和虚部通过 C-R 条件联系着,因此,**只要知道解析函数的实部(或虚部),就能求出相应的虚部(或实部)**. 具体可用以下两种方法来求.

(1) 如果已知 u 求 v,可从全微分出发. 因

$$\mathrm{d}v=\frac{\partial v}{\partial x}\mathrm{d}x+\frac{\partial v}{\partial y}\mathrm{d}y=-\frac{\partial u}{\partial y}\mathrm{d}x+\frac{\partial u}{\partial x}\mathrm{d}y$$

故

$$v=\int -\frac{\partial u}{\partial y}\mathrm{d}x+\frac{\partial u}{\partial x}\mathrm{d}y+C \tag{1.3.16}$$

(2) 已知 u 求 v 还可由关系$\frac{\partial v}{\partial y}=\frac{\partial u}{\partial x}$,对 y 积分来求. 因

$$v=\int\frac{\partial v}{\partial y}\mathrm{d}y+\varphi(x)=\int\frac{\partial u}{\partial x}\mathrm{d}y+\varphi(x) \tag{1.3.17}$$

所以

$$\frac{\partial v}{\partial x}=\frac{\partial}{\partial x}\int\frac{\partial u}{\partial x}\mathrm{d}y+\varphi'(x)=-\frac{\partial u}{\partial y} \tag{1.3.18}$$

由(1.3.18)式可求得 $\varphi(x)$,代入(1.3.17)式即可求得 v.

当然，由关系$\frac{\partial v}{\partial x}=-\frac{\partial u}{\partial y}$两边对 x 积分类似于上述过程也可求得 v.

例 5 已知 $u=x^3-3xy^2$，求 v.

解
$$\frac{\partial u}{\partial x}=3x^2-3y^2,\quad \frac{\partial u}{\partial y}=-6xy$$

由(1.3.16)式有

$$v=\int 6xy\,\mathrm{d}x+(3x^2-3y^2)\mathrm{d}y+C=\int \mathrm{d}(3x^2y-y^3)+C$$
$$=3x^2y-y^3+C$$

也可由(1.3.17)式和(1.3.18)式得

$$v=\int (3x^2-3y^2)\mathrm{d}y+\varphi(x)=3x^2y-y^3+\varphi(x)$$

$$\frac{\partial v}{\partial x}=6xy+\varphi'(x)=-\frac{\partial u}{\partial y}=6xy$$

所以
$$\varphi'(x)=0,\quad \varphi(x)=C$$
于是
$$v=3x^2y-y^3+C$$
故得解析函数
$$f(z)=u+\mathrm{i}v=x^3-3xy^2+\mathrm{i}(3x^2y-y^3+C)$$
$$=(x+\mathrm{i}y)^3+\mathrm{i}C=z^3+\mathrm{i}C$$

像解析函数的实部和虚部这样的两个由 C-R 条件联系着的调和函数 u 与 v，称为**共轭调和函数**.

习 题 1.3

1. 试推导**极坐标形式下的 C-R 条件**

$$\frac{\partial u}{\partial \rho}=\frac{1}{\rho}\frac{\partial v}{\partial \varphi},\quad \frac{1}{\rho}\frac{\partial u}{\partial \varphi}=-\frac{\partial v}{\partial \rho} \tag{1.3.19}$$

2. 讨论下列函数的可微性和解析性：

(1) $w=z^2$； (2) $w=z\mathrm{Re}z$；

(3) $w=\sqrt[5]{z^3}$； (4) $w=|z|^2$.

3. 若函数 $f(z)$在区域 σ 上解析并满足下列条件之一，证明 $f(z)$必为常数.

(1) $f'(z)=0$； (2) $\overline{f(z)}$在 σ 上解析；

(3) $|f(z)|=$常数； (4) $\mathrm{Re}f(z)=$常数.

4. 已知解析函数的实部或虚部，求解析函数.

(1) $u=x^2-y^2+xy, f(i)=-1+\mathrm{i}$； (2) $u=2(x-1)y, f(2)=-\mathrm{i}$；

(3) $v=\dfrac{y}{x^2+y^2}, f(2)=0$； (4) $u=\ln\rho, f(1)=0$.

5. 已知一平面静电场的电场线族是与实轴相切于原点的圆族，求等势线族，并求此电场的复势.

6. 已知一平面静电场的电场线族是抛物线族 $y^2=C^2+2Cx(C>0)$，求等势线族，并求此电场的复势.

7. xy^2 能否成为 z 的一个解析函数的实部？为什么？

8. 证明：如果 $f(z)$ 和 $\varphi(z)$ 在 z_0 点解析，$f(z_0)=\varphi(z_0)=0$，$\varphi'(z_0)\neq 0$，则 $\lim\limits_{z\to z_0}\dfrac{f(z)}{\varphi(z)}=\dfrac{f'(z_0)}{\varphi'(z_0)}$. **即，对于解析函数而言，实函数中的洛必达(L'Hospital)法则仍成立.**

1.4 初等解析函数

在这一节里将介绍一些简单的解析函数，如幂函数 z^n，指数函数 e^z，三角函数 $\sin z$，$\cos z$ 和双曲函数 $\mathrm{sh}z$，$\mathrm{ch}z$；还将介绍多值函数 $\sqrt[n]{z}$，$\mathrm{Ln}z$，z^s（$s\neq$ 整数）以及有关多值函数的一些基本概念，如支点、单值分支、支割线、黎曼面等.

1. 幂函数 $w=z^n(n=0,\pm 1,\pm 2,\cdots)$

由上一节的例 1 知道，当 $n=1,2,3,\cdots$ 时，幂函数 z^n 在复平面上处处可微. 因此，当 n 是正整数（包括零）时，$w=z^n$ 是复平面上的解析函数. 当 $n=-1,-2,-3,\cdots$ 时，除了 $z=0$ 这一点以外，导数 nz^{n-1} 也都处处存在并有确定值，故在 n 是负整数的情形下，幂函数 $w=z^n$ 是除了 $z=0$ 点以外的复平面上的解析函数，$z=0$ 是这函数的奇点.

由上所述解析函数的性质不难看出，**多项式函数** $w=P(z)=a_0+a_1z+a_2z^2+\cdots+a_nz^n(a_n\neq 0)$ 也在复平面上解析；**有理函数** $w=\dfrac{P(z)}{Q(z)}=\dfrac{a_0+a_1z+a_2z^2+\cdots+a_nz^n}{b_0+b_1z+b_2z^2+\cdots+b_mz^m}(a_n,b_m\neq 0)$ 在复平面上除使 $Q(z)=0$ 的点外解析.

2. 指数函数 $w=\mathrm{e}^z$

我们定义

$$\mathrm{e}^z=\mathrm{e}^{x+\mathrm{i}y}=\mathrm{e}^x(\cos y+\mathrm{i}\sin y)\tag{1.4.1}$$

并称它为**指数函数**（有时也用 $\exp z$ 表示）. 当 z 取实数 x 时，它就是实指数函数 e^x.

在上一节的例 3 中，曾证明了 $f(z)=\mathrm{e}^x(\cos y+\mathrm{i}\sin y)$ 在复平面上解析，并且 $f'(z)=f(z)$，所以指数函数 $w=\mathrm{e}^z$ 在复平面上解析，并且

$$(\mathrm{e}^z)'=\mathrm{e}^z\tag{1.4.2}$$

易于证明，指数函数还有如下一些主要性质：

(1) $\mathrm{e}^{z_1}\cdot\mathrm{e}^{z_2}=\mathrm{e}^{z_1+z_2}$ (1.4.3)

(2) $\mathrm{e}^{z+\mathrm{i}2k\pi}=\mathrm{e}^z$，$k=0,\pm 1,\pm 2,\cdots$ (1.4.4)

即 e^z 以 $2\pi\mathrm{i}$ 为周期. 这是与实指数函数 e^x 的主要不同之点.

在(1.4.1)式中，如果令 $z=\pm\mathrm{i}\theta$（θ 为实数）则得我们所熟知的**欧拉(Euler)公式**

$$\mathrm{e}^{\mathrm{i}\theta}=\cos\theta+\mathrm{i}\sin\theta,\quad \mathrm{e}^{-\mathrm{i}\theta}=\cos\theta-\mathrm{i}\sin\theta$$

一般写成

$$\sin\theta=\frac{\mathrm{e}^{\mathrm{i}\theta}-\mathrm{e}^{-\mathrm{i}\theta}}{2\mathrm{i}},\quad \cos\theta=\frac{\mathrm{e}^{\mathrm{i}\theta}+\mathrm{e}^{-\mathrm{i}\theta}}{2}\tag{1.4.5}$$

3. 三角函数

由(1.4.5)式我们类似地可定义**正弦函数** $\sin z$ 和**余弦函数** $\cos z$ 为

$$\sin z = \frac{e^{iz} - e^{-iz}}{2i}, \quad \cos z = \frac{e^{iz} + e^{-iz}}{2} \tag{1.4.6}$$

它们是实数范围内正弦函数和余弦函数在复数范围内的推广.

由指数函数的解析性和求导公式可知道它们亦均在复平面解析,且

$$(\sin z)' = \cos z, \quad (\cos z)' = -\sin z \tag{1.4.7}$$

$\sin z$ 和 $\cos z$ 还具有如下一些主要性质:

(1) $\sin(-z) = -\sin z, \cos(-z) = \cos z$ (1.4.8)

(2) $\sin^2 z + \cos^2 z = 1$ (1.4.9)

(3) $\sin(z_1 \pm z_2) = \sin z_1 \cos z_2 \pm \cos z_1 \sin z_2$ (1.4.10)

(4) $\cos(z_1 \pm z_2) = \cos z_1 \cos z_2 \mp \sin z_1 \sin z_2$ (1.4.11)

(5) $\sin(z + 2\pi) = \sin z, \cos(z + 2\pi) = \cos z$ (1.4.12)

(6) $\sin z = 0$ 必须且只须 $z = n\pi, n = 0, \pm 1, \pm 2, \cdots$

$\cos z = 0$ 必须且只须 $z = \left(n + \frac{1}{2}\right)\pi, \quad n = 0, \pm 1, \pm 2, \cdots$

(7) $|\sin z|$ 和 $|\cos z|$ 可大于任何正数(与实函数情形不同). 例如,当 $z = i$ 时

$$\cos i = \frac{e^{-1} + e}{2} = \frac{0.368 + 2.718}{2} = 1.543 > 1$$

事实上只要 z 的虚部 y 趋近无穷大,$|\sin z|$ 和 $|\cos z|$ 就趋于无穷大.

其他三角函数如 $\tan z, \cot z, \sec z, \csc z$ 等,都可以仿照实函数关系来定义

$$\tan z = \frac{\sin z}{\cos z}, \quad \cot z = \frac{\cos z}{\sin z}, \quad \sec z = \frac{1}{\cos z}, \quad \csc z = \frac{1}{\sin z} \tag{1.4.13}$$

分别被称做**正切**、**余切**、**正割**、**余割**函数. 它们的解析性和其他性质,也均可由 $\sin z$ 和 $\cos z$ 的解析性和其他性质推出.

4. 双曲函数

双曲正弦和**双曲余弦**的定义为

$$\mathrm{sh}z = \frac{e^{z} - e^{-z}}{2}, \quad \mathrm{ch}z = \frac{e^{z} + e^{-z}}{2} \tag{1.4.14}$$

类似于实函数定义

$$\mathrm{th}z = \frac{\mathrm{sh}z}{\mathrm{ch}z}, \quad \mathrm{coth}z = \frac{\mathrm{ch}z}{\mathrm{sh}z}, \quad \mathrm{sech}z = \frac{1}{\mathrm{ch}z}, \quad \mathrm{csch}z = \frac{1}{\mathrm{sh}z} \tag{1.4.15}$$

分别称做**双曲正切**、**双曲余切**、**双曲正割**、**双曲余割**函数.

幂函数、指数函数、三角函数和双曲函数都是初等单值函数. 下面介绍几种常见的初等多值函数.

5. 根式函数 $w=\sqrt[n]{z}$

如果 $z=w^n, n=2,3,\cdots$，则称 w 为 z 的**根式函数**，记为 $w=\sqrt[n]{z}$. 今以 $w=\sqrt{z}$ 为例，来阐明有关多值函数的一些基本概念.

由 $w=\sqrt{z}$，有 $w^2=z$. 令 $w=\rho e^{i\varphi}, z=re^{i\theta}$，代入上式得：$\rho^2 e^{i2\varphi}=re^{i\theta}$，于是 $\rho^2=r$，$2\varphi=\theta+2k\pi$，所以

$$\rho=\sqrt{r}, \quad \varphi=\frac{\theta}{2}+k\pi, \quad k=0,\pm1,\pm2,\cdots \tag{1.4.16}$$

从这里可以看到，w 的模 ρ 与 z 的模 r 是一一对应的，而辐角则不然. 对应于每个 θ 值，有二个不同的 φ 值

$$\varphi_1=\frac{\theta}{2}, \quad \varphi_2=\frac{\theta}{2}+\pi \tag{1.4.17}$$

[相应于(1.4.16)式中 $k=0,1$]，从而给出两个不同的 w 值

$$w_1=\sqrt{r}e^{i\frac{\theta}{2}}, \quad w_2=\sqrt{r}e^{i\left(\frac{\theta}{2}+\pi\right)}=-\sqrt{r}e^{i\frac{\theta}{2}} \tag{1.4.18}$$

其他 k 值给出的 w 值只是这两个 φ 值的重复.

所以，**函数 $w=\sqrt{z}$ 是多值函数. 其多值性表现在 w 的辐角与 z 的辐角的对应关系上.**

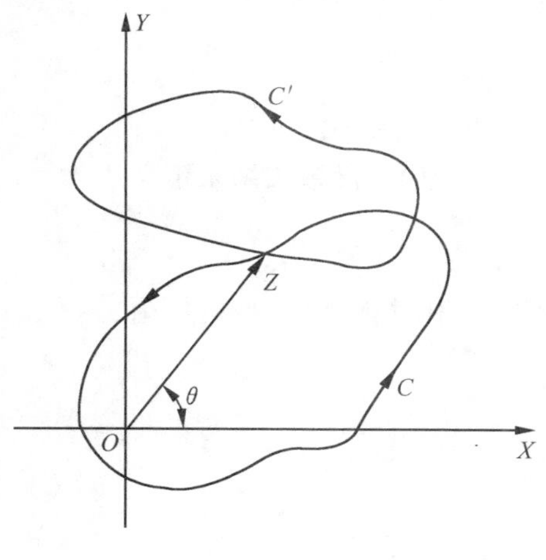

图 1.7

若开始时在 z 平面选定一点 $z(r,\theta)$ 与 $w_1=\sqrt{r}e^{i\frac{\theta}{2}}$ 相对应，则当 $z(r,\theta)$ 沿着图 1.7 中其内含有 $z=0$ 点的闭合曲线 C 连续变化，绕 $z=0$ 点一圈回到原处时，$\mathrm{Arg}z$ 的值由原来的 θ 变为 $\theta+2\pi$，相应的 w 值由原来的 $w_1=\sqrt{r}e^{i\frac{\theta}{2}}$ 变为 $\sqrt{r}e^{i\frac{\theta+2\pi}{2}}=w_2$. 但如果 $z(r,\theta)$ 是沿图 1.7 中其内不包含原点的闭合曲线 C' 连续变化回到原处时，$\mathrm{Arg}z$ 之值仍为 θ，因而相应的 w 值也不会改变，即仍为 $w_1=\sqrt{r}e^{i\frac{\theta}{2}}$.

从上面分析看到，对于多值函数而言，存在某些特殊的点，当变量绕它转一圈回到原处时，对应的函数值不能还原(发生了变化)，这种点称为多值函数的**支点**①.

所以，$z=0$ 是函数 $w=\sqrt{z}$ 的支点. 另外，$z=\infty$ 也是 $w=\sqrt{z}$ 的支点，因为如果令 $z=\dfrac{1}{t}$，则有 $w=\dfrac{1}{\sqrt{t}}$，当 t 绕 $t=0$ 转一圈回到原处时，w 之值不还原，这个函数再没有其他支点了. 因为在 z 平面上沿着任一条不包含原点在内部的闭曲线转一圈而回到原处时，其函数值都不会改变.

如果我们规定$-\pi<\theta\leqslant\pi$，则对应于$z=re^{i\theta}$相应的有函数值$w_1=\sqrt{r}e^{i\frac{\theta}{2}}$；而对应于$z=re^{i(\theta+2\pi)}$相应的有函数值$w_2=\sqrt{r}e^{i\left(\frac{\theta}{2}+\pi\right)}$，函数$w=\sqrt{z}$之值与自变量的取值实现了一一对应的关系.即对于多值函数而言，如果我们限制自变量z的变化范围，便可使得对于每一个自变量z值，都分别有唯一的一个确定的函数值与之相对应，亦即多值函数被划分成了若干个单值函数，我们称其中每一个单值函数为多值函数的一个**单值分支**.例如，$w_1=\sqrt{r}e^{i\frac{\theta}{2}}$和$w_2=\sqrt{r}e^{i\left(\frac{\theta}{2}+\pi\right)}$，当$-\pi<\theta\leqslant\pi$时是$w=\sqrt{z}$的两个单值分支.

单值分支的划分，也可形象地用几何图形来描绘.如图1.8(a)所示，从0到∞沿负实轴将z(一)平面切割开，并规定切割的下缘$\arg z=-\pi$，上缘$\arg z=\pi$，则与这平面上的z值对应的函数值$w_1(z)$位于图1.8(c)所示的w平面的右半：$-\frac{\pi}{2}<\arg w_1\leqslant\frac{\pi}{2}$，与切割下缘对应的是负虚轴，与上缘对应的是正虚轴.类似的如图1.8(b)所示，将z(二)平面也沿负实轴割开，但规定切割下缘是π，上缘是3π，因此与这平面上的z值对应的函数值$w_2(z)$位于图1.8(c)的左半平面：$\frac{\pi}{2}<\arg w_2\leqslant\frac{3\pi}{2}$，与切割下缘对应的是正虚轴，与上缘对应的是负虚轴.对于$w=\sqrt{z}$的反函数$z=w^2$来说，在w平面按图1.8(c)这样划出的区域，能使不同的w值对应于z平面的不同的z值，这也就是说$z=w^2$分别在这两个区域$\left(-\frac{\pi}{2}<\arg w_1\leqslant\frac{\pi}{2},\frac{\pi}{2}<\arg w_2\leqslant\frac{3\pi}{2}\right)$上都是**单叶函数**，我们把这两个区域分别称做$z=w^2$的**单叶性区域**.这样一来，当我们用$z=w^2$的两个互不相交的单叶区域把$w$平面布满之后，便把多值函数$w=\sqrt{z}$的两个单值分支$w_1(z)$和$w_2(z)$分开表示出来，而每个单叶性区域是其一个单值分支的**值域**.

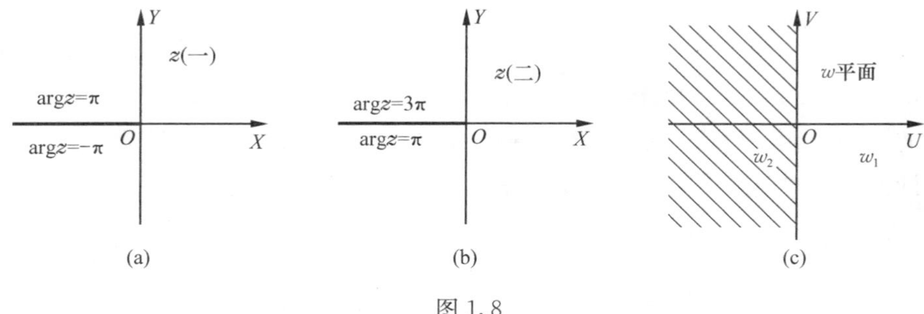

图1.8

我们称以上这种连接多值函数两支点间的割开z平面的线为**支割线**.它起着这样的作用：当z连续变化时，不得跨越支割线.这使得在割开的z平面上闭合曲线都不含支点于内，因此相应的函数值也只能在w平面上的一个单值分支内变化，而不会从一个单值分支跨越到另一个单值分支中去.这样，两个单值分支就完全分开了.当然，支割线并不必须是直线，只要能够起到把单值分支分开的作用即可.

应当注意，把一个多值函数划分为单值分支是有一定任意性的. 例如，上述的$w=\sqrt{z}$，若规定$0<\theta\leqslant 2\pi$，则它的两个单值分支$w_1(z)=\sqrt{r}e^{i\frac{\theta}{2}}$和$w_2(z)=\sqrt{r}e^{i\left(\frac{\theta}{2}+\pi\right)}$就将分别位于$w$平面的上半平面和下半平面，如图 1.9(c)所示. 即

$$w_1(z):0<\arg z\leqslant 2\pi,\quad 0<\arg w_1(z)\leqslant \pi$$
$$w_2(z):2\pi<\arg z\leqslant 4\pi,\quad \pi<\arg w_2(z)\leqslant 2\pi$$

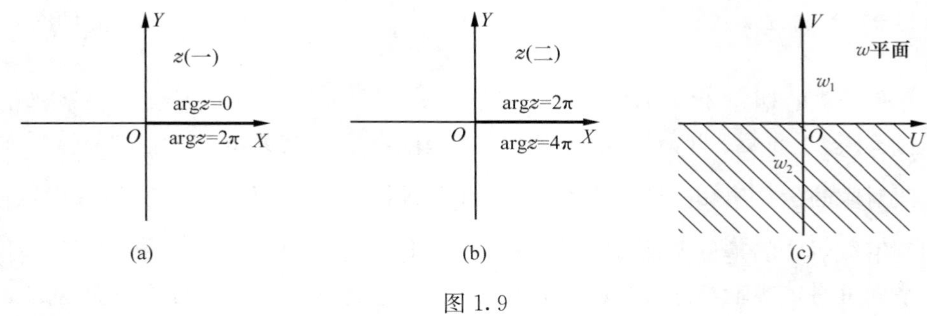

图 1.9

在图 1.8 和图 1.9 中，我们把根式$w=\sqrt{z}$的两个单值分支$w_1(z)$和$w_2(z)$的函数值与自变量z的对应关系分开表示出来了. 这种对应关系也可以合并在一起表示. 例如，将图 1.9 中z(一)平面支割线的上缘与z(二)平面中支割线的下缘连起来，并设想z(二)平面中支割线的上缘与z(一)平面中支割线的下缘也能连起来，构成如图 1.10 所示的这样一个交叉连接的两叶面. 当z在z(一)平面上绕$z=0$转一圈后，它的轨迹将跨过连起来的支割线$\arg z=2\pi$而进入z(二)平面；如果z点在z(二)平面继续再绕$z=0$点转一圈，它的轨迹将跨越连起来的支割线$\arg z=4\pi$和$\arg z=0$而回到z(一)平面. 因此，这两叶互相粘合的复平面使函数$w=\sqrt{z}$的值与变量z的值一一对应. 我们称这种使多值函数w的值与变量z的值一一对应的由若干叶复平面粘合而成的模型为**黎曼面**.

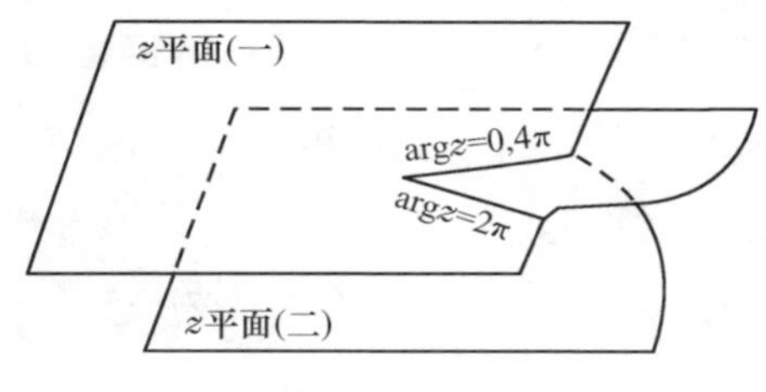

图 1.10

一般说来，一个多值函数的导数是不存在的，因为极限$\lim\limits_{z\to z_0}\dfrac{f(z)-f(z_0)}{z-z_0}$之值与$z$趋近于$z_0$的方式(例如绕过支点或者不绕过支点)有关，所以不能笼统地讨论其解析性. 但如果在某一区域内能够把多值函数的各个单值分支划分开，则对于每一单值分支可以如前讨论其解析性. 例如，若将z平面按图 1.8 所示方式割开，则函数$w=\sqrt{z}$与之相应的每一单值分支$w_1=\sqrt{r}e^{i\frac{\theta}{2}}$和$w_2=\sqrt{r}e^{i\left(\frac{\theta}{2}+\pi\right)}$都是解析的. 因为在此二区域内，$z$无论怎么变动都不会绕过支点(多值函数的支点一定是函数的奇点，因为在支点的邻域内不能把各个单值划分开，导数也就不存在).

6. 对数函数 $w=\mathrm{Ln}z$

若 $z=\mathrm{e}^w$,则称 w 为 z 的**对数函数**,并记为 $w=\mathrm{Ln}z$. 注意 $z=0$ 时,$\mathrm{Ln}z$ 没有定义. 令 $w=u+\mathrm{i}v, z=r\mathrm{e}^{\mathrm{i}\theta}$,则由 $z=\mathrm{e}^w$ 得 $r\mathrm{e}^{\mathrm{i}\theta}=\mathrm{e}^u\cdot\mathrm{e}^{\mathrm{i}v}$,由此得

$$\mathrm{e}^u = r$$

即

$$u = \ln r = \ln|z|$$

$$v = \theta + 2k\pi, \quad k = 0, \pm 1, \pm 2, \cdots \tag{1.4.19}$$

于是

$$\mathrm{Ln}z = u + \mathrm{i}v = \ln|z| + \mathrm{i}(\theta + 2k\pi), \quad k = 0, \pm 1, \pm 2, \cdots \tag{1.4.20}$$

这说明**对数函数 $w=\mathrm{Ln}z$ 是多值函数,其多值性表现在函数值 w 的虚部与自变数 z 的辐角的对应关系上**:对应于每一 z 值,有无穷多个 w 值,它们彼此的虚部相差 2π 的整数倍.

对数函数仅有两个支点 0 与∞. 因为当 z 沿绕 $z=0$ 点一周的曲线变化回到原出发点时,$\mathrm{Arg}z$ 增加 2π,相应的函数值 w 的虚部也增加 2π,即发生了变化. 令 $z=\dfrac{1}{t}$,类似的可证明∞也是 $\mathrm{Ln}z$ 的支点.

类似于对 $w=\sqrt{z}$的讨论,从 0 到∞作支割线即可得到 $\mathrm{Ln}z$ 在这些割破了的 z 平面上的无穷多个单值分支,记作

$$(\ln z)_k = \ln|z| + \mathrm{i}(\theta + 2k\pi), \quad k = 0, \pm 1, \pm 2, \cdots \tag{1.4.21}$$

而通常将其中 $\theta=\arg z, 0<\arg z\leqslant 2\pi$ 的那一支称做 $\mathrm{Ln}z$ 的**主值支**,记作

$$\ln z = \ln|z| + \mathrm{i}\arg z, \quad 0 < \arg z \leqslant 2\pi \tag{1.4.22}$$

显然,对数函数 $w=\mathrm{Ln}z$ 的黎曼面由无穷多叶 z 平面叠合而成. 与每一个 z 平面对应的 w 值,在 w 平面上构成一个与实轴平行的无穷长的宽度为 2π 的带形区域(即 $z=\mathrm{e}^w$ 的单叶性区域).

易于证明对数函数的每一单值分支都是解析函数,且

$$\frac{\mathrm{d}}{\mathrm{d}z}(\ln z)_k = \frac{1}{z}, \quad k = 0, \pm 1, \pm 2, \cdots \tag{1.4.23}$$

也容易证明,对数函数 $w=\mathrm{Ln}z$,满足与实对数函数类似的运算规律

$$\mathrm{Ln}(z_1\cdot z_2) = \mathrm{Ln}z_1 + \mathrm{Ln}z_2 \tag{1.4.24}$$

$$\mathrm{Ln}\left(\frac{z_1}{z_2}\right) = \mathrm{Ln}z_1 - \mathrm{Ln}z_2 \tag{1.4.25}$$

7. 一般幂函数

定义 $z^s=\mathrm{e}^{s\mathrm{Ln}z}$($s$ 为复常数)为**一般幂函数**. 不难验证,当 s 取整数 n 或$\dfrac{1}{n}$时,它就是前面已讨论过的 z^n 及$\sqrt[n]{z}$. 一般幂函数对于不为零的复数 z 都有意义,由于 $\mathrm{Ln}z$ 的

多值性，z^s **除 s 为整数外是多值函数**. 其分支的方法与 $\mathrm{Ln}z$ 相同. 在规定单分支后，是 z 的一个解析函数，导数为

$$\frac{\mathrm{d}}{\mathrm{d}z}z^s = \frac{\mathrm{d}}{\mathrm{d}z}\mathrm{e}^{s\mathrm{Ln}z} = \mathrm{e}^{s\mathrm{Ln}z} \cdot s \cdot \frac{1}{z} = sz^{s-1} \tag{1.4.26}$$

8. 一般指数函数

定义 $s^z = \mathrm{e}^{z\mathrm{Ln}s}$（$s$ 为复常数）为**一般指数函数**. 显然，s^z **亦为多值函数**.

注 ① 如果变量 z 绕支点转 n 周（n 为自然数）而回到原处，多值函数回复原值，我们就说这支点是 $n-1$ **阶支点**. 阶数为有限的支点都称为**代数支点**，阶数为无限的支点称为**超越支点**.

习 题 1.4

1. 证明(1.4.3)、(1.4.4)、(1.4.8)、(1.4.12)、(1.4.23)、(1.4.25)式.

2. 试证

(1) $\sin(\mathrm{i}z)=\mathrm{i}\,\mathrm{sh}z$，$\cos(\mathrm{i}z)=\mathrm{ch}z$； (1.4.27)

(2) $\mathrm{ch}^2 z-\mathrm{sh}^2 z=1$； (1.4.28)

(3) $\mathrm{ch}(z_1+z_2)=\mathrm{ch}z_1\,\mathrm{ch}z_2+\mathrm{sh}z_1\,\mathrm{sh}z_2$. (1.4.29)

3. 若 $z=x+\mathrm{i}y$，试证

(1) $\sin z=\sin x\,\mathrm{ch}y+\mathrm{i}\cos x\,\mathrm{sh}y$； (1.4.30)

(2) $\cos z=\cos x\,\mathrm{ch}y-\mathrm{i}\sin x\,\mathrm{sh}y$； (1.4.31)

(3) $|\sin z|^2=\sin^2 x+\mathrm{sh}^2 y$； (1.4.32)

(4) $|\cos z|^2=\cos^2 x+\mathrm{sh}^2 y$. (1.4.33)

4. 求证：$\lim\limits_{z\to 0}\dfrac{\sin z}{z}=1$. (1.4.34)

5. 若 $z=\sin w$，则称 w 为 z 的**反正弦函数**，并记作 $w=\mathrm{Arcsin}z$. 类似地也可建立**反余弦、反正切、反余切**函数的概念. 试讨论以上反三角函数的多值性.

6. 解方程

(1) $\mathrm{sh}z=0$； (2) $\mathrm{e}^z=1+\mathrm{i}\sqrt{3}$； (3) $\sin z=2$； (4) $\tan z=\dfrac{\mathrm{i}}{3}$.

7. 判断下列函数是单值的还是多值的. 若是多值的，是几值？其支点是什么？

(1) $z+\sqrt{z-1}$； (2) $\dfrac{1}{1+\ln z}$； (3) $\sqrt[3]{z^2-4}+\sqrt{z^2-1}$； (4) $\sqrt{\cos z}$；

(5) $\dfrac{\sin\sqrt{z}}{\sqrt{z}}$； (6) $\dfrac{\cos\sqrt{z}}{\sqrt{z}}$； (7) $\mathrm{Ln}\sin z$； (8) $\sqrt{\dfrac{z-1}{z-2}}$.

8. 设 $w=\sqrt[3]{z}$ 确定在沿负实轴割破了的 z 平面上，并且 $w(\mathrm{i})=-\mathrm{i}$，求 $w(-\mathrm{i})$.

9. 当 $z=0$ 时，规定多值函数 $w=\sqrt{z^2-1}=\mathrm{i}$，求 $w(\mathrm{i})$ 之值.

10. 计算

(1) $(1+\mathrm{i})^{\mathrm{i}}$； (2) $5^{2+3\mathrm{i}}$； (3) $\cos 5\varphi$； (4) $\mathrm{Ln}(1+\mathrm{i})$.

11. 讨论下列关系是否成立：

(1) $\mathrm{Ln}z+\mathrm{Ln}z=2\mathrm{Ln}z$； (2) $\mathrm{Ln}z-\mathrm{Ln}z=0$.

1.5 解析函数的几何性质

用几何图形表示函数 $w=f(z)$，将使我们对函数有直观的理解，特别是对于我们处理平面场问题．会有很大帮助．我们把复变函数理解为两个复平面上的点集间的对应（映射或变换）．具体地说，取两张复平面分别代表 z 平面和 w 平面，则复变函数 $w=f(z)$ 给出了从 z 平面上的点集 E 到 w 平面上的点集 F 间的一个对应关系，与点 $z\in E$ 对应的点 $w=f(z)$ 称为 z 点的**像点**，而 z 点就称为 $w=f(z)$ 的**原像**（图 1.11）．

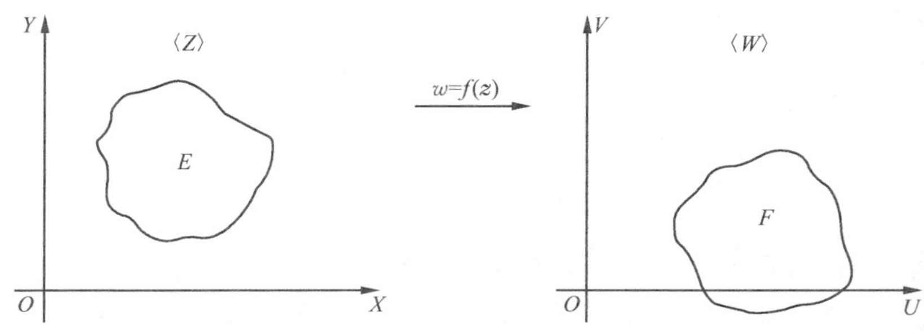

图 1.11

例 1 问函数 $w=z^2$ 将 z 平面的直线 $y=x$ 变成了 w 平面的何种图形？

解 $$w=z^2=(x+\mathrm{i}y)(x+\mathrm{i}y)=x^2-y^2+\mathrm{i}2xy$$

所以

$$u=x^2-y^2,\quad v=2xy$$

当 $y=x$ 时

$$u=0,v=2x^2\geqslant 0,\quad -\infty<x<\infty$$

故 $w=z^2$ 将 z 平面的直线 $y=x$ 变成了 w 平面上半虚轴（图 1.12）．

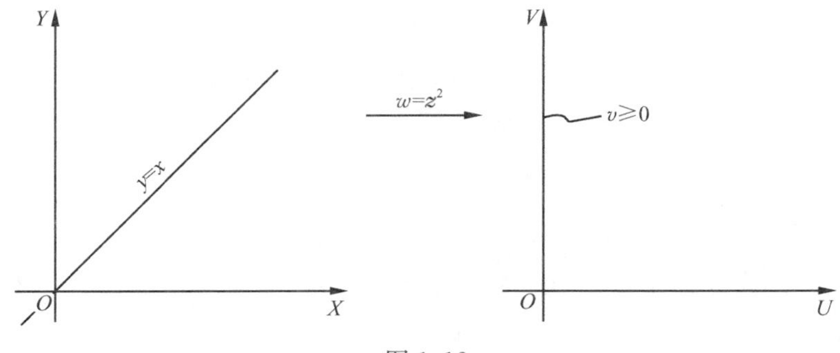

图 1.12

1. 单叶变换定理

但是，我们感兴趣的是 z 与 w 构成的一一对应的变换．即双向单值的关系．换而言之，我们需要从变换 $w=f(z)=u(x,y)+\mathrm{i}v(x,y)$ 中，解出 x 和 y 作为 u 与 v 的单值函数. 由高等数学的知识可知，允许这样做的条件是，该 $w=u(x,y)+\mathrm{i}v(x,y)$ 的雅克比(Jacobi)行列式不等于零. 即

$$J=\begin{vmatrix}\dfrac{\partial u}{\partial x} & \dfrac{\partial u}{\partial y}\\ \dfrac{\partial v}{\partial x} & \dfrac{\partial v}{\partial x}\end{vmatrix}\neq 0 \tag{1.5.1}$$

设 $w=f(z)$ 在区域 σ 中解析，则由 C-R 条件(1.3.9)式和解析函数的微商公式(1.3.11)式有，条件(1.5.1)式可改写为

$$\begin{aligned}J&=\begin{vmatrix}\dfrac{\partial u}{\partial x} & \dfrac{\partial u}{\partial y}\\ \dfrac{\partial v}{\partial x} & \dfrac{\partial v}{\partial y}\end{vmatrix}=\frac{\partial u}{\partial x}\frac{\partial v}{\partial y}-\frac{\partial v}{\partial x}\frac{\partial u}{\partial y}=\left(\frac{\partial u}{\partial x}\right)^2+\left(\frac{\partial u}{\partial y}\right)^2\\ &=\left|\frac{\partial u}{\partial x}-\mathrm{i}\frac{\partial u}{\partial y}\right|^2=|f'(z)|^2\neq 0\end{aligned} \tag{1.5.2}$$

由此可见，**若 $w=f(z)$ 是区域 σ 中的解析函数，且 $f'(z)\neq 0(z\in\sigma)$，则变换 $w=f(z)$ 在区域 σ 上构成一一对应的变换，并称这变换为域 σ 上的单叶变换.**

2. 导数的几何意义

设 $w=f(z)$ 在 z_0 点解析，且 $f'(z_0)\neq 0$，则当 z_0 在 z 平面沿一曲线 l_1 运动到 $z_0+\Delta z$ 点[图 1.13(a)]，相应的 w_0 也将在 w 平面沿着一条相应的曲线 l_1'，运动到 $w_0+\Delta w$ 点[图 1.13(b)]，且

$$f'(z_0)=\lim_{\Delta z\to 0}\frac{\Delta w}{\Delta z}$$

即

$$\begin{aligned}|f'(z_0)|\mathrm{e}^{\mathrm{i}\arg f'(z_0)}&=\lim_{\Delta z\to 0}\frac{|\Delta w|\mathrm{e}^{\mathrm{i}\arg\Delta w}}{|\Delta z|\mathrm{e}^{\mathrm{i}\arg\Delta z}}\\ &=\lim_{\Delta z\to 0}\left|\frac{\Delta w}{\Delta z}\right|\cdot\lim_{\Delta z\to 0}\mathrm{e}^{\mathrm{i}(\arg\Delta w-\arg\Delta z)}\end{aligned}$$

所以

$$|f'(z_0)|=\lim_{\Delta z\to 0}\left|\frac{\Delta w}{\Delta z}\right| \tag{1.5.3}$$

$$\arg f'(z_0)=\lim_{\Delta z\to 0}(\arg\Delta w-\arg\Delta z)=\theta_1'-\theta_1 \tag{1.5.4}$$

注意到 Δz 和 Δw 分别是 z_0 点到 $z_0+\Delta z$ 点和 w_0 点到 $w_0+\Delta w$ 点的向量；$|\Delta z|$ 和 $|\Delta w|$ 分别是向量 Δz 和 Δw 的长度；而 $\arg\Delta z$ 和 $\arg\Delta w$ 分别是向量 Δz 和 Δw 的辐角. 所以，当 Δz 沿 l_1 趋于零时，$\theta_1=\lim\limits_{\Delta z\to 0}\arg\Delta z$ 表示曲线 l_1 在 z_0 点的切线方向；相应的 $\theta_1'=\lim\limits_{\Delta z\to 0}\arg\Delta w$ 表示曲线 l_1' 在 w_0 点的切线方向. 故由(1.5.4)式可看出，导数的辐角 $\arg f'(z_0)$ 为过 z_0 点的曲线的切线经变换后的一个转动角，称做变换 $w=f(z)$ 在 z_0 点的**旋转角**. 其值与 θ_1 即 z_0 点的切线方向无关. 因为尽管当 θ_1 改变

时 θ_1' 也随之而变，但它们的差值 $\theta_1'-\theta_1[=\arg f'(z_0)]$ 却保持不变. 类似的由(1.5.3)式可看出，导数的模，为过 z_0 点的微线元 $\mathrm{d}z=\lim\limits_{\Delta z\to 0}\Delta z$ 与经变换后的微线元 $\mathrm{d}w=\lim\limits_{\Delta w\to 0}\Delta w$[①] 的长度之比，称做变换 $w=f(z)$ 在 z_0 点的长度**伸缩比**或**放大系数**.

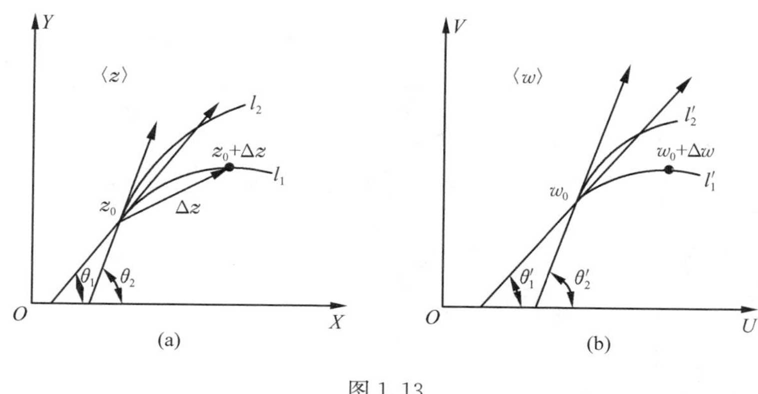

图 1.13

3. 保角变换

如图 1.13 所示，设过 z_0 点另有一条曲线 l_2，它在 z_0 点的切线方向为 θ_2，则经过变换 $w=f(z)$ 后在 w 平面相应的也有过 w_0 的另一条曲线 l_2'. 设它在 w_0 点的切线方向为 θ_2'，则由导数的几何意义知

$$\theta_2'-\theta_2=\arg f'(z_0)$$

又由前面(1.5.4)式有

$$\theta_1'-\theta_1=\arg f'(z_0)$$

所以

$$\theta_2'-\theta_2=\theta_1'-\theta_1$$

即

$$\theta_2'-\theta_1'=\theta_2-\theta_1$$

这说明曲线 l_1 和 l_2 在 z_0 点的夹角[②] $\theta_2-\theta_1$，经变换后其大小和转向均未发生改变.

我们称这种使通过已知点的任意两条曲线间的夹角的大小及方向保持不变的变换 $w=f(z)$，为该点的**保角变换**(或在该点是保角的). 若变换 $w=f(z)$ 在一区域 σ 内各点均保角，则称它为该区域 σ 内的保角变换.

显然，**解析函数在导数不为零的各点实现保角变换.**

值得指出的是，有时需要讨论两条曲线在 $z=\infty$ 处的交角的保角性. 在这种情形下，应当先作变换 $z=\dfrac{1}{t}$，然后讨论经过这变换后的相应两条曲线在 $t=0$ 点($z=\infty$ 的相应点)的交角的保角性[③].

4. 保角变换的性质

我们指出，在保角变换下，二维拉氏方程、泊松方程和亥姆霍兹方程均具有不变性.

事实上,若 $w=f(z)=\xi(x,y)+\mathrm{i}\eta(x,y)$ 在某区域 σ 内解析,且 $w=f'(z)\neq 0$,则由上可知,$w=f(z)$ 在 σ 内实现保角变换. 于是,实二元函数 $u(x,y)$ 在此变换下变为 $u(\xi,\eta)$ 且经此变换后有[④]

$$u_x = u_\xi \xi_x + u_\eta \eta_x, \quad u_y = u_\xi \xi_y + u_\eta \eta_y$$

$$u_{xx} = u_{\xi\xi}\xi_x^2 + 2u_{\xi\eta}\xi_x\eta_x + u_{\eta\eta}\eta_x^2 + u_\xi \xi_{xx} + u_\eta \eta_{xx}$$

$$u_{yy} = u_{\xi\xi}\xi_y^2 + 2u_{\xi\eta}\xi_y\eta_y + u_{\eta\eta}\eta_y^2 + u_\xi \xi_{yy} + u_\eta \eta_{yy}$$

所以

$$\begin{aligned} u_{xx} + u_{yy} =& u_{\xi\xi}(\xi_x^2 + \xi_y^2) + 2u_{\xi\eta}(\xi_x\eta_x + \xi_y\eta_y) + u_{\eta\eta}(\eta_x^2 + \eta_y^2) \\ &+ u_\xi(\xi_{xx} + \xi_{yy}) + u_\eta(\eta_{xx} + \eta_{yy}) \end{aligned} \tag{1.5.5}$$

而由 C-R 条件(1.3.9)式有

$$\xi_x = \eta_y, \quad \eta_x = -\xi_y$$

从而有

$$\xi_x\eta_x + \xi_y\eta_y = \xi_x\eta_x - \eta_x\xi_x = 0$$

$$\xi_{xx} + \xi_{yy} = \eta_{xx} + \eta_{yy} = 0$$

更由(1.3.10)式和(1.3.11)式有

$$\xi_x^2 + \xi_y^2 = \eta_x^2 + \eta_y^2 = |f'(z)|^2$$

将这些结果一并代入(1.5.5)式便有

$$u_{xx} + u_{yy} = (u_{\xi\xi} + u_{\eta\eta})|f'(z)|^2 \tag{1.5.6}$$

将(1.5.6)式代入拉普拉斯方程

$$u_{xx} + u_{yy} = 0 \tag{1.5.7}$$

便有

$$(u_{\xi\xi} + u_{\eta\eta})|f'(z)|^2 = 0$$

因为 $f'(z)\neq 0$,于是有

$$u_{\xi\xi} + u_{\eta\eta} = 0 \tag{1.5.8}$$

即拉普拉斯方程在保角变换下仍变为新坐标平面 w 中的拉普拉斯方程. 同样,将(1.5.6)式代入泊松方程

$$u_{xx} + u_{yy} = -h(x,y) \tag{1.5.9}$$

便有

$$u_{\xi\xi} + u_{\eta\eta} = -h^*(\xi,\eta) \tag{1.5.10}$$

即泊松方程在保角变换下仍变为新坐标平面 w 中的泊松方程. 其中

$$h^*(\xi,\eta) = \frac{h(x,y)}{|f'(z)|^2} \tag{1.5.11}$$

类似的,我们也很易看出亥姆霍兹方程

$$u_{xx} + u_{yy} + \lambda u = 0 \tag{1.5.12}$$

在保角变换 $w=f(z)$ 下,将也仍变为亥姆霍兹方程

$$u_{\xi\xi} + u_{\eta\eta} + \lambda^* u = 0 \tag{1.5.13}$$

其中

$$\lambda^* = \frac{\lambda}{|f'(z)|^2} \tag{1.5.14}$$

保角变换的上述性质，使得保角变换在物理学的平面场问题中有着广泛的应用. 因为以上三方程在保角变换下的不变性，实际上意味着满足以上三方程的平面场问题，在保角变换下的物理实质不变. 这就使得我们有可能将一些边界形状复杂不易求解的平面场问题，通过选择某种适当的保角变换，化为边界形状简单的易求解的问题.

例 2　求两个具有相等电势 v_0 的互相垂直的很大的导电平板周围的等势面和电场线的分布.

解　由于问题的对称性，只需考虑如图 1.14(a)所示 z 平面的第一象限情况. 为使边界形状简化，选变换

$$w = z^2$$

则图 1.14(a)中的直角区域变成了图 1.14(b)中 w 平面的上半平面，而在实轴 $\eta=0$ 上其电势为 v_0. 故由初等电磁学的知识知，在 w 平面其等势线为平行于实轴的直线，即 $\eta=$常数；而电场线则是平行于虚轴的直线，即 $\xi=$常数. 回到 z 平面，由$w=z^2$ 有

$$\xi + \mathrm{i}\eta = (x+\mathrm{i}y)^2 = x^2 - y^2 + \mathrm{i}2xy$$

所以等势线和电场线的方程分别为

$$\eta = 2xy = \text{常数}$$
$$\xi = x^2 - y^2 = \text{常数}$$

这是 z 平面中的两族互相正交的双曲线，分别用实线和虚线在图 1.14(a)中画出.

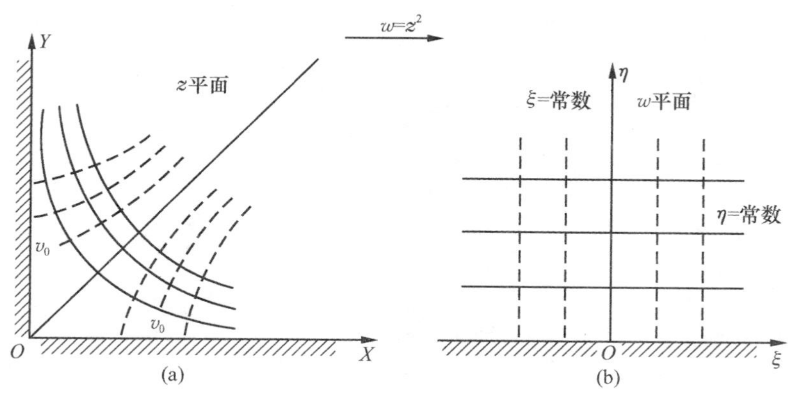

图 1.14

注 ① 由于解析函数的连续性，所以当 $\Delta z\to 0$ 时有 $\Delta w\to 0$.

② 曲线在某点的夹角，即指它们在该点的切线的夹角.

③ 因为在数学上定义曲线在无穷远点的交角为 α，就是指它们在倒数变换下的像曲线在原点的交角为 α.

④ 这里，引入了偏微商的另一种表示方法，即，$u_x=\dfrac{\partial u}{\partial x}$，$u_{xx}=\dfrac{\partial^2 u}{\partial x^2}$，其他以此类推.

习 题 1.5

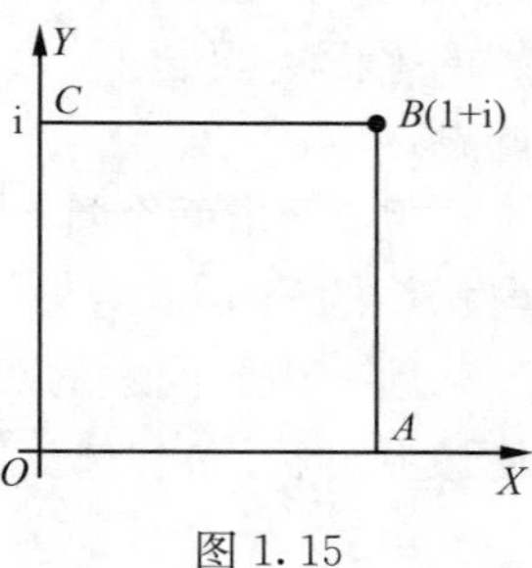

图 1.15

1. $w=z^2$ 将正方形 $OACB$(图 1.15)变成什么图形?

2. 求 $w=\frac{z-\mathrm{i}}{z+\mathrm{i}}$ 在 $z=-1, z=\mathrm{i}$ 的放大系数和转动角.

3. 函数 $w=\frac{1}{z}$ 将 z 平面的下列曲线变成 w 平面上的什么曲线?

(1) $x^2+y^2=4$; (2) $y=x$;

(3) $(x-1)^2+y^2=1$; (4) $x=1$.

4. 试讨论下列两对函数所构成的变换的特性(讨论其保角性和图形的变化情况):

(1) 幂函数 $w=z^n$ 和根式函数 $z=\sqrt[n]{w}\left(0<\arg z<\frac{2\pi}{n}, n\text{ 为大于 1 的整数}\right)$;

(2) 指数函数 $w=\mathrm{e}^z$ 和对数函数 $z=\ln w(0<\operatorname{Im} z<2\pi)$.

*5. 求半无穷导体平面附近的电场分布(设导体上电势为 v_0).

*6. 两块无穷大的金属板连成一块无穷大的板,连接处绝缘.设两部的电势分别为 v_1 和 v_2,求板外的电势.

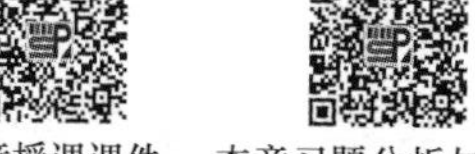

本章小结

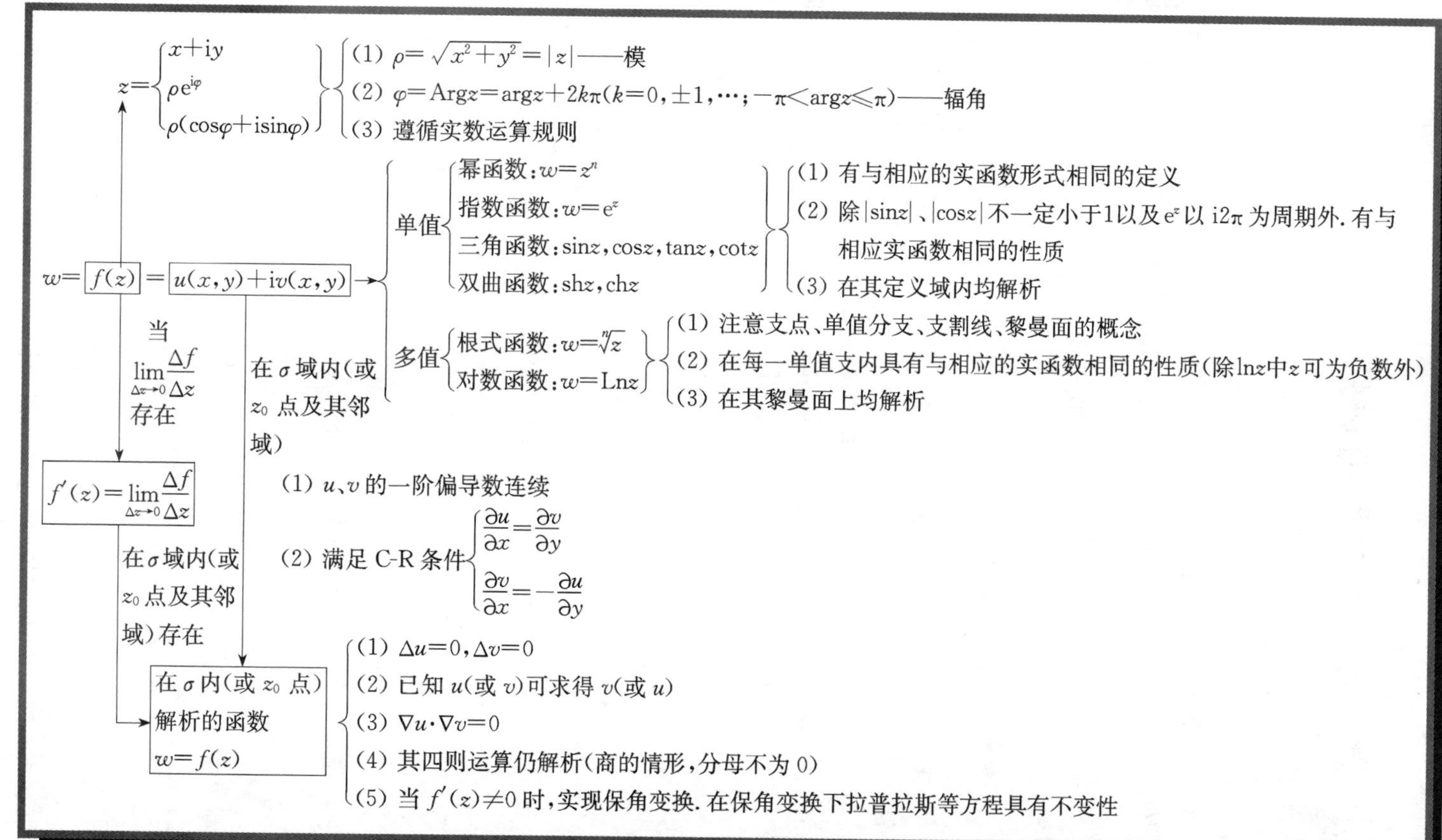

$w = f(z) = u(x,y) + \mathrm{i}v(x,y)$

- $z = \begin{cases} x+\mathrm{i}y \\ \rho \mathrm{e}^{\mathrm{i}\varphi} \\ \rho(\cos\varphi + \mathrm{i}\sin\varphi) \end{cases}$
  - (1) $\rho = \sqrt{x^2+y^2} = |z|$——模
  - (2) $\varphi = \mathrm{Arg}z = \arg z + 2k\pi(k=0,\pm1,\cdots;-\pi<\arg z\leqslant\pi)$——辐角
  - (3) 遵循实数运算规则
- 单值
  - 幂函数：$w=z^n$
  - 指数函数：$w=\mathrm{e}^z$
  - 三角函数：$\sin z, \cos z, \tan z, \cot z$
  - 双曲函数：$\mathrm{sh}z, \mathrm{ch}z$
    - (1) 有与相应的实函数形式相同的定义
    - (2) 除 $|\sin z|$、$|\cos z|$ 不一定小于1以及 e^z 以 $\mathrm{i}2\pi$ 为周期外. 有与相应实函数相同的性质
    - (3) 在其定义域内均解析
- 多值
  - 根式函数：$w=\sqrt[n]{z}$
  - 对数函数：$w=\mathrm{Ln}z$
    - (1) 注意支点、单值分支、支割线、黎曼面的概念
    - (2) 在每一单值支内具有与相应的实函数相同的性质(除 $\ln z$ 中 z 可为负数外)
    - (3) 在其黎曼面上均解析

当 $\lim\limits_{\Delta z\to 0}\dfrac{\Delta f}{\Delta z}$ 存在 → $f'(z) = \lim\limits_{\Delta z\to 0}\dfrac{\Delta f}{\Delta z}$

$f'(z)$ 在 σ 域内(或 z_0 点及其邻域)存在 → 在 σ 内(或 z_0 点)解析的函数 $w=f(z)$

$u(x,y)+\mathrm{i}v(x,y)$ 在 σ 域内(或 z_0 点及其邻域)：

(1) u、v 的一阶偏导数连续

(2) 满足 C-R 条件 $\begin{cases} \dfrac{\partial u}{\partial x} = \dfrac{\partial v}{\partial y} \\ \dfrac{\partial v}{\partial x} = -\dfrac{\partial u}{\partial y} \end{cases}$

→ 在 σ 内(或 z_0 点)解析的函数 $w=f(z)$

- (1) $\Delta u=0, \Delta v=0$
- (2) 已知 u(或 v)可求得 v(或 u)
- (3) $\nabla u\cdot\nabla v=0$
- (4) 其四则运算仍解析(商的情形，分母不为 0)
- (5) 当 $f'(z)\neq 0$ 时，实现保角变换. 在保角变换下拉普拉斯等方程具有不变性

第二章 解析函数积分

复积分是研究解析函数的工具. 本章将在复积分的基础上建立表示解析函数积分的柯西(Cauchy)定理和柯西积分公式,它们是复变函数的基本理论和基本公式.

2.1 复变函数的积分

1. 复变函数积分的定义

复变函数的积分是复平面上的线积分,与实变函数积分类似,它也可以定义为和的极限.

设 l 是复数平面上的一条曲线,由 A 点到 B 点,在曲线上复变函数 $f(z)$ 有定义. 把曲线 l 任意分为 n 段,分点为 $z_0=A, z_1, z_2, \cdots, z_n=B$; ζ_k 是 $[z_{k-1}, z_k]$ 段上的任意一点(图 2.1). 作和数

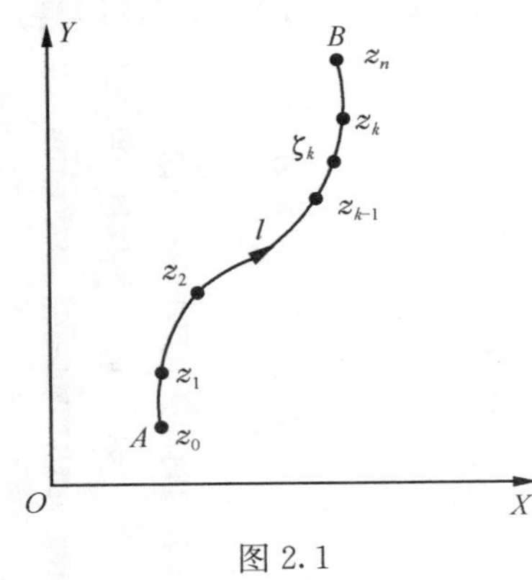

图 2.1

$$\sum_{k=1}^{n} f(\zeta_k)(z_k - z_{k-1}) = \sum_{k=1}^{n} f(\zeta_k)\Delta z_k,$$

$$\text{其中 } \Delta z_k = z_k - z_{k-1}$$

当 n 无限地增大,使每一 $|\Delta z_k|$ 都趋于零时,如果这和数的极限存在,而且其值与各个 ζ_k 点的选取无关,则这极限值称为函数 $f(z)$ 沿曲线 l 由 A 到 B 的**积分**,并记

$$\int_l f(z)\mathrm{d}z = \lim_{\substack{n\to\infty \\ \max|\Delta z_k|\to 0}} \sum_{k=1}^{n} f(\zeta_k)\Delta z_k \quad (2.1.1)$$

2. 复积分的存在条件及计算方法

若记 $\zeta_k=\xi_k+\mathrm{i}\eta_k$, $\Delta z_k=\Delta x_k+\mathrm{i}\Delta y_k$ (ξ_k, η_k, x_k, y_k 均为实数),则 $f(\zeta_k)=u(\xi_k, \eta_k)+\mathrm{i}v(\xi_k, \eta_k)=u_k+\mathrm{i}v_k$. 其中 $u_k=u(\xi_k, \eta_k)$, $v_k=v(\xi_k, \eta_k)$ 是实数. 因而有

$$\begin{aligned}\sum_{k=1}^{n} f(\zeta_k)\Delta z_k &= \sum_{k=1}^{n}(u_k+\mathrm{i}v_k)(\Delta x_k+\mathrm{i}\Delta y_k) \\ &= \sum_{k=1}^{n}(u_k\Delta x_k - v_k\Delta y_k) + \mathrm{i}\sum_{k=1}^{n}(v_k\Delta x_k + u_k\Delta y_k)\end{aligned}$$

如果上式右端两个和数的极限分别存在(当 $n\to\infty$, $\max|\Delta z_k|\to 0$ 时),由数学分析中

关于实线积分的知识知道,它们就是两个实线积分

$$\int_l u\mathrm{d}x - v\mathrm{d}y, \qquad \int_l v\mathrm{d}x + u\mathrm{d}y \tag{2.1.2}$$

于是当和数 $\sum_{k=1}^{n} f(\zeta_k)\Delta z_k$ 的极限存在时,有

$$\int_l f(z)\mathrm{d}z = \int_l u\mathrm{d}x - v\mathrm{d}y + \mathrm{i}\int_l v\mathrm{d}x + u\mathrm{d}y \tag{2.1.3}$$

由此可见复积分 $\int_l f(z)\mathrm{d}z$ 存在的条件,也就是(2.1.2)式中两个实线积分存在的条件.所以,只要 $f(z)$ 在 l 上连续.曲线 l 分段光滑,复积分 $\int_l f(z)\mathrm{d}z$ 就存在且由(2.1.3)式给出.

既然复积分是两实积分的组合,我们当然可以将复积分化为实积分来计算.

例 1 计算 $\int_l \mathrm{Re}z\mathrm{d}z$,其中 l 如图 2.2 所示分别为:(1)连接 O 点到 $2+\mathrm{i}$ 点的直线段;(2)连接 O 点到 2 再到 $2+\mathrm{i}$ 的折线.

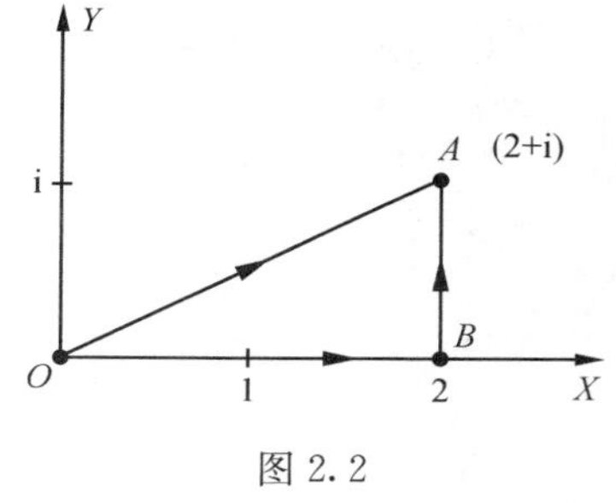

图 2.2

解 $\int_l \mathrm{Re}z\mathrm{d}z = \int_l x(\mathrm{d}x + \mathrm{i}\mathrm{d}y)$

(1) 此时 $x=2y$, $y:0\to 1$,故

$$\int_l \mathrm{Re}z\mathrm{d}z = \int_{OA} x(\mathrm{d}x + \mathrm{i}\mathrm{d}y) = \int_0^1 2y(2+\mathrm{i})\mathrm{d}y = 2+\mathrm{i}$$

(2) 在 OB 上,$y=0$,$x:0\to 2$;在 BA 上,$x=2$,$y:0\to 1$.故

$$\int_l \mathrm{Re}z\mathrm{d}z = \int_{OB} x(\mathrm{d}x + \mathrm{i}\mathrm{d}y) + \int_{BA} x(\mathrm{d}x + \mathrm{i}\mathrm{d}y) = \int_0^2 x\mathrm{d}x + \mathrm{i}\int_0^1 2\mathrm{d}y = 2+2\mathrm{i}$$

由此例看出,积分路径不同,积分的结果也不同.

例 2 计算 $\int_l z^2\mathrm{d}z$,其中 l 是与上例相同的两条路径.

解 $z^2 = x^2 - y^2 + \mathrm{i}2xy$, $u = x^2 - y^2$, $v = 2xy$,故由(2.1.3)式有

$$\int_l z^2\mathrm{d}z = \int_l (x^2-y^2)\mathrm{d}x - 2xy\mathrm{d}y + \mathrm{i}\int_l 2xy\mathrm{d}x + (x^2-y^2)\mathrm{d}y$$

(1) $\int_l z^2\mathrm{d}z = \int_0^1 [2(4y^2-y^2)-4y^2]\mathrm{d}y + \mathrm{i}\int_0^1 [8y^2+(4y^2-y^2)]\mathrm{d}y = \frac{2}{3} + \frac{11}{3}\mathrm{i}$

(2) $\int_l z^2\mathrm{d}z = \int_{OB} z^2\mathrm{d}z + \int_{BA} z^2\mathrm{d}z$

$$= \int_0^2 x^2\mathrm{d}x + \int_0^1 (-4y)\mathrm{d}y + \mathrm{i}\int_0^1 (4-y^2)\mathrm{d}y = \frac{2}{3} + \frac{11}{3}\mathrm{i}$$

由此例看出，对于有些被积函数而言，尽管积分路径不同，但积分结果却是相同的.

下面再看一个结果可以作为公式记住的例子.

例 3　试证

$$\oint_l \frac{\mathrm{d}z}{(z-a)^n} = \begin{cases} 2\pi\mathrm{i} & (n=1) \\ 0 & (n\text{ 是} \neq 1\text{ 的整数}) \end{cases} \tag{2.1.4}$$

此处 l 是以 a 为中心 r 为半径的圆周.

证　在 l 上，$z-a=r\mathrm{e}^{\mathrm{i}\theta}(0<\theta\leqslant 2\pi)$，$\mathrm{d}z=\mathrm{i}r\mathrm{e}^{\mathrm{i}\theta}\mathrm{d}\theta$.

当 $n=1$ 时有

$$\oint_l \frac{\mathrm{d}z}{z-a} = \int_0^{2\pi} \frac{\mathrm{i}r\mathrm{e}^{\mathrm{i}\theta}}{r\mathrm{e}^{\mathrm{i}\theta}}\mathrm{d}\theta = 2\pi\mathrm{i}$$

当 n 为不等于 1 的整数时有

$$\oint_l \frac{\mathrm{d}z}{(z-a)^n} = \int_0^{2\pi} \frac{\mathrm{i}r\mathrm{e}^{\mathrm{i}\theta}}{r^n\mathrm{e}^{\mathrm{i}n\theta}}\mathrm{d}\theta = \frac{\mathrm{i}}{r^{n-1}}\int_0^{2\pi} \mathrm{e}^{-\mathrm{i}(n-1)\theta}\mathrm{d}\theta = 0$$

3. 复积分的性质

由复积分的定义，很容易证明复积分有与数学分析中的曲线积分类似的性质

(1) $\int_l [c_1 f_1(z) + c_2 f_2(z)]\mathrm{d}z = c_1\int_l f_1(z)\mathrm{d}z + c_2\int_l f_2(z)\mathrm{d}z$（$c_1, c_2$ 为复常数）；

(2) $\int_{l_1+l_2} f(z)\mathrm{d}z = \int_{l_1} f(z)\mathrm{d}z + \int_{l_2} f(z)\mathrm{d}z$；

(3) $\int_{l_{AB}} f(z)\mathrm{d}z = -\int_{l_{BA}} f(z)\mathrm{d}z$.

此外还有两个积分不等式，在对积分值作估计时是经常用到的

(1) $$\left|\int_l f(z)\mathrm{d}z\right| \leqslant \int_l |f(z)|\mathrm{d}s = \int_l |f(z)||\mathrm{d}z| \tag{2.1.5}$$

其中 $\mathrm{d}s=|\mathrm{d}z|=\sqrt{\mathrm{d}x^2+\mathrm{d}y^2}$，是曲线 l 的弧元.

证　由于 $\left|\sum_{k=1}^{n} f(\zeta_k)\Delta z_k\right| \leqslant \sum_{k=1}^{n} |f(\zeta_k)||\Delta z_k|$，两边取极限即得(2.1.5)式.

(2) $$\left|\int_l f(z)\mathrm{d}z\right| \leqslant MS \tag{2.1.6}$$

其中 M 为 $|f(z)|$ 在 l 上的一个上界，S 为 l 的长度.

证　由于 $\left|\sum_{k=1}^{n} f(\zeta_k)\Delta z_k\right| \leqslant \sum_{k=1}^{n} |f(\zeta_k)||\Delta z_k| \leqslant M\sum_{k=1}^{n}|\Delta z_k|$，两边取极限即得(2.1.6)式.

习　题　2.1

1. 计算积分 $\int_0^{1+\mathrm{i}}(x-y+\mathrm{i}x^2)\mathrm{d}z$，积分路径是直线段.

2. 计算积分 $\int_{-1}^{1}|z|\mathrm{d}z$，积分路径是(1)直线段；(2)单位圆周的上半；(3)单位圆周的下半.

3. 利用积分不等式，证明

(1) $\left|\int_{-i}^{i}(x^2+iy^2)dz\right|\leqslant 2$，积分路径是直线段；

(2) $\left|\int_{-i}^{i}(x^2+iy^2)dz\right|\leqslant \pi$，积分路径是连接 $-i$ 到 i 的右半圆周.

4. 证明 $\left|\int_{i}^{2+i}\frac{dz}{z^2}\right|\leqslant 2$.

5. 计算 $I=\int_l \frac{dz}{(z-a)^n}$，其中 n 为整数，l 为以 a 为中心，r 为半径的上半圆周.

2.2 柯西定理

由上一节的例子我们看到，有些复变函数的积分值不仅依赖于起点和终点，而且还与积分路径有关(如上节例 1)；而有些复变函数的积分值却是只与积分路径的起点和终点有关(如上节例 2). 函数 $f(z)$究竟应该具备什么条件，才能保证 $\int_l f(z)dz$ 所得值与路径无关呢？本节的柯西定理将讨论这一问题.

1. 单连通区域的柯西定理

设 $f(z)$在单连通区域 σ 内解析，l 为 σ 内的任意一条分段光滑的曲线(图 2.3)，则

$$\oint_l f(z)dz=0 \tag{2.2.1}$$

证明这样的定理是比较困难的，1851 年黎曼在附加条件“$f'(z)$在 σ 内连续”下得到一个如下的简单证明.

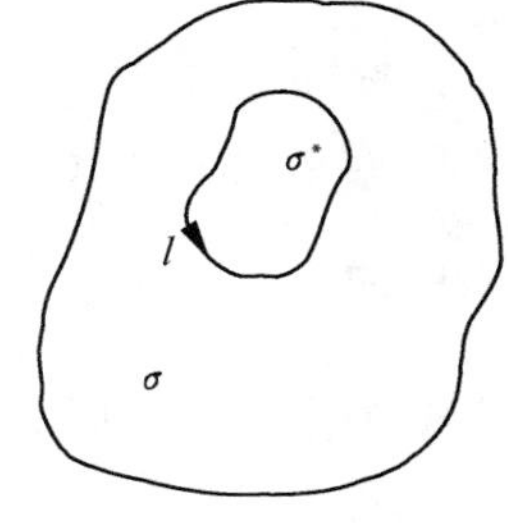

图 2.3

证 由(2.1.3)式

$$\oint_l f(z)dz=\oint_l(udx-vdy)+i\oint_l(vdx+udy)$$

设 $f'(z)$在 σ 内连续，即$\frac{\partial u}{\partial x},\frac{\partial u}{\partial y},\frac{\partial v}{\partial x},\frac{\partial v}{\partial y}$在 σ 内连续，则由数学分析中格林(Green)公式

$$\oint_l P(x,y)dx+Q(x,y)dy=\iint_{\sigma^*}\left(\frac{\partial Q}{\partial x}-\frac{\partial P}{\partial y}\right)d\sigma \tag{2.2.2}$$

有

$$\oint_l f(z)dz=\iint_{\sigma^*}\left(-\frac{\partial v}{\partial x}-\frac{\partial u}{\partial y}\right)d\sigma+i\iint_{\sigma^*}\left(\frac{\partial u}{\partial x}-\frac{\partial v}{\partial y}\right)d\sigma$$

其中 σ^* 是以 l 为边界的单连通区域. 又因为在 σ 内有

$$\frac{\partial u}{\partial x}=\frac{\partial v}{\partial y},\quad \frac{\partial v}{\partial x}=-\frac{\partial u}{\partial y}$$

故得

$$\oint_l f(z)dz=0$$

在以上证明的过程中我们附加了条件"$f'(z)$在 σ 内连续",是为了引用格林公式(2.2.2).但 1900 年古沙(Coursat)发明了新的证明方法,他勿需引用格林公式来证明柯西定理,因此"$f'(z)$在 σ 内连续"的条件在柯西定理中是可以去掉的.柯西定理的古沙证明法较长,这里从略.读者可参阅:参考书目[3]第四章§2.2,或 Coursat-Hedrick-Dunkel,Function of a complex variable,1916.

2. 推论 2.1

在单连通区域中解析的函数 $f(z)$的积分值只依赖于起点与终点而与积分路线无关.

证 设 $f(z)$在区域 σ 内解析,l_1 和 l_2 为 σ 内由 A 到 B 的任意两条分段光滑的曲线(图 2.4),则由柯西定理有

$$\oint f(z)\mathrm{d}z = \int_{l_1} f(z)\mathrm{d}z - \int_{l_2} f(z)\mathrm{d}z = 0$$

所以

$$\int_{l_1} f(z)\mathrm{d}z = \int_{l_2} f(z)\mathrm{d}z$$

这就证明了推论.

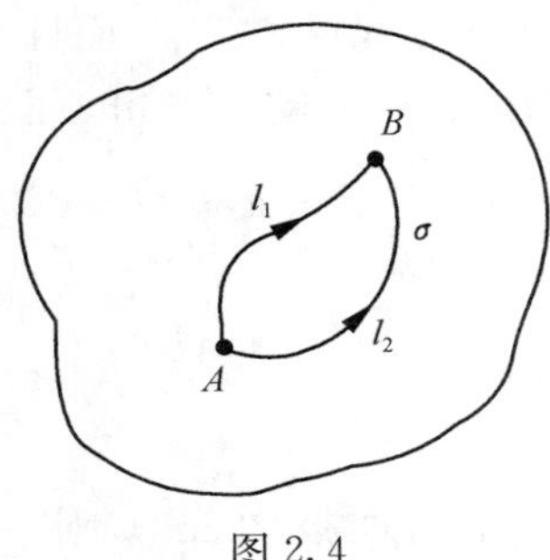

图 2.4

根据这一结果,我们可以在一定范围内选择积分路径,使积分便于计算.

3. 不定积分 原函数

柯西定理已经回答了积分与路径无关的条件,这就是说,如果在单连通区域 σ 内 $f(z)$解析,则沿 σ 内任一曲线 l(为叙述简单,今后我们所提到的曲线,一律指分段光滑的曲线)的积分 $\int_l f(\zeta)\mathrm{d}\zeta$ 之值,只与其起点和终点有关.因此,当 z_0 固定,而令终点 z 为变点时,则积分 $\int_{z_0}^{z} f(\zeta)\mathrm{d}\zeta$ 在 σ 内定义了一个单值函数

$$F(z) = \int_{z_0}^{z} f(\zeta)\mathrm{d}\zeta \tag{2.2.3}$$

称之为 $f(z)$的**不定积分**.

定理 2.1 设 $f(z)$在单连通区域 σ 内解析,则由(2.2.3)式定义的函数 $F(z)$在 σ 内解析,且 $F'(z)=f(z)$.

证 在区域 σ 内的任一点 z 的邻域中取一点 $z+\Delta z$,则由(2.2.3)式有

$$\frac{F(z+\Delta z)-F(z)}{\Delta z} = \frac{1}{\Delta z}\left[\int_{z_0}^{z+\Delta z} f(\zeta)\mathrm{d}\zeta - \int_{z_0}^{z} f(\zeta)\mathrm{d}\zeta\right]$$

由于右端积分与路径无关,故积分 $\int_{z_0}^{z+\Delta z} f(\zeta)\mathrm{d}\zeta$ 的积分路径可以选成先由 z_0 到 z 与第二个积分相同的路径,再从 z 沿直线段到 $z+\Delta z$(图 2.5),于是有

$$\frac{F(z+\Delta z)-F(z)}{\Delta z}=\frac{1}{\Delta z}\int_z^{z+\Delta z}f(\zeta)\mathrm{d}\zeta$$

又

$$f(z)=\frac{1}{\Delta z}\int_z^{z+\Delta z}f(z)\mathrm{d}\zeta$$

故有

$$\frac{F(z+\Delta z)-F(z)}{\Delta z}-f(z)=\frac{1}{\Delta z}\int_z^{z+\Delta z}[f(\zeta)-f(z)]\mathrm{d}\zeta$$

因 $f(z)$是 σ 内的连续函数,故对于任意给定的 $\varepsilon>0$,可以找到 $\delta>0$,使当$|\zeta-z|<\delta$ 时$|f(\zeta)-f(z)|<\varepsilon$,而有

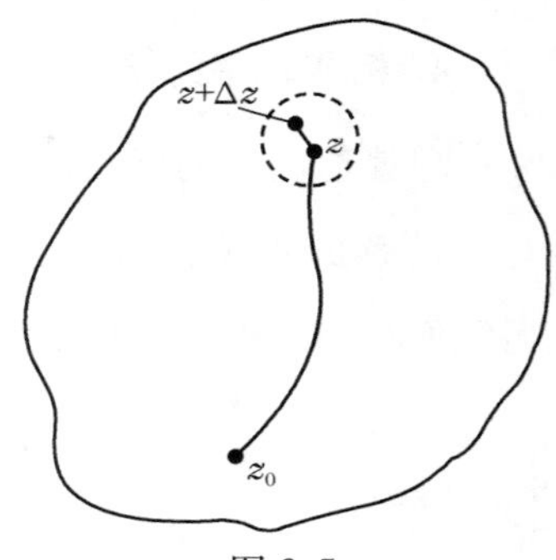

图 2.5

$$\left|\frac{F(z+\Delta z)-F(z)}{\Delta z}-f(z)\right|=\left|\frac{1}{\Delta z}\int_z^{z+\Delta z}[f(\zeta)-f(z)]\mathrm{d}\zeta\right|<\frac{1}{|\Delta z|}\int_z^{z+\Delta z}\varepsilon\ |\mathrm{d}\zeta|=\varepsilon$$

即

$$\lim_{\Delta z\to 0}\frac{F(z+\Delta z)-F(z)}{\Delta z}=f(z)$$

亦即

$$F'(z)=f(z)^{①}$$

与数学分析一样,如果 $\Phi'(z)=f(z)$,则称 $\Phi(z)$为 $f(z)$的一个**原函数**. 因此,由不定积分(2.2.3)式所定义的函数 $F(z)$就是被积函数 $f(z)$的一个原函数. $f(z)$的原函数不是唯一的,但它们只差一个常数,即

$$\Phi(z)=F(z)+C=\int_{z_0}^{z}f(\zeta)\mathrm{d}\zeta+C \tag{2.2.4}$$

其中 C 为一个常数. 因为

$$\Phi'(z)=F'(z)=f(z)$$

故

$$[\Phi(z)-F(z)]'=0$$

而有

$$\Phi(z)-F(z)=C,\quad \text{即}\quad \Phi(z)=F(z)+C$$

在(2.2.4)式中令 $z=z_0$,得到 $C=\Phi(z_0)$,所以

$$\int_{z_0}^{z}f(\zeta)\mathrm{d}\zeta=\Phi(z)-\Phi(z_0) \tag{2.2.5}$$

(2.2.5)式将计算解析函数的积分归结为寻找其原函数的问题.

例 1 计算 $\int_0^{2+\mathrm{i}}z^2\mathrm{d}z$.

解 函数 z^2 在复平面解析,$\frac{z^3}{3}$是它的一个原函数,所以

$$\int_0^{2+\mathrm{i}}z^2\mathrm{d}z=\left.\frac{z^3}{3}\right|_0^{2+\mathrm{i}}=\frac{2}{3}+\frac{11}{3}\mathrm{i}$$

这样计算,当然比上一节中将它化为实积分沿任何一条路径计算都方便、简单得多.

例 2 在区域 σ:$0<\arg z<2\pi$ 上,计算 $\int_1^2\frac{\mathrm{d}z}{z}$.

解 因为函数$\frac{1}{z}$在σ 上解析,且其原函数为 $\ln z$,故 $\int_1^2\frac{1}{z}\mathrm{d}z=\ln 2-\ln 1=\ln 2$.

4. 柯西定理的推广

单连通区域的柯西定理实际上指出了这样的事实：如果围线 l 及其内部均含于 $f(z)$的解析区域中，则$\oint_l f(z)\mathrm{d}z=0$. 于是，我们可以推广柯西定理成下述的形式，以后我们将经常引用这种**推广了的柯西定理**：

设 l 为区域 σ 的边界围线，如果 $f(z)$在区域 σ 内解析，且在 $\bar{\sigma}=\sigma+l$ 上连续，则$\oint_l f(z)\mathrm{d}z=0$.

因为 $f(z)$在 l 上连续，故积分$\int_l f(z)\mathrm{d}z$ 存在. 在 l 的内部作一围线 l^*，由前述的柯西定理有$\oint_{l^*} f(z)\mathrm{d}z=0$. 而 $f(z)$在 l 上及其内部都是连续的，所以当 l^* 逼近于 l 时$\oint_{l^*} f(z)\mathrm{d}z$ 的极限情况应就是$\oint_l f(z)\mathrm{d}z$. 这种想法为证明本定理提供了一个线索，但严格的证明比较麻烦，这里从略，读者可参看参考书目[3]第四章§2.8.

5. 复通区域的柯西定理

由于我们所碰到的问题中的函数不一定在所讨论的区域中处处解析，可能有奇点，因此，我们常常需要作一些适当的围道把奇点挖掉而考虑所得到的有洞的**复通区域的柯西定理**：

设 $L=l+\sum\limits_{k=1}^{n} l_k$ 为复通区域σ 的全部边界围线(图 2.6)，若 $f(z)$在 σ 内解析，在 $\bar{\sigma}=\sigma+L$ 上连续，则有

$$\oint_l f(z)\mathrm{d}z=\sum_{k=1}^{n}\oint_{l_k} f(z)\mathrm{d}z \tag{2.2.6}$$

其中，所有积分路线的走向都是逆时针方向的(以后均将逆时针走向记为$\oint$，而顺时针走向记为$\oint$).

证　为简单起见，先考虑如图 2.7 所示仅由 l 和 l_1 两边界所组成的复通区域(即

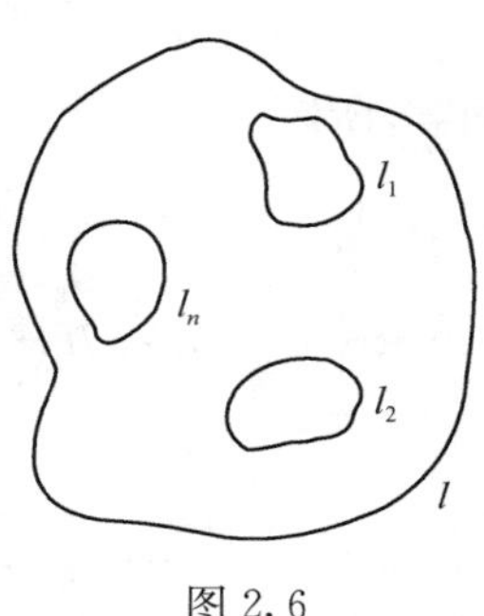

图 2.6

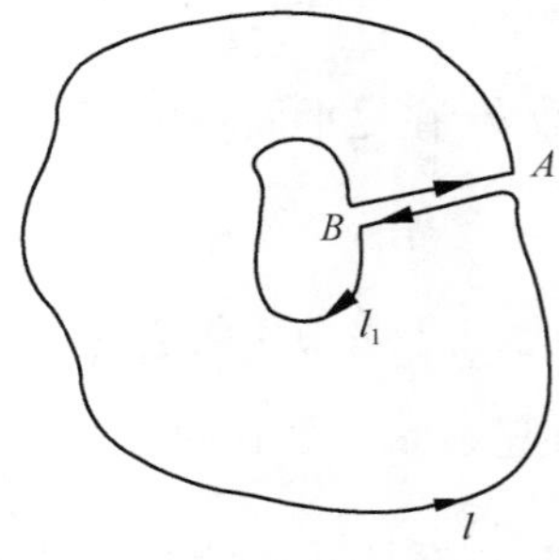

图 2.7

$L=l+l_1$)的情况.

作割线 AB,则复通区域化为了单连通区域. 由单连通区域的柯西定理有

$$\oint_L f(z)\mathrm{d}z=\oint_l f(z)\mathrm{d}z+\int_A^B f(z)\mathrm{d}z+\oint_{l_1} f(z)\mathrm{d}z+\int_B^A f(z)\mathrm{d}z=0$$

于是

$$\oint_l f(z)\mathrm{d}z+\oint_{l_1} f(z)\mathrm{d}z=0$$

即

$$\oint_l f(z)\mathrm{d}z=\oint_{l_1} f(z)\mathrm{d}z$$

同法可证得,对于 $L=l+\sum\limits_{k=1}^{n} l_k$,有

$$\oint_l f(z)\mathrm{d}z=\sum_{k=1}^{n}\oint_{l_k} f(z)\mathrm{d}z$$

例 3 计算 $\oint_l \frac{\mathrm{d}z}{(z-a)^n}$,其中 n 为整数,l 为包围 $z=a$ 的任一闭路径(图 2.8).

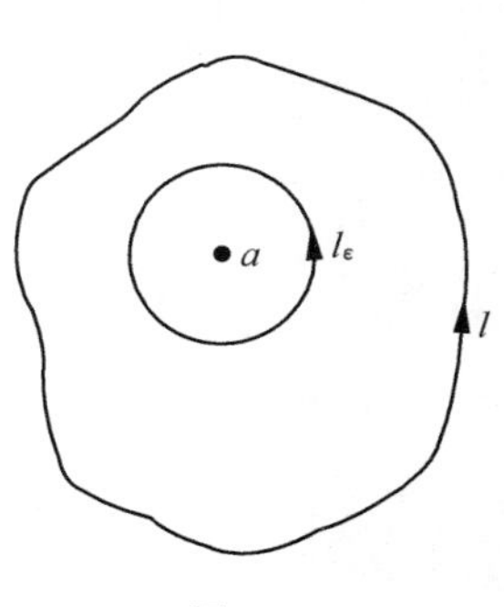

图 2.8

解 当 $n\leqslant 0$ 时,$\frac{1}{(z-a)^n}$在 l 内及 l 上均解析,所以由柯西定理有

$$\oint_l \frac{\mathrm{d}z}{(z-a)^n}=0,\quad n\leqslant 0$$

当 $n>0$ 时,$z=a$ 为$\frac{1}{(z-a)^n}$的奇点,在 l 内以 a 为圆心作一小圆 l_ε(含于 l 内),则由复通区域的柯西定理有

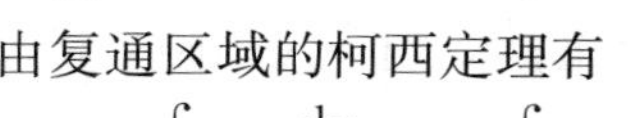

$$\oint_l \frac{\mathrm{d}z}{(z-a)^n}=\oint_{l_\varepsilon} \frac{\mathrm{d}z}{(z-a)^n}$$

而由(2.1.4)式有

$$\oint_{l_\varepsilon} \frac{\mathrm{d}z}{(z-a)^n}=\begin{cases}2\pi\mathrm{i}, & n=1\\ 0, & n\neq 1\end{cases}$$

所以

$$\oint_l \frac{\mathrm{d}z}{(z-a)^n}=\begin{cases}2\pi\mathrm{i}, & n=1\\ 0, & n\neq 1\text{ 且为整数}\end{cases} \tag{2.2.7}$$

例 4 计算 $\oint_l \frac{\mathrm{d}z}{z^2-1}$,$l$ 是圆周 $|z|=a$,$a>2$(图 2.9).

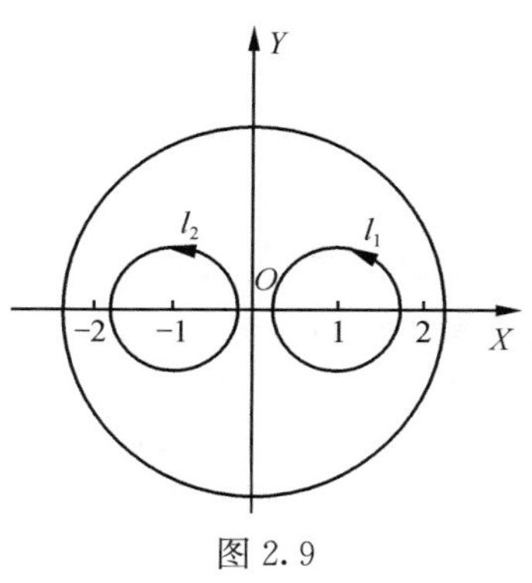

图 2.9

解 $\frac{1}{z^2-1}$在 l 内有两个奇点 $z=\pm 1$,故在 l 内可作小圆 l_1 和 l_2,则由(2.2.6)式有

$$\oint_l \frac{\mathrm{d}z}{z^2-1}=\oint_{l_1} \frac{\mathrm{d}z}{z^2-1}+\oint_{l_2} \frac{\mathrm{d}z}{z^2-1}$$

又

$$\frac{1}{z^2-1}=\frac{1}{2}\left(\frac{1}{z-1}-\frac{1}{z+1}\right)$$

所以

$$\oint_{l_1}\frac{dz}{z^2-1}=\frac{1}{2}\left(\oint_{l_1}\frac{dz}{z-1}-\oint_{l_1}\frac{dz}{z+1}\right)=\frac{1}{2}(2\pi i-0)=\pi i$$

同样可得

$$\oint_{l_2}\frac{dz}{z^2-1}=-\pi i$$

所以

$$\oint_{l}\frac{dz}{z^2-1}=\pi i-\pi i=0$$

注 ① 需要指出的是，在此处的证明中我们实际上只用到了(1) $f(z)$有单连通区域σ上连续；(2) $\int f(\zeta)d\zeta$沿区域σ上任意围线的积分为0这两个条件. 因此只要满足这两个条件，上述定理的结论也正确. 关于这一点，在2.3节中将会用到.

习 题 2.2

1. 计算积分

(1) $\oint_l\frac{dz}{(z-a)(z-b)}$，$l$是包围$a$、$b$两点的围线；

(2) $\oint_l\frac{2z^2-15z+30}{z^3-10z^2+32z-32}dz$，$l$为圆$|z|=3$.

2. 计算积分

(1) $\int_{-2}^{-2+i}(z+2)^2dz$； (2) $\int_0^{\pi+2i}\cos\frac{z}{2}dz$； (3) $\int_1^{1+\frac{\pi}{2}i}ze^z dz$.

3. 由积分$\oint_{|z|=1}\frac{dz}{z+2}$之值证明

$$\int_0^{2\pi}\frac{1+2\cos\theta}{5+4\cos\theta}d\theta=0$$

2.3 柯西积分公式

1. 柯西公式

解析函数是一类具有特殊性质的复变函数. 这种特殊性质的突出表现之一是，在函数的解析区域中，各处的函数值不是互相独立的，而是彼此联系着的. 本节要介绍的柯西公式就给出了解析函数在解析区域内部的值和边界值之间的关系.

设l为区域σ的边界围线，若$f(z)$在区域σ内解析，在$\bar{\sigma}=\sigma+l$上连续，a为σ内任意一点，则

$$f(a)=\frac{1}{2\pi i}\oint_l\frac{f(z)}{z-a}dz \tag{2.3.1}$$

这就是**柯西积分公式**，简称为柯西公式.

证 函数 $g(z)=\dfrac{f(z)}{z-a}$ 在 σ 内除 $z=a$ 外均解析. 在 σ 内以 a 为圆心，充分小的 ρ 为半径作圆周 l_ρ（图 2.10），则在以复围线 $l+l_\rho$ 为边界的复通区域内，对函数 $g(z)$ 可用复通区域的柯西定理

$$\oint_l \frac{f(z)}{z-a}\mathrm{d}z=\oint_{l_\rho}\frac{f(z)}{z-a}\mathrm{d}z$$

上式的成立，与右端 l_ρ 的半径 ρ 的取值无关. 所以，我们只要适当选取 ρ 后就能证明上式的右端之值等于 $2\pi\mathrm{i}f(a)$，则 (2.3.1) 式便得证.

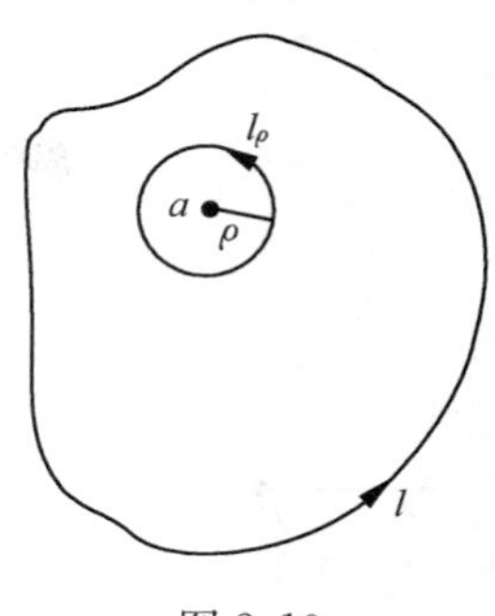

图 2.10

$$\oint_{l_\rho}\frac{f(z)}{z-a}\mathrm{d}z=\oint_{l_\rho}\frac{f(z)-f(a)}{z-a}\mathrm{d}z+\oint_{l_\rho}\frac{f(a)}{z-a}\mathrm{d}z$$

而

$$\oint_{l_\rho}\frac{f(a)}{z-a}\mathrm{d}z=f(a)\oint_{l_\rho}\frac{1}{z-a}\mathrm{d}z=2\pi\mathrm{i}f(a)$$

又由 $f(z)$ 的连续性知，对于任意的 $\varepsilon>0$，存在一 $\delta>0$，使得当 $|z-a|<\delta$ 即 $\rho<\delta$ 时有

$$|f(z)-f(a)|<\varepsilon$$

所以，只要取 $\rho\to 0$，便有

$$\left|\oint_{l_\rho}\frac{f(z)-f(a)}{z-a}\mathrm{d}z\right|\leqslant \max_{(\text{在}l_\rho\text{上})}|f(z)-f(a)|\cdot\frac{1}{\rho}\cdot 2\pi\rho<2\pi\varepsilon$$

即

$$\oint_{l_\rho}\frac{f(z)-f(a)}{z-a}\mathrm{d}z=0$$

故

$$\oint_l\frac{f(z)}{z-a}\mathrm{d}z=2\pi\mathrm{i}f(a)$$

即

$$f(a)=\frac{1}{2\pi\mathrm{i}}\oint_l\frac{f(z)}{z-a}\mathrm{d}z$$

更一般地

$$f(z)=\frac{1}{2\pi\mathrm{i}}\oint_l\frac{f(\zeta)}{\zeta-z}\mathrm{d}\zeta \tag{2.3.2}$$

柯西公式(2.3.2)的意义在于：一个解析函数 $f(z)$ 在区域 σ 内的值由它在该区域边界上的值 $f(\zeta)$ 所确定. 利用这个性质，考虑到解析函数和调和函数的关系，我们可以应用柯西公式(2.3.2)求解二维拉普拉斯方程的边值问题（见本书习题 10.4 中第 4 题）.

显然，柯西公式(2.3.2)对于复连通区域仍然成立. 这时只要把 l 理解为区域全部边界的正向就行了. 例如，对于图 2.6 中的情形有

$$f(z)=\frac{1}{2\pi\mathrm{i}}\oint_l\frac{f(\zeta)}{\zeta-z}\mathrm{d}\zeta+\frac{1}{2\pi\mathrm{i}}\sum_{k=1}^{n}\oint_{l_k}\frac{f(\zeta)}{\zeta-z}\mathrm{d}\zeta \tag{2.3.3}$$

利用柯西公式(2.3.2)，可以计算某些围道积分. 注意 z 是被积函数在围道内的

奇点.

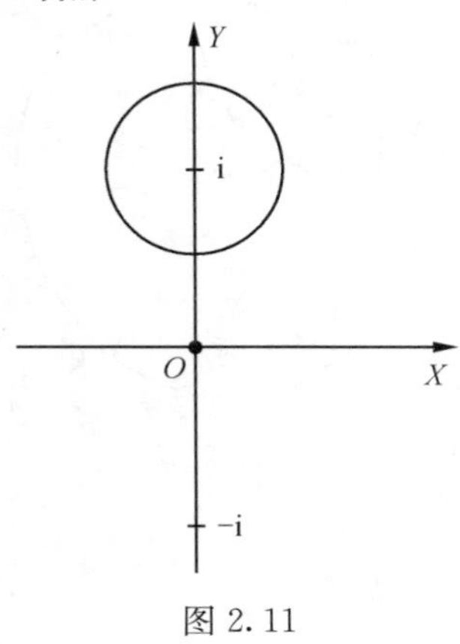

图 2.11

例 1 计算$\oint_l \frac{e^z dz}{z(z^2+1)}$，$l$ 为圆$|z-i|=\frac{1}{2}$.

解 $\frac{e^z}{z(z^2+1)}=\frac{e^z}{z(z+i)(z-i)}$被积函数的奇点为$z=0$和$z=\pm i$，但在 l 内只有一个奇点 $z=i$(图 2.11)，故有

$$\oint_l \frac{e^z}{z(z^2+1)}dz=\oint_l \frac{\frac{e^z}{z(z+i)}}{z-i}dz$$
$$=2\pi i\cdot\left.\frac{e^z}{z(z+i)}\right|_{z=i}$$
$$=\pi(\sin 1-i\cos 1)$$

2. 无界区域的柯西公式

设 $f(z)$在闭合围道 l 外单值解析，在 l 上直到 l 外连续，并且当 $z\to\infty$时，$f(z)$一致趋于零(即任给一 $\varepsilon>0$，就可找到一大数 R_1，当$|z|>R_1$ 时，使得$|f(z)|<\varepsilon$)，则有

$$f(z)=\frac{1}{2\pi i}\oint_l \frac{f(\zeta)}{\zeta-z}d\zeta \tag{2.3.4}$$

其中 z 为 l 外的任意一点.

证 以 $z=0$ 为圆心，R 为半径作一足够大的圆C_R，将 l 和 z 点皆包含在其中. 则当 $R\to\infty$时，在 C_R 上有$|f(z)|<\varepsilon$. 由(2.3.3)式有

$$f(z)=\frac{1}{2\pi i}\oint_{C_R}\frac{f(\zeta)}{\zeta-z}d\zeta+\frac{1}{2\pi i}\oint_l \frac{f(\zeta)}{\zeta-z}d\zeta$$

而

$$\left|\oint_{C_R}\frac{f(\zeta)}{\zeta-z}d\zeta\right|\leqslant\oint_{C_R}\frac{|f(\zeta)|}{|\zeta-z|}|d\zeta|<\frac{\varepsilon}{R-|z|}\cdot 2\pi R\doteq 2\pi\varepsilon$$

由于 ε 的任意性，所以此项趋于零，故有(2.3.4)式.

3. 柯西公式的几个推论

(1) **解析函数的任意阶导数** 设 l 为区域 σ 的边界围线，$f(z)$在 σ 内解析，在$\bar{\sigma}=\sigma+l$ 上连续，则在 σ 内 $f(z)$的任何阶导数 $f^{(n)}(z)$均存在，并且

$$f^{(n)}(z)=\frac{n!}{2\pi i}\oint_l \frac{f(\zeta)}{(\zeta-z)^{n+1}}d\zeta,\quad n=1,2,\cdots \tag{2.3.5}$$

证 容易看出，(2.3.5)式是柯西公式(2.3.2)形式地在积分号下对 z 求 n 次导数的结果. 因此，只需证明在积分号下对 z 求导是合法的即可. 由(2.3.2)式有

$$\frac{f(z+\Delta z)-f(z)}{\Delta z}=\frac{1}{2\pi i}\cdot\frac{1}{\Delta z}\oint_l\left[\frac{f(\zeta)}{\zeta-z-\Delta z}-\frac{f(\zeta)}{\zeta-z}\right]d\zeta$$

$$=\frac{1}{2\pi i}\oint_l \frac{f(\zeta)}{(\zeta-z-\Delta z)(\zeta-z)}d\zeta$$

故

$$\left|\frac{f(z+\Delta z)-f(z)}{\Delta z}-\frac{1}{2\pi i}\oint_l \frac{f(\zeta)}{(\zeta-z)^2}d\zeta\right|$$
$$=\left|\frac{1}{2\pi i}\oint_l \frac{f(\zeta)}{(\zeta-z-\Delta z)(\zeta-z)}d\zeta-\frac{1}{2\pi i}\oint_l \frac{f(\zeta)}{(\zeta-z)^2}d\zeta\right|$$
$$=\left|\frac{1}{2\pi i}\oint_l \frac{\Delta z f(\zeta)}{(\zeta-z-\Delta z)(\zeta-z)^2}d\zeta\right|$$

因为 $f(\zeta)$在 $\bar{\sigma}$ 上连续，故在 l 上有$|f(\zeta)|\leqslant M$（M 为常数）. 设 $d=\min|\zeta-z|$，S 为 l 的长度，则$|\zeta-z|\geqslant d$，$|\zeta-z-\Delta z|\geqslant|\zeta-z|-|\Delta z|>d-\frac{d}{2}=\frac{d}{2}$（当$|\Delta z|$足够的小，例如$|\Delta z|<\frac{d}{2}$时），因此

$$\left|\frac{1}{2\pi i}\oint_l \frac{\Delta z f(\zeta)}{(\zeta-z-\Delta z)(\zeta-z)^2}d\zeta\right|\leqslant\frac{1}{2\pi}\oint_l\left|\frac{\Delta z\cdot f(\zeta)}{(\zeta-z-\Delta z)(\zeta-z)^2}\right||d\zeta|<\frac{|\Delta z|}{2\pi}\cdot\frac{MS}{\frac{d}{2}\cdot d^2}$$

取$|\Delta z|<\delta=\min\left(\frac{d}{2},\frac{\varepsilon}{MS/\pi d^3}\right)$，则

$$\lim_{\Delta z\to 0}\frac{f(z+\Delta z)-f(z)}{\Delta z}=\frac{1}{2\pi i}\oint_l \frac{f(\zeta)}{(\zeta-z)^2}d\zeta$$

即

$$f'(z)=\frac{1}{2\pi i}\oint_l \frac{f(\zeta)}{(\zeta-z)^2}d\zeta$$

由数学归纳法并应用上述证 $n=1$ 的情形类似的方法即可证得(2.3.5)式.

例 2 计算$\oint_l \frac{e^z}{z^n}dz$，$n=0,\pm1,\pm2,\cdots$；$l$ 是圆$|z|=1$.

解 若 $n\leqslant0$，则由柯西定理有$\oint_l \frac{e^z}{z^n}dz=0$；若 $n=1$，则由柯西公式有$\oint_l \frac{e^z}{z}dz=2\pi i$；若 $n>1$，则由(2.3.5)式有

$$\oint_l \frac{e^z}{z^n}dz=\frac{2\pi i}{(n-1)!}\frac{d^{n-1}}{dz^{n-1}}e^z\Big|_{z=0}=\frac{2\pi i}{(n-1)!}$$

(2) **柯西型积分和含参量的积分** 由上面对于解析函数各阶导数均存在的证明过程我们看到，只要 $f(z)$在 l 上连续，即使 l 不是闭合曲线，上面的证明也成立. 因此可以推断，在(闭合或不闭合的)曲线 l 上连续的函数 $\varphi(\zeta)$所构成的积分

$$f(z)=\frac{1}{2\pi i}\int_l \frac{\varphi(\zeta)}{\zeta-z}d\zeta \tag{2.3.6}$$

是不在曲线上的点的一个解析函数. 这样的积分称为**柯西型积分**. $f(z)$的导数可以通过在积分号下对 z 求导数得到

$$f^{(p)}(z)=\frac{p!}{2\pi i}\int_l \frac{\varphi(\zeta)d\zeta}{(\zeta-z)^{p+1}} \tag{2.3.7}$$

对于积分曲线上的 z 点,积分(2.3.6)式在通常意义下不存在.因为积分变数 ζ 要通过 z 点.关于这一问题的详细讨论,读者可参考文献[3]第四章§3.7.

利用柯西型积分,就可以推导出**含参量积分的解析性**.

定理 2.2 设 $f(t,z)$ 是 t 和 z 的连续函数,$a\leqslant t\leqslant b$, $z\in\bar{\sigma}=\sigma+l$;对于$[a,b]$中的任何 t 值,$f(t,z)$ 是 $\bar{\sigma}$ 中的单值解析函数,则含参量的定积分所表示的函数

$$F(z)=\int_a^b f(t,z)dt$$

是 σ 内的解析函数,而且

$$F'(z)=\int_a^b \frac{\partial f(t,z)}{\partial z}dt \tag{2.3.8}$$

证 因为 $f(z)$ 在 $\bar{\sigma}$ 上解析,故对于 $z\in\sigma$ 由柯西公式有

$$f(t,z)=\frac{1}{2\pi i}\oint_l \frac{f(t,\zeta)}{\zeta-z}d\zeta$$

代入 $F(z)$,并交换积分次序[因为 $f(t,z)$ 连续],得

$$F(z)=\frac{1}{2\pi i}\int_a^b dt\oint_l \frac{f(t,\zeta)}{\zeta-z}d\zeta=\frac{1}{2\pi i}\oint_l \frac{1}{z-\zeta}\left[\int_a^b f(t,\zeta)dt\right]d\zeta$$

这是一个柯西型积分,由于 $\int_a^b f(t,\zeta)dt$ 连续,故 $F(z)$ 为 σ 内的解析函数,且

$$\begin{aligned}F'(z)&=\frac{1}{2\pi i}\oint_l \frac{1}{(\zeta-z)^2}\left[\int_a^b f(t,\zeta)dt\right]d\zeta\\&=\int_a^b\left[\frac{1}{2\pi i}\oint_l \frac{f(t,\zeta)}{(\zeta-z)^2}d\zeta\right]dt=\int_a^b \frac{\partial f(t,z)}{\partial z}dt\end{aligned}$$

[以上结论也适用复变数 t 的积分 $F(z)=\int_l f(t,z)dt$ 和无穷积分 $F(z)=\int_0^\infty f(t,z)dt$(要求 $\int_0^\infty f(t,z)dt$ 在 $\bar{\sigma}$ 中一致收敛)].

(3) **柯西不等式** 设 l 为以 z 为中心的圆 $|\zeta-z|=R$, $f(z)$ 在 $|\zeta-z|<R$ 内解析,在 $|\zeta-z|\leqslant R$ 上连续,且对于 $\zeta\in l$ 有 $|f(\zeta)|\leqslant M$,则

$$|f^{(n)}(z)|\leqslant\frac{n!M}{R^n} \tag{2.3.9}$$

证 由(2.3.5)式有

$$\begin{aligned}|f^{(n)}(z)|&=\frac{n!}{2\pi}\left|\oint_l \frac{f(\zeta)}{(\zeta-z)^{n+1}}d\zeta\right|\leqslant\frac{n!}{2\pi}\oint_l \frac{|f(\zeta)|}{|\zeta-z|^{n+1}}|d\zeta|\\&\leqslant\frac{n!M2\pi R}{2\pi R^{n+1}}=\frac{n!M}{R^n}\end{aligned}$$

(4) **刘维尔(Liouville)定理** 设 $f(z)$ 在复平面上解析,且当 $z\to\infty$ 时有界:$|f(z)|\leqslant$

M(M 为常数),则 $f(z)$必为常数.

证 以复平面中任意一点 z 为圆心作圆周$|\zeta-z|=R$,则在闭圆$|\zeta-z|\leqslant R$ 中,因为 $f(z)$连续,所以 $f(z)$必有上界 $M(R)$,且 $M(R)\leqslant M$. 故由柯西不等式(2.3.9)有

$$|f'(z)|\leqslant\frac{M(R)}{R}\leqslant\frac{M}{R}$$

上式的成立应与 R 的取值无关,当 $R\to\infty$有

$$|f'(z)|=0$$

即

$$f'(z)=0$$

所以 $f(z)$必为常数.

(5) **模数原理** 若 $f(z)$在区域 σ 中解析,在 $\bar{\sigma}=\sigma+l$ 上连续,则$|f(z)|$只能在边界 l 上取得最大值.

证 对于函数$[f(z)]^n$(n 为正整数)应用柯西公式有

$$[f(z)]^n=\frac{1}{2\pi\mathrm{i}}\oint_l\frac{[f(\zeta)]^n}{\zeta-z}\mathrm{d}\zeta$$

设 $M=\max|f(\zeta)|$,$d=\min|\zeta-z|$,s 为 l 的全长,则

$$|[f(z)]^n|=\frac{1}{2\pi}\left|\oint\frac{[f(\zeta)]^n}{\zeta-z}\mathrm{d}\zeta\right|\leqslant\frac{M^n\cdot s}{2\pi d}$$

即

$$|f(z)|\leqslant M\cdot\left(\frac{s}{2\pi d}\right)^{1/n}$$

上式对于任意的 n 均应成立. 令 $n\to\infty$,则因为$\lim\limits_{n\to\infty}\left(\frac{s}{2\pi d}\right)^{1/n}=1$,所以有

$$|f(z)|\leqslant M$$

用更严格的方法可以证明(见参考文献[3]第五章§2.5),只有当 $f(z)$为常数时,上式中的等号才成立.

(6) **中值(平均值)定理** 若 $f(z)$在$|z-a|<R$ 内解析,在$|z-a|\leqslant R$ 上连续,则 $f(z)$在圆心 a 的值等于它在圆周上的算术平均值. 即

$$f(a)=\frac{1}{2\pi}\int_0^{2\pi}f(a+R\mathrm{e}^{\mathrm{i}\varphi})\mathrm{d}\varphi \tag{2.3.10}$$

证 由柯西公式有

$$f(a)=\frac{1}{2\pi\mathrm{i}}\oint_l\frac{f(z)}{z-a}\mathrm{d}z,\quad l:|z-a|=R$$

令 $z-a=R\mathrm{e}^{\mathrm{i}\varphi}$,则 $\mathrm{d}z=\mathrm{i}R\mathrm{e}^{\mathrm{i}\varphi}\mathrm{d}\varphi$,代入上式即得(2.3.10)式.

(7) **摩勒纳(Morera)定理** 设 $f(z)$在区域 σ 内连续,且对 σ 内任意围线 l,都有 $\oint_l f(z)\mathrm{d}z=0$,则 $f(z)$在 σ 内解析.

证 因为在 σ 内 $f(z)$ 连续，且 $\oint_l f(z)\mathrm{d}z=0$，故根据上一节中的注释知，$F(z)=\int_{z_0}^{z} f(\zeta)\mathrm{d}\zeta$ 在 σ 内解析，且 $F'(z)=f(z)(z\in\sigma)$. 又由本节关于解析函数任意阶导数的推论知 $F''(z)=f'(z)(z\in\sigma)$ 存在，所以 $f(z)$ 在 σ 内解析.

习 题 2.3

1. 计算下列积分，其中 l 均为 $|z|=2$.

(1) $\oint_l \dfrac{2z^2-z+1}{z-1}\mathrm{d}z$； (2) $\oint_l \dfrac{\sin\frac{\pi}{4}z}{z^2-1}\mathrm{d}z$； (3) $\oint_l \dfrac{z+2}{(z+1)z}\mathrm{d}z$； (4) $\oint_l \dfrac{1}{z^4-1}\mathrm{d}z$.

2. 计算积分 $\int_l \dfrac{\mathrm{d}z}{z^2+9}$，其中围道 l.

(1) 包围 3i，不包围 -3i； (2) 包围 -3i，不包围 3i； (3) 包围 ±3i.

3. 计算下列积分：

(1) $\oint_l \dfrac{\cos\pi z}{(z-1)^5}\mathrm{d}z$； (2) $\oint_l \dfrac{\mathrm{e}^z}{(z^2+1)^2}\mathrm{d}z$； (3) $\oint_l \dfrac{z-\sin z}{z^6}\mathrm{d}z$； (4) $\oint_l \dfrac{2z^2-z+1}{(z-1)^3}\mathrm{d}z$.

其中 $l:|z|=a, a>1$.

4. 已知 $f(z)=\oint_l \dfrac{3\xi^2+7\xi+1}{\xi-z}\mathrm{d}\xi$，$l$ 为圆 $|\xi|=3$，求 $f'(1+\mathrm{i})$.

5. 求积分 $\oint_l \dfrac{\mathrm{e}^z}{z}\mathrm{d}z(l:|z|=1)$，从而证明

$$\int_0^{\pi} \mathrm{e}^{\cos\theta}\cos(\sin\theta)\mathrm{d}\theta=\pi$$

6. 计算积分 $\dfrac{1}{2\pi\mathrm{i}}\oint_l \dfrac{\mathrm{e}^z}{z(1-z)^3}\mathrm{d}z$，若

(1) $z=0$ 在 l 内，$z=1$ 在 l 外； (2) $z=1$ 在 l 内，$z=0$ 在 l 外； (3) $z=0$、$z=1$ 均在 l 内.

7. 证明

$$\int_0^{2\pi} \mathrm{e}^{\rho\cos\varphi}\cos(\rho\sin\varphi-n\varphi)\mathrm{d}\varphi=\frac{2\pi\rho^n}{n!}\text{（}n\text{ 为自然数）}$$

8. 证明：若 $f(z)=u(x,y)+\mathrm{i}v(x,y)$ 是上半平面的解析函数，且当 $z\to\infty$ 时 $f(z)$ 一致趋于零，则在上半平面中有

$$u(x,y)=\frac{y}{\pi}\int_{-\infty}^{\infty}\frac{u(\xi,0)}{(\xi-x)^2+y^2}\mathrm{d}\xi$$

$$v(x,y)=\frac{y}{\pi}\int_{-\infty}^{\infty}\frac{v(\xi,0)}{(\xi-x)^2+y^2}\mathrm{d}\xi$$

9. 设 $u(t,x)=\dfrac{1}{\sqrt{1-2xt+t^2}}$，$t$ 是复数，试证 $\dfrac{\partial^n u(t,x)}{\partial t^n}\Big|_{t=0}=\dfrac{1}{2^n}\dfrac{\mathrm{d}^n}{\mathrm{d}x^n}(x^2-1)^n$.

10. 设 $u(x,t)=\mathrm{e}^{2tx-t^2}$，$t$ 是复数，试证 $\dfrac{\partial^n u(x,t)}{\partial t^n}\Bigg|_{t=0}=(-1)^n\mathrm{e}^{x^2}\dfrac{\mathrm{d}^n}{\mathrm{d}x^n}\mathrm{e}^{-x^2}$.

本章小结

本章授课课件　本章习题分析与讨论

一、若 $f(z)$ 在区域 σ 内解析，$\bar{\sigma}=\sigma+L$ 上连续，则

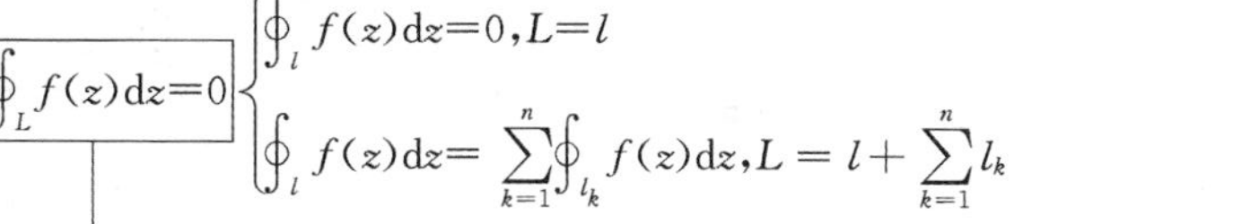

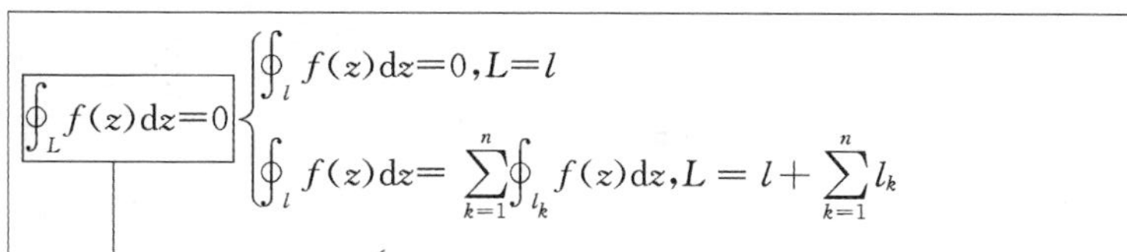

$$\oint_L f(z)\mathrm{d}z=0\begin{cases}\oint_l f(z)\mathrm{d}z=0, L=l\\ \oint_l f(z)\mathrm{d}z=\sum_{k=1}^{n}\oint_{l_k} f(z)\mathrm{d}z, L=l+\sum_{k=1}^{n} l_k\end{cases}$$

$$f(z)=\frac{1}{2\pi \mathrm{i}}\oint_L \frac{f(\zeta)}{\zeta-z}\mathrm{d}\zeta\begin{cases}f(z)=\frac{1}{2\pi \mathrm{i}}\oint_l \frac{f(\zeta)}{\zeta-z}\mathrm{d}\zeta, L=l\\ f(z)=\frac{1}{2\pi \mathrm{i}}\left[\oint_l \frac{f(\zeta)}{\zeta-z}\mathrm{d}\zeta-\sum_{k=1}^{n}\oint_{l_k}\frac{f(\zeta)}{\zeta-z}\mathrm{d}\zeta\right], L=l+\sum_{k=1}^{n} l_k\end{cases}$$

$$f^{(n)}(z)=\frac{n!}{2\pi \mathrm{i}}\oint_l \frac{f(\zeta)}{(\zeta-z)^{n+1}}\mathrm{d}\zeta$$

→ 可用来计算复变函数的围道积分，其主要步骤：

(1) 判断被积函数有无奇点，有何奇点；

(2) 判断围道内有无奇点，有何奇点；

(3) 适当选择公式.

模数原理：$|f(z)|\leqslant M(M=\max|f(\zeta)|)$

平均值定理：$f(a)=\frac{1}{2\pi}\int_0^{2\pi} f(a+R\mathrm{e}^{\mathrm{i}\varphi})\mathrm{d}\varphi$

$(\bar{\sigma}: |z-a|\leqslant R)$

柯西不等式：$|f^{(n)}(z)|\leqslant\frac{n!\ M}{R^n}$

↓

刘维尔定理：解析有界的复变函数必为常数.

二、$\left|\int_l f(z)\mathrm{d}z\right|\leqslant\begin{cases}\int_l |f(z)||\mathrm{d}z|\\ \boldsymbol{M\cdot S}\end{cases}$ 可用来估计积分之值.

第三章　复变函数级数

级数也是研究解析函数的一个重要工具. 我们将看到,一个函数的解析性与一个函数可否展开成幂级数的问题是等价的. 这从另一个侧面提示了解析函数的本质,因此我们可以进一步地认识解析函数.

本章将讨论解析函数表示为幂级数的问题,对于某些和数学分析中平行的结论,往往叙述而不证明.

3.1 复 级 数

1. 复数项级数

每项均为复数的无穷级数

$$f_1 + f_2 + \cdots + f_k + \cdots = \sum_{k=1}^{\infty} f_k \tag{3.1.1}$$

称为**复数项级数**,若它的部分和

$$F_n = f_1 + \cdots + f_n, \quad n = 1,2,\cdots \tag{3.1.2}$$

所构成的序列$\{F_n\}$收敛,即

$$\lim_{n\to\infty} F_n = F$$

有限,则称级数 $\sum\limits_{k=1}^{\infty} f_k$ **收敛**于 F,而称 F 为级数(3.1.1)的**和**;否则级数称为是**发散**的.

令 $f_k = u_k + \mathrm{i}v_k, F = u + \mathrm{i}v$,则由$\lim\limits_{n\to\infty} F_n = F$,有

$$\lim_{n\to\infty}[(u_1 + \mathrm{i}v_1) + (u_2 + \mathrm{i}v_2) + \cdots + (u_n + \mathrm{i}v_n)] = u + \mathrm{i}v$$

即

$$\lim_{n\to\infty}(u_1 + u_2 + \cdots + u_n) = u$$

$$\lim_{n\to\infty}(v_1 + v_2 + \cdots + v_n) = v$$

由此可见,如果复级数 $\sum\limits_{k=1}^{\infty} f_k$ 收敛,则实级数$\sum\limits_{k=1}^{\infty} u_k$ 和$\sum\limits_{k=1}^{\infty} v_k$ 必分别收敛. 反过来,如果$\sum\limits_{k=1}^{\infty} u_k$ 和$\sum\limits_{k=1}^{\infty} v_k$ 都收敛,则$\sum\limits_{k=1}^{\infty} f_k$ 也收敛. 这样,复级数的研究就归结为对实级数的研究. 有关实数级数收敛问题的定理和性质在复数级数中仍然成立;有关实级数中绝对

收敛和一致收敛的概念、性质也可以推广到复数级数中来.

类似于实数级数,级数(3.1.1)式有收敛的**充要条件——柯西收敛判据**:任意给定 $\varepsilon>0$,存在正整数 N,使当 $n>N$ 时,有

$$|F_{n+p}-F_n|=|f_{n+1}+f_{n+2}+\cdots+f_{n+p}|<\varepsilon,\quad p=1,2,\cdots \tag{3.1.3}$$

由(3.1.3)式,令 $p=1$,可得级数(3.1.1)式收敛的**必要条件**是

$$\lim_{k\to\infty} f_k=0 \tag{3.1.4}$$

如果 $\sum_{k=1}^{\infty}|f_k|$ 收敛,则称 $\sum_{k=1}^{\infty}f_k$ **绝对收敛**. 绝对收敛的级数必定是收敛的,因为

$$|f_{k+1}+f_{k+2}+\cdots+f_{k+p}|\leqslant|f_{k+1}|+|f_{k+2}|+\cdots+|f_{k+p}|$$

绝对收敛的级数具有如下的主要性质和判别法:

(1) 绝对收敛的级数,可任意交换其各项的次序,所得级数仍绝对收敛且其和不变.

(2) 两个绝对收敛的级数可逐项相乘,所得级数仍绝对收敛.

(3) **比值[或达朗贝尔(d'Alembert)]判别法** 对于 $\sum_{k=1}^{\infty}f_k$,若 $\left|\frac{f_{k+1}}{f_k}\right|<\rho$($\rho<1$ 且与 k 无关),则级数 $\sum_{k=1}^{\infty}f_k$ 绝对收敛. 特别是,如果

$$\lim_{k\to\infty}\left|\frac{f_{k+1}}{f_k}\right|=l \tag{3.1.5}$$

则当 $l<1$ 时,级数 $\sum_{k=1}^{\infty}f_k$ 绝对收敛;当 $l>1$ 时,级数 $\sum_{k=1}^{\infty}f_k$ 发散;当 $l=1$ 时,级数 $\sum_{k=1}^{\infty}f_k$ 的敛散性需进一步检验.

(4) **根式(或柯西)判别法** 对于 $\sum_{k=1}^{\infty}f_k$,若

$$\lim_{k\to\infty}\sqrt[k]{|f_k|}=r \tag{3.1.6}$$

则当 $r<1$ 时,级数 $\sum_{k=1}^{\infty}f_k$ 绝对收敛;当 $r>1$ 时,级数 $\sum_{k=1}^{\infty}f_k$ 发散;当 $r=1$ 时,级数 $\sum_{k=1}^{\infty}f_k$ 的敛散性需进一步检验.

(5) **高斯(Gauss)判别法**[①] 对于 $\sum_{k=1}^{\infty}f_k$,设

$$\frac{f_k}{f_{k+1}}=1+\frac{\mu}{k}+O\left(\frac{1}{k^{\lambda}}\right),\quad \lambda>1 \tag{3.1.7}$$

则当 $\mathrm{Re}\mu>1$ 时,级数 $\sum_{k=1}^{\infty}f_k$ 绝对收敛;当 $\mathrm{Re}\mu\leqslant 1$ 时,$\sum_{k=1}^{\infty}|f_k|$ 发散. 式中 $O\left(\frac{1}{k^{\lambda}}\right)$ 是量级的符号,表示数量级比 $\frac{1}{k^{\lambda}}$ 更高的无穷小量,μ 为复数.

2. 复变函数项级数

对于每项均为复变函数的**复变函数项级数**

$$f_1(z)+\cdots+f_k(z)+\cdots=\sum_{k=1}^{\infty}f_k(z) \tag{3.1.8}$$

如果在区域σ上有一个函数$F(z)$，对任意给定的$\varepsilon>0$，存在与z无关的正整数N，使当$n>N$时，对一切的$z\in\sigma$，均满足

$$|F(z)-F_n(z)|<\varepsilon \tag{3.1.9}$$

则称级数(3.1.8)式在σ上**一致收敛于**$F(z)$. 其中

$$F_n(z)=\sum_{k=1}^{n}f_k(z) \tag{3.1.10}$$

级数(3.1.8)式在σ上一致收敛的**充分必要条件**是**柯西一致收敛**判据：任意给定$\varepsilon>0$，存在与z无关的正整数N，使当$n>N$时，对一切$z\in\sigma$，均有

$$|f_{n+1}(z)+f_{n+2}(z)+\cdots+f_{n+p}(z)|<\varepsilon,\quad p=1,2,\cdots \tag{3.1.11}$$

一致收敛的级数具有如下的主要性质和判别法：

(1) **连续性** 若$f_k(z)(k=1,2,3,\cdots)$在区域σ内连续，$\sum\limits_{k=1}^{\infty}f_k(z)$在$\sigma$内一致收敛于$F(z)$，则和函数$F(z)$亦在$\sigma$内连续.

(2) **逐项可积性** 若$f_k(z)(k=1,2,3,\cdots)$在曲线l上连续，且$\sum\limits_{k=1}^{\infty}f_k(z)$在曲线$l$上一致收敛于$F(z)$，则$\sum\limits_{k=1}^{\infty}f_k(z)$沿$l$可以逐项积分，且

$$\int_l F(z)\mathrm{d}z=\sum_{k=1}^{\infty}\int_l f_k(z)\mathrm{d}z \tag{3.1.12}$$

(3) **逐项可导性——魏尔斯特拉斯(Weierstrass)定理**② 若级数$\sum\limits_{k=1}^{\infty}f_k(z)$的各项均在区域$\sigma$内解析，且$\sum\limits_{k=1}^{\infty}f_k(z)$在$\sigma$内的任一闭子域$\bar{\sigma}'$上一致收敛于$F(z)$，则

1° $F(z)=\sum\limits_{k=1}^{\infty}f_k(z)$在$\sigma$内解析；

2° 在σ内级数可逐项求导至任意阶，且

$$F^{(n)}(z)=\sum_{k=1}^{\infty}f_k^{(n)}(z) \tag{3.1.13}$$

(4) ***M*判别法** 若在区域σ内$|f_k(z)|\leqslant M_k(k=1,2,3,\cdots)$，$M_k$是与$z$无关的正数，且$\sum\limits_{k=1}^{\infty}M_k$收敛，则$\sum\limits_{k=1}^{\infty}f_k(z)$在$\sigma$内绝对而且一致收敛.

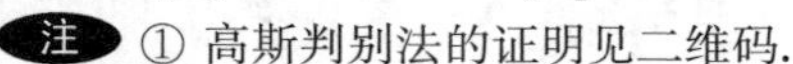

① 高斯判别法的证明见二维码.

② 魏尔斯特拉斯定理的证明见二维码.

高斯判别法的证明

魏尔斯特拉斯定理的证明

3.2 幂 级 数

各项由幂函数组成的无穷级数，如

$$\sum_{k=0}^{\infty} a_k (z-b)^k = a_0 + a_1(z-b) + \cdots + a_k(z-b)^k + \cdots \tag{3.2.1}$$

称为以 b 为中心的**幂级数**. 其中 $a_0, a_1, \cdots, a_k, \cdots$ 及 b 都是复常数.

1. 幂级数的收敛性

为了研究幂级数的收敛性，我们先引入如下的定理和推论：

阿贝尔(Abel)定理 若级数(3.2.1)在某点 $z=z_0$ 收敛，则它在以 b 为圆心，以 $|z_0-b|$ 为半径的圆内绝对收敛，而且在任何一个较小的闭圆 $|z-b|\leqslant\rho\,(\rho<|z_0-b|)$ 上一致收敛.

证 由于级数(3.2.1)在 z_0 点收敛，故由(3.1.4)式有

$$\lim_{k\to\infty} a_k (z_0-b)^k = 0$$

所以存在一正数 h 使

$$|a_k(z_0-b)^k| < h, \quad k=0,1,2,\cdots$$

又

$$\begin{aligned} |a_k(z-b)^k| &= \left| a_k(z_0-b)^k \cdot \left(\frac{z-b}{z_0-b}\right)^k \right| \\ &= |a_k(z_0-b)^k| \cdot \left|\frac{z-b}{z_0-b}\right|^k < h\frac{\rho^k}{|z_0-b|^k} \end{aligned}$$

而 $\sum\limits_{k=0}^{\infty} \dfrac{\rho^k}{|z_0-b|^k}$ 是一个收敛的常数项几何级数$\left(因为\dfrac{\rho}{|z_0-b|}<1\right)$，由 M 判别法知，级数(3.2.1)式在 $|z-b|\leqslant\rho\,(\rho<|z_0-b|)$ 中绝对而且一致收敛.

推论 3.1 若级数(3.2.1)式在某点 $z=z_1$ 发散，则它在圆 $|z-b|=|z_1-b|$ 的外面处处发散.

证 利用反证法，如果级数(3.2.1)式在圆 $|z-b|=|z_1-b|$ 外的一点 $z=z_2$ 收敛，则由阿贝尔定理级数将在圆 $|z-b|=|z_2-b|$ 内收敛，这与题设级数在 z_1 点发散相矛盾.

2. 收敛圆及收敛圆半径

由阿贝尔定理及推论 3.1 不难看出，幂级数的收敛区域和发散区域是不可能相间的. 因此，对于幂级数(3.2.1)式，必存在一以 b 为心，$R\,(0\leqslant R<\infty)$ 为半径的圆，在圆内级数绝对收敛(而且在较小的闭圆内一致收敛)，而在圆外级数发散. 这个圆称为该幂级数的**收敛圆**，而 R 称为它的**收敛半径**.

对于幂级数(3.2.1)式,由比值判别法易得到求它的收敛半径的公式.因为

$$\lim_{k\to\infty}\left|\frac{f_{k+1}}{f_k}\right|=\lim_{k\to\infty}\left|\frac{a_{k+1}}{a_k}\right|\cdot\frac{|z-b|^{k+1}}{|z-b|^k}=\lim_{k\to\infty}\left|\frac{a_{k+1}}{a_k}\right|\cdot|z-b|$$

故

当$\lim\limits_{k\to\infty}\left|\frac{a_{k+1}}{a_k}\right|\cdot|z-b|<1$,即当$|z-b|<\lim\limits_{k\to\infty}\left|\frac{a_k}{a_{k+1}}\right|$时,级数绝对收敛;

当$\lim\limits_{k\to\infty}\left|\frac{a_{k+1}}{a_k}\right|\cdot|z-b|>1$,即当$|z-b|>\lim\limits_{k\to\infty}\left|\frac{a_k}{a_{k+1}}\right|$时,级数发散.

因此,收敛半径为

$$R=\lim_{k\to\infty}\left|\frac{a_k}{a_{k+1}}\right| \tag{3.2.2}$$

例 1 求级数 $\sum\limits_{k=0}^{\infty}z^k,\sum\limits_{k=1}^{\infty}\frac{z^k}{k},\sum\limits_{k=1}^{\infty}\frac{z^k}{k^2}$ 的收敛半径,并讨论它们在收敛圆周上的敛散性.

解 由于对于这三个级数,均有$\lim\limits_{k\to\infty}\left|\frac{a_k}{a_{k+1}}\right|=1$,所以它们的收敛半径均为 1.但在收敛圆周上它们的敛散性却各不一样:

$\sum\limits_{k=0}^{\infty}z^k$,在 $|z|=1$ 上,由于一般项不趋于 0,故处处发散.

$\sum\limits_{k=1}^{\infty}\frac{z^k}{k}$,在 $z=1$ 点,是调和级数,所以发散;在 $z=-1$ 点,是交错级数,所以收敛.

$\sum\limits_{k=1}^{\infty}\left|\frac{z^k}{k^2}\right|$,在 $|z|=1$ 上,是一 p 级数,所以$\sum\limits_{k=1}^{\infty}\frac{z^k}{k^2}$ 处处绝对收敛,因而也处处收敛.

由复级数的根值判别法(3.1.6)式我们还可以得到求幂级数(3.2.1)式的收敛半径的另一公式

$$R=\lim_{k\to\infty}\frac{1}{\sqrt[k]{|a_k|}} \tag{3.2.3}$$

例 2 求级数 $\sum\limits_{n=0}^{\infty}\frac{1}{2^{2n}}z^{2n}$ 的收敛半径.

解 $R=\dfrac{1}{\lim\limits_{n\to\infty}\left|\frac{1}{2^{2n}}\right|^{\frac{1}{2n}}}=2.$

3. 性质

由于幂级数(3.2.1)式的每一项 $a_k(z-b)^k$ 都是 z 的解析函数,而且在其收敛圆内的任何一个闭区域内(3.2.1)式一致收敛,故由魏尔斯特拉斯定理知其和函数 $f(z)=\sum\limits_{k=0}^{\infty}a_k(z-b)^k$ 是收敛圆内的一个解析函数且可逐项求导至任意阶;由于幂级

数在收敛圆内绝对收敛,故具有绝对收敛级数所具有的一些性质(如可逐项相乘等);由于幂级数在比收敛圆稍小的闭圆上一致收敛,故具有一致收敛的级数所具有的性质(如逐项积分等).易于证明,通过逐项微分或积分后所得到的幂级数的收敛半径与原来级数的收敛半径相同.

习　题　3.2

1. 确定下列级数的收敛半径:

(1) $\sum\limits_{k=0}^{\infty}\dfrac{z^k}{k!}$;　(2) $\sum\limits_{k=1}^{\infty}\dfrac{k}{2^k}z^k$;　(3) $\sum\limits_{k=1}^{\infty}\dfrac{k!}{k^k}z^k$;

(4) $\sum\limits_{k=0}^{\infty}(k+a^k)z^k$;　(5) $\sum\limits_{k=1}^{\infty}[2+(-1)^k]^k z^k$.

2. $\sum\limits_{k=1}^{\infty}a_k z^k$ 的收敛半径为 $R(0\leqslant R<\infty)$,确定下列级数的收敛半径:

(1) $\sum\limits_{k=0}^{\infty}k^n a_k z^k$;　(2) $\sum\limits_{k=1}^{\infty}k^k a_k z^k$;　(3) $\sum\limits_{k=0}^{\infty}a_k^n z^k$.

3. 讨论幂级数在收敛圆周上的敛、散性:

(1) $\sum\limits_{k=1}^{\infty}\dfrac{(-1)^k}{k}z^k$;　(2) $\sum\limits_{k=1}^{\infty}\dfrac{z^{k!}}{k^2}$.

4. 判断下列级数的收敛性及绝对收敛性:

(1) $\sum\limits_{k=1}^{\infty}\dfrac{i^k}{\ln k}$;　(2) $\sum\limits_{k=1}^{\infty}\dfrac{i^k}{k}$.

3.3 泰勒级数

在上节曾提到,幂级数在其收敛圆内,代表一解析函数.反之,我们自然要问,解析函数是否能展开成一个幂级数?为此,我们学习泰勒(Taylor)展开定理.

1. 泰勒定理

设 $f(z)$ 在圆域 $|z-b|<R$ 内解析,则 $f(z)$ 在该圆域内可展开为幂级数

$$f(z)=\sum_{k=0}^{\infty}a_k(z-b)^k \tag{3.3.1}$$

称为**泰勒级数**(或泰勒展式).其中系数

$$a_k=\frac{1}{k!}f^{(k)}(b),\quad k=0,1,2,\cdots \tag{3.3.2}$$

称为**泰勒系数**.且此**展开是唯一**的.

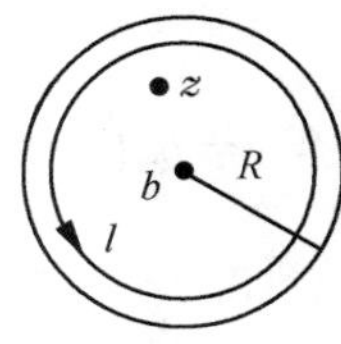

图 3.1

证　设 z 为圆 $|z-b|=R$ 内的任一取定的点,则总有一个圆 l:$|\zeta-b|=\rho(0<\rho<R)$,使 z 含在 l 内(见图 3.1).由柯西公式有

$$f(z)=\frac{1}{2\pi\mathrm{i}}\oint_l \frac{f(\zeta)}{\zeta-z}\mathrm{d}\zeta$$

其中 ζ 是 l 上的变点. 利用几何级数恒等式

$$\frac{1}{1-q}=\sum_{k=0}^{\infty}q^k,\quad |q|<1$$

可将$\frac{1}{\zeta-z}$写成

$$\frac{1}{\zeta-z}=\frac{1}{(\zeta-b)-(z-b)}=\frac{1}{\zeta-b}\frac{1}{1-\dfrac{z-b}{\zeta-b}}$$

$$=\frac{1}{\zeta-b}\sum_{k=0}^{\infty}\left(\frac{z-b}{\zeta-b}\right)^k\left(\because\left|\frac{z-b}{\zeta-b}\right|<1\right)$$

级数 $\sum\limits_{k=0}^{\infty}\left(\frac{z-b}{\zeta-b}\right)^k$ 在 l 上是一致收敛的. 所以乘上 l 上的有界函数$\frac{f(\zeta)}{\zeta-b}$后，仍在 l 上一致收敛，即

$$\frac{f(\zeta)}{\zeta-z}=\frac{f(\zeta)}{\zeta-b}\sum_{k=0}^{\infty}\left(\frac{z-b}{\zeta-b}\right)^k=\sum_{k=0}^{\infty}\frac{f(\zeta)}{(\zeta-b)^{k+1}}\cdot(z-b)^k$$

在 l 上一致收敛. 故可在 l 上对它采用逐项积分，而得

$$f(z)=\frac{1}{2\pi\mathrm{i}}\oint_l\frac{f(\zeta)}{\zeta-z}\mathrm{d}\zeta=\sum_{k=0}^{\infty}\frac{1}{2\pi\mathrm{i}}\oint_l\frac{f(\zeta)\mathrm{d}\zeta}{(\zeta-b)^{k+1}}\cdot(z-b)^k=\sum_{k=0}^{\infty}a_k(z-b)^k$$

其中

$$a_k=\frac{1}{2\pi\mathrm{i}}\oint_l\frac{f(\zeta)\mathrm{d}\zeta}{(\zeta-b)^{k+1}}\tag{3.3.3}$$

又由(2.3.5)式有

$$\frac{1}{2\pi\mathrm{i}}\oint_l\frac{f(\zeta)\mathrm{d}\zeta}{(\zeta-b)^{k+1}}=\frac{f^{(k)}(b)}{k!}$$

故有

$$a_k=\frac{f^{(k)}(b)}{k!}$$

定理中的(3.3.1)和(3.3.2)式已得证. 现在证明此展开是唯一的，即在 b 的邻域 $|z-b|<R$ 内，$f(z)$的泰勒展开系数 a_k 是完全确定的. 为了证明这一点，设有两个泰勒级数代表同一个解析函数

$$\begin{aligned}f(z)&=a_0+a_1(z-b)+\cdots+a_k(z-b)^k+\cdots\\&=a_0'+a_1'(z-b)+\cdots+a_k'(z-b)^k+\cdots\end{aligned}\tag{3.3.4}$$

令 $z=b$，则有

$$a_0=a_0'=f(b)$$

对(3.3.4)式求导，有

$$\begin{aligned}f'(z)&=a_1+2a_2(z-b)+\cdots+ka_k(z-b)^{k-1}+\cdots\\&=a_1'+2a_2'(z-b)+\cdots+ka_k'(z-b)^{k-1}+\cdots\end{aligned}$$

又令 $z=b$，得

$$a_1 = a_1' = f'(b)$$

仿此做下去，即可证明对于所有的 $k(k=0,1,2,\cdots)$ 均有 $a_k=a_k'$，因此展开是唯一的.

2. 收敛范围

泰勒级数的收敛半径，当然可由幂级数的收敛半径公式(3.2.2)和(3.2.3)来求. 用下面的方法，来确定泰勒级数的收敛范围，常常更为方便：

设 a 是 $f(z)$ 的离展开中心 b 最近的奇点，则 $f(z)$ 的泰勒展开的收敛半径为

$$R = |a-b| \tag{3.3.5}$$

因为在圆 $|z-b|=|a-b|$ 内，$f(z)$ 处处解析，因此 $f(z)$ 的泰勒展开(3.3.1)式的收敛半径不小于 $|b-a|$；而 a 又是 $f(z)$ 的奇点，故它的泰勒展开的收敛半径也不会大于 $|a-b|$，因此收敛半径 $R=|a-b|$.

3. 展开的方法

我们当然可以直接用泰勒展开定理将函数展开为泰勒级数.

例 1 函数 $f(z)=\mathrm{e}^z$，在复平面解析，故在复平面内任一点均可展开成泰勒级数，且由于 ∞ 是它的奇点，故这些级数的收敛半径都是 ∞. 在 $z=0$ 处，e^z 的泰勒系数为

$$\frac{1}{k!}\frac{\mathrm{d}^k}{\mathrm{d}z^k}\mathrm{e}^z\bigg|_{z=0} = \frac{1}{k!}, \quad k=0,1,2,\cdots$$

于是 e^z 在 $z=0$ 的泰勒展开为

$$\mathrm{e}^z = 1+z+\frac{z^2}{2!}+\cdots+\frac{z^k}{k!}+\cdots, \quad |z|<\infty \tag{3.3.6}$$

例 2 函数 $\dfrac{1}{1-z}$ 在 $z=0$ 的邻域内是解析的，其唯一的奇点 $z=1$，与 $z=0$ 点的距离是 1，在 $z=0$ 点的 k 阶导数易算出为 $k!$ $(k=0,1,2,\cdots)$，故有

$$\frac{1}{1-z} = 1+z+z^2+\cdots+z^k+\cdots, \quad |z|<1 \tag{3.3.7}$$

既然泰勒展开是唯一的，故我们当然可以用任何方便的办法来求一个函数的泰勒展开，而不一定要用(3.3.2)式去确定泰勒展开的系数了(从而可避免求导的麻烦). 我们常常借助于一些已知的级数展开式，通过种种手段来实现函数的泰勒展开.

例 3 求 $f(z)=\sin z$ 和 $f(z)=\cos z$ 在 $z=0$ 点的泰勒展开.

解 由正弦函数的定义和(3.3.6)式我们有

$$\sin z = \frac{\mathrm{e}^{\mathrm{i}z}-\mathrm{e}^{-\mathrm{i}z}}{2\mathrm{i}} = \frac{\displaystyle\sum_{k=0}^{\infty}\frac{(\mathrm{i}z)^k}{k!}-\sum_{k=0}^{\infty}\frac{(-\mathrm{i}z)^k}{k!}}{2\mathrm{i}}$$

所以

$$\sin z = \sum_{k=0}^{\infty}\frac{(-1)^k z^{2k+1}}{(2k+1)!}, \quad |z|<\infty \tag{3.3.8}$$

同样可得

$$\cos z = \sum_{k=0}^{\infty} \frac{(-1)^k z^{2k}}{(2k)!}, \quad |z| < \infty \tag{3.3.9}$$

(3.3.6)～(3.3.9)式应作为公式记住，以后经常会用到.

例 4　求$\frac{1}{1-z^2}$在 $z=0$ 的邻域内的泰勒展开.

解　可通过变量代换，再利用(3.3.7)式来展开. 令 $t=z^2$，则

$$\frac{1}{1-z^2} = \frac{1}{1-t} = 1+t+t^2+\cdots+t^k+\cdots, \quad |t|<1$$

即

$$\frac{1}{1-z^2} = 1+z^2+z^4+\cdots+z^{2k}+\cdots, \quad |z|<1$$

也可以通过分项分式，再利用(3.3.7)式来展开

$$\begin{aligned}\frac{1}{1-z^2} &= \frac{1}{2}\left(\frac{1}{1-z}+\frac{1}{1+z}\right)\\ &= \frac{1}{2}(1+z+z^2+z^3+\cdots)+\frac{1}{2}(1-z+z^2-z^3+\cdots)\\ &= 1+z^2+z^4+\cdots+z^{2k}+\cdots, \quad |z|<1\end{aligned}$$

	1	1	1	1	1
1	1	1	1	1	1
-1	-1	-1	-1	-1	-1
1	1	1	1	1	1
-1	-1	-1	-1	-1	-1
1	1	1	1	1	1

图 3.2

还可以用级数的乘法和(3.3.7)式来展开

$$\frac{1}{1-z^2} = \frac{1}{1-z}\cdot\frac{1}{1+z} = \sum_{k=0}^{\infty} z^k \cdot \sum_{n=0}^{\infty}(-1)^n z^n$$

这两个级数在 $|z|<1$ 内绝对收敛，故可逐项相乘，如图 3.2 所示，我们可将乘后各次幂的系数排成对角线形式，则

$$\begin{aligned}\frac{1}{1-z^2} &= 1+(1-1)z+(1-1+1)z^2\\ &\quad +(1-1+1-1)z^3+\cdots\\ &= 1+z^2+z^4+\cdots\end{aligned}$$

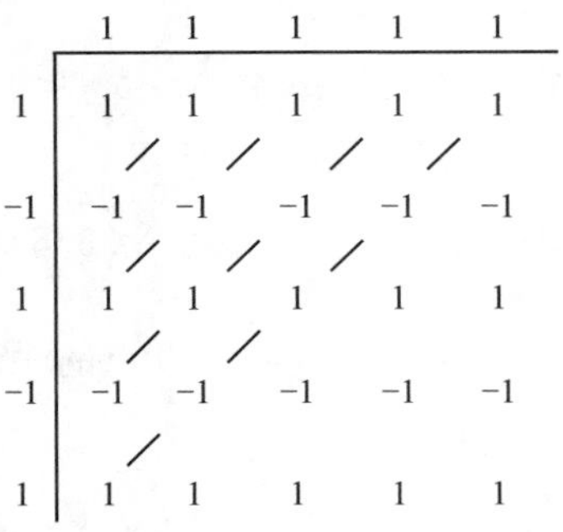

习　题　3.3

1. 将下列函数在 $z=0$ 点展开成幂级数，并指出其收敛范围：

(1) $\frac{1}{(1-z)^2}$；　(2) $\frac{1}{az+b}$　(a,b 为复数，$b\neq 0$)；　(3) $e^{\frac{1}{1-z}}$；

(4) $\arctan z$；　(5) $\frac{1}{1+z+z^2}$；　(6) $\frac{\sin z}{1-z}$.

2. 将下列函数按$(z-1)$的幂展开，并指明其收敛范围：

(1) $\cos z$；　(2) $\frac{z^2}{(z+1)^2}$；　(3) $\frac{z}{z+2}$；　(4) $\sin(2z-z^2)$.

3. 应用泰勒级数求下列积分：

(1) 菲涅尔积分 $s(z)=\int_0^z \sin z^2\,dz$；$c(z)=\int_0^z \cos z^2\,dz$；

(2) 误差函数 $\mathrm{erf}z=\frac{2}{\sqrt{\pi}}\int_0^z e^{-\zeta^2}\,d\zeta$；

(3) 积分正弦 $\mathrm{Si}z=\int_0^z \frac{\sin z}{z}dz$.

4. 对于多值函数而言，在划分出单值分支后，可对各个单值分支像一个单值函数那样作泰勒展开. 函数$(1+z)^\alpha$ 在α 不等于整数时是多值函数. 试证明**普遍的二项式定理**

$$(1+z)^\alpha=1^\alpha\left[1+\frac{\alpha}{1!}z+\frac{\alpha(\alpha-1)}{2!}z^2+\frac{\alpha(\alpha-1)(\alpha-2)}{3!}z^3+\cdots\right],\quad |z|<1 \tag{3.3.10}$$

式中，α 为任意复数；$1^\alpha=(e^{i2k\pi})^\alpha=e^{i\alpha 2k\pi}$（$k$ 为整数）.

5. 将 $\mathrm{Ln}(1+z)$在 $z=0$ 的邻域内展开为泰勒级数.

6. 如果 $f(z)$在解析区域 σ 内一点 a 的值为零. 则称 a 为 $f(z)$的**零点**. 若 $f(a)=f'(a)=\cdots=f^{(m-1)}(a)=0$ 但 $f^{(m)}(a)\neq 0(m\geqslant 1)$，则称 a 为 $f(z)$的 ***m* 级(阶)零点**. 试指出下列函数的零点 $z=0$ 是几级(阶)零点.

(1) $z^2(e^{z^2}-1)$； (2) $6\sin z^3+z^3(z^6-6)$.

*7. 求和：$s(z)=\sum_{n=1}^{\infty}z^n n^2$ ，$|z|<1$.

（1981 年 CUSPEA 试题）

*8. 求下列极数的和：

$$S=\sum_{n=2}^{\infty}\frac{e^{-nt}}{n^2-1},\quad t>0$$

（加州理工学院研究生试题）

3.4 洛朗级数

由上节我们看出，用泰勒级数来表示圆形区域的解析函数是很方便的. 但是，有些函数在我们所需讨论的区域中有奇点，特别是有时我们需讨论奇点邻域函数的性质，此时当然不能将函数表示成泰勒级数，而是另一种展开级数. 本节将建立环域 $r<|z-b|<R(0\leqslant r<R<\infty)$内解析的函数的级数表示——洛朗(Laurent)级数.

我们称具有正、负幂的幂级数

$$\sum_{k=-\infty}^{\infty}C_k(z-b)^k=\cdots+C_{-2}(z-b)^{-2}+C_{-1}(z-b)^{-1}+C_0+C_1(z-b)+C_2(z-b)^2+\cdots \tag{3.4.1}$$

为**洛朗级数**. 它是泰勒级数的推广.

1. 洛朗级数收敛性定理

洛朗级数(3.4.1)式在收敛环域 $r<|z-b|<R$ 内的和函数是一解析函数，并在

任意较小的同心闭环域 $r' \leqslant |z-b| \leqslant R'(r<r'<R'<R)$ 上一致收敛.

证 因为 $\sum\limits_{k=-\infty}^{\infty} C_k(z-b)^k = \sum\limits_{k=0}^{\infty} C_k(z-b)^k + \sum\limits_{k=1}^{\infty} C_{-k}(z-b)^{-k}$. 对于 $\sum\limits_{k=0}^{\infty} C_k(z-b)^k$(称之为洛朗级数的**正则部分**),这正是 3.2 节中讨论过的**幂级数**. 设其收敛半径为 R,则在收敛圆的内部,即当 $|z-b|<R$ 时,它的和函数是一解析函数,且在较小的闭圆 $|z-b| \leqslant R'(R'<R)$ 上一致收敛.

对于 $\sum\limits_{k=1}^{\infty} C_{-k}(z-b)^{-k}$(称为洛朗级数的**主要部分**),令 $\zeta = \dfrac{1}{z-b}$,则 $\sum\limits_{k=1}^{\infty} C_{-k}(z-b)^{-k} = \sum\limits_{k=1}^{\infty} C_{-k}\zeta^k$. 这亦是 3.2 节中讨论过的幂级数. 设其收敛半径为 $\dfrac{1}{r}$,则在收敛圆内即当 $|\zeta| < \dfrac{1}{r}$ 时, $\sum\limits_{k=1}^{\infty} C_{-k}\zeta^k$ 的和函数是一解析函数, 且在较小的闭圆 $|\zeta| \leqslant \dfrac{1}{r'}\left(\dfrac{1}{r'} < \dfrac{1}{r}\right)$ 上一致收敛. 也就是说, $\sum\limits_{k=1}^{\infty} C_{-k}(z-b)^{-k}$,当 $|z-b|>r$ 时,其和函数是一解析函数,且在较大的闭圆 $|z-b| \geqslant r' > r$ 上一致收敛.

综上所述,仅当 $r<R$ 时,级数 $\sum\limits_{k=0}^{\infty} C_k(z-b)^k$ 和 $\sum\limits_{k=1}^{\infty} C_{-k}(z-b)^{-k}$ 有共同的收敛区域 $r<|z-b|<R$ 及共同的一致收敛的闭环域 $r' \leqslant |z-b| \leqslant R'$. 故定理得证.

2. 洛朗定理

在环域 $r<|z-b|<R$ 内解析的函数 $f(z)$ 必可展开成**洛朗级数**

$$f(z) = \sum_{k=-\infty}^{\infty} C_k(z-b)^k \tag{3.4.2}$$

其中

$$C_k = \frac{1}{2\pi \mathrm{i}} \oint_l \frac{f(\zeta)}{(\zeta-b)^{k+1}} \mathrm{d}\zeta \tag{3.4.3}$$

称为**洛朗展开系数**,l 为圆周 $|z-b| = \rho(r<r'<\rho<R'<R)$,且此展开是唯一的.

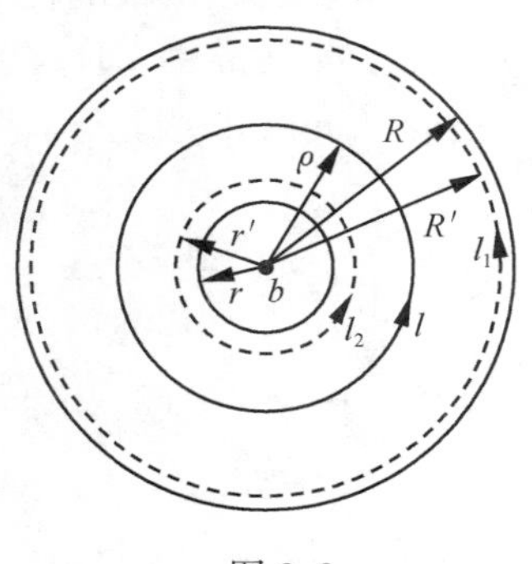

图 3.3

证 设 z 为 $r<|z-b|<R$ 内的任意一取定的点,则总可作含于 $r<|z-b|<R$ 内的两个圆

$$l_1: |\zeta - b| = R', \quad R' < R$$
$$l_2: |\zeta - b| = r', \quad r' > r$$

使得 z 含在环域 $r'<|z-b|<R'$ 内(见图 3.3). 因为 $f(z)$ 在闭环域 $r' \leqslant |z-b| \leqslant R'$ 上解析,则由复通区域的柯西公式(2.3.3)式有

$$f(z) = \frac{1}{2\pi \mathrm{i}} \oint_{l_1} \frac{f(\zeta)}{\zeta - z} \mathrm{d}\zeta - \frac{1}{2\pi \mathrm{i}} \oint_{l_2} \frac{f(\zeta)}{\zeta - z} \mathrm{d}\zeta \tag{3.4.4}$$

其中 ζ 为 l_1 和 l_2 上的变点.

对于上式的第一个积分,类似于泰勒定理的证明过程,我们立即可得

$$\frac{1}{2\pi\mathrm{i}}\oint_{l_1}\frac{f(\zeta)}{\zeta-z}\mathrm{d}\zeta=\sum_{k=0}^{\infty}\frac{1}{2\pi\mathrm{i}}\oint_{l_1}\frac{f(\zeta)}{(\zeta-b)^{k+1}}\mathrm{d}\zeta\cdot(z-b)^k \tag{3.4.5}$$

对于(3.4.4)式右边的第二个积分,由于

$$\frac{1}{\zeta-z}=\frac{1}{\zeta-b-(z-b)}=-\frac{1}{z-b}\cdot\frac{1}{1-\dfrac{\zeta-b}{z-b}}$$

$$=-\frac{1}{z-b}\sum_{k=0}^{\infty}\left(\frac{\zeta-b}{z-b}\right)^k\quad\left(因\left|\frac{\zeta-b}{z-b}\right|<1\right)$$

故类似于上一节的理由有

$$\frac{f(\zeta)}{\zeta-z}=-\frac{f(\zeta)}{z-b}\sum_{k=0}^{\infty}\left(\frac{\zeta-b}{z-b}\right)^k$$

在 l_2 上一致收敛.因而有

$$\frac{1}{2\pi\mathrm{i}}\oint_{l_2}\frac{f(\zeta)}{\zeta-z}\mathrm{d}\zeta=-\sum_{k=0}^{\infty}\frac{1}{2\pi\mathrm{i}}\oint_{l_2}\frac{f(\zeta)}{(\zeta-b)^{-k}}\mathrm{d}\zeta\cdot(z-b)^{-(k+1)}$$

令 $-(k+1)=s$,则 $k=-s-1$,故

$$\frac{1}{2\pi\mathrm{i}}\oint_{l_2}\frac{f(\zeta)}{\zeta-z}\mathrm{d}\zeta=-\sum_{s=-1}^{-\infty}\frac{1}{2\pi\mathrm{i}}\oint_{l_2}\frac{f(\zeta)}{(\zeta-b)^{s+1}}\mathrm{d}\zeta\cdot(z-b)^s \tag{3.4.6}$$

将(3.4.5)、(3.4.6)式代入(3.4.4)式有

$$f(z)=\sum_{k=0}^{\infty}\frac{1}{2\pi\mathrm{i}}\oint_{l_1}\frac{f(\zeta)}{(\zeta-b)^{k+1}}\mathrm{d}\zeta\cdot(z-b)^k$$

$$+\sum_{k=-\infty}^{-1}\frac{1}{2\pi\mathrm{i}}\oint_{l_2}\frac{f(\zeta)}{(\zeta-b)^{k+1}}\mathrm{d}\zeta\cdot(z-b)^k \tag{3.4.7}$$

又作圆 $l:|\zeta-b|=\rho,r'<\rho<R'$,则由复通区域的柯西定理(2.2.6)式有

$$\oint_{l_1}\frac{f(\zeta)}{(\zeta-b)^{k+1}}\mathrm{d}\zeta=\oint_{l}\frac{f(\zeta)}{(\zeta-b)^{k+1}}\mathrm{d}\zeta \tag{3.4.8}$$

$$\oint_{l_2}\frac{f(\zeta)}{(\zeta-b)^{k+1}}\mathrm{d}\zeta=\oint_{l}\frac{f(\zeta)}{(\zeta-b)^{k+1}}\mathrm{d}\zeta \tag{3.4.9}$$

将(3.4.8)、(3.4.9)式代入(3.4.7)式便可得到定理中的(3.4.2)式和(3.4.3)式.

必须注意的是,尽管洛朗展开(3.4.2)式中含有 $(z-b)$ 的负幂项,这些项当 $z=b$ 时都是奇异的,但展开中心 b 点不一定是函数的奇点.事实上,洛朗定理也并未涉及展开中心 b 是否一定是函数的奇点的问题.关于这一点,在后面的例题 2 中我们也会看到.另外,尽管洛朗展开的系数公式(3.4.3)与泰勒展开的系数公式(3.3.3)的形式相同,但不论 b 是否是 $f(z)$ 的奇点,都应有 $C_k\neq\dfrac{f^{(k)}(b)}{k!}$.如果 b 是 $f(z)$ 的奇点,则 $f^{(k)}(b)$ 根本不存在;如果 b 不是 $f(z)$ 的奇点,C_k 也不会等于 $\dfrac{f^{(k)}(b)}{k!}$.因为(2.3.5)式

成立的条件是 $f(z)$ 在 l 内解析，而(3.4.3)式中的 $f(z)$ 在 l 内肯定有奇点(当然不一定是展开中心 b)，否则也不需要考虑洛朗展开了.

下面我们证明上述的洛朗展开也是唯一的.

设 $f(z)$ 在环 $r<|z-b|<R$ 内还有另一展开式，即

$$f(z)=\sum_{k=-\infty}^{\infty}C_k(z-b)^k=\sum_{k=-\infty}^{\infty}C'_k(z-b)^k$$

则由洛朗级数收敛定理知，此二级数在 $l:|z-b|=\rho(r<\rho<R)$ 上一致收敛. 它们分别乘上 $(z-b)^n$(n 为固定整数)后仍然一致收敛，故可在 l 上逐项积分，即

$$\sum_{k=-\infty}^{\infty}C_k\oint_l(z-b)^{k+n}\mathrm{d}z=\sum_{k=-\infty}^{\infty}C'_k\oint_l(z-b)^{k+n}\mathrm{d}z$$

对于上式，若 $k+n\neq-1$，即 $k\neq-n-1$，则由(2.1.4)式有

$$\oint_l(z-b)^{k+n}\mathrm{d}z=0$$

若 $k+n=-1$，即 $k=-n-1$，则

$$C_{-n-1}\oint\frac{1}{z-b}\mathrm{d}z=C'_{-n-1}\oint\frac{1}{z-b}\mathrm{d}z$$

由(2.1.4)式有

$$C_{-n-1}2\pi\mathrm{i}=C'_{-n-1}2\pi\mathrm{i}$$

即

$$C_{-n-1}=C'_{-n-1}$$

而 n 是任意的整数，故有

$$C_k=C'_k,\quad k=0,\pm1,\pm2,\cdots$$

唯一性得证.(请大家思考，在这里，为什么我们不按证泰勒展开唯一性时所用的方法来证?)

3. 收敛范围

显然，设 a 和 a' 分别是函数 $f(z)$ 的两个相邻的奇点，则洛朗级数 $\sum\limits_{k=-\infty}^{\infty}C_k(z-b)^k$ 必在环域 $|a-b|<|z-b|<|a'-b|$(设 $|a'-b|>|a-b|$)内收敛.

4. 展开方法

从理论上说我们当然可直接利用展开公式(3.4.2)和(3.4.3)将函数进行洛朗展开. 但由于洛朗展开的系数公式只有积分的形式，它的计算，往往是相当困难甚至是无法计算的. 既然洛朗展开也是唯一的，除了个别情况我们直接利用展开定理将函数进行洛朗展开外(见例 3)，一般均可借助一些已知的级数展式，通过种种简便方法来进行洛朗展开.

例 1　求函数 $\dfrac{1}{z(z-1)}$ 在 $0<|z|<1$ 和 $1<|z|<\infty$ 中的洛朗展开.

解 (1) 若 $0<|z|<1$,则

$$\frac{1}{z(z-1)}=-\frac{1}{z}\cdot\frac{1}{1-z}=-\frac{1}{z}\sum_{k=0}^{\infty}z^k=-\sum_{k=0}^{\infty}z^{k-1}=-\frac{1}{z}-1-z-z^2-\cdots$$

(2) 若 $1<|z|<\infty$,则

$$\frac{1}{z(z-1)}=\frac{1}{z}\cdot\frac{1}{z\left(1-\frac{1}{z}\right)}=\frac{1}{z^2}\cdot\sum_{k=0}^{\infty}\left(\frac{1}{z}\right)^k$$

$$=\sum_{k=0}^{\infty}\frac{1}{z^{k+2}}=\frac{1}{z^2}+\frac{1}{z^3}+\frac{1}{z^4}+\cdots$$

例 2 将 $f(z)=\dfrac{1}{(z-1)(z-2)}$在复平面中以 $z=0$ 为中心进行洛朗展开.

解 在复平面中 $f(z)=\dfrac{1}{(z-1)(z-2)}=\dfrac{1}{z-2}-\dfrac{1}{z-1}$仅有 $z=1$ 和 $z=2$ 两个奇点,故在复平面中以 $z=0$ 为中心,可在以下三个区域进行洛朗展开:

(1) $|z|<1$,此时

$$f(z)=\frac{1}{1-z}-\frac{1}{2\left(1-\frac{z}{2}\right)}=\sum_{k=0}^{\infty}z^k-\frac{1}{2}\sum_{k=0}^{\infty}\left(\frac{z}{2}\right)^k=\sum_{k=0}^{\infty}\left(1-\frac{1}{2^{k+1}}\right)z^k$$

(2) $1<|z|<2$,此时

$$\frac{1}{z-1}=\frac{1}{z}\cdot\frac{1}{\left(1-\frac{1}{z}\right)}=\frac{1}{z}\sum_{k=0}^{\infty}\left(\frac{1}{z}\right)^k=\sum_{k=0}^{\infty}\frac{1}{z^{k+1}}$$

$$\frac{1}{z-2}=-\frac{1}{2}\frac{1}{1-\frac{z}{2}}=-\frac{1}{2}\sum_{k=0}^{\infty}\left(\frac{z}{2}\right)^k=-\sum_{k=0}^{\infty}\frac{z^k}{2^{k+1}}$$

所以

$$f(z)=\frac{1}{z-2}-\frac{1}{z-1}=-\sum_{k=0}^{\infty}\frac{z^k}{2^{k+1}}-\sum_{k=1}^{\infty}\frac{1}{z^k}$$

(3) $2<|z|$,此时

$$\frac{1}{z-1}=\frac{1}{z}\frac{1}{1-\frac{1}{z}}=\sum_{k=0}^{\infty}\frac{1}{z^{k+1}}$$

$$\frac{1}{z-2}=\frac{1}{z}\cdot\frac{1}{1-\frac{2}{z}}=\sum_{k=0}^{\infty}\frac{2^k}{z^{k+1}}$$

所以

$$f(z)=\frac{1}{z-2}-\frac{1}{z-1}=\sum_{k=1}^{\infty}\frac{2^{k-1}-1}{z^k}$$

由展开的结果看到本例的情况(1)是一个泰勒级数,这当然并不奇怪,因为在 $|z|<1$ 内,没有函数 $f(z)=\dfrac{1}{(z-1)(z-2)}$的奇点. 在情况(2)、(3)中,右边的展开式

在 $z=0$ 点均有无穷项负幂，即 $z=0$ 点对于展开式而言是奇点，但函数 $f(z)=\frac{1}{(z-1)(z-2)}$ 在 $z=0$ 点却是解析的，这正是前面我们让大家注意的展开中心不一定是函数的奇点的情况.

例 3 试证

$$\operatorname{ch}\left(z+\frac{1}{z}\right)=C_0+\sum_{k=1}^{\infty}C_k(z^k+z^{-k})$$

其中 $C_k=\frac{1}{2\pi}\int_0^{2\pi}\cos k\varphi\operatorname{ch}(2\cos\varphi)\mathrm{d}\varphi$.

证 因 $w=z+\frac{1}{z}$ 在 z 平面上只有 $z=0$ 一个奇点，而

$$\operatorname{ch} w=1+\frac{w^2}{2!}+\frac{w^4}{4!}+\cdots$$

的收敛半径为 ∞，故 $\operatorname{ch}\left(z+\frac{1}{z}\right)$ 在 z 平面上也只有一个奇点 $z=0$. 故可将它在 $0<|z|<\infty$ 中展开为洛朗级数

$$\operatorname{ch}\left(z+\frac{1}{z}\right)=\sum_{k=-\infty}^{\infty}C_kz^k$$

其中

$$C_k=\frac{1}{2\pi\mathrm{i}}\oint_l\frac{\operatorname{ch}(z+z^{-1})}{z^{k+1}}\mathrm{d}z$$

这里，l 表任意圆周 $|z|=\rho>0$. 取 $\rho=1$，则在 l 上：$z=\mathrm{e}^{\mathrm{i}\varphi}$，$0\leqslant\varphi\leqslant2\pi$. 故有

$$\begin{aligned}C_k&=\frac{1}{2\pi}\int_0^{2\pi}\operatorname{ch}(\mathrm{e}^{\mathrm{i}\varphi}+\mathrm{e}^{-\mathrm{i}\varphi})\mathrm{e}^{-\mathrm{i}k\varphi}\mathrm{d}\varphi\\&=\frac{1}{2\pi}\int_0^{2\pi}\operatorname{ch}(2\cos\varphi)\cos k\varphi\mathrm{d}\varphi-\frac{\mathrm{i}}{2\pi}\int_0^{2\pi}\operatorname{ch}(2\cos\varphi)\sin k\varphi\mathrm{d}\varphi\end{aligned}$$

令 $\varphi=\pi-\theta$，则右边第二个积分之值为零. 故有

$$C_k=\frac{1}{2\pi}\int_0^{2\pi}\operatorname{ch}(2\cos\varphi)\cos k\varphi\mathrm{d}\varphi$$

所以

$$C_k=C_{-k},\quad k=1,2,\cdots$$

故

$$\operatorname{ch}\left(z+\frac{1}{z}\right)=C_0+\sum_{k=1}^{\infty}C_k(z^k+z^{-k})$$

习 题 3.4

1. 将下列函数在指定环域内展开为洛朗级数：

(1) $\frac{z+1}{z^2(z-1)}$，$0<|z|<1$，$1<|z|<\infty$； (2) $\frac{z^2-2z+5}{(z-2)(z^2+1)}$，$1<|z|<2$；

(3) $\mathrm{e}^{z+\frac{1}{z}}$，$0<|z|<\infty$； (4) $\sin z\sin\frac{1}{z}$，$0<|z|<\infty$.

2. 在给定点的(去心)邻域,将函数展开为洛朗级数,并确定展开式成立的区域.

(1) $\frac{1}{(z^2+1)^2}$, $z=\mathrm{i}$;　　(2) $(z-1)^2 \mathrm{e}^{\frac{1}{1-z}}$, $z=1$;　　(3) $\frac{1}{(z-a)^k}$($a\neq 0$, k 为自然数), $z=0$;

(4) $z^2 \mathrm{e}^{\frac{1}{z}}$, $z=0$;　　(5) $\sin\frac{z}{1-z}$, $z=1$;　　(6) $\mathrm{e}^{\frac{1}{2}\left(z-\frac{a^2}{z}\right)}$, $z=0$.

3. 将函数$\frac{1}{(z-a)(z-b)}$($0<|a|<|b|$),在 $z=0$, $z=a$ 的邻域内以及在圆环 $|a|<|z|<|b|$ 内展开为洛朗级数.

4. 设 $f(z)$在环域 $1-\varepsilon<|z|<1+\varepsilon$ 内解析,ε 为正数,证明在单位圆周上,其洛朗级数即为傅里叶级数.

5. 将函数 $f(z)=\frac{1}{z(1-z)}$在下列区域中展开为级数:

(1) $0<|z|<1$;　　(2) $|z|>1$;　　(3) $0<|z-1|<1$;　　(4) $|z-1|>1$;

(5) $|z+1|<1$;　　(6) $1<|z+1|<2$;　　(7) $|z+1|>2$.

3.5　单值函数的孤立奇点

1. 函数的奇点

我们知道,函数的奇点是指函数的不解析之点.我们将函数的奇点分为孤立奇点和非孤立奇点两大类.

设单值函数 $f(z)$在某点 b 不解析,而在 b 的某一去心邻域 $0<|z-b|<\varepsilon$(即除去圆心 $z=b$ 的某个圆)内解析,则称 $z=b$ 是 $f(z)$的一个**孤立奇点**.如,$z=0$ 是函数$\frac{1}{z(z-1)}$的孤立奇点,因为当 $0<|z|<1$ 时$\frac{1}{z(z-1)}$解析.同样,$z=1$ 也是$\frac{1}{z(z-1)}$的一孤立奇点,因为当 $0<|z-1|<1$ 时它也解析.

显然,函数在其孤立奇点的去心邻域(有时,也常常就称之为孤立奇点的邻域,而不用“去心”二字)是能展开成洛朗级数的.如,当 $0<|z-1|<1$ 时,有

$$f(z)=\frac{1}{z(z-1)}=\frac{1}{z-1}\cdot\frac{1}{1-[-(z-1)]}$$
$$=\frac{1}{z-1}\sum_{k=0}^{\infty}(-1)^k(z-1)^k$$
$$=\sum_{k=0}^{\infty}(-1)^k(z-1)^{k-1}$$

若在 $z=b$ 的无论多小邻域内,总有除 $z=b$ 以外的奇点,则称 $z=b$ 为 $f(z)$的**非孤立奇点**.例如,$z=0$ 就是函数$\left(\sin\frac{1}{z}\right)^{-1}$的非孤立奇点.因为这函数还有奇点 $z=\frac{1}{n\pi}$,$n=0,\pm 1,\pm 2,\cdots$.而只要 n 足够大,$\frac{1}{n\pi}$可以任意接近于 0,即在 $z=0$ 的无论多小的邻域内总可找到其他奇点.

对于函数的奇点特别是函数在其孤立奇点邻域内的性质的讨论，在许多问题中，如在留数理论中，在常微分方程的解析理论中等等，均有着十分重要的意义. 本节我们将主要讨论单值函数(或多值函数的单值分支)的孤立奇点.

2. 孤立奇点的分类

单值函数的孤立奇点分为三类. 设 b 为 $f(z)$的孤立奇点，则在 b 的去心邻域 $0<|z-b|<R$ 中可将 $f(z)$展开为洛朗级数

$$f(z)=\sum_{k=-\infty}^{\infty}C_k(z-b)^k \tag{3.5.1}$$

由于洛朗级数的负幂部分表示奇点性质，故我们按(3.5.1)式其负幂部分的情况将之分为如下三类：

(1) 若 $f(z)$在 b 点的主要部分为零，即

$$f(z)=C_0+C_1(z-b)+C_2(z-b)^2+\cdots,\quad 0<|z-b|<R \tag{3.5.2}$$

则称 b 为 $f(z)$的**可去奇点**. 如，$f(z)=\dfrac{\sin z}{z}$，在 $z=0$ 点该函数无确定值，故 $z=0$ 为该函数的奇点. 但

$$\frac{\sin z}{z}=\frac{1}{z}\sum_{k=0}^{\infty}\frac{(-1)^k}{(2k+1)!}z^{2k+1}=\sum_{k=0}^{\infty}\frac{(-1)^k}{(2k+1)!}z^{2k},\quad 0<|z|<\infty \tag{3.5.3}$$

无负幂，故 $z=0$ 是 $f(z)=\dfrac{\sin z}{z}$的可去奇点.

对于(3.5.2)式有

$$\lim_{z\to b}f(z)=C_0 \tag{3.5.4}$$

因此，如果定义 $f(b)=C_0$，则函数 $f(z)$在 $z=b$ 的奇异性就去掉了，而可以将之作为解析函数来看待(这亦是我们称 b 为可去奇点的由来). 如，对于$\dfrac{\sin z}{z}$若规定在$z=0$ 点$\dfrac{\sin z}{z}$之值为 1，则

$$f(z)=\begin{cases}\dfrac{\sin z}{z}, & z\neq 0\\ 1, & z=0\end{cases}$$

在$|z|<\infty$中解析，函数在 $z=0$ 点的奇异性已去掉，而此时(3.5.3)式右边的级数在$|z|<\infty$中成立，代表去掉奇异性以后的级数.

可以证明，如果 $f(z)$以 b 为可去奇点，则下列三条件的每一条都是 $z=b$ 为$f(z)$的可去奇点的充分必要条件，它们可以互相推出：

1° $f(z)$在 b 点没有主要部分；

2° $\lim\limits_{z\to b}f(z)$存在并且有限；

3° $f(z)$在 b 的某去心邻域内有界.

(2) 若 $f(z)$在 b 点的主要部分有有限项负幂，即

$$f(z)=\frac{C_{-m}}{(z-b)^m}+\frac{C_{-(m-1)}}{(z-b)^{m-1}}+\cdots+\frac{C_{-1}}{z-b}+C_0+C_1(z-b)+\cdots \tag{3.5.5}$$

则称 b 为 $f(z)$ 的 m **阶极点**($C_{-m}\neq 0$). 如, $f(z)=\dfrac{1}{z^2(z-1)}$, $z=0$ 为其奇点, 且

$$\frac{1}{z^2(z-1)}=\frac{-1}{z^2}\cdot\frac{1}{1-z}=\frac{-1}{z^2}\sum_{k=0}^{\infty}z^k$$
$$=-\left(\frac{1}{z^2}+\frac{1}{z}+1+z+\cdots\right),\quad 0<|z|<1$$

所以 $z=0$ 是它的二阶极点. 又如, $f(z)=\dfrac{1}{z-1}$, 显然 $z=1$ 是它的一阶极点. 一阶极点又称做**单极点**.

可以证明, 如果 $f(z)$ 以 b 为孤立奇点, 则下列三条件每一条都是 $z=b$ 为 $f(z)$ 的 m 阶极点的充分必要条件, 它们可以互相推出:

1° $f(z)$ 在 b 点的主要部分为 $\dfrac{C_{-m}}{(z-b)^m}+\cdots+\dfrac{C_{-1}}{z-b}$ ($C_{-m}\neq 0$);

2° $f(z)$ 在 b 的某去心邻域内能表示成 $f(z)=\dfrac{\varphi(z)}{(z-b)^m}$, 其中, $\varphi(z)$ 在 b 的邻域内解析, $\varphi(b)\neq 0$;

3° $g(z)=\dfrac{1}{f(z)}$ 以 b 为(可去奇点要作解析点看) m 阶零点.

以上三条, 当然均可作为判断一个函数的 m 阶极点的充分必要条件. 而 $\lim\limits_{z\to b}f(z)=\infty$, 则是 b 为函数 $f(z)$ 的极点的充分必要条件.

(3) 若 $f(z)$ 在 b 点的主要部分有无限项负幂, 即

$$f(z)=\cdots+\frac{C_{-m}}{(z-b)^m}+\cdots+\frac{C_{-1}}{z-b}+C_0+C_1(z-b)+\cdots \tag{3.5.6}$$

则称 b 为 $f(z)$ 的**本性奇点**. 如 $e^{\frac{1}{z}}$, 当 $z=0$ 时, 其值不定, 而

$$e^{\frac{1}{z}}=1+\frac{1}{z}+\frac{1}{2!z^2}+\cdots,\quad 0<|z|<\infty$$

有无限项负幂, 故 $z=0$ 为它的本性奇点.

从 b 为 $f(z)$ 可去奇点的充分必要条件 $\lim\limits_{z\to b}f(z)=$ 有限值和 b 为 $f(z)$ 的 m 阶极点的充分必要条件 $\lim\limits_{z\to b}f(z)=\infty$, 用反证法我们立即可得到 b 为 $f(z)$ 的本性奇点的充分必要条件是

$$\lim_{z\to b}f(z)\neq\begin{cases}\text{有限值}\\ \infty\end{cases},\quad \text{即}\lim_{z\to b}f(z)\text{ 不存在}$$

3. 无穷远点的性质

以上讨论的是奇点 $z=b$ 为有限远点的情况. 现在讨论 $z=\infty$ 的情况. 若存在一

正数 R,使 $f(z)$在以 $z=0$ 为圆心,R 为半径的圆外每一点$|z|>R$(包括 $z=\infty$)都是可导的,则称 **$f(z)$在无穷远点的邻域内解析**. 如,$f(z)=\dfrac{1}{z-1}$,当$|z|>1$ 时,$f(z)$处处解析,故它在无穷远点的邻域解析.

若以 $z=0$ 为圆心,R 为半径作圆$|z|=R$,只要 R 足够大,在圆外,除无穷远点外 $f(z)$别无奇点(即 $f(z)$在∞点的某去心邻域 $R<|z|<\infty$ 中解析),则称**无穷远点为 $f(z)$的一个孤立奇点**. 如$\dfrac{\sin z}{z}$,当$|z|>0$ 时,$\dfrac{\sin z}{z}$除无穷远点外别无奇点,即它在 $0<|z|<\infty$中解析,故无穷远点是它的一个孤立奇点.

为了研究函数 $f(z)$在无穷远点的性质,可作变换 $z=\dfrac{1}{t}$,把 $z=\infty$变为 $t=0$;函数 $f(z)=f\left(\dfrac{1}{t}\right)$变为 $\varphi(t)$,然后研究函数 $\varphi(t)$在 $t=0$ 的邻域的性质. 若 $\varphi(t)$在 $t=0$ 的邻域$|t|<\delta$ 中解析,则 $f(z)$在无穷远点的邻域$|z|>R=\dfrac{1}{\delta}$中解析;若 $\varphi(t)$在 $0<|t|<\delta$ 中解析,即 $t=0$ 为 $\varphi(t)$的孤立奇点,则 $f(z)$在$\dfrac{1}{\delta}=R$,$R<|z|<\infty$中解析,即$z=\infty$为 $f(z)$的孤立奇点.

设 $\varphi(t)$在 $t=0$ 的去心邻域 $0<|t|<\delta$ 内的洛朗展开为

$$\varphi(t)=\cdots\frac{C_{-k}'}{t^k}+\cdots+\frac{C_{-1}'}{t}+C_0+C_1't+\cdots+C_k't^k+\cdots,\quad 0<|t|<\delta$$

则 $f(z)$在 $z=\infty$的洛朗展开为

$$\begin{aligned}f(z)&=\cdots+C_{-k}'z^k+\cdots+C_{-1}'z+C_0+\frac{C_1'}{z}+\cdots+\frac{C_k'}{z^k}+\cdots\\&=\cdots+C_kz^k+\cdots+C_1z+C_0+\frac{C_{-1}}{z}+\cdots+\frac{C_{-k}}{z^k}+\cdots\end{aligned}\tag{3.5.7}$$

其中

$$R<|z|<\infty,R=\frac{1}{\delta};\quad C_{\pm k}=C_{\mp k}',k=1,2,\cdots$$

可见,将 $f(z)$在无穷远点展开为洛朗级数,只要将 $f(z)$在以 $z=0$ 为中心以 R 为内半径[R 为 $f(z)$在有限区域中距 $z=0$ 最远的一个奇点与 $z=0$ 点间的距离]的环域 $R<|z|<\infty$展开即可[若 $f(z)$在有限区域中没有奇点,则这个展开就等于在$|z|<\infty$中的泰勒展开].

例 求 $f(z)=\dfrac{\sin z}{z}$在孤立奇点无穷远点的洛朗展开.

解 $f(z)=\dfrac{1}{z}\displaystyle\sum_{k=0}^{\infty}\frac{(-1)^k}{(2k+1)!}z^{2k+1}=\sum_{k=0}^{\infty}\frac{(-1)^k}{(2k+1)!}z^{2k},\quad 0<|z|<\infty$

由于 $f(z)$在 $R<|z|<\infty$中的展开与 $\varphi(t)$在 $0<|t|<\delta$ 中的展开相当,故我们当然可按照在有限区域中对孤立奇点的分类方法,将无穷远点为孤立奇点分为如下

三类：

(1) 若 $f(z)$ 在无穷远点的洛朗展开不含正幂，即

$$f(z)=C_0+\frac{C_{-1}}{z}+\frac{C_{-2}}{z^2}+\cdots,\quad R<|z|<\infty \tag{3.5.8}$$

则称 $z=\infty$ **为** $f(z)$ **的可去奇点**（作为解析点看）. 如，$f(z)=z\sin\dfrac{1}{z}$，$z=\infty$ 是它的可去奇点. 因为

$$z\sin\frac{1}{z}=z\sum_{k=0}^{\infty}\frac{(-1)^k}{(2k+1)!}\frac{1}{z^{2k+1}}=\sum_{k=0}^{\infty}\frac{(-1)^k}{(2k+1)!}\frac{1}{z^{2k}},\quad 0<|z|<\infty$$

无正幂.

(2) 若 $f(z)$ 在无穷远点的洛朗展开有有限项正幂，即

$$f(z)=C_mz^m+C_{m-1}z^{m-1}+\cdots+C_1z+C_0+\frac{C_{-1}}{z}+\frac{C_{-2}}{z^2}+\cdots,$$
$$C_m\neq 0,\quad R<|z|<\infty \tag{3.5.9}$$

则称 $z=\infty$ **为** $f(z)$ **的** m **阶极点**. 如 n 次多项式 $P_n(z)=a_nz^n+a_{n-1}z^{n-1}+\cdots+a_0$，$z=\infty$ 是它的 n 阶极点.

(3) 若 $f(z)$ 在无穷远点的洛朗展开有无穷项正幂，即

$$f(z)=\cdots+C_kz^k+\cdots+C_1z+C_0+\frac{C_{-1}}{z}+\frac{C_{-2}}{z^2}+\cdots,\quad R<|z|<\infty \tag{3.5.10}$$

则称 $z=\infty$ **为** $f(z)$ **的本性奇点**. 如 $f(z)=e^z$，$z=\infty$ 是它的本性奇点，因为

$$e^z=1+\frac{z}{1!}+\frac{z^2}{2!}+\cdots,\quad |z|<\infty$$

有无限项正幂.

由上述分类标准可看出，我们亦可根据极限 $\lim\limits_{z\to\infty}f(z)$ 之值分别为有限、无限和不存在的三种不同情形，来判断 $z=\infty$ 为 $f(z)$ 的可去奇点、极点和本性奇点.

习 题 3.5

1. 证明：如果 b 为 $f(z)$ 的孤立奇点，则下列三条件的每一条都是 $z=b$ 为 $f(z)$ 的可去奇点的充分必要条件，它们可以互相推出

(1) $f(z)$ 在 b 点没有主要部分；

(2) $\lim\limits_{z\to b}f(z)$ 存在并且有限；

(3) $f(z)$ 在 b 的充分小的邻域内有界.

2. 证明下列三种定义等价：点 b 为 $f(z)$ 的 m 阶极点.

(1) 若 $f(z)=\sum\limits_{k=-m}^{\infty}C_k(z-b)^k$，$0<|z-b|<R$，$C_{-m}\neq 0$；

(2) 若 $f(z)=\dfrac{\varphi(z)}{(z-b)^m}$，$\varphi(b)\neq 0$，$\varphi(z)$ 在 $0<|z-b|<R$ 中解析；

(3) 若 $g(z)=\dfrac{1}{f(z)}$ 以 b 为 m 阶零点.

3. **证明下列三条中任意一条均是∞为 $f(z)$ 的 m 阶极点的充分必要条件：**

(1) $f(z)$在 $z=\infty$ 点的洛朗展开有 m 项正幂；

(2) $f(z)$在 $z=\infty$ 的某邻域内(除∞外)能表成 $f(z)=z^m\varphi(z)$，$\varphi(z)$在 $z=\infty$ 的邻域内解析且 $\varphi(\infty)\neq 0$；

(3) $g(z)=\dfrac{1}{f(z)}$ 以∞为 m 阶零点.

4. 求出下列函数的奇点(包括 $z=\infty$). 确定它们是哪一类的奇点(对于极点，要指出它们的阶).

(1) $\dfrac{z-1}{z(z^2+4)^2}$；　(2) $\dfrac{z^5}{(1-z)^2}$；　(3) $\dfrac{1}{\sin z+\cos z}$；　(4) $\dfrac{1-e^z}{1+e^z}$；

(5) $\tan^2 z$；　(6) z^2；　(7) $\dfrac{z}{z+1}$；　(8) $\dfrac{e^z}{1+z^2}$；

(9) $\dfrac{z^2+1}{e^z}$；　(10) $ze^{\frac{1}{z}}$；　(11) $\sin\left(\dfrac{1}{\sin\frac{1}{z}}\right)$；　(12) $\dfrac{z^7}{(z^2-4)^2\cos\frac{1}{z-2}}$.

5. 讨论下列多值函数的每一单值分支在给定点的性状.(对各个分支，给定点是否解析，或是否为奇点？若为奇点，是属哪一类？)

(1) $\dfrac{z}{1+\sqrt{z-3}}$，$z=4$；　(2) $\dfrac{1}{\sqrt{z}+\sqrt[3]{z}}$，$z=1$；

(3) $\cos\dfrac{1}{1+\sqrt{z}}$，$z=1$；　(4) $\dfrac{1}{(2+\sqrt{z})\sin(2-\sqrt{z})}$，$z=4$.

6. $f(z)$，$g(z)$分别以 $z=b$ 为 m 阶及 n 阶极点. 试问 $z=b$ 为 $f+g$，$f\cdot g$ 及 $\dfrac{f}{g}$ 的什么样的点？

7. 下列函数在指定点的去心邻域内能否展为洛朗级数？

(1) $\cos\dfrac{1}{z}$，$z=0$；　(2) $\cos\dfrac{1}{z}$，$z=\infty$；

(3) $\sec\dfrac{1}{z-1}$，$z=1$；　(4) $\cot z$，$z=\infty$.

本章小结

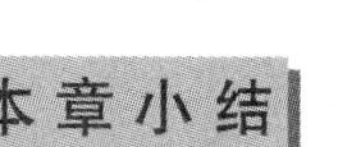
本章授课课件

本章习题分析与讨论

一、无穷级数 $\begin{cases}\sum_{k=1}^{\infty} f_k\ (f_k\ \text{为复数}) \\ \sum_{k=1}^{\infty} f_k(z) \\ \sum_{k=0}^{\infty} a_k(z-b)^k\end{cases}$ 除了实级数中，一致收敛级数的逐项可微性发展为魏尔斯特拉斯定理外，同类实级数的有关概念、定理与性质在此均适用.

二、泰勒级数和洛朗级数

	泰勒级数	洛朗级数
展开式	$f(z)=\sum_{k=0}^{\infty} a_k(z-b)^k$ $a_k=\dfrac{f^{(k)}(b)}{k!}$	$f(z)=\sum_{k=-\infty}^{\infty} C_k(z-b)^k$ $C_k=\dfrac{1}{2\pi i}\oint_l \dfrac{f(\zeta)}{(\zeta-b)^{k+1}}d\zeta$
收敛域	$\|z-b\|<R$，其中 $R=\begin{cases}\lim_{k\to\infty}\left\|\dfrac{a_k}{a_{k+1}}\right\| \\ \lim_{k\to\infty}\dfrac{1}{\sqrt[k]{\|a_k\|}}\end{cases}$ 或 $\|a-b\|$ a 为 $f(z)$ 距 b 最近的奇点	$r<\|z-b\|<R$，其中 $r=\|a-b\|$ $R=\|a'-b\|$ a 和 a' 为 $f(z)$ 的两相邻奇点 (包括 $a=b$) 且 $r<R$
与解析函数的关系	$\sum_{k=0}^{\infty} a_k(z-b)^k \leftrightarrows$ 解析函数 $f(z)$ $(\|z-b\|<R)$	$\sum_{k=-\infty}^{\infty} C_k(z-b)^k \leftrightarrows$ 解析函数 $f(z)$ $(r<\|z-b\|<R)$
性质	在收敛域内绝对收敛；在较小的闭域内一致收敛	
展开方法	1. 直接利用展开定理展开；2. 借助于已知级数展开	
二者关系	是洛朗级数的正则部分	是泰勒级数的推广

常用级数 $\begin{cases}\dfrac{1}{1-z}=\sum_{k=0}^{\infty} z^k,\ \|z\|<1 \\ e^z=\sum_{k=0}^{\infty}\dfrac{z^k}{k!},\ \|z\|<\infty\end{cases}$

三、函数的奇点

- 非孤立奇点
- 孤立奇点

类型 \ 展开式 \ 奇点	b	∞
	$\sum_{k=-\infty}^{\infty} C_k(z-b)^k$ $(0<\|z-b\|<R)$	$\sum_{k=-\infty}^{\infty} C_k z^k$ $(R<\|z\|<\infty)$
可去奇点	无负幂	无正幂
m 阶极点	有 m 项负幂	有 m 项正幂
本性奇点	有无限项负幂	有无限项正幂

第四章 解析延拓 Γ函数 B函数

解析延拓是解析函数论中的一个重要概念，在本章、下一章和以后多处均会用到；Γ函数是数学物理中应用十分广泛的一种函数. 本章将讨论解析延拓的基本原理和理论依据，并在此基础上讨论Γ函数、B函数.

4.1 解析延拓

1. 解析延拓

简单地说，解析延拓就是把在已知区域内解析的函数推广到更大的区域上去，或者说解析延拓就是将解析函数的定义域加以扩大.

利用泰勒级数进行解析延拓是普遍的方法. 考虑一个用幂级数定义的解析函数

$$f_1(z)=\sum_{k=0}^{\infty}z^k,\quad |z|<1 \tag{4.1.1}$$

它的解析区域为 $\sigma_1:|z|<1$，在 $|z|=1$ 外级数是发散的. 利用这级数可算出 $f_1(z)$ 在 $|z|<1$ 中任何一点的函数值及函数的各阶导数值. 例如，在 $z=\frac{\mathrm{i}}{2}$ 这点，有

$$f_1\left(\frac{\mathrm{i}}{2}\right)=1+\frac{\mathrm{i}}{2}+\left(\frac{\mathrm{i}}{2}\right)^2+\cdots=\frac{1}{1-\frac{\mathrm{i}}{2}}$$

$$f_1'\left(\frac{\mathrm{i}}{2}\right)=1+2\,\frac{\mathrm{i}}{2}+3\left(\frac{\mathrm{i}}{2}\right)^2+\cdots=\frac{1}{\left(1-\frac{\mathrm{i}}{2}\right)^2}$$

$$\cdots\cdots$$

$$f_1^{(k)}\left(\frac{\mathrm{i}}{2}\right)=\frac{k!}{\left(1-\frac{\mathrm{i}}{2}\right)^{k+1}},\quad k=0,1,2,\cdots$$

由此得到 $f_1(z)$ 在 $z=\frac{\mathrm{i}}{2}$ 的泰勒级数

$$\sum_{k=0}^{\infty}\frac{f_1^{(k)}\left(\frac{\mathrm{i}}{2}\right)}{k!}\left(z-\frac{\mathrm{i}}{2}\right)^k=\sum_{k=0}^{\infty}\frac{1}{\left(1-\frac{\mathrm{i}}{2}\right)^{k+1}}\left(z-\frac{\mathrm{i}}{2}\right)^k$$

记之为 $f_2(z)$，即

$$f_2(z)=\sum_{k=0}^{\infty}\frac{1}{\left(1-\frac{\mathrm{i}}{2}\right)^{k+1}}\left(z-\frac{\mathrm{i}}{2}\right)^k \tag{4.1.2}$$

它的收敛半径为 $\left|1-\frac{\mathrm{i}}{2}\right|=\frac{\sqrt{5}}{2}$，故其解析区域为 σ_2：$\left|z-\frac{\mathrm{i}}{2}\right|<\frac{\sqrt{5}}{2}$，已越出了原来 $f_1(z)$ 的解析区域 $|z|<1$（见图 4.1）. $f_2(z)$ 称为 $f_1(z)$ 在区域 $\left|z-\frac{\mathrm{i}}{2}\right|<\frac{\sqrt{5}}{2}$ 内的解析延拓.

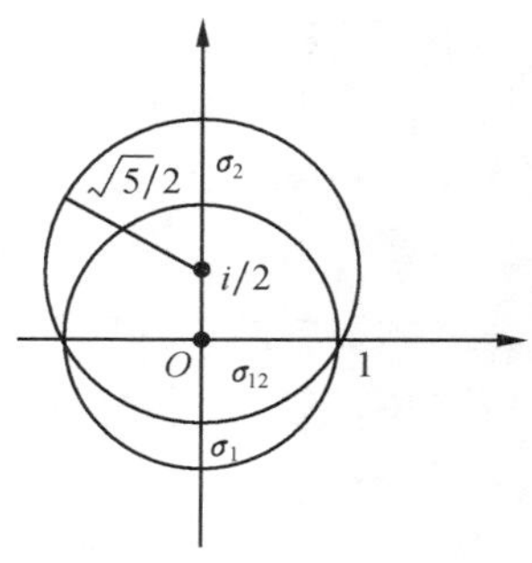

图 4.1

由上例看到，虽然解析函数 $f_1(z)$ 和 $f_2(z)$ 各有自己的有效范围$\left(|z|<1 \text{ 和 } \left|z-\frac{\mathrm{i}}{2}\right|<\frac{\sqrt{5}}{2}\right)$，但它们同时又有公共的有效范围（见图 4.1 中，两圆的公共部分 σ_{12}）.

一般地说，设已知一个函数 $f_1(z)$ 在区域 σ_1 中解析，如果在与 σ_1 有重叠部分 σ_{12}（可以是一条线）的另一区域 σ_2 内，存在解析函数 $f_2(z)$，且在 σ_{12} 中 $f_2(z)\equiv f_1(z)$，则 $f_2(z)$ 称为 $f_1(z)$ 在 σ_2 中的**解析延拓**；同样，$f_1(z)$ 也称为 $f_2(z)$ 在 σ_1 中的解析延拓.

上例用函数的幂级数表达式作解析延拓，照那样做下去，将得到有不同收敛圆的许多幂级数，这些幂级数的全体代表一个解析函数 $f(z)$，即

$$f(z)\equiv\begin{cases} f_1(z), z\in\sigma_1 \\ f_2(z), z\in\sigma_2 \\ f_3(z), z\in\sigma_3 \\ \quad\cdots\cdots \end{cases}$$

或者说 $f_1(z)$ 已解析延拓为解析函数 $f(z)$，解析区域则从区域 σ_1 扩大为 $\sigma=\sigma_1+\sigma_2+\sigma_3+\cdots$.

必须注意，上例中的延拓始终不能包含 $z=1$，因为在这点上级数(4.1.1)式总是发散的. 事实上解析延拓也并非总能进行. 例如函数

$$f(z)\equiv 1+\sum_{k=1}^{\infty}z^{2^k}$$

它在圆域 $|z|<1$ 内收敛、解析，但这级数在 $|z|=1$ 上是处处发散的，在 $|z|=1$ 上处处是 $f(z)$ 的奇点，因而解析延拓不能超过这圆周.

用泰勒展开进行解析延拓虽然是个普遍的方法，但具体计算较繁. 通常总是采用一些特殊的方法，如用函数关系（见下节）、施瓦茨(Schwarz)反射原理（见本节习题）来进行解析延拓，可是要使这些做法有意义，必须首先证明解析延拓是唯一的.

2. 解析延拓的唯一性

我们所需要证明的是，如果 $f_2^{\mathrm{I}}(z)$和 $f_2^{\mathrm{II}}(z)$都是 $f_1(z)$在 σ_2 中的解析延拓，则在 σ_2 中 $f_2^{\mathrm{I}}(z)\equiv f_2^{\mathrm{II}}(z)$.

根据解析延拓的定义，既然 $f_2^{\mathrm{I}}(z)$和 $f_2^{\mathrm{II}}(z)$都是 $f_1(z)$的解析延拓，那么在公共区域 σ_{12} 中它们都应该等于 $f_1(z)$，即在 σ_{12} 中 $f_2^{\mathrm{I}}(z)$和 $f_2^{\mathrm{II}}(z)$相等，因此，所需要证明的论断可表述为**解析函数的**(内部)**唯一性定理**：

如果有两个在区域 G 中解析的函数 $f^{\mathrm{I}}(z)$和 $f^{\mathrm{II}}(z)$，已知它们在 G 的一个子区域 g 中恒等，则它们在整个 G 中也必恒等.

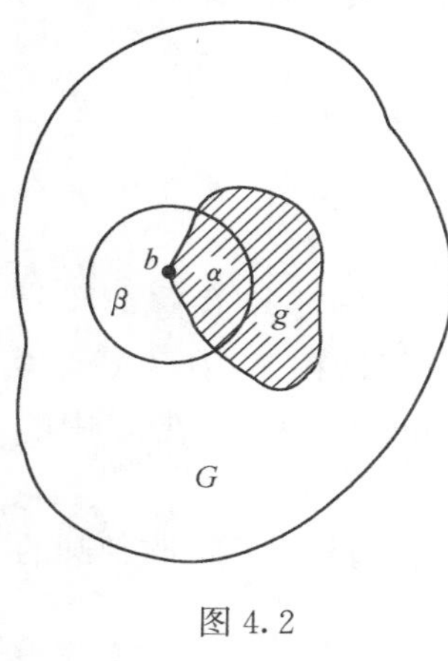

图 4.2

证 令

$$F(z)\equiv f^{\mathrm{I}}(z)-f^{\mathrm{II}}(z)$$

则可将上述唯一定理表述为：设 $F(z)$在 G 内解析，且在 G 的子区域 g 中 $F(z)\equiv 0$，则在整个区域中有 $F(z)\equiv 0$.

我们来证明后一论述. 取 g 的边界上的一点 b，如图 4.2 所示，取 b 的一个邻域，它的一部分 α 属于 g，另一部分 β 不属于 g. 按照假定，$F(z)$在 g 上处处等于零，在 β 上并非处处等于零(否则它就并入 g 中). 以 b 为中心，把在 G 中解析的函数 $F(z)=f^{\mathrm{I}}(z)-f^{\mathrm{II}}(z)$展开为泰勒级数，设展开系数中第一个不为零的是 a_m(m 有限)，则

$$F(z)=(z-b)^m[a_m+a_{m+1}(z-b)+\cdots],\quad a_m\neq 0$$

取 z 为与 b 紧邻而不等于 b 的值，于是 $|z-b|$ 的值虽小，但不等于零，因而方括弧中的级数之和与 a_m 接近，即

$$a_m+a_{m+1}(z-b)+a_{m+2}(z-b)^2+\cdots\approx a_m$$

故 $F(z)=(z-b)^m[a_m+a_{m+1}(z-b)+\cdots]\approx(z-b)^m a_m\neq 0$. 这就是说，$F(z)$在 b 的邻域(除 b 外)都不等于零，这与原假设 $F(z)$在 g 上处处为零相矛盾，说明展开系数 a_0，a_1，…，a_k，…必须都等于零. 如果所有的系数都为零，则 $F(z)$不仅在 g 内处处为零，而且在 β 上也处处为零. 这就证明 $F(z)$在区域 $g+\beta$ 上等于零. 重复同样的论证，不断扩大 $F(z)$为零的区域，就可证明在整个区域 G 中 $F(z)$恒等于零. 因而，在 G 中 $f^{\mathrm{I}}(z)\equiv f^{\mathrm{II}}(z)$，这就证明了解析延拓的唯一性.

必须注意，解析延拓的唯一性是复变函数所特有的重要性质，实变函数不可能有这样的性质.

解析延拓的唯一性为解析延拓提供了理论依据.

习 题 4.1

1. 证明如果 $f(z)$在区域 G 中解析，在 G 的一个子区域中等于零，则 $f(z)$在整个 G 中等于零.

2. 证明级数 $f(z)=\sum_{k=0}^{\infty}\left(\frac{1+z}{1-z}\right)^k$ 所定义的函数在左半平面内解析，并可解析延拓到除点 $z=0$ 外的整个复平面.

3. 证明 $\sum_{k=0}^{\infty}(az)^k$ 与 $\sum_{k=0}^{\infty}(-1)^k\frac{(1-a)^kz^k}{(1-z)^{k+1}}$ 互为解析延拓(a 是复常数).

提示：证明两者的解析区域具有公共部分.

4. 试求在圆域 $|z|<1$ 中的解析函数 $f(z)=\sum_{k=0}^{\infty}\left(1-\frac{1}{2^{k+1}}\right)z^k$ 的解析延拓.

*5. 证明**施瓦茨反射原理**：设 $f(z)$ 在上半平面包括实轴上的一段是解析的，而且在这段实轴上 $f(z)$ 取实数值，则 $\overline{f(\bar{z})}$ 是 $f(z)$ 在下半平面的解析延拓.

提示：设 $f(z)=u(x,y)+\mathrm{i}v(x,y)\ (y\geqslant 0)$，则 $\overline{f(\bar{z})}=u(x,-y)-\mathrm{i}v(x,-y)=\xi(x,y)+\mathrm{i}\eta(x,y)$，然后用 C-R 条件证明.

4.2 Γ 函 数

在数学分析中 Γ 函数定义为

$$\Gamma(x)=\int_0^{\infty}\mathrm{e}^{-t}t^{x-1}\mathrm{d}t,\quad x>0 \tag{4.2.1}$$

将 x 换成 z，得

$$\Gamma(z)=\int_0^{\infty}\mathrm{e}^{-t}t^{z-1}\mathrm{d}t^{①},\quad \mathrm{Re}z>0 \tag{4.2.2}$$

这积分又称为**第二类欧拉(Euler)积分.** $\mathrm{Re}z>0$ 是这积分收敛的条件. 可以证明[②]，(4.2.2)式的积分在右半平面($\mathrm{Re}z>0$)中代表一个解析函数.

1. Γ 函数的基本性质

由(4.2.1)式出发，我们可以得到 Γ 函数的下列几个重要性质：

(1) $$\Gamma(1)=1 \tag{4.2.3}$$

(2) $$\Gamma(z+1)=z\Gamma(z) \tag{4.2.4}$$

$$\Gamma(n+1)=n!,n=0,1,2,\cdots \tag{4.2.5}$$

(3) $$\Gamma(z)\Gamma(1-z)=\frac{\pi}{\sin\pi z} \tag{4.2.6}$$

$$\Gamma\left(\frac{1}{2}\right)=\sqrt{\pi} \tag{4.2.7}$$

(4) $$\Gamma(2z)=2^{2z-1}\pi^{-\frac{1}{2}}\Gamma(z)\Gamma\left(z+\frac{1}{2}\right) \tag{4.2.8}$$

现在我们来证明这些性质.

证 由(4.2.2)式立即得

$$\Gamma(1)=\int_0^{\infty}\mathrm{e}^{-t}\mathrm{d}t=1$$

这就在 $\mathrm{Re}z>0$ 中证明了(4.2.3)式.

将(4.2.2)式中 z 换成 $z+1$，然后分部求积分得

$$\Gamma(z+1)=\int_0^{\infty}\mathrm{e}^{-t}t^{z}\mathrm{d}t=-\mathrm{e}^{-t}t^{z}\Big|_0^{\infty}+z\int_0^{\infty}\mathrm{e}^{-t}t^{z-1}\mathrm{d}t=z\Gamma(z)$$

这就在 $\mathrm{Re}z>0$ 中证明了(4.2.4)式.

取(4.2.4)式中 z 等于 n(n 为零或正整数)便得(4.2.5)式.

下面分两步来证明(4.2.6)式.首先证明在实轴上一段 $0<x<1$ 成立等式

$$\Gamma(x)\Gamma(1-x)=\frac{\pi}{\sin\pi x} \tag{4.2.9}$$

当 $0<x<1$ 时，由(4.2.1)式有

$$\begin{aligned}\Gamma(x)\Gamma(1-x)&=\int_0^{\infty}\mathrm{e}^{-t}t^{x-1}\mathrm{d}t\cdot\int_0^{\infty}\mathrm{e}^{-s}s^{-x}\mathrm{d}s\\&=\int_0^{\infty}\int_0^{\infty}\mathrm{e}^{-(s+t)}\left(\frac{t}{s}\right)^{x}\frac{1}{t}\mathrm{d}s\mathrm{d}t\end{aligned}$$

作变换

$$\xi=s+t,\qquad \eta=\frac{t}{s}$$

ξ 和 η 都由 0 到 ∞，相应雅可比(Jacobi)行列式为

$$\left|\frac{\partial(t,s)}{\partial(\xi,\eta)}\right|=\left|\frac{\partial(\xi,\eta)}{\partial(t,s)}\right|^{-1}=\frac{\xi}{(1+\eta)^2}$$

于是得

$$\begin{aligned}\Gamma(x)\Gamma(1-x)&=\int_0^{\infty}\int_0^{\infty}\mathrm{e}^{-\xi}\eta^{x}\frac{1+\eta}{\xi\eta}\left|\frac{\partial(t,s)}{\partial(\xi,\eta)}\right|\mathrm{d}\xi\mathrm{d}\eta\\&=\int_0^{\infty}\mathrm{e}^{-\xi}\mathrm{d}\xi\int_0^{\infty}\frac{\eta^{x-1}}{1+\eta}\mathrm{d}\eta=\int_0^{\infty}\frac{\eta^{x-1}}{1+\eta}\mathrm{d}\eta=\frac{\pi}{\sin\pi x}\end{aligned}$$

在最后一步中用了下一章(5.4.2)式的结果，这就证明了(4.2.9)式.其次证明(4.2.6)式.

当 $0<\mathrm{Re}z<1$ 时，函数 $\Gamma(z)\Gamma(1-z)$ 和 $\frac{\pi}{\sin\pi z}$ 都是解析函数，而由(4.2.9)式知在定轴上一段 $0<x<1$ 上该两函数相等，所以由上一节解析延拓的唯一性可知(4.2.6)式在 $0<\mathrm{Re}z<1$ 中成立.

在(4.2.6)式中取 $z=\frac{1}{2}$ 便可得到(4.2.7)式.

请读者自己证明(4.2.8)式在 $\mathrm{Re}z>0$ 中成立.

2. Γ函数是半纯函数

在有限区域中除极点外别无其他奇点的函数称为**半纯函数**.下面我们证明 $\Gamma(z)$ 是一个半纯函数.

我们知道(4.2.4)式的两边当 $\mathrm{Re}z>0$ 时都是 z 的解析函数，但 $\Gamma(z+1)$ 在更大一些的区域 $\mathrm{Re}z>-1$ 中解析，故 $\Gamma(z+1)$ 是 $z\Gamma(z)$ 在区域 $\mathrm{Re}z>-1$ 中的解析延拓.

这样就把 $\Gamma(z)=\dfrac{\Gamma(z+1)}{z}$ 的定义域推广到 $\operatorname{Re}z>-1$ 中，在这区域中除了 $z=0$ 是 $\Gamma(z)$ 的一阶极点之外，$\Gamma(z)$ 处处是解析的.

现在 $\Gamma(z)$ 已是区域 $\operatorname{Re}z>-1$ 中有定义的函数，故 $\Gamma(z+1)$ 在区域 $\operatorname{Re}z>-2$ 中有定义，而且除了 $z=-1$ 这点以外处处是解析的，因此是 $z\Gamma(z)$ 在区域 $\operatorname{Re}z>-2$ 中的解析延拓. 在区域 $\operatorname{Re}z>-2$ 中，$\Gamma(z)=\dfrac{\Gamma(z+1)}{z}=\dfrac{\Gamma(z+2)}{z(z+1)}$ 有两个一阶极点，$z=0$ 和 $z=-1$.

由此类推，可以利用函数关系(4.2.4)式把 $\Gamma(z)$ 延拓到全平面. 在全平面上，除了 $z=0,-1,-2,\cdots,-n,\cdots$ 是一阶极点之外，函数 $\Gamma(z)$ 处处是解析的，即 $\Gamma(z)$ 是半纯函数.

最后要指出，上面我们虽然只推出了 Γ 函数的那些基本性质[(4.2.3)～(4.2.8)式]在各自的局部区域中成立，但由解析延拓的唯一性知，它们在全平面中，也均成立③.

注 ① 被积函数中 $t^{z-1}=\mathrm{e}^{(z-1)\mathrm{Ln}t}$ 一般是多值函数，但通常约定在正实轴上 $\arg t=0$，即 $t>0$ 时，$t^{z-1}=\mathrm{e}^{(z-1)\mathrm{Ln}t}$ 中的 $\mathrm{Ln}t$ 取实数.

② В. И. 斯米尔诺夫著，叶彦谦译，高等数学教程第三卷第二分册，247 页，1958，人民教育出版社.

③ 如，我们已推得(4.2.4)式：$\Gamma(z+1)=z\Gamma(z)$ 在 $\operatorname{Re}z>0$ 中成立，但等式两边都是除了 $z=-1,-2,\cdots$ 之外在全平面解析的函数，故由解析延拓的唯一性知(4.2.4)式在全平面上除 $z=-1,-2,\cdots$ 外仍成立. 又 $z=-1,-2,\cdots$ 这些点同时是 $\Gamma(z+1)$ 和 $z\Gamma(z)$ 的单极点，所以(4.2.4)式又可表示为 $\dfrac{\varphi(z)}{(z-1)(z-2)\cdots(z-n)\cdots}=\dfrac{\psi(z)}{(z-1)(z-2)\cdots(z-n)\cdots}$，其中 $\varphi(z)$ 和 $\psi(z)$ 均在全平面解析，故再由解析延拓的唯一性知(4.2.4)式在全平面上成立. 类似地可知(4.2.6)和(4.2.8)式亦均在全平面成立.

习 题 4.2

1. 证明

(1) $(2n)!!=2^n\Gamma(n+1)$；

(2) $(1+\rho)(2+\rho)\cdots(n+\rho)=\dfrac{\Gamma(\rho+n+1)}{\Gamma(\rho+1)}$；

(3) $\displaystyle\int_0^1\left(\ln\frac{1}{x}\right)^{z-1}\mathrm{d}x=\Gamma(z)$；

(4) $\displaystyle\int_0^\infty \mathrm{e}^{-r^2}r^p\,\mathrm{d}r=\frac{1}{2}\Gamma\left(\frac{p+1}{2}\right)$.

2. 令 $\psi(z)=\dfrac{\mathrm{d}[\mathrm{Ln}\Gamma(z)]}{\mathrm{d}z}$，试分别由(4.2.4)式和(4.2.6)式证明

$$\psi(z+1)=\frac{1}{z}+\psi(z)$$

$$\psi(1-z)=\psi(z)+\pi\cot\pi z$$

3. 计算下列积分：

(1) $\displaystyle\int_0^\infty x^3\mathrm{e}^{-x}\mathrm{d}x$；

(2) $\displaystyle\int_0^\infty x^6\mathrm{e}^{-2x}\mathrm{d}x$；

(3) $\int_0^\infty x^{-\alpha}\sin x\mathrm{d}x, 0<\alpha<2$；　　(4) $\int_0^\infty x^{-\alpha}\cos x\mathrm{d}x, 0<\alpha<1$；

(5) $\int_0^\infty x^{\alpha-1}\mathrm{e}^{-x\cos\theta}\cos(x\sin\theta)\mathrm{d}x$；　　(6) $\int_0^\infty x^{\alpha-1}\mathrm{e}^{-x\cos\theta}\sin(x\sin\theta)\mathrm{d}x$.

在(3)～(6)问中 $\alpha>0$，$-\frac{\pi}{2}<\theta<\frac{\pi}{2}$.

4. 计算积分 $I=\int_{-1}^1\frac{x^{2n}}{\sqrt{1-x^2}}\mathrm{d}x$ 之值，n 是正整数.

*5. 计算四维单位球的体积 V，其中

$$x_1=r\sin\varphi_2\sin\varphi_1\cos\varphi,\quad x_2=r\sin\varphi_2\sin\varphi_1\sin\varphi$$

$$x_3=r\sin\varphi_2\cos\varphi_1,\quad x_4=r\cos\varphi_2$$

提示：计算具有坐标轴 $x_1\cdots x_n$ 的 n 维球的体积，可利用积分

$$\int_{-\infty}^\infty \mathrm{e}^{-(x_1^2+\cdots+x_n^2)}\mathrm{d}v^{(n)}=\int_0^\infty \mathrm{e}^{-r^2}Ar^{n-1}\mathrm{d}r\quad (A\text{ 待定})$$

（芝加哥大学研究生试题）

*4.3　B　函　数

我们定义

$$\mathrm{B}(p,q)=\int_0^1 t^{p-1}(1-t)^{q-1}\mathrm{d}t,\quad \mathrm{Re}p>0;\quad \mathrm{Re}q>0 \tag{4.3.1}$$

为B**函数**，又称为**第一类欧拉积分**. 积分中的被积函数通常是多值函数. 若令 $t=\sin^2\varphi$，则易于得到B函数的另一表达式

$$\mathrm{B}(p,q)=2\int_0^{\frac{\pi}{2}}\sin^{2p-1}\varphi\cos^{2q-1}\varphi\mathrm{d}\varphi \tag{4.3.2}$$

我们将会看到B函数与Γ函数之间有如下重要关系：

$$\mathrm{B}(p,q)=\frac{\Gamma(p)\Gamma(q)}{\Gamma(p+q)} \tag{4.3.3}$$

证　当 $\mathrm{Re}p>0$，$\mathrm{Re}q>0$ 时，由Γ函数的定义(4.2.2)式有

$$\Gamma(p)=\int_0^\infty \mathrm{e}^{-t}t^{p-1}\mathrm{d}t,\quad \Gamma(q)=\int_0^\infty \mathrm{e}^{-t}t^{q-1}\mathrm{d}t$$

分别记上二式中的 t 为 x^2 和 y^2，于是有

$$\Gamma(p)=2\int_0^\infty \mathrm{e}^{-x^2}x^{2p-1}\mathrm{d}x \tag{4.3.4}$$

$$\Gamma(q)=2\int_0^\infty \mathrm{e}^{-y^2}y^{2q-1}\mathrm{d}y \tag{4.3.5}$$

在(4.3.4)和(4.3.5)两式中又分别令 $x=\rho\cos\varphi$ 和 $y=\rho\sin\varphi$，于是得

$$\begin{aligned}\Gamma(p)\Gamma(q)&=4\int_0^\infty\int_0^\infty \mathrm{e}^{-(x^2+y^2)}x^{2p-1}y^{2q-1}\mathrm{d}x\mathrm{d}y\\&=4\int_0^\infty\int_0^{\frac{\pi}{2}}\mathrm{e}^{-\rho^2}(\rho\cos\varphi)^{2p-1}(\rho\sin\varphi)^{2q-1}\rho\mathrm{d}\rho\mathrm{d}\varphi\end{aligned}$$

$$= 4\int_0^{\infty} e^{-\rho^2}\rho^{2(p+q)-1}d\rho\int_0^{\frac{\pi}{2}}\cos^{2p-1}\varphi\sin^{2q-1}\varphi d\varphi$$
$$= \Gamma(p+q)B(p,q)$$

最后的结果是通过将上式的倒数第二步与(4.3.4)式和(4.3.2)式对比而得到的. 这就证明了(4.3.3)式.

显然,利用(4.3.3)式和Γ函数的解析性,可将B函数从$\mathrm{Re}p>0,\mathrm{Re}q>0$解析延拓到除了$p=0,-1,-2,\cdots;q=0,-1,-2,\cdots$外的整个$p$平面和$q$平面.

由B函数的定义式(4.3.1)或另一表达式(4.3.2),立即可证得B函数的对称关系

$$B(p,q) = B(q,p) \tag{4.3.6}$$

习 题 4.3

1. 利用(4.3.3)式和(4.3.1)式,证明Γ函数的倍乘公式(4.2.8)式

$$\Gamma(2z) = 2^{2z-1}\pi^{-\frac{1}{2}}\Gamma(z)\Gamma\left(z+\frac{1}{2}\right)$$

提示:在证明过程中作变量代换$t=\frac{1-\sqrt{\xi}}{2}$,并利用$\Gamma\left(\frac{1}{2}\right)=\sqrt{\pi}$的关系即可得.

2. 利用(4.3.3)式和(4.3.1)式,重证Γ函数的性质(4.2.6)式

$$\Gamma(z)\Gamma(1-z) = \frac{\pi}{\sin\pi z}$$

提示:在证明过程中作变量代换$x=\frac{t}{1-t}$.

3. 计算下列积分:

(1) $\int_{-1}^{1}(1-x^2)^n dx$;

(2) $\int_{-1}^{1}(1-x)^p(1+x)^q dx, \mathrm{Re}p>-1, \mathrm{Re}q>-1$;

(3) $\int_0^{\frac{\pi}{2}}\tan^{\alpha}\varphi d\varphi$, $|\alpha|<1$.

4. 证明:$\frac{\Gamma'(a)}{\Gamma(a)}=\lim\limits_{b\to 0}[\Gamma(b)-B(a,b)]$.

本章小结

本章授课课件

	定义	性质	方法
解析延拓	设 $f_1(z)\in\sigma_1$ 和 $f_2(z)\in\sigma_2$ 解析，$\sigma_{12}=\sigma_1\cap\sigma_2$，若 $f_1(z)\equiv f_2(z)$，$z\in\sigma_{12}$，则称 $f_2(z)$[或 $f_1(z)$]为 $f_1(z)$[或 $f_2(z)$]在 σ_2(或 σ_1)中的解析延拓	设 $f_1(z)$和 $f_2(z)$在区域 G 中解析，若 $f_1(z)\equiv f_2(z),z\in g,g\in G$ 则 $f_1(z)\equiv f_2(z),z\in G$	1. 泰勒展开方法 2. 函数关系式的方法 3. 施瓦茨原理
Γ函数	$\Gamma(z)=\int_0^\infty e^{-t}t^{z-1}dt,\mathrm{Re}z>0$	1. $\Gamma(1)=1$ 2. $\Gamma(z+1)=z\Gamma(z),\Gamma(n+1)=n!$ 3. $\Gamma(z)\Gamma(1-z)=\dfrac{\pi}{\sin\pi z},\Gamma\left(\dfrac{1}{2}\right)=\sqrt{\pi}$ 4. $\Gamma(2z)=2^{2z-1}\dfrac{1}{\sqrt{\pi}}\Gamma(z)\Gamma\left(z+\dfrac{1}{2}\right)$	
B函数	$B(p,q)=\int_0^1 t^{p-1}(1-t)^{q-1}dt,\mathrm{Re}p>0,\mathrm{Re}q>0$	1. $B(p,q)=\dfrac{\Gamma(p)\Gamma(q)}{\Gamma(p+q)}$ 2. $B(p,q)=B(q,p)$	

第五章 留数理论

由第二章的学习，我们对复变函数的围道积分，已有了相当程度的了解. 我们知道，当 $f(z)$ 在 l 内解析时，则由柯西定理(2.2.1)式有

$$\oint_l f(z)\mathrm{d}z = 0$$

当 $f(z)$ 在 l 内有一阶极点时，则由柯西公式(2.3.2)式有

$$\oint_l f(z)\mathrm{d}z = \oint_l \frac{\varphi(z)}{z-a}\mathrm{d}z = 2\pi \mathrm{i}\varphi(a)$$

当 $f(z)$ 在 l 内有 n 阶极点时，则由解析函数的 n 阶导数公式有

$$\oint_l f(z)\mathrm{d}z = \oint_l \frac{\varphi(z)}{(z-a)^n}\mathrm{d}z = \frac{2\pi \mathrm{i}}{(n-1)!}\varphi^{(n-1)}(a)$$

其中，$\varphi(z)$ 在 l 内解析. 我们自然会想到，如果 $f(z)$ 在 l 内有有限个孤立奇点(不一定是极点)，围道积分 $\oint_l f(z)\mathrm{d}z$ 的结果又会是怎样的呢？本章留数理论，将可回答我们的这一问题. 我们已看到柯西定理和柯西公式等，只能解决围道内被积函数的奇点是极点型的围道积分问题. 而从这一章的学习我们将会看到，留数理论不仅能解决奇点为极点，而且还能解决奇点为本性奇点的围道积分问题. 它建立了解析函数的积分与函数的奇点的关系，并能用于计算一些实定积分.

5.1 留数定理

1. 留数定理

设 $f(z)$ 在以曲线 l 围成的区域 σ 内除有有限个孤立奇点 $b_k(k=1,2,\cdots,n)$ 外单值解析，在闭区域 $\bar{\sigma}$ 上连续，则有

$$\oint_l f(z)\mathrm{d}z = 2\pi \mathrm{i}\sum_{k=1}^{n} \mathrm{res} f(b_k) \tag{5.1.1}$$

其中，$\mathrm{res} f(b_k)$ 表示 $f(z)$ 在孤立奇点 b_k 的某(去心)邻域内的洛朗展开的负一次幂 $\frac{1}{z-b_k}$ 的系数，记作

$$\mathrm{res} f(b_k) = C_{-1} \tag{5.1.2}$$

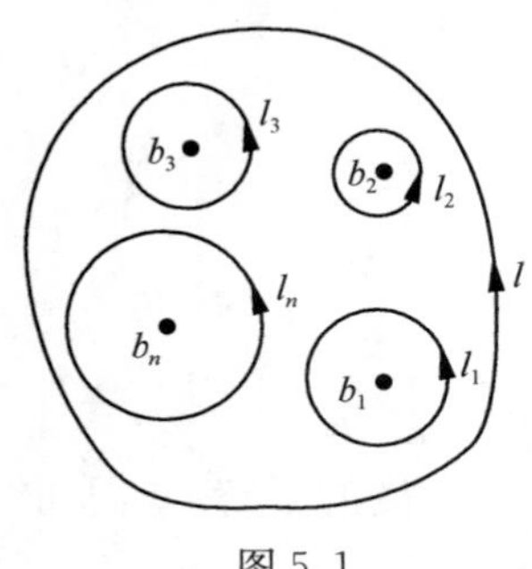

图 5.1

称做 $f(z)$在它的孤立奇点 b_k 处的**留数**(residue). 上述定理被称为**留数定理**.

证 如图 5.1 所示,在 l 内分别以 b_k 为中心 R_k 为半径作小圆 $l_k(k=1,2,\cdots,n)$,使 l_k 均含于 l 内又彼此互相隔离,则由复连通区域的柯西定理(2.2.6)式有

$$\oint_l f(z)\mathrm{d}z = \sum_{k=1}^{n}\oint_{l_k} f(z)\mathrm{d}z \qquad (5.1.3)$$

今在孤立奇点 b_1 的去心邻域中将 $f(z)$展开为洛朗级数

$$f(z) = \sum_{k=-\infty}^{\infty} C_k(z-b_1)^k, \quad 0<|z-b_1|<R_1$$

则有

$$\oint_{l_1} f(z)\mathrm{d}z = \sum_{k=-\infty}^{\infty} C_k\oint_{l_1}(z-b_1)^k\mathrm{d}z$$

而由(2.1.4)式有

$$\oint_{l_1}(z-b_1)^k\mathrm{d}z = \begin{cases}2\pi\mathrm{i}, & k=-1\\ 0, & k\neq -1\end{cases}$$

所以

$$\oint_{l_1} f(z)\mathrm{d}z = C_{-1}\cdot 2\pi\mathrm{i} = 2\pi\mathrm{i}\,\mathrm{res}f(b_1) \qquad (5.1.4)$$

其中

$$\mathrm{res}f(b_1) = C_{-1}$$

(这也是称 C_{-1} 为留数的来由,积分后仅留下系数 C_{-1}). 类似地,我们可得

$$\oint_{l_k} f(z)\mathrm{d}z = 2\pi\mathrm{i}\,\mathrm{res}f(b_k), \quad k=2,3,\cdots,n \qquad (5.1.5)$$

将(5.1.4)和(5.1.5)式代入(5.1.3)式有

$$\oint_l f(z)\mathrm{d}z = 2\pi\mathrm{i}\sum_{k=1}^{n}\mathrm{res}f(b_k)$$

由(5.1.4)和(5.1.5)式我们还可得

$$\mathrm{res}f(b_k) = \frac{1}{2\pi\mathrm{i}}\oint_{l_k} f(z)\mathrm{d}z, \quad k=1,2,\cdots,n \qquad (5.1.6)$$

我们也常将此式作为留数的定义.

2. 无穷远点的留数

由(5.1.6)式我们看到,在 b_k 点,留数的定义是沿逆时针方向(即边界的正向)绕 b_k 一周的 $f(z)$的一个围道积分,在围道 l_k 内,除 b_k 外别无 $f(z)$的奇点. 因此,类似地我们可定义**无穷远点的留数**为

$$\mathrm{res}f(\infty) = \frac{1}{2\pi\mathrm{i}}\oint_l f(z)\mathrm{d}z \qquad (5.1.7)$$

其中 l 是沿顺时针方向绕 $z=0$ 一周的围道,且在围道外除 $z=\infty$可能是奇点之外别无 $f(z)$的奇点. 这里积分的走向对于含 $z=\infty$的区域说是正向.

今将 $f(z)$ 在 $z=\infty$ 的邻域中展开为洛朗级数

$$f(z)=\sum_{k=-\infty}^{\infty}C_k z^k,\quad R<|z|<\infty \tag{5.1.8}$$

则

$$\oint_l f(z)\mathrm{d}z=\sum_{k=-\infty}^{\infty}C_k\oint_l z^k\mathrm{d}z=C_{-1}\cdot 2\pi\mathrm{i}$$

代入(5.1.7)式有

$$\mathrm{res}f(\infty)=-C_{-1} \tag{5.1.9}$$

应该注意的是，对于有限远点 b，如果它不是 $f(z)$ 的奇点，则由(5.1.6)式知 $\mathrm{res}f(b)=0$. 而对于 $z=\infty$ 来说，即使它不是 $f(z)$ 的奇点，只要展开式(5.1.8)式中 C_{-1} 不为 0，$\mathrm{res}f(\infty)$ 就不等于零.

由(5.1.6)和(5.1.7)式立即可推得：**全平面的留数之和为零.**

3. 留数的计算方法

为了应用留数定理计算积分，必须掌握计算留数的方法，最基本的方法当然是由留数的定义来求留数. 即在奇点的去心邻域将函数展开成洛朗级数，取其负一次幂的系数(对于 $z=\infty$ 点要反号).

例 1 求 $f(z)=\mathrm{e}^{\frac{1}{z}}$ 在本性奇点 $z=0$ 处的留数.

解

$$\mathrm{e}^{\frac{1}{z}}=1+\frac{1}{z}+\frac{1}{2!}\cdot\frac{1}{z^2}+\cdots,\quad |z|>0$$

故由留数的定义(5.1.2)式有

$$\mathrm{res}f(0)=C_{-1}=1$$

但上法并不常用，因为有时求洛朗级数比较麻烦，而应用上很重要的奇点是极点，对于极点可以导出如下的比较简单的计算留数的公式，而不必去求洛朗展开的负一次幂的系数.

设 b 为 $f(z)$ 的 n 阶极点，则

$$\mathrm{res}f(b)=\frac{1}{(n-1)!}\frac{\mathrm{d}^{n-1}}{\mathrm{d}z^{n-1}}[(z-b)^n f(z)]_{z=b} \tag{5.1.10}$$

特别是当 $n=1$ 即 b 为 $f(z)$ 的单极点时，有

$$\mathrm{res}f(b)=\lim_{z\to b}[(z-b)f(z)] \tag{5.1.11}$$

证 因为 b 为 $f(z)$ 的 n 阶极点，故由上一章 n 阶极点的充分必要条件有

$$f(z)=\frac{\varphi(z)}{(z-b)^n}$$

其中，$\varphi(z)$ 在 b 点的邻域解析. 又由留数定义(5.1.6)式

$$\mathrm{res}f(b)=\frac{1}{2\pi\mathrm{i}}\oint_l f(z)\mathrm{d}z=\frac{1}{2\pi\mathrm{i}}\oint_l\frac{\varphi(z)}{(z-b)^n}\mathrm{d}z$$

其中 l 为绕 b 一周的围道，故由解析函数的导数公式(2.3.5)有

$$\begin{aligned}\operatorname{res}f(b)&=\frac{1}{(n-1)!}\frac{\mathrm{d}^{n-1}}{\mathrm{d}z^{n-1}}\varphi(z)\Big|_{z=b}\\&=\frac{1}{(n-1)!}\frac{\mathrm{d}^{n-1}}{\mathrm{d}z^{n-1}}[(z-b)^n f(z)]_{z=b}\end{aligned}$$

此即(5.1.10)式.若取 $n=1$,则

$$\operatorname{res}f(b)=\frac{1}{0!}\frac{\mathrm{d}^0}{\mathrm{d}z^0}[(z-b)f(z)]_{z=b}=\lim_{z\to b}[(z-b)f(z)]$$

此即(5.1.11)式.

例 2 $f(z)=\dfrac{z\mathrm{e}^z}{(z-a)^3}$,求 $\operatorname{res}f(a)$.($a\neq 0.$)

解 $z=a$ 为 $f(z)$的三阶极点,故由(5.1.10)式有

$$\begin{aligned}\operatorname{res}f(a)&=\frac{1}{2!}\frac{\mathrm{d}^2}{\mathrm{d}z^2}\left[(z-a)^3\frac{z\mathrm{e}^z}{(z-a)^3}\right]_{z=a}\\&=\frac{1}{2}\mathrm{e}^a(2+a)\end{aligned}$$

例 3 $f(z)=\dfrac{1}{1+z^2}$,求 $\operatorname{res}f(\mathrm{i})$.

解 i 为 $f(z)$的单极点,故由(5.1.11)式有

$$\operatorname{res}f(\mathrm{i})=\lim_{z\to\mathrm{i}}(z-\mathrm{i})\cdot\frac{1}{(z-\mathrm{i})(z+\mathrm{i})}=\frac{1}{2\mathrm{i}}$$

若 $f(z)=\dfrac{\varphi(z)}{\psi(z)}$,其中 $\varphi(z)$和 $\psi(z)$均在 b 的邻域中解析,且 $\varphi(b)\neq 0$,而 b 为 $\psi(b)$的一阶零点(即 $\psi(b)=0,\psi'(b)\neq 0$),则有

$$\operatorname{res}f(b)=\frac{\varphi(b)}{\psi'(b)}\qquad(5.1.12)$$

证 因为 b 为 $\psi(b)$的一阶零点,所以 b 为 $f(z)$的一阶极点(见 3.5 节中 2. 孤立奇点的分类).故有

$$\operatorname{res}f(b)=\lim_{z\to b}(z-b)\frac{\varphi(z)}{\psi(z)}=\lim_{z\to b}\frac{[(z-b)\varphi(z)]'}{\psi'(z)}=\frac{\varphi(b)}{\psi'(b)}$$

例 4 $f(z)=\dfrac{\mathrm{e}^{\mathrm{i}z}}{1+z^2}$,求 $\operatorname{res}f(\mathrm{i})$.

解 设 $\varphi(z)=\mathrm{e}^{\mathrm{i}z},\psi(z)=1+z^2$,故

$$\operatorname{res}f(\mathrm{i})=\frac{\mathrm{e}^{\mathrm{i}z}}{2z}\Big|_{z=\mathrm{i}}=\frac{1}{2\mathrm{ie}}$$

若知道了函数在各奇点处的留数,由留数定理(5.1.1)式,我们便可计算复变函数的围道积分.

例 5 计算积分

$$I=\oint_{|z|=1}\frac{\mathrm{d}z}{\varepsilon z^2+2z+\varepsilon},\quad 0<\varepsilon<1$$

解 被积函数的奇点为

$$z=\frac{-1\pm\sqrt{1-\varepsilon^2}}{\varepsilon}$$

在单位圆$|z|=1$内的奇点为

$$z_0=\frac{-1+\sqrt{1-\varepsilon^2}}{\varepsilon}$$

是单极点. 于是 z_0 点留数为

$$\begin{aligned}\operatorname{res}f(z_0)&=\lim_{z\to z_0}\left[\left(z-\frac{-1+\sqrt{1-\varepsilon^2}}{\varepsilon}\right)\frac{1}{\varepsilon z^2+2z+\varepsilon}\right]\\&=\lim_{z\to z_0}\frac{1}{\varepsilon\left(z-\dfrac{-1-\sqrt{1-\varepsilon^2}}{\varepsilon}\right)}=\frac{1}{2\sqrt{1-\varepsilon^2}}\end{aligned}$$

故

$$I=\oint_{|z|=1}\frac{\mathrm{d}z}{\varepsilon z^2+2z+\varepsilon}=2\pi\mathrm{i}\operatorname{res}f(z_0)=\frac{\pi\mathrm{i}}{\sqrt{1-\varepsilon^2}}$$

习 题 5.1

1. 求下列函数在指定点处的留数：

(1) $\dfrac{z}{(z-1)(z+1)^2}$，在 $z=\pm1,\infty$；　(2) $\mathrm{e}^{\frac{1}{z-1}}$，在 $z=1,\infty$；

(3) $\dfrac{\mathrm{e}^z-1}{\sin^3 z}$，在 $z=0$；　(4) $\dfrac{z}{\cos z}$，在 $z=(2k+1)\dfrac{\pi}{2}(k=0,\pm1,\pm2,\cdots)$；

(5) $\mathrm{e}^{\frac{a}{2}\left(z-\frac{1}{z}\right)}$，在 $z=0$；　(6) $\Gamma(z)$在 $z=-n(n=0,1,2,\cdots)$.

2. 求下列函数在其孤立奇点和无穷远点(不是非孤立奇点)的留数：

(1) $\dfrac{z^{2m}}{(1+z)^m}$(m 为自然数)；　(2) $\dfrac{\mathrm{e}^z}{z^2(z^2+9)}$；　(3) $\dfrac{\sin 2z}{(z+1)^3}$；

(4) $z^3\cos\dfrac{1}{z-2}$；　(5) $\dfrac{z^2+1}{\mathrm{e}^z}$；　(6) $\cos\sqrt{\dfrac{1}{z}}$.

3. 计算下列围道积分：

(1) $\displaystyle\oint_l\frac{\mathrm{d}z}{z^4+1}$，$l$：$x^2+y^2=2x$；　(2) $\displaystyle\oint_l\frac{z\,\mathrm{d}z}{(z-1)(z-2)^2}$，$l$：$|z-2|=\dfrac{1}{2}$；

(3) $\displaystyle\oint_l\frac{\mathrm{d}z}{(z-3)(z^5-1)}$，$l$：$|z|=2$；　(4) $\displaystyle\frac{1}{2\pi\mathrm{i}}\oint_l\sin\frac{1}{z}\mathrm{d}z$，$l$：$|z|=r$.

*4. 利用围道积分技术求级数值

$$\sum_{n=1}^{\infty}\frac{(-1)^n}{n^4}=\frac{-7\pi^4}{720}$$

提示：利用函数 $1/\sin\pi z$ 沿实轴，在 $z=0,\pm1,\pm2,\cdots$处有极点的事实，选择适当的围道计算.

(芝加哥大学研究生试题)

*5. 求解函数 $f(z)=\displaystyle\int_{c(x)}\Gamma(1+z)\Gamma(1-z)\mathrm{d}z$ 的值，其中 $c(x)$ 是从 $-\mathrm{i}\infty$ 到 $+\mathrm{i}\infty$，沿着 $\mathrm{Re}(z)=x$ 的围道；x 在 -1 和 $+1$ 之间.

(加州理工学院研究生试题)

5.2　利用留数理论计算实积分

在研究物理学的问题时，常常需要计算一些具体的实定积分. 如，在研究阻尼振动时，将遇到狄利克雷(Dirichlet)积分 $\int_0^\infty \frac{\sin x}{x}\mathrm{d}x$；在研究光衍射时，将遇到菲涅耳(Fresnel) 积分 $\int_0^\infty \sin x^2\mathrm{d}x$；在研究热传导时，将遇到积分 $\int_0^\infty \mathrm{e}^{-ax^2}\cos bx\mathrm{d}x(a>0,b=$ 实数). 这些积分，若用数学分析中计算定积分的方法来计算是相当麻烦有时甚至是不可能的. 但是，若将之视为复围道积分中的一部分，而利用留数定理来计算，就会使计算变得简单得多. 下面从几种典型类型的积分来说明用留数定理计算实定积分的方法.

1. 无穷积分 $\int_{-\infty}^\infty f(x)\mathrm{d}x$

若 $f(z)$在实轴上无奇点，在上半平面除了有限个孤立奇点 $b_k(k=1,2,\cdots,n)$外是处处解析的；在包括实轴在内的上半平面中，当$|z|\to\infty$时，$zf(z)$一致趋于零(即，$\forall\varepsilon>0,\exists R>0$，当$|z|>R$时$|z\cdot f(z)|<\varepsilon$)，则

$$\int_{-\infty}^\infty f(x)\mathrm{d}x = 2\pi\mathrm{i}\sum_{k=1}^n \mathrm{res}f(b_k)\,|_{\mathrm{Im}z>0} \tag{5.2.1}$$

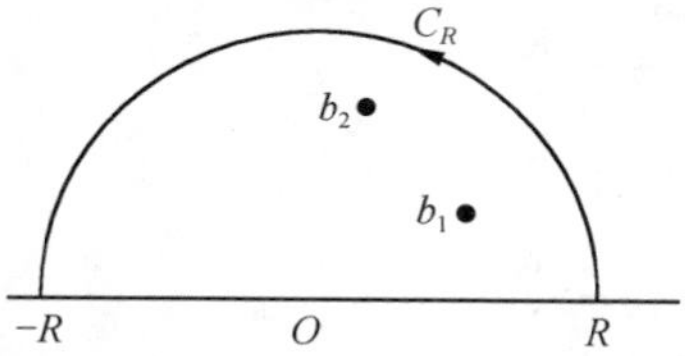

图 5.2

证　考虑 $f(z)$沿如图 5.2 所示围道 l 的积分，则由留数定理(5.1.1)式有

$$\oint_l f(z)\mathrm{d}z = \int_{-R}^R f(x)\mathrm{d}x + \int_{C_R} f(z)\mathrm{d}z = 2\pi\mathrm{i}\sum_k \mathrm{res}f(b_k)\,|_{l内}$$

其中 $\sum_k \mathrm{res}f(b_k)\,|_{l内}$ 表示 $f(z)$ 在 l 内的孤立奇点处的留数的和. 故当 $R\to\infty$ 时有

$$\lim_{R\to\infty}\int_{-R}^R f(x)\mathrm{d}x + \lim_{R\to\infty}\int_{C_R} f(z)\mathrm{d}z = 2\pi\mathrm{i}\sum_{k=1}^n \mathrm{res}f(b_k)\,|_{\mathrm{Im}z>0} \tag{5.2.2}$$

其中 $\sum_{k=1}^n \mathrm{res}f(b_k)\,|_{\mathrm{Im}z>0}$ 表示 $f(z)$ 在上半平面的孤立奇点处的留数和. 注意无穷积分通常定义为下列极限[①]：

$$\int_{-\infty}^\infty f(x)\mathrm{d}x = \lim_{\substack{R_1\to\infty\\R_2\to\infty}}\int_{-R_1}^{R_2} f(x)\mathrm{d}x \tag{5.2.3}$$

显然，此处

$$\lim_{R\to\infty}\int_{-R}^R f(x)\mathrm{d}x = \int_{-\infty}^\infty f(x)\mathrm{d}x \tag{5.2.4}$$

又由题设，当$|z|\to\infty$时，$zf(z)$一致趋于 0，故有

$$\lim_{R\to\infty}\left|\int_{C_R} f(z)\mathrm{d}z\right| \leqslant \lim_{R\to\infty}\int_{C_R} |zf(z)|\frac{|\mathrm{d}z|}{|z|}$$

$$\leqslant \lim_{R\to\infty} \max |zf(z)| \frac{\pi R}{R} = 0 \tag{5.2.5}$$

将(5.2.4)式与(5.2.5)式代入(5.2.2)式便得

$$\int_{-\infty}^{\infty} f(x)\mathrm{d}x = 2\pi\mathrm{i}\sum_{k=1}^{n} \mathrm{res} f(b_k) |_{\mathrm{Im}z>0}$$

上面做法的精神是把所要计算的实积分看成实轴上的一段($-R$ 到 R),补充一段(C_R),使被积函数在这段上也无奇点,这样构成复平面上的一个围道,再用留数定理计算围道积分.应该注意的是,在补充一段时,应尽量使在这段路线上积分值比较易于计算,像上面(5.2.5)式那样,其值为 0 是再好不过的了.

例 1 求积分 $I=\int_{-\infty}^{\infty} \frac{\mathrm{d}x}{1+x^2}$ 之值.

解

$$f(z)=\frac{1}{1+z^2}$$

奇点为单极点 $z=\pm\mathrm{i}$,在上半平面只有孤立奇点 $z=\mathrm{i}$,当 $|z|\to\infty$ 时,$zf(z)$ 一致趋于 0($\mathrm{Im}z\geqslant 0$),故由(5.2.1)式和(5.1.11)式有

$$I = 2\pi\mathrm{i}\,\mathrm{res} f(\mathrm{i}) = 2\pi\mathrm{i}\cdot\frac{1}{2\mathrm{i}} = \pi$$

思考:若 $f(z)$ 在下半平面有有限个孤立奇点,则用留数定理计算无穷积分 $\int_{-\infty}^{\infty} f(x)\mathrm{d}x$ 的公式,应是怎样的?

2. 含有三角函数的无穷积分 $\int_0^{\infty} f(x)\begin{Bmatrix}\cos px\\ \sin px\end{Bmatrix}\mathrm{d}x$

设 $f(z)$ 在实轴上无奇点,在上半平面除了有限个孤立奇点 $b_k(k=1,2,\cdots,n)$ 外是处处解析的;在包括实轴的上半平面($0\leqslant\arg z\leqslant\pi$)中,当 $|z|\to\infty$ 时,$f(z)$ 一致趋于 0,且 $p>0$,则有

$$\int_0^{\infty} f(x)\cos px\,\mathrm{d}x = \pi\mathrm{i}\sum_{k=1}^{n}\mathrm{res}[f(b_k)\mathrm{e}^{\mathrm{i}pb_k}]_{\mathrm{Im}z>0} \quad [f(x)\text{ 为偶函数}] \tag{5.2.6}$$

$$\int_0^{\infty} f(x)\sin px\,\mathrm{d}x = \pi\sum_{k=1}^{n}\mathrm{res}[f(b_k)\mathrm{e}^{\mathrm{i}pb_k}]_{\mathrm{Im}z>0} \quad [f(x)\text{ 为奇函数}] \tag{5.2.7}$$

其中 $\sum_{k=1}^{n}\mathrm{res}[f(b_k)\mathrm{e}^{\mathrm{i}pb_k}]_{\mathrm{Im}z>0}$ 是函数 $f(z)\mathrm{e}^{\mathrm{i}pz}$ 在上半平面的留数和.

证 若 $f(x)$ 为偶函数,则

$$\begin{aligned}\int_0^{\infty} f(x)\cos px\,\mathrm{d}x &= \int_0^{\infty} f(x)\,\frac{\mathrm{e}^{\mathrm{i}px}+\mathrm{e}^{-\mathrm{i}px}}{2}\mathrm{d}x\\ &= \frac{1}{2}\left[\int_0^{\infty} f(x)\mathrm{e}^{\mathrm{i}px}\mathrm{d}x + \int_{-\infty}^{0} f(-x)\mathrm{e}^{\mathrm{i}px}\mathrm{d}x\right]\\ &= \frac{1}{2}\int_{-\infty}^{\infty} f(x)\mathrm{e}^{\mathrm{i}px}\mathrm{d}x \end{aligned} \tag{5.2.8}$$

于是可仿照上面所讨论的无穷积分那样,考虑函数 $f(z)e^{ipz}$ 沿图 5.2 中的围道的积分

$$\oint_l f(z)e^{ipz}dz=\int_{-R}^{R}f(x)e^{ipx}dx+\int_{C_R}f(z)e^{ipz}dz$$
$$=2\pi i\sum_k \text{res}[f(b_k)e^{ipb_k}]_{l\text{内}}$$

所以

$$\int_{-\infty}^{\infty}f(x)e^{ipx}dx+\lim_{R\to\infty}\int_{C_R}f(z)e^{ipz}dz=2\pi i\sum_{k=1}^{n}\text{res}[f(b_k)e^{ipb_k}]_{\text{Im}z>0}\quad(5.2.9)$$

而当$|z|\to\infty$时,$f(z)$在包括实轴的上半平面中一致趋于 0,$p>0$,故由若尔当引理[②]有

$$\lim_{R\to\infty}\int_{C_R}f(z)e^{ipz}dz=0\quad(5.2.10)$$

先将(5.2.10)式代入(5.2.9)式,再将(5.2.9)式代入(5.2.8)式即得到(5.2.6)式.

若 $f(x)$为奇函数,则

$$\int_0^{\infty}f(x)\sin px\,dx=\frac{1}{2i}\int_{-\infty}^{\infty}f(x)e^{ipx}dx\quad(5.2.11)$$

类似于上面的讨论便可得到(5.2.7)式.

例 2　求积分 $I=\int_0^{\infty}\frac{\cos x}{x^2+b^2}dx$ 之值$(b>0)$.

解　$f(x)=\frac{1}{x^2+b^2}$是偶函数,$p=1>0$,$f(z)$在上半平面中只有一个一阶极点 $z=ib$,且当$|z|\to\infty$时一致趋于零($\text{Im}z\geqslant0$),故由(5.2.6)式有

$$I=\pi i\,\text{res}[f(z)e^{iz}]_{z=bi}=\pi i\left.\frac{e^{iz}}{2z}\right|_{z=bi}=\frac{\pi}{2b}e^{-b}$$

思考:若 $p<0$,$f(z)$在下半平面($-\pi\leqslant\arg z<0$)中满足(5.2.6)式和(5.2.7)式中的应用条件,其结果如何?

3. 三角函数有理式的积分 $\int_0^{2\pi}R(\cos\theta,\sin\theta)d\theta$

设 $R(\cos\theta,\sin\theta)$为 $\cos\theta,\sin\theta$ 的有理函数,且在$[0,2\pi]$上连续,则

$$\int_0^{2\pi}R(\cos\theta,\sin\theta)d\theta=2\pi i\sum_{k=1}^{n}\text{res}f(z)\mid_{|z|<1}\quad(5.2.12)$$

其中,$f(z)=\frac{1}{iz}R\left(\frac{z+z^{-1}}{2},\frac{z-z^{-1}}{2i}\right)$;$\sum_{k=1}^{n}\text{res}f(z)\mid_{|z|<1}$,表示 $f(z)$ 在单位圆内所有奇点处的留数和.

证　令 $z=e^{i\theta}$,则 $\cos\theta=\frac{e^{i\theta}+e^{-i\theta}}{2}=\frac{z+z^{-1}}{2}$;$\sin\theta=\frac{e^{i\theta}-e^{-i\theta}}{2i}=\frac{z-z^{-1}}{2i}$;$dz=iz\,d\theta$;$0\leqslant\theta\leqslant2\pi$ 变成了单位圆$|z|=1$. 所以

$$\int_0^{2\pi}R(\cos\theta,\sin\theta)d\theta=\oint_{|z|=1}\frac{1}{iz}R\left(\frac{z+z^{-1}}{2},\frac{z-z^{-1}}{2i}\right)dz=\oint_{|z|=1}f(z)dz$$

这里，$f(z)$是 z 的一有理函数，且因为 $R(\cos\theta,\sin\theta)$在$[0,2\pi]$上连续，故 $f(z)$在$|z|=1$上亦连续. 若 $f(z)$在$|z|=1$ 内有 n 个孤立奇点，则由留数定理立即可得上述结论(5.2.12)式.

例 3 计算积分

$$I=\int_0^{2\pi}\frac{\mathrm{d}\theta}{1+a\cos\theta},\quad |a|<1$$

解 令 $z=\mathrm{e}^{\mathrm{i}\theta}$，得

$$I=\frac{1}{\mathrm{i}}\oint\limits_{|z|=1}\frac{1}{1+\dfrac{a}{2}\left(z+\dfrac{1}{z}\right)}\cdot\frac{\mathrm{d}z}{z}=\frac{2}{\mathrm{i}}\oint\limits_{|z|=1}\frac{\mathrm{d}z}{az^2+2z+a}$$

函数 az^2+2z+a 有两个一阶零点 $z_1=-\dfrac{1}{a}+\sqrt{\dfrac{1}{a^2}-1}$，$z_2=-\dfrac{1}{a}-\sqrt{\dfrac{1}{a^2}-1}$. 它们是被积函数的一阶极点. 由于$|a|<1$，故$|z_2|>1$，$|z_1|<1$. 即积分围道$|z|=1$ 内只有一单极点 z_1，由留数定理(5.1.1)式和单极点处的留数计算公式(5.1.11)有

$$I=\frac{2}{\mathrm{i}}\cdot 2\pi\mathrm{i}\ \mathrm{res}\left[\frac{1}{az^2+2z+a},z_1\right]=\frac{4\pi}{a}\frac{1}{z_1-z_2}=\frac{2\pi}{\sqrt{1-a^2}}$$ ③

注意，符号 $\mathrm{res}[f(z),z_1]$是表示函数 $f(z)$在 z_1 处的留数. 我们应习惯使用各种表示方法.

我们可看出，上面做法的精神是，通过一个变量代换把实轴上的一段变为复平面中的一个闭合回路，从而好用留数定理计算积分.

注 ① **积分主值** 在此，我们顺便介绍一下积分主值的概念. (5.2.3)式表示当上下限分别趋于∞时积分的极限值. 但有时这样的极限不存在，而是当 $R_1=R_2\to\infty$时极限存在. 这后一极限值就称为**积分主值**，用

$$P\int_{-\infty}^{\infty}f(x)\mathrm{d}x=\lim_{R\to\infty}\int_{-R}^{R}f(x)\mathrm{d}x \tag{5.2.13}$$

表示. 显然，如果(5.2.3)式的极限存在，则(5.2.13)的极限值也必定存在，而积分主值与通常意义下的无穷积分值一致；反过来则不一定.

对于有限区间$[a,b]$ 的情况，若 $f(x)$ 在$[a,b]$ 内的 x_0 点无界，且极限 $\lim\limits_{\delta_1\to 0}\int_a^{x_0-\delta_1}f(x)\mathrm{d}x$ 和 $\lim\limits_{\delta_2\to 0}\int_{x_0+\delta_2}^{b}f(x)\mathrm{d}x$ 均存在，则

$$\int_a^b f(x)\mathrm{d}x\equiv\lim_{\delta_1\to 0}\int_a^{x_0-\delta_1}f(x)\mathrm{d}x+\lim_{\delta_2\to 0}\int_{x_0+\delta_2}^{b}f(x)\mathrm{d}x$$

若$\lim\limits_{\delta_1\to 0}\int_a^{x_0-\delta_1}f(x)\mathrm{d}x$ 和$\lim\limits_{\delta_2\to 0}\int_{x_0+\delta_2}^{b}f(x)\mathrm{d}x$ 均不存在，但$\lim\limits_{\delta\to 0}\left[\int_a^{x_0-\delta}f(x)\mathrm{d}x+\int_{x_0+\delta}^{b}f(x)\mathrm{d}x\right]$ 却存在，我们称这一极限为**积分主值**，并记作 $P\int_a^b f(x)\mathrm{d}x$. 所以，引用积分主值，实际上是避开积分路径上奇点的方法. 如果原来的积分$\left(\text{如下节中的}\int_0^{\infty}\dfrac{\sin x}{x}\mathrm{d}x\right)$在通常意义下存在，则其值与积分主值是一致的.

② **若尔当(Jordan)引理** 设当$|z|\to\infty$时函数 $f(z)$在包括实轴的上半平面($0\leqslant\arg z\leqslant\pi$)中一

致趋于零,则

$$\lim_{R\to\infty}\int_{C_R} f(z)\mathrm{e}^{\mathrm{i}pz}\mathrm{d}z = 0 \tag{5.2.14}$$

其中,$p>0$;C_R 是以 $z=0$ 为圆心,R 为半径的位于上半平面的半圆(图 5.2).

思考:若 $p<0$,则若尔当引理应是怎样的?

若尔当引理的证明

③ 此积分在力学和量子力学中甚为重要,由它可以算出开普勒(Kepler)积分

$$I^* = \frac{1}{2\pi}\int_0^{2\pi}\frac{\mathrm{d}\theta}{(1+\varepsilon\cos\theta)^2} = (1-\varepsilon^2)^{-3/2} \tag{5.2.16}$$

因为只要在此例中以 ε/y 换 a $(y>\varepsilon,\ |\varepsilon|<1)$ 则得 $\frac{1}{2\pi}\int_0^{2\pi}\frac{\mathrm{d}\theta}{(y+\varepsilon\cos\theta)} = \frac{1}{\sqrt{y^2-\varepsilon^2}}$. 两边对 y 求导再令 $y=1$ 即得上述结果.

习 题 5.2

1. 计算下列积分:

(1) $\int_{-\infty}^{\infty}\frac{1+x^2}{1+x^4}\mathrm{d}x$;　　(2) $\int_{-\infty}^{\infty}\frac{\mathrm{e}^{\mathrm{i}rk}}{k^2+\mu^2}\mathrm{d}k(r>0)$;

(3) $\int_0^{\infty}\frac{\cos ax}{1+x^4}\mathrm{d}x(a>0)$;　　(4) $\int_0^{\infty}\frac{x}{x^2+a^2}\sin bx\,\mathrm{d}x(a>0,b>0)$.

2. 求下列积分:

(1) $\int_0^{2\pi}\frac{1}{1-2b\cos\theta+b^2}\mathrm{d}\theta(|b|<1)$;　　(2) $\int_0^{2\pi}\frac{1}{1+\cos^2\theta}\mathrm{d}\theta$;

(3) $\int_0^{\frac{\pi}{2}}\frac{1}{a+\sin^2 x}\mathrm{d}x(a>0)$;　　(4) $\int_0^{\frac{\pi}{2}}\frac{1}{1+\cos^2 x}\mathrm{d}x$.

3. 证明:$\int_0^{\infty}\frac{1}{1+x^n}\mathrm{d}x = \frac{\pi}{n}\frac{1}{\sin\frac{\pi}{n}}$$(n\geqslant 2$,整数$)$.

提示:取如图 5.3 和图 5.4 所示围道,则在此围道内 $f(z)=\frac{1}{1+z^n}$ 有一阶极点 $\sqrt[n]{-1}=\mathrm{e}^{\mathrm{i}\frac{\pi}{n}}$.

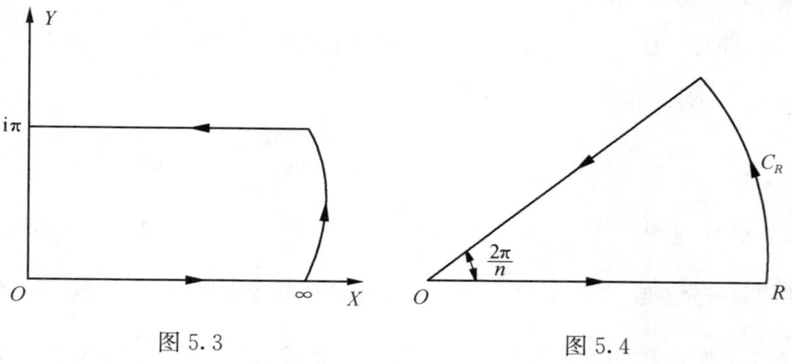

图 5.3　　图 5.4

*4. 证明:$\int_0^{\infty}t^{x-1}\cos t\,\mathrm{d}t = \Gamma(x)\cos\frac{\pi}{2}x$,$\int_0^{\infty}t^{x-1}\sin t\,\mathrm{d}t = \Gamma(x)\sin\frac{\pi}{2}x$.

*5. 计算积分

(1) $\int_0^{\infty} \frac{x}{e^x-1}dx$；　　(2) $\int_0^{\infty} \frac{x^3}{e^x-1}dx$.

提示：在选择适当围道计算以上积分时，可利用关系

$$\int_0^{\infty} \frac{x^n}{e^x+1}dx = (1-2^{-n})\int_0^{\infty} \frac{x^n}{e^x-1}dx, n>0$$

*6. 计算积分

(1) $\int_{-\infty}^{\infty} \frac{1}{\cosh x}dx$；　　(2) $\int_{-\infty}^{\infty} \frac{1}{\cosh^3 x}dx$.

提示：可作变换 $u=\sinh x$.

*7. 求极限 $\lim_{n\to\infty}\sqrt{n}\int_{-\infty}^{\infty} \frac{dx}{(1+x^2)^n}$ 之值，其中 n 为正整数.

*8. 计算积分 $I=\int_{-\infty}^{\infty} \frac{e^{\alpha x}}{\cosh \pi x}dx$，$|\alpha|<\pi$.

（加州理工学院研究生试题）

*9. 已知 $\int_{-\infty}^{\infty} e^{-\alpha x^2}dx=\sqrt{\frac{\pi}{\alpha}}$，证明

(1) $\int_{-\infty}^{\infty} x^2 e^{-\alpha x^2}dx=\frac{1}{2}\sqrt{\pi}\alpha^{-3/2}$；$\int_{-\infty}^{\infty} x^4 e^{-\alpha x^2}dx=\frac{3}{4}\sqrt{\pi}\alpha^{-5/2}$；

(2) 若 $\beta/\sqrt{\alpha}\ll 1$，且 α 具有和 $1/\sqrt{\alpha}$ 相同的量级，则

$$\int_{-\alpha}^{\alpha} f(x)e^{-\alpha(x^2+\beta x^3)}dx \approx \int_{-\alpha}^{\alpha} f(x)(1-\alpha\beta x^3)e^{-\alpha x^2}dx$$

（1983 年 CUSPEA 试题）

*10. 计算积分 $\int_0^{2\pi} \frac{1}{a+\cos\varphi}d\varphi$

(1) 当 $a>1$ 时；

(2) 当 $a=a_0+i\varepsilon$ 时，其中，$0<a_0<1$，$\varepsilon>0$ 且 $\varepsilon\to 0$，a_0 和 ε 均为实数；

(3) 当 $a=-1$ 时.

*11. 试计算

$$I=\int_0^{2\pi} \frac{b+a\cos\varphi}{a^2+b^2+2ab\cos\varphi}d\varphi, \quad |a|\neq|b|$$

（4～7 题和 10、11 题均为芝加哥大学研究生试题）

5.3 物理问题中的几个积分

1. 狄利克雷积分 $\int_0^{\infty} \frac{\sin x}{x}dx$

这是 $f(x)=\frac{1}{x}$ 在实轴上有奇点的积分，故我们在计算它时当然不能简单的应用(5.2.7)式. 由(5.2.11)式有

$$\int_0^{\infty} \frac{\sin x}{x}dx = \frac{1}{2i}\int_{-\infty}^{\infty} \frac{e^{ix}}{x}dx$$

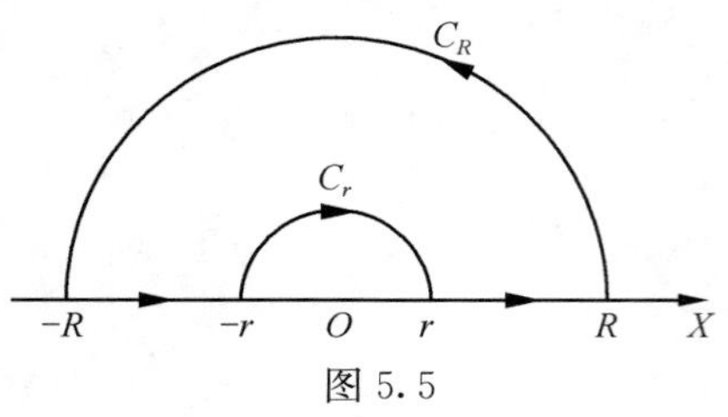

图 5.5

故我们应考虑 $F(z)=\dfrac{e^{iz}}{z}$ 沿如图 5.5 所示的路径的积分.由留数定理(或柯西定理)有

$$\oint_l F(z)dz=\int_{-R}^{-r}\frac{e^{ix}}{x}dx+\int_{C_r}\frac{e^{iz}}{z}dz+\int_r^R\frac{e^{ix}}{x}dx+\int_{C_R}\frac{e^{iz}}{z}dz=0$$

而

$$\int_{-R}^{-r}\frac{e^{ix}}{x}dx+\int_r^R\frac{e^{ix}}{x}dx=\int_R^r\frac{e^{-ix}}{x}dx+\int_r^R\frac{e^{ix}}{x}dx=\int_r^R\frac{e^{ix}-e^{-ix}}{x}dx=2i\int_r^R\frac{\sin x}{x}dx$$

所以当 $R\to\infty$,$r\to 0$ 时有

$$2i\int_0^\infty\frac{\sin x}{x}dx+\lim_{r\to 0}\int_{C_r}\frac{e^{iz}}{z}dz+\lim_{R\to\infty}\int_{C_R}\frac{e^{iz}}{z}dz=0 \tag{5.3.1}$$

由若尔当引理

$$\lim_{R\to\infty}\int_{C_R}\frac{e^{iz}}{z}dz=0$$

由小圆弧引理①

$$\lim_{r\to 0}\int_{C_r}\frac{e^{iz}}{z}dz=-\pi i$$

一并代入(5.3.1)式有

$$\int_0^\infty\frac{\sin x}{x}dx=\frac{\pi}{2} \tag{5.3.2}$$

2. 菲涅耳积分 $\int_0^\infty\begin{Bmatrix}\sin x^2\\ \cos x^2\end{Bmatrix}dx$

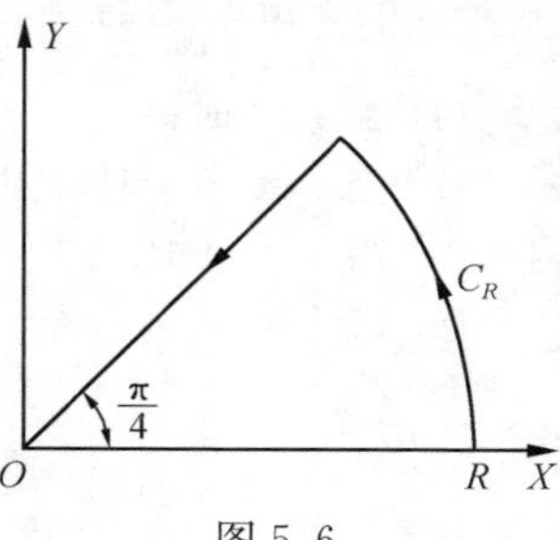

图 5.6

由 5.2 处理含三角函数的无穷积分的经验,自然会想到去考虑函数 e^{iz^2} 沿图 5.2 所示的围线 l 的积分,但很快发现该围道不适用,因为 $\int_{C_R}e^{iz^2}dz$ 当 $R\to\infty$,$\frac{\pi}{2}<\theta<\pi$ 时不收敛.经过摸索,选择 l 为图 5.6 中围线,则由柯西定理(或留数定理) 有

$$\oint_l e^{iz^2}dz=\int_0^R e^{ix^2}dx+\int_{C_R}e^{iz^2}dz+e^{i\frac{\pi}{4}}\int_R^0 e^{-r^2}dr=0 \tag{5.3.3}$$

在 C_R 上,令 $z=Re^{i\frac{\theta}{2}}$,则

$$\left|\int_{C_R}e^{iz^2}dz\right|=\left|\frac{iR}{2}\int_0^{\pi/2}e^{iR^2(\cos\theta+i\sin\theta)}e^{i\frac{\theta}{2}}d\theta\right|\leqslant\frac{R}{2}\int_0^{\pi/2}e^{-R^2\sin\theta}\;|\;d\theta\;|$$

而在 $\left[0,\frac{\pi}{2}\right]$ 上,由 5.2 节注②中图 5.3 有

$$\sin\theta\geqslant\frac{2}{\pi}\theta$$

故

$$\left|\int_{C_R} e^{iz^2} dz\right| \leqslant \frac{R}{2}\int_0^{\frac{\pi}{2}} e^{-\frac{2R^2}{\pi}\theta} d\theta = \frac{\pi}{4R}[1-e^{-R^2}] \xrightarrow{R\to\infty} 0$$

又

$$\int_R^0 e^{-r^2} dr \xlongequal{R\to\infty} -\int_0^{\infty} e^{-r^2} dr = -\frac{\sqrt{\pi}}{2}$$

令 $R\to\infty$ 将以上结果代入(5.3.3)式得

$$\int_0^{\infty} e^{ix^2} dx = e^{i\frac{\pi}{4}} \cdot \frac{\sqrt{\pi}}{2}$$

即

$$\int_0^{\infty} \cos x^2 + i\int_0^{\infty} \sin x^2 dx = \left(\frac{1}{\sqrt{2}} + i\frac{1}{\sqrt{2}}\right)\frac{\sqrt{\pi}}{2}$$

故有

$$\int_0^{\infty} \cos x^2 dx = \int_0^{\infty} \sin x^2 dx = \frac{\sqrt{2\pi}}{4} \tag{5.3.4}$$

3. 热传导问题中的积分 $\int_0^{\infty} e^{-ax^2}\cos bx\, dx$($a>0$,$b$ 是任意实数)

显然,这不能应用公式(5.2.6)来求,因为当 $|z|\to\infty$ 时 e^{-az^2} 在半圆 C_R 上不一致趋于零. 作如下变换

$$\begin{aligned}\int_0^{\infty} e^{-ax^2}\cos bx\, dx &= \int_0^{\infty} e^{-ax^2}\frac{e^{ibx}+e^{-ibx}}{2} dx = \frac{1}{2}\int_{-\infty}^{\infty} e^{-ax^2-ibx} dx \\ &= \frac{1}{2}e^{-\frac{b^2}{4a}}\int_{-\infty}^{\infty} e^{-a\left(x+\frac{ib}{2a}\right)^2} dx = \frac{1}{2}e^{-\frac{b^2}{4a}}\int_{l_1'} e^{-az^2} dz \end{aligned}\tag{5.3.5}$$

其中积分路线 l_1' 是与实轴平行、相距为 $b/2a$ 的由 $\mathrm{Re}z=x=-\infty$ 到 $x=+\infty$ 的无限长直线. 考虑 e^{-az^2} 沿如图 5.7 所示的回路积分,则

$$\oint_l e^{-az^2} dz = \int_{l_1} e^{-az^2} dz + \int_{b/2a}^{0} e^{-a(R+iy)^2} d(iy) + \int_R^{-R} e^{-ax^2} dx + \int_0^{b/2a} e^{-a(-R+iy)^2} d(iy) = 0 \tag{5.3.6}$$

图 5.7

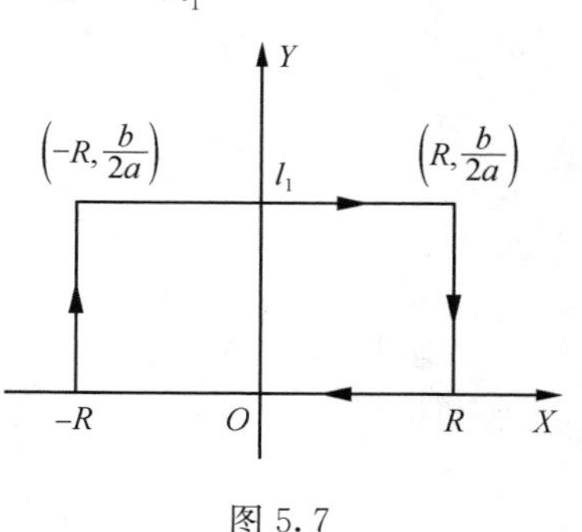

其中,l_1 为从 $\left(-R,\frac{b}{2a}\right)$ 到 $\left(R,\frac{b}{2a}\right)$ 的直线段. 于是

$$\lim_{R\to\infty}\int_{l_1} e^{-az^2} dz = \int_{l_1'} e^{-az^2} dz$$

$$\left|\int_0^{\frac{b}{2a}} e^{-a(-R+iy)^2} i dy\right| \leqslant e^{-aR^2}\int_0^{\frac{b}{2a}} e^{ay^2} dy \xrightarrow{R\to\infty} 0$$

同理

$$\left|\int_{b/2a}^0 e^{-a(R+iy)^2} i dy\right| \xrightarrow{R\to\infty} 0$$

而

$$\int_R^{-R} e^{-ax^2} dx \xlongequal{R\to\infty} -\int_{-\infty}^{\infty} e^{-ax^2} dx = -\frac{1}{\sqrt{a}}\int_{-\infty}^{\infty} e^{-(\sqrt{a}x)^2} d(\sqrt{a}x) = -\sqrt{\frac{\pi}{a}}$$

将这些结果一并代入(5.3.6)式得

$$\int_{l_1'} e^{-az^2} dz = \sqrt{\frac{\pi}{a}}$$

故由(5.3.5)式得

$$\int_0^{\infty} e^{-ax^2} \cos bx\, dx = \frac{1}{2} e^{-\frac{b^2}{4a}} \sqrt{\frac{\pi}{a}}, \quad a > 0 \tag{5.3.7}$$

注 ① **小圆弧引理** 设 $f(z)$ 沿圆弧 $C_r: z-a=re^{i\theta}$ ($\theta_1 \leqslant \theta \leqslant \theta_2$, r 充分小)上连续且 $\lim\limits_{r\to 0}[(z-a)f(z)]=\lambda$($\lambda$ 为常数,包括 0)在 C_r 上一致成立,则

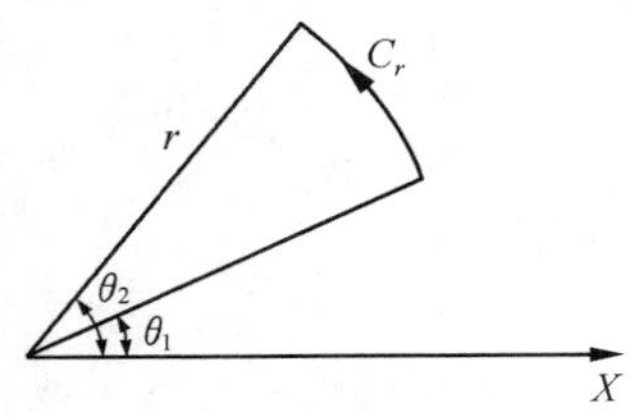

图 5.8

$$\lim_{r\to 0}\int_{C_r} f(z) dz = i(\theta_2-\theta_1)\lambda \tag{5.3.8}$$

特别是若 a 为 $f(z)$ 的一阶极点,则

$$\lim_{r\to 0}\int_{C_r} f(z) dz = i(\theta_2-\theta_1) \operatorname{res} f(a) \tag{5.3.9}$$

或

$$\lim_{r\to 0}\int_{C_r} f(z) dz = i(\theta_2-\theta_1)\psi(a) \tag{5.3.10}$$

其中,积分沿逆时针方向进行(图 5.8),$\psi(z)=(z-a)f(z)$ 在 a 的邻域中解析,且 $\psi(a)\neq 0$.

思考 1:若 a 是 $f(z)$ 高于一阶的极点,(5.3.9)和(5.3.10)式是否还成立?

思考 2:你能用证明小弧引理类似的方法证明如下的大弧引理吗?

小圆弧引理的证明

② **大弧引理** 设 $f(z)$ 在圆弧 $C_R: z=Re^{i\theta}$ ($\theta_1 \leqslant \theta \leqslant \theta_2$, $R\to\infty$)上连续,且 $\lim\limits_{R\to\infty}[zf(z)]=M$ 一致成立,则

$$\lim_{R\to\infty}\int_{C_R} f(z) dz = i(\theta_2-\theta_1)M \tag{5.3.11}$$

习 题 5.3

1. 证明:若 $f(z)$ 在实轴上有有限个一阶极点 a_j ($j=1,2,\cdots,m$),此外还满足(5.2.1)式成立的其他条件,则

$$\int_{-\infty}^{\infty} f(x) dx = 2\pi i \sum_{k=1}^{n} \operatorname{res} f(b_k) \big|_{\operatorname{Im}z>0} + \pi i \sum_{j=1}^{m} \operatorname{res} f(a_j) \big|_{\operatorname{Im}z=0} \tag{5.3.12}$$

2. 证明:若 $f(z)$ 在实轴上有有限个一阶极点 a_j ($j=1,2,\cdots,m$),此外还满足公式(5.2.6)和(5.2.7)成立的其他条件,则

$$\int_{-\infty}^{\infty} f(x) e^{ipx} dx = 2\pi i \sum_{k=1}^{n} \operatorname{res}[f(b_k) e^{ipb_k}]_{\operatorname{Im}z>0} + \pi i \sum_{j=1}^{m} \operatorname{res}[f(a_j) e^{ipa_j}]_{\operatorname{Im}z=0} \tag{5.3.13}$$

于是有

$$\int_0^{\infty} f(x) \cos px\, dx = \pi i \sum_{k=1}^{n} \operatorname{res}[f(b_k) e^{ipb_k}]_{\operatorname{Im}z>0} + \frac{\pi}{2} i \sum_{j=1}^{m} \operatorname{res}[f(a_j) e^{ipa_j}]_{\operatorname{Im}z=0} \quad [f(-x)=f(x)] \tag{5.3.14}$$

$$\int_0^{\infty} f(x) \sin px\, dx = \pi \sum_{k=1}^{n} \operatorname{res}[f(b_k) e^{ipb_k}]_{\operatorname{Im}z>0} + \frac{\pi}{2} \sum_{j=1}^{m} \operatorname{res}[f(a_j) e^{ipa_j}]_{\operatorname{Im}z=0} \quad [f(-x)=-f(x)] \tag{5.3.15}$$

3. 计算下列积分：

(1) $\int_{-\infty}^{\infty}\frac{\mathrm{d}x}{x^4-1}$； (2) $\int_{-\infty}^{\infty}\frac{\mathrm{d}x}{x(x+1)(x^2+1)}$.

4. 计算下列积分：

(1) $\int_{0}^{\infty}\frac{\sin x}{x(x^2+1)^2}\mathrm{d}x$； (2) $\int_{0}^{\infty}\frac{\sin x}{x(x^2+a^2)}\mathrm{d}x$， $a>0$；

*(3) $\int_{-\infty}^{\infty}\frac{\sin^3 x}{x^3}\mathrm{d}x$； (4) $\int_{0}^{\infty}\frac{\cos ax-\cos bx}{x^2}\mathrm{d}x$， $a\geqslant 0, b\geqslant 0$；

(5) $\int_{-\infty}^{\infty}\frac{x\sin x}{x^2+4x+20}\mathrm{d}x$； (6) $\int_{-\infty}^{\infty}\frac{x\cos x}{x^2+4x+20}\mathrm{d}x$.

5. 计算下列积分：

*(1) $\int_{-\infty}^{\infty}\frac{\mathrm{e}^{ax}}{1+\mathrm{e}^x}\mathrm{d}x$， $0<a<1$； (2) $\int_{-\infty}^{\infty}\frac{\mathrm{e}^{ax}-\mathrm{e}^{bx}}{1-\mathrm{e}^x}\mathrm{d}x$， $0<b<a<1$；

(3) $\int_{0}^{\infty}\frac{\sin x}{\mathrm{sh}x}\mathrm{d}x$； (4) $\int_{-\infty}^{\infty}\frac{\cos mx}{\mathrm{e}^x+\mathrm{e}^{-x}}\mathrm{d}x$.

提示：对于(3)问，考虑 $f(z)=\frac{\mathrm{e}^{\mathrm{i}z}}{\mathrm{sh}z}$沿如图 5.9 的闭路径上的积分.

*6. 利用适当的围道对函数 $\mathrm{e}^{ax}/\sinh(\pi x)$积分，由此证明

$$\int_{0}^{\infty}\frac{\sinh(\alpha x)}{\sinh(\pi x)}\mathrm{d}x=\frac{1}{2}\tan\frac{\alpha}{2},\quad |\alpha|<\pi$$

（第 4 题(3)问和 6 题为芝加哥大学研究生试题）

*7. 计算半径为 R 的四维球的体积 V，即计算积分

$$V=\int \mathrm{d}x_1\mathrm{d}x_2\mathrm{d}x_3\mathrm{d}x_4$$

积分区域为：$0\leqslant x_1^2+x_2^2+x_3^2+x_4^2\leqslant R^2$.

（1981 年 CUSPEA 试题）

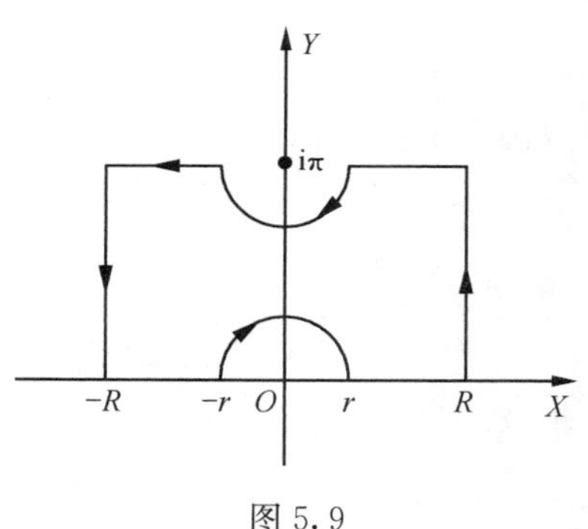

图 5.9

*5.4 多值函数的积分

被积函数是多值函数的情形，一定要适当割开平面，使其能分出单值解析分支，才能应用柯西定理或留数定理来求出给定的积分值. 下面我们将通过两个具体的例子，来了解如何计算多值函数的积分.

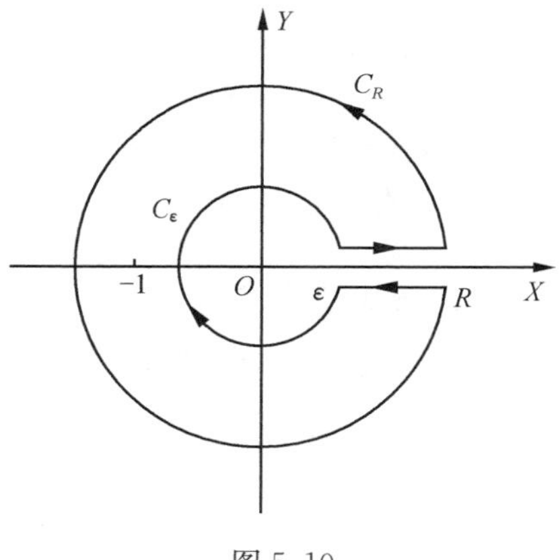

图 5.10

1. 欧拉积分 $\int_{0}^{\infty}\frac{x^{\alpha-1}}{1+x}\mathrm{d}x \quad (0<\alpha<1)$

其被积函数 $f(z)=\frac{z^{\alpha-1}}{1+z}$的支点为 0 和$\infty$. 从 0 点沿正实轴到$\infty$作支割线，则可划出单值分支. 在 $0\leqslant\arg z\leqslant 2\pi$ 所确定的单值分支中，考虑 $f(z)=\frac{z^{\alpha-1}}{1+z}$沿如图 5.10 所示的围道的积分，则在此围道内函数有单极点 $z=-1$，故由

留数定理有

$$\oint_l \frac{z^{\alpha-1}}{1+z}\mathrm{d}z = \int_\varepsilon^R \frac{x^{\alpha-1}}{1+x}\mathrm{d}x + \int_{C_R}\frac{z^{\alpha-1}}{1+z}\mathrm{d}z + \int_R^\varepsilon \frac{x^{\alpha-1}\mathrm{e}^{\mathrm{i}2\pi(\alpha-1)}}{1+x}\mathrm{d}x + \int_{C_\varepsilon}\frac{z^{\alpha-1}}{1+z}\mathrm{d}z = 2\pi\mathrm{i}\,\mathrm{res}\left[\frac{z^{\alpha-1}}{1+z},-1\right] \tag{5.4.1}$$

因为

$$\int_\varepsilon^R \frac{x^{\alpha-1}}{1+x}\mathrm{d}x \xlongequal[\varepsilon\to 0]{R\to\infty} \int_0^\infty \frac{x^{\alpha-1}}{1+x}\mathrm{d}x$$

$$\left|\int_{C_R}\frac{z^{\alpha-1}}{1+z}\mathrm{d}z\right| \leqslant \int_{C_R}\left|\frac{z^{\alpha-1}}{1+z}\right|\cdot|\mathrm{d}z| \leqslant \frac{R^{\alpha-1}}{R-1}\cdot 2\pi R = \frac{2\pi R^\alpha}{R-1} \xrightarrow{R\to\infty} 0$$

$$\int_R^\varepsilon \frac{x^{\alpha-1}\mathrm{e}^{\mathrm{i}2\pi(\alpha-1)}}{1+x}\mathrm{d}x = -\mathrm{e}^{\mathrm{i}2\pi(\alpha-1)}\int_\varepsilon^R \frac{x^{\alpha-1}}{1+x}\mathrm{d}x \xlongequal[\varepsilon\to 0]{R\to\infty} -\mathrm{e}^{\mathrm{i}2\pi(\alpha-1)}\int_0^\infty \frac{x^{\alpha-1}}{1+x}\mathrm{d}x$$

在 C_ε 上，$z=\varepsilon\mathrm{e}^{\mathrm{i}\theta}$（$\theta$ 由 2π 到 0），

$$\left|(z-0)\frac{z^{\alpha-1}}{1+z}\right| = \left|\varepsilon\mathrm{e}^{\mathrm{i}\theta}\frac{\varepsilon^{\alpha-1}\mathrm{e}^{\mathrm{i}\theta(\alpha-1)}}{1+\varepsilon\mathrm{e}^{\mathrm{i}\theta}}\right| \leqslant \varepsilon\cdot\frac{\varepsilon^{\alpha-1}}{1-\varepsilon} \xrightarrow{\varepsilon\to 0} 0$$

故由上节小圆弧引理有

$$\int_{C_\varepsilon}\frac{z^{\alpha-1}}{1+z}\mathrm{d}z \xrightarrow{\varepsilon\to 0} 0$$

而

$$\mathrm{res}\left[\frac{z^{\alpha-1}}{1+z},-1\right] = \lim_{z\to -1}(1+z)\frac{z^{\alpha-1}}{1+z} = \mathrm{e}^{(\alpha-1)\pi\mathrm{i}} = -\mathrm{e}^{\alpha\pi\mathrm{i}}$$

把这些结果代入(5.4.1)式

$$\left[1-\mathrm{e}^{\mathrm{i}2\pi(\alpha-1)}\right]\int_0^\infty \frac{x^{\alpha-1}}{1+x}\mathrm{d}x = -2\pi\mathrm{i}\mathrm{e}^{\alpha\pi\mathrm{i}}$$

所以

$$\int_0^\infty \frac{x^{\alpha-1}}{1+x}\mathrm{d}x = \frac{\pi}{\sin\alpha\pi} \tag{5.4.2}$$

2. 含对数函数的积分 $\int_0^\infty \frac{\ln x}{(1+x^2)^2}\mathrm{d}x$

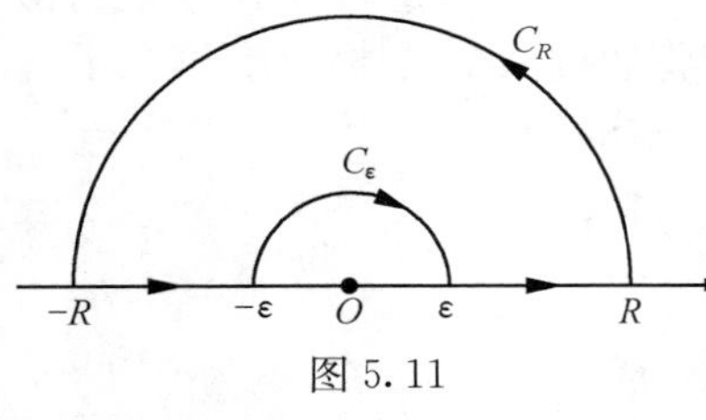

图 5.11

对数函数 $\mathrm{Ln}z$ 是一多值函数，其支点为 0 和 ∞，因此，要计算如上的含对数函数的积分，需先连接 0 和 ∞ 作支割线划出单值分支，然后在 $0\leqslant \arg z\leqslant 2\pi$ 所确定的单值分支中计算此积分.

考虑 $f(z)=\frac{\ln z}{(1+z^2)^2}$ 沿如图 5.11 所示的围道积分，则在此围道内被积函数有唯一的二阶极点 $z=\mathrm{i}$，于是由留数定理有

$$\int_\varepsilon^R \frac{\ln x}{(1+x^2)^2}\mathrm{d}x + \int_{C_R}\frac{\ln z}{(1+z^2)^2}\mathrm{d}z + \int_{-R}^{-\varepsilon}\frac{\ln x}{(1+x^2)^2}\mathrm{d}x + \int_{C_\varepsilon}\frac{\ln z}{(1+z^2)^2}\mathrm{d}z = 2\pi\mathrm{i}\,\mathrm{res}f(\mathrm{i}) \tag{5.4.3}$$

而当 $R\to\infty,\varepsilon\to 0$ 时有

$$\int_{\varepsilon}^{R}\frac{\ln x}{(1+x^2)^2}dx=\int_0^{\infty}\frac{\ln x}{(1+x^2)^2}dx$$

$$\int_{-R}^{-\varepsilon}\frac{\ln x}{(1+x^2)^2}dx=\int_R^{\varepsilon}\frac{\ln(-x)}{(1+x^2)^2}d(-x)=\int_0^{\infty}\frac{\ln x+i\pi}{(1+x^2)^2}dx$$

又因为$\lim\limits_{z\to\infty}\dfrac{z\ln z}{(1+z^2)^2}=0$，$\lim\limits_{z\to 0}\dfrac{z\ln z}{(1+z^2)^2}=0$，故由大弧引理(5.3.11)式和小弧引理(5.3.8)式，分别有

$$\lim_{R\to\infty}\int_{C_R}\frac{\ln z}{(1+z^2)^2}dz=0$$

$$\lim_{\varepsilon\to 0}\int_{C_\varepsilon}\frac{\ln z}{(1+z^2)^2}dz=0$$

而

$$\operatorname{res}f(i)=\frac{d}{dz}\left[(z-i)^2\frac{\ln z}{(1+z^2)^2}\right]\bigg|_{z=i}=\frac{\pi+2i}{8}$$

将上述结果代入(5.4.3)式得

$$2\int_0^{\infty}\frac{\ln x}{(1+x^2)^2}dx+i\pi\int_0^{\infty}\frac{1}{(1+x^2)^2}dx=-\frac{\pi}{2}+\frac{\pi^2}{4}i$$

故有

$$\int_0^{\infty}\frac{\ln x}{(1+x^2)^2}dx=-\frac{\pi}{4}\tag{5.4.4}$$

$$\int_0^{\infty}\frac{1}{(1+x^2)^2}dx=\frac{\pi}{4}\tag{5.4.5}$$

思考：可以选择如图 5.10 的围道来计算此积分吗？

习 题 5.4

1. 计算下列积分：

(1) $\displaystyle\int_0^{\infty}\frac{\sqrt{x}\ln x}{(1+x)^2}dx$；　　(2) $\displaystyle\int_0^{\infty}\frac{\sqrt{x}}{(1+x)^2}dx$.

提示：考虑$\displaystyle\int_C\frac{\sqrt{z}\ln z}{(1+z)^2}dz$，其中 C 如图 5.12 所示.

2. 计算下列积分：

(1) $\displaystyle\int_{-1}^{1}\frac{dx}{(x-2)\sqrt{1-x^2}}$；

提示：从-1到 1 沿正实轴作支割线，在单值分支中考虑函数$\dfrac{1}{(z-2)\sqrt{(1-z^2)}}$沿如图 5.13 所示路径的积分.

(2) $\displaystyle\int_0^{\infty}\frac{x^{\alpha}}{(x^2+1)^2}dx\quad(-1<\alpha<3)$；

(3) $\displaystyle\int_0^{\infty}\frac{\ln x}{(x^2+1)^2}dx$；

(4) $\int_0^\infty \frac{\ln^3 x}{(1+x)^2(1+x^2)}\mathrm{d}x$.

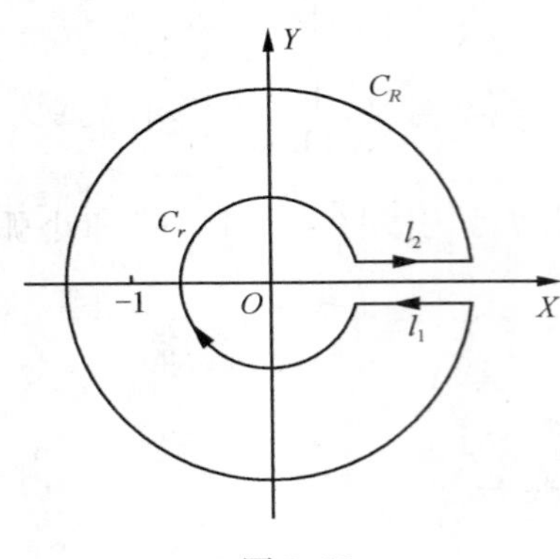

图 5.12

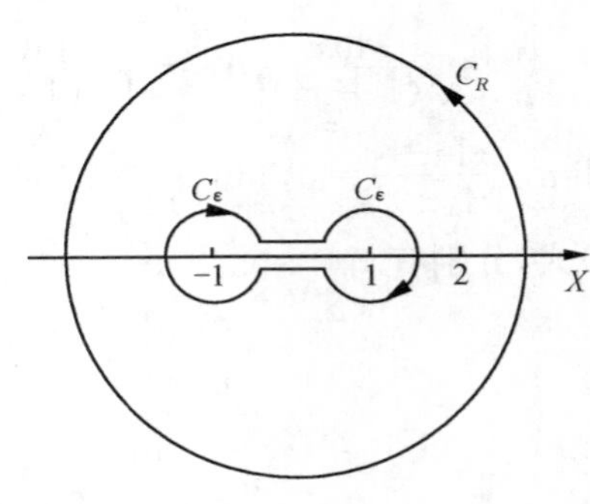

图 5.13

3. 计算积分

(1) $\int_0^\infty \frac{\sin x}{\sqrt{x}}\mathrm{d}x$； (2) $\int_0^\infty \frac{\sin x^2}{x}\mathrm{d}x$.

*4. 计算梅林(Melin)变换型积分

$$I=\int_0^\infty \frac{x^{1/2}}{1+x^2}\mathrm{d}x$$

(芝加哥大学研究生试题)

*5. 什么正数值 n 能使下列对数型积分有界?

$$I_n=\int_0^\infty \frac{\sqrt{x}\log x}{x^n+1}\mathrm{d}x$$

用变量代换或其他方法证明 $I_3=0$,并用围道积分计算 I_2.

(加州理工学院研究生试题)

本章小结

本章授课课件

本章习题分析与讨论

l 内的孤立奇点

↑

$$\operatorname{res} f(b_k)=C_{-1}=\begin{cases}\lim\limits_{z\to b_k}[(z-b_k)f(z)],\ b_k\ \text{为单极点}\\ \dfrac{1}{(n-1)!}\dfrac{\mathrm{d}^{n-1}}{\mathrm{d}z^{n-1}}[(z-b_k)^n f(z)]_{z=b_k},\ b_k\ \text{为}\ n\ \text{阶极点}\end{cases}$$

↑

$$\boxed{\oint_l f(z)\mathrm{d}z=2\pi\mathrm{i}\sum_{k=1}^{n}\operatorname{res} f(b_k)}\rightarrow\oint_l f(z)\mathrm{d}z=2\pi\mathrm{i}\operatorname{res} f(\infty),\ \operatorname{res} f(\infty)=-C_{-1}$$

可用来计算实积分

思想：将实积分与一复变函数围道积分联系起来.

具体步骤：

1. 视 $\int_a^b f(x)\mathrm{d}x$ 的$[a,b]$为复平面实轴上不含 $f(x)$ 奇点的一段 l_1.
2. 或补充一段(或几段)l_2，使 $l_1+\sum_k l_k$=闭合回路$l(k=2,3,\cdots)$；或作变数变换，使实轴上$[a,b]$变为复平面中闭合回路 l.
3. 用留数定理计算$\oint_l f(z)\mathrm{d}z$.

几类典型实积分：

1. $\int_{-\infty}^{\infty} f(x)\mathrm{d}x=2\pi\mathrm{i}\sum_{k=1}^{n}\operatorname{res} f(b_k)\big|_{\mathrm{Im}(z)>0}+\pi\mathrm{i}\sum_{j=1}^{m}\operatorname{res} f(a_j)\big|_{\mathrm{Im}z=0}$
2. $\int_0^{\infty} f(x)\cos px\,\mathrm{d}x=\pi\mathrm{i}\sum_{k=1}^{n}\operatorname{res}[f(b_k)\mathrm{e}^{\mathrm{i}pb_k}]_{\mathrm{Im}(z)>0}+\frac{\pi}{2}\mathrm{i}\sum_{j=1}^{m}\operatorname{res}[f(a_j)\mathrm{e}^{\mathrm{i}pa_j}]_{\mathrm{Im}z=0}\quad[p>0,f(x)=f(-x)]$
3. $\int_0^{\infty} f(x)\sin px\,\mathrm{d}x=\pi\sum_{k=1}^{n}\operatorname{res}[f(b_k)\mathrm{e}^{\mathrm{i}pb_k}]_{\mathrm{Im}(z)>0}+\frac{\pi}{2}\sum_{j=1}^{m}\operatorname{res}[f(a_j)\mathrm{e}^{\mathrm{i}pa_j}]_{\mathrm{Im}z=0}\quad[p>0,f(-x)=-f(x)]$
4. $\int_0^{2\pi} R(\cos\theta,\sin\theta)\mathrm{d}\theta=\oint_{|z|=1}\frac{1}{\mathrm{i}z}R\left(\frac{z+z^{-1}}{2},\frac{z-z^{-1}}{2\mathrm{i}}\right)\mathrm{d}z=2\pi\mathrm{i}\sum_{k=1}^{n}\operatorname{res} f(b_k)\quad(|z|<1)$
5. $\int_0^{\infty}\frac{\sin x}{x}\mathrm{d}x=\frac{\pi}{2}$
6. $\int_0^{\infty}\cos x^2\,\mathrm{d}x=\int_0^{\infty}\sin x^2\,\mathrm{d}x=\frac{\sqrt{2\pi}}{4}$
7. $\int_0^{\infty}\mathrm{e}^{-ax^2}\cos bx\,\mathrm{d}x=\frac{1}{2}\mathrm{e}^{-\frac{b^2}{4a}}\sqrt{\frac{\pi}{a}}\quad(a>0)$
8. $\int_0^{\infty}\frac{x^{\alpha-1}}{1+x}\mathrm{d}x=\frac{\pi}{\sin\alpha\pi}\quad(0<\alpha<1)$

学习和研究好比爬梯子，要一步一步地往上爬，企图一脚跨上四五步，平地登天，那就必须会摔跤了.

——华罗庚(中国著名数学家和世界上最有影响的数学家之一，中国科学院院士)

要想探求自然界的奥秘，就得解微分方程.

——牛顿(英国皇家学会会长，英国著名的物理学家、数学家)

第二篇　数学物理方程

数学物理方程主要是指从物理学及其他各门自然科学、技术科学中而产生的偏微分方程，有时也包括和此有关的积分方程、微分积分方程和常微分方程. 本篇将用 6 章的篇幅着重讨论物理学中所涉二阶线性偏微分方程及其典型的求解方法. 然而，随着现代科学技术的发展，非线性方程和积分方程也是众多物理问题不可回避的方程，故本篇的最后两章对这部分内容也作了简单介绍.

第六章 定解问题

6.1 引 言

1. 数学物理方程

单从物理的角度而言，数学物理方程（简称数理方程）是指从物理问题中导出的反映客观物理量在各个地点、各个时刻之间相互制约关系的一些偏微分方程（有时也包括常微分方程和积分方程）. 换而言之，它是物理过程的数学表达式. 它所研究的范围十分广泛，从连续介质力学、传热学和电磁场理论，到等离子体物理、固体物理和非线性光学等；从线性问题到非线性问题. 但传统的数学物理方程，却主要是指二阶线性偏微分方程.

传统的数理方程按照所代表的物理过程（或状态）一般可分为三类：

（1）描述振动和波动特征的**波动方程**

$$u_{tt} = a^2 \Delta u + f$$

其中 $u=u(x,y,z;t)$ 代表平衡时坐标为 (x,y,z) 的点在 t 时刻的位移（未知函数），a 是波传播的速度，$f=f(x,y,z;t)$ 是与源有关的已知函数，Δ（或记作 ∇^2）是**拉普拉斯(Laplace)算符**（简称为拉氏算符）①

$$\Delta \equiv \frac{\partial^2}{\partial x^2} + \frac{\partial^2}{\partial y^2} + \frac{\partial^2}{\partial z^2}$$

而

$$u_{tt} = \frac{\partial^2 u}{\partial t^2}$$

（2）反映输运过程的**扩散（或热传导）方程**

$$u_t = D\Delta u + f$$

其中 $u=u(x,y,z;t)$ 表示物质的浓度（或物体的温度），D 是扩散（或热传导）系数，$f=f(x,y,z;t)$ 是与源有关的已知量，$u_t=\dfrac{\partial u}{\partial t}$.

（3）描绘稳定过程（或状态）的**泊松(Poisson)方程**

$$\Delta u = -h$$

其中 $u=u(x,y,z)$ 是表示稳定现象特征的物理量，如静电场中的电势等，$h=h(x,y,z)$ 是与源有关的已知量.

这三类方程，其未知函数 u 的偏微商最高只有二阶，且 u 及其各阶偏微商都是以线性的关系(即只有一次项)出现,故均属**二阶线性偏微方程**.在数学上,它们分别被称为**双曲型方程**,**抛物型方程**和**椭圆型方程**②.

2. 用数理方程研究物理问题的步骤

数理方程是以物理学与工程技术中的具体问题作为研究对象的,简单地说,它是把对物理问题的研究"翻译"为对数学问题的研究.为了使这个"翻译"及其研究工作做得既完整又准确,一般我们需经三个步骤.

(1) **提出定解问题**.它包括**泛定方程**,即数理方程本身和**定解条件**,即确定具体问题的特解所需要的条件两方面.同一类事物可用同一类方程描述,即泛定方程只是提供了解决问题的一般规律(同一类事物的共性),而定解条件提供了解决问题的具体条件(具体问题的个性),故它们总是同时提出,作为一个整体,称为**定解问题**.它是根据物理学的规律和实验资料而提出的.

(2) **求解**.提出了定解问题,实际上就完成了将物理问题"翻译"成数学语言的解释工作,下面紧接着面临的,当然应是对所提出的定解问题进行求解.二阶线性偏微分方程的常用求解方法大致可归纳为如下几种:

① 行波法(或达朗贝尔解法);

② 分离变量法;

③ 积分变换法;

④ 格林函数(或积分公式)法;

⑤ 变分法.

此外,对于有些具体问题,当我们无法得到其解析解(或不需要得到其解析解)时,还可采用近似方法求解.以上各解法,我们将在本篇以后各章中一一阐述.

(3) **分析解答**.作为用数理方程研究物理问题,仅仅求出了解答当然是不够的,还必须分析解的物理意义并论证解在数学上的存在性、唯一性和稳定性.至于**物理意义**,显然,不同的问题有不同的物理内涵.而**存在性**,是指验证所求得的解是否满足方程.**唯一性**,是指讨论在什么样的定解条件下,对于哪一函数类,方程的解是唯一的.通过对唯一性问题的研究,可以明确,对于一定的方程,需要多少个以及哪一些定解条件才能唯一地确定一个解.**稳定性**,是指讨论当定解条件有微小改变时,解是否也只有微小变化.若是,解就是稳定的.对于这个问题的讨论尤为重要,因为在把一个物理问题表成数学问题时,一般总会做一些简化或者理想化的假定,与真实情况有出入.研究了稳定性问题,就可以对于解的近似程度作出估计.

一个定解问题,若其解是存在、唯一而且是稳定的,就称为是**适定的**(即在物理上是适当而确定的).

在本篇中,我们将主要介绍一些求解方法,而对于解的物理意义特别是解的适定性,我们只在适当的地方稍作讨论.

3. 数理方程的特点

从上面的介绍和分析我们看到，数理方程一方面紧密地、直接地联系着物理学中的许多问题，另一方面它又要广泛地运用数学中许多部门的成果，所以，它成为数学理论与物理学的实际问题之间的桥梁. 我们在学习它时，要密切注意它的内容与物理学中各种有关现象的联系；要能熟练地掌握所讲述的解决问题的方法，并根据问题的性质来确定使用的方法；要灵活地把其他数学部门的知识运用到数理方程中来.

在这一篇的学习中，我们除了会经常用到数学分析中的许多基本内容外，还要用到复变函数论和泛函分析中的一些基本知识与方法. 其他，如几何、代数、常微分方程的一些基本知识也常会用到.

注 ① 为清楚起见，有时也常将三维的拉普拉斯算符记作 Δ_3，而二维的记作 Δ_2，即

$$\Delta_3 = \frac{\partial^2}{\partial x^2} + \frac{\partial^2}{\partial y^2} + \frac{\partial^2}{\partial z^2}$$

$$\Delta_2 = \frac{\partial^2}{\partial x^2} + \frac{\partial^2}{\partial y^2}$$

② 见参考文献[2]第 179 页.

6.2 三类数理方程的导出

由上一节的学习，我们已看到数理方程(即泛定方程)本身，在物理学的研究中起着重要的作用，那么，究竟如何从物理学的实际问题中导出数理方程呢？在这一节里，我们就将以几个具体的物理模型为例，来导出代表物理过程(或状态)的三类数理方程，从而掌握导出(或建立)数理方程的一般步骤(或规律).

1. 弦的横振动方程

设有一根细长而柔软的弦线，紧绷于 A、B 两点之间，在平衡位置 AB 附近产生振幅极为微小的横振动，求这弦上各点的运动规律.

为了解决这个问题，如图 6.1 所示，我们就将弦的平衡位置选在 x 轴上，并以 $u(x,t)$ 表示弦上 x 点在时刻 t 沿垂直于 x 轴方向的位移.

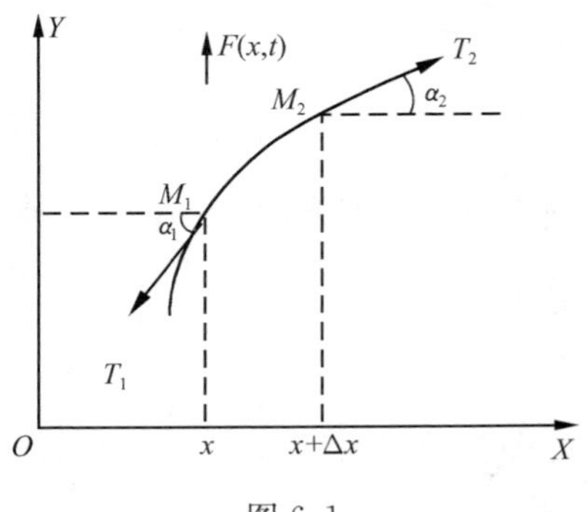

图 6.1

由于弦是细长的，这就意味着弦可看作是均匀的，其线密度 $\rho(x,t)$ 将不随 x 变化. 即 $\rho(x,t)=\rho(t)$ 且任一小段的重量可忽略不计；由于弦紧绷于 A、B 两点之间，这说明弦中各相邻部分之间受有拉力即张力；由于弦是柔软的，这就意味着弦没有抗弯力，在放松的情况下，把它弯成任意

的形状它都保持不变，而紧绷以后，相邻小段之间的张力总是沿着弦线的切线方向；由于弦作微小横振动，故相邻两点沿振动方向的位移的差别很小，即 $u_x=\dfrac{\partial u}{\partial x}$是小量，而 $u_x^2\approx 0$.

现在，我们从弦中任意划出不包括端点(A、B)的一小段 Δx，考虑这一小段与邻近部分的相互作用. 在振动过程中这一小段 Δx 变成了弧$\widehat{M_1M_2}$，注意

$$\widehat{M_1M_2}=\int_x^{x+\Delta x}\sqrt{1+(u_x)^2}\,\mathrm{d}x\approx\int_x^{x+\Delta x}\mathrm{d}x=\Delta x$$

即这一小段的长度在振动过程中可认为是不变的. 因此由胡克(Hooke)定律知张力和线密度也都不随 t 而变，即 $T(x,t)=T(x)$，$\rho(t)=\rho$(常数). 我们来分析$\widehat{M_1M_2}$的受力情况，如图 6.1 所示.

(1) M_1 点受有张力 T_1，它在 y 轴方向的分力为 $-T_1\sin\alpha_1$，在 x 轴方向的分力为 $-T_1\cos\alpha_1$；

(2) M_2 点受有张力 T_2，它在 y 轴方向的分力为 $T_2\sin\alpha_2$，在 x 轴方向的分力为 $T_2\cos\alpha_2$；

(3) 设$\widehat{M_1M_2}$受有沿 y 轴方向的外力 $F(x+\eta_1\Delta x,t)\Delta x$(注意，$\widehat{M_1M_2}=\Delta x$). 其中 $F(x,t)$表示单位长度所受的外力，$0<\eta_1\leqslant 1$.

则由牛顿(Newton)第二定律有

$$F(x+\eta_1\Delta x,t)\Delta x+T_2\sin\alpha_2-T_1\sin\alpha_1=(\rho\Delta x)u_{tt}(x+\eta_2\Delta x,t),\quad 0<\eta_2\leqslant 1$$

$$T_2\cos\alpha_2-T_1\cos\alpha_1=0$$

注意到 $\sin\alpha=\dfrac{\tan\alpha}{\sqrt{1+\tan^2\alpha}}=\dfrac{u_x}{\sqrt{1+u_x^2}}\approx u_x$，故有

$$\sin\alpha_1\approx u_x(x,t),\quad \sin\alpha_2\approx u_x(x+\Delta x,t)$$

$$\cos\alpha_1=\sqrt{1-\sin^2\alpha_1}\approx 1,\quad \cos\alpha_2=\sqrt{1-\sin^2\alpha_2}\approx 1$$

从而有

$$T_1=T_2=T$$

于是

$$(\rho\Delta x)u_{tt}(x+\eta_2\Delta x,t)=F(x+\eta_1\Delta x,t)\Delta x+T[u_x(x+\Delta x,t)-u_x(x,t)]$$

即

$$u_{tt}(x+\eta_2\Delta x,t)=\frac{T}{\rho}\frac{u_x(x+\Delta x,t)-u_x(x,t)}{\Delta x}+\frac{F(x+\eta_1\Delta x,t)}{\rho}$$

对上式两边取极限(令 $\Delta x\to 0$)则得

$$u_{tt}=a^2u_{xx}+f(x,t)\tag{6.2.1}$$

其中

$$a^2=\frac{T}{\rho},\qquad f(x,t)=\frac{F(x,t)}{\rho}\tag{6.2.2}$$

此即**弦的横振动方程**. 若 $f=0$，即弦在振动过程中不受外力，则

$$u_{tt}=a^2u_{xx}\tag{6.2.3}$$

它称为**弦的自由振动方程**.

对照上节所述,我们可看到弦的横振动方程是一维的波动方程.用类似的方法我们可推出杆的纵振动方程、理想传输线的电报方程也是这个方程;薄膜的横振动方程是二维的波动方程;而流体力学与声学方程是三维的波动方程.在此我们均不一一推导.

2. 热传导方程

设有一根横截面积为 A 的均匀细杆,沿杆长方向有温度差,其侧面绝热,考虑其热量传播的过程.

由于杆是均匀而又细的,所以在任何时刻,都可以把杆的横截面上的温度视为相同的;由于其侧面绝热,因此热量只会沿着杆长方向传导.所以,这是一个一维的热传导问题.

为方便起见,如图 6.2 所示,取杆与 x 轴重合,以 $u(x,t)$ 表示杆上 x 点处 t 时刻的温度.现在,仿照上面导出弦振动方程一样,从杆的内部中划出一小段 Δx,考察这一小段,在时间间隔 Δt 内热量流动的情况.

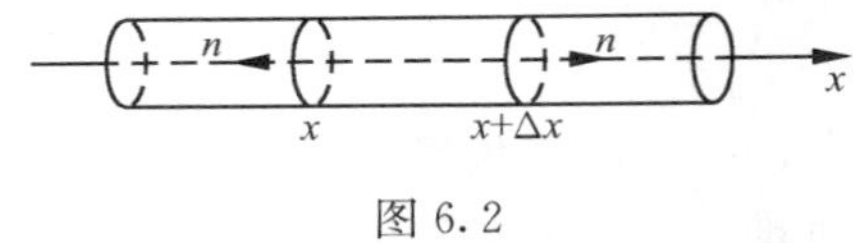

图 6.2

设 c 为杆的**比热容**(单位物质升高单位温度所需热量,它与物质的材料有关),ρ 为杆的密度,则

(1) 在 Δt 时间内引起小段 Δx 温度升高,所需热量为

$$Q=c(\rho A\Delta x)[u(x,t+\Delta t)-u(x,t)]$$

故当 $\Delta t\to 0$ 时

$$Q\approx c\rho Au_t\Delta x\Delta t$$

而**傅里叶(Fourier)实验定律**告诉我们:当物体内有温度差存在时,热量由温度高处向温度低处流动,单位时间流过单位面积的热量 q(**热流密度**)与温度的下降率成正比

$$q=-k\frac{\partial u}{\partial n} \tag{6.2.4}$$

其中,k 为**导热率**(与物体的材料有关,且严格地说来也与温度有关,但若温度的改变范围不大,可视为与温度无关);$\frac{\partial u}{\partial n}$的方向,是所通过曲面的外法线方向;而负号表示由温度高处流向温度低处.故

(2) 在 Δt 时间内沿 x 轴正向流入 x 处截面的热量为

$$Q_1(x)=-ku_x(x,t)A\Delta t$$

(3) 在 Δt 时间内由 $x+\Delta x$ 处的截面流出的热量为

$$Q_2(x+\Delta x)=-ku_x(x+\Delta x,t)A\Delta t$$

又设杆内有热源,其**热源强度**为 $F(x,t)$(单位时间内单位体积所放出的热量),则

(4) 在 Δt 内,杆内热源在 Δx 段产生的热量为

$$Q_3 = F(x,t)(A\Delta x)\Delta t$$

根据能量守恒定律,流入 Δx 段的总热量与 Δx 段中热源产生的热量,应正好是 Δx 段温度升高所吸收的热量,即

$$Q = Q_1 - Q_2 + Q_3$$

故有

$$c\rho A u_t \Delta x \Delta t = -ku_x(x,t)A\Delta t + ku_x(x+\Delta x,t)A\Delta t + FA\Delta x\Delta t$$

$$c\rho u_t = \frac{k[u_x(x+\Delta x,t) - u_x(x,t)]}{\Delta x} + F$$

令 $\Delta x \to 0$ 两边取极限

$$u_t = \frac{k}{c\rho}u_{xx} + \frac{F}{c\rho}$$

即

$$u_t = Du_{xx} + f(x,t) \tag{6.2.5}$$

其中

$$D = \frac{k}{c\rho}, \quad f = \frac{F}{c\rho} \tag{6.2.6}$$

此即一维的**热传导方程**.用类似的方法可推出一维的扩散方程也是这个方程,当然也可推出三维的热传导(扩散)方程.

3. 泊松方程

设在充满了介电常数 ε 的介质区域中有体密度为 $\rho(x,y,z)$ 的电荷,试研究这个区域中的静电场.

由于静电场中存在一势函数 $V(x,y,z)$

$$E = -\nabla V \tag{6.2.7}$$

其中 E 为电场强度.故要研究此问题,只需研究此区域中电势函数 V 所遵循的规律即可.在所要研究的区域中,任作一封闭曲面 S,围出一块空间区域 τ,则由电学中奥-高(Oersted-Gauss)定理有

$$\oint_s E \cdot \mathrm{d}S = \frac{1}{\varepsilon}\int_\tau \rho \mathrm{d}\tau$$

这里采用的是国际单位制.又由数学中的高斯(Gauss)公式有

$$\oint_s E \cdot \mathrm{d}S = \int_\tau \nabla \cdot E \mathrm{d}\tau$$

故有

$$\int_\tau \nabla \cdot E \mathrm{d}\tau = \frac{1}{\varepsilon}\int_\tau \rho \mathrm{d}\tau$$

由于 τ 是任意的,因此

$$\nabla \cdot E = \frac{1}{\varepsilon}\rho$$

将(6.2.7)式代入上式即得

$$\Delta V = -\frac{1}{\varepsilon}\rho^{①} \tag{6.2.8}$$

此即**泊松方程**(在真空中 $\varepsilon = \varepsilon_0$).若在我们所讨论的区域中无电荷,则(6.2.8)式变为

$$\Delta V = 0 \tag{6.2.9}$$

此即**拉普拉斯方程**(简称为拉氏方程).

不难看出,在三维(或二维)的热传导问题中,若达到了稳定状态,则热量将停止流动,各处温度不再变化,即 $u_t=0$. 故此时热传导方程 $u_t=D\Delta u+f$ 将变为 $D\Delta u+f=0$,即

$$\Delta u = -\frac{f}{D}$$

故稳定温度场亦满足泊松方程.

到此为止,我们已从三个实例出发推导出了物理上的三类典型方程,从以上推导过程我们看出,**建立(导出)数理方程一般要经历以下三个步骤**:

(1) 从所研究的系统中划出一小部分,分析邻近部分与这一小部分的相互作用;

(2) 根据物理学的规律(如前面所用的牛顿第二定律、能量守恒定律、奥-高定理等),以算式表达这个作用;

(3) 化简、整理,即得数理方程.

当然,以上三类方程,并非能包揽物理中的一切问题,如,量子力学中的**薛定谔(Schrödinger)方程**

$$\mathrm{i}\hbar\frac{\partial\psi}{\partial t} = -\frac{\hbar^2}{2\mu}\Delta\psi + U(r)\psi \tag{6.2.10}$$

其中,$\hbar$ 是普朗克(Planck)常量,μ 是粒子质量,$\psi(r,t)$是波函数,$U(r)$是势函数;还有反映孤波问题的 **KdV 方程**

$$u_t + \sigma u u_x + u_{xxx} = 0 \tag{6.2.11}$$

(其中,σ 为常数,$u(x,t)$为位移)等,均不属这三类方程. 我们将在本篇第十二章中介绍.

注 ① 高斯定理及微分算子的运算参见附录Ⅰ.

习 题 6.2

1. 在弦的横振动问题中,若弦受到一与速度成正比的阻尼,试导出弦的阻力振动方程为

$$u_{tt} + cu_t = a^2 u_{xx}$$

其中,c 是常数. 又考虑回复力与弦的位移成正比时的情形,证明这时所得到的数理方程为

$$u_{tt} + cu_t + bu = a^2 u_{xx}$$

其中 b 是常数. 此方程称为**电报方程**.

2. 试导出均匀细杆的纵振动方程

$$u_{tt} = a^2 u_{xx} + f$$

其中 $a^2=\dfrac{E}{\rho}$,$f=\dfrac{F(x,t)}{\rho}$;E 为杨氏模量,ρ 为杆的密度,F 为单位长度的杆沿杆长方向所受的外力.

提示:应用胡克定律$\left(\text{应力 } P=E\dfrac{\partial u}{\partial x}\right)$.

3. 在一维热传导方程 $u_t=Du_{xx}$ 中,假设热量因杆的物质放射衰变(按指数规律)而有损失,证

明上述方程将变为

$$u_t = Du_{xx} - he^{-\alpha t}$$

其中 h 和 α 都是大于零的常数.

4. 试导出三维的热传导方程.

5. 设扩散物质的**源强**为 $F(x,y,z;t)$(单位体积内,在单位时间所产生的扩散物质),试根据**能斯特(Nernst)定律**(通过介面 $\mathrm{d}\sigma$ 流出的扩散物质为 $-D\,\nabla u\cdot \mathrm{d}\boldsymbol{\sigma}$)和能量守恒定律导出扩散方程

$$u_t = D\Delta u + F$$

其中 D 为扩散系数.

6. 一长为 l 的匀质柔软轻绳,其一端固定在一竖直轴上. 绳子以匀角速 ω 转动,试导出此绳相对于水平线的横振动方程.

7. 一长为 l 的匀质柔软重绳,其上端固定在一竖直轴上,绳子和轴以匀角速 ω 转动,试导出此绳在重力作用下相对于竖直轴的横振动方程.

8. 真空中电磁场的**麦克斯韦(Maxwell)方程组**的微分形式为

$$\begin{cases} \nabla\cdot \boldsymbol{E} = 0 \\ \nabla\times \boldsymbol{E} = -\dfrac{1}{c}\boldsymbol{H}_t \\ \nabla\cdot \boldsymbol{H} = 0 \\ \nabla\times \boldsymbol{H} = \dfrac{1}{c}\boldsymbol{E}_t \end{cases} \tag{6.2.12}$$

试由这一组方程,导出**电磁波方程**

$$\begin{cases} E_{tt} = c^2\Delta E \\ H_{tt} = c^2\Delta H \end{cases} \tag{6.2.13}$$

其中,E 和 H 分别为真空中的电场强度和磁场强度.

9. 试导出**理想传输线的电报方程**

$$\begin{cases} V_{tt} = a^2 V_{xx} \\ I_{tt} = a^2 I_{xx} \end{cases} \tag{6.2.14}$$

式中,V 和 I 分别是理想传输线上的电压、电流;$a^2=\dfrac{1}{CL}$;C 和 L 分别为单位长度上的电容和电感.

6.3 定解条件

1. 引入定解条件的必要性

从上一节对几个典型方程的推导我们看到,在推导方程时,我们总是选取物体内部不包含端点或者边界的一小部分来讨论其运动,从而导出方程. 即,所得到的方程只反映物体内各部分的运动相互之间的联系. 从物理的角度看,仅有方程还不足以确定物体的运动. 因为物体的运动还与起始状态以及通过边界所受到的外界作用有关. 另外,从数学的角度看,一个微分方程的通解中往往含有若干个任意常数或者任意函数,这就使得其解不能唯一确定. 为了得到唯一确定的合理解,我们必须根据不同的

实际问题加上相应的条件来确定这些任意常数的数值和任意函数的形式. 这些附加条件,就是初始条件和边界条件,统称它们为**定解条件**.

2. 初始条件

对于含有时间变量 t 的数理方程而言,其未知函数将随 t 不同而有不同的值,故必然要反映某一时刻的物理量与相邻时刻的同一物理量之间的关系,所以我们在求解这一类问题时,往往必须追溯到早先某个所谓"初始"时刻的状况,我们称物理过程初始状况的数学表达式为**初始条件**.

对于波动方程而言,初始条件给出的是**初始位移**

$$u(x,y,z;t)\big|_{t=0}=\varphi(x,y,z) \tag{6.3.1}$$

和**初始速度**

$$u_t(x,y,z;t)\big|_{t=0}=\psi(x,y,z) \tag{6.3.2}$$

其中 $\varphi(x,y,z)$ 和 $\psi(x,y,z)$ 是已知函数. 如,一根长为 l 而两端固定的弦,用手把它的中点横向拨开距离 h(图 6.3),然后放手任其振动,则其初始条件为

$$u(x,t)\big|_{t=0}=\begin{cases}(2h/l)x, & 0\leqslant x\leqslant l/2\\(2h/l)(l-x), & l/2\leqslant x\leqslant l\end{cases}$$

$$u_t(x,t)\big|_{t=0}=0$$

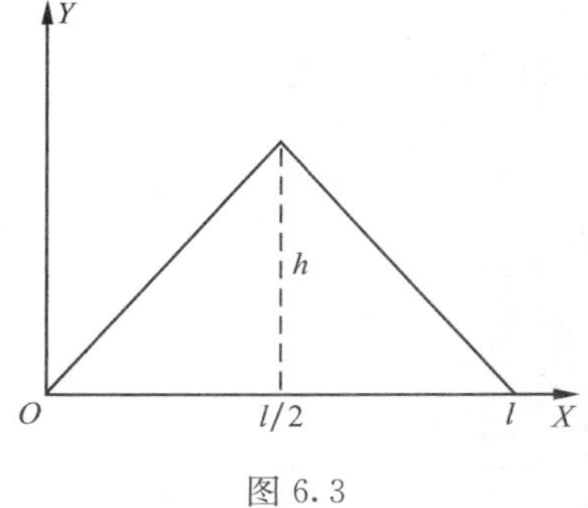

图 6.3

对于热传导(扩散)方程而言,初始条件给出的是**初始温度(浓度)**分布

$$u\big|_{t=0}=\varphi(x,y,z) \tag{6.3.3}$$

其中 $\varphi(x,y,z)$ 为已知函数. 如,热传问题中若物体起始时刻处于零度,则初始条件为

$$u(x,y,z;t)\big|_{t=0}=0$$

显然,从数学角度看,关于时间变量 t 的 $n(n=1,2,\cdots)$ 阶方程,就需给出 n 个初始条件. 因为必须对变量 t 积分 n 次,才能由 $\frac{\partial^n u}{\partial t^n}$ 求得 u,这就会出现对于 t 而言的 n 个常数,故需给出 n 个条件才能确定这些常数.

对于泊松方程和拉普拉斯方程而言,当然根本不用提及初始条件,因为它们均不含有时间变量.

3. 边界条件

由于泛定方程中的未知函数均是空间位置的函数,这必然反映连续体的物理量在某一位置的取值与其相邻位置的取值之间的关系. 这种关系延伸到被研究区域的边界,将与边界状况发生联系,即边界状况将通过逐点影响我们所要讨论的整个区域. 所以,我们在求解方程时必须考虑边界状况. 我们称物理过程边界状况的数学表

达式为**边界条件**. 边界条件主要有以下三类：

(1) **第一类边界条件**. 又称为**狄利克雷条件**. 它给出了未知函数在边界上的值. 即

$$u\,|_{边}=f(M,t) \tag{6.3.4}$$

其中,M 代表区域边界上的变点,$f(M,t)$ 是已知函数(下面也均一样). 如,杆的热传导问题,若在 $x=l$ 处的一端温度为 $T_0\mathrm{e}^{-t}$,则

$$u\,|_{x=l}=T_0\mathrm{e}^{-t}$$

又如,长为 l 两端固定的弦的横振动问题,其边界条件为

$$u\,|_{x=0}=0,\quad u\,|_{x=l}=0$$

(2) **第二类边界条件**. 又称为**诺伊曼(Neumann)条件**. 它给出了未知函数在边界上的法线方向的导数之值. 即

$$u_n\,|_{边}=f(M,t) \tag{6.3.5}$$

如,杆的导热问题,若已知在一端 $x=l$ 处流入的热流密度为 $\psi(t)$,则

$$-q\,|_{x=l}=\psi(t)$$

而由(6.2.4)式有

$$q=-ku_x$$

故

$$ku_x\,|_{x=l}=\psi(t)$$

即

$$u_x\,|_{x=l}=\frac{1}{k}\psi(t)$$

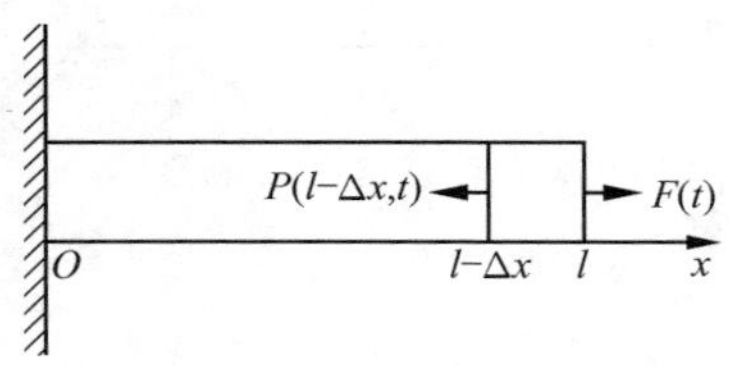

图 6.4

又如,长为 l 的细杆的纵振问题,若**一端受有外力**,单位面积所受的力为 $F(t)$(图 6.4),则在 $x=l$ 端的边界条件为

$$u_x\,|_{x=l}=\frac{1}{E}F(t)^{①} \tag{6.3.6}$$

其中 E 为杨氏模量. 若该**端点是自由**的,即不受外力(外力 $F=0$)则

$$u_x\,|_{x=l}=0 \tag{6.3.7}$$

(3) **第三类边界条件**. 又称为**混合边界条件**. 它给出了未知函数和它的法线方向上的导数的线性组合在边界上的值. 即

$$(u+hu_n)\,|_{边}=f(M,t) \tag{6.3.8}$$

其中,h 为常数. 如,在杆的导热问题中,若某个端点 $x=l$ **自由冷却**,即这个端点与周围介质按**牛顿冷却定律**[物体冷却时放出的热量 $-k\,\nabla u$ 与物体外界的温度差 $(u|_{边}-u_0)$ 成正比,其中 u_0 为周围介质的温度.]交换热量,则在这端点的边界条件为

$$-ku_x\,|_{x=l}=H(u\,|_{x=l}-u_0)$$

其中,H 为常数. 所以

$$(u+hu_x)_{x=l}=u_0$$

其中 $h=\dfrac{k}{H}$. 又如,杆的纵振动问题,若一端 $x=l$ 与一个一端固定的弹簧相连(如

图 6.5 所示)，在杆的平衡位置弹簧的伸长(或压缩)为零，则弹簧力为 $F(t)=-ku(l,t)$，其中，k 为弹簧的劲度系数，参考(6.3.6)式，故在 $x=l$ 端的边界条件为

$$(u_x+hu)\big|_{x=l}=0$$

其中，$h=\dfrac{k}{E}$.

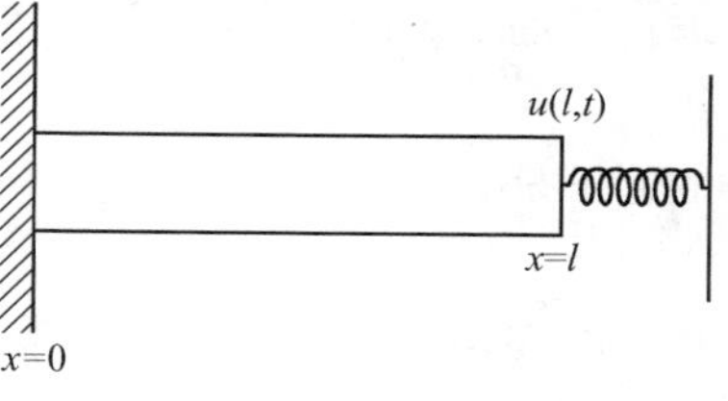

图 6.5

以上三类边界条件中，若 $f=0$，则分别称为第一、第二、第三类**齐次边界条件**.

当然，边界条件并不只限于以上三类，还有各式各样的边界条件，有时甚至是非线性的边界条件. 比如，在热传导问题中有辐射条件

$$-\frac{\partial u}{\partial n}\bigg|_{边}=C(u^4\big|_{边}-u_0^4)$$

其中 C 是一个常数，u_0 是外界的温度，u 和 u_0 都是绝对温标.

除了初始条件和边界条件外，有些具体的物理问题还需附加一些其他条件才能确定其解.

4. 其他条件

在研究具有不同介质的问题中，这时方程的数目增多，除了边界条件外，还需加上不同介质界面处的**衔接条件**. 如，用两根不同质料的杆接成的一根杆的纵振动问题，在连接处位移相等，应力也相等，故在连接点 $x=x_0$ 应满足下列衔接条件：

$$\begin{cases} u_1\big|_{x=x_0}=u_2\big|_{x=x_0} & (6.3.9)\\ E_1\dfrac{\partial u_1}{\partial x}\bigg|_{x=x_0}=E_2\dfrac{\partial u_2}{\partial x}\bigg|_{x=x_0} & (6.3.10)\end{cases}$$

其中，$u_1=u_1(x,t)$ 和 $u_2=u_2(x,t)$ 分别代表杆的两部分位移，E_1 和 E_2 分别为两部分的杨氏模量；在静电场问题里，在两种电介质的交界面 S 上，电势应当相等(连续)，电势移矢量的法向分量也应当相等(连续)，因而有衔接条件

$$u_1\big|_s=u_2\big|_s \tag{6.3.11}$$

$$\varepsilon_1\frac{\partial u_1}{\partial n}\bigg|_s=\varepsilon_2\frac{\partial u_2}{\partial n}\bigg|_s \tag{6.3.12}$$

其中 u_1 和 u_2 分别代表两种电介质的电势，ε_1 和 ε_2 则分别为两种电介质的介电常数. 设它们的电势移矢量分别为 $\boldsymbol{D}_1$ 和 $\boldsymbol{D}_2$，则由

$$D_{1n}\big|_s=D_{2n}\big|_s$$

和电动力学中关系式

$$\boldsymbol{D}=\varepsilon\boldsymbol{E}=-\varepsilon\nabla u$$

立即可得(6.3.12)式(D_{1n}和 D_{2n}分别代表 $\boldsymbol{D}_1$ 和 $\boldsymbol{D}_2$ 的法向分量).

在某些情况下，出于物理上的合理性等原因，要求解为单值、有限，提出所谓自然边界条件. 这些条件通常都不是要研究的问题直接明确给出的，而是根据解的特性要

求自然加上去的，故称为**自然边界条件**. 如，欧拉方程

$$x^2y''+2xy'-l(l+1)y=0 \qquad (l=0,1,2,\cdots)$$

的通解是

$$y=Ax^l+Bx^{-(l+1)}$$

在区间$[0,a]$中，由于受在物理上要求解有限的条件限制，故有自然边界条件

$$y\big|_{x=0}\rightarrow \text{有限}$$

从而在$[0,a]$中其解应表示为

$$y=Ax^l$$

5. 三类定解问题

我们知道，定解问题是由泛定方程和定解条件组成，而定解条件又主要是由初始条件和边界条件组成. 但是，并非所有的定解问题中，都一定同时具有初始条件和边界条件. 有些只有初始条件而无边界条件（如第七章要讲的“无界弦的自由振动”），我们称之为**初值问题**或**柯西问题**；有些只有边界条件而无初始条件（如，第九、十等章中均要涉及的狄氏问题），我们称之为**边值问题**；而有些既有初始条件又有边界条件（如，第八章要讨论的“有界弦的自由振动”），我们称之为**混合问题**.

注 ① 边界条件(6.3.6)的证明见二维码.

边界条件(6.3.6)的证明

习　题　6.3

1. 长为 l 两端固定的弦，作振幅极其微小的横振动，试写出其定解条件.

2. 半无限的理想传输线，一端加上正弦电压，试写出其定解问题.

3. 长为 l 的均匀杆，两端受拉力 $F(t)$ 而作纵振动，写出边界条件.

4. 长为 l 的均匀杆，两端有恒定热流流入，其热流密度为 q_0，试写出这个热传导问题的边界条件.

5. 弹簧原长为 l，一端固定，另一端被拉离平衡位置 b 而静止，放手任其振动，写出定解条件.

6. 长为 l 的弹性杆，两端受压，长度缩短为 $l(1-2\varepsilon)$，放手后自由振动，试写出其初始条件；若一端受压缩短为 $l(1-2\varepsilon)$，其初始条件又如何?

7. 一根长为 l 导热杆由两段构成，二段的热传导系数、比热、密度分别为 k_1、c_1、ρ_1 和 k_2、c_2、ρ_2，初始温度是 u_0，然后保持两端温度为零，试写出此热传导问题的定解问题.

8. 长为 l 的均匀弦，两端 $x=0$ 和 $x=l$ 固定，弦中张力为 T_0，在 $x=h$ 点，以横向力 F_0 拉弦，达到稳定后放手任其自由振动，写出初始条件.

*9. 长为 l 的弹性杆，上端牢牢固定，下端挂有重物 P，试推导它作纵振动时在下述情况下的边界条件：

(1) 把杆在其下端所挂静止重物 P 的作用下的伸长状态(静力伸长)取作平衡位置.

(2) 把杆的未伸长状态取作平衡位置(例如，就在初始时间，把重物下的支承移去而重物开始使杆伸长).

本章小结

本章授课课件　　本章习题分析与讨论

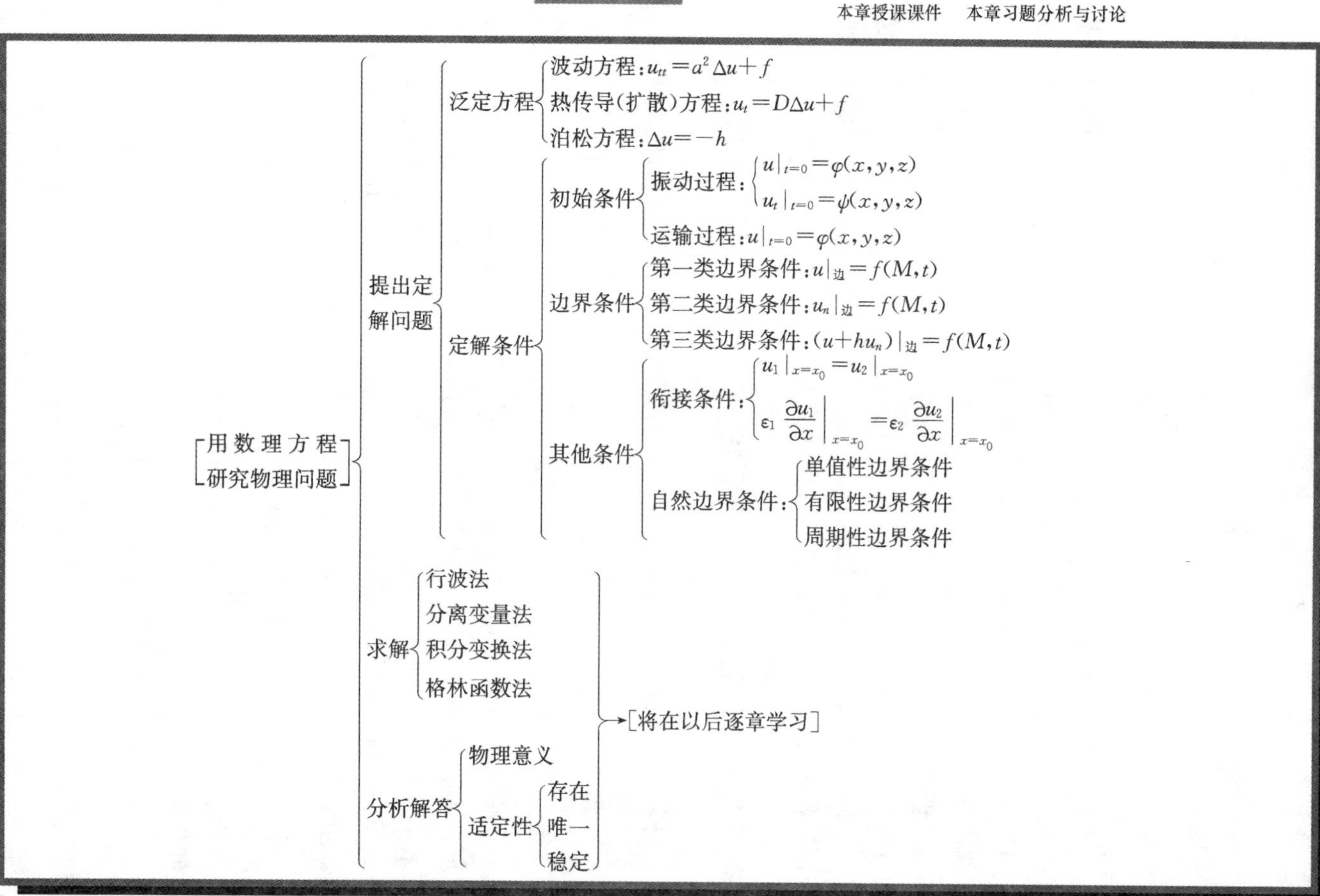

- 用数理方程研究物理问题
  - 提出定解问题
    - 泛定方程
      - 波动方程：$u_{tt}=a^2\Delta u+f$
      - 热传导(扩散)方程：$u_t=D\Delta u+f$
      - 泊松方程：$\Delta u=-h$
    - 定解条件
      - 初始条件
        - 振动过程：$\begin{cases} u|_{t=0}=\varphi(x,y,z) \\ u_t|_{t=0}=\psi(x,y,z) \end{cases}$
        - 运输过程：$u|_{t=0}=\varphi(x,y,z)$
      - 边界条件
        - 第一类边界条件：$u|_{边}=f(M,t)$
        - 第二类边界条件：$u_n|_{边}=f(M,t)$
        - 第三类边界条件：$(u+hu_n)|_{边}=f(M,t)$
      - 其他条件
        - 衔接条件：$\begin{cases} u_1|_{x=x_0}=u_2|_{x=x_0} \\ \varepsilon_1 \left.\dfrac{\partial u_1}{\partial x}\right|_{x=x_0}=\varepsilon_2 \left.\dfrac{\partial u_2}{\partial x}\right|_{x=x_0} \end{cases}$
        - 自然边界条件：
          - 单值性边界条件
          - 有限性边界条件
          - 周期性边界条件
  - 求解
    - 行波法
    - 分离变量法
    - 积分变换法
    - 格林函数法
  - 分析解答
    - 物理意义
    - 适定性
      - 存在
      - 唯一
      - 稳定

（求解、分析解答）→［将在以后逐章学习］

第七章　行波法

我们已经熟悉常微分方程的求解，一般是先求方程的通解，再用初始条件去确定通解中的任意常数而得到特解. 因此我们也想仿照这个方法来求解偏微分方程的定解问题. 即先求偏微分方程的通解，再用定解条件确定通解中的任意常数或函数. 但是偏微分方程的通解不那么容易求，用定解条件确定函数往往更加困难. 通过分析，我们发现这种方法主要适用于求解(无界区域的)齐次波动方程的定解问题. 齐次波动方程反映介质一经扰动后在区域里不再受到外力的运动规律. 如果问题的区域是整个空间，由初始扰动所引起的振动就会一往无前地传播出去，形成**行(进)波**. 故我们把这种主要适用于求解这类行波问题的方法称为**行波法**. 本章将介绍这种方法.

7.1　无界弦的自由振动　达朗贝尔公式

让我们考虑无界弦的自由振动，这个问题既简单明了又具有代表性. 其定解问题为

$$\begin{cases} u_{tt} = a^2 u_{xx} & (7.1.1) \\ u(x,0) = \varphi(x), \quad -\infty < x < \infty & (7.1.2) \\ u_t(x,0) = \psi(x), \quad -\infty < x < \infty & (7.1.3) \end{cases}$$

其中 $\varphi(x)$、$\psi(x)$为已知函数. 在上一章所提出的弦的横振动问题中，如果弦没有受到任何外力作用，而且我们只研究其中的一小段，那么在不太长的时间里，两端的影响都来不及传到，不妨认为两端都不存在，弦是“无限长”的. 于是可提出(7.1.1)～(7.1.3)式这样的定解问题. “无限长”杆的自由纵振动，“无限长”理想传输线上的电流、电压的变化均提出与之相同的定解问题.

1. 一维齐次波动方程的通解

为了用行波法求解这一问题，我们首先要求出方程(7.1.1)式的通解. 由(7.1.1)式我们有

$$\left(\frac{\partial}{\partial t} + a\frac{\partial}{\partial x}\right)\left(\frac{\partial}{\partial t} - a\frac{\partial}{\partial x}\right)u = 0 \tag{7.1.4}$$

因此，只要能找到两个微分算子$\frac{\partial}{\partial \xi}$和$\frac{\partial}{\partial \eta}$，使$\frac{\partial}{\partial \xi} = A\left(\frac{\partial}{\partial t} + a\frac{\partial}{\partial x}\right)$，$\frac{\partial}{\partial \eta} = B\left(\frac{\partial}{\partial t} - a\frac{\partial}{\partial x}\right)$；$A$、$B$ 为常数，则方程(7.1.4)式就变为 $u_{\xi\eta}=0$，从而立即可求出其通解. 为此，我们作变换 $x=a(\xi+\eta)$，$t=\xi-\eta$，此时有

$$\frac{\partial}{\partial \xi} = \frac{\partial}{\partial t}\frac{\partial t}{\partial \xi} + \frac{\partial}{\partial x}\frac{\partial x}{\partial \xi} = \frac{\partial}{\partial t} + a\frac{\partial}{\partial x}$$

$$\frac{\partial}{\partial \eta}=\frac{\partial}{\partial t}\frac{\partial t}{\partial \eta}+\frac{\partial}{\partial x}\frac{\partial x}{\partial \eta}=-\left(\frac{\partial}{\partial t}-a\frac{\partial}{\partial x}\right)$$

于是方程(7.1.4)式变为

$$u_{\xi\eta}=0 \tag{7.1.5}$$

为了以后书写形式的简便和对称，我们也不妨将上述变换修改为 $x=\frac{1}{2}(\xi+\eta)$，$t=\frac{1}{2a}(\xi-\eta)$，即作变换

$$\begin{cases}\xi=x+at\\ \eta=x-at\end{cases} \tag{7.1.6}$$

此时，(7.1.5)式显然仍然成立. 对于方程(7.1.5)式先对 η 求积分得

$$u_{\xi}=c(\xi)$$

其中，$c(\xi)$为 ξ 的任意函数. 将上式再对 ξ 求积分，得

$$u=\int c(\xi)\mathrm{d}\xi=f_1(\xi)+f_2(\eta)$$

其中 $f_1(\xi)$、$f_2(\eta)$ 分别是 ξ、η 的任意函数. 把变换(7.1.6)式代入上式，就得方程(7.1.1)式的**通解**

$$u(x,t)=f_1(x+at)+f_2(x-at) \tag{7.1.7}$$

2. 达朗贝尔(D′Alembert)公式

下面我们利用初始条件(7.1.2)和(7.1.3)式来确定通解(7.1.7)式中的任意函数 f_1 和 f_2. 将(7.1.7)式代入(7.1.2)式，有

$$u(x,0)=f_1(x)+f_2(x)=\varphi(x)$$

代入(7.1.3)式有

$$u_t(x,0)=af'_1(x)-af'_2(x)=\psi(x)$$

即

$$f_1(x)-f_2(x)=\frac{1}{a}\int_{x_0}^{x}\psi(\alpha)\mathrm{d}\alpha+c$$

于是可求得

$$f_1(x)=\frac{1}{2}\varphi(x)+\frac{1}{2a}\int_{x_0}^{x}\psi(\alpha)\mathrm{d}\alpha+\frac{c}{2}$$

$$f_2(x)=\frac{1}{2}\varphi(x)-\frac{1}{2a}\int_{x_0}^{x}\psi(\alpha)\mathrm{d}\alpha-\frac{c}{2}$$

将求得的 $f_1(x)$和 $f_2(x)$中的 x 分别换成$x+at$ 和 $x-at$ 后一并代入通解(7.1.7)式即得

$$u(x,t)=\frac{1}{2}[\varphi(x+at)+\varphi(x-at)]+\frac{1}{2a}\int_{x-at}^{x+at}\psi(\alpha)\mathrm{d}\alpha \tag{7.1.8}$$

这就是**达朗贝尔公式**或称为**达朗贝尔解**. 它是无界弦的自由振动，即定解问题(7.1.1)～(7.1.3)式的特解.

例 1 求解初值问题

$$\begin{cases} u_{tt} = a^2 u_{xx} \\ u\mid_{t=0} = \cos x, u_t\mid_{t=0} = 2 \end{cases}$$

解 此时 $\varphi(x)=\cos x, \psi(x)=2$ 故由达氏公式(7.1.8)式有

$$\begin{aligned} u(x,t) &= \frac{1}{2}[\cos(x+at)+\cos(x-at)]+\frac{1}{2a}\int_{x-at}^{x+at} 2\mathrm{d}\alpha \\ &= \cos x \cos at + 2t \end{aligned}$$

3. 达朗贝尔解的适定性

易于验证,只要 φ 有直到二阶的连续导数,ψ 有一阶的连续导数,达朗贝尔解是满足方程(7.1.1)和初始条件(7.1.2)、(7.1.3)式的,即**达朗贝尔解是存在的**. 又从求解的方法已看到,通解(7.1.7)式中的任意函数已由初始条件(7.1.2)、(7.1.3)式完全确定,故**达朗贝尔解是唯一的**. 现在来证明达朗贝尔解的稳定性. 设初始条件有两组,且它们相差很小,即

$$u\mid_{t=0} = \begin{cases} \varphi_1(x) \\ \varphi_2(x) \end{cases}, \qquad u_t\mid_{t=0} = \begin{cases} \psi_1(x) \\ \psi_2(x) \end{cases}$$

$$\mid \varphi_1 - \varphi_2 \mid < \delta, \qquad \mid \psi_1 - \psi_2 \mid < \delta$$

则由达朗贝尔公式(7.1.8)有

$$\begin{aligned} \mid u_1 - u_2 \mid &\leqslant \frac{1}{2} \mid \varphi_1(x+at) - \varphi_2(x+at) \mid + \frac{1}{2} \mid \varphi_1(x-at) - \varphi_2(x-at) \mid \\ &\quad + \frac{1}{2a}\int_{x-at}^{x+at} \mid \psi_1(\alpha) - \psi_2(\alpha) \mid \mathrm{d}\alpha < \frac{1}{2}\delta + \frac{1}{2}\delta + \frac{\delta}{2a}\int_{x-at}^{x+at} \mathrm{d}\alpha \end{aligned}$$

即

$$\mid u_1 - u_2 \mid < \delta(1+t)$$

所以,在有限的时间内,当初始条件有了微小改变时,其解也只有微小改变,即**达朗贝尔解是稳定的**.

综上所述,**达朗贝尔解是适定的**.

4. 达朗贝尔解的物理意义

为方便起见,我们先讨论初始条件只有初始位移的情况下达朗贝尔解的物理意义. 此时(7.1.8)式给出

$$u(x,t) = \frac{1}{2}[\varphi(x+at)+\varphi(x-at)]$$

先看第二项,当 $t=0$ 时,在 $x=c$ 处观察者看到的波形为

$$\varphi(x-at) = \varphi(c - a \cdot 0) = \varphi(c)$$

若观察者以速度 a 沿 x 轴的正向运动,则 t 时刻在 $x=c+at$ 处,他所看到的波形为

$$\varphi(x-at) = \varphi(c+at-at) = \varphi(c)$$

由于 t 为任意时刻,这说明观察者在运动过程中随时可看到相同的波形 $\varphi(c)$,可见,

波形和观察者一样，以速度 a 沿 x 轴正向传播. 所以，$\varphi(x-at)$代表以速度 a 沿 x 轴正向传播的波，称为**正行波**. 而第一项的 $\varphi(x+at)$则当然代表以速度 a 沿 x 轴负向传播的波，称为**反行波**. 正行波和反行波的叠加(相加)就给出弦的位移.

再讨论只有初速度的情况. 此时(7.1.8)式给出

$$u(x,t)=\frac{1}{2a}\int_{x-at}^{x+at}\psi(\alpha)\mathrm{d}\alpha$$

设 $\Psi(x)$为$\dfrac{\psi(x)}{2a}$的一个原函数，即

$$\Psi(x)=\frac{1}{2a}\int_{x_0}^{x}\psi(\alpha)\mathrm{d}\alpha$$

则此时有

$$u(x,t)=\Psi(x+at)-\Psi(x-at)$$

由此可见第一项也是反行波，第二项也是正行波，正、反行波的叠加(相减)给出弦的位移.

综上所述，**达朗贝尔解表示正行波和反行波的叠加.**

例 2 设初速度 $\psi(x)$为零，初位移为

$$\varphi(x)=\begin{cases}0, & x<-\alpha\\ 2+\dfrac{2x}{\alpha}, & -\alpha\leqslant x\leqslant 0\\ 2-\dfrac{2x}{\alpha}, & 0\leqslant x\leqslant \alpha\\ 0, & x>\alpha\end{cases}$$

则此时达朗贝尔解(7.1.8)式给出了弦的位移为

$$u=\frac{1}{2}[\varphi(x+at)+\varphi(x-at)]$$

即初始位移(图 7.1 最下一图的实线)，它分为两半(该图虚线)，分别向左右两方以速度 a 移动(见图 7.1 中由下而上的各图中的虚线)，每经过时间间隔$\dfrac{\alpha}{4a}$，弦的位移由此二行波的和给出(见图 7.1 中由下而上的各图的实线).

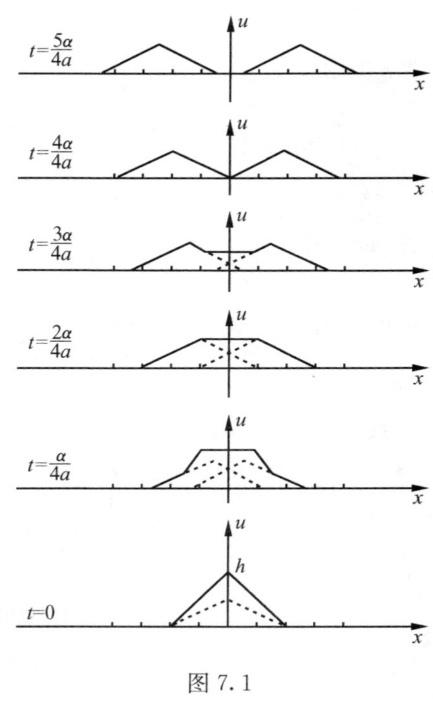

图 7.1

由本节的学习我们看到，行波法的求解出发点，是基于波动现象的特点为背景的变量变换. 它所采用的是与求解常微分方程一样的先求通解，再用定解条件定特解的方法，故其思路上易于理解，且用之研究波动问题也很方便. 但由于一般而言，偏微分方程的通解不易求，用定解条件定特解有时也十分困难，这就使得这种解法有相当大的局限性，我们一般只用它求解波动问题.

习 题 7.1

1. 确定下列初值问题的解：

(1) $u_{tt}-a^2u_{xx}=0$， $u(x,0)=0$， $u_t(x,0)=1$；

(2) $u_{tt}-a^2u_{xx}=0$， $u(x,0)=\sin x$， $u_t(x,0)=x^2$；

(3) $u_{tt}-a^2u_{xx}=0$， $u(x,0)=x^3$， $u_t(x,0)=x$；

(4) $u_{tt}-a^2u_{xx}=0$， $u(x,0)=\cos x$， $u_t(x,0)=\mathrm{e}^{-1}$.

2. 求解无界弦的自由振动，设弦的初始位移为 $\varphi(x)$，初始速度为 $-a\varphi'(x)$.

3. 求解弦振动方程的古沙问题

$$\begin{cases} u_{tt}=u_{xx} \\ u(x,-x)=\varphi(x), & -\infty<x<\infty \\ u(x,x)=\psi(x), & -\infty<x<\infty \end{cases}$$

4. 求解无限长理想传输线上电压和电流的传播情况. 设初始电压分布为 $A\cos kx$，初始电流分布为 $\sqrt{\dfrac{C}{L}}A\cos kx$（参考习题 6.2 第 9 题，注意 $V_x=-LI_t$，$I_x=-CV_t$）.

5. 细圆锥杆的纵振动的方程为

$$u_{tt}=a^2\left(u_{xx}+\frac{2}{x}u_x\right)$$

试求其通解.

提示：令 $v(x,t)=xu(x,t)$.

6. 试求出方程

$$\frac{\partial}{\partial x}\left[\left(1-\frac{x}{h}\right)^2\frac{\partial u}{\partial x}\right]=\frac{1}{a^2}\left(1-\frac{x}{h}\right)^2\frac{\partial^2 u}{\partial t^2}$$

的通解.

$$u=[f_1(x-at)+f_2(x+at)]/(h-x)$$

其中，h 为已知常数，f_1、f_2 为充分光滑的任意函数. 若

$$\begin{cases} u(x,0)=\varphi(x), & -\infty<x<\infty \\ u_t(x,0)=\psi(x), & -\infty<x<\infty \end{cases}$$

求其特解.

提示：令 $v(x,t)=(h-x)u(x,t)$.

7. 求下列偏微分方程的通解：

(1) $u_{xx}-2u_{xy}-3u_{yy}=0$； (2) $u_{xx}-u_{xy}=0$.

8. 解下列初值问题：

$$\begin{cases} u_{xx}+2u_{xy}-3u_{yy}=0 \\ u(x,0)=\sin x \\ u_y(x,0)=x \end{cases}$$

9. 用行波法证明

$$\begin{cases} u_{tt}-a^2u_{xx}=0 \\ u(ct,t)=\varphi(t) \\ u_x(ct,t)=\psi(t) \end{cases}$$

的解为

$$u=\frac{a+c}{2a}\varphi\left(\frac{at+x}{a+c}\right)+\frac{a-c}{2a}\varphi\left(\frac{at-x}{a-c}\right)+\frac{a^2-c^2}{2a}\int_{at-x/a-c}^{at+x/a+c}\psi(\xi)\mathrm{d}\xi,\quad c\neq\pm a$$

10. 试求一端固定的半无界弦的自由振动问题

$$\begin{cases}u_{tt}=a^2u_{xx}\\ u(x,0)=\varphi(x), & 0\leqslant x<\infty\\ u_t(x,0)=\psi(x), & 0\leqslant x<\infty\\ u(0,t)=0, & t>0\end{cases}$$

并讨论其解所具有的物理意义.

11. 一根无限长的弦与 x 轴的正半轴重合，处于平衡状态中，左端位于原点，当 $t>0$ 时左端点作微小横振动 $A\sin\omega t$，试求弦的振动规律.

12. 半无限长的杆，其端点受到纵向力 $F(t)=A\sin\omega t$ 作用，求解杆的纵振动.

13. 平面偏振的平面光波沿 x 轴行进而垂直地投射于两种介质的分界面上. 入射光波的电场强度 $E=E_0\sin\omega\left(t-\frac{n_1}{a}x\right)$，其中 n_1 是第一种介质的折射率，求反射光波和透射光波.

提示：在分界面上，E 和$\frac{\partial E}{\partial x}$均连续.

7.2 无界弦的强迫振动

以上所讨论的只限于自由振动，其泛定方程均为齐次的. 现在让我们来考虑无界弦或杆的纯强迫振动，即

$$\begin{cases}u_{tt}-a^2u_{xx}=f(x,t) & (7.2.1)\\ u\mid_{t=0}=0 & (7.2.2)\\ u_t\mid_{t=0}=0 & (7.2.3)\end{cases}$$

这时泛定方程是非齐次的. 由前面的讨论我们想到，若能设法将方程的非齐次项消除掉(即将方程变为齐次方程)，则便可利用 7.1 节中的达朗贝尔公式而得到此定解问题的解. 为此，我们引入冲量原理.

1. 冲量原理

我们知道，(7.2.1)式中的 $f(x,t)=\frac{F(x,t)}{\rho}$是单位质量的弦上所受的外力，这是一从时刻 $t=0$，一直延续到时刻 t 的持续作用力. 由物理学中的叠加原理①，我们可将持续力 $f(x,t)$所引起的振动[即定解问题(7.2.1)～(7.2.3)式的解]，视为一系列前后相继的瞬时力 $f(x,\tau)(0\leqslant\tau\leqslant t)$所引起的振动 $w(x,t;\tau)$的叠加. 即

$$u(x,t)=\lim_{\Delta\tau\to0}\sum_{\tau=0}^{t}w(x,t;\tau)$$

现在，我们来分析瞬时力 $f(x,\tau)$所引起的振动是怎样的. 从物理的角度考虑，力对系统的作用对于时间的累积是给系统一定的冲量. 我们考虑在短时间间隔 $\Delta\tau$ 内

$f(x,\tau)$对系统的作用，则 $f(x,\tau)\Delta\tau$ 表示在 $\Delta\tau$ 内的冲量. 这个冲量使得系统的动量即系统的速度有一改变量[因为 $f(x,t)$是单位质量弦所受外力，故动量在数值上等于速度]. 若我们把在时间 $\Delta\tau$ 内得到的速度改变量看成是在 $t=\tau$ 时刻的一瞬间集中得到的，而在 $\Delta\tau$ 的其余时间则认为没有冲量的作用，即没有外力的作用，则在 $\Delta\tau$ 这段时间内，瞬时力 $f(x,\tau)$所引起的振动的定解问题可表示为

$$\begin{cases} w_{tt}-a^2w_{xx}=0, & \tau<t<\tau+\Delta\tau \\ w\mid_{t=\tau}=0 \\ w_t\mid_{t=\tau}=f(x,\tau)\Delta\tau \end{cases}$$

为了便于求解，设

$$w(x,t;\tau)=v(x,t;\tau)\Delta\tau$$

则有

$$\begin{cases} v_{tt}-a^2v_{xx}=0 & (7.2.4) \\ v\mid_{t=\tau}=0 & (7.2.5) \\ v_t\mid_{t=\tau}=f(x,\tau) & (7.2.6) \end{cases}$$

由上述分析可看出，欲求解纯强迫振动即定解问题(7.2.1)～(7.2.3)式，只要求解定解问题(7.2.4)～(7.2.6)式即可，而

$$u(x,t)=\lim_{\Delta\tau\to0}\sum_{\tau=0}^{t}w(x,t;\tau)=\lim_{\Delta\tau\to0}\sum_{\tau=0}^{t}v(x,t;\tau)\Delta\tau$$

即

$$u(x,t)=\int_0^t v(x,t;\tau)\mathrm{d}\tau \tag{7.2.7}$$

以上这种用瞬时冲量的叠加代替持续作用力来解决定解问题(7.2.1)～(7.2.3)式的方法，称为**冲量原理**.

冲量原理的合理性，我们也可在数学上予以严格的证明. 由(7.2.7)式有

$$u_t=\int_0^t v_t\mathrm{d}\tau+v(x,t;\tau)\mid_{\tau=t}=\int_0^t v_t\mathrm{d}\tau^{②}$$

$$u_{tt}=\int_0^t v_{tt}\mathrm{d}\tau+v_t\mid_{\tau=t}=\int_0^t v_{tt}\mathrm{d}\tau+f(x,t)$$

$$u_{xx}=\int_0^t v_{xx}\mathrm{d}\tau$$

代入方程(7.2.1)式和定解条件(7.2.2)、(7.2.3)式均满足.

2. 纯强迫振动的解

对于定解问题(7.2.4)～(7.2.6)式，令 $T=t-\tau$，则有

$$\begin{cases} v_{TT}-a^2v_{xx}=0 \\ v\mid_{T=0}=0 \\ v_T\mid_{T=0}=f(x,\tau) \end{cases}$$

故由达朗贝尔公式(7.1.8)有

$$v(x,t;\tau)=\frac{1}{2a}\int_{x-aT}^{x+aT}f(\alpha,\tau)\mathrm{d}\alpha=\frac{1}{2a}\int_{x-a(t-\tau)}^{x+a(t-\tau)}f(\alpha,\tau)\mathrm{d}\alpha$$

代入(7.2.7)式得

$$u(x,t)=\frac{1}{2a}\int_0^t\int_{x-a(t-\tau)}^{x+a(t-\tau)}f(\alpha,\tau)\mathrm{d}\alpha\mathrm{d}\tau \tag{7.2.8}$$

此即纯强迫振动的解.

例 求解初值问题

$$\begin{cases}u_{tt}=u_{xx}+x\\ u(x,0)=0\\ u_t(x,0)=0\end{cases}$$

解 此处 $a=1, f(x,t)=x$，故由(7.2.8)式有

$$\begin{aligned}u(x,t)&=\frac{1}{2}\int_0^t\int_{x-(t-\tau)}^{x+(t-\tau)}\alpha\,\mathrm{d}\alpha\,\mathrm{d}\tau\\&=\frac{1}{4}\int_0^t\{[x+(t-\tau)]^2-[x-(t-\tau)]^2\}\mathrm{d}\tau\\&=\frac{1}{2}xt^2\end{aligned}$$

3. 一般强迫振动

对于一般强迫振动，其定解问题为

$$\begin{cases}u_{tt}-a^2u_{xx}=f(x,t) & (7.2.9)\\ u|_{t=0}=\varphi(x) & (7.2.10)\\ u_t|_{t=0}=\psi(x) & (7.2.11)\end{cases}$$

由于泛定方程和定解条件都是线性的，故我们可以利用叠加原理来处理这一问题.

令

$$u=u^{\mathrm{I}}+u^{\mathrm{II}} \tag{7.2.12}$$

并使 u^{I} 满足

$$\begin{cases}u_{tt}^{\mathrm{I}}-a^2u_{xx}^{\mathrm{I}}=0 & (7.2.13)\\ u^{\mathrm{I}}|_{t=0}=\varphi(x) & (7.2.14)\\ u_t^{\mathrm{I}}|_{t=0}=\psi(x) & (7.2.15)\end{cases}$$

使 u^{II} 满足

$$\begin{cases}u_{tt}^{\mathrm{II}}-a^2u_{xx}^{\mathrm{II}}=f(x,t) & (7.2.16)\\ u^{\mathrm{II}}|_{t=0}=0 & (7.2.17)\\ u_t^{\mathrm{II}}|_{t=0}=0 & (7.2.18)\end{cases}$$

则(7.2.13)式加(7.2.16)式即为(7.2.9)式；(7.2.14)式加(7.2.17)式即为(7.2.10)式；(7.2.15)式加(7.2.18)式即为(7.2.11)式. 故要求解定解问题(7.2.9)～(7.2.11)式只须求解定解问题(7.2.13)～(7.2.15)式和定解问题(7.2.16)～

(7.2.18)式即可.定解问题(7.2.13)式～(7.2.15)式的解 $u^{\mathrm{I}}(x,t)$ 可由达氏公式(7.1.8)给出;而定解问题(7.2.16)式～(7.2.18)式的解 $u^{\mathrm{II}}(x,t)$,由上面的(7.2.8)式给出.故一般强迫振动的解为

$$u(x,t)=u^{\mathrm{I}}+u^{\mathrm{II}}=\frac{1}{2}[\varphi(x+at)+\varphi(x-at)]$$

$$+\frac{1}{2a}\int_{x-at}^{x+at}\psi(\alpha)\mathrm{d}\alpha+\frac{1}{2a}\int_0^t\int_{x-a(t-\tau)}^{x+a(t-\tau)}f(\alpha,\tau)\mathrm{d}\alpha\mathrm{d}\tau \qquad (7.2.19)$$

注 ① **叠加原理**　在物理学的研究中常常将几种不同原因的综合所产生的效果,用这些不同原因单独产生的效果(即假设其他原因不存在时,该原因所产生的效果)的累加来代替,这个原理称为**叠加原理**.

物理学中的叠加原理,在数理方法中具体反映在泛定方程和定解条件上,设 $\mathbf{L}$ 为线性微分算符,则线性微分方程和线性定解条件均可表示为

$$\mathbf{L}u=f$$

如,$u_{tt}-a^2u_{xx}=0$,即$\left(\frac{\partial^2}{\partial t^2}-a^2\frac{\partial^2}{\partial x^2}\right)u=0$,亦即 $\mathbf{L}u=0$.其中,$L=\frac{\partial^2}{\partial t^2}-a^2\frac{\partial^2}{\partial x^2}$,$f=0$.又如,$u_t|_{t=0}=0$即$\frac{\partial}{\partial t}u(x,0)=0$,亦即 $Lu(x,0)=0$,其中,$\mathbf{L}=\frac{\partial}{\partial t}$,$f=0$.易于证明:

(1) 若 u_i 满足线性方程或线性定解条件

$$\mathbf{L}u_i=f_i,\quad i=1,2,\cdots,n$$

则它们的线性组合 $u=\sum\limits_{i=1}^{n}c_iu_i$ 也必满足方程或定解条件,即

$$\mathbf{L}u=\sum_{i=1}^{n}c_if_i$$

其中 c_i 为常数(下同).

(2) 若 u_i 满足线性方程或线性定解条件

$$\mathbf{L}u_i=f_i,\quad i=1,2,\cdots,n,\cdots$$

且它们的线性组合 $u=\sum\limits_{i=1}^{\infty}c_iu_i$ 一致收敛,则 u 也满足方程或定解条件,即

$$\mathbf{L}u=\sum_{i=1}^{\infty}c_if_i$$

(3) 设 $u(\boldsymbol{M},\boldsymbol{M}_0)$满足线性方程或定解条件

$$\mathbf{L}u=f(\boldsymbol{M},\boldsymbol{M}_0)$$

其中 $\boldsymbol{M}_0$ 为参数.又假设 $\boldsymbol{U}(\boldsymbol{M})=\int u(\boldsymbol{M},\boldsymbol{M}_0)\mathrm{d}\boldsymbol{M}_0$ 一致收敛,则 $\boldsymbol{U}(\boldsymbol{M})$也满足方程或定解条件,即

$$\mathbf{L}U=\int f(\boldsymbol{M},\boldsymbol{M}_0)\mathrm{d}\boldsymbol{M}_0$$

由此看出,**服从叠加原理的物理现象,所对应的泛定方程或定解条件应该是线性的**.这是显然的,因为叠加就是累加,对于可列个是求和,不可列个是求积分;而只有线性方程(或定解条件)才满足可加性,这就是线性的定义.

由于物理上的很多问题都可以归结为线性方程或线性定解条件,这使得叠加原理在数理方法中应用很广,无论是本章还是以后各章都要用到它.特别是我们常常将数理方程的解表示为可列

个函数的叠加(即级数)或不可列个函数的叠加(即带参数的积分)的形式.

② 这里,引用了**含参变量积分的求导公式**

$$\frac{\partial}{\partial t}\int_{x-at}^{x+at}\psi(\alpha)\mathrm{d}\alpha=\int_{x-at}^{x+at}\frac{\partial\psi}{\partial t}\mathrm{d}\alpha+\psi(x+at)\frac{\mathrm{d}(x+at)}{\mathrm{d}t}-\psi(x-at)\frac{\mathrm{d}(x-at)}{\mathrm{d}t}$$

习 题 7.2

1. 求解下列定解问题:

(1) $\begin{cases}u_{tt}-a^2u_{xx}=x+at\\u(x,0)=0\\u_t(x,0)=0\end{cases}$;　　(2) $\begin{cases}u_{xx}-u_{yy}=8\\u(x,0)=0\\u_y(x,0)=0\end{cases}$.

2. 求解下列定解问题:

(1) $\begin{cases}u_{tt}=u_{xx}+t\sin x\\u(x,0)=0\\u_t(x,0)=\sin x\end{cases}$;　　(2) $\begin{cases}u_{xx}-u_{yy}=1\\u(x,0)=\sin x;\\u_y(x,0)=x\end{cases}$

(3) $\begin{cases}u_{tt}-a^2u_{xx}=x\\u(x,0)=0\\u_t(x,0)=3\end{cases}$;　　(4) $\begin{cases}u_{tt}-a^2u_{xx}=x\mathrm{e}^t\\u(x,0)=\sin x\\u_t(x,0)=0\end{cases}$.

3. 设 $v(x,y,t;\tau)$是初值问题

$$\begin{cases}v_{tt}=a^2(v_{xx}+v_{yy}), & t>\tau\geqslant 0\\v\big|_{t=\tau}=0\\v_t\big|_{t=\tau}=f(x,y;\tau)\end{cases}$$

的解,证明

$$u(x,y,t)=\int_0^t v(x,y,t;\tau)\mathrm{d}\tau$$

是非齐次方程零值初值问题

$$\begin{cases}u_{tt}=a^2(u_{xx}+u_{yy})+f(x,y;t)\\u\big|_{t=0}=0\\u_t\big|_{t=0}=0\end{cases}$$

的解.

4. 试推导出二维非齐次波动方程初值问题

$$\begin{cases}u_{tt}=a^2(u_{xx}+u_{yy})+f(x,y;t), & -\infty<x,y<+\infty;t>0\\u\big|_{t=0}=\varphi(x)\\u_t\big|_{t=0}=\psi(x)\end{cases}$$

的解的表达式为

$$u(x,y,t)=\frac{1}{2\pi a}\left[\frac{\partial}{\partial t}\iint_{\sigma_{at}^M}\frac{\varphi(\xi,\eta)\mathrm{d}\xi\mathrm{d}\eta}{\sqrt{(at)^2-(\xi-x)^2-(\eta-y)^2}}+\iint_{\sigma_{at}^M}\frac{\psi(\xi,\eta)\mathrm{d}\xi\mathrm{d}\eta}{\sqrt{(at)^2-(\xi-x)}}\right]$$

*7.3 三维无界空间的自由振动 泊松公式

现在我们讨论三维空间的波动问题

$$
\begin{cases}
u_{tt} = a^2 \Delta u & (7.3.1) \\
u\big|_{t=0} = \varphi(M), \quad -\infty < x,y,z < \infty & (7.3.2) \\
u_t\big|_{t=0} = \psi(M), \quad -\infty < x,y,z < \infty & (7.3.3)
\end{cases}
$$

其中 M 代表空间中任意一点. 在 7.1 节中我们已比较详细的讨论过如何用行波法来求解一维的波动问题,因此我们自然想到,若能通过某种方法将三维的波动问题化为一维的波动问题,则便可借助于 7.1 节的结果或仿照 7.1 节的方法来求得三维波动问题的解. 为此,我们引入平均值的方法.

1. 平均值法

我们引入函数

$$\bar{u}(r,t) = \frac{1}{4\pi r^2}\iint_{S_r^{M_0}} u(M,t)\mathrm{d}s = \frac{1}{4\pi}\iint_{S_r^{M_0}} u(M,t)\mathrm{d}\Omega \tag{7.3.4}$$

称之为函数 $u(M,t)$ 在以 M_0 为中心,r 为半径的球面 $S_r^{M_0}$ 上的**平均值**. 其中 $\mathrm{d}\Omega = \frac{\mathrm{d}s}{r^2} = \sin\theta\mathrm{d}\theta\mathrm{d}\varphi$ 为**立体角元**. 显然,$\bar{u}(r,t)$ 只是独立变量 r 和 t 的函数. M_0 是一个参量,

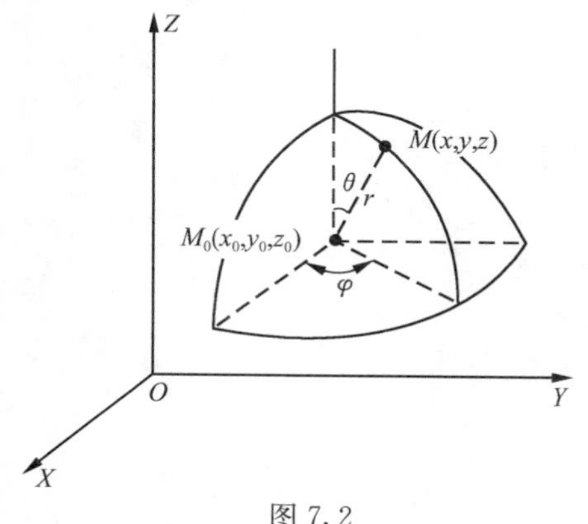

图 7.2

而且很容易看出 $\bar{u}(r,t)$ 和我们所要求的 $u(M_0,t_0)$ 有很紧密的联系

$$u(M_0,t_0) = \lim_{r\to 0}\bar{u}(r,t_0) \tag{7.3.5}$$

因此,欲求波动方程(7.3.1)的解 $u(M,t)$ 在任意一点 M_0,任意时刻 t_0 的值 $u(M_0,t_0)$,只要先求 $u(M,t)$ 在 t_0 时刻,以 M_0 为中心,r 为半径的球面 $S_r^{M_0}$ 上的平均值,再令 $r\to 0$ 即可. 这种处理问题的方法称为**平均值法**. 注意,如图 7.2 所示,这里各坐标变量之间的关系为

$$
\begin{cases}
x = x_0 + r\sin\theta\cos\varphi \\
y = y_0 + r\sin\theta\sin\varphi \\
z = z_0 + r\cos\theta
\end{cases} \tag{7.3.6}
$$

$$r = \sqrt{(x-x_0)^2 + (y-y_0)^2 + (z-z_0)^2}$$

2. 三维齐次波动方程的通解

为了用平均值法求解三维的波动问题,我们对(7.3.1)式两边在球面 $S_r^{M_0}$ 上积分并乘以常数因子 $\frac{1}{4\pi}$,则得

$$\frac{1}{4\pi}\iint_{S_r^{M_0}} u_{tt}\,\mathrm{d}\Omega = \frac{a^2}{4\pi}\iint_{S_r^{M_0}} \Delta u\mathrm{d}\Omega$$

即

$$\frac{\partial^2}{\partial t^2}\left(\frac{1}{4\pi}\iint_{S_r^{M_0}} u\,\mathrm{d}\Omega\right)=a^2\Delta\left(\frac{1}{4\pi}\iint_{S_r^{M_0}} u\,\mathrm{d}\Omega\right)$$

亦即

$$\frac{\partial^2}{\partial t^2}\bar{u}(r,t)=a^2\Delta\bar{u}(r,t) \tag{7.3.7}$$

又因为在直角坐标系中

$$\Delta\bar{u}=\frac{\partial^2\bar{u}}{\partial x^2}+\frac{\partial^2\bar{u}}{\partial y^2}+\frac{\partial^2\bar{u}}{\partial z^2}$$

由变量 x 和 r 的关系(7.3.6)我们有

$$\begin{aligned}\frac{\partial\bar{u}}{\partial x}&=\frac{\partial\bar{u}}{\partial r}\frac{\partial r}{\partial x}\\&=\frac{\partial\bar{u}}{\partial r}\cdot\frac{\partial}{\partial x}\sqrt{(x-x_0)^2+(y-y_0)^2+(z-z_0)^2}\\&=\frac{\partial\bar{u}}{\partial r}\cdot\frac{x-x_0}{r}\end{aligned}$$

所以

$$\begin{aligned}\frac{\partial^2\bar{u}}{\partial x^2}&=\frac{\partial}{\partial r}\left(\frac{\partial\bar{u}}{\partial r}\cdot\frac{x-x_0}{r}\right)\cdot\frac{\partial r}{\partial x}\\&=\frac{\partial\bar{u}}{\partial r}\frac{r^2-(x-x_0)^2}{r^3}+\frac{\partial^2\bar{u}}{\partial r^2}\frac{(x-x_0)^2}{r^2}\end{aligned}$$

类似的可得

$$\frac{\partial^2\bar{u}}{\partial y^2}=\frac{\partial\bar{u}}{\partial r}\frac{r^2-(y-y_0)^2}{r^3}+\frac{\partial^2\bar{u}}{\partial r^2}\frac{(y-y_0)^2}{r^2}$$

$$\frac{\partial^2\bar{u}}{\partial z^2}=\frac{\partial\bar{u}}{\partial r}\frac{r^2-(z-z_0)^2}{r^3}+\frac{\partial^2\bar{u}}{\partial r^2}\frac{(z-z_0)^2}{r^2}$$

故有

$$\begin{aligned}\Delta\bar{u}&=\frac{\partial^2\bar{u}}{\partial x^2}+\frac{\partial^2\bar{u}}{\partial y^2}+\frac{\partial^2\bar{u}}{\partial z^2}=\frac{\partial\bar{u}}{\partial r}\frac{3r^2-r^2}{r^3}+\frac{\partial^2\bar{u}}{\partial r^2}\frac{r^2}{r^2}\\&=\frac{2}{r}\frac{\partial\bar{u}}{\partial r}+\frac{\partial^2\bar{u}}{\partial r^2}=\frac{1}{r}\frac{\partial^2}{\partial r^2}(r\bar{u})\end{aligned}$$

代入(7.3.7)式得

$$\frac{\partial^2}{\partial t^2}\bar{u}=\frac{a^2}{r}\frac{\partial^2}{\partial r^2}(r\bar{u})$$

即

$$\frac{\partial^2}{\partial t^2}(r\bar{u})=a^2\frac{\partial^2}{\partial r^2}(r\bar{u})$$

令在上式中

$$v(r,t)=r\bar{u}(r,t) \tag{7.3.8}$$

则得

$$v_{tt}=a^2v_{rr}$$

这与弦振动方程完全相似,由(7.1.7),其通解为

$$v(r,t)=f_1(r+at)+f_2(r-at)$$

于是

$$\bar{u}(r,t)=\frac{v(r,t)}{r}=\frac{f_1(r+at)+f_2(r-at)}{r} \tag{7.3.9}$$

注意到(7.3.8)式,立刻知

$$v(0,t)=0$$

即

$$f_1(at)+f_2(-at)=0 \tag{7.3.10}$$

所以

$$\begin{aligned} u(M_0,t_0) &= \lim_{r\to 0}\bar{u}(r,t_0)=\lim_{r\to 0}\frac{v(r,t_0)}{r} \\ &= \lim_{r\to 0}\frac{f_1(r+at_0)+f_2(r-at_0)}{r} \\ &= f'_1(at_0)+f'_2(-at_0) \end{aligned}$$

此处最后一步用了洛必达法则. 而由(7.3.10)式有

$$f'_1(at_0)=f'_2(-at_0)$$

故有

$$u(M_0,t_0)=2f'_1(at_0) \tag{7.3.11}$$

此即波动方程(7.3.1)在任意时刻 t_0,任意一点 M_0 处的解,其中 $f'_1(at_0)$为任意函数.

3. 泊松(Poisson)公式

为了得到方程(7.3.1)式满足初始条件(7.3.2)和(7.3.3)式的特解,我们需要用这两个初始条件来确定(7.3.11)式中的任意函数 $f'_1(at_0)$. 为此,我们将(7.3.9)式两边乘以 r 后再分别对 r 和 t 求导

$$\frac{\partial}{\partial r}(r\bar{u})=f'_1(r+at)+f'_2(r-at)$$

$$\frac{1}{a}\frac{\partial}{\partial t}(r\bar{u})=f'_1(r+at)-f'_2(r-at)$$

将此二式相加,并取 $r=at_0, t=0$,则得

$$\begin{aligned} 2f'_1(at_0) &= \left[\frac{\partial}{\partial r}(r\bar{u})+\frac{1}{a}\frac{\partial}{\partial t}(r\bar{u})\right]_{\substack{r=at_0\\ t=0}} \\ &= \left[\frac{\partial}{\partial r}\left(r\cdot\frac{1}{4\pi r^2}\iint_{S_r^{M_0}}u\,\mathrm{d}s\right)+\frac{1}{a}\frac{\partial}{\partial t}\left(r\cdot\frac{1}{4\pi r^2}\iint_{S_r^{M_0}}u\,\mathrm{d}s\right)\right]_{\substack{r=at_0\\ t=0}} \\ &= \frac{1}{4\pi}\left[\frac{\partial}{\partial r}\iint_{S_r^{M_0}}\frac{u}{r}\mathrm{d}s+\frac{1}{a}\iint_{S_r^{M_0}}\frac{u_t}{r}\mathrm{d}s\right]_{\substack{r=at_0\\ t=0}} \\ &= \frac{1}{4\pi a}\left[\frac{\partial}{\partial t_0}\iint_{S_{at_0}^{M_0}}\frac{\varphi(M)}{at_0}\mathrm{d}s+\iint_{S_{at_0}^{M_0}}\frac{\psi(M)}{at_0}\mathrm{d}s\right] \end{aligned}$$

将此结果代入(7.3.11)式,则得

$$u(M_0,t_0)=\frac{1}{4\pi a}\left[\frac{\partial}{\partial t_0}\iint_{S_{at_0}^{M_0}}\frac{\varphi(M)}{at_0}\mathrm{d}s+\iint_{S_{at_0}^{M_0}}\frac{\psi(M)}{at_0}\mathrm{d}s\right]$$

注意到 M_0 和 t_0 的任意性,故一般可写为

$$u(M,t)=\frac{1}{4\pi a}\left[\frac{\partial}{\partial t}\iint_{S_{at}^{M}}\frac{\varphi(M')}{at}\mathrm{d}s+\iint_{S_{at}^{M}}\frac{\psi(M')}{at}\mathrm{d}s\right] \tag{7.3.12}$$

其中 M' 表示以 M 为中心 at 为半径的球面 S_{at}^M 上的动点.(7.3.12)式称为**泊松公式**,它给出了三维无界空间波动方程的初值问题的解.

4. 泊松公式的物理意义

泊松公式的物理意义很明显,它说明定解问题(7.3.1)~(7.3.3)式的解在 M 点 t 时刻之值,由以 M 为中心 at 为半径的球面 S_{at}^M 上的初始值而确定.显然,这是由于初值的影响是以速度 a 在时间 t 内从球面 S_{at}^M 上传播到 M 点的缘故.具体地来看,如图 7.3 所示,设初始扰动限于空间某个区域 T_0,d 为 M 点到 T_0 的最近距离,D 为 M 点与 T_0 的最大距离,则

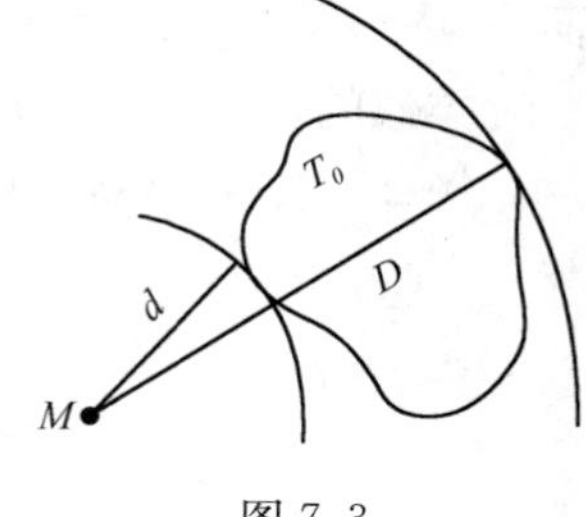

图 7.3

(1) 当 $at<d$,即 $t<\dfrac{d}{a}$ 时,S_{at}^M 与 T_0 不相交,$\varphi(M')$ 和 $\psi(M')$ 之值均为零,因而(7.3.12)式中的两个积分之值亦均为零,即 $u(M,t)=0$.这表示扰动的"前锋"尚未到达.

(2) 当 $d<at<D$,即 $\dfrac{d}{a}<t<\dfrac{D}{a}$ 时,S_{at}^M 与 T_0 相交,$\varphi(M')$、$\psi(M')$ 之值不为零,因而两积分之值亦不为零,即 $u(M,t)\neq 0$,这表明扰动正在经过 M 点.

(3) 当 $at>D$,即 $t>\dfrac{D}{a}$,S_{at}^M 与 T_0 也不相交,因而同样 $u(M,t)=0$,这表面扰动的"阵尾"已经过去了.

例 1　设大气中有一个半径为 1 的球形薄膜,薄膜内的压强超过大气压的数值为 p_0,假定该薄膜突然消失,将会在大气中激起三维波,试求球外任意位置的附加压强 p.

解　如图 7.4 所示,设薄膜球球心到球外任意一点 M 的距离为 r,则其定解问题为

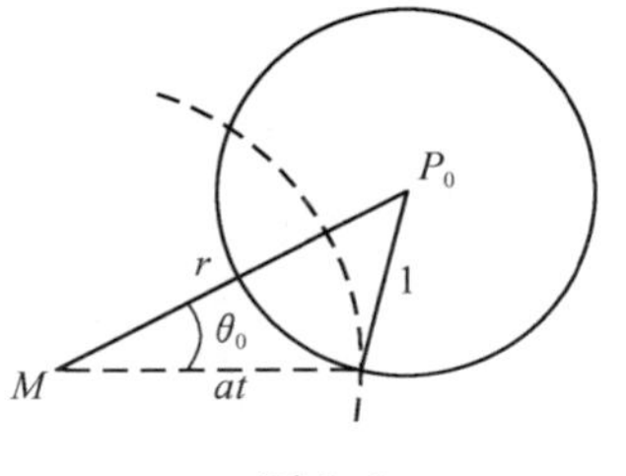

图 7.4

$$\begin{cases} p_{tt}-a^2\Delta p=0 \\ p\,|_{t=0}=\begin{cases} p_0 & (r<1) \\ 0 & (r>1) \end{cases} \\ p_t\,|_{t=0}=0 \end{cases}$$

当 $r-1<at<r+1$ 时有

$$\begin{aligned} \iint_{S_{at}^M}\frac{\varphi(M')}{at}\mathrm{d}s &= \int_0^{2\pi}\mathrm{d}\varphi\int_0^{\theta_0}\frac{p_0(at)^2\sin\theta\mathrm{d}\theta}{at}=2\pi p_0 at(1-\cos\theta_0) \\ &= 2\pi p_0 at\left(1-\frac{r^2+a^2t^2-1}{2art}\right) \\ &= -\frac{\pi p_0}{r}[(r-at)^2-1] \end{aligned}$$

注意 $\psi(M')=p_t\,|_{t=0}=0$.故由泊松公式(7.3.12)式有

$$
\begin{aligned}
p(M,t) &= \frac{1}{4\pi a}\frac{\partial}{\partial t}\iint_{S_{at}^M}\frac{\varphi(M')}{at}\mathrm{d}s \\
&= \frac{1}{4\pi a}\frac{\partial}{\partial t}\left(-\frac{\pi p_0}{r}\right)[(r-at)^2-1] \\
&= \frac{p_0}{2r}(r-at)
\end{aligned}
$$

而当 $at<r-1$ 和 $at>r+1$ 时，由于 $\varphi(M')$ 和 $\psi(M')$ 均为零，故有 $p(M,t)=0$.

类似的，我们当然也可求得薄膜球内任意位置处的附加压强.

例 2 求解定解问题①

$$
\begin{cases}
u_{tt} = a^2\Delta u \\
u\mid_{t=0} = x^3+y^2z, & -\infty<x,y,z<\infty \\
u_t\mid_{t=0} = 0, & -\infty<x,y,z<\infty
\end{cases}
$$

解 $\varphi(M)=x^3+y^2z, \psi(M)=0$. 注意到 M' 和 M 的关系，则由(7.3.12)式有

$$
\begin{aligned}
u(M,t) &= \frac{1}{4\pi a}\frac{\partial}{\partial t}\iint_{S_{at}^M}\frac{\varphi(M')}{at}\mathrm{d}s \\
&= \frac{1}{4\pi a}\frac{\partial}{\partial t}\int_0^{2\pi}\int_0^{\pi}\frac{\varphi(x',y',z')}{at}(at)^2\sin\theta\mathrm{d}\theta\mathrm{d}\varphi \\
&= \frac{1}{4\pi}\frac{\partial}{\partial t}\left\{t\int_0^{2\pi}\int_0^{\pi}[(x+at\sin\theta\cos\varphi)^3+(y+at\sin\theta\sin\varphi)^2(z+at\cos\theta)]\sin\theta\mathrm{d}\theta\mathrm{d}\varphi\right\} \\
&= x^3+3a^2t^2x+zy^2+a^2t^2z
\end{aligned}
$$

注 ① 由于本例初始条件的特殊性，本例也可使用叠加原理将之分解为两个一维波动问题的叠加后，再用达朗贝尔公式求解. 即

另解 令

$$u = u^{\mathrm{I}} + u^{\mathrm{II}}$$

使

$$
\begin{cases}
u_{tt}^{\mathrm{I}} = a^2u_{xx}^{\mathrm{I}} \\
u^{\mathrm{I}}|_{t=0} = x^3, \\
u_t^{\mathrm{I}}|_{t=0} = 0
\end{cases}
\qquad
\begin{cases}
u_{tt}^{\mathrm{II}} = a^2u_{yy}^{\mathrm{II}} \\
u^{\mathrm{II}}|_{t=0} = y^2z \\
u_t^{\mathrm{II}}|_{t=0} = 0
\end{cases}
$$

则由达朗贝尔公式有

$$u^{\mathrm{I}} = \frac{1}{2}[(x+at)^3+(x-at)^3] = x^3+3x(at)^2$$

$$u^{\mathrm{II}} = \frac{1}{2}[(y+at)^2z+(y-at)^2z] = zy^2+z(at)^2$$

于是

$$u(M,t) = u^{\mathrm{I}}+u^{\mathrm{II}} = x^3+3a^2t^2x+zy^2+a^2t^2z$$

显然，这比直接用泊松公式求解要简单得多.

有些具有对称性的三维波动问题，也可视为一维问题而用达氏公式求解（见本节习题第 2 题）.

思考:初始条件 $\varphi(M)$和 $\psi(M)$为何种形式的函数时,能根据叠加原理将定解问题(7.3.1)式~(7.3.3)式分解为几个一维波动问题,再用达朗贝尔公式求解?为什么?[见姚端正等,大学物理,Vol. 16,No. 4(1997)18.]

习 题 7.3

1. 一半径为 R 的球内含有气体,在初始时是静止的,在球内的初始压缩率为 s_0,在球外为零.不论何时,压缩率与速度势的关系为 $s=(1/c^2)u_t$,并且速度势满足方程 $u_{tt}=\Delta u$,试对所有的 $t>0$,确定压缩率 s.

2. 利用泊松积分公式求解下列定解问题

$$\begin{cases} u_{tt}=a^2(u_{xx}+u_{yy}+u_{zz}) \\ u|_{t=0}=0, \quad -\infty<x,y,z<\infty \\ u_t|_{t=0}=x^2+yz, \quad -\infty<x,y,z<\infty \end{cases}$$

3. 证明球面问题

$$\begin{cases} u_{tt}=a^2(u_{xx}+u_{yy}+u_{zz}), & -\infty<x,y,z<\infty, t>0 \\ u|_{t=0}=\varphi(r), \quad r^2=x^2+y^2+z^2 \\ u_t|_{t=0}=\psi(r) \end{cases}$$

的解是

$$u(r,t)=\frac{(r-at)\varphi(r-at)+(r+at)\varphi(r+at)}{2r}+\frac{1}{2ar}\int_{r-at}^{r+at}\alpha\psi(\alpha)\mathrm{d}\alpha$$

4. 在泊松公式中,若将球面 S_{at}^M 上的积分代以 xy 平面上的圆 σ_{at}^M 上的积分,并注意球面 S_{at}^M 上下两半都投影于同一圆,便可导出二维空间的泊松公式.试导出二维空间的泊松公式

$$u(M,t)=u(x,y;t)=\frac{1}{2\pi a}\left[\frac{\partial}{\partial t}\iint_{\sigma_{at}^M}\frac{\varphi(\xi,\eta)\mathrm{d}\xi\mathrm{d}\eta}{\sqrt{(at)^2-(\xi-x)^2-(\eta-y)^2}}+\iint_{\sigma_{at}^M}\frac{\psi(\xi,\eta)\mathrm{d}\xi\mathrm{d}\eta}{\sqrt{(at)^2-(\xi-x)^2-(\eta-y)^2}}\right] \tag{7.3.13}$$

5. 利用二维泊松公式求解下列定解问题

$$\begin{cases} u_{tt}=a^2(u_{xx}+u_{yy}) \\ u(x,y,0)=x^2(x+y), \quad -\infty<x,y<\infty \\ u_t(x,y,0)=0, \quad -\infty<x,y<\infty \end{cases}$$

思考:能否用注①提供的方法求解第 2 题和第 5 题?

*7.4 三维无界空间的受迫振动 推迟势

现在,我们进一步讨论具有零值初始条件的有源空间波问题

$$\begin{cases} u_{tt}-a^2\Delta u=f(M,t) & (7.4.1) \\ u|_{t=0}=0 & (7.4.2) \\ u_t|_{t=0}=0 & (7.4.3) \end{cases}$$

1. 推迟势

欲求得这一定解问题的解，我们当然可仿照 7.2 节那样采用冲量原理，即先求出无源问题

$$\begin{cases} v_{tt} - a^2\Delta v = 0 & (7.4.4) \\ v\,|_{t=\tau} = 0 & (7.4.5) \\ v_t\,|_{t=\tau} = f(M,\tau) & (7.4.6) \end{cases}$$

的解 $v(M,t;\tau)$，而定解问题(7.4.1)～(7.4.3)式的解为

$$u(M,t) = \int_0^t v(M,t;\tau)\mathrm{d}\tau \tag{7.4.7}$$

由泊松公式(7.3.12)式，定解问题(7.4.4)～(7.4.6)式的解为

$$v(M,t;\tau) = \frac{1}{4\pi a}\iint_{S^M_{a(t-\tau)}} \frac{f(M',\tau)}{a(t-\tau)}\mathrm{d}s$$

代入(7.4.7)式得

$$u(M,t) = \frac{1}{4\pi a}\int_0^t\iint_{S^M_{a(t-\tau)}} \frac{f(M',\tau)}{a(t-\tau)}\mathrm{d}s\mathrm{d}\tau$$

引入变量代换

$$r = a(t-\tau)$$

则

$$\tau = t - \frac{r}{a}$$

$$\begin{aligned} u(M,t) &= \frac{1}{4\pi a}\int_{at}^0\iint_{S^M_r} \frac{f\left(M',t-\dfrac{r}{a}\right)}{r}\mathrm{d}s\left(-\frac{\mathrm{d}r}{a}\right) \\ &= \frac{1}{4\pi a^2}\int_0^{at}\iint_{S^M_r} \frac{f\left(M',t-\dfrac{r}{a}\right)}{r}\mathrm{d}s\mathrm{d}r \\ &= \frac{1}{4\pi a^2}\iiint_{T^M_{at}} \frac{f\left(M',t-\dfrac{r}{a}\right)}{r}\mathrm{d}v \end{aligned}$$

上式中 M' 表示在以 M 为中心，at 为半径的球体 T^M_{at} 中的变点，积分在球体 T^M_{at} 中进行. 若记

$$[f] = f\left(M',t-\frac{r}{a}\right)$$

则定解问题(7.4.1)～(7.4.3)式的解为

$$u(M,t) = \frac{1}{4\pi a^2}\iiint_{T^M_{at}} \frac{[f]}{r}\mathrm{d}v \tag{7.4.8}$$

并称之为**推迟势**.

顺便提及，至于具有非零值初始条件的有源空间波，当然可仿照 7.2 节所述的那样用叠加原理来处理.

2. 推迟势的物理意义

由推迟势(7.4.8)式我们看到，欲求 M 点处 t 时刻的波动问题(7.4.1)～(7.4.3)式的解 $u(M,t)$，必须把以 M 点为球心，at 为半径的球体 T_{at}^{M} 内的源的影响都叠加起来. 而且，源对 M 点在 t 时刻的影响，必须在比 t 早的时刻 $\tau=t-\dfrac{r}{a}$ 发出，因为扰动以速度 a 传播必须历时 $\dfrac{r}{a}$ 才能传到 M 点. 换言之 M 点受到源的影响的时刻 t，比源发出的时刻 $t-\dfrac{r}{a}$ 迟了 $\dfrac{r}{a}$，故称之为推迟势.

例 求解波动问题

$$\begin{cases} u_{tt}=a^2\Delta u+2(y-t) \\ u\big|_{t=0}=0 \\ u_t\big|_{t=0}=x^2+yz \end{cases},\quad -\infty<x,y,z<\infty$$

解 令 $u=u^{\mathrm{I}}+u^{\mathrm{II}}$，使

$$\begin{cases} u_{tt}^{\mathrm{I}}=a^2\Delta u^{\mathrm{I}} \\ u^{\mathrm{I}}\big|_{t=0}=0 \\ u_t^{\mathrm{I}}\big|_{t=0}=x^2+yz \end{cases},\quad \begin{cases} u_{tt}^{\mathrm{II}}=a^2\Delta u^{\mathrm{II}}+2(y-t) \\ u^{\mathrm{II}}\big|_{t=0}=0 \\ u_t^{\mathrm{II}}\big|_{t=0}=0 \end{cases}$$

则由泊松公式(7.3.12)式可求得

$$u^{\mathrm{I}}(M,t)=x^2t+\frac{1}{3}a^2t^3+yzt$$

而由推迟势(7.4.8)式有

$$\begin{aligned} u^{\mathrm{II}}(M,t)&=\frac{1}{4\pi a^2}\int_0^{at}\int_0^{2\pi}\int_0^{\pi}\frac{2[y+r\sin\theta\sin\varphi-(t-r/a)]}{r}\cdot r^2\sin\theta\mathrm{d}\theta\mathrm{d}\varphi\mathrm{d}r \\ &=yt^2-\frac{t^3}{3} \end{aligned}$$

所以

$$u(M,t)=u^{\mathrm{I}}+u^{\mathrm{II}}=tx^2+\frac{1}{3}a^2t^3+ytz+t^2y-\frac{1}{3}t^3$$

本章小结

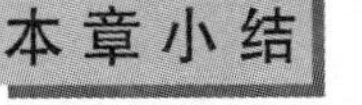
本章授课课件

本章习题分析与讨论

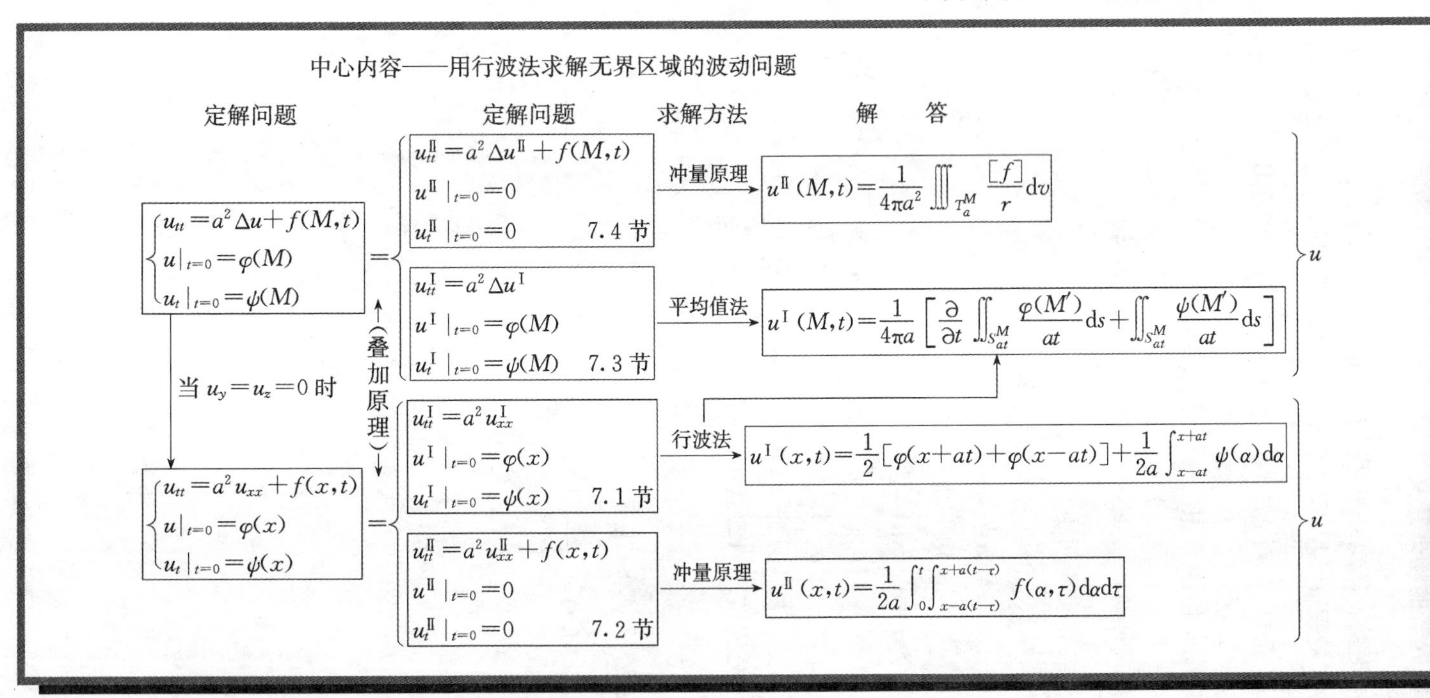

中心内容——用行波法求解无界区域的波动问题

定解问题

$$\begin{cases} u_{tt}=a^2\Delta u+f(M,t) \\ u|_{t=0}=\varphi(M) \\ u_t|_{t=0}=\psi(M) \end{cases}$$

（叠加原理）

$$= \left\{ \begin{array}{l} \begin{cases} u^{\mathrm{II}}_{tt}=a^2\Delta u^{\mathrm{II}}+f(M,t) \\ u^{\mathrm{II}}|_{t=0}=0 \\ u^{\mathrm{II}}_t|_{t=0}=0 \end{cases} \quad \text{7.4 节} \\ \begin{cases} u^{\mathrm{I}}_{tt}=a^2\Delta u^{\mathrm{I}} \\ u^{\mathrm{I}}|_{t=0}=\varphi(M) \\ u^{\mathrm{I}}_t|_{t=0}=\psi(M) \end{cases} \quad \text{7.3 节} \end{array} \right.$$

冲量原理 → $u^{\mathrm{II}}(M,t)=\dfrac{1}{4\pi a^2}\displaystyle\iiint_{T_a^M}\dfrac{[f]}{r}\mathrm{d}v$

平均值法 → $u^{\mathrm{I}}(M,t)=\dfrac{1}{4\pi a}\left[\dfrac{\partial}{\partial t}\displaystyle\iint_{S_{at}^M}\dfrac{\varphi(M')}{at}\mathrm{d}s+\iint_{S_{at}^M}\dfrac{\psi(M')}{at}\mathrm{d}s\right]$

两者之和 → u

当 $u_y=u_z=0$ 时 ↓

$$\begin{cases} u_{tt}=a^2u_{xx}+f(x,t) \\ u|_{t=0}=\varphi(x) \\ u_t|_{t=0}=\psi(x) \end{cases}$$

（叠加原理）

$$= \left\{ \begin{array}{l} \begin{cases} u^{\mathrm{I}}_{tt}=a^2u^{\mathrm{I}}_{xx} \\ u^{\mathrm{I}}|_{t=0}=\varphi(x) \\ u^{\mathrm{I}}_t|_{t=0}=\psi(x) \end{cases} \quad \text{7.1 节} \\ \begin{cases} u^{\mathrm{II}}_{tt}=a^2u^{\mathrm{II}}_{xx}+f(x,t) \\ u^{\mathrm{II}}|_{t=0}=0 \\ u^{\mathrm{II}}_t|_{t=0}=0 \end{cases} \quad \text{7.2 节} \end{array} \right.$$

行波法 → $u^{\mathrm{I}}(x,t)=\dfrac{1}{2}[\varphi(x+at)+\varphi(x-at)]+\dfrac{1}{2a}\displaystyle\int_{x-at}^{x+at}\psi(\alpha)\mathrm{d}\alpha$（行波法 → 平均值法的解）

冲量原理 → $u^{\mathrm{II}}(x,t)=\dfrac{1}{2a}\displaystyle\int_0^t\int_{x-a(t-\tau)}^{x+a(t-\tau)}f(\alpha,\tau)\mathrm{d}\alpha\mathrm{d}\tau$

两者之和 → u

第八章　分离变量法

在上一章中，我们已经说明，普遍地用行波法那样的先求通解，再用定解条件确定特解的方法来求解偏微分方程有很大的困难，因此，在解偏微分方程时，常常是直接求满足定解条件的特解. 本章将学习的分离变量法就是直接求特解的一种方法，它是解数理方程的重要方法之一，适用于解大量的各种各样的定解问题，特别是在所研究问题的区域是矩形、柱面、球面等情况下，使用更为普遍. 本章将主要讨论用分离变量法求解各种**有界问题**.

下面，我们首先以有界弦的自由振动为例来了解分离变量法的基本要领及解题步骤.

8.1　有界弦的自由振动

考虑长为 l 两端固定的弦的自由振动

$$\begin{cases} u_{tt} = a^2 u_{xx}, & 0 < x < l, t > 0 \quad (8.1.1) \\ \left.\begin{aligned} u|_{x=0} &= 0 \\ u|_{x=l} &= 0 \end{aligned}\right\}, & t \geqslant 0 \quad (8.1.2) \\ \left.\begin{aligned} u|_{t=0} &= \varphi(x) \\ u_t|_{t=0} &= \psi(x) \end{aligned}\right\}, & 0 \leqslant x \leqslant l \quad (8.1.3) \end{cases}$$

由力学的知识我们知道，两端固定的弦的自由振动会形成驻波，这就启示我们尝试从**驻波**出发来解决这样的问题.

1. 分离变量

在力学中，驻波的表达式为

$$u(x,t) = 2A\cos\frac{2\pi x}{\lambda}\cos 2\pi\gamma t$$

这使我们自然想到，对于定解问题(8.1.1)式～(8.1.3)式可设其特解为

$$u(x,t) = X(x)T(t) \tag{8.1.4}$$

其中 $X(x)$和 $T(t)$分别只是变量 x 和 t 的函数. 为了弄清楚定解问题(8.1.1)～(8.1.3)式究竟有什么样的驻波解，应将(8.1.4)式分别代入方程和定解条件中.

将(8.1.4)式代入(8.1.1)式中得

$$XT'' = a^2 X''T$$

即

$$\frac{T''}{a^2 T} = \frac{X''}{X}$$

此式左边是 t 的函数，右边是 x 的函数，t 和 x 是两个独立变数，故只有两边都是常数时，此等式才能成立. 令这常数为 μ，则有

$$\frac{T''}{a^2 T} = \frac{X''}{X} = \mu$$

即

$$X'' - \mu X = 0 \tag{8.1.5}$$

$$T'' - \mu a^2 T = 0 \tag{8.1.6}$$

这样，求解偏微分方程(8.1.1)的问题，就化为了求解两个常微分方程(8.1.5)和(8.1.6)的问题. 方程(8.1.5)和(8.1.6)总是有解的，问题是如何找到满足边界条件(8.1.2)和初始条件(8.1.3)的非零解. 为此

将(8.1.4)式代入边界条件(8.1.2)式得

$$\begin{cases} X(0)T(t) = 0 \\ X(l)T(t) = 0 \end{cases}$$

由于 $T(t)$是 t 的任意函数，它不可能恒为零，故只可能有

$$\begin{cases} X(0) = 0 \\ X(l) = 0 \end{cases} \tag{8.1.7}$$

即，偏微分方程(8.1.1)式的边界条件(8.1.2)式，化为了常微分方程(8.1.5)式的边界条件(8.1.7)式.

将(8.1.4)式代入初始条件(8.1.3)式得

$$\begin{cases} X(x)T(0) = \varphi(x) \\ X(x)T'(0) = \psi(x) \end{cases}$$

由于 $X(x)$是未知的，故显然，要想由此二式得到常微分方程(8.1.6)的初始条件 $T(0)$和 $T'(0)$，必须先求解出 $X(x)$.

2. 本征值问题

让我们考虑定解问题

$$\begin{cases} X'' - \mu X = 0 & (8.1.5) \\ \left.\begin{aligned} X(0) = 0 \\ X(l) = 0 \end{aligned}\right\} & (8.1.7) \end{cases}$$

在(8.1.5)式中，μ 是常数，它不能任意取值，而只能在边界条件(8.1.7)式的限制下取某些特定的值，否则方程(8.1.5)将没有满足边界条件(8.1.7)式的非零解. 这些特定的 μ 值，称为方程(8.1.5)在边界条件(8.1.7)式下的**本征值**(或**固有值**)；相应于不同的 μ，方程(8.1.5)的非零解称为**本征函数**(或**固有函数**). 求本征值 μ 和相应的本

征函数的问题称为**本征值问题**(**固有值问题**).

现在我们来求解方程(8.1.5)、(8.1.7)所构成的本征值问题. μ 的取值,无非有 $\mu=0,\mu>0,\mu<0$ 三种可能.

(1) 若 $\mu=0$,则方程(8.1.5)的解为

$$X(x)=c_1x+c_2$$

其中 c_1,c_2 为任意常数(以下均同). 代入边界条件(8.1.7)式解得 $c_2=0,c_1=0$,于是

$$X(x)\equiv 0$$

可见 μ 不能为零.

(2) 若 $\mu>0$,则此时方程(8.1.5)的解为

$$X(x)=c_1\mathrm{e}^{\sqrt{\mu}x}+c_2\mathrm{e}^{-\sqrt{\mu}x}$$

代入边界条件(8.1.7)式得

$$\begin{cases}c_1+c_2=0\\ c_1\mathrm{e}^{\sqrt{\mu}l}+c_2\mathrm{e}^{-\sqrt{\mu}l}=0\end{cases}$$

解得

$$c_1=0,\quad c_2=0$$

于是

$$X(x)\equiv 0$$

可见 μ 也不能大于零.

(3) 若 $\mu<0$,记 $\mu=-k^2$(k 为实数),则方程(8.1.5)的解为

$$X(x)=c_1\sin kx+c_2\cos kx$$

由边界条件(8.1.7)式得

$$\begin{cases}c_2=0\\ c_1\sin kl=0\end{cases}$$

因为 $c_2=0$,故 c_1 不能为零,否则又将得到零值解. 故上二式成立只可能是

$$\sin kl=0$$

这要求

$$kl=\pm n\pi,\quad n=0,1,2,\cdots$$

但 n 不能取零,否则 $k=0$,又将得到零值解;且 $\pm n$ 给出的两个解只差一个正负号,即,是线性相关的,故

$$k=\frac{n\pi}{l},\quad n=1,2,3,\cdots$$

综上所述,由(8.1.5)式和(8.1.7)式所构成的本征值问题的本征值为

$$\mu=-k^2=-\frac{n^2\pi^2}{l^2},\quad n=1,2,3,\cdots \tag{8.1.8}$$

其相应的本征函数即方程(8.1.5)的解为

$$X_n(x)=c_n\sin\frac{n\pi}{l}x \tag{8.1.9}$$

其中,c_n 为任意常数.

3. 关于 $T(t)$ 的方程的通解

将本征值 $\mu=-\frac{n^2\pi^2}{l^2}$ 代入方程(8.1.6)得

$$T''(t)+\frac{a^2n^2\pi^2}{l^2}T(t)=0$$

此方程的通解为

$$T_n(t)=A'_n\cos\frac{n\pi a}{l}t+B'_n\sin\frac{n\pi a}{l}t$$

其中 A'_n 和 B'_n 为任意常数.故由(8.1.4)式得到,方程(8.1.1)满足边界条件(8.1.2)式的特解是

$$u_n(x,t)=X_n(x)T_n(t)=\left(A_n\cos\frac{n\pi a}{l}t+B_n\sin\frac{n\pi a}{l}t\right)\sin\frac{n\pi x}{l},\quad n=1,2,3,\cdots \tag{8.1.10}$$

其中 $A_n=A'_nC_n$,$B_n=B'_nC_n$.(8.1.10)式表示的特解有无穷多个,但一般说来,其中的任意一个并不一定能满足初始条件(8.1.3),因为当 $t=0$ 时

$$\begin{cases}u_n(x,0)=A_n\sin\dfrac{n\pi}{l}x\\ \left.\dfrac{\partial u_n}{\partial t}\right|_{t=0}=B_n\dfrac{n\pi a}{l}\sin\dfrac{n\pi x}{l}\end{cases}$$

而初值 $\varphi(x)$ 和 $\psi(x)$ 是任意函数,因此这些特解 $u_n(x,t)$ 中的任意一个,一般还不是问题的解.

4. 有界弦的自由振动的解

注意到方程(8.1.1)和边界条件(8.1.2)式均是线性的,故由叠加原理,把(8.1.10)式中所表示的特解叠加起来,得到的

$$u(x,t)=\sum_{n=1}^{\infty}u_n(x,t)=\sum_{n=1}^{\infty}\left(A_n\cos\frac{n\pi a}{l}t+B_n\sin\frac{n\pi a}{l}t\right)\sin\frac{n\pi}{l}x \tag{8.1.11}$$

仍然是方程(8.1.1)满足边界条件(8.1.2)式的解.为使此解满足初始条件,将(8.1.11)式代入初始条件(8.1.3)式,则得

$$\begin{cases}\varphi(x)=\displaystyle\sum_{n=1}^{\infty}A_n\sin\frac{n\pi}{l}x\\ \psi(x)=\displaystyle\sum_{n=1}^{\infty}B_n\frac{n\pi a}{l}\sin\frac{n\pi x}{l}\end{cases}$$

这恰好是 $\varphi(x)$ 和 $\psi(x)$ 的正弦展开①,于是

$$A_n=\frac{2}{l}\int_0^l\varphi(\alpha)\sin\frac{n\pi\alpha}{l}\mathrm{d}\alpha \tag{8.1.12}$$

$$B_n=\frac{2}{n\pi a}\int_0^l\psi(\alpha)\sin\frac{n\pi\alpha}{l}\mathrm{d}\alpha \tag{8.1.13}$$

可见(8.1.11)式就是定解问题(8.1.1)～(8.1.3)式的解，其中系数 A_n 和 B_n 分别由(8.1.12)和(8.1.13)式给出. 由傅里叶级数理论知，若在区间$[0,l]$中 $\varphi(x)$有直到二阶的连续导数，分段连续的三阶导数；$\psi(x)$有连续的一阶导数，分段连续的二阶导数，并且它们符合齐次边界条件，则系数由(8.1.12)式和(8.1.13)式给出的解(8.1.11)式存在[②].

5. 解的物理意义

(8.1.10)式可重新改写为

$$u_n(x,t)=N_n\cos(\omega_n t-\delta_n)\sin\frac{n\pi x}{l}$$

其中

$$N_n^2=A_n^2+B_n^2,\quad \omega_n=\frac{n\pi a}{l},\quad \delta_n=\arctan\frac{B_n}{A_n}$$

可见 $u_n(x,t)$代表一个驻波，$N_n\sin\frac{n\pi}{l}x$ 代表弦上各点的**振幅**分布，$\cos(\omega_n t-\delta_n)$是**相位**因子，$\omega_n$ 是弦振动的**固有频率**(或本征频率)，δ_n 是**初相位**. 对于每一个 n，弦上各点都以相同的频率 ω_n，相同的初相位 δ_n 振动. 当 $x_m=\frac{ml}{n}(m=0,1,\cdots,n)$时，$\sin\frac{n\pi}{l}x_m=\sin m\pi=0$，即这些点振幅为零，保持不动，称为**节点**(连同两端点在内节点共有 $n+1$ 个)；当 $x_k=\frac{2k-1}{2n}l(k=1,2,\cdots n)$时，$\sin\frac{n\pi}{l}x_k=\sin\frac{2k-1}{2}\pi=\pm1$，即这些点振幅为$\pm N_n$，达到最大值，称为**腹点**(有 n 个). 弦的振动 $u(x,t)=\sum_{n=1}^{\infty}u_n$，表示一系列振幅不同、频率不同、相位不同的驻波的叠加. 我们称 $n=1$ 的驻波为**基波**；$n=2$ 的驻波为**二次谐波**，以此类推. 图 8.1 画出了 $n=1,2,3$ 的驻波的形状，在节点处这些波看起来就好像没动一样，这亦正是我们称之为驻波的原因(驻是停止的意思).

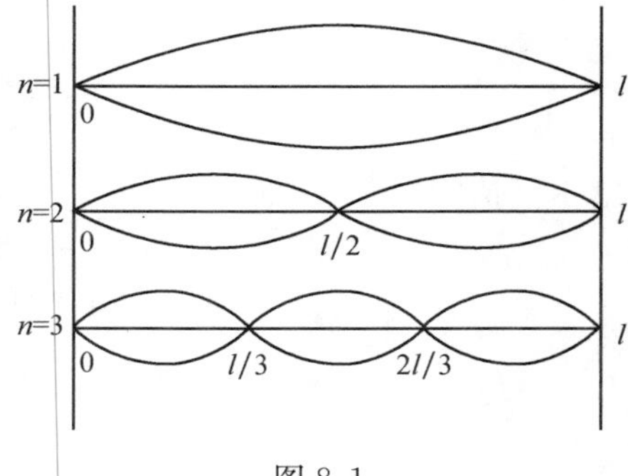

图 8.1

6. 分离变量法

由前文对于有界弦的自由振动的求解我们看到

(1) 虽然我们是从驻波引出解题的线索，但是在整个求解过程中跟驻波并没有联系，因此这种解题方法完全可以推广应用于各种定解问题，如扩散问题、稳定场问题等. 按照它的特点我们称之为**分离变量法**. 其主要精神是：把未知函数按自变量(包括多个自变量的情况)的单元函数分开[如，令 $u(x,t)=X(x)T(t)$]，从而将解偏微分方程的问题化为解常微分方程的问题.

(2) 用分离变量法求解偏微分方程问题.一般要经历如下四项步骤:

① 对齐次方程和齐次边界条件分离变量;

② 解关于空间因子的常微方程的本征值问题;

③ 求其他常微分方程的解,与本征函数相乘,得到特解;

④ 叠加,由初始条件或非齐次边界条件(后者在求解狄氏问题时将涉及到,见本节例题)确定叠加系数,而最后得所求定解问题的解.

例 考察在矩形薄板内稳定状态的温度分布,板的两对边绝热,而其余的两边一边温度保持为零,另一边的温度由 $f(x)$规定.

解 其定解问题可表示为

$$\begin{cases} u_{xx}+u_{yy}=0, \quad 0<x<a, 0<y<b & (8.1.14) \\ \left.\begin{matrix} u_x\big|_{x=0}=0 \\ u_x\big|_{x=a}=0 \end{matrix}\right\} & (8.1.15) \\ u\big|_{y=b}=0 & (8.1.16) \\ u\big|_{y=0}=f(x) & (8.1.17) \end{cases}$$

令

$$u(x,y)=X(x)Y(y) \tag{8.1.18}$$

代入齐次方程(8.1.14)和齐次边界条件(8.1.15)、(8.1.16)式得

$$X''-\mu X=0$$

$$Y''+\mu Y=0$$

$$\begin{cases} X'(0)=0 \\ X'(a)=0 \end{cases}$$

$$Y(b)=0$$

解本征值问题

$$\begin{cases} X''-\mu X=0 \\ X'(0)=0, \quad X'(a)=0 \end{cases}$$

得

$$\mu=-\frac{n^2\pi^2}{a^2}, \quad n=0,1,2,\cdots$$

$$X_n(x)=A_n\cos\frac{n\pi}{a}x$$

将 $\mu=-\dfrac{n^2\pi^2}{a^2}$代入 $Y(y)$的方程得

$$Y''-\frac{n^2\pi^2}{a^2}Y=0$$

其通解为

$$Y(y)=\begin{cases} C_0y+D_0, \quad n=0 \\ C\operatorname{ch}\dfrac{n\pi}{a}y+D\operatorname{sh}\dfrac{n\pi}{a}y=E\operatorname{sh}\dfrac{n\pi}{a}(y+F), \quad n\neq 0 \end{cases}$$

其中

$$E=\sqrt{D^2-C^2},\quad F=\frac{a}{n\pi}\operatorname{arctanh}\frac{C}{D}$$

由边界条件 $Y(b)=0$ 有

$$\begin{cases}C_0b+D_0=0, & n=0\\ E\ \mathrm{sh}\,\dfrac{n\pi}{a}(b+F)=0, & n\neq 0\end{cases}$$

故有

$$C_0=-\frac{D_0}{b},\quad F=-b\quad E\neq 0$$

因此

$$Y_n(y)=\begin{cases}D_0\,\dfrac{b-y}{b}, & n=0\\ E_n\ \mathrm{sh}\,\dfrac{n\pi}{a}(y-b), & n\neq 0\end{cases}$$

而由(8.1.18)式有

$$\begin{aligned}u_n(x,y)&=X_n(x)Y_n(y)\\&=\begin{cases}\dfrac{a_0}{2}\,\dfrac{b-y}{b}, & n=0\\ a_n\cos\dfrac{n\pi}{a}x\ \mathrm{sh}\,\dfrac{n\pi}{a}(y-b), & n\neq 0\end{cases}\end{aligned}$$

其中，$\frac{a_0}{2}=A_0D_0$，$a_n=A_nE_n$，于是我们有

$$\begin{aligned}u(x,y)&=\sum_{n=0}^{\infty}u_n(x,y)\\&=\frac{a_0}{2}\,\frac{b-y}{b}+\sum_{n=1}^{\infty}a_n\cos\frac{n\pi x}{a}\mathrm{sh}\,\frac{n\pi}{a}(y-b)\end{aligned}$$

将之代入非齐次边界条件(8.1.17)式得

$$f(x)=\frac{a_0}{2}+\sum_{n=1}^{\infty}a_n\cos\frac{n\pi x}{a}\mathrm{sh}\left(-\frac{n\pi b}{a}\right)$$

故

$$a_0=\frac{2}{a}\int_0^a f(x)\,\mathrm{d}x$$

$$a_n=\frac{-2}{a\ \mathrm{sh}\,\dfrac{n\pi b}{a}}\int_0^a f(x)\cos\frac{n\pi x}{a}\mathrm{d}x,\quad n=1,2,\cdots$$

于是此问题的解为

$$u(x,y)=\frac{b-y}{b}\,\frac{a_0}{2}+\sum_{n=1}^{\infty}a_n^*\,\frac{\mathrm{sh}\,\dfrac{n\pi}{a}(b-y)}{\mathrm{sh}\,\dfrac{n\pi b}{a}}\cos\frac{n\pi x}{a}$$

其中 $a_n^*=\frac{2}{a}\int_0^a f(x)\cos\frac{n\pi x}{a}\mathrm{d}x$.

注 ① 设以 $2l$ 为周期的函数 $f(x)$ 在 $[-l,l]$ 上可以展开为三角级数

$$f(x)=\frac{a_0}{2}+\sum_{n=1}^{\infty}\left(a_n\cos\frac{n\pi}{l}x+b_n\sin\frac{n\pi}{l}x\right) \tag{8.1.19}$$

则

$$a_n=\frac{1}{l}\int_{-l}^{l}f(x)\cos\frac{n\pi}{l}x\mathrm{d}x,\quad n=0,1,\cdots \tag{8.1.20}$$

$$b_n=\frac{1}{l}\int_{-l}^{l}f(x)\sin\frac{n\pi x}{l}\mathrm{d}x,\quad n=1,2,\cdots \tag{8.1.21}$$

若 $f(x)$ 为奇函数，则

$$f(x)=\sum_{n=1}^{\infty}b_n\sin\frac{n\pi x}{l} \tag{8.1.22}$$

其中

$$b_n=\frac{2}{l}\int_0^l f(x)\sin\frac{n\pi}{l}x\mathrm{d}x,\quad n=1,2,\cdots \tag{8.1.23}$$

若 $f(x)$ 为偶函数，则

$$f(x)=\frac{a_0}{2}+\sum_{n=1}^{\infty}a_n\cos\frac{n\pi}{l}x \tag{8.1.24}$$

其中

$$a_n=\frac{2}{l}\int_0^l f(x)\cos\frac{n\pi}{l}x\mathrm{d}x,\quad n=0,1,2,\cdots \tag{8.1.25}$$

② 参见 В. И. 斯米尔诺夫，高等数学教程，第二卷 p157.

习　题　8.1

1. 考察长为 l 的均匀细杆的导热问题. 若

(1) 杆的两端温度保持零度；

(2) 杆的两端均绝热；

(3) 杆的一端为恒温零度，另一端绝热；

设杆的初始温度分布均为 $\varphi(x)$；试用分离变量法求在这三种不同情况下的杆的导热问题的解，并注意其本征函数的差异.

2. 今有一弦，其两端被钉子钉紧作自由振动，其初位移为

$$\varphi(x)=\begin{cases}hx, & 0\leqslant x\leqslant 1\\ h(2-x), & 1\leqslant x\leqslant 2\end{cases}$$

初速度为零，试求弦的振动(其中 h 为已知常数).

3. 求下列定解问题：

(1) $\begin{cases}u_{tt}=a^2u_{xx}, & 0<x<\pi,t>0\\ \left.\begin{array}{l}u(x,0)=3\sin x\\ u_t(x,0)=0\end{array}\right\}, & 0\leqslant x\leqslant\pi\\ u(0,t)=u(\pi,t)=0\end{cases}$；

(2) $\begin{cases}u_{tt}-a^2u_{xx}=0, & 0<x<\pi,t>0\\ \left.\begin{array}{l}u(x,0)=x^3\\ u_t(x,0)=0\end{array}\right\}, & 0\leqslant x\leqslant\pi\\ u(0,t)=u_x(\pi,t)=0\end{cases}$；

(3) $\begin{cases}u_t=4u_{xx}, & 0<x<1,t>0\\ u(x,0)=0, & 0\leqslant x\leqslant 1\\ u(0,t)=u(1,t)=N_0\end{cases}$；

(4) $\begin{cases}u_{xx}+u_{yy}=0, & 0<x<1,0<y<1\\ \left.\begin{array}{l}u(x,0)=x(x-1)\\ u(x,1)=0\end{array}\right\}, & 0\leqslant y\leqslant 1\\ u(0,y)=u(1,y)=0, & 0\leqslant x\leqslant 1\end{cases}$.

4. 求阻尼波动问题的解

$$\begin{cases} u_{tt} + a u_t = c^2 u_{xx}, & 0 < x < l, t > 0 \\ \left.\begin{aligned} u(x,0) &= 0 \\ u_t(x,0) &= g(x) \end{aligned}\right\}, & 0 \leqslant x \leqslant l \\ u(0,t) = u(l,t) = 0, & t \geqslant 0 \end{cases}$$

5. 均匀细杆长为 l,在 $x=0$ 端固定,而另一端受着一个沿杆长的方向的力 Q,如果在开始一瞬间,突然停止这个力的作用,求杆的纵向振动.

6. 长为 $2l$ 的均匀细杆,被作用在二端的压力压缩成 $2l(1-\varepsilon)$,在 $t=0$ 时,把这个荷载移去,试证:若 $x=0$ 是杆的中点,则在时刻 t,坐标为 x 的杆的截面位移 $u(x,t)$ 由下式确定:

$$u(x,t) = \frac{8\varepsilon l}{\pi^2} \sum_{n=0}^{\infty} \frac{(-1)^{n+1}}{(2n+1)^2} \sin \frac{(2n+1)}{2l} \pi x \cos \frac{(2n+1)\pi a}{2l} t$$

7. 求下列高维波动问题的解:

$$\begin{cases} u_{tt} = a^2 \Delta u, \quad 0 < x < 1, 0 < y < 1, 0 < z < 1, t > 0 \\ u(x,y,z;0) = \sin\pi x \sin\pi y \sin\pi z \\ u_t(x,y,z;0) = 0 \\ u(0,y,z;t) = u(1,y,z;t) = 0 \\ u(x,0,z;t) = u(x,1,z;t) = 0 \\ u(x,y,0;t) = u(x,y,1;t) = 0 \end{cases}$$

8. 长为 l 的柱形管,一端封闭,另一端开放,管外空气中含有某种气体,其浓度为 u_0,向管内扩散,求该气体在管内的浓度.

9. 求解杆的横振动问题

$$\begin{cases} u_{tt} + a^2 u_{xxxx} = 0, 0 < x < l \\ u\big|_{x=0} = u_{xx}\big|_{x=0} = 0 \\ u\big|_{x=l} = u_{xx}\big|_{x=l} = 0 \\ u\big|_{t=0} = \varphi(x) \\ u_t\big|_{t=0} = \psi(x) \end{cases}$$

10. 边长为 b 的方形薄膜,边缘固定,开始时膜上各点的位移是 $Axy(b-x)(b-y)$(A 为常数),求它从静止开始的自由振动情况.

11. 求量子力学中处于如下一维无限深势阱中粒子的状态:

$$\begin{cases} \mathrm{i}\hbar \dfrac{\partial}{\partial t}\psi(x,t) = -\dfrac{\hbar^2}{2\mu} \dfrac{\partial^2}{\partial x^2}\psi(x,t) \\ \psi(-a,t) = \psi(a,t) = 0 \\ \psi(x,0) = \dfrac{1}{\sqrt{a}} \sin \dfrac{\pi}{a}(x+a) \end{cases}$$

提示:令分离变量常数为 E,求得的 E_n 即为粒子能量.

12. 设有一由 $x=0, y=0, z=0$ 和 $x=a, y=b, z=c$ 六个面所围成的长方形盒,盒的 $z=c$ 的面上的电势为 $f(x,y)$,其余各个面的电势均为零,求盒内任一点处的电势. 若盒的六个面上的电势均不为零,则该盒内的电势又该如何求?

13. 求解如下电报方程的定解问题：

$$\begin{cases}u_{tt}-a^2u_{xx}+2bu_t+cu=0(0<x<l,t>0)\\u(x,0)=\varphi(x),u_t(x,0)=\psi(x)(0<x<l)\quad(其中,b,c>0)\\u(0,t)=0,u(0,l)=0(t>0)\end{cases}$$

8.2 非齐次方程 纯强迫振动

现考虑有界弦(或杆)的纯强迫振动

$$\begin{cases}u_{tt}=a^2u_{xx}+f(x,t) & (8.2.1)\\ \left.\begin{array}{l}u|_{x=0}=0\\u|_{x=l}=0\end{array}\right\} & (8.2.2)\\ \left.\begin{array}{l}u|_{t=0}=0\\u_t|_{t=0}=0\end{array}\right\} & (8.2.3)\end{cases}$$

由于方程中非齐次项 $f(x,t)$ 的出现，所以，若直接以 $u(x,t)=X(x)T(t)$ 代入方程，不能实现变量分离. 由此，我们自然想到解非齐次线性常微分方程的常数变易法，类似地先考虑与非齐次方程(8.2.1)所对应的齐次问题.

1. 对应齐次问题的本征函数

定解问题(8.2.1)～(8.2.3)式所对应的齐次问题为

$$\begin{cases}u_{tt}=a^2u_{xx}\\u|_{x=0}=0\\u|_{x=l}=0\end{cases}$$

通过分离变量[$u(x,t)=X(x)T(t)$]后，得到的本征值问题为

$$\begin{cases}X''-\mu X=0\\X(0)=0,\quad X(l)=0\end{cases}$$

由此解得本征函数为

$$X_n(x)=C_n\sin\frac{n\pi x}{l},\quad n=1,2,3,\cdots$$

2. $T_n(t)$ 的方程的解

仿照常数变易法，令

$$u(x,t)=\sum_{n=1}^{\infty}T_n(t)\sin\frac{n\pi}{l}x \tag{8.2.4}$$

并将之代入方程(8.2.1)得

$$\sum_{n=1}^{\infty}\left[T''_n(t)+\left(\frac{an\pi}{l}\right)^2T_n(t)\right]\sin\frac{n\pi x}{l}=f(x,t)$$

此等式的左边是右边的函数 $f(x,t)$ 对于变量 x 的傅里叶正弦展开，故由傅里叶级数

(简称傅氏级数)的系数公式(8.1.23)式有

$$T''_n(t)+\left(\frac{an\pi}{l}\right)^2 T_n(t)=f_n(t) \tag{8.2.5}$$

其中

$$f_n(t)=\frac{2}{l}\int_0^l f(\alpha,t)\sin\frac{n\pi\alpha}{l}\mathrm{d}\alpha \tag{8.2.6}$$

又将(8.2.4)式代入初始条件(8.2.3)得

$$\begin{cases}\sum\limits_{n=1}^{\infty}T_n(0)\sin\dfrac{n\pi}{l}x=0\\ \sum\limits_{n=1}^{\infty}T'_n(0)\sin\dfrac{n\pi x}{l}=0\end{cases}$$

比较等式两边展开式的系数有

$$\begin{cases}T_n(0)=0\\ T'_n(0)=0\end{cases} \tag{8.2.7}$$

由常微分方程的常数变易法①(或本篇 9.3 节例 4)可求得关于常微分方程 $T_n(t)$ 的定解问题(8.2.5)和(8.2.7)式的解为

$$T_n(t)=\frac{l}{n\pi a}\int_0^t f_n(\tau)\sin\frac{n\pi a}{l}(t-\tau)\mathrm{d}\tau \tag{8.2.8}$$

3. 有界弦(杆)的纯强迫振动的解

将(8.2.8)式代入(8.2.4)式得定解问题(8.2.1)～(8.2.2)式的解为

$$u(x,t)=\sum_{n=1}^{\infty}\left[\frac{l}{n\pi a}\int_0^t f_n(\tau)\sin\frac{n\pi a}{l}(t-\tau)\mathrm{d}\tau\right]\sin\frac{n\pi}{l}x \tag{8.2.9}$$

其中 $f_n(t)$ 由(8.2.6)式给出.

4. 本征函数法

以上求解非齐次方程的方法,显然也适用于求解带有其他齐次边界条件的各类非齐次方程,其主要步骤是

(1) 用分离变量法求得对应的齐次问题(即对应的齐次方程连同齐次边界条件)的本征函数.

(2) 将未知函数 $u(x,t)$[或 $u(x,y)$ 等]按上面求得的本征函数展开,其展开系数为另一变量的函数,代入非齐次方程和初始条件(或另一变量的边界条件),得到关于时间因子的常微分方程的初值问题(或另一单元函数的常微分方程的边值问题),用常数变易法或拉氏变换法(见本篇第九章)可求得其解.

(3) 将所求得的解代入未知函数的展开式中,即得到原定解问题的解. 这种分离变量的方法按其特点又叫**本征函数**(或固有函数)**法**.

例 求解定解问题

$$\begin{cases} u_t - a^2 u_{xx} = A\sin\omega t & (8.2.10) \\ u_x|_{x=0} = 0, \quad u_x|_{x=l} = 0 & (8.2.11) \\ u|_{t=0} = 0 & (8.2.12) \end{cases}$$

解 对应的齐次方程的本征值问题为

$$\begin{cases} X'' - \mu X = 0 \\ X'(0) = 0, \quad X'(l) = 0 \end{cases}$$

求解得本征函数

$$X_n(x) = C_n \cos\frac{n\pi}{l}x, \quad n = 0, 1, 2, \cdots$$

令

$$u = \sum_{n=0}^{\infty} T_n(t)\cos\frac{n\pi x}{l} \tag{8.2.13}$$

代入方程(8.2.10)和初始条件(8.2.12)式得

$$\begin{cases} \sum_{n=0}^{\infty}\left[T'_n(t) + \left(\frac{n\pi a}{l}\right)^2 T_n(t)\right]\cos\frac{n\pi x}{l} = A\sin\omega t \\ \sum_{n=0}^{\infty} T_n(0)\cos\frac{n\pi x}{l} = 0 \end{cases}$$

比较等式两边傅里叶余弦展开的系数有

$$\begin{cases} T'_0(t) = A\sin\omega t \\ T_0(0) = 0 \end{cases}, \quad n = 0$$

$$\begin{cases} T'_n(t) + \left(\frac{n\pi a}{l}\right)^2 T_n(t) = 0 \\ T_n(0) = 0 \end{cases}, \quad n = 1, 2, 3, \cdots$$

解之得

$$T_0(t) = \frac{A}{\omega}(1 - \cos\omega t); T_n(t) = 0, \quad n = 1, 2, 3, \cdots$$

代入(8.2.13)式得到本定解问题的解为

$$u(x,t) = \frac{A}{\omega}(1 - \cos\omega t)$$

不难看出用本征函数法求解非齐次方程的定解问题时，若初始条件(或另一变量的边界条件)是非零值(或非齐次)的，例如，若定解问题(8.2.1)式和(8.2.2)式带有非零值初始条件

$$\begin{cases} u|_{t=0} = \varphi(x) \\ u_t|_{t=0} = \psi(x) \end{cases}$$

则当我们将展开式(8.2.4)代入方程(8.2.1)和上述非零值初始条件时，不仅会得到非齐次的常微分方程(8.2.5)，还会得到非零值的初始条件

$$\begin{cases} T_n(0) = \dfrac{2}{l}\displaystyle\int_0^l \varphi(\alpha)\sin\frac{n\pi}{l}\alpha\,\mathrm{d}\alpha \\ T'_n(0) = \dfrac{2}{l}\displaystyle\int_0^l \psi(\alpha)\sin\frac{n\pi}{l}\alpha\,\mathrm{d}\alpha \end{cases}$$

我们固然可以直接求解这一常微分方程的初值问题，但不免增加求解的困难. 对于这类问题，由于方程和定解条件都是线性的，故我们往往利用叠加原理，即令

$$u(x,t) = u^{\mathrm{I}}(x,t) + u^{\mathrm{II}}(x,t)$$

使 u^{I} 和 u^{II} 分别满足定解问题

$$\begin{cases} u_{tt}^{\mathrm{I}} = a^2 u_{xx}^{\mathrm{I}} \\ u^{\mathrm{I}}\big|_{x=0} = 0, u^{\mathrm{I}}\big|_{x=l} = 0 \\ u^{\mathrm{I}}\big|_{t=0} = \varphi(x), u_t^{\mathrm{I}}\big|_{t=0} = \psi(x) \end{cases} \quad \text{和} \quad \begin{cases} u_{tt}^{\mathrm{II}} = a^2 u_{xx}^{\mathrm{II}} + f(x,t) \\ u^{\mathrm{II}}\big|_{x=0} = 0, u^{\mathrm{II}}\big|_{x=l} = 0 \\ u^{\mathrm{II}}\big|_{t=0} = 0, u_t^{\mathrm{II}}\big|_{t=0} = 0 \end{cases}$$

于是，用 8.1 节和本节的方法，分别可求得 u^{I} 和 u^{II}，从而可求得 $u(x,t)$.

注 ① 由高等数学中的常数变易法知，对于二阶线性非齐次常微分方程

$$y''(x) + p(x)y'(x) + q(x)y(x) = f(x) \tag{8.2.14}$$

若对应的齐次方程

$$y''(x) + p(x)y'(x) + q(x)y(x) = 0$$

有通解

$$y(x) = c_1 y_1(x) + c_2 y_2(x)$$

其中 c_1, c_2 为常数，则非齐次方程(8.2.14)有特解

$$y(x) = c_1(x)y_1(x) + c_2(x)y_2(x)$$

其中 $c_1(x)$ 和 $c_2(x)$ 可由解方程组

$$\begin{cases} c'_1(x)y_1(x) + c'_2(x)y_2(x) = 0 \\ c'_1(x)y'_1(x) + c'_2(x)y'_2(x) = f(x) \end{cases}$$

求得.

习 题 8.2

1. 求解具有放射性衰变的热传导方程

$$u_t = a^2 u_{xx} + A\mathrm{e}^{-\alpha t}, \quad 0 < x < l, t > 0$$

已知边界条件为

$$u\big|_{x=0} = 0, \quad u\big|_{x=l} = 0$$

初始条件为

$$u\big|_{t=0} = T_0\ (\text{常数})$$

2. 一长为 l 的均匀弦，弦上每一点受外力作用，其力密度为 bxt，若弦的二端是自由的，而初始位移为零，初始速度为 $(l-x)$，试求弦的横振动.

3. 求解下列定解问题：

(1) $\begin{cases} u_{tt} = a^2 u_{xx} + Ax, \quad 0<x<l, t>0 \\ u(x,0) = 0, u_t(x,0) = 0 \\ u(0,t) = 0, u(l,t) = 0 \end{cases}$； (2) $\begin{cases} u_t - a^2 u_{xx} = A\sin\omega t, \quad 0<x<l, t>0 \\ u\big|_{x=0} = u_x\big|_{x=l} = 0 \\ u\big|_{t=0} = 0 \end{cases}$；

(3) $\begin{cases} u_{xx} + u_{yy} = A, \quad 0<x<a, 0<y<b \\ u\big|_{x=0} = u\big|_{x=a} = 0 \\ u\big|_{y=0} = u\big|_{y=b} = 0 \end{cases}$； (4) $\begin{cases} u_{tt} = a^2 u_{xx} + A\mathrm{e}^{-t}\cos\dfrac{\pi}{2l}x \\ u(x,0) = 0, u_t(x,0) = 0 \\ u_x(0,t) = 0, u(l,t) = 0 \end{cases}$.

4. 在第七章中我们曾用冲量原理在达朗贝尔公式的基础上求得了无界弦的纯强迫振动的解. 试用冲量原理求出有界弦的纯强迫振动的解(8.2.9)式.

5. 均匀导线,每单位长的电阻为 r,通以恒定的电流 I,导线表面跟周围温度为零的介质进行热交换,试求导线上温度的变化. 设初始温度和两端温度都为零,h 是热交换系数.

8.3　非齐次边界条件的处理

以上两节所讨论的问题,都基于边界条件是齐次的. 但我们所遇到的实际问题,并非尽然,而往往是非齐次的边界条件更多. 现以具有非齐次边界条件的有界弦的自由振动为例来研究这一问题. 即

$$\begin{cases} u_{tt} - a^2 u_{xx} = 0 & (8.3.1) \\ \left.\begin{aligned} u|_{x=0} &= g(t) \\ u|_{x=l} &= h(t) \end{aligned}\right\} & (8.3.2) \\ \left.\begin{aligned} u|_{t=0} &= \varphi(x) \\ u_t|_{t=0} &= \psi(x) \end{aligned}\right\} & (8.3.3) \end{cases}$$

此时,对于边界条件(8.3.2)式将无法应用分离变量法,因为若将分离变数形式的解 $u(x,t)=X(x)T(t)$ 代入(8.3.2)式,就会得到 $X(0)=\dfrac{g(t)}{T(t)}, X(l)=\dfrac{h(t)}{T(t)}$ 两个不能确定的值,即不能引出任何边界条件,所以首先必须把边界条件齐次化.

1. 边界条件的齐次化

为此,我们引入新的未知函数 $v(x,t)$ 和辅助函数 $w(x,t)$,令

$$u(x,t) = v(x,t) + w(x,t) \tag{8.3.4}$$

若能找到函数 $w(x,t)$,使它具备性质

$$\begin{cases} w|_{x=0} = g(t) \\ w|_{x=l} = h(t) \end{cases} \tag{8.3.5}$$

则新未知函数 $v(x,t)=u(x,t)-w(x,t)$,便满足齐次边界条件

$$\begin{cases} v|_{x=0} = 0 \\ v|_{x=l} = 0 \end{cases}$$

2. 辅助函数 $w(x,t)$ 的选取

由此看来,问题的关键是寻找一个满足条件(8.3.5)式的函数 $w(x,t)$. 实际上,对于任意固定的 t,满足(8.3.5)式的 $w(x,t)$ 所表示的是,过 x-w 平面上$[0,g(t)]$和$[l,h(t)]$两点的曲线. 这种曲线有很多条,最简单的是直线,令之为

$$w(x,t) = A(t)x + B(t)$$

其中,$A(t)$ 和 $B(t)$ 均为 t 的函数. 于是,由(8.3.5)式有

$$\begin{cases}B(t)=g(t)\\A(t)l+B(t)=h(t)\end{cases}$$

从而求得

$$\begin{cases}B(t)=g(t)\\A(t)=\dfrac{h(t)-g(t)}{l}\end{cases}$$

故有

$$w(x,t)=\frac{h(t)-g(t)}{l}x+g(t) \tag{8.3.6}$$

这样一来,定解问题(8.3.1)~(8.3.3)式便转化为关于 $v(x,t)$ 的定解问题

$$\begin{cases}v_{tt}-a^2v_{xx}=-(w_{tt}-a^2w_{xx}) & (8.3.7)\\ \left.\begin{aligned}v|_{x=0}=0\\ v|_{x=l}=0\end{aligned}\right\} & (8.3.8)\\ \left.\begin{aligned}v|_{t=0}=\varphi(x)-w(x,0)\\ v_t|_{t=0}=\psi(x)-w_t(x,0)\end{aligned}\right\} & (8.3.9)\end{cases}$$

这正是上节我们介绍过的带有齐次边界条件的非齐次方程的定解问题,可用上节介绍过的本征函数法来求解.

例 1　研究一端固定,一端作周期运动 $\sin\omega t$ 的弦振动.

解　其定解问题为

$$\begin{cases}u_{tt}-a^2u_{xx}=0, & 0<x<l\\u(0,t)=0,u(l,t)=\sin\omega t\\u(x,0)=u_t(x,0)=0, & 0\leqslant x\leqslant l\end{cases}$$

令

$$u(x,t)=v(x,t)+w(x,t)$$

由(8.3.6)式选

$$w(x,t)=\frac{\sin\omega t}{l}x+0=\frac{x}{l}\sin\omega t$$

则(8.3.7)~(8.3.9)式变为

$$\begin{cases}v_{tt}-a^2v_{xx}=\dfrac{\omega^2}{l}x\sin\omega t\\v(0,t)=v(l,t)=0\\v(x,0)=0,\quad v_t(x,0)=-\dfrac{\omega}{l}x\end{cases}$$

又令 $v(x,t)=v^{\mathrm{I}}(x,t)+v^{\mathrm{II}}(x,t)$,其中

$$\begin{cases}v_{tt}^{\mathrm{I}}-a^2v_{xx}^{\mathrm{I}}=0\\v^{\mathrm{I}}(0,t)=v^{\mathrm{I}}(l,t)=0\\v^{\mathrm{I}}(x,0)=0,\quad v_t^{\mathrm{I}}(x,0)=-\dfrac{\omega}{l}x\end{cases}$$

$$\begin{cases} v_{tt}^{\mathrm{II}} - a^2 v_{xx}^{\mathrm{II}} = \dfrac{\omega^2}{l} x \sin\omega t \\ v^{\mathrm{II}}(0,t) = v^{\mathrm{II}}(l,t) = 0 \\ v^{\mathrm{II}}(x,0) = v_t^{\mathrm{II}}(x,0) = 0 \end{cases}$$

记 $\omega_n = \dfrac{n\pi}{l}a$，解之得

$$v^{\mathrm{I}}(x,t) = \sum_{n=1}^{\infty} (-1)^n \frac{2\omega l}{a(n\pi)^2} \sin\omega_n t \sin\frac{n\pi x}{l}$$

$$\begin{aligned} v^{\mathrm{II}}(x,t) &= \sum_{n=1}^{\infty} (-1)^{n+1} \frac{\omega^2 l}{a(n\pi)^2} \left[\frac{\sin\omega t + \sin\omega_n t}{\omega + \omega_n} - \frac{\sin\omega_n t - \sin\omega t}{\omega_n - \omega} \right] \sin\frac{n\pi}{l}x \\ &= \sum_{n=1}^{\infty} (-1)^{n+1} \frac{2\omega^2 l}{a(n\pi)^2} \frac{\omega \sin\omega_n t - \omega_n \sin\omega t}{\omega^2 - \omega_n^2} \sin\frac{n\pi x}{l} \end{aligned}$$

将 $w(x,t)$ 按 $\sin\dfrac{n\pi}{l}x$ 展开得

$$w(x,t) = \sum_{n=1}^{\infty} (-1)^{n+1} \frac{2}{n\pi} \sin\omega t \sin\frac{n\pi}{l}x$$

故立即可求得该问题的解 $u(x,t)$ 为

$$u(x,t) = \sum_{n=1}^{\infty} \frac{(-1)^n 2n\pi}{l^2(\omega^2 - \omega_n^2)} \sin\omega t \sin\frac{n\pi}{l}x - \sum_{n=1}^{\infty} \frac{(-1)^n 2\omega}{al(\omega^2 - \omega_n^2)} \sin\omega_n t \sin\frac{n\pi}{l}x$$

3. 其他类非齐次边界条件的处理

以上处理非齐次边界条件的方法，也适用于附有其他非齐次边界条件的各类定解问题，但有时需选择 $w(x,t)$ 为 x 的二次式，否则系数 $A(t)$、$B(t)$ 无法确定. 如，

$$\begin{cases} u_t - Du_{xx} = 0 \\ u_x|_{x=0} = g(t), \quad u_x|_{x=l} = h(t) \end{cases}$$

为使边界条件齐次化，需选择 $w(x,t)$，使 $\omega_x|_{x=0} = g(t)$，$w_x|_{x=l} = h(l)$. 此时若选 $w = A(t)x + B(t)$，则无法将边界条件代入来确定 $A(t)$、$B(t)$. 但若选择

$$w = A(t)x^2 + B(t)x + C(t)$$

则

$$\begin{cases} w_x|_{x=0} = 2A(t) \cdot 0 + B(t) = g(t) \\ w_x|_{x=l} = 2A(t) \cdot l + B(t) = h(t) \end{cases}$$

由此得

$$\begin{cases} A(t) = \dfrac{h(t) - g(t)}{2l} \\ B(t) = g(t) \end{cases}$$

至于 $C(t)$，对边界条件不起作用，它是作为"机动函数"出现的，不妨取为零.

对于描绘稳定现象的定解问题，显然，不必要求(也不可能要求)所有的边界条件都是齐次的.

例 2 研究如图 8.2 所示的半带形区域内的电势 $u(x,y)$. 已知边界 $x=0$ 和 $y=0$ 上的电势都是零，而边界 $x=a$ 上的电势为 u_0（常数）.

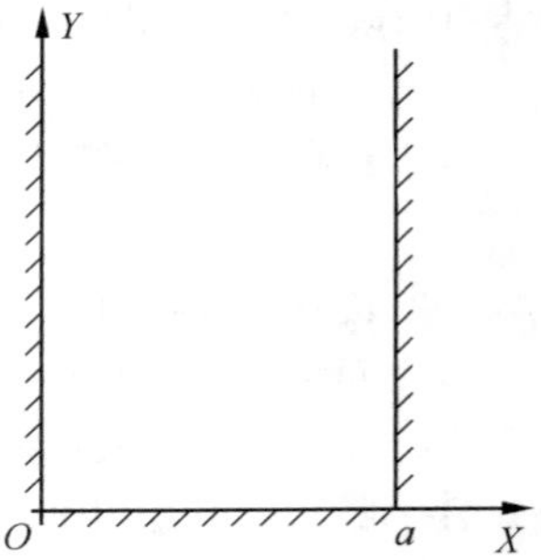

图 8.2

解 其定解问题为

$$\begin{cases} u_{xx}+u_{yy}=0, & 0<x<a,0<y<\infty \quad (8.3.10) \\ u\mid_{x=0}=0,u\mid_{x=a}=u_0, & 0\leqslant y<\infty \quad (8.3.11) \\ u\mid_{y=0}=0, & 0\leqslant x\leqslant a \quad (8.3.12) \end{cases}$$

为使关于变量 x 的边界条件齐次化，令

$$u(x,y)=v(x,y)+w(x,y)$$

由(8.3.6)式，其中

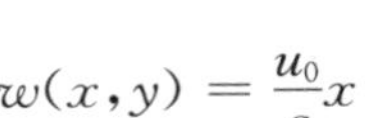

$$w(x,y)=\frac{u_0}{a}x$$

于是 $v(x,y)$ 的定解问题是

$$\begin{cases} v_{xx}+v_{yy}=0, & 0<x<a,0<y<\infty \quad (8.3.13) \\ v\mid_{x=0}=0,v\mid_{x=a}=0, & 0\leqslant y<\infty \quad (8.3.14) \\ v\mid_{y=0}=-\dfrac{u_0}{a}x, & 0\leqslant x\leqslant a \quad (8.3.15) \end{cases}$$

用分离变量法求得满足(8.3.13)式和(8.3.14)式的解为

$$v(x,y)=\sum_{n=1}^{\infty}\left(A_n e^{\frac{n\pi y}{a}}+B_n e^{-\frac{n\pi y}{a}}\right)\sin\frac{n\pi x}{a}$$

其中 A_n 和 B_n 为待定常数. 又因为当 $y\to\infty$ 时 $u(x,y)$ 应是有限的（自然边界条件），即

$$v\mid_{y\to\infty}=\text{有限值} \quad (8.3.16)$$

故由边界条件(8.3.15)式和(8.3.16)式可定出

$$A_n=0,B_n=(-1)^n\frac{2u_0}{n\pi}, \quad n=1,2,3,\cdots$$

于是最后可得到原定解问题(8.3.10)～(8.3.12)式的解为

$$u(x,y)=\frac{u_0}{a}x+\frac{2u_0}{\pi}\sum_{n=1}^{\infty}\frac{(-1)^n}{n}e^{-\frac{n\pi y}{a}}\sin\frac{n\pi x}{a}$$

还要指出，由于 w 的选取有一定的任意性，故选取不同的 w 所得到的解 u 在形式上可能很不相同，但根据解的唯一性可知这些解实质上是一样的.

综上所述，在用分离变量法解偏微分方程时，为了使边界条件实现变量分离，应使非齐次的边界条件齐次化. 对于未知函数 $u(x,t)$ 的定解问题，具体做法是：

(1) 作变换 $u(x,t)=v(x,t)+w(x,t)$；

(2) 适当选取 $w(x,t)$，使关于 $v(x,t)$ 的边界条件齐次化，通常选 $w(x,t)$ 为 x 的一次式

$$w(x,t)=A(t)x+B(t)$$

但当两个边界条件均为第二类时，需选择 $w(x,t)$ 为 x 的二次式

$$w(x,t)=A(t)x^2+B(t)x+C(t)$$

其中 $A(t)$，$B(t)$ 和 $C(t)$ 由 $u(x,t)$ 的边界条件定.

(3) 解关于 $v(x,t)$ 的带有齐次边界条件的定解问题，从而最后可求得 $u(x,t)$.

习 题 8.3

1. 长为 l 而固定于 $x=0$ 一端的均匀细杆，处于静止状态中，在 $t=0$ 时，一个沿着杆长方向的力 Q(每单位面积上)加在杆的另一端上，求在 $t>0$ 时，杆上各点的位移.

2. 有一长为 l，侧面绝热，而初始温度为 0℃的均匀细杆，它的一端 $x=l$ 处温度永远保持 0℃，而另一端 $x=0$ 处温度随时间直线上升，即 $u|_{x=0}=ct$(c 是常数)，求 $t>0$ 时，杆的温度分布.

3. 设弹簧一端固定，另一端在外力作用下作周期振动，此时定解问题为

$$\begin{cases}u_{tt}=a^2u_{xx}, 0<x<l\\ u(x,0)=u_t(x,0)=0\\ u(0,t)=0, u(l,t)=A\sin\omega t\end{cases}$$

试求解 $u(x,t)$. 其中 $\frac{\omega l}{\pi a}$ 不为正整数，a、l、ω 均为常数.

4. 求解定解问题

$$\begin{cases}u_{xx}+u_{yy}=f(x,y)\\ u|_{x=0}=g(y), u|_{x=a}=h(y), & 0\leqslant y\leqslant b\\ u_y|_{y=0}=\varphi(x), u_y|_{y=b}=\psi(x), & 0\leqslant x\leqslant a\end{cases}$$

5. 求解下列有源热传导的定解问题：

$$\begin{cases}u_t-a^2u_{xx}=\cos\frac{x}{2}\,(0<x<\pi, t>0)\\ u(x,0)=x+\cos\frac{x}{2}\,(0\leqslant x\leqslant\pi)\\ u_x(0,t)=1, u(\pi,t)=\pi\,(t>0)\end{cases}$$

8.4 正交曲线坐标系中的分离变量法

由前面的学习我们了解到，在用分离变量法求解数理方程时，不仅对于方程本身，而且对于边界条件，都要进行变量的分离. 一般而言，能否应用分离变量法，除了与方程和边界条件本身的形式有关之外，还与采用什么样的坐标系有关，坐标系选择不当，变量就分不开. 如，圆的狄氏问题(带有第一类边值条件的定解问题，称为狄利克雷问题，简称**狄氏问题**)，其边界条件为 $u|_{\rho=a}=0$，其中 a 为圆的半径. 现对这一边界条件进行变数分离，若选择直角坐标系，即 $u=u(x,y)$，令 $u(x,y)=X(x)Y(y)$，则由 $u|_{\rho=a}=0$ 有 $XY|_{\sqrt{x^2+y^2}=a}=0$，边界条件不可能按单变量分出来；但若选择极坐标，即 $u=u(\rho,\varphi)$，令 $u(\rho,\varphi)=R(\rho)\Phi(\varphi)$，则由 $u|_{\rho=a}=0$ 有 $R(a)\Phi(\varphi)=0$，从而有 $R(a)=0$，边界条件分出来了. 有时坐标系选择不当，即使变量分得开，也会使问题变得复杂. 可见适当选择坐标系，对于分离变量法而言是相当重要的.

在这一部分我们将讨论在正交曲线坐标系，主要是柱坐标系和球坐标系中两个

重要方程的分离变量.为此,首先需引入正交曲线坐标系的概念.

1. 正交曲线坐标系

由三族互相正交的曲面而定义的坐标系称为**正交曲线坐标系**.若以 q_1,q_2,q_3 表示正交曲线坐标,则它们与直角坐标的相互关系可表示为

$$\begin{cases}x=x(q_1,q_2,q_3)\\y=y(q_1,q_2,q_3),\\z=z(q_1,q_2,q_3)\end{cases}\quad\begin{cases}q_1=q_1(x,y,z)\\q_2=q_2(x,y,z)\\q_3=q_3(x,y,z)\end{cases}$$

如

(1) **柱坐标**(ρ,φ,z)

$$\begin{cases}x=\rho\cos\varphi\\y=\rho\sin\varphi,\\z=z\end{cases}\quad\begin{cases}\rho=\sqrt{x^2+y^2}\\\varphi=\arctan\dfrac{y}{x}\\z=z\end{cases}\tag{8.4.1}$$

其中,$0\leqslant\rho<\infty,-\infty<\varphi<\infty,-\infty<z<\infty$(见图 8.3).

(2) **球坐标**(r,θ,φ)

$$\begin{cases}x=r\sin\theta\cos\varphi\\y=r\sin\theta\sin\varphi,\\z=r\cos\theta\end{cases}\quad\begin{cases}r=\sqrt{x^2+y^2+z^2}\\\theta=\arctan\dfrac{\sqrt{x^2+y^2}}{z}\\\varphi=\arctan\dfrac{y}{x}\end{cases}\tag{8.4.2}$$

其中,$0\leqslant r<\infty,0\leqslant\theta\leqslant\pi,-\infty<\varphi<\infty$(见图 8.4).

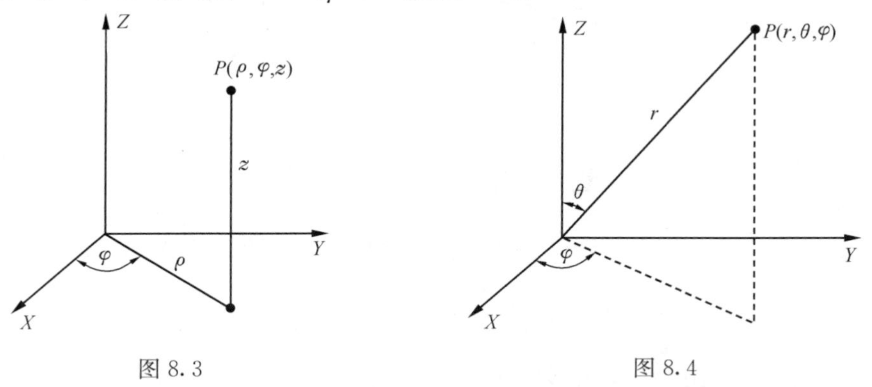

图 8.3　　图 8.4

其他的正交曲线坐标还有不少,如抛物柱面坐标、椭球坐标等等,但我们经常用到的还是以上两种.

2. 如何选择坐标系

前面我们已提到在用分离变量法解题时，为了使变量分得开和问题易于求解，必须正确选择坐标系. 一般而言，应当选择坐标系，使所讨论问题的边界与一个或几个坐标曲面的部分面重合. 如，当边界面为半径为 a、高为 h 的圆柱面时，就应选择柱坐标(ρ,φ,z)，使其边界面与坐标面 $\rho=a,z=0,z=h$ 的部分重合；若边界面是半径为 a 的球面，就应选择球坐标(r,θ,φ)，使边界面与坐标面 $r=a$ 重合；若边界面为生成角为 θ_1 的圆锥面，也应选择球坐标，使边界面与坐标面 $\theta=\theta_1$ 重合等等.

由于许多数理方程中都涉及函数的拉普拉斯量

$$\Delta u=\frac{\partial^2 u}{\partial x^2}+\frac{\partial^2 u}{\partial y^2}+\frac{\partial^2 u}{\partial z^2} \tag{8.4.3}$$

故在此，有必要先导出常用的正交曲线坐标系中的 Δu 的表达式.

3. 正交曲线坐标系中的 Δu

我们可以通过正交曲线坐标和直角坐标的关系，应用对复合函数求导的方法，来分别得到柱坐标、球坐标等正交曲线坐标系中的 Δu 的表达式.

由(8.4.1)式有

$$\begin{aligned}\frac{\partial u}{\partial\rho}&=\frac{\partial u}{\partial x}\frac{\partial x}{\partial\rho}+\frac{\partial u}{\partial y}\frac{\partial y}{\partial\rho}\\&=\frac{\partial u}{\partial x}\cos\varphi+\frac{\partial u}{\partial y}\sin\varphi\end{aligned} \tag{8.4.4}$$

故

$$\begin{aligned}\frac{\partial^2 u}{\partial\rho^2}&=\left(\frac{\partial^2 u}{\partial x^2}\frac{\partial x}{\partial\rho}+\frac{\partial^2 u}{\partial x\partial y}\frac{\partial y}{\partial\rho}\right)\cos\varphi+\left(\frac{\partial^2 u}{\partial y\partial x}\frac{\partial x}{\partial\rho}+\frac{\partial^2 u}{\partial y^2}\frac{\partial y}{\partial\rho}\right)\sin\varphi\\&=\frac{\partial^2 u}{\partial x^2}\cos^2\varphi+2\frac{\partial^2 u}{\partial x\partial y}\sin\varphi\cos\varphi+\frac{\partial^2 u}{\partial y^2}\sin^2\varphi\end{aligned} \tag{8.4.5}$$

类似可得

$$\frac{\partial u}{\partial\varphi}=-\rho\frac{\partial u}{\partial x}\sin\varphi+\rho\frac{\partial u}{\partial y}\cos\varphi$$

$$\begin{aligned}\frac{\partial^2 u}{\partial\varphi^2}=&\rho^2\frac{\partial^2 u}{\partial x^2}\sin^2\varphi-2\rho^2\frac{\partial^2 u}{\partial x\partial y}\sin\varphi\cos\varphi+\rho^2\frac{\partial^2 u}{\partial y^2}\cos^2\varphi\\&-\rho\left(\frac{\partial u}{\partial x}\cos\varphi+\frac{\partial u}{\partial y}\sin\varphi\right)\end{aligned} \tag{8.4.6}$$

将(8.4.6)式两边乘以$\frac{1}{\rho^2}$，再与(8.4.5)式相加得

$$\frac{\partial^2 u}{\partial\rho^2}+\frac{1}{\rho^2}\frac{\partial^2 u}{\partial\varphi^2}=\frac{\partial^2 u}{\partial x^2}+\frac{\partial^2 u}{\partial y^2}-\frac{1}{\rho}\left(\frac{\partial u}{\partial x}\cos\varphi+\frac{\partial u}{\partial y}\sin\varphi\right)$$

上式两边分别加上$\frac{\partial^2 u}{\partial z^2}$并将(8.4.4)式代入右边得

$$\frac{\partial^2 u}{\partial \rho^2}+\frac{1}{\rho^2}\frac{\partial^2 u}{\partial \varphi^2}+\frac{\partial^2 u}{\partial z^2}=\left(\frac{\partial^2 u}{\partial x^2}+\frac{\partial^2 u}{\partial y^2}+\frac{\partial^2 u}{\partial z^2}\right)-\frac{1}{\rho}\frac{\partial u}{\partial \rho}$$

将(8.4.3)式代入上式右边移项即得

或

$$\left.\begin{aligned}\Delta u&=\frac{\partial^2 u}{\partial \rho^2}+\frac{1}{\rho}\frac{\partial u}{\partial \rho}+\frac{1}{\rho^2}\frac{\partial^2 u}{\partial \varphi^2}+\frac{\partial^2 u}{\partial z^2}\\ \Delta u&=\frac{1}{\rho}\frac{\partial}{\partial \rho}\left(\rho\frac{\partial u}{\partial \rho}\right)+\frac{1}{\rho^2}\frac{\partial^2 u}{\partial \varphi^2}+\frac{\partial^2 u}{\partial z^2}\end{aligned}\right\}\tag{8.4.7}$$

此即在**柱坐标中的 Δu** 的表达式.

由于极坐标(ρ,φ)可看成是柱坐标(ρ,φ,z)当 $z=0$ 的特例,故我们可立即得到**极坐标中的 Δu** 的表达式为

$$\Delta u=\frac{1}{\rho}\frac{\partial}{\partial \rho}\left(\rho\frac{\partial u}{\partial \rho}\right)+\frac{1}{\rho^2}\frac{\partial^2 u}{\partial \varphi^2}\tag{8.4.8}$$

用类似的方法我们也易于推得**球坐标中的 Δu** 的表达式为

$$\Delta u=\frac{1}{r^2}\frac{\partial}{\partial r}\left(r^2\frac{\partial u}{\partial r}\right)+\frac{1}{r^2\sin\theta}\frac{\partial}{\partial \theta}\left(\sin\theta\frac{\partial u}{\partial \theta}\right)+\frac{1}{r^2\sin^2\theta}\frac{\partial^2 u}{\partial \varphi^2}\tag{8.4.9}$$

在三类数理方程中,如果我们把波动方程和热传导方程中的时间变数 t 的单元函数分离出来,即

令

$$u(x,y,z;t)=T(t)v(x,y,z)\tag{8.4.10}$$

则齐次波动方程 $u_{tt}-a^2\Delta u=0$ 就化为

$$T''(t)v(x,y,z)-a^2T(t)\Delta v=0$$

即

$$\frac{T''}{a^2T}=\frac{\Delta v}{v}=-\lambda$$

其中$-\lambda$ 为任意常数. 从而得到关于 $T(t)$的一个常微分方程和关于 $v(x,y,z)$的一个偏微分方程

$$T''+a^2\lambda T=0$$

$$\Delta v+\lambda v=0\tag{8.4.11}$$

(8.4.11)式称为**亥姆霍兹**(Helmhotz)**方程**. 同样的,若将(8.4.10)式代入齐次热传导方程 $u_t-D\Delta u=0$,有

$$T'+D\lambda T=0$$

$$\Delta v+\lambda v=0$$

也得到一个 $T(t)$的常微分方程和 $v(x,y,z)$的亥姆霍兹方程. 而泊松方程的齐次方程是拉普拉斯方程. 常系数常微分方程我们均会求解,因此,若欲用分离变量法来求解三类数理方程,必须对亥姆霍兹方程和拉普拉斯方程进行变量分离.

由于在直角坐标系中,无论是亥姆霍兹方程还是拉普拉斯方程,分离变量后得到的都是我们所熟悉的常系数常微分方程. 故在此我们仅在柱、球坐标系中对此二方程进行变量分离.

4. 柱坐标系中亥姆霍兹方程的分离变量

将(8.4.11)式写成

$$\Delta u+\lambda u=0 \tag{8.4.12}$$

并将柱坐标中的 Δu 的表达式代入有

$$\frac{1}{\rho}\frac{\partial}{\partial\rho}\left(\rho\frac{\partial u}{\partial\rho}\right)+\frac{1}{\rho^2}\frac{\partial^2 u}{\partial\varphi^2}+\frac{\partial^2 u}{\partial z^2}+\lambda u=0$$

令

$$u(\rho,\varphi,z)=R(\rho)\Phi(\varphi)Z(z)$$

代入上式得

$$\frac{\Phi Z}{\rho}\frac{\mathrm{d}}{\mathrm{d}\rho}\left(\rho\frac{\mathrm{d}R}{\mathrm{d}\rho}\right)+\frac{RZ}{\rho^2}\frac{\mathrm{d}^2\Phi}{\mathrm{d}\varphi^2}+R\Phi\frac{\mathrm{d}^2 Z}{\mathrm{d}z^2}+\lambda R\Phi Z=0$$

两边用$\frac{1}{R\Phi Z}$遍乘并移项得

$$\frac{1}{\rho R}\frac{\mathrm{d}}{\mathrm{d}\rho}\left(\rho\frac{\mathrm{d}R}{\mathrm{d}\rho}\right)+\frac{1}{\rho^2\Phi}\frac{\mathrm{d}^2\Phi}{\mathrm{d}\varphi^2}+\lambda=-\frac{1}{Z}\frac{\mathrm{d}^2 Z}{\mathrm{d}z^2}$$

上式的左边是 ρ 和 φ 的函数,与 z 无关;右边是 z 的函数,与 ρ 和 φ 无关,故要使这式成立,除非两边是同一个常数.设此常数为 μ,则

$$Z''+\mu Z=0$$

$$\frac{1}{\rho R}\frac{\mathrm{d}}{\mathrm{d}\rho}\left(\rho\frac{\mathrm{d}R}{\mathrm{d}\rho}\right)+\frac{1}{\rho^2\Phi}\frac{\mathrm{d}^2\Phi}{\mathrm{d}\varphi^2}+\lambda-\mu=0$$

对于后一方程,两边用 ρ^2 遍乘并移项得

$$\frac{\rho}{R}\frac{\mathrm{d}}{\mathrm{d}\rho}\left(\rho\frac{\mathrm{d}R}{\mathrm{d}\rho}\right)+\rho^2(\lambda-\mu)=-\frac{1}{\Phi}\frac{\mathrm{d}^2\Phi}{\mathrm{d}\varphi^2}$$

上式左边只是 ρ 的函数,右边只是 φ 的函数,故此式成立,除非两边等于同一常数,令之为 n^2,并设 $\lambda-\mu\geqslant 0$,记之为 k^2(k 为实数;若 $\lambda-\mu<0$,就记之为 $-k^2$,这种情况以后讨论),则有

$$\Phi''+n^2\Phi=0$$

$$\frac{\rho}{R}\frac{\mathrm{d}}{\mathrm{d}\rho}\left(\rho\frac{\mathrm{d}R}{\mathrm{d}\rho}\right)+k^2\rho^2-n^2=0$$

后一方程即

$$\rho^2R''+\rho R'+(k^2\rho^2-n^2)R=0$$

综上所述,通过在柱坐标中分离变量,解偏微分方程(8.4.12)的问题,就化为了解三个常微分方程

$$\begin{cases} Z''+\mu Z=0 & (8.4.13)\\ \Phi''+n^2\Phi=0 & (8.4.14)\\ \rho^2R''+\rho R'+(k^2\rho^2-n^2)R=0 & (8.4.15)\end{cases}$$

的问题.其中 μ、n^2、k^2 都是在分离变量过程中所引入的常数.与弦的振动问题一样,

它们不能任意取值，而要根据边界条件取某些特定的值，分别称为方程(8.4.13)、(8.4.14)、(8.4.15)的本征值. 实际上，由于受周期性的边界条件的限制，方程(8.4.14)中的本征值，只能取 $n=0,1,2,\cdots$(见本节例题).

方程(8.4.13)和(8.4.14)是常系数常微分方程，其解易于得到. 方程(8.4.15)是变系数常微分方程，若作变换 $x=k\rho$, $y(x)=R(\rho)$，则(8.4.15)式化为

$$x^2 y'' + xy' + (x^2 - n^2)y = 0^{①} \tag{8.4.16}$$

称之为 n **阶贝塞尔(Bessel)方程**. 它的求解和解的性质将在第三篇特殊函数中讨论(见第三篇12.1节、12.2节).

注意到拉普拉斯方程(简称为拉氏方程)

$$\Delta u = 0$$

只不过是亥姆霍兹方程 $\Delta u+\lambda u=0$ 当 $\lambda=0$ 的特例，于是由上面的讨论我们立即可知**柱坐标系中拉普拉斯方程分离变量**后也会得到如下三个常微分方程：

$$\begin{cases} Z'' + \mu Z = 0 \\ \Phi'' + n^2\Phi = 0 (n = 0,1,2,\cdots) \\ \rho^2 R'' + \rho R' + (k^2\rho^2 - n^2)R = 0 \end{cases}$$

只不过其中 $k^2=0-\mu=-\mu$(设 $-\mu\geqslant 0$).

例 一个半径为 a 的薄圆盘，上下两面绝热. 若已知圆盘边缘的温度，求圆盘上稳定的温度分布.

解 由于圆盘的上下两面绝热，没有热量流动，且圆盘很薄，故可以化为二维问题来处理. 又因为无热源存在，故其温度分布 $u(x,y)$ 应满足

$$\begin{cases} \Delta u = 0, \rho < a & (8.4.17) \\ u\big|_{\rho=a} = f(\varphi) & (8.4.18) \end{cases}$$

其中 $f(\varphi)$ 为给定的函数. 将极坐标系中的 Δu 的表达式(8.4.8)代入(8.4.17)式得

$$\frac{1}{\rho}\frac{\partial}{\partial\rho}\left(\rho\frac{\partial u}{\partial\rho}\right) + \frac{1}{\rho^2}\frac{\partial^2 u}{\partial\varphi^2} = 0 \tag{8.4.19}$$

令

$$u(\rho,\varphi) = R(\rho)\Phi(\varphi) \tag{8.4.20}$$

代入(8.4.19)式，按上面的步骤分离变量得

$$\begin{cases} \Phi'' + n^2\Phi = 0 \\ \dfrac{1}{\rho}\dfrac{\mathrm{d}}{\mathrm{d}\rho}\left(\rho\dfrac{\mathrm{d}R}{\mathrm{d}\rho}\right) - \dfrac{n^2}{\rho^2}R = 0 \end{cases}$$

至于边界条件(8.4.18)，由于是非齐次的，变数不能分离，但经过讨论我们却可确定 n 的取值及相应的本征函数.

在一般的物理问题中，函数 $u(\rho,\varphi)$ 是单值的，因此应有

$$u(\rho,\varphi + 2\pi) = u(\rho,\varphi)$$

由(8.4.20)式，此即

$$R(\rho)\Phi(\varphi+2\pi)=R(\rho)\Phi(\varphi)$$

也就是要求 φ 满足条件

$$\Phi(\varphi+2\pi)=\Phi(\varphi)$$

这就给关于 $\Phi(\varphi)$的方程提出了定解条件，常称之为**周期性的边界条件**. 故我们现在首先面临的是解本征值问题

$$\begin{cases}\Phi''+n^2\Phi=0 & (8.4.21)\\ \Phi(\varphi+2\pi)=\Phi(\varphi) & (8.4.22)\end{cases}$$

若 $n=0$，则(8.4.21)式的解为

$$\Phi(\varphi)=B_0\varphi+A_0$$

其中 A_0、B_0 为常数. 由边界条件(8.4.22)有

$$B_0(\varphi+2\pi)+A_0=B_0\varphi+A_0$$

所以必须 $B_0=0$ 即

$$\Phi(\varphi)=A_0$$

若 $n^2<0$. 令 $n^2=-\alpha^2(\alpha>0)$，则(8.4.21)式的通解为

$$\Phi(\varphi)=A\mathrm{e}^{\alpha\varphi}+B\mathrm{e}^{-\alpha\varphi}$$

由于实指数函数不是周期函数，显然它不满足(8.4.22)式，因此 n^2 不能取负值.

若 $n^2>0$，则(8.4.21)式的通解为

$$\Phi(\varphi)=A_n\cos n\varphi+B_n\sin n\varphi$$

将边界条件(8.4.22)代入得

$$A_n\cos n(\varphi+2\pi)+B_n\sin n(\varphi+2\pi)=A_n\cos n\varphi+B_n\sin n\varphi$$

所以，必须取 $n=\pm1,\pm2,\cdots$，上式才能成立. 但 n 取正整数和 n 取负整数时方程(8.4.21)的解是线性相关的，故只需取 $n=1,2,\cdots$.

综上所述，本征值问题(8.4.21)～(8.4.22)式的**本征值**为

$$n^2,\quad n=0,1,2,\cdots$$

相应的**本征函数**为

$$\Phi_n(\varphi)=A_n\cos n\varphi+B_n\sin n\varphi \tag{8.4.23}$$

再求解关于 $R(\rho)$的方程，即

$$\rho^2R''+\rho R'-n^2R=0$$

这是一欧拉型方程. 可以通过自变数变换 $t=\ln\rho$ 将之化为常系数微分方程

$$\frac{\mathrm{d}^2R}{\mathrm{d}t^2}-n^2R=0$$

解之得

$$R_n(\rho)=\begin{cases}C_0+D_0t=C_0+D_0\ln\rho, & n=0\\ C_n\mathrm{e}^{nt}+D_n\mathrm{e}^{-nt}=C_n\rho^n+D_n\rho^{-n}, & n\geqslant1\end{cases} \tag{8.4.24}$$

但由于在 $\rho=0$ 处，$\ln\rho$ 和 $\rho^{-n}(n\geqslant1)$都是无穷大，考虑到在圆盘内，当 $\rho\to0$ 时，物理量(温度)为有限值的要求，故应取 $D_0=0,D_n=0$ 而只能有

$$R_n(\rho)=C_n\rho^n,\quad n=0,1,2,\cdots \tag{8.4.25}$$

这种限于取有界解的条件通常称之为**有界性边界条件**[②].

将(8.4.23)式和(8.4.25)式代入(8.4.20)式得

$$u_n(\rho,\varphi)=R_n(\rho)\Phi_n(\varphi)=\rho^n(A_n\cos n\varphi+B_n\sin n\varphi),\quad n=0,1,2,\cdots$$

这里已将(8.4.25)式中的系数 C_n,并入到了 A_n 和 B_n 中. 于是,方程(8.4.17)的解为

$$u(\rho,\varphi)=\sum_{n=0}^{\infty}\rho^n(A_n\cos n\varphi+B_n\sin n\varphi)\tag{8.4.26}$$

将边界条件(8.4.18)代入上式,有

$$f(\varphi)=\sum_{n=0}^{\infty}a^n(A_n\cos n\varphi+B_n\sin n\varphi)$$

故由傅里叶级数系数公式(8.1.20)式和(8.1.21)式有

$$\left.\begin{aligned}\alpha_0&=a^0A_0=\frac{1}{2\pi}\int_{-\pi}^{\pi}f(\psi)\mathrm{d}\psi\\ \left.\begin{aligned}\alpha_n&=a^nA_n=\frac{1}{\pi}\int_{-\pi}^{\pi}f(\psi)\cos n\psi\mathrm{d}\psi\\ \beta_n&=a^nB_n=\frac{1}{\pi}\int_{-\pi}^{\pi}f(\psi)\sin n\psi\mathrm{d}\psi\end{aligned}\right\}&n\geqslant 1\end{aligned}\right\}\tag{8.4.27}$$

代入(8.4.26)式,得定解问题(8.4.17)～(8.4.18)式的解为

$$u(\rho,\varphi)=\sum_{n=0}^{\infty}\left(\frac{\rho}{a}\right)^n(\alpha_n\cos n\varphi+\beta_n\sin n\varphi)\tag{8.4.28}$$

其中 α_n、β_n 由(8.4.27)式给出.

5. 球坐标系中亥姆霍兹方程的分离变量

把球坐标系中 Δu 的表达式(8.4.9)代入亥姆霍兹方程(8.4.12)得

$$\frac{1}{r^2}\frac{\partial}{\partial r}\left(r^2\frac{\partial u}{\partial r}\right)+\frac{1}{r^2\sin\theta}\frac{\partial}{\partial\theta}\left(\sin\theta\frac{\partial u}{\partial\theta}\right)+\frac{1}{r^2\sin^2\theta}\frac{\partial^2u}{\partial\varphi^2}+\lambda u=0$$

令

$$u(r,\theta,\varphi)=R(r)y(\theta,\varphi)^{③}$$

代入上方程,并将方程两边同乘以 r^2/Ry,整理后得

$$\frac{1}{R}\frac{\mathrm{d}}{\mathrm{d}r}\left(r^2\frac{\mathrm{d}R}{\mathrm{d}r}\right)+k^2r^2=-\frac{1}{y}\left[\frac{1}{\sin\theta}\frac{\partial}{\partial\theta}\left(\sin\theta\frac{\partial y}{\partial\theta}\right)+\frac{1}{\sin^2\theta}\frac{\partial^2y}{\partial\varphi^2}\right]$$

其中 $k^2=\lambda$. 由于 r,θ,φ 均为独立自变量,故上式成立,除非等式左边和右边等于同一常数,令之为 $l(l+1)$,则得

$$r^2\frac{\mathrm{d}^2R}{\mathrm{d}r^2}+2r\frac{\mathrm{d}R}{\mathrm{d}r}+[k^2r^2-l(l+1)]R=0\tag{8.4.29}$$

$$\frac{1}{\sin\theta}\frac{\partial}{\partial\theta}\left(\sin\theta\frac{\partial y}{\partial\theta}\right)+\frac{1}{\sin^2\theta}\frac{\partial^2y}{\partial\varphi^2}+l(l+1)y=0\tag{8.4.30}$$

方程(8.4.30)称为球谐函数方程. 再令

$$y(\theta,\varphi)=\Theta(\theta)\Phi(\varphi)$$

代入方程(8.4.30),并将(8.4.30)式两边同乘以 $1/\Theta\Phi$ 后移项得

$$\begin{cases} \Phi'' + m^2\Phi = 0, \quad m = 0,1,2,\cdots & (8.4.31) \\ \dfrac{1}{\sin\theta}\dfrac{\mathrm{d}}{\mathrm{d}\theta}\left(\sin\theta\dfrac{\mathrm{d}\Theta}{\mathrm{d}\theta}\right) + \left[l(l+1) - \dfrac{m^2}{\sin^2\theta}\right]\Theta = 0 & (8.4.32) \end{cases}$$

于是,在球坐标系中求解亥姆霍兹方程(8.4.12)的问题,就化为了解三个常微分方程(8.4.29),(8.4.31)和(8.4.32)的问题.

与前一样,这些方程中的常数 m^2、$l(l+1)$ 是在分离变量过程中引入的,不能任意取值,只能根据边界条件取某些特定的值即本征值. 如,和上面例子中的情形一样,关于 Φ 的方程中的常数 m^2,由于受周期性的边界条件的限制,m 只能取 $0,1,2,\cdots$,其相应的本征函数当 $m=0$ 时为 1,当 $m\geqslant 1$ 时为 $\cos m\varphi$ 和 $\sin m\varphi$(它们是线性无关的)[④].

方程(8.4.29)和(8.4.32)是变系数的常微分方程. 对于方程(8.4.29),作变换 $x=kr,\dfrac{1}{\sqrt{x}}y(x)=R(r)$,则(8.4.29)化为

$$x^2y'' + xy' + \left[x^2 - \left(l+\frac{1}{2}\right)^2\right]y = 0 \tag{8.4.33}$$

与贝塞尔方程(8.4.16)的形式相似,称为**球贝塞尔方程**. 对于方程(8.4.32),作变换 $x=\cos\theta, y(x)=\Theta(\theta)$,则(8.4.32)化为

$$(1-x^2)y'' - 2xy' + \left[l(l+1) - \frac{m^2}{1-x^2}\right]y = 0 \tag{8.4.34}$$

称之为**连带勒让德(associated Legendre)方程**.

方程(8.4.33)和(8.4.34)的求解和解的性质,均在第三篇中讨论(见第三篇12.1节和11.3节).

与柱坐标系中的讨论类似,由于 $\Delta u=0$ 是 $\Delta u+\lambda u=0$ 当 $\lambda=0$ 的特例,故只要将(8.4.29)~(8.4.32)式中的 $k^2=\lambda$ 用零代替,便立即可得**球坐标中拉普拉斯方程分离变量**后的三个常微分方程

$$r^2\frac{\mathrm{d}^2R}{\mathrm{d}r^2} + 2r\frac{\mathrm{d}R}{\mathrm{d}r} - l(l+1)R = 0 \tag{8.4.35}$$

$$\Phi'' + m^2\Phi = 0, \quad m = 0,1,2,\cdots \tag{8.4.36}$$

$$\frac{1}{\sin\theta}\frac{\mathrm{d}}{\mathrm{d}\theta}\left(\sin\theta\frac{\mathrm{d}\Theta}{\mathrm{d}\theta}\right) + \left[l(l+1) - \frac{m^2}{\sin^2\theta}\right]\Theta = 0 \tag{8.4.37}$$

后两个方程和从 $\Delta u+\lambda u=0$ 中分离出的完全一样;前一个方程仍为变系数方程,但它是我们所熟悉的欧拉方程.

综上所述,在正交曲线坐标系中分离变数时,一般说来,会得到一些特殊的变系数的常微分方程——贝塞尔方程和连带勒让德方程等. 只有讨论了这些方程的解和本征值问题,才能在正交曲线坐标系中将分离变数法进行到底.

注 ① 令 $x=k\rho, y=R(\rho)$,则 $\dfrac{\mathrm{d}}{\mathrm{d}\rho}=\dfrac{\mathrm{d}}{\mathrm{d}x}\cdot\dfrac{\mathrm{d}x}{\mathrm{d}\rho}=k\dfrac{\mathrm{d}}{\mathrm{d}x}$;$\dfrac{\mathrm{d}^2}{\mathrm{d}\rho^2}=\dfrac{\mathrm{d}}{\mathrm{d}x}\left(k\dfrac{\mathrm{d}}{\mathrm{d}x}\right)\cdot\dfrac{\mathrm{d}x}{\mathrm{d}\rho}=k^2\dfrac{\mathrm{d}^2}{\mathrm{d}x^2}$,故此时

(8.4.15)式化为:$k^2\rho^2\dfrac{\mathrm{d}^2y}{\mathrm{d}x^2}+k\rho\dfrac{\mathrm{d}y}{\mathrm{d}x}+(k^2\rho^2-n^2)y=0$,即

$$x^2y''+xy'+(x^2-n^2)y=0$$

若$\lambda-\mu<0$,记$\lambda-\mu=-k^2$,则关于$R(\rho)$的方程为

$$\rho^2R''+\rho R'-(k^2\rho^2+n^2)R=0 \tag{8.4.15$'$}$$

此时若作变换$x=k\rho,y=R(\rho)$,则(8.4.15)′式化为

$$x^2y''+xy'-(x^2+n^2)y=0 \tag{8.4.16$'$}$$

此式称为(n阶)虚宗量的贝塞尔方程.我们将在第三篇12.3对它进行讨论.

② 周期性边界条件和有界性边界条件又均称为自然边界条件.

③ 这里令$u(r,\theta,\varphi)=R(r)y(\theta,\varphi)$,而不是直接令$u(r,\theta,\varphi)=R(r)\Theta(\theta)\Phi(\varphi)$,是为了日后物理上的需要和讨论球函数的方便(见第三篇11.3节).

④ 显然,这些本征函数也可用$\mathrm{e}^{im\varphi}(m=0,\pm1,\pm2,\cdots)$来表示.

习 题 8.4

1. 求解圆的狄氏问题

$$\begin{cases}\Delta_2u=0\\ u|_{\rho=a}=A\cos\varphi\end{cases}$$

2. 求解扇形区域中的狄氏问题

$$\begin{cases}\Delta_2u=0, & \rho<a,\alpha<\varphi<\beta\\ u|_{\varphi=\alpha}=0,u|_{\varphi=\beta}=0\\ u|_{\rho=a}=f(\varphi)\end{cases}$$

*3. 求解泊松方程的狄氏问题

$$\begin{cases}\Delta_2u=-4, & \rho<a\\ u|_{\rho=a}=0\end{cases}$$

提示:先找一个满足$u_{xx}+u_{yy}=-4$的特解u_s

$$u(\rho,\varphi)=u_s+v(\rho,\varphi)$$

则

$$\begin{cases}\Delta_2v=0\\ v|_{\rho=a}=-u_s|_{\rho=a}\end{cases}$$

4. 设有一个半径为a的"无限长"圆柱形接地导体,放置在均匀外电场E_0中,圆柱的轴线与E_0方向垂直,求电势分布.

5. 求圆环的狄氏问题

$$\begin{cases}\Delta u=0, & r_2<r<r_1\\ u(r_1,\theta)=\sin\theta\\ u(r_2,\theta)=0\end{cases}$$

6. 一无限长导体圆柱壳,半径为a,把它充电到电势为

$$u=\begin{cases}u_1, 0<\varphi<\pi\\ u_2, \pi<\varphi<2\pi\end{cases}$$

求圆壳内的电势分布.

7. 解下列定解问题：

$$\begin{cases}\dfrac{1}{r}\dfrac{\partial}{\partial r}\left(r\dfrac{\partial u}{\partial r}\right)+\dfrac{1}{r^2}\dfrac{\partial^2 u}{\partial \varphi^2}=0, & r<a\\ \left.\dfrac{\partial u}{\partial r}\right|_{r=a}=\varphi-\pi\end{cases}$$

*8. 在环形区域($a\leqslant\rho\leqslant b$)中，求解泊松方程的边值问题

$$\begin{cases}\Delta_2 u=12(x^2-y^2), & a<\rho<b\\ u|_{\rho=a}=0, \quad u_\rho|_{\rho=b}=0\end{cases}$$

提示：先找满足 $u_{xx}+u_{yy}=12x^2-12y^2$ 的特解 u_s.

9. 半径为 a 的半圆形平板，其表面绝热，在板的周围边界上保持常温 u_0，而在直径上保持常温 u_1，求此半圆形平板在稳恒状态下的温度分布.

10. 半径为 a、表面熏黑了的均匀长圆柱，在温度为零度的空气中受着阳光照射. 阳光垂直于柱轴，热流密度为 q，试求柱内稳定温度分布

$$\begin{cases}\Delta_2 u=0\\ (ku_\rho+Hu)_{\rho=a}=\begin{cases}q\sin\varphi, & 0<\varphi<\pi\\ 0, & \pi<\varphi<2\pi\end{cases}\end{cases}$$

11. 将(8.5.18)式代入(8.5.19)式，证明当 $\rho<a$ 时

$$u(\rho,\varphi)=\frac{a^2-\rho^2}{2\pi}\int_0^{2\pi}\frac{f(\psi)\mathrm{d}\psi}{\rho^2+a^2-2a\rho\cos(\psi-\varphi)}$$

此式称为**泊松积分公式**. 我们将在第 10 章格林函数法中导出.

12. 在球坐标系内，将下列氢原子的定态薛定谔方程

$$-\frac{\hbar^2}{2\mu}\Delta u(r,\theta,\varphi)-\frac{\mathrm{e}^2}{r}u(r,\theta,\varphi)=Eu(r,\theta,\varphi)$$

分离变数为常微分方程. 其中 μ、$\hbar$、e、E 为常数.

本章小结

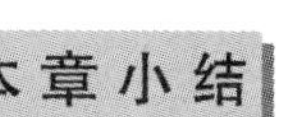

 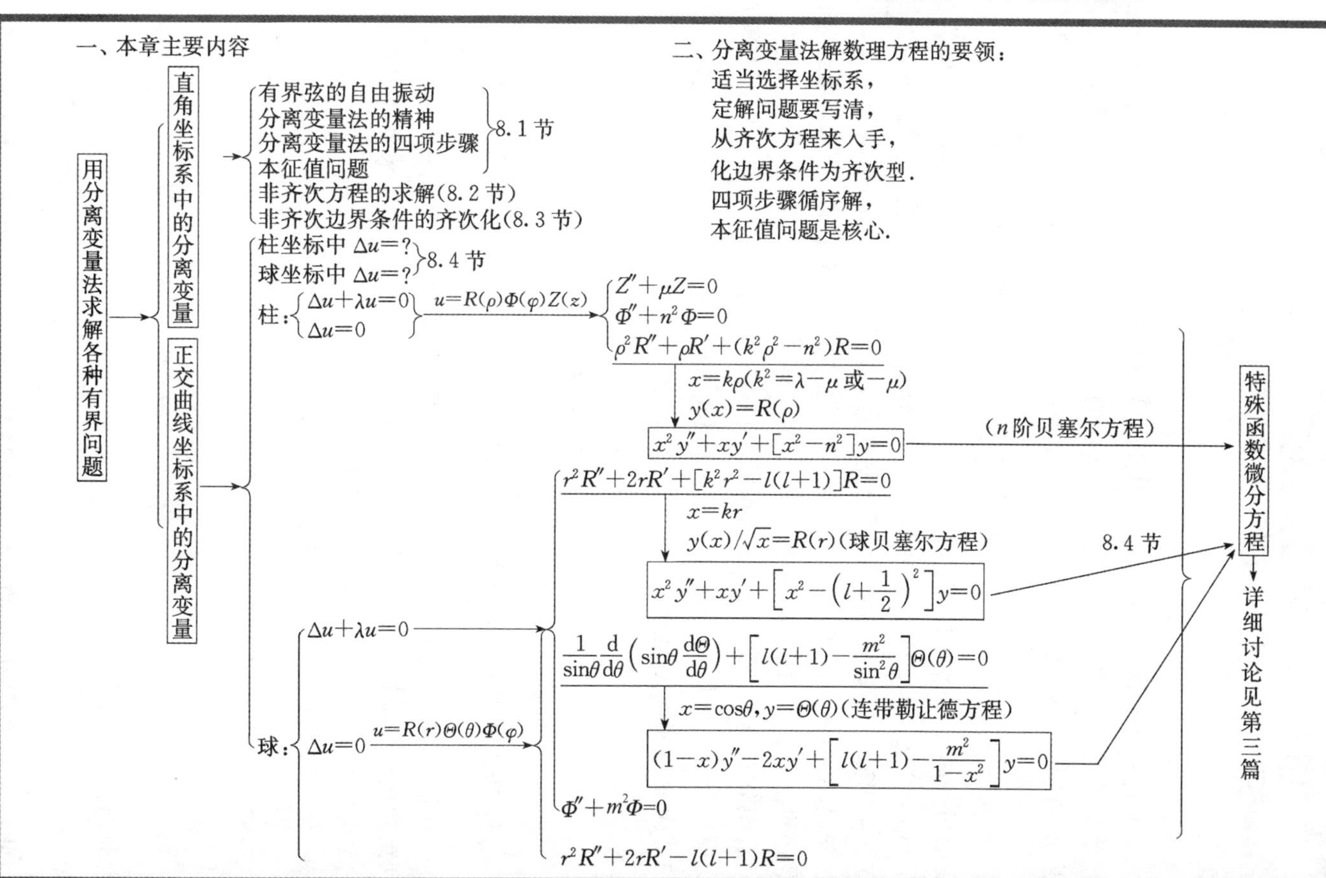

本章授课课件　　本章习题分析与讨论

一、本章主要内容

用分离变量法求解各种有界问题 →

- 直角坐标系中的分离变量 →
  - 有界弦的自由振动
  - 分离变量法的精神
  - 分离变量法的四项步骤
  - 本征值问题（以上 8.1 节）
  - 非齐次方程的求解(8.2 节)
  - 非齐次边界条件的齐次化(8.3 节)
- 正交曲线坐标系中的分离变量 →
  - 柱坐标中 $\Delta u=?$，球坐标中 $\Delta u=?$（8.4 节）
  - 柱：$\Delta u+\lambda u=0$，$\Delta u=0$ —— $u=R(\rho)\Phi(\varphi)Z(z)$ →
    - $Z''+\mu Z=0$
    - $\Phi''+n^2\Phi=0$
    - $\rho^2R''+\rho R'+(k^2\rho^2-n^2)R=0$
      - $x=k\rho(k^2=\lambda-\mu$ 或 $-\mu)$，$y(x)=R(\rho)$ →
      - $x^2y''+xy'+[x^2-n^2]y=0$ （n 阶贝塞尔方程）→ 特殊函数微分方程
  - 球：$\Delta u+\lambda u=0$，$\Delta u=0$ —— $u=R(r)\Theta(\theta)\Phi(\varphi)$ →
    - $r^2R''+2rR'+[k^2r^2-l(l+1)]R=0$
      - $x=kr$，$y(x)/\sqrt{x}=R(r)$（球贝塞尔方程）→
      - $x^2y''+xy'+\left[x^2-\left(l+\dfrac{1}{2}\right)^2\right]y=0$ （8.4 节）→ 特殊函数微分方程
    - $\dfrac{1}{\sin\theta}\dfrac{\mathrm{d}}{\mathrm{d}\theta}\left(\sin\theta\dfrac{\mathrm{d}\Theta}{\mathrm{d}\theta}\right)+\left[l(l+1)-\dfrac{m^2}{\sin^2\theta}\right]\Theta(\theta)=0$
      - $x=\cos\theta, y=\Theta(\theta)$（连带勒让德方程）→
      - $(1-x)y''-2xy'+\left[l(l+1)-\dfrac{m^2}{1-x^2}\right]y=0$ → 特殊函数微分方程
    - $\Phi''+m^2\Phi=0$
    - $r^2R''+2rR'-l(l+1)R=0$

特殊函数微分方程 → 详细讨论见第三篇

二、分离变量法解数理方程的要领：

适当选择坐标系，
定解问题要写清，
从齐次方程来入手，
化边界条件为齐次型．
四项步骤循序解，
本征值问题是核心．

第九章　积分变换法

在上一章中我们主要介绍了用分离变量法求解各种有界问题. 对于无界区域或半无界区域的问题,采用求解数理方程的另一种常用方法——积分变换法,比较方便,所谓**积分变换**,就是把某函数类 A 中的函数 $f(x)$,经过某种可逆的积分手续.

$$F(p)=\int k(x,p)f(x)\mathrm{d}x$$

变成另一函数类 B 中的函数 $F(p)$. $F(p)$称为 $f(x)$的**像函数**,$f(x)$称为**像原函数**,而 $k(x,p)$是 p 和 x 的已知函数,称为积分变换的**核**. 在这种变换之下,原来的偏微分方程可以减少自变量的个数,直至变成常微分方程;原来的常微分方程,可以变成代数方程,从而使在函数类 B 中的运算简化. 找出在 B 中的一个解,再经过逆变换,便得到原来要在 A 中所求的解.

积分变换的种类不少,如傅里叶变换(简称傅氏变换)、拉普拉斯变换(简称拉氏变换)、汉开尔(Hankel)变换、梅林(Mellin)变换等. 本章将只介绍解数理方程时常用的傅氏变换和拉氏变换.

9.1　傅里叶变换

1. 傅里叶积分和傅里叶积分定理

由高等数学我们知道,一个以 $2l$ 为周期的函数 $f(x)$,若在区间$[-l,l]$上满足**狄利克雷条件**(即连续或有有限个第一类间断点,并且只有有限个极值点),则在$[-l,l]$上可展开为**傅氏级数**(见 8.1 节注①).

傅氏级数的复数形式①为

$$f(x)=\sum_{n=-\infty}^{\infty}c_n\mathrm{e}^{\mathrm{i}\omega_n x}$$

其中

$$\omega_n=\frac{n\pi}{l},\quad c_n=\frac{1}{2l}\int_{-l}^{l}f(\xi)\mathrm{e}^{-\mathrm{i}\omega_n\xi}\mathrm{d}\xi$$

因此,$f(x)$也可表示为

$$f(x)=\frac{1}{2l}\sum_{n=-\infty}^{\infty}\left[\int_{-l}^{l}f(\xi)\mathrm{e}^{-\mathrm{i}\omega_n\xi}\mathrm{d}\xi\right]\mathrm{e}^{\mathrm{i}\omega_n x}\tag{9.1.1}$$

由此看到,以 $2l$ 为周期的函数,在自变数增长的过程中,函数值有规律的重复,自变数每增长一个周期 $2l$,函数就重复变化一次. 其中,参数 ω_n不连续地、跳跃地取下列

数值

$$\cdots -\frac{n\pi}{l},\cdots,-\frac{2\pi}{l},-\frac{\pi}{l},0,\frac{\pi}{l},\frac{2\pi}{l},\cdots,\frac{n\pi}{l},\cdots$$

其跃变间隔为

$$\Delta\omega_n=\pi/l$$

对于非周期函数而言，当然不具备以上这些特点，但我们自然想到，若将其看成周期趋于无穷大(即 $2l\to\infty$)的"周期函数"，则当然可仿照(9.1.1)式写出它的傅氏展开式，只是此时 $\Delta\omega_n=\frac{\pi}{l}\to 0$. 这表明参数 ω_n变为 ω 不再跃变，而是连续变化，即，非周期函数 $f(x)$，可以表示为

$$f(x)=\lim_{l\to\infty}\sum_{n=-\infty}^{\infty}\left[\frac{1}{2l}\int_{-l}^{l}f(\xi)\mathrm{e}^{-\mathrm{i}\omega_n\xi}\mathrm{d}\xi\right]\mathrm{e}^{\mathrm{i}\omega_n x}$$

$$=\lim_{\Delta\omega_n\to 0}\sum_{n=-\infty}^{\infty}\left[\frac{1}{2\pi}\int_{-\infty}^{\infty}f(\xi)\mathrm{e}^{-\mathrm{i}\omega_n\xi}\mathrm{d}\xi\right]\mathrm{e}^{\mathrm{i}\omega_n x}\Delta\omega_n$$

亦即

$$f(x)=\frac{1}{2\pi}\int_{-\infty}^{\infty}\left[\int_{-\infty}^{\infty}f(\xi)\mathrm{e}^{-\mathrm{i}\omega\xi}\mathrm{d}\xi\right]\mathrm{e}^{\mathrm{i}\omega x}\mathrm{d}\omega \tag{9.1.2}$$

(9.1.2)式称为函数 $f(x)$的**傅里叶积分**(简称**傅氏积分**)公式. 应该指出，上述推导是极不严格的. 因为我们交换了极限过程与求和过程的次序. 实际上，傅氏积分成立，需满足下述**傅里叶积分定理**：设 $f(x)$在$(-\infty,\infty)$上有定义且

(1) 在任一有限区间上满足狄利克雷条件；

(2) 在无限区间$(-\infty,\infty)$上绝对可积

$$\int_{-\infty}^{\infty}|f(x)|\mathrm{d}x<+\infty$$

则傅里叶积分公式

$$f(x)=\frac{1}{2\pi}\int_{-\infty}^{\infty}\left[\int_{-\infty}^{\infty}f(\xi)\mathrm{e}^{-\mathrm{i}\omega\xi}\mathrm{d}\xi\right]\mathrm{e}^{\mathrm{i}\omega x}\mathrm{d}\omega$$

在 $f(x)$的连续点 x 处成立，而在 $f(x)$的第一类间断点 x_0 处，右边的积分应以 $\frac{1}{2}[f(x_0+0)+f(x_0-0)]$代替.

此定理的证明，由于要用到较多的数学分析的知识，已超过本书范围，我们在此从略[②].

类似地，我们可以写出三维形式的傅氏积分公式

$$f(x,y,z)=\left(\frac{1}{2\pi}\right)^3\iiint_{-\infty}^{\infty}\left[\iiint_{-\infty}^{\infty}f(\xi,\eta,\zeta)\mathrm{e}^{-\mathrm{i}(\omega_1\xi+\omega_2\eta+\omega_3\zeta)}\mathrm{d}\xi\mathrm{d}\eta\mathrm{d}\zeta\right]$$

$$\cdot\,\mathrm{e}^{\mathrm{i}(\omega_1 x+\omega_2 y+\omega_3 z)}\mathrm{d}\omega_1\mathrm{d}\omega_2\mathrm{d}\omega_3 \tag{9.1.3}$$

2. 傅里叶变换

在傅氏积分公式(9.1.2)中令

$$G(\omega)=\int_{-\infty}^{\infty}f(x)\mathrm{e}^{-\mathrm{i}\omega x}\mathrm{d}x \tag{9.1.4}$$

则

$$f(x)=\frac{1}{2\pi}\int_{-\infty}^{\infty}G(\omega)\mathrm{e}^{\mathrm{i}\omega x}\mathrm{d}\omega \tag{9.1.5}$$

可见函数 $f(x)$和 $G(\omega)$可以通过积分相互表达. 我们称(9.1.4)式为函数 $f(x)$的**傅里叶变换**(简称傅氏变换),记作

$$F[f(x)]=G(\omega)=\int_{-\infty}^{\infty}f(x)\mathrm{e}^{-\mathrm{i}\omega x}\mathrm{d}x \tag{9.1.6}$$

$G(\omega)$又称为 $f(x)$的**像函数**;而称(9.1.5)式为函数 $G(\omega)$的**傅里叶逆变换**(简称傅氏逆变换或傅氏反演),记作

$$F^{-1}[G(\omega)]=f(x)=\frac{1}{2\pi}\int_{-\infty}^{\infty}G(\omega)\mathrm{e}^{\mathrm{i}\omega x}\mathrm{d}\omega \tag{9.1.7}$$

$f(x)$又称为 $G(\omega)$的**像原函数**. 因此,当 $f(x)$满足傅氏积分定理的条件时,傅氏积分公式就成为

$$f(x)=F^{-1}\{F[f(x)]\} \tag{9.1.8}$$

这是傅氏变换和傅氏逆变换之间的一个重要关系.

易于看出,傅氏变换和逆变换的定义式(9.1.6)和(9.1.7),其积分前的系数虽然各书的写法并不完全相同,但只要此二系数的乘积等于$\frac{1}{2\pi}$,(9.1.6)式和(9.1.7)式仍均是可以互相满足的,且两积分号内的指数因子 $\mathrm{e}^{-\mathrm{i}\omega x}$ 和 $\mathrm{e}^{\mathrm{i}\omega x}$ 也可以同时改为 $\mathrm{e}^{\mathrm{i}\omega x}$ 和 $\mathrm{e}^{-\mathrm{i}\omega x}$.

在量子力学中,通常把 $f(x)$记作 $\psi(x)$,作为坐标表象的波函数,将 ω 看作波数 k,而将(9.1.6)和(9.1.7)两式积分号前的系数分别写作$\frac{1}{\sqrt{2\pi}}$. 由于 $p=\hbar k$ $\left(\hbar=\frac{h}{2\pi},h\text{ 是普朗克常量}\right)$,则有 $G(\omega)=G\left(\frac{p}{\hbar}\right)$,记作 $C(p)$,于是由(9.1.5)式和(9.1.4)式有

$$\psi(x)=\frac{1}{\sqrt{2\pi\hbar}}\int_{-\infty}^{\infty}C(p)\mathrm{e}^{\frac{\mathrm{i}}{\hbar}px}\mathrm{d}p$$

$$C(p)=\frac{1}{\sqrt{2\pi\hbar}}\int_{-\infty}^{\infty}\psi(x)\mathrm{e}^{-\frac{\mathrm{i}}{\hbar}px}\mathrm{d}x$$

其中 $C(p)$就是同一量子体系在动量表象中的波函数. 此二式表明了坐标表象与动量表象之间的波函数的变换关系(见量子力学有关知识).

由傅氏变量和傅氏逆变换的定义(9.1.6)及(9.1.7)式可知,要求一个函数的傅氏变换(或傅氏逆变换),实际上是求一个含参数的广义积分. 计算含参数的广义积分是一件比较困难的工作. 但对于某些函数来说,还是比较容易计算的.

例 1 指数衰减函数 $f(t)=\begin{cases}0, & t<0\\ \mathrm{e}^{-\beta t}, & t\geqslant 0\end{cases}$是无线电技术中常碰到的一个函数,求

它的傅氏变换和积分表达式.其中$\beta>0$.

解 由(9.1.6)式有

$$F[f(t)]=G(\omega)=\int_{-\infty}^{\infty}f(t)\mathrm{e}^{-\mathrm{i}\omega t}\mathrm{d}t=\int_{0}^{\infty}\mathrm{e}^{-\beta t}\mathrm{e}^{-\mathrm{i}\omega t}\mathrm{d}t$$
$$=\int_{0}^{\infty}\mathrm{e}^{-(\beta+\mathrm{i}\omega)t}\mathrm{d}t=\frac{1}{\beta+\mathrm{i}\omega}=\frac{\beta-\mathrm{i}\omega}{\beta^2+\omega^2}$$

而由(9.1.7)式有

$$\begin{aligned}f(t)&=\frac{1}{2\pi}\int_{-\infty}^{\infty}G(\omega)\mathrm{e}^{\mathrm{i}\omega t}\mathrm{d}\omega\\&=\frac{1}{2\pi}\int_{-\infty}^{\infty}\frac{\beta-\mathrm{i}\omega}{\beta^2+\omega^2}\mathrm{e}^{\mathrm{i}\omega t}\mathrm{d}\omega=\frac{1}{2\pi}\int_{-\infty}^{\infty}\frac{\beta\cos\omega t+\omega\sin\omega t}{\beta^2+\omega^2}\mathrm{d}\omega\\&=\frac{1}{\pi}\int_{0}^{\infty}\frac{\beta\cos\omega t+\omega\sin\omega t}{\beta^2+\omega^2}\mathrm{d}\omega\end{aligned}$$

此即函数$f(t)$的积分表达式.由此我们还顺便得到一个含参变量t的积分公式

$$\int_{0}^{\infty}\frac{\beta\cos\omega t+\omega\sin\omega t}{\beta^2+\omega^2}\mathrm{d}\omega=f(t)\cdot\pi=\begin{cases}0, & t<0\\ \pi/2, & t=0\\ \pi\mathrm{e}^{-\beta t}, & t>0\end{cases}$$

常用函数的傅氏变换,已制成了表格以便查用.本书附录Ⅱ中,给出了傅氏变换简表.

类似地,在三维傅氏积分公式(9.1.3)的基础上可引入**三维傅氏变换**的定义.记

$$\begin{cases}\boldsymbol{\omega}=\boldsymbol{e}_1\omega_1+\boldsymbol{e}_2\omega_2+\boldsymbol{e}_3\omega_3\\ \boldsymbol{r}=\boldsymbol{e}_1x+\boldsymbol{e}_2y+\boldsymbol{e}_3z\\ f(\boldsymbol{r})=f(x,y,z)\\ \mathrm{d}\boldsymbol{r}=\mathrm{d}x\mathrm{d}y\mathrm{d}z,\quad \mathrm{d}\boldsymbol{\omega}=\mathrm{d}\omega_1\mathrm{d}\omega_2\mathrm{d}\omega_3\end{cases}\tag{9.1.9}$$

其中,$\boldsymbol{e}_1,\boldsymbol{e}_2,\boldsymbol{e}_3$为笛卡儿(Cartesian)坐标系中三个坐标轴的单位矢量.则(9.1.3)式变为

$$f(\boldsymbol{r})=\frac{1}{(2\pi)^3}\iiint_{-\infty}^{\infty}\left[\iiint_{-\infty}^{\infty}f(\xi,\eta,\zeta)\mathrm{e}^{-\mathrm{i}(\omega_1\xi+\omega_2\eta+\omega_3\zeta)}\mathrm{d}\xi\mathrm{d}\eta\mathrm{d}\zeta\right]\mathrm{e}^{\mathrm{i}\boldsymbol{\omega}\cdot\boldsymbol{r}}\mathrm{d}\boldsymbol{\omega}$$

令

$$G(\boldsymbol{\omega})=\iiint_{-\infty}^{\infty}f(\boldsymbol{r})\mathrm{e}^{-\mathrm{i}\boldsymbol{\omega}\cdot\boldsymbol{r}}\mathrm{d}\boldsymbol{r}\tag{9.1.10}$$

则

$$f(\boldsymbol{r})=\frac{1}{(2\pi)^3}\iiint_{-\infty}^{\infty}G(\boldsymbol{\omega})\mathrm{e}^{\mathrm{i}\boldsymbol{\omega}\cdot\boldsymbol{r}}\mathrm{d}\boldsymbol{\omega}\tag{9.1.11}$$

我们称(9.1.10)式为三维函数$f(\boldsymbol{r})$的傅氏变换,记作

$$F[f(\boldsymbol{r})]=G(\boldsymbol{\omega})=\iiint_{-\infty}^{\infty}f(\boldsymbol{r})\mathrm{e}^{-\mathrm{i}\boldsymbol{\omega}\cdot\boldsymbol{r}}\mathrm{d}\boldsymbol{r}\tag{9.1.12}$$

$G(\boldsymbol{\omega})$又称为$f(\boldsymbol{r})$的像函数,而称(9.1.11)式为三维函数$G(\boldsymbol{\omega})$的傅氏逆变换,记作

$$F^{-1}[G(\boldsymbol{\omega})]=f(\boldsymbol{r})=\frac{1}{(2\pi)^3}\iiint_{-\infty}^{\infty}G(\boldsymbol{\omega})\mathrm{e}^{\mathrm{i}\boldsymbol{\omega}\cdot\boldsymbol{r}}\mathrm{d}\boldsymbol{\omega}\tag{9.1.13}$$

$f(\boldsymbol{r})$又称为$G(\boldsymbol{\omega})$的像原函数.

3. 傅里叶变换的性质

下面我们介绍傅氏变换的几个基本性质.设$F[f(x)]=G(\omega)$,且我们约定:当涉及一函数需要进行傅氏变换时,这个函数总是满足变换条件的.

(1) **线性性质** 若α,β为任意常数,则对任意函数f_1和f_2有

$$F[\alpha f_1+\beta f_2]=\alpha F[f_1]+\beta F[f_2] \tag{9.1.14}$$

证 由定义式(9.1.6)有

$$\begin{aligned}F[\alpha f_1+\beta f_2]&=\int_{-\infty}^{\infty}[\alpha f_1(x)+\beta f_2(x)]\mathrm{e}^{-\mathrm{i}\omega x}\mathrm{d}x\\&=\alpha\int_{-\infty}^{\infty}f_1(x)\mathrm{e}^{-\mathrm{i}\omega x}\mathrm{d}x+\beta\int_{-\infty}^{\infty}f_2(x)\mathrm{e}^{-\mathrm{i}\omega x}\mathrm{d}x\\&=\alpha F(f_1)+\beta F(f_2)\end{aligned}$$

(2) **延迟性质**(又称为频移性质) 设ω_0为任意常数,则

$$F[\mathrm{e}^{\mathrm{i}\omega_0 x}f(x)]=G(\omega-\omega_0) \tag{9.1.15}$$

证 由定义式(9.1.6)有

$$\begin{aligned}F[\mathrm{e}^{\mathrm{i}\omega_0 x}f(x)]&=\int_{-\infty}^{\infty}\mathrm{e}^{\mathrm{i}\omega_0 x}f(x)\mathrm{e}^{-\mathrm{i}\omega x}\mathrm{d}x\\&=\int_{-\infty}^{\infty}f(x)\mathrm{e}^{-\mathrm{i}(\omega-\omega_0)x}\mathrm{d}x\\&=G(\omega-\omega_0)\end{aligned}$$

(3) **位移性质** 设x_0为任意常数,则

$$F[f(x-x_0)]=\mathrm{e}^{-\mathrm{i}\omega x_0}F[f(x)] \tag{9.1.16}$$

证 由定义式(9.1.6)有

$$\begin{aligned}F[f(x-x_0)]&=\int_{-\infty}^{\infty}f(x-x_0)\mathrm{e}^{-\mathrm{i}\omega x}\mathrm{d}x\\&=\mathrm{e}^{-\mathrm{i}\omega x_0}\int_{-\infty}^{\infty}f(x-x_0)\mathrm{e}^{-\mathrm{i}\omega(x-x_0)}\mathrm{d}(x-x_0)\\&=\mathrm{e}^{-\mathrm{i}\omega x_0}\int_{-\infty}^{\infty}f(x')\mathrm{e}^{-\mathrm{i}\omega x'}\mathrm{d}x'\\&=\mathrm{e}^{-\mathrm{i}\omega x_0}F[f(x)]\end{aligned}$$

(4) **相似性质** 设a为不为零的常数,则

$$F[f(ax)]=\frac{1}{|a|}G\left(\frac{\omega}{a}\right) \tag{9.1.17}$$

证 令$ax=x'$,则当$a>0$时有

$$F[f(ax)]=\int_{-\infty}^{\infty}f(ax)\mathrm{e}^{-\mathrm{i}\omega x}\mathrm{d}x=\int_{-\infty}^{\infty}f(x')\mathrm{e}^{-\mathrm{i}\frac{\omega}{a}x'}\mathrm{d}\frac{x'}{a}=\frac{1}{a}G\left(\frac{\omega}{a}\right)$$

而当 $a<0$ 时有

$$F[f(ax)]=\int_{-\infty}^{\infty}f(ax)\mathrm{e}^{-\mathrm{i}\omega x}\mathrm{d}x=\int_{\infty}^{-\infty}f(x')\mathrm{e}^{-\mathrm{i}\frac{\omega}{a}x'}\mathrm{d}\frac{x'}{a}=-\frac{1}{a}G\left(\frac{\omega}{a}\right)$$

所以

$$F[f(ax)]=\frac{1}{|a|}G\left(\frac{\omega}{a}\right)$$

(5) **微分性质** 若当 $|x|\to\infty$ 时, $f(x)\to 0$, $f^{(n-1)}(x)\to 0$ (其中 $n=1,2,\cdots$),则

$$\left.\begin{aligned}F[f'(x)]&=\mathrm{i}\omega F[f(x)]\\F[f''(x)]&=(\mathrm{i}\omega)^2F[f(x)]\\&\cdots\cdots\\F[f^{(n)}(x)]&=(\mathrm{i}\omega)^nF[f(x)]\end{aligned}\right\}\tag{9.1.18}$$

证 由定义(9.1.6)式和分部积分法有

$$\begin{aligned}F[f'(x)]&=\int_{-\infty}^{\infty}f'(x)\mathrm{e}^{-\mathrm{i}\omega x}\mathrm{d}x\\&=[f(x)\mathrm{e}^{-\mathrm{i}\omega x}]_{-\infty}^{\infty}-\int_{-\infty}^{\infty}f(x)(-\mathrm{i}\omega)\mathrm{e}^{-\mathrm{i}\omega x}\mathrm{d}x\end{aligned}$$

因为当 $|x|\to\infty$ 时, $f(x)\to 0$,因此

$$F[f'(x)]=\mathrm{i}\omega\int_{-\infty}^{\infty}f(x)\mathrm{e}^{-\mathrm{i}\omega x}\mathrm{d}x=\mathrm{i}\omega F[f(x)]$$

又因为当 $|x|\to\infty$ 时, $f'(x)\to 0$,所以

$$F[f''(x)]=F\left[\frac{\mathrm{d}f'(x)}{\mathrm{d}x}\right]=\mathrm{i}\omega F[f'(x)]=(\mathrm{i}\omega)^2F[f(x)]$$

重复以上过程便可得(9.1.18)式.

(6) **积分性质**

$$F\left[\int_{x_0}^{x}f(\xi)\mathrm{d}\xi\right]=\frac{1}{\mathrm{i}\omega}F[f(x)]\tag{9.1.19}$$

证 因为

$$\frac{\mathrm{d}}{\mathrm{d}x}\int_{x_0}^{x}f(\xi)\mathrm{d}\xi=f(x)$$

所以

$$F\left[\frac{\mathrm{d}}{\mathrm{d}x}\int_{x_0}^{x}f(\xi)\mathrm{d}\xi\right]=F[f(x)]$$

又由微分性质(9.1.18)式有

$$F\left[\frac{\mathrm{d}}{\mathrm{d}x}\int_{x_0}^{x}f(\xi)\mathrm{d}\xi\right]=\mathrm{i}\omega F\left[\int_{x_0}^{x}f(\xi)\mathrm{d}\xi\right]$$

比较上面两式即得(9.1.19)式.

(7) **卷积定理** 已知函数 $f_1(x)$ 和 $f_2(x)$,则定义积分

$$\int_{-\infty}^{\infty}f_1(\xi)f_2(x-\xi)\mathrm{d}\xi$$

为函数 $f_1(x)$ 与 $f_2(x)$ 的**卷积**，记作 $f_1(x) * f_2(x)$，即

$$f_1(x) * f_2(x) = \int_{-\infty}^{\infty} f_1(\xi) f_2(x-\xi)\mathrm{d}\xi \tag{9.1.20}$$

卷积运算"$*$"是一种函数间的运算，易于证明它与乘法相似，具有交换律、结合律与分配律，即

$$f_1(x) * f_2(x) = f_2(x) * f_1(x)$$
$$[f_1(x) * f_2(x)] * f_3(x) = f_1(x) * [f_2(x) * f_3(x)]$$
$$f_1(x) * [f_2(x) + f_3(x)] = f_1(x) * f_2(x) + f_1(x) * f_3(x)$$

对于函数 $f_1(x)$ 和 $f_2(x)$ 有

$$F[f_1(x) * f_2(x)] = F[f_1(x)] \cdot F[f_2(x)] \tag{9.1.21}$$

此即**卷积定理**.

证 由定义

$$F[f_1 * f_2] = \int_{-\infty}^{\infty}\left[\int_{-\infty}^{\infty} f_1(\xi) f_2(x-\xi)\mathrm{d}\xi\right]\mathrm{e}^{-\mathrm{i}\omega x}\mathrm{d}x$$

由于 f_1 和 f_2 都是在 $(-\infty,\infty)$ 上绝对可积的，故积分可交换次序，因此

$$\begin{aligned} F[f_1 * f_2] &= \int_{-\infty}^{\infty} f_1(\xi)\left[\int_{-\infty}^{\infty} f_2(x-\xi)\mathrm{e}^{-\mathrm{i}\omega x}\mathrm{d}x\right]\mathrm{d}\xi \\ &= \int_{-\infty}^{\infty} f_1(\xi) \cdot \mathrm{e}^{-\mathrm{i}\omega\xi} F[f_2]\mathrm{d}\xi = F[f_1] \cdot F[f_2] \end{aligned}$$

(8) **像函数的卷积定理**

$$F[f_1(x) \cdot f_2(x)] = \frac{1}{2\pi} F[f_1(x)] * F[f_2(x)] \tag{9.1.22}$$

证

$$\begin{aligned} & F[f_1(x) \cdot f_2(x)] \\ &= \int_{-\infty}^{\infty} f_1(x) f_2(x)\mathrm{e}^{-\mathrm{i}\omega x}\mathrm{d}x \\ &= \int_{-\infty}^{\infty} f_1(x)\left[\frac{1}{2\pi}\int_{-\infty}^{\infty} G_2(\omega')\mathrm{e}^{\mathrm{i}\omega' x}\mathrm{d}\omega'\right]\mathrm{e}^{-\mathrm{i}\omega x}\mathrm{d}x \\ &= \frac{1}{2\pi}\int_{-\infty}^{\infty} G_2(\omega')\left[\int_{-\infty}^{\infty} f_1(x)\mathrm{e}^{-\mathrm{i}(\omega-\omega')x}\mathrm{d}x\right]\mathrm{d}\omega' \\ &= \frac{1}{2\pi}\int_{-\infty}^{\infty} G_2(\omega') G_1(\omega-\omega')\mathrm{d}\omega' \\ &= \frac{1}{2\pi} G_2(\omega) * G_1(\omega) \\ &= \frac{1}{2\pi} F[f_1(x)] * F[f_2(x)] \end{aligned}$$

用类似的方法可以证明三维函数 $f(\boldsymbol{r})$ 的傅氏变换亦具有上述的那些性质.

运用傅氏变换的线性性质、微分性质和积分性质，可以把线性常系数常微分方程化为代数方程，通过解代数方程与求傅氏逆变换，就可以得到此常微分方程的解.

例 2 求解质量为 1 具有阻尼的(经典)谐振子的受迫振动方程

$$\ddot{x}(t) + 2\gamma\dot{x}(t) + \omega_0^2 x(t) = f(t) \tag{9.1.23}$$

其中 $f(t)$是已知函数,$\gamma>0$ 和 ω_0^2是常数.

解 记 $F[x(t)]=\tilde{x}(\omega)$,$F[f(t)]=\tilde{f}(\omega)$;对方程中各项施行傅氏变换,则由线性性质(9.1.14)式和微分性质(9.1.18)式有

$$(\mathrm{i}\omega)^2\tilde{x}(\omega) + 2\mathrm{i}\omega\gamma\tilde{x}(\omega) + \omega_0^2\tilde{x}(\omega) = \tilde{f}(\omega)$$

所以

$$\tilde{x}(\omega) = \frac{-\tilde{f}(\omega)}{\omega^2 - 2i\gamma\omega - \omega_0^2} = \tilde{f}(\omega)\cdot\frac{1}{(\sqrt{\omega_0^2-\gamma^2})^2 - (\omega - \mathrm{i}\gamma)^2}$$

由查表和位移性质知

$$\frac{1}{(\sqrt{\omega_0^2-\gamma^2})^2 - (\omega - \mathrm{i}\gamma)^2} = \frac{1}{\sqrt{\omega_0^2-\gamma^2}}F[\mathrm{e}^{-\gamma t}H(t)\sin\sqrt{\omega_0^2-\gamma^2}t]$$

其中

$$H(t) = \begin{cases} 0, & t<0 \\ 1, & t>0 \end{cases} \tag{9.1.24}$$

称为**赫维赛德**(Heaviside)**单位函数或阶梯函数**. 它的更一般表示为

$$H(t-a) = \begin{cases} 0, & t<a \\ 1, & t>a \end{cases} \tag{9.1.25}$$

故

$$F[x(t)] = \frac{1}{\sqrt{\omega_0^2-\gamma^2}}F[f(t)]\cdot F[\mathrm{e}^{-\gamma t}H(t)\sin\sqrt{\omega_0^2-\gamma^2}t]$$

对上式两边取傅氏逆变换并应用卷积定理,立即可得所求受迫振动方程(9.1.23)的特解[记为 $x_s(t)$,以示区别]为

$$x_s(t) = \frac{1}{\sqrt{\omega_0^2-\gamma^2}}\int_{-\infty}^{t} f(\tau)\mathrm{e}^{-\gamma(t-\tau)}\sin[\sqrt{\omega_0^2-\gamma^2}(t-\tau)]\mathrm{d}\tau$$

从而得(9.1.23)式的解为

$$x(t) = c_1x_1(t) + c_2x_2(t) + x_s(t)$$

其中

$$x_1(t) = \mathrm{e}^{-\gamma t}\sin\sqrt{\omega_0^2-\gamma^2}t \quad \text{和} \quad x_2(t) = \mathrm{e}^{-\gamma t}\cos\sqrt{\omega_0^2-\gamma^2}t$$

是(9.1.23)式所对应的齐次方程的线性独立解,c_1 和 c_2 是任意常数.

注 ① 傅里叶级数的复数形式证明见二维码.

② 证明可参阅 В. И. 斯米尔诺夫. 高等数学教程,第二卷,第二分册,p. 456～459. 北京:高等教育出版社,1959.

傅里叶级数的复数形式证明

习 题 9.1

1. 若 $f(x)$满足傅氏积分定理的条件且为奇函数,试证

$$f(x) = \int_0^{\infty} b(\omega)\sin\omega x\,\mathrm{d}\omega$$

其中

$$b(\omega) = \frac{2}{\pi}\int_0^{\infty} f(x)\sin\omega x\,\mathrm{d}x$$

2. 求下列函数的傅氏变换：

(1) $\dfrac{\sin ax}{x}$， $a>0$；　(2) $\mathrm{e}^{-\eta x^2}$， $\eta>0$；　(3) $\sin\eta x^2, \cos\eta x^2$， $\eta>0$；

(4) $\mathrm{e}^{-a|x|}$， $a>0$；　(5) $x\mathrm{e}^{-ax^2}$， $a>0$.

3. 已知 $\displaystyle\int_{-\infty}^{\infty} \frac{f(\xi)\mathrm{d}\xi}{(x-\xi)^2+a^2} = \frac{1}{x^2+b^2}$，$0<a<b$，求未知函数 $f(x)$.

4. 设 $F[f(x)]=G(\omega)$，$G^{(m)}(\omega)|_{\omega\to\pm\infty}=0$，$m=0,1,\cdots,n-1$，试证明**像函数微分性质**

$$F[(-\mathrm{i}x)^n f(x)] = G^{(n)}(\omega),\quad n=1,2,\cdots \tag{9.1.26}$$

5. 试用傅氏变换的方法，求解量子力学中将会遇到的艾里(Airy)方程

$$u''(\xi) - \xi u(\xi) = 0$$

6. 设 $F[f(x)] = G(\omega)$，$\displaystyle\int_{-\infty}^{\infty} G(\xi)\mathrm{d}\xi = 0$，试证**像函数的积分性质**

$$F\left[\frac{1}{-\mathrm{i}x}f(x)\right] = \int_{-\infty}^{\omega} G(\xi)\mathrm{d}\xi \tag{9.1.27}$$

7. 设 $r=\sqrt{x^2+y^2+z^2}=|\boldsymbol{r}|$，$\omega=\sqrt{\omega_1^2+\omega_2^2+\omega_3^2}=|\boldsymbol{\omega}|$，证明

(1) $F\left[\dfrac{1}{r}\right]=\dfrac{4\pi}{\omega^2}$；　(2) $F\left[\dfrac{1}{r}\mathrm{e}^{-\mu r}\right]=\dfrac{4\pi}{\omega^2+\mu^2}$ $(\mu>0)$.

提示：(1) 可从右往左证，若从左往右证，则需先证(2)再取极限 $\mu\to 0$.

*8. 试证傅里叶光学中的下列傅里叶变换关系式：

(1) $F[\mathrm{rect}(x)\mathrm{rect}(y)]=\mathrm{sinc}(f_x)\mathrm{sinc}(f_y)$；

(2) $F[\Lambda(x)\Lambda(y)]=\mathrm{sinc}^2(f_x)\mathrm{sinc}^2(f_y)$.

其中

$$f_x = \frac{\omega_1}{2\pi}, f_y = \frac{\omega_2}{2\pi}\ \text{为频率；}$$

$$\mathrm{rect}(x)=\begin{cases}1, & |x|\leqslant\dfrac{1}{2}\\ 0, & \text{其他}\end{cases}\text{，为矩形函数；}$$

$$\Lambda(x)=\begin{cases}1-|x|, & |x|\leqslant 1\\ 0, & \text{其他}\end{cases}\text{，为三角函数；}$$

$$\mathrm{sinc}x=\frac{\sin\pi x}{\pi x}\text{，为 sinc 函数.}$$

*9. 将 $f(x)=\cos x^2$ 展开为傅氏积分.

（芝加哥大学研究生试题）

*10. 考虑受外力 $g(t)$作用的一个阻尼的简谐振子. 因此振子的运动由

$$\ddot{x}(t) + 2a\dot{x}(t) + \omega_0^2 x(t) = f(t),\qquad f(t) = g(t)/m$$

所给出. 考虑 $\omega_0>a$ 的情形，这表示一个阻尼振子，且

$$f(t) = \begin{cases}f_0, & |t|<\tau\\ 0, & |t|\geqslant\tau\end{cases}$$

求在三个区间 $t<-\tau$，$t>\tau$ 和$|t|<\tau$ 中的 $x(t)$，计算所有积分.

（加州理工学院研究生试题）

11. 设 $F[f_1(x)]=G_1(\omega)$,$F[f_2(x)]=G_2(\omega)$,$F[f(x)]=G(\omega)$. 试证明**乘积定理**

$$\int_{-\infty}^{\infty} f_1(x)f_2(x)\mathrm{d}x = \frac{1}{2\pi}\int_{-\infty}^{\infty} G_1^*(\omega)G_2(\omega)\mathrm{d}\omega = \frac{1}{2\pi}\int_{-\infty}^{\infty} G_1(\omega)G_2^*(\omega)\mathrm{d}\omega \tag{9.1.28}$$

和**能量积分**,即**帕塞瓦尔**(Parseval)**等式**

$$\int_{-\infty}^{\infty}[f(x)]^2\mathrm{d}x = \int_{-\infty}^{\infty} |F(\omega)|^2\mathrm{d}\omega \tag{9.1.29}$$

其中,$G_1^*(\omega)$,$G_2^*(\omega)$分别为$G_1(\omega)$,$G_2(\omega)$的共轭复数.

9.2 傅里叶变换法

对于无界区域的定解问题,傅里叶变换法是一种普遍适用的求解方法,其求解过程与解常微分方程大体相似. 下面我们将通过几个具体的例子来了解如何用傅氏变换法来求解数学物理方程.

1. 波动问题

例 1 求解弦振动方程的初值问题

$$\begin{cases} u_{tt} = a^2 u_{xx}, & -\infty < x < \infty, t > 0 \quad (9.2.1) \\ u(x,0) = \varphi(x) & \quad (9.2.2) \\ u_t(x,0) = 0 & -\infty < x < \infty \quad (9.2.3) \end{cases}$$

解 视 t 为参数,对(9.2.1)、(9.2.2)和(9.2.3)式的两端均进行傅氏变换,并记

$$F[u(x,t)] = \int_{-\infty}^{\infty} u(x,t)\mathrm{e}^{-\mathrm{i}\omega x}\mathrm{d}x = \tilde{u}(\omega,t), \quad F[\varphi(x)] = \tilde{\varphi}(\omega)$$

则有

$$\begin{cases} \dfrac{\mathrm{d}^2\tilde{u}}{\mathrm{d}t^2} = -a^2\omega^2\tilde{u} \\ \tilde{u}(\omega,0) = \tilde{\varphi}(\omega) \\ \tilde{u}_t(\omega,0) = 0 \end{cases}$$

这是带参数 ω 的变量 t 的二阶常微分方程的初值问题,解之得

$$\tilde{u}(\omega,t) = \tilde{\varphi}(\omega)\cos a\omega t$$

于是由逆变换公式(9.1.7),得定解问题(9.2.1)～(9.2.3)式的解为

$$\begin{aligned} u(x,t) &= F^{-1}[\tilde{u}(\omega,t)] = F^{-1}[\tilde{\varphi}(\omega)\cos a\omega t] \\ &= \frac{1}{2\pi}\int_{-\infty}^{\infty}\tilde{\varphi}(\omega)\cos a\omega t\,\mathrm{e}^{\mathrm{i}\omega x}\mathrm{d}\omega \\ &= \frac{1}{4\pi}\int_{-\infty}^{\infty}\tilde{\varphi}(\omega)[\mathrm{e}^{\mathrm{i}\omega(x+at)} + \mathrm{e}^{\mathrm{i}\omega(x-at)}]\mathrm{d}\omega \\ &= \frac{1}{2}[\varphi(x+at) + \varphi(x-at)] \end{aligned}$$

这与用达朗贝尔公式所得到的结果一致. 最后一步应用了位移性质.

2. 输运问题

例 2 求无界杆的热传导问题

$$\begin{cases} u_t = a^2 u_{xx} + f(x,t), & -\infty < x < \infty, t > 0 \quad (9.2.4) \\ u(x,0) = \varphi(x), & -\infty < x < \infty \quad (9.2.5) \end{cases}$$

解 对(9.2.4)式和(9.2.5)式两端以 x 为变量分别进行傅氏变换,并记

$$F[u(x,t)] = \tilde{u}(\omega,t), \quad F[\varphi(x)] = \tilde{\varphi}(\omega), \quad F[f(x,t)] = \tilde{f}(\omega,t)$$

则有

$$\begin{cases} \dfrac{\mathrm{d}\tilde{u}}{\mathrm{d}t} = -a^2\omega^2\tilde{u} + \tilde{f}(\omega,t) \\ \tilde{u}(\omega,0) = \tilde{\varphi}(\omega) \end{cases}$$

这是带参数 ω 关于变量 t 的一阶常微分方程的初值问题,解之得

$$\tilde{u}(\omega,t) = \tilde{\varphi}(\omega)\mathrm{e}^{-a^2\omega^2 t} + \int_0^t \tilde{f}(\omega,\tau)\mathrm{e}^{-a^2\omega^2(t-\tau)}\mathrm{d}\tau$$

于是,由逆变换得(9.2.4)式和(9.2.5)式的解应为

$$\begin{aligned} u(x,t) &= F^{-1}[\tilde{u}(\omega,t)] \\ &= F^{-1}[\tilde{\varphi}(\omega)\mathrm{e}^{-a^2\omega^2 t}] + F^{-1}\left[\int_0^t \tilde{f}(\omega,\tau)\mathrm{e}^{-a^2\omega^2(t-\tau)}\mathrm{d}\tau\right] \\ &= F^{-1}[F[\varphi(x)]\cdot F[F^{-1}(\mathrm{e}^{-a^2\omega^2 t})]] \\ &\quad + \int_0^t F^{-1}[F[f(x,\tau)]\cdot F[F^{-1}[\mathrm{e}^{-a^2\omega^2(t-\tau)}]]]\mathrm{d}\tau \end{aligned}$$

故由卷积性质(9.1.21)有

$$u(x,t) = \varphi(x) * F^{-1}(\mathrm{e}^{-a^2\omega^2 t}) + \int_0^t f(x,\tau) * F^{-1}[\mathrm{e}^{-a^2\omega^2(t-\tau)}]\mathrm{d}\tau$$

而由逆变换公式(9.1.7)式得

$$\begin{aligned} F^{-1}(\mathrm{e}^{-a^2\omega^2 t}) &= \frac{1}{2\pi}\int_{-\infty}^{\infty}\mathrm{e}^{-a^2\omega^2 t}\mathrm{e}^{\mathrm{i}\omega x}\mathrm{d}\omega \\ &= \frac{1}{2\pi}\int_{-\infty}^{\infty}\mathrm{e}^{-a^2\omega^2 t}(\cos\omega x + \mathrm{i}\sin\omega x)\mathrm{d}\omega \\ &= \frac{1}{\pi}\int_0^{\infty}\mathrm{e}^{-a^2\omega^2 t}\cos\omega x\,\mathrm{d}\omega \\ &= \frac{1}{2a\sqrt{\pi t}}\mathrm{e}^{-\frac{x^2}{4a^2 t}} \end{aligned} \quad (9.2.6)$$

最后一步利用了第一篇的积分公式(5.3.7)式

$$\int_0^{\infty}\mathrm{e}^{-ax^2}\cos bx\,\mathrm{d}x = \frac{1}{2}\mathrm{e}^{-\frac{b^2}{4a}}\sqrt{\frac{\pi}{a}}, \quad a > 0$$

于是

$$u(x,t) = \varphi(x) * \frac{1}{2a\sqrt{\pi t}}\mathrm{e}^{-\frac{x^2}{4a^2 t}} + \int_0^t f(x,\tau) * \frac{1}{2a\sqrt{\pi(t-\tau)}}\mathrm{e}^{-\frac{x^2}{4a^2(t-\tau)}}\mathrm{d}\tau$$

$$=\frac{1}{2a\sqrt{\pi t}}\int_{-\infty}^{\infty}\varphi(\xi)\mathrm{e}^{-\frac{(x-\xi)^2}{4a^2t}}\mathrm{d}\xi+\frac{1}{2a\sqrt{\pi}}\int_0^t\int_{-\infty}^{\infty}\frac{f(\xi,\tau)}{\sqrt{t-\tau}}\mathrm{e}^{-\frac{(x-\xi)^2}{4a^2(t-\tau)}}\mathrm{d}\xi\mathrm{d}\tau \tag{9.2.7}$$

由此例我们看到,用傅氏变换解方程时不必像分离变量法那样区分齐次方程和非齐次方程,都是按同样的步骤解.

例 3 已知某种微粒在空间的浓度分布为 $\varphi(\boldsymbol{r})$,求解 $t>0$ 时浓度的变化.

解 其定解问题为

$$\begin{cases} u_t-a^2\Delta u=0 & (9.2.8)\\ u\,|_{t=0}=\varphi(\boldsymbol{r}) & (9.2.9)\end{cases}$$

将上述定解问题就空间变量 $\boldsymbol{r}(x,y,z)$ 作三维傅氏变换,并记

$$F[u(\boldsymbol{r},t)]=\iiint_{-\infty}^{\infty}u(\boldsymbol{r},t)\mathrm{e}^{-\mathrm{i}\boldsymbol{\omega}\cdot\boldsymbol{r}}\mathrm{d}\boldsymbol{r}=\tilde{u}(\boldsymbol{\omega},t)$$

$$F[\varphi(\boldsymbol{r})]=\tilde{\varphi}(\boldsymbol{\omega}),\quad \omega=\sqrt{\omega_1^2+\omega_2^2+\omega_3^2}=|\,\boldsymbol{\omega}\,|$$

则运用微分性质有

$$\begin{cases}\dfrac{\mathrm{d}\tilde{u}}{\mathrm{d}t}+a^2\omega^2\tilde{u}=0\\ \tilde{u}(\boldsymbol{\omega},0)=\tilde{\varphi}(\boldsymbol{\omega})\end{cases}$$

解之得

$$\tilde{u}(\boldsymbol{\omega},t)=\tilde{\varphi}(\boldsymbol{\omega})\mathrm{e}^{-a^2\omega^2t}$$

由三维函数的傅氏逆变换公式(9.1.13)有

$$\begin{aligned}F^{-1}[\mathrm{e}^{-a^2\omega^2t}]&=\frac{1}{(2\pi)^3}\iiint_{-\infty}^{\infty}\mathrm{e}^{-a^2\omega^2t}\mathrm{e}^{\mathrm{i}\boldsymbol{\omega}\cdot\boldsymbol{r}}\mathrm{d}\boldsymbol{\omega}\\&=\frac{1}{(2\pi)^3}\iiint_{-\infty}^{\infty}\mathrm{e}^{-a^2(\omega_1^2+\omega_2^2+\omega_3^2)t}\mathrm{e}^{\mathrm{i}(\omega_1x+\omega_2y+\omega_3z)}\mathrm{d}\omega_1\mathrm{d}\omega_2\mathrm{d}\omega_3\\&=\frac{1}{8a^3(\pi t)^{3/2}}\mathrm{e}^{-\frac{x^2+y^2+z^2}{4a^2t}}\end{aligned}$$

此处重复用了(9.2.6)式的结果三次.故由逆变换公式和卷积定理有

$$\begin{aligned}u(\boldsymbol{r},t)&=F^{-1}[\tilde{u}(\boldsymbol{\omega},t)]=F^{-1}[\tilde{\varphi}(\boldsymbol{\omega})\mathrm{e}^{-a^2\omega^2t}]\\&=\frac{1}{8a^3(\pi t)^{3/2}}\iiint_{-\infty}^{\infty}\varphi(\boldsymbol{r}')\mathrm{e}^{-\frac{|\boldsymbol{r}-\boldsymbol{r}'|^2}{4a^2t}}\mathrm{d}\boldsymbol{r}'\end{aligned} \tag{9.2.10}$$

3. 稳定场问题

例 4 求解真空中静电势满足的方程

$$\Delta u(x,y,z)=-\frac{1}{\varepsilon_0}\rho(x,y,z) \tag{9.2.11}$$

解 上述方程即

$$\Delta u(\boldsymbol{r})=-\frac{1}{\varepsilon_0}\rho(\boldsymbol{r}) \tag{9.2.12}$$

为方便起见，令 $f(\boldsymbol{r})=\dfrac{1}{\varepsilon_0}\rho(\boldsymbol{r})$，并记 $F[u(\boldsymbol{r})]=\tilde{u}(\boldsymbol{\omega})$，$F[f(r)]=\tilde{f}(\boldsymbol{\omega})$，对方程(9.2.12)进行傅氏变换得

$$\tilde{u}(\boldsymbol{\omega})=\frac{1}{\omega^2}\tilde{f}(\boldsymbol{\omega})$$

利用变换公式

$$F\left[\frac{1}{r}\right]=\frac{4\pi}{\omega^2}$$

(见习题 9.1 第 7 题)有

$$F[u(\boldsymbol{r})]=\frac{1}{4\pi}F\left[\frac{1}{|\boldsymbol{r}|}\right]\cdot F[f(\boldsymbol{r})]$$

故由卷积定理有

$$u(\boldsymbol{r})=\frac{1}{4\pi}\iiint_{-\infty}^{\infty}\frac{f(\boldsymbol{r}')}{|\boldsymbol{r}-\boldsymbol{r}'|}\mathrm{d}\boldsymbol{r}'$$

习 题 9.2

1. 试用傅氏变换法求解上半平面狄氏问题

$$\begin{cases}\Delta u=0, & y>0\\ u|_{y=0}=f(x)\\ \lim\limits_{(x^2+y^2)\to\infty}u=0\end{cases}$$

2. 试用傅里叶变换法求解无界弦的强迫振动

$$\begin{cases}u_{tt}=a^2u_{xx}+f(x,t), & -\infty<x<\infty\\ u|_{t=0}=\varphi(x)\\ u_t|_{t=0}=\psi(x)\end{cases}$$

3. 用傅氏变换法求解无限长梁在初始条件下的自由振动问题

$$\begin{cases}u_{tt}+a^2u_{xxxx}=0, & -\infty<x<\infty\\ u(x,0)=\varphi(x)\\ u_t(x,0)=a\psi''(x)\end{cases}$$

4. 用傅氏变换法求解半无限长均匀细管中的扩散问题

$$\begin{cases}u_t-Du_{xx}=0, & 0\leqslant x<\infty,t\geqslant 0\\ u|_{x=0}=0, & t>0\\ u|_{t=0}=\mathrm{e}^{-\beta x}, & 0\leqslant x<\infty\end{cases}$$

5. 用傅氏变换法求解半无界弦的自由振动

$$\begin{cases}u_{tt}=a^2u_{xx}, & x>0\\ u|_{t=0}=0, & u_t|_{t=0}=0\\ u|_{x=0}=f(t), & t>0\end{cases}$$

提示：先将 $f(t)$ 延拓为 $f(t)H(t)$，并将 x 看成参数来求解. 其中

$$H(t)=\begin{cases}1, & t>0\\ 0, & t<0\end{cases}$$

为阶跃函数.

6. 求解热传导方程 $u_t=a^2u_{xx}(-\infty<x<\infty,t>0)$的初值问题,已知

(1) $u(x,0)=\sin x$; (2) $u(x,0)=x^2+1$.

7. 用傅氏变换法求解混合微分方程的定解问题

$$u_{tx}=u_{xx}(-\infty<x<\infty,t>0)$$

$$u(x,0)=\sqrt{\frac{\pi}{2}}\mathrm{e}^{-|x|}\ (-\infty<x<\infty)$$

8. 求解下列非常数系数的定解问题:

$$\begin{cases}tu_x+u_t=0(-\infty<x<\infty,t>0)\\u(x,0)=f(x)(-\infty<x<\infty)\end{cases}$$

9.3 拉普拉斯变换

由上一节我们看到.在用傅氏变换解微分方程时,要求所出现的函数必须在$(-\infty,\infty)$内满足绝对可积这个条件.这样,常数、多项式及三角函数等函数类都不能进行傅氏变换.另一方面,傅氏变换还要求进行变换的函数在无穷区间$(-\infty,\infty)$有定义,如果要求解的问题是混合问题而不是初值问题,那么就不能对空间变量进行傅氏变换了.为了克服傅氏变换的这些缺点,于是,人们适当地把傅氏变换加以改造,提出了拉普拉斯变换(简称为拉氏变换).

为了达到使读者掌握用“拉氏变换”的方法解“数理方程”的目的,本节将引入拉氏变换的概念、存在定理、性质和展开定理.

1. 拉氏变换及拉氏变换存在定理

对于任何函数 $f(t)$,我们假定在 $t<0$ 时 $f(t)\equiv0$,那么,只要 β 足够的大,函数 $f(t)\mathrm{e}^{-\beta t}$ 的傅氏变换就有可能存在,即

$$F[f(t)\mathrm{e}^{-\beta t}]=\int_{-\infty}^{\infty}f(t)\mathrm{e}^{-\beta t}\mathrm{e}^{-\mathrm{i}\omega t}\mathrm{d}t=\int_0^{\infty}f(t)\mathrm{e}^{-(\beta+\mathrm{i}\omega)t}\mathrm{d}t$$

其中

$$f(t)\mathrm{e}^{-\beta t}=\frac{1}{2\pi}\int_{-\infty}^{\infty}F[f(t)\mathrm{e}^{-\beta t}]\cdot\mathrm{e}^{\mathrm{i}\omega t}\mathrm{d}\omega$$

记

$$p=\beta+\mathrm{i}\omega,\quad F(p)=F[f(t)\mathrm{e}^{-\beta t}]$$

并注意到

$$\mathrm{d}p=\mathrm{i}\mathrm{d}\omega$$

便得到

$$F(p)=\int_0^{\infty}f(t)\mathrm{e}^{-pt}\mathrm{d}t\tag{9.3.1}$$

$$f(t)=\frac{1}{2\pi\mathrm{i}}\int_{\beta-\mathrm{i}\infty}^{\beta+\mathrm{i}\infty}F(p)\mathrm{e}^{pt}\mathrm{d}p\tag{9.3.2}$$

这是一对新的互逆的积分变换.我们称(9.3.1)式为函数 $f(t)$的**拉普拉斯变换**,记作

$$L[f(t)] = F(p) = \int_0^\infty f(t)\mathrm{e}^{-pt}\,\mathrm{d}t \tag{9.3.3}$$

并称函数 $F(p)$为 $f(t)$的**像函数**;而称(9.3.2)式为函数 $F(p)$的**拉普拉斯逆变换**或**拉普拉斯反演公式**,记作

$$L^{-1}[F(p)] = f(t) = \frac{1}{2\pi\mathrm{i}}\int_{\beta-\mathrm{i}\infty}^{\beta+\mathrm{i}\infty} F(p)\mathrm{e}^{pt}\,\mathrm{d}p \tag{9.3.4}$$

并称函数 $f(t)$为 $F(p)$的**像原函数**.显然

$$f(t) = L^{-1}[L[f(t)]] \tag{9.3.5}$$

拉氏变换的存在条件,由下述**拉普拉斯变换的存在定理**①给出.设函数 $f(t)$满足以下条件:

(1) 当 $t<0$ 时,$f(t)=0$;

(2) 当 $t\geqslant 0$ 时,$f(t)$及 $f'(t)$除去有限个第一类间断点以外,处处连续;

(3) 当 $t\to\infty$时,$f(t)$的增长速度不超过某一个指数函数,亦即存在常数 M 及 $\beta_0\geqslant 0$,使得

$$|f(t)| \leqslant M\mathrm{e}^{\beta_0 t}, \quad 0 < t < \infty \tag{9.3.6}$$

其中,β_0 称为 $f(t)$的**增长指数**.则 $f(t)$的拉氏变换 $F(p)$在半平面 $\mathrm{Re}p>\beta_0$ 上存在、解析,且当$|\arg p|\leqslant\frac{\pi}{2}-\delta$($\delta$ 是任意小的正数)时,有

$$\lim_{p\to\infty} F(p) = 0 \tag{9.3.7}$$

例 1 $f(t)=\mathrm{e}^{\alpha t}$,式中 α 为复数,求 $L[\mathrm{e}^{\alpha t}]$的解.

解 由定义式(9.3.3)有

$$L[\mathrm{e}^{\alpha t}] = \int_0^\infty \mathrm{e}^{\alpha t}\mathrm{e}^{-pt}\,\mathrm{d}t = \frac{1}{p-\alpha}, \quad \mathrm{Re}p > \mathrm{Re}\alpha \tag{9.3.8}$$

若 $\alpha=0$,则有

$$L[1] = \frac{1}{p} \tag{9.3.9}$$

例 2 求 $L[\sin at]$和 $L[\cos at]$,a 为实数.

解 由定义

$$\begin{aligned} L[\sin at] &= \int_0^\infty \sin at\,\mathrm{e}^{-pt}\,\mathrm{d}t = \frac{1}{2\mathrm{i}}\int_0^\infty [\mathrm{e}^{-(p-\mathrm{i}a)t} - \mathrm{e}^{-(p+\mathrm{i}a)t}]\mathrm{d}t \\ &= \frac{1}{2\mathrm{i}}\left(\frac{1}{p-\mathrm{i}a} - \frac{1}{p+\mathrm{i}a}\right) \\ &= \frac{a}{p^2+a^2}, \quad \mathrm{Re}p > 0 \end{aligned} \tag{9.3.10}$$

同法可得

$$L[\cos at] = \frac{p}{p^2+a^2}, \quad \mathrm{Re}p > 0 \tag{9.3.11}$$

例 3 求 $f(t)=t^\alpha(\mathrm{Re}\alpha>-1)$的拉氏变换.

解 由拉氏变换的定义和 Γ 函数的定义，有

$$L[t^\alpha]=\int_0^\infty t^\alpha e^{-pt}\,dt=\frac{1}{p^{\alpha+1}}\int_0^\infty e^{-pt}(pt)^\alpha d(pt)=\frac{\Gamma(\alpha+1)}{p^{\alpha+1}},\quad \mathrm{Re}p>0 \tag{9.3.12}$$

特别地，取 $\alpha=-\frac{1}{2}$，则得

$$L[t^{-\frac{1}{2}}]=\frac{1}{\sqrt{p}}\Gamma\left(\frac{1}{2}\right)$$

即

$$L\left[\frac{1}{\sqrt{\pi t}}\right]=\frac{1}{\sqrt{p}} \tag{9.3.13}$$

取 $\alpha=n(n=1,2,\cdots)$则得

$$L[t^n]=\frac{n!}{p^{n+1}} \tag{9.3.14}$$

对于常见函数的拉氏变换，已制成了表，见附录Ⅲ.

2. 拉氏变换的性质

设凡是要求拉氏变换的函数，均是满足拉氏变换存在定理的，则由拉氏变换的定义，类似于上节证傅氏变换的性质的方法，我们易于证得拉氏变换有如下与傅氏变换类似的一些重要性质：

(1) **线性性质**

$$L[\alpha f_1+\beta f_2]=\alpha L[f_1]+\beta L[f_2] \tag{9.3.15}$$

(2) **延迟性质**

$$L[e^{p_0 t}f(t)]=F(p-p_0),\quad \mathrm{Re}(p-p_0)>\beta_0 \tag{9.3.16}$$

其中

$$F(p)=L[f(t)]$$

(3) **位移性质** 设 $\tau>0$，则

$$L[f(t-\tau)]=e^{-p\tau}L[f(t)] \tag{9.3.17}$$

(4) **相似性质** 设 $a>0, F(p)=L[f(t)]$，则

$$L[f(at)]=\frac{1}{a}F\left(\frac{p}{a}\right) \tag{9.3.18}$$

(5) **微分性质**

$$\begin{cases} L[f'(t)]=pL[f(t)]-f(0) \\ L[f''(t)]=p^2L[f(t)]-pf(0)-f'(0) \\ \qquad\cdots\cdots \\ L[f^{(n)}(t)]=p^nL[f(t)]-p^{n-1}f(0)-p^{n-2}f'(0)-\cdots-f^{(n-1)}(0) \end{cases} \tag{9.3.19}$$

(6) **积分性质**

$$L\left[\int_0^t f(\tau)\mathrm{d}\tau\right]=\frac{1}{p}L[f(t)] \tag{9.3.20}$$

(7) **卷积定理**

$$L[f_1(t)*f_2(t)]=L[f_1(t)]\cdot L[f_2(t)] \tag{9.3.21}$$

其中,定义

$$f_1(t)*f_2(t)=\int_0^t f_1(\tau)f_2(t-\tau)\mathrm{d}\tau \tag{9.3.22}$$

熟练地掌握以上这些性质,对于我们用拉氏变换解线性常微分方程和积分方程的初值问题极为方便.

例 4 解常微分方程的初值问题

$$\begin{cases}T''_n(t)+\left(\dfrac{n\pi a}{l}\right)^2T_n(t)=f_n(t)\\ T_n(0)=0\\ T'_n(0)=0\end{cases}$$

解 对方程两边取拉氏变换,并设

$$\widetilde{T}(p)=L[T_n(t)],\quad F(p)=L[f_n(t)]$$

则由微分性质(9.3.19)式有

$$p^2\widetilde{T}(p)-pT_n(0)-T'_n(0)+\left(\frac{an\pi}{l}\right)^2\widetilde{T}(p)=F(p)$$

代入初始条件得

$$p^2\widetilde{T}(p)+\left(\frac{an\pi}{l}\right)^2\widetilde{T}(p)=F(p)$$

$$\widetilde{T}(p)=F(p)\cdot\frac{1}{p^2+\left(\dfrac{an\pi}{l}\right)^2}$$

而由(9.3.10)式有

$$\frac{1}{p^2+\left(\dfrac{an\pi}{l}\right)^2}=\frac{l}{n\pi a}L\left[\sin\frac{n\pi a}{l}t\right],\quad \mathrm{Re}p>0$$

所以,由卷积定理有

$$\begin{aligned}T_n(t)&=L^{-1}[\widetilde{T}(p)]=L^{-1}\left[F(p)\cdot\frac{1}{p^2+\left(\dfrac{n\pi a}{l}\right)^2}\right]\\&=\frac{l}{n\pi a}L^{-1}\left[L[f_n(t)]\cdot L\left[\sin\frac{n\pi a}{l}t\right]\right]\\&=\frac{l}{n\pi a}f_n(t)*\sin\frac{n\pi a}{l}t\\&=\frac{l}{n\pi a}\int_0^t f_n(\tau)\sin\frac{n\pi a}{l}(t-\tau)\mathrm{d}\tau\end{aligned}$$

此即第八章定解问题(8.2.5)、(8.2.7)式的解.

例 5 求如图 9.1 中，LC 串联电路当电容器 C 放电时的电流，电容器上的初始电荷为 $\pm q_0$.

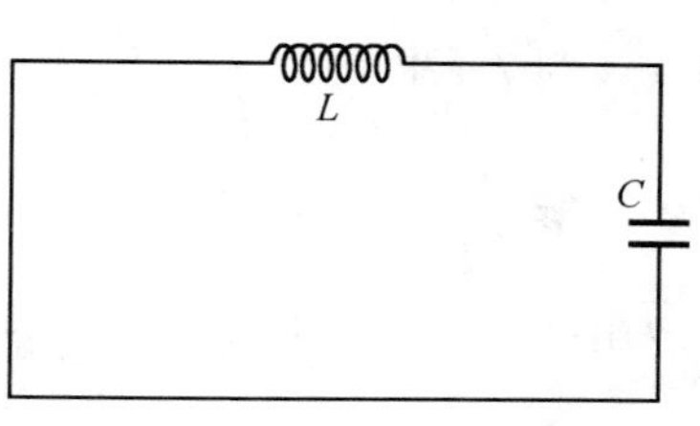

图 9.1

解 该电路电流 $i(t)$ 所满足的方程是

$$\begin{cases} L\dfrac{\mathrm{d}i}{\mathrm{d}t}+\dfrac{1}{C}\displaystyle\int_0^t i\mathrm{d}t=\dfrac{q_0}{C} \\ i(0)=0 \end{cases}$$

对方程两边进行拉氏变换，并设 $i(t)$ 的拉氏变换 $\int_0^\infty i(t)\mathrm{e}^{-pt}\mathrm{d}t=I(p)$，则有

$$L\cdot[pI(p)-i(0)]+\frac{1}{C}\cdot\frac{I(p)}{p}=\frac{q_0}{C}\cdot\frac{1}{p}$$

代入初始条件得

$$I(p)=\frac{q_0}{LC}\frac{1}{p^2+\dfrac{1}{LC}}$$

故由(9.3.10)式有

$$i(t)=L^{-1}[I(p)]=\frac{q_0}{LC}L^{-1}\left(\frac{1}{p^2+\dfrac{1}{LC}}\right)=\frac{q_0}{\sqrt{LC}}\sin\frac{1}{\sqrt{LC}}t$$

此例中 L 表示电感，L^{-1} 仍表示拉氏逆变换.

由以上二例我们看到，在用拉氏变换求解方程时，毋需考虑方程的齐次与否，其步骤都是一样的，而且作变换时把初值都包括进去了，省去了其他解法中用初值定解的一步.

3. 拉氏反演及展开定理

应用拉氏变换的关键，在于求拉氏反演. 求拉氏反演的方法比较灵活，基本的做法是利用拉氏变换的性质及已知的基本变换式来作反演，在上面的例 4、例 5 中正是这样做的. 下面再看两个例子.

例 6 求 $\dfrac{1}{\sqrt{2p+5}}$ 的原函数 $f(t)$.

解

$$\frac{1}{\sqrt{2p+5}}=\frac{1}{\sqrt{2}}\frac{1}{\sqrt{p+\dfrac{5}{2}}}$$

故由线性性质、延迟性质和(9.3.13)式的结果有

$$f(t)=L^{-1}\left(\frac{1}{\sqrt{2}}\frac{1}{\sqrt{p+\dfrac{5}{2}}}\right)=\frac{1}{\sqrt{2}}\mathrm{e}^{-\frac{5}{2}t}\cdot\frac{1}{\sqrt{\pi t}}=\frac{1}{\sqrt{2\pi t}}\mathrm{e}^{-\frac{5}{2}t}$$

例 7 求 $L^{-1}\left[\dfrac{p}{p^2-2p+5}\right]$.

解 $$\frac{p}{p^2-2p+5}=\frac{p-1+1}{(p-1)^2+4}=\frac{p-1}{(p-1)^2+4}+\frac{1}{(p-1)^2+4}$$

故由(9.3.11)、(9.3.10)式和延迟性质、线性性质，有

$$L^{-1}\left[\frac{p}{p^2-2p+5}\right]=L^{-1}\left[\frac{p-1}{(p-1)^2+4}+\frac{1}{(p-1)^2+4}\right]$$
$$=\mathrm{e}^t\left(\cos 2t+\frac{1}{2}\sin 2t\right)$$

还可以根据拉氏反演公式(9.3.4)和留数理论来求反演. (9.3.4)式可写为

$$f(t)=\frac{1}{2\pi\mathrm{i}}\int_{l_1}F(p)\mathrm{e}^{pt}\,\mathrm{d}p,\quad t>0$$

其中 l_1 为 p 平面上 $\mathrm{Re}p=\beta>\beta_0$ 的与虚轴平行的任一条直线.

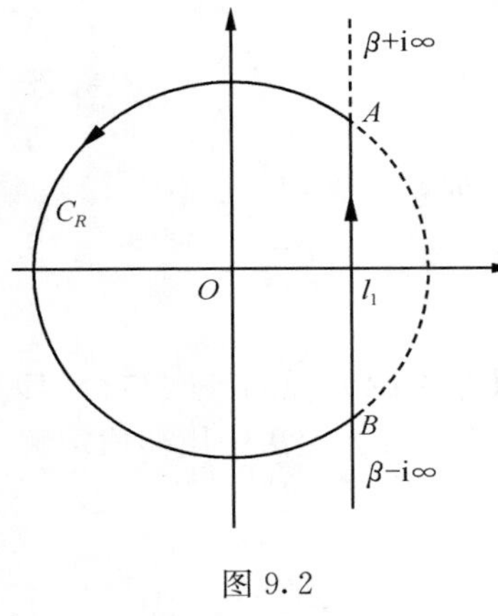

图 9.2

若 $F(p)$ 是单值的，且在 $0\leqslant\arg p\leqslant 2\pi$ 中当 $p\to\infty$ 时 $F(p)\to 0$，则我们将会看到

$$f(t)=\sum_k \mathrm{res}[F(p_k)\mathrm{e}^{p_k t}],\quad t>0 \tag{9.3.23}$$

其中，p_k 为像函数 $F(p)$ 在全平面的奇点. 此即所谓的**展开定理**.

因为在此种情况下，只要 β 取得足够大，总能使 $F(p)$ 在直线 l_1 的右边解析. 考虑 $F(p)\mathrm{e}^{pt}$ 沿如图 9.2 所示实线闭合围道的积分，其中 C_R 为以 $p=0$ 为中心，R 为半径，从 A 到 B 不经过 $F(p)$ 的奇点的实线圆弧. 则

$$\frac{1}{2\pi\mathrm{i}}\int_B^A F(p)\mathrm{e}^{pt}\,\mathrm{d}p+\frac{1}{2\pi\mathrm{i}}\int_{C_k}F(p)\mathrm{e}^{pt}\,\mathrm{d}p=\sum_k \mathrm{res}[F(p)\mathrm{e}^{pt}]_{l内},\quad l=\overline{BA}+C_R$$

而由若尔当引理可以证明[③]

$$\lim_{R\to\infty}\int_{C_R}F(p)\mathrm{e}^{pt}\,\mathrm{d}p=0 \tag{9.3.24}$$

所以，当 $R\to\infty$ 有

$$f(t)=\frac{1}{2\pi\mathrm{i}}\int_{l_1}F(p)\mathrm{e}^{pt}\,\mathrm{d}p=\sum_k \mathrm{res}[F(p_k)\mathrm{e}^{p_k t}]$$

可见求反演的问题，转化成了计算留数的问题.

例 8 求 $F(p)=\dfrac{\mathrm{ch}\dfrac{\sqrt{p}}{a}x}{p\,\mathrm{ch}\dfrac{\sqrt{p}}{a}l}$ 的原函数 $f(t)$.

解 这是单值函数,它的奇点全是单极点

$$p_0=0,\quad p_k=-\frac{a^2\pi^2(2k-1)^2}{4l^2},\quad k=1,2,\cdots$$

$$\mathrm{res}[F(p)\mathrm{e}^{pt}]_{p=0}=1$$

$$\mathrm{res}[F(p_k)\mathrm{e}^{p_kt}]=\left.\frac{\mathrm{ch}\frac{\sqrt{p}}{a}x\cdot\mathrm{e}^{pt}}{\left(p\,\mathrm{ch}\frac{\sqrt{p}}{a}l\right)'}\right|_{p=p_k}=\frac{\cos\frac{(2k-1)\pi x}{2l}\mathrm{e}^{\frac{-a^2\pi^2(2k-1)^2}{4l^2}t}}{(-1)^k\frac{(2k-1)\pi}{4}},\quad k=1,2,\cdots$$

所以

$$f(t)=\mathrm{res}[F(p)\mathrm{e}^{pt}]_{p=0}+\sum_{k=1}^{\infty}\mathrm{res}[F(p_k)\mathrm{e}^{p_kt}]$$

$$=1+\frac{4}{\pi}\sum_{k=1}^{\infty}\frac{(-1)^k}{2k-1}\cos\frac{(2k-1)\pi x}{2l}\mathrm{e}^{-\frac{a^2\pi^2(2k-1)^2}{4l^2}t}$$

必须注意,在用上述方法求拉氏反演时,如果像函数$F(p)$是多值函数,则当然不能简单地取如图 9.2 那样的积分围道,如,对于$F(p)=\frac{1}{\sqrt{p}}$,则应选择图 9.3 中的围道,因为此时 $p=0$ 是$\frac{1}{\sqrt{p}}$的支点,此函数的原函数已由(9.3.13)式给出,读者不妨用展开定理再求一次.

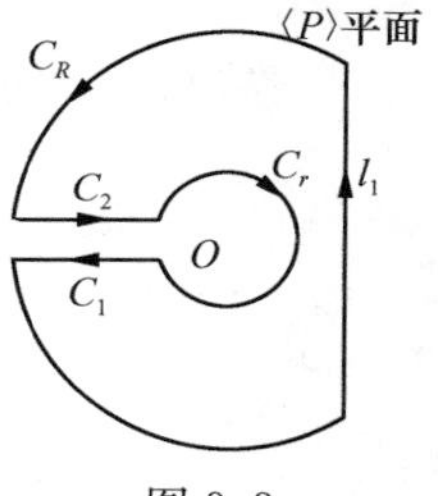

图 9.3

① 拉氏变换存在定理证明见二维码.

② 拉氏变换卷积定义的由来见二维码.

③ 见参考文献[7]第 156 页.

拉氏变换存在定理证明

拉氏变换卷积定义的由来

习 题 9.3

1. 求下列函数的拉氏变换:

(1) $f(t)=\mathrm{e}^{-2t}$;　(2) $f(t)=t^2+t\mathrm{e}^t$;

(3) $f(t)=t\cos at+t\sin at$;　(4) $f(t)=\mathrm{e}^{-2t}\sin 6t-5\mathrm{e}^{-2t}$;

(5) $f(t)=t^n\mathrm{e}^{at}-t^{n-1}$.

2. 利用性质或查表法求下列函数的拉氏逆变换:

(1) $\frac{p+8}{p^2+4p+5}$;　(2) $\frac{p}{(p^2+a^2)^2}$, $a>0$.

3. 试用反演公式(或展开定理)计算下列函数的拉氏逆变换:

(1) $F(p)=\frac{1}{p(p+a)(p+b)}$;　(2) $F(p)=\frac{1}{(p^2+2p+2)^2}$.

4. 试用拉氏变换法解下列常微分方程及方程组:

(1) $\begin{cases}y'-y=-3\mathrm{e}^{-2t}\\ y(0)=2;\end{cases}$　(2) $\begin{cases}y''+4y'+3y=\mathrm{e}^{-t}\\ y(0)=y'(0)=1;\end{cases}$

(3) $\begin{cases} y'''-2y''+y'=4 \\ y(0)=1, y'(0)=2, y''(0)=-2; \end{cases}$

(4) $\begin{cases} y'-2z'=f(t) \\ y''-z''+z=0 \end{cases}$ 其中 $\begin{cases} y(0)=y'(0)=0 \\ z(0)=z'(0)=0. \end{cases}$

5. 求解弹簧振子的受迫振动问题

$$\begin{cases} m\ddot{x}(t)+kx(t)=f(t) \\ x(0)=0, \dot{x}(0)=0 \end{cases}$$

6. 求解直流电源的 RLC 电路方程的初值问题.

$$\begin{cases} Li'(t)+Ri(t)+\dfrac{1}{C}\displaystyle\int_0^t i(\tau)\mathrm{d}\tau=E_0 \\ i(0)=\dfrac{E_0}{L} \end{cases}$$

7. 若 $F(p)=L[f(t)]$,试证**像函数的微分性质**

$$L[(-t)^n f(t)]=F^{(n)}(p) \tag{9.3.25}$$

8. 若 $F(p)=L[f(t)]$,且 $\int_p^\infty F(\xi)\mathrm{d}\xi(\mathrm{Re}p>\beta_0)$ 收敛,试证**像函数积分性质**

$$L\left[\frac{f(t)}{t}\right]=\int_p^\infty F(p)\mathrm{d}p \tag{9.3.26}$$

9.4 拉普拉斯变换法

在上一节中,我们已用拉氏变换求解了常微分方程的初值问题.我们更感兴趣的是,用拉氏变换求解偏微分方程的混合问题.下面通过两个具体的例子来说明拉氏变换法的求解步骤.

例 1 求解半无界弦的振动问题

$$\begin{cases} u_{tt}=a^2u_{xx}, & 0<x<\infty, t>0 \\ u(0,t)=f(t), \lim\limits_{x\to\infty}u(x,t)=0, & t\geqslant 0 \\ u(x,0)=0, u_t(x,0)=0, & 0\leqslant x<\infty \end{cases}$$

解 对方程两边关于变量 t 作拉氏变换,并记

$$U(x,p)=L[u(x,t)]=\int_0^\infty u(x,t)\mathrm{e}^{-pt}\mathrm{d}t$$

则

$$p^2U(x,p)-pu(x,0)-u_t(x,0)=a^2\frac{\mathrm{d}^2U(x,p)}{\mathrm{d}x^2}$$

代入初始条件得

$$\frac{\mathrm{d}^2U}{\mathrm{d}x^2}-\frac{p^2}{a^2}U(x,p)=0 \tag{9.4.1}$$

再对边界条件关于变量 t 作拉氏变换,并记 $F(p)=L[f(t)]$,则有

$$\begin{cases} U(0,p)=F(p) \\ \lim\limits_{x\to\infty}U(x,p)=0 \end{cases} \tag{9.4.2}$$

常微分方程(9.4.1)的通解为

$$U(x,p)=C_1(p)\mathrm{e}^{-px/a}+C_2(p)\mathrm{e}^{px/a}$$

代入边界条件(9.4.2) 得

$$C_2(p)=0,\quad C_1(p)=F(p)$$

故

$$U(x,p)=\mathrm{e}^{-px/a}\cdot F(p)$$

而由位移定理(9.3.17)式有

$$\mathrm{e}^{-p\frac{x}{a}}F(p)=L\left[f\left(t-\frac{x}{a}\right)\right]$$

所以

$$u(x,t)=L^{-1}[U(x,p)]=L^{-1}\left[L\left[f\left(t-\frac{x}{a}\right)\right]\right]$$

$$=\begin{cases} 0, & t<\dfrac{x}{a} \\ f\left(t-\dfrac{x}{a}\right), & t\geqslant\dfrac{x}{a} \end{cases}$$

例 2 求解长为 l 的均匀细杆的热传导问题

$$\begin{cases} u_t=a^2u_{xx}, & 0<x<l,t>0 \\ u_x(0,t)=0,u(l,t)=u_1, & t\geqslant 0 \\ u(x,0)=u_0, & 0\leqslant x\leqslant l \end{cases}$$

解 对方程和边界条件(关于变量 t)进行拉氏变换,记 $L[u(x,t)]=U(x,p)$,并考虑到初始条件,则得

$$\begin{cases} \dfrac{\mathrm{d}^2U}{\mathrm{d}x^2}-\dfrac{p}{a^2}U+\dfrac{u_0}{a^2}=0 & (9.4.3) \\ U_x(0,p)=0 & (9.4.4) \\ U(l,p)=\dfrac{u_1}{p} & (9.4.5) \end{cases}$$

方程(9.4.3)的通解为

$$U(x,p)=\frac{u_0}{p}+C_1(p)\mathrm{sh}\,\frac{\sqrt{p}}{a}x+C_2(p)\mathrm{ch}\,\frac{\sqrt{p}}{a}x$$

由边界条件(9.4.4)~(9.4.5)定出 $C_1(p)$、$C_2(p)$便得

$$U(x,p)=\frac{u_0}{p}+\frac{u_1-u_0}{p}\frac{\operatorname{ch}\frac{\sqrt{p}}{a}x}{\operatorname{ch}\frac{\sqrt{p}}{a}l}$$

而由上节的(9.3.9)式和例 8 分别有

$$L^{-1}\left[\frac{1}{p}\right]=1$$

$$L^{-1}\left[\frac{\operatorname{ch}\frac{\sqrt{p}}{a}x}{p\operatorname{ch}\frac{\sqrt{p}}{a}l}\right]=1+\frac{4}{\pi}\sum_{k=1}^{\infty}\frac{(-1)^k}{2k-1}\cos\frac{(2k-1)\pi x}{2l}\mathrm{e}^{-\frac{a^2\pi^2(2k-1)^2}{4l^2}t}$$

故

$$u(x,t)=L^{-1}[U(x,p)]=u_1+\frac{4}{\pi}\sum_{k=1}^{\infty}\frac{(-1)^k}{2k-1}\cos\frac{(2k-1)\pi x}{2l}\mathrm{e}^{-\frac{a^2\pi^2(2k-1)^2}{4l^2}t}$$

可以看出,用拉氏变换法求解数理方程的定解问题时,无论方程与边界条件的齐次与否,都是采取同样的步骤.

当然,拉氏变换法同样也可用来求解无界区域的问题.

习 题 9.4

1. 求解定解问题

$$\begin{cases}\dfrac{\partial^2 u}{\partial x\partial y}=1, & x>0,y>0\\ u|_{x=0}=y+1, & y>0\\ u|_{y=0}=1, & x>0\end{cases}$$

2. 求解一维半无限长杆的热传导问题

$$\begin{cases}u_t=a^2u_{xx}, & 0<x<\infty,t>0\\ u(0,t)=u_0,\lim\limits_{x\to\infty}u(x,t)=0, & t\geqslant 0\\ u(x,0)=0, & 0\leqslant x<\infty\end{cases}$$

3. 求解杆的纵横振动问题

$$\begin{cases}u_{tt}=a^2u_{xx}, & 0<x<l,t>0\\ u(0,t)=0,Eu_x(l,t)=A\sin\omega t, & t>0\\ u(x,0)=0,u_t(x,0)=0, & 0\leqslant x\leqslant l\end{cases}$$

4. 求解定解问题

$$\begin{cases}u_{tt}-a^2u_{xx}=\cos\omega t, & 0<x<\infty,t>0\\ u(x,0)=0,u_t(x,0)=0\\ u(0,t)=0,\lim\limits_{x\to\infty}u_x=0\end{cases}$$

5. 长为 l 的均匀细杆，一端保持零度，另一端保持恒定温度 u_0，若初始温度也是零，求杆中温度分布.

6. 试用拉氏变换法求解无界弦的一般受迫振动问题.

7. 求解有界杆的热传导问题

$$\begin{cases} u_t = a^2 u_{xx} \quad (0 < x < l, t > 0) \\ u(0,t) = u(l,t) = 0 \quad (t > 0) \\ u(x,0) = \sin\dfrac{\pi x}{l} \quad (x \geqslant 0) \end{cases}$$

8. 试将拉氏变换和傅氏变换结合起来求解下列具有高斯初始温度分布的对流热传导问题

$$\begin{cases} u_t = a^2 u_{xx} - k u_x \, (-\infty < x < \infty, t > 0) \\ u(x,0) = \dfrac{1}{\sqrt{\pi}} \mathrm{e}^{-x^2} \, (-\infty < x < \infty) \end{cases}$$

其中 a 和 k 分别为扩散系数和对流系数.

9. 试将拉氏变换和傅氏变换结合起来求解无界弦的强迫振动

$$\begin{cases} u_{tt} = u_{xx} + t\sin x \quad (-\infty < x < \infty, t > 0 \\ u(x,0) = 0 \quad (-\infty < x < \infty) \\ u_t(x,0) = \sin x \end{cases}$$

本章小结

本章授课课件

本章习题分析与讨论

变换类型 主要内容	傅氏变换	拉氏变换
像函数	$G(\omega)=\int_{-\infty}^{\infty} f(x)\mathrm{e}^{-\mathrm{i}\omega x}\mathrm{d}x$	$F(p)=\int_{0}^{\infty} f(t)\mathrm{e}^{-pt}\mathrm{d}t,\quad p=\beta+\mathrm{i}\omega$
原函数	$f(x)=\frac{1}{2\pi}\int_{-\infty}^{\infty} G(\omega)\mathrm{e}^{\mathrm{i}\omega x}\mathrm{d}\omega$	$f(t)=\frac{1}{2\pi\mathrm{i}}\int_{\beta-\mathrm{i}\infty}^{\beta+\mathrm{i}\infty} F(p)\mathrm{e}^{pt}\mathrm{d}p$
主要性质	1. 线性性质；2. 延迟性质；3. 位移性质；4. 相似性质；5. 微分性质；6. 积分性质；7. 卷积定理；8. 像函数卷积定理	
解数理方程的步骤	1. 对方程和定解条件(关于某个变量)施行变换 2. 解变换后得到的像函数的常微分方程的定解问题 3. 求像函数的逆变换(反演)即得原定解问题的解	
求逆变换方法	1. 查表并利用变换的性质(如卷积定理等) 2. 由逆变换公式来求，常常要用留数定理计算积分	
解法优点	1. 减少了自变量个数，使偏微分方程化为了常微分方程求解，从而使问题大大简化 2. 不必考虑方程(边界条件)的齐次与否，都采用一种固定的步骤求解，易于掌握	
缺点	对函数要求苛刻(绝对可积)	有些逆变换难求
常用于求解	没有边界条件的初值问题(对空间变量变换)	带有初始条件的混合问题特别是半无界问题(对时间变量变换)

第十章 格林函数法

我们已看到,分离变量法主要适用于求解各种有界问题,而傅氏变换法主要适用于求解各种无界问题,这两种方法所得到的解一般分别为无穷级数和无穷积分的形式.本章将介绍求解数理方程的另一重要方法——格林(Green)函数法,它在近代物理学特别是量子理论的发展中起着重要的作用.与分离变量法和傅氏变换法不同,它给出的解是有限的积分形式,十分便于理论分析和研究.

格林函数又称为**点源函数**或**影响函数**.顾名思义,它表示一个点源在一定的边界条件和(或)初值条件下所产生的场或影响.由于在线性问题中任意分布的源所产生的场均可看成许许多多点源产生的场的叠加,因此格林函数一旦求出,就可算出任意源的场.

格林函数法以统一的方式处理各类数学物理方程,既可以研究常微分方程,又可以研究偏微分方程;既可以研究齐次方程又可以研究非齐次方程;既可以研究有界问题又可以研究无界问题……它的内容十分丰富,应用极其广泛,故不可能在短短的一章中把这个问题讨论得十分全面.本章将通过用格林函数法解决泊松方程的边值问题(着重以第一边值问题为例)来向读者介绍格林函数法的思想、方法、步骤及格林函数的特点.为此,我们首先需引入一个能够表示点源的密度分布的函数.

10.1 δ 函数

1. δ 函数的引入

设在 x 轴上有一细长的金属线,则在任一点 x 处该金属线的密度为 $\rho(x)=\lim\limits_{\Delta x\to 0}\dfrac{\Delta m}{\Delta x}$.若金属线的总质量为 1,且质量集中在 $x=0$ 处,显然此时

$$\begin{cases}\rho(x)=0, & x\neq 0\\ \rho(x)=\infty, & x=0\\ \displaystyle\int_{-\infty}^{\infty}\rho(x)\mathrm{d}x=1\end{cases}$$

满足以上关系式的量在物理上不少,如点电荷、点热源等.我们定义满足以上关系式的函数为 **δ 函数**.即

$$\begin{cases}\delta(x)=\begin{cases}0, & x\neq 0\\ \infty, & x=0\end{cases}\\ \displaystyle\int_{-\infty}^{\infty}\delta(x)\mathrm{d}x=1\end{cases} \tag{10.1.1}$$

更一般有

$$\begin{cases}\delta(x-x_0)=\begin{cases}0, & x\neq x_0\\ \infty, & x=x_0\end{cases}\\ \int_{-\infty}^{\infty}\delta(x-x_0)\mathrm{d}x=1\end{cases}\tag{10.1.2}$$

由此定义我们不难看出：

(1) δ 函数是一点源函数，也是一密度函数. 若在 $x=a$ 处有一质量为 m 的质点，则 x 轴上任一点 x 处的质量密度为 $\rho(x)=m\delta(x-a)$；

(2) δ 函数是一归一化的分布函数.

(3) δ 函数不是普通意义下的函数，因为它没有普通意义下的随自变量取值不同而不断改变的"函数值". 数学家称之为**广义函数**.

2. δ 函数的性质

δ 函数具有一些重要的性质. 下面，仅给出几个常用的(其他性质见本节习题).

(1) 对任何一个连续函数 $f(x)$ 都有

$$\int_{-\infty}^{\infty}f(x)\delta(x)\mathrm{d}x=f(0)\tag{10.1.3}$$

或

$$\int_{-\infty}^{\infty}f(x)\delta(x-x_0)\mathrm{d}x=f(x_0)\tag{10.1.4}$$

证 因为对于任何 $\varepsilon>0$，都有

$$1=\int_{-\infty}^{\infty}\delta(x)\mathrm{d}x=\int_{-\varepsilon}^{\varepsilon}\delta(x)\mathrm{d}x$$

因此，由积分中值定理有

$$\int_{-\infty}^{\infty}f(x)\delta(x)\mathrm{d}x=\int_{-\varepsilon}^{\varepsilon}f(x)\delta(x)\mathrm{d}x=f(\xi)\int_{-\varepsilon}^{\varepsilon}\delta(x)\mathrm{d}x=f(\xi)$$

其中，$-\varepsilon<\xi<\varepsilon$. 令 $\varepsilon\to0$，则 $\xi\to0$，于是得到(10.1.3)式. 利用坐标变换和(10.1.3)式，便可得到(10.1.4)式.

这一性质又称之为 δ 函数的"筛选"性质. 它表明，虽然 δ 函数是一种广义函数，但它和任何连续函数的乘积在 $(-\infty,\infty)$ 内的积分能将函数在定点的值选出来. 都有很明确的意义，这使得 δ 函数在近代物理和工程技术中有较广泛的应用.

(2) 若记 $\delta'(x-a)=\dfrac{\mathrm{d}}{\mathrm{d}x}\delta(x-a)$，则对于任意的连续函数 $f(x)$ 有

$$\int_{-\infty}^{\infty}f(x)\delta^{(n)}(x-a)\mathrm{d}x=(-1)^n f^{(n)}(a)\tag{10.1.5}$$

证
$$\begin{aligned}\int_{-\infty}^{\infty}f(x)\delta'(x-a)\mathrm{d}x&=\int_{-\infty}^{\infty}f(x)\mathrm{d}\delta(x-a)\\&=f(x)\delta(x-a)\Big|_{-\infty}^{\infty}-\int_{-\infty}^{\infty}f'(x)\delta(x-a)\mathrm{d}x\\&=-f'(a)\end{aligned}$$

即

$$\int_{-\infty}^{\infty} f(x)\delta'(x-a)\mathrm{d}x = -f'(a) \tag{10.1.6}$$

我们称满足(10.1.6)式的$\delta'(x-a)$为$\delta(x-a)$的导数.类似地我们易于推得$\delta(x-a)$的任意阶导数所具有的性质(10.1.5)式.

(3) 若δ函数以函数$\varphi(x)$为宗量,则有

$$\delta[\varphi(x)] = \sum_{i=1}^{k} \frac{\delta(x-x_i)}{|\varphi'(x_i)|} \tag{10.1.7}$$

其中x_i为$\varphi(x)=0$的单根.

证 因为由δ函数的定义有

$$\delta[\varphi(x)] = \begin{cases} 0, & \varphi(x) \neq 0 \\ \infty, & \varphi(x) = 0 \end{cases}$$

即

$$\delta[\varphi(x)] = \begin{cases} 0, & x \neq x_i \\ \infty, & x = x_i \end{cases}$$

现将全部积分区间分成一些间隔,使每一间隔$[x_i-\varepsilon, x_i+\varepsilon]$内只含有$\varphi(x)=0$的一个单根($\varepsilon>0$),则对于任意的连续函数$f(x)$有

$$\begin{aligned}\int_{-\infty}^{\infty} f(x)\delta[\varphi(x)]\mathrm{d}x &= \sum_{i=1}^{k}\int_{x_i-\varepsilon}^{x_i+\varepsilon} f(x)\delta[\varphi(x)]\mathrm{d}x \\ &= \sum_{i=1}^{k} f(\xi)\int_{x_i-\varepsilon}^{x_i+\varepsilon}\delta[\varphi(x)]\mathrm{d}x\end{aligned}$$

其中,$x_i-\varepsilon<\xi<x_i+\varepsilon$,当$\varepsilon\to 0$时$\xi_i\to x_i$,记$w=\varphi(x)$,注意到$\mathrm{d}[\varphi(x)]=\varphi'(x)\mathrm{d}x$,即$\mathrm{d}x=\frac{1}{\varphi'(x)}\mathrm{d}[\varphi(x)]=\frac{\mathrm{d}w}{\varphi'(x)}$,且考虑到$\varphi'(x_i)>0$时$\varphi(x_i+\varepsilon)>\varphi(x_i-\varepsilon)$,和$\varphi'(x_i)<0$时$\varphi(x_i+\varepsilon)<\varphi(x_i-\varepsilon)$,于是有

$$\int_{x_i-\varepsilon}^{x_i+\varepsilon}\delta[\varphi(x)]\mathrm{d}x = \frac{1}{\varphi'(\xi)}\int_{\varphi(x_i-\varepsilon)}^{\varphi(x_i+\varepsilon)}\delta(w)\mathrm{d}w = \frac{1}{|\varphi'(x_i)|}$$

而

$$\int_{-\infty}^{\infty} f(x)\delta[\varphi(x)]\mathrm{d}x = \sum_{i=1}^{k}\frac{f(x_i)}{|\varphi'(x_i)|} \tag{10.1.8}$$

又

$$\begin{aligned}\int_{-\infty}^{\infty} f(x)\sum_{i=1}^{k}\frac{\delta(x-x_i)}{|\varphi'(x_i)|}\mathrm{d}x &= \sum_{i=1}^{k}\int_{x_i-\varepsilon}^{x_i+\varepsilon} f(x)\frac{\delta(x-x_i)}{|\varphi'(x_i)|}\mathrm{d}x \\ &= \sum_{i=1}^{k}\frac{f(x_i)}{|\varphi'(x_i)|}\end{aligned} \tag{10.1.9}$$

比较(10.1.8)和(10.1.9)的结果即得(10.1.7)式[①].

3. 高维空间中的δ函数

以三维空间为例,若用$\delta(M-M_0)$表示把单位质量集中于点$M_0(x_0,y_0,z_0)$的密度函数,则

$$\begin{cases} \delta(M-M_0)=\begin{cases}0, & M\neq M_0\\ \infty, & M=M_0\end{cases} \\ \iiint_{-\infty}^{\infty}\delta(M-M_0)\mathrm{d}v=1 \end{cases} \tag{10.1.10}$$

其中

$$\delta(M-M_0)=\delta(x-x_0,y-y_0,z-z_0)$$

又定义

$$\iiint_{-\infty}^{\infty}f(M)\delta(M-M_0)\mathrm{d}v=f(M_0) \tag{10.1.11}$$

$f(M)$为任意的连续函数. 则由(10.1.4)式有

$$\begin{aligned}
&\iiint_{-\infty}^{\infty}f(M)\delta(x-x_0)\delta(y-y_0)\delta(z-z_0)\mathrm{d}v\\
=&\iint_{-\infty}^{\infty}\delta(y-y_0)\delta(z-z_0)\mathrm{d}y\mathrm{d}z\int_{-\infty}^{\infty}f(x,y,z)\delta(x-x_0)\mathrm{d}x\\
=&\int_{-\infty}^{\infty}\delta(z-z_0)\mathrm{d}z\int_{-\infty}^{\infty}f(x_0,y,z)\delta(y-y_0)\mathrm{d}y\\
=&\int_{-\infty}^{\infty}f(x_0,y_0,z)\delta(z-z_0)\mathrm{d}z\\
=&f(x_0,y_0,z_0)=f(M_0)
\end{aligned}$$

与(10.1.11)式相比较,故有

$$\delta(x-x_0,y-y_0,z-z_0)=\delta(x-x_0)\delta(y-y_0)\delta(z-z_0) \tag{10.1.12}$$

这说明三维 δ 函数可看作三个一维 δ 函数的乘积.

同样可以定义二维或其他维的 δ 函数.

注 ① 这里,我们引用了高等数学中判断函数相等的一种方法:

设 $\varphi(x)$,$\psi(x)$与 $g(x)$均为定义在$[a,b]$上的函数,若对于定义在$[a,b]$上的任意连续函数 $f(x)$,都有

$$\int_a^b f(x)\varphi(x)\mathrm{d}x=\int_a^b f(x)\psi(x)\mathrm{d}x$$

则必有

$$\varphi(x)=\psi(x)$$

若有

$$\int_a^b f(x)g(x)\mathrm{d}x=0$$

则必有

$$g(x)=0$$

此方法很有用,习题 10.1 中的很多题都可用它来证.

习 题 10.1

1. 证明

(1) $x\delta(x)=0$;

(2) $\delta(ax)=\dfrac{1}{|a|}\delta(x)$;

(3) $f(x)\delta(x-a)=f(a)\delta(x-a)$；　　(4) $\delta(-x)=\delta(x)$；

(5) $\delta(x^2-a^2)=\dfrac{1}{2|a|}[\delta(x-a)+\delta(x+a)]$；　　(6) $\delta(x^2)=\dfrac{\delta(x)}{|x|}$.

其中 a 为常数.

2. 证明

(1) $\delta'(-x)=-\delta'(x)$；　　(2) $x\delta'(x)=-\delta(x)$.

3. 证明　$\delta(x)=\dfrac{\mathrm{d}H(x)}{\mathrm{d}x}$.

提示:证明$\int_{-\infty}^{\infty} f(x)\delta(x)\mathrm{d}x=\int_{-\infty}^{\infty} f(x)\dfrac{\mathrm{d}H(x)}{\mathrm{d}x}\mathrm{d}x$.

4. 求 δ 函数的傅氏变换和积分表达式.

5. 试证 δ 函数的几种极限形式的表达式

(1) $\delta(x)=\lim\limits_{k\to\infty}\dfrac{\sin kx}{\pi x}$；　　(2) $\delta(x)=\lim\limits_{\varepsilon\to 0}\dfrac{1}{\sqrt{\pi\varepsilon}}\mathrm{e}^{-\frac{x^2}{\varepsilon}}$；　　(3) $\delta(x)=\lim\limits_{\varepsilon\to 0}\dfrac{\varepsilon}{\pi(x^2+\varepsilon^2)}$.

6. 计算下列积分：

(1) $\int_1^2 \tan x\delta(x)\mathrm{d}x$；

(2) $\iiint_{-\infty}^{\infty}\dfrac{y}{x^2+z}\cos(x+z)\delta(x,y-1,z+2)\mathrm{d}x\mathrm{d}y\mathrm{d}z$；

(3) $\int_{-2}^{1}\sin x\delta'\left(x+\dfrac{1}{3}\right)\mathrm{d}x$；　　(4) $\int_{-1}^{1}\mathrm{e}^x x\delta'(x)\mathrm{d}x$.

7. 设在 $M_0(x_0,y_0,z_0)$处有一带电量 q 的点电荷,试写出空间中任意一点处的电势 $V(x,y,z)$所满足的方程.

8. 梳状函数 $\mathrm{comb}(x)=\sum\limits_{n=-\infty}^{\infty}\delta(x-n)$ 的傅氏变换是傅里叶光学中常要用到的,试证

$$F[\mathrm{comb}(x)\mathrm{comb}(y)]=\mathrm{comb}\left(\frac{\omega_1}{2\pi}\right)\mathrm{comb}\left(\frac{\omega_2}{2\pi}\right)$$

9. 计算 $F^{-1}\left[\pi\delta(\omega)+\dfrac{1}{\mathrm{i}\omega}\right]$.

10. 求解下列微分积分方程：

(1) $\delta(x)-f(x)=\dfrac{\mathrm{d}^2 f(x)}{\mathrm{d}x^2}(-\infty<x<\infty)$

(2) $\delta(x)-\dfrac{\mathrm{d}f(x)}{\mathrm{d}x}=\int_{-\infty}^{\infty}f(x)\mathrm{d}x(-\infty<x<\infty)$

11. 试用傅氏变换法重解 7.3 节中例题.

12. 用傅氏变换法求解三维无界空间的受迫振动问题

$$\begin{cases}u_{tt}(\boldsymbol{r},t)=a^2\Delta u(\boldsymbol{r},t)+f(\boldsymbol{r},t), & -\infty<x,y;z<\infty\\ u|_{t=0}=\varphi(\boldsymbol{r})\\ u_t|_{t=0}=\psi(\boldsymbol{r})\end{cases}$$

10.2 边值问题的格林函数法

本节将以泊松方程的边值问题为例来初步了解格林函数法.

三维泊松方程的边值问题,可用统一的形式表示为

$$\begin{cases} \Delta u(M) = -h(M), \quad M \in \tau & (10.2.1) \\ \left[\alpha \dfrac{\partial u}{\partial n} + \beta u\right]_\sigma = g(M) & (10.2.2) \end{cases}$$

其中 α,β 是不同时为零的常数.

这类问题的解,应该说在第八章中我们已讨论过,在这里,我们将换一种方法来求解.

为了得到定解问题(10.2.1)和(10.2.2)式的解的积分表达式,我们首先引入格林公式.

1. 格林公式

设函数 $u(x,y,z)$ 和 $v(x,y,z)$ 在区域 τ 直到边界 σ 上具有连续一阶导数,而在 τ 中具有连续的二阶导数,则由高斯公式和微分算子的运算有①

$$\iint_\sigma u\,\nabla v \cdot \mathrm{d}\boldsymbol{\sigma} = \iiint_\tau \nabla\cdot(u\,\nabla v)\mathrm{d}\tau = \iiint_\tau u\Delta v\mathrm{d}\tau + \iiint_\tau \nabla u \cdot \nabla v\mathrm{d}\tau \quad (10.2.3)$$

此式称为**格林第一公式**. 同理有

$$\iint_\sigma v\,\nabla u \cdot \mathrm{d}\boldsymbol{\sigma} = \iiint_\tau v\Delta u\mathrm{d}\tau + \iiint_\tau \nabla v \cdot \nabla u\mathrm{d}\tau \quad (10.2.4)$$

将此二式相减得

$$\iint_\sigma (u\,\nabla v - v\,\nabla u)\cdot \mathrm{d}\boldsymbol{\sigma} = \iiint_\tau (u\Delta v - v\Delta u)\mathrm{d}\tau$$

即

$$\iint_\sigma \left(u\frac{\partial v}{\partial n} - v\frac{\partial u}{\partial n}\right)\mathrm{d}\sigma = \iiint_\tau (u\Delta v - v\Delta u)\mathrm{d}\tau \quad (10.2.5)$$

此式称为**格林第二公式**. 其中 n 为边界面 σ 的外法向.

2. 积分公式-格林函数法

现在让我们在有界区域 τ 中讨论定解问题(10.2.1)~(10.2.2)式的解. 引入函数 $G(M,M_0)$,使之满足

$$\Delta G(M,M_0) = -\delta(M-M_0), \quad M \in \tau \quad (10.2.6)$$

其中,$M_0 = M_0(x_0,y_0,z_0)$ 为区域 τ 中的任意点,则由 δ 函数的定义知,$G(M,M_0)$ 为在 M_0 点的点源所产生的场. 以函数 $G(M,M_0)$ 乘方程(10.2.1)的两边,同时以函数 $u(M)$ 乘方程(10.2.6)的两边,然后相减得

$$G(M,M_0)\Delta u(M) - u(M)\Delta G(M,M_0) = u(M)\delta(M-M_0) - G(M,M_0)h(M)$$

将上式对 $M(x,y,z)$ 积分,在下节我们将看到,满足方程(10.2.6)的解为 $G(M,M_0) = \dfrac{1}{4\pi r}$[见(10.3.4)式];其中 $r = \sqrt{(x-x_0)^2+(y-y_0)^2+(z-z_0)^2}$ 为 M 和 M_0 之间的距离,也就是说,$G(M,M_0)$ 以 $M(x,y,z)$ 为自变量时以 $M_0(x_0,y_0,z_0)$ 为奇点. 所以,为了将格林第二公式(10.2.5)应用于上式积分后的左端,积分区域应取 τ 内挖去以 M_0

点为中心、以 $\varepsilon(\ll 1)$ 为半径的小球体 τ_ε 后的区域 $\tau-\tau_\varepsilon$(见图 10.1).记小球体的界面为 σ_ε,在区域 $\tau-\tau_\varepsilon$ 上积分上式①,利用(10.2.5)式,于是有

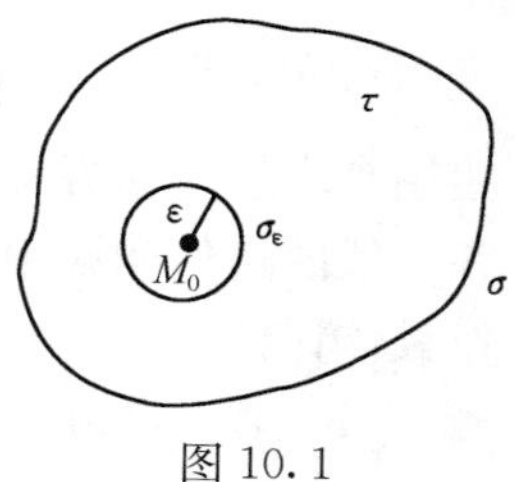

图 10.1

$$\iint_{\sigma+\sigma_\varepsilon}\left[G(M,M_0)\frac{\partial u}{\partial n}-u(M)\frac{\partial}{\partial n}G(M,M_0)\right]\mathrm{d}\sigma$$
$$=\iiint_{\tau-\tau_\varepsilon}[u(M)\delta(M-M_0)-G(M,M_0)h(M)]\mathrm{d}\tau \tag{10.2.7}$$

注意到 M_0 点不属于区域 $\tau-\tau_\varepsilon$,故由 δ 函数定义有

$$\iiint_{\tau-\tau_\varepsilon}u(M)\delta(M-M_0)\mathrm{d}\tau=0$$

而由本篇(7.3.5)、(7.3.4)式可得

$$u(M_0)=\lim_{r\to 0}\frac{1}{4\pi r^2}\iint_{S_r^{M_0}}u\,\mathrm{d}s$$

故当 $\varepsilon\to 0$ 时有

$$\iint_{\sigma_\varepsilon}G(M,M_0)\frac{\partial u}{\partial n}\mathrm{d}\sigma=\iint_{\sigma_\varepsilon}\frac{1}{4\pi\varepsilon}\frac{\partial u}{\partial n}\mathrm{d}\sigma=\varepsilon\cdot\frac{1}{4\pi\varepsilon^2}\iint_{\sigma_\varepsilon}u_n\mathrm{d}\sigma=\varepsilon u_n(M_0)=0$$

$$\iint_{\sigma_\varepsilon}u(M)\frac{\partial}{\partial n}G(M,M_0)\mathrm{d}\sigma=-\iint_{\sigma_\varepsilon}u\frac{\partial}{\partial r}\left(\frac{1}{4\pi r}\right)\mathrm{d}\sigma=\frac{1}{4\pi\varepsilon^2}\iint_{\sigma_\varepsilon}u\,\mathrm{d}\sigma=u(M_0)$$

于是,当 $\varepsilon\to 0$ 时,由(10.2.7)式得到

$$u(M_0)=\iiint_\tau G(M,M_0)h(M)\mathrm{d}\tau+\iint_\sigma G(M,M_0)\frac{\partial u}{\partial n}\mathrm{d}\sigma-\iint_\sigma u(M)\frac{\partial}{\partial n}G(M,M_0)\mathrm{d}\sigma \tag{10.2.8}$$

上式在物理上很难解释清楚,如,在右边的第一项中,$G(M,M_0)$所代表的是 M_0 点的点源在 M 点产生的场,而 $h(M)$所代表的却是 M 点的源.稍后我们将会看到格林函数具有对称性[见(10.2.23)式]

$$G(M,M_0)=G(M_0,M)$$

于是我们可在(10.2.8)式中用 $G(M_0,M)$代替 $G(M,M_0)$,并在全式中将 M 和 M_0 对换,而得到

$$u(M)=\iiint_\tau G(M,M_0)h(M_0)\mathrm{d}\tau_0+\iint_\sigma G(M,M_0)\frac{\partial u}{\partial n_0}\mathrm{d}\sigma_0-\iint_\sigma u(M_0)\frac{\partial}{\partial n_0}G(M,M_0)\mathrm{d}\sigma_0 \tag{10.2.9}$$

(10.2.9)式被称为**基本积分公式**.显然,它的物理意义是十分清楚的,其中右方第一个积分代表在区域 τ 中体分布源 $h(M_0)$在 M 点产生的场的总和,而第二、三两个积分则是边界上的源所产生的场.这两种影响都是由同一格林函数给出的.(10.2.9)给出了**泊松方程**(10.2.1)**或拉普拉斯方程**(即当 $h=0$ 时)**解的积分表达式**$\Big($其中,$\frac{\partial}{\partial n_0}$

表示对 M_0 求导，而 $\mathrm{d}\sigma_0$ 和 $\mathrm{d}\tau_0$ 则分别表示对 M_0 取面积元和体积元$\big)$，但它还不能直接用来求解泊松方程或拉氏方程的边值问题，因为公式中的$G(M,M_0)$是未知的，且在一般的边值问题中 $u|_\sigma$ 和 $u_n|_\sigma$ 之值也不会同时分别给出. 下面针对不同边界条件作具体讨论.

(1) 第一类边界条件，即在(10.2.2)中 $\alpha=0$，则有

$$u\mid_\sigma=\frac{1}{\beta}g(M)\overset{\text{记}}{=}f(M) \tag{10.2.10}$$

若要求 $G(M,M_0)$满足第一类齐次边界条件

$$G(M,M_0)\mid_\sigma=0 \tag{10.2.11}$$

则(10.2.9)式的面积分中，含$\dfrac{\partial u}{\partial n_0}$的项消失，从而(10.2.9)式变为

$$u(M)=\iiint_\tau G(M,M_0)h(M_0)\mathrm{d}\tau_0-\iint_\sigma f(M_0)\frac{\partial}{\partial n_0}G(M,M_0)\mathrm{d}\sigma_0 \tag{10.2.12}$$

由此可见只要从(10.2.6)式和(10.2.11)式解出 $G(M,M_0)$，则(10.2.12)式已全部由已知量表示. 我们称由方程(10.2.6)和边界条件(10.2.11)所构成的定解问题

$$\begin{cases}\Delta G(M,M_0)=-\delta(M-M_0), & M\in\tau\\ G(M,M_0)\mid_\sigma=0\end{cases} \tag{10.2.13}$$

的解 $G(M,M_0)$，为由方程(10.2.1)和边界条件(10.2.10)所构成的狄氏问题

$$\begin{cases}\Delta u(M)=-h(M), & M\in\tau\\ u\mid_\sigma=f(M)\end{cases} \tag{10.2.14}$$

的格林函数，简称为**狄氏格林函数**；而称(10.2.12)式为**狄氏积分公式**，它是狄氏问题(10.2.14)的积分形式的解.

(2) 第二类边界条件，即在(10.2.2)式中 $\beta=0$，则有

$$\left.\frac{\partial u}{\partial n}\right|_\sigma=\frac{1}{\alpha}g(M)$$

若形式地同样要求 $G(M,M_0)$满足第二类齐次边界条件

$$\left.\frac{\partial G}{\partial n}\right|_\sigma=0 \tag{10.2.15}$$

显然也可以从(10.2.9)式得到

$$u(M)=\iiint_\tau G(M,M_0)h(M_0)\mathrm{d}\tau_0+\frac{1}{\alpha}\iint_\sigma G(M,M_0)g(M_0)\mathrm{d}\sigma_0 \tag{10.2.16}$$

但(10.2.16)式是不存在的，因为方程(10.2.6)在边界条件(10.2.15)下无解. 这从物理上看，其意义十分明显. 方程(10.2.6)可看成稳定的热传导方程在 M_0 点有一个点热源. 而边界条件(10.2.15)式表示在边界上是绝热的，由于边界绝热，从点源出来的热量，会使体积 τ 内的温度不断地升高，而不可能达到稳定状态. 为了解决这一矛盾，或者修改格林函数所满足的方程(10.2.6)式，使之与边界条件(10.2.15)相容，这就要引入所谓广义格林函数方程；或者修改边界条件(10.2.15)式，使之与方程

(10.2.6)式相容.这已超出本书范围,在此不再详细讨论.

(3) 第三类边界条件,即(10.2.2)中 α 和 β 均不为零.若要求 $G(M,M_0)$ 满足第三类的齐次边界,即

$$\left[\alpha \frac{\partial}{\partial n} G(M,M_0) + \beta G(M,M_0)\right]_\sigma = 0 \tag{10.2.17}$$

则当以 $G(M,M_0)$ 乘(10.2.2)式,以 $u(M)$ 乘(10.2.17)式,然后再将两式相减得

$$\left[G(M,M_0) \frac{\partial u}{\partial n} - u(M) \frac{\partial}{\partial n} G(M,M_0)\right]_\sigma = \frac{1}{\alpha} G(M,M_0) g(M)$$

代入(10.2.9)式,于是有

$$u(M) = \iiint_\tau G(M,M_0) h(M_0) \mathrm{d}\tau_0 + \frac{1}{\alpha} \iint_\sigma G(M,M_0) g(M_0) \mathrm{d}\sigma_0 \tag{10.2.18}$$

可见,只要从(10.2.6)式和(10.2.17)式解出 $G(M,M_0)$,则(10.2.18)式也已全部由已知量表示.我们称方程(10.2.6)和边界条件(10.2.17)所构成的定解问题

$$\begin{cases} \Delta G(M,M_0) = -\delta(M-M_0), & M \in \tau \\ \left[\alpha \frac{\partial}{\partial n} G(M,M_0) + \beta G(M,M_0)\right]_\sigma = 0 \end{cases} \tag{10.2.19}$$

的解 $G(M,M_0)$,为由方程(10.2.1)和边界条件(10.2.2)所构成的定解问题的格林函数,(10.2.18)式即为由(10.2.1)式和(10.2.2)式所构成的定解问题的积分形式的解.

显然,用完全同样的程序,我们可推得亥姆霍兹方程及其他的边值问题

$$\begin{cases} \Delta u(M) + \lambda u(M) = -h(M), & M \in \tau & (10.2.20) \\ \left[\alpha \frac{\partial u}{\partial n} + \beta u\right]_\sigma = g(M) & & (10.2.21) \end{cases}$$

的基本积分公式及形式解亦分别是(10.2.9)及(10.2.12)、(10.2.16)、(10.2.18)式.只是对于边值问题(10.2.20)~(10.2.21),λ 不能为相应的本征值问题的本征值,否则,格林函数不存在.

由上面的讨论我们看到,**在各类非齐次边界条件下解泊松方程**(10.2.1)**式,可以先在相应的同类齐次边界条件下解格林函数所满足的方程**(10.2.6)**式,然后通过积分公式得到解** $u(M)$.

格林函数的定解问题,其方程(10.2.6)式形式上比(10.2.1)式简单,而且边界条件又是齐次的,因此,相对地说,求 G 比求解 u 容易一些.不仅如此,对方程(10.2.1)式中不同的非齐次项 $h(M)$ 和边界条件(10.2.2)式中不同的 $g(M)$,只要属于同一类型边界条件,函数 $G(M,M_0)$ 都是相同的.这就把解泊松方程的边值问题化为在几种类型边界条件下求格林函数 $G(M,M_0)$ 的问题.

类似于上面的讨论过程,可以得到二维泊松方程的各类边值问题的积分公式.如二维泊松方程的狄氏问题

$$\begin{cases} \Delta u = -h(M), & M \in \sigma \\ u|_l = f(M) \end{cases} \tag{10.2.22}$$

的积分形式的解，即**二维空间的狄氏积分公式**为

$$u(M)=\iint_\sigma G(M,M_0)h(M_0)\mathrm{d}\sigma_0-\int_l f(M_0)\frac{\partial}{\partial n_0}G(M,M_0)\mathrm{d}l_0 \qquad (10.2.23)$$

其中，$G(M,M_0)$为**二维泊松方程的狄氏格林函数**即定解问题

$$\begin{cases}\Delta G(M,M_0)=-\delta(M-M_0), & M\in\sigma\\ G(M,M_0)\mid_l=0\end{cases} \qquad (10.2.24)$$

的解：$M=M(x,y)$，$M_0=M_0(x_0,y_0)$；l 为区域 σ 的边界线；而$\frac{\partial}{\partial n_0}$，$\mathrm{d}l_0$，$\mathrm{d}\sigma_0$ 分别表示对 $M_0(x_0,y_0)$求导、取线元和面积元.

3. 格林函数关于源点和场点是对称的

前面在导出积分公式时，用到格林函数的对称性

$$G(M,M_0)=G(M_0,M) \qquad (10.2.25)$$

现在对最一般的亥姆霍兹方程，实际上是算符 $\Delta+\lambda$(泊松方程可看作 $\lambda=0$ 的特例)，证明上述结论. 设 $G(M,M_1)$和 $G(M,M_2)$均满足亥姆霍兹方程和某类齐次边界条件，即

$$\begin{cases}\Delta G(M,M_1)+\lambda G(M,M_1)=-\delta(M-M_1) & (10.2.26)\\ \left[\alpha\frac{\partial}{\partial n}G(M,M_1)+\beta G(M,M_1)\right]_\sigma=0 & (10.2.27)\end{cases}$$

$$\begin{cases}\Delta G(M,M_2)+\lambda G(M,M_2)=-\delta(M-M_2) & (10.2.28)\\ \left[\alpha\frac{\partial}{\partial n}G(M,M_2)+\beta G(M,M_2)\right]_\sigma=0 & (10.2.29)\end{cases}$$

以 $G(M,M_2)$乘方程(10.2.26)，同时以 $G(M,M_1)$乘方程(10.2.28)，然后相减，并做积分得②

$$\iiint_\tau[G(M,M_2)\Delta G(M,M_1)-G(M,M_1)\Delta G(M,M_2)]\mathrm{d}\tau=-G(M_1,M_2)+G(M_2,M_1)$$

对上式左端应用格林第二公式得

$$\begin{aligned}&G(M_2,M_1)-G(M_1,M_2)\\&=\iint_\sigma\left[G(M,M_2)\frac{\partial}{\partial n}G(M,M_1)-G(M,M_1)\frac{\partial}{\partial n}G(M,M_2)\right]\mathrm{d}\sigma\end{aligned}$$

由边界条件(10.2.27)和(10.2.29)，因为 α、β 不同时为零，所以有

$$\left[G(M,M_2)\frac{\partial}{\partial n}G(M,M_1)-G(M,M_1)\frac{\partial}{\partial n}G(M,M_2)\right]_\sigma=0$$

代入上式右边，于是得

$$G(M_2,M_1)=G(M_1,M_2)$$

由于在物理上，格林函数 $G(M,M_0)$表示位于 M_0 点的点源，在一定边界条件下在 M 点产生的场，故其对称性说明，在相同边界条件下，位于 M_0 的点源在 M 点产生的场等于同强度的点源位于 M 点在 M_0 点产生的场. 这种性质在物理上称为**倒易性**.

注 ① 见附录Ⅰ.

② 如果积分区域直接取 τ,虽然此时第二格林公式(10.2.5)的条件并不满足,但撇开这些条件之后所得结果其形式与(10.2.9)式相同.所以,以后用格林第二公式时对积分区域就不再作这样的处理了.

习 题 10.2

1. 设 $v(x,y)$ 和 $u(x,y)$ 在区域 σ 直到边界 l 上具有连续一阶导数,而在 σ 内具有连续的二阶导数,

(1) 试导出二维空间的格林第二公式

$$\int_l\left(u\frac{\partial v}{\partial n}-v\frac{\partial u}{\partial n}\right)\mathrm{d}l=\iint_\sigma(u\Delta v-v\Delta u)\mathrm{d}\sigma \tag{10.2.30}$$

(2) 利用二维空间的格林第二公式(10.2.30),导出二维空间的狄氏积分公式(10.2.23)式.

2. 试证明亥姆霍兹方程的边值问题

$$\begin{cases}\Delta u(M)+\lambda u(M)=-h(M), & M\in\tau\\ \left[\alpha\dfrac{\partial u}{\partial n}+\beta u\right]_\sigma=g(M)\end{cases}$$

在第一、二、三类边界条件下的形式解分别为(10.2.12)、(10.2.16)和(10.2.18)式.并证明其相应的本征值问题

$$\begin{cases}\Delta u+\lambda u=0\\ \left[\alpha\dfrac{\partial u}{\partial n}+\beta u\right]_\sigma=0\end{cases}$$

中的 λ 为什么不能为本征值.

10.3 稳恒问题的格林函数

从上节的讨论可以看出,求解边值问题实际上归结为求相应的格林函数,只要求出格林函数,将其代入相应的积分公式,就可得到问题的解.

一般说来,实际求格林函数,并非一件容易的事.但在某些情况下,却可以比较容易地求出.

1. 无界区域的格林函数

无界区域的格林函数 G,又称为相应方程的**基本解**. G 满足含有 δ 函数的非齐次方程,具有奇异性,一般可以用有限形式表示出来.下面通过具体例子,说明求基本解的方法.

例 1 求三维泊松方程的基本解.

解 其格林函数满足的方程为

$$\Delta G=-\delta(x-x_0,y-y_0,z-z_0) \tag{10.3.1}$$

采用球坐标,并将坐标原点放在源点 $M_0(x_0,y_0,z_0)$ 上(r 是源点 M_0 到场点 $M(x,y,z)$ 的距离,$r=\sqrt{(x-x_0)^2+(y-y_0)^2+(z-z_0)^2}$).则由于区域是无界的,点源所产

生的场应与方向无关，而只是 r 的函数，于是(10.3.1)式简化为

$$\frac{1}{r^2}\frac{\mathrm{d}}{\mathrm{d}r}\left(r^2\frac{\mathrm{d}G}{\mathrm{d}r}\right)=-\delta(r)$$

当 $r\neq 0$ 时，方程化为齐次的，即

$$\frac{\mathrm{d}}{\mathrm{d}r}\left(r^2\frac{\mathrm{d}G}{\mathrm{d}r}\right)=0$$

易于求得其一般解为

$$G=-C_1\frac{1}{r}+C_2 \tag{10.3.2}$$

取 $C_2=0$，不失一般性，得

$$G=-C_1\frac{1}{r} \tag{10.3.3}$$

考虑 $r=0$ 的情形．为此，对方程(10.3.1)式在以原点为球心，ε 为半径的小球体 τ_ε 内作体积分

$$\iiint_{\tau_\varepsilon}\Delta G\mathrm{d}x\mathrm{d}y\mathrm{d}z=-\iiint_{\tau_\varepsilon}\delta(x-x_0,y-y_0,z-z_0)\mathrm{d}x\mathrm{d}y\mathrm{d}z=-1$$

从而

$$\lim_{\varepsilon\to 0}\iiint_{\tau_\varepsilon}\Delta G\mathrm{d}x\mathrm{d}y\mathrm{d}z=-1$$

而由散度定理

$$\iiint_v\nabla\cdot\nabla u\mathrm{d}v=\oiint_s\nabla u\mathrm{d}s,\quad s\text{ 为 }v\text{ 的边界面}$$

有

$$\iiint_{\tau_\varepsilon}\Delta G\mathrm{d}x\mathrm{d}y\mathrm{d}z=\iint_{s_\varepsilon}\frac{\partial G}{\partial n}\mathrm{d}x\mathrm{d}y$$

故

$$\lim_{\varepsilon\to 0}\iint_{s_\varepsilon}\frac{\partial G}{\partial n}\mathrm{d}x\mathrm{d}y=\lim_{\varepsilon\to 0}\iint_{s_\varepsilon}\left.\frac{\partial G}{\partial r}\right|_{r=\varepsilon}\mathrm{d}x\mathrm{d}y=-1$$

将(10.3.3)式的结果代入上式得

$$\lim_{\varepsilon\to 0}\int_0^{2\pi}\int_0^{\pi}C_1\frac{1}{\varepsilon^2}\cdot\varepsilon^2\sin\theta\mathrm{d}\theta\mathrm{d}\varphi=-1$$

$$C_1=-\frac{1}{4\pi}$$

代入(10.3.3)式，于是

$$G(M,M_0)=\frac{1}{4\pi r} \tag{10.3.4}$$

例 2 求二维泊松方程的基本解．

解 格林函数满足的方程为

$$\Delta G=-\delta(x-x_0,y-y_0) \tag{10.3.5}$$

采用极坐标，并将坐标原点放在源点 $M_0(x_0,y_0)$ 上，则 $r=\sqrt{(x-x_0)^2+(y-y_0)^2}$．与三维问题一样，$G$ 应只是 r 的函数，于是(10.3.5)式简化为

$$\frac{1}{r}\frac{\mathrm{d}}{\mathrm{d}r}\left(r\frac{\mathrm{d}G}{\mathrm{d}r}\right)=-\delta(r) \tag{10.3.6}$$

当 $r\neq 0$ 时，解(10.3.6)式得

$$G=C_1\ln r$$

当 $r=0$ 时，在以原点为中心，ε 为半径的小圆内对方程(10.3.5)式两边作面积分，类似于对三维情况的讨论得

$$C_1=-\frac{1}{2\pi}$$

于是

$$G=\frac{1}{2\pi}\ln\frac{1}{r} \tag{10.3.7}$$

当然，我们也可用**傅氏变换法**来求无界区域的格林函数(参见上章).

2. 边值问题的格林函数

本征函数族展开法是求边值问题的格林函数的一个重要而又普遍的方法. 现以狄氏问题

$$\begin{cases}\Delta G(M,M_0)+\lambda G(M,M_0)=-\delta(M-M_0), & M\in\tau\\ G\,|_{\sigma}=0\end{cases} \tag{10.3.8}$$

为例来讨论此法. 写下相应的本征值问题

$$\begin{cases}\Delta\psi(M)+\lambda\psi(M)=0, & M\in\tau\\ \psi\,|_{\sigma}=0\end{cases} \tag{10.3.9}$$

设本征值问题(10.3.9)的全部本征值和相应的归一化本征函数分别是$\{\lambda_n\}$和$\{\psi_n(M)\}$①，即

$$\Delta\psi_n(M)+\lambda_n\psi_n(M)=0,\quad M\in\tau \tag{10.3.10}$$

$$\psi_n\,|_{\sigma}=0 \tag{10.3.11}$$

而且

$$\iiint_{\tau}\psi_n(M)\bar{\psi}_m(M)\mathrm{d}\tau=\delta_{nm} \tag{10.3.12}$$

这里 $\bar{\psi}_m(M)$表示 $\psi_m(M)$的共轭复变函数. 将函数 $G(M,M_0)$在区域 τ 上展开为本征函数族$\{\psi_n(M)\}$的广义傅里叶级数

$$G(M,M_0)=\sum_n C_n\psi_n(M) \tag{10.3.13}$$

为定出系数 C_n，将(10.3.13)式代入定解问题(10.3.8)的方程中，并利用方程(10.3.10)得

$$\lambda\sum_n C_n\psi_n(M)-\sum_n\lambda_n C_n\psi_n(M)=-\delta(M-M_0)$$

设 $\lambda\neq\lambda_n$，以 $\bar{\psi}_m(M)$乘上式两端，然后在区域 τ 上积分，并利用(10.3.12)式可得

$$C_m=\frac{1}{\lambda_m-\lambda}\bar{\psi}_m(M_0)$$

代入(10.3.13)式即得

$$G(M,M_0)=\sum_n \frac{1}{\lambda_n-\lambda}\bar{\psi}_n(M_0)\psi_n(M) \tag{10.3.14}$$

显然，它满足齐次边界条件 $G|_\sigma=0$.

如果格林函数 $G(M,M_0)$ 的齐次边界条件是第二类的或第三类的，这时可以类似地求得 G，只要本征函数也满足相应的齐次边界条件即可.

例 3　求泊松方程在矩形区域 $0<x<a,0<y<b$ 内的狄氏问题的格林函数.

解　其格林函数的定解问题为

$$\begin{cases}\Delta G(M,M_0)=-\delta(x-x_0)\delta(y-y_0) & (10.3.15)\\ G|_{x=0}=G|_{x=a}=G|_{y=0}=G|_{y=b}=0 & (10.3.16)\end{cases}$$

它是定解问题

$$\begin{cases}\Delta G(M,M_0)+\lambda G(M,M_0)=-\delta(x-x_0)\delta(y-y_0) & (10.3.17)\\ G|_{x=0}=G|_{x=a}=G|_{y=0}=G|_{y=b}=0 & (10.3.18)\end{cases}$$

当 $\lambda=0$ 的特例. 而与定解问题(10.3.17)～(10.3.18)式相应的本征值问题为

$$\begin{cases}\Delta\psi(x,y)+\lambda\psi(x,y)=0\\ \psi|_{x=0}=\psi|_{x=a}=\psi|_{y=0}=\psi|_{y=b}=0\end{cases}$$

它的本征值和归一化的本征函数分别是

$$\lambda_{mn}=\pi^2\left(\frac{m^2}{a^2}+\frac{n^2}{b^2}\right)=\mu_m^2+\mu_n^2,\qquad m,n=1,2,\cdots$$

$$\psi_{mn}(x,y)=\frac{2}{\sqrt{ab}}\sin\mu_m x\sin\mu_n y$$

其中

$$\mu_m=\frac{m\pi}{a},\qquad \mu_n=\frac{n\pi}{b}$$

在(10.3.15)式中 $\lambda=0\neq\lambda_{mn}$，故根据(10.3.14)式有

$$G(M,M_0)=\sum_{m,n=1}^{\infty}\frac{4}{ab}\frac{\sin\mu_m x_0\sin\mu_n y_0\sin\mu_m x\sin\mu_n y}{\mu_m^2+\mu_n^2}$$

注　① 这里所说的归一化本征函数，即是指满足(10.3.12)式的本征函数 $\psi_n(M)$. 其中

$$\delta_{nm}=\begin{cases}1, & 当\ n=m\\ 0, & 当\ n\neq m\end{cases} \tag{10.3.19}$$

称为**克罗内克尔**(Kronecker)**$\boldsymbol{\delta}$ 符号**. 关于归一化本征函数的一般性讨论见第三篇施图姆-刘维尔本征值问题.

习　题　10.3

1. 试用傅氏变换法求三维泊松方程的狄氏格林函数.
2. 求解格林函数的定解问题

$$\begin{cases}\dfrac{d^2G}{dx^2}=-\delta(x-x_0), & 0<x,x_0<l\\ G|_{x=0}=0, & G|_{x=l}=0\end{cases}$$

3. 求一维亥姆霍兹方程的格林函数,即求解定解问题

$$\frac{\mathrm{d}^2 G}{\mathrm{d}x^2}+k^2 G=-\delta(x-x_0)$$

*4. 考虑非均匀方程

$$u''(x)+4u(x)=f(x)$$

(1) 求这个方程的格林函数 $G(x,x')$,具有边界条件

$$u(0)=u'(1)=0$$

(2) 考虑边界条件

$$u(0)=a,\quad u'(1)=b$$

求 $u(x)$的解.将它表示成包含着(1)中所求得的 $G(x,x')$的一个积分.

*5. (1) 求解方程

$$y''+k^2 y=\delta(x-x_1),\quad a\leqslant x\leqslant b, a<x_1<b$$

其边界条件为 $y(a)=0, y(b)=0$;

(2) 利用(1)的解求出在同样边界条件下方程 $y''+k^2 y=f(x)$的解.

(4、5 题为加州理工学院研究生试题)

10.4 电像法与狄氏格林函数

1. 泊松方程的狄氏格林函数及其物理意义

为了求三维泊松方程的狄氏格林函数,即求解定解问题

$$\begin{cases}\Delta G=-\delta(x-x_0,y-y_0,z-z_0), & M\in\tau \quad (10.4.1)\\ G|_\sigma=0 & (10.4.2)\end{cases}$$

可令

$$G(M,M_0)=F(M,M_0)+g(M,M_0) \tag{10.4.3}$$

使

$$\Delta F=-\delta(x-x_0,y-y_0,z-z_0) \tag{10.4.4}$$

则 g 应满足

$$\begin{cases}\Delta g=0, & M\in\tau\\ g|_\sigma=-F|_\sigma\end{cases} \tag{10.4.5}$$

而非齐次方程(10.4.4)的解,已由(10.3.4)式给出,即

$$F=\frac{1}{4\pi r}$$

其中

$$r=\sqrt{(x-x_0)^2+(y-y_0)^2+(z-z_0)^2}$$

为源点 $M_0(x_0,y_0,z_0)$与 $M(x,y,z)$点之间的距离,σ 为区域 τ 的边界面. 所以**三维泊松方程的狄氏格林函数**为

$$G=\frac{1}{4\pi r}+g \tag{10.4.6}$$

其中

$$\begin{cases}\Delta g = 0, & M \in \tau \\ g\,|_{\sigma} = -\left.\dfrac{1}{4\pi r}\right|_{\sigma}\end{cases} \tag{10.4.7}$$

类似地，我们可以写出满足定解问题

$$\begin{cases}\Delta G = -\delta(x - x_0, y - y_0), & M \in \sigma \\ G\,|_{l} = 0\end{cases} \tag{10.4.8}$$

的**二维泊松方程的狄氏格林函数**

$$G = \frac{1}{2\pi}\ln\frac{1}{r} + g \tag{10.4.9}$$

其中

$$\begin{cases}\Delta g = 0, & M \in \sigma \\ g\,|_{l} = -\left.\dfrac{1}{2\pi}\ln\dfrac{1}{r}\right|_{l}\end{cases} \tag{10.4.10}$$

而

$$r = \sqrt{(x - x_0)^2 + (y - y_0)^2}$$

为源点 $M_0(x_0, y_0)$ 与 $M(x, y)$ 点之间的距离，l 为区域 σ 的边界线.

由此可见，求泊松方程的狄氏格林函数 G 的问题，已转化为了求 g 的齐次方程（即拉普拉斯方程）的狄氏问题.

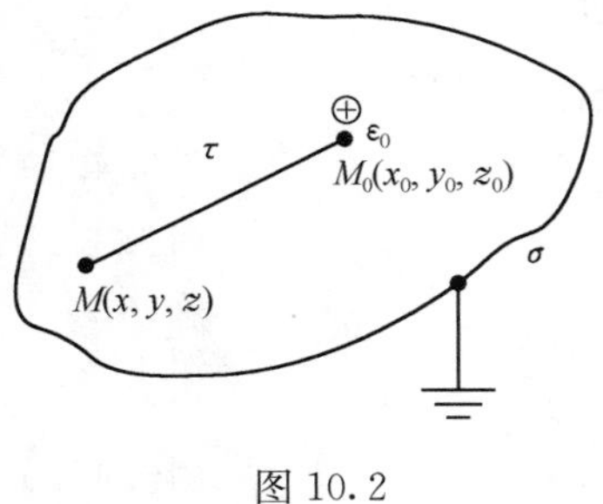

图 10.2

不难看出狄氏格林函数 G **所具有的物理意义**. 如图 10.2 所示，设 σ 为空间接地的导电壳，在其中 $M_0(x_0, y_0, z_0)$ 点放有正点电荷 ε_0，则由静电学知，满足(10.4.6)式和定解问题(10.4.7)的 G 正好是 σ 内除 M_0 点以外的任意一点 $M(x, y, z)$ 处的电势. 它由两部分组成：一部分是处在 M_0 点的正点电荷 ε_0 在 M 点所产生的电势$\dfrac{1}{4\pi r}$；另一部分是边界面 σ 上感应的负电荷在 M 点所产生的电势 g. 所以求 G 的问题，也就转化为了求感应电荷所产生的电势 g 的问题. 正因为 G 具有这样的物理意义，所以对于一些边界形状简单的泊松方程的狄氏格林函数 G，可用电像法来求.

2. 用电像法求格林函数

下面我们将通过具体的例子，来了解如何用电像法求狄氏格林函数.

例 1 求解球的狄氏问题

$$\begin{cases}\Delta u = 0, & \rho < a \\ u\,|_{\rho=a} = f(M)\end{cases} \tag{10.4.11}$$

解 此时方程的非齐次项 $h(M) = 0$，故由积分公式(10.2.12)式得定解问题(10.4.11)的解为

$$u(M)=-\iint_{\sigma} f(M_0)\frac{\partial}{\partial n_0}G(M,M_0)\mathrm{d}\sigma_0 \tag{10.4.12}$$

其中 σ 为球面 $\rho=a$，G 为球的狄氏格林函数，它满足定解问题

$$\begin{cases}\Delta G=-\delta(x-x_0,y-y_0,z-z_0), & \rho<a\\ G|_{\rho=a}=0\end{cases} \tag{10.4.13}$$

故求 u 的问题就转化为了求边界为球面的三维泊松方程的狄氏格林函数 G 的问题.而由上面所述的 G 的物理意义知，求 G 即要求在 M_0 点置有正电荷 ε_0 的接地导体球内任意一点 M 处的电势，亦即要求感应电荷所产生的电势 g，它满足

$$\begin{cases}\Delta g=0, & \rho<a\\ g|_{\rho=a}=-\left.\dfrac{1}{4\pi r}\right|_{\rho=a}\end{cases} \tag{10.4.14}$$

由物理学知识知，倘若我们在 M_0 点关于球面的对称点（又称像点）[①]处放置一负点电荷 $-q$，则由于 $-q$ 在球外，它对球内电势的贡献必然满足拉氏方程. 因此，只要适当选择 q 的大小，使之对边界面上电势的贡献与 M_0 点的正电荷 ε_0 对边界面上电势的贡献等值，则 $-q$ 对球内任一点电势的贡献即与 g 等效. 为此，如图 10.3 所示，我们延长 OM_0 到 M_1，并记 $\overline{OM}=\rho$，$\overline{OM_0}=\rho_0$，$\overline{OM_1}=\rho_1$，$\overline{MM_1}=r_1$，$\overline{MM_0}=r$，使 $\rho_0\cdot\rho_1=a^2$，即

$$\frac{\rho_0}{a}=\frac{a}{\rho_1}$$

则 M_1 为 M_0 关于球面 $\rho=a$ 的像点. 显然，当 M 点在球面 $\rho=a$ 上时（如图 10.4 所示），$\triangle OM_0M\backsim\triangle OMM_1$，故有

$$\frac{r}{r_1}=\frac{\rho_0}{a}=\frac{a}{\rho_1} \tag{10.4.15}$$

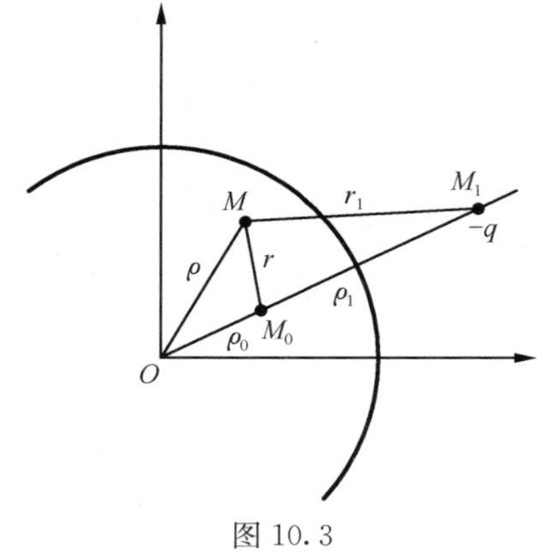

图 10.3

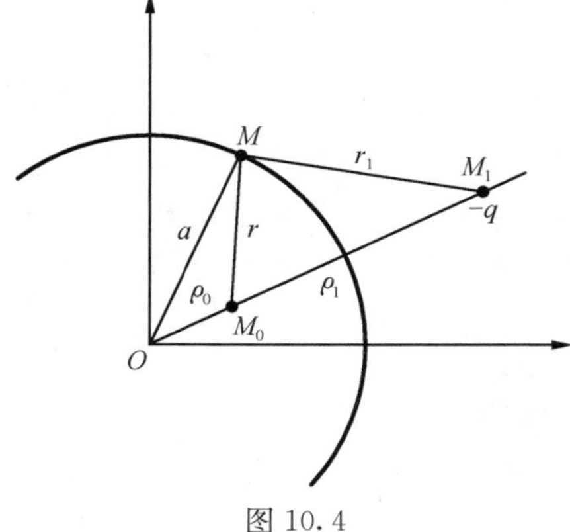

图 10.4

从而有

$$\frac{1}{r}=\frac{a/\rho_0}{r_1}$$

即

$$-\left.\frac{1}{4\pi r}\right|_{\rho=a}=-\left.\frac{a/\rho_0}{4\pi r_1}\right|_{\rho=a} \tag{10.4.16}$$

由(10.4.16)式可以看出,只要我们在 M_1 点放置一负电荷 $-\varepsilon_0 a/\rho_0$,则它在球内直到球上任意一点 $M(x,y,z)$ 处(除 M_0 外)所产生的电势 $-\dfrac{a/\rho_0}{4\pi r_1}$,对于球内的任意一点 M,均满足拉氏方程

$$\Delta\left(\frac{a/\rho_0}{-4\pi r_1}\right)=0$$

且在边界面上亦满足(10.4.14)式的边界条件. 所以

$$g=\frac{a/\rho_0}{-4\pi r_1}$$

我们称这个设想的负点电荷 $-\varepsilon_0 a/\rho_0$ 为球内 M_0 点所放置的正点电荷 ε_0 的**电像**;而称这种在像点放置一虚构的点电荷来等效地代替导体面或介面上的感应电荷的方法为**电像法**.

将求得的 g 代入(10.4.6)式便得**球的狄氏格林函数**为

$$G=\frac{1}{4\pi r}-\frac{a/\rho_0}{4\pi r_1} \tag{10.4.17}$$

为了计算积分(10.4.12)式,引入球坐标变量. 设

$$M_0=M_0(\rho_0,\varphi_0,\theta_0),\quad M=M(\rho,\varphi,\theta)$$

则

$$r=\sqrt{\rho^2+\rho_0^2-2\rho\rho_0\cos\gamma} \tag{10.4.18}$$

$$r_1=\sqrt{\rho^2+\rho_1^2-2\rho_1\rho\cos\gamma}=\sqrt{\rho^2+\left(\frac{a^2}{\rho_0}\right)^2-2\frac{a^2}{\rho_0}\rho\cos\gamma} \tag{10.4.19}$$

其中 γ 为矢量 OM_0 和 OM 的夹角(见图 10.3),所以

$$\cos\gamma=\cos\theta_0\cos\theta+\sin\theta_0\sin\theta\cos(\varphi-\varphi_0)^{②}$$

将(10.4.18)式和(10.4.19)式代入(10.4.17)式并对 $M_0(\rho_0,\varphi_0,\theta_0)$ 求导,则得

$$\left.\frac{\partial G}{\partial n_0}\right|_\sigma=\left.\frac{\partial G}{\partial\rho_0}\right|_{\rho_0=a}=\frac{1}{4\pi a}\frac{\rho^2-a^2}{(\rho^2+a^2-2\rho a\cos\gamma)^{3/2}}$$

代入(10.4.12)式,于是得球的狄氏问题(10.4.11)的解为

$$u(\rho,\theta,\varphi)=\frac{a}{4\pi}\int_0^{2\pi}\int_0^{\pi}f(\theta_0,\varphi_0)\frac{a^2-\rho^2}{(a^2+\rho^2-2a\rho\cos\gamma)^{3/2}}\sin\theta_0\,\mathrm{d}\theta_0\,\mathrm{d}\varphi_0 \tag{10.4.20}$$

称做**球的泊松积分公式**.

类似地,用电像法我们可求得定解问题

$$\begin{cases}\Delta G=-\delta(x-x_0,y-y_0), & \rho<a\\ G|_{\rho=a}=0\end{cases} \tag{10.4.21}$$

的解即**圆的狄氏格林函数**为

$$G=\frac{1}{2\pi}\ln\frac{\rho_0 r_1}{ar} \tag{10.4.22}$$

从而可得圆的狄氏问题

$$\begin{cases}\Delta u = 0, \quad \rho = \sqrt{x^2+y^2} < a \\ u\,|_{\rho=a} = f(\varphi)\end{cases} \tag{10.4.23}$$

的积分形式的解为

$$u(\rho,\varphi) = \frac{1}{2\pi}\int_0^{2\pi} f(\varphi_0)\,\frac{a^2-\rho^2}{a^2+\rho^2-2a\rho\cos(\varphi-\varphi_0)}\mathrm{d}\varphi_0 \tag{10.4.24}$$

称做**圆的泊松积分公式**.

容易看出,由于球内、外法向导数只差一个符号,故积分

$$u_1(\rho,\theta,\varphi) = \frac{a}{4\pi}\int_0^{2\pi}\int_0^{\pi} f(\theta_0,\varphi_0)\,\frac{\rho^2-a^2}{(a^2+\rho^2-2a\rho\cos\gamma)^{3/2}}\sin\theta_0\,\mathrm{d}\theta_0\,\mathrm{d}\varphi_0 \tag{10.4.25}$$

恰好给出球的狄氏问题在球外的解,只不过这里 $\rho>a$ 罢了,称做**球外问题的泊松积分公式**. 同样,积分

$$u_1(\rho,\varphi) = \frac{1}{2\pi}\int_0^{2\pi} f(\varphi_0)\,\frac{\rho^2-a^2}{a^2+\rho^2-2a\rho\cos(\varphi-\varphi_0)}\mathrm{d}\varphi_0 \tag{10.4.26}$$

给出平面上拉氏方程关于圆外问题的解. 其中 $\rho>a$. 称做**圆外问题的泊松积分公式**.

例 2　求上半空间的狄氏格林函数.

解　其定解问题为

$$\begin{cases}\Delta G = -\delta(x-x_0, y-y_0, z-z_0), \quad z>0 \\ G\,|_{z=0} = 0\end{cases} \tag{10.4.27}$$

由(10.4.6)式和(10.4.7)式有

$$G = \frac{1}{4\pi r} + g \tag{10.4.28}$$

其中

$$\begin{cases}\Delta g = 0, \quad z>0 \\ g\,|_{z=0} = -\left.\dfrac{1}{4\pi r}\right|_{z=0}\end{cases} \tag{10.4.29}$$

为了求 g,由电像法知,可在 $M_0(x_0,y_0,z_0)$关于边界面 $z=0$ 的像点 $M_1(x_0,y_0,-z_0)$ 处放置一负电荷 $-q$,使得它在上半空间中任意一点 $M(x,y,z)$处所产生的电势 $\dfrac{-q}{4\pi\varepsilon_0 r_1}$,与 M_0 点的正点电荷 ε_0 在边界面 $z=0$ 上的感应电荷所产生的电势 g 等效. 为此,只需

$$\left.\begin{aligned}&\left.\frac{-q}{4\pi\varepsilon_0 r_1}\right|_{z=0} = \left.\frac{-1}{4\pi r}\right|_{z=0} \\ &\Delta\left(\frac{-q}{4\pi\varepsilon_0 r_1}\right) = 0, \quad z>0\end{aligned}\right\} \tag{10.4.30}$$

则

对比(10.4.29)式和(10.4.30)式知

$$g = \frac{-q}{4\pi\varepsilon_0 r_1}$$

注意到在边界面 $z=0$ 上 $r_1=r$，故由定解问题(10.4.30)中的第一个式子有

$$-q=-\varepsilon_0$$

于是

$$g=-\frac{1}{4\pi r_1}$$

代入(10.4.28)式，得**上半空间的狄氏格林函数**为

$$G=\frac{1}{4\pi r}-\frac{1}{4\pi r_1},\quad z>0 \tag{10.4.31}$$

类似地，我们可以得到定解问题

$$\begin{cases}\Delta G=-\delta(x-x_0,y-y_0), & y>0\\ G|_{y=0}=0\end{cases} \tag{10.4.32}$$

的解，即**上半平面的狄氏格林函数**为

$$G=\frac{1}{2\pi}\ln\frac{r_1}{r} \tag{10.4.33}$$

 ① 所谓像点即反演点或对称点.

② cosν 表达式的证明见二维码.

cosν 表达式的证明

习 题 10.4

1. 用电像法求圆的狄氏格林函数.

2. 用电像法求上半平面的狄氏格林函数.

3. 求解圆的狄氏问题(10.4.23). 即用电像法导出泊松积分公式(10.4.24). 你能用柯西公式导出此泊松积分公式吗?

提示：令 $f(z)=f(\rho e^{i\varphi})=u(\rho,\varphi)+iv(\rho,\varphi)$，且设 $f(z)$ 在 $\rho<a$ 中解析.

4. 用格林函数法求解上半平面的狄氏问题

$$\begin{cases}\Delta_2 u=0, & y>0\\ u|_{y=0}=f(x)\end{cases}$$

并试用柯西公式将此定解问题再求解一遍.

5. 求解上半空间的狄氏问题

$$\begin{cases}\Delta u=0, & z>0\\ u|_{z=0}=f(x,y)\end{cases}$$

（芝加哥大学研究生试题）

6. 求解四分之一平面的狄氏问题

$$\begin{cases}u_{xx}+u_{yy}=0, & 0\leqslant x<\infty,0\leqslant y<\infty\\ u(0,y)=f(y), & 0\leqslant y<\infty\\ u(x,0)=0, & 0\leqslant x<\infty\end{cases}$$

7. 求解圆的狄氏问题

$$\begin{cases}u_{xx}+u_{yy}=-xy, & \rho<a\\ u|_{\rho=a}=0\end{cases}$$

8. 求解球的狄氏问题

$$\begin{cases} \Delta u = 0, \quad \rho < 1 \\ u\big|_{\rho=1} = 3\cos 2\theta + 1 \end{cases}$$

9. (1) 求关于上半圆域的格林函数;

(2) 求关于上半球域的格林函数(见图 10.5).

10. 用电像法证明:由一半径为 R 的导电球在均匀电场 E_0 内产生的电势为

$$V = -E_0\left(r - \frac{R^3}{r^2}\right)\cos\theta$$

其中 r,θ 是以原点为中心的球坐标变量.

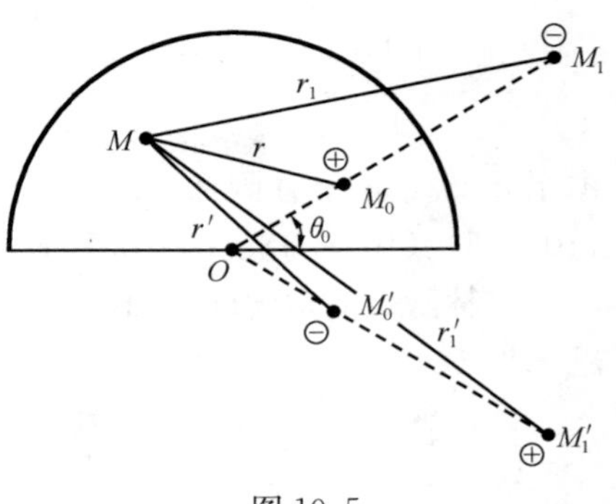

图 10.5

* 10.5 含时问题的格林函数法

对于含时方程(扩散方程和波动方程)及其定解问题,我们当然也能用格林函数法求解. 特别是对于非齐次方程及非齐次边界条件的定解问题,我们将会看到,一旦导出了这类问题的积分公式,其求解过程比直接用分离变量法要简单得多. 下面我们将推出(或给出)几个常用的含时积分公式.

1. 一维扩散方程的混合问题

(1) 对于一维的扩散问题

$$\begin{cases} u_t - a^2 u_{xx} = 0, \quad 0 < x < l, t > 0 & (10.5.1) \\ u\big|_{x=0} = u\big|_{x=l} = 0 & (10.5.2) \\ u_{t=0} = \varphi(x) & (10.5.3) \end{cases}$$

我们可以推得其积分公式为

$$u(x,t) = \int_0^l G(x,t \mid x_0, 0)\varphi(x_0)\mathrm{d}x_0 \tag{10.5.4}$$

其中,格林函数 $G(x,t|x_0,0)$ 满足如下定解问题:

$$\begin{cases} G_t - a^2 G_{xx} = 0 & (10.5.5) \\ G(x,t \mid x_0,0)\big|_{x=0} = G(x,t \mid x_0,0)\big|_{x=l} = 0 & (10.5.6) \\ G(x,t \mid x_0,0)\big|_{t=0} = \delta(x - x_0) & (10.5.7) \end{cases}$$

证 将(10.5.4)式代入方程(10.5.1),并记算符 $a^2 \dfrac{\partial^2}{\partial x^2} = L$ 得

$$\frac{\partial}{\partial t}\int_0^l G(x,t \mid x_0,0)\varphi(x_0)\mathrm{d}x_0 - L\int_0^l G(x,t \mid x_0,0)\varphi(x_0)\mathrm{d}x_0 = 0$$

注意到 L 只对变量 x 起作用,于是上式可写为

$$\int_0^l (G_t - LG)\varphi(x_0)\mathrm{d}x_0 = 0 \tag{10.5.8}$$

又将(10.5.4)式分别代入边界条件(10.5.2)式和初始条件(10.5.3)式,得到

$$\int_0^l G(x,t \mid x_0,0)\big|_{x=0}\varphi(x_0)\mathrm{d}x_0 = \int_0^l G(x,t \mid x_0,0)\big|_{x=l}\varphi(x_0)\mathrm{d}x_0 = 0 \tag{10.5.9}$$

$$\int_0^l G(x,t \mid x_0,0) \mid_{t=0} \varphi(x_0)\mathrm{d}x_0 = \varphi(x) = \int_0^l \delta(x-x_0)\varphi(x_0)\mathrm{d}x_0 \tag{10.5.10}$$

由于 $\varphi(x_0)$ 是任意函数，于是，由(10.5.8)、(10.5.9)和(10.5.10)式分别可得到(10.5.5)、(10.5.6)及(10.5.7)式. 即结论证毕.

格林函数的定解问题(10.5.5)～(10.5.7)式的解，易于由分离变量法求得[见习题8.1,1(2)]：

$$G(x,t \mid x_0,0) = \frac{2}{l}\sum_{n=1}^{\infty} \sin\frac{n\pi}{l}x \sin\frac{n\pi}{l}x_0 \exp\left[-\left(\frac{n\pi a}{l}\right)^2 t\right] \tag{10.5.11}$$

代入积分公式(10.5.4)，于是得到定解问题(10.5.1)～(10.5.3)式的解为

$$u(x,t) = \frac{2}{l}\int_0^l \left[\sum_{n=1}^{\infty} \sin\frac{n\pi x}{l} \sin\frac{n\pi x_0}{l} \exp-\left(\frac{n\pi a}{l}\right)^2 t\right]\varphi(x_0)\mathrm{d}x_0 \tag{10.5.12}$$

(2) 对于一维的扩散问题

$$\begin{cases} u_t - a^2 u_{xx} = f(x,t), \quad 0 < x < l, t > 0 & (10.5.13) \\ u \mid_{x=0} = u \mid_{x=l} = 0 & (10.5.14) \\ u \mid_{t=0} = 0 & (10.5.15) \end{cases}$$

我们可推得其解的积分公式为

$$u(x,t) = \int_0^t \mathrm{d}t_0 \int_0^l G(x,t \mid x_0,t_0) f(x_0,t_0)\mathrm{d}x_0 \tag{10.5.16}$$

其中，格林函数 $G(x,t|x_0,t_0)$ 满足的定解问题为

$$\begin{cases} G_t - a^2 G_{xx} = 0 & (10.5.17) \\ G(x,t \mid x_0,t_0) \mid_{x=0} = G(x,t \mid x_0,t_0) \mid_{x=l} = 0 & (10.5.18) \\ G(x,t \mid x_0,t_0) \mid_{t=t_0} = \delta(x-x_0) & (10.5.19) \end{cases}$$

证 由冲量原理(见7.2节)可知，欲求解定解问题(10.5.13)～(10.5.15)式，即要求解定解问题

$$\begin{cases} v_t - a^2 v_{xx} = 0, \quad 0 < x < l, t > 0 & (10.5.20) \\ v \mid_{x=0} = 0, \quad v \mid_{x=l} = 0 & (10.5.21) \\ v \mid_{t=t_0} = f(x,t_0) & (10.5.22) \end{cases}$$

而

$$u(x,t) = \int_0^t v(x,t \mid t_0)\mathrm{d}t_0 \tag{10.5.23}$$

将定解问题(10.5.20)～(10.5.22)式与定解问题(10.5.1)～(10.5.3)式相比较，可见其形式完全一样，只是将初始时刻 $t=0$ 换成了 $t=t_0$ 而已. 故参照(10.5.4)式，有

$$v(x,t \mid t_0) = \int_0^l G(x,t \mid x_0,t_0) f(x_0,t_0)\mathrm{d}x_0 \tag{10.5.24}$$

将(10.5.24)式代入(10.5.23)式即得(10.5.16)式. 又参照(10.5.5)～(10.5.7)式知，其中的 $G(x,t|x_0,t_0)$ 显然应满足定解问题(10.5.17)～(10.5.19)式. 当然，我们也可将积分公式(10.5.16)代入定解问题(10.5.13)～(10.5.15)式中，以验证它是否

是该定解问题的解.

由(10.5.11)式我们立即可得定解问题(10.5.17)～(10.5.19)式的解为

$$G(x,t\mid x_0,t_0)=\frac{2}{l}\sum_{n=1}^{\infty}\sin\frac{n\pi}{l}x\sin\frac{n\pi}{l}x_0\exp\left[-\left(\frac{n\pi a}{l}\right)^2(t-t_0)\right]\tag{10.5.25}$$

将上式代入(10.5.16)式,即得定解问题(10.5.13)～(10.5.14)式的解.

(3) 由以上分析可见,对于一维扩散方程的混合问题

$$\begin{cases}u_t-a^2u_{xx}=f(x,t), \quad 0<x<l,t>0 & (10.5.26)\\ u\,|_{x=0}=u\,|_{x=l}=0 & (10.5.27)\\ u\,|_{t=0}=\varphi(x) & (10.5.28)\end{cases}$$

易于得到其解的积分公式为

$$u(x,t)=\int_0^l G(x,t\mid x_0,0)\varphi(x_0)\mathrm{d}x_0+\int_0^t\mathrm{d}t_0\int_0^l G(x,t\mid x_0,t_0)f(x_0,t_0)\mathrm{d}x_0\tag{10.5.29}$$

其中,$G(x,t|x_0,t_0)$满足定解问题(10.5.17)～(10.5.19)式,它可由分离变量法得到.以上结果是基于叠加原理得到的.因此定解问题是上述两个定解问题(10.5.1)～(10.5.3)式和(10.5.13)～(10.5.15)式的叠加,故其解就是这两个定解问题的解之和.

思考 对于定解问题(10.5.26)～(10.5.28)式,若其边界条件换为非齐次的,即$u|_{x=0}=h(t)$,$u|_{x=l}=g(t)$,又如何用格林函数法求解呢?

2. 一维无界区域的扩散问题

对于一维无界区域的扩散问题

$$\begin{cases}u_t-a^2u_{xx}=f(x,t), \quad -\infty<x<\infty,t>0 & (10.5.30)\\ u\,|_{t=0}=\varphi(x) & (10.5.31)\end{cases}$$

我们可用与上面完全相同的程序(只是要注意对变量 x 的积分区间不是从 0 到 l,而是从$-\infty$到∞),而推得其解的积分公式为

$$u(x,t)=\int_{-\infty}^{\infty} G(x,t\mid x_0,0)\varphi(x_0)\mathrm{d}x_0+\int_0^t\mathrm{d}t_0\int_{-\infty}^{\infty} G(x,t\mid x_0,t_0)f(x_0,t_0)\mathrm{d}x_0\tag{10.5.32}$$

其中,$G(x,t|x_0,t_0)$满足定解问题

$$\begin{cases}G_t-a^2G_{xx}=0, \quad -\infty<x<\infty,t>0 & (10.5.33)\\ G(x,t\mid x_0,t_0)\,|_{t=t_0}=\delta(x-x_0) & (10.5.34)\end{cases}$$

可由傅氏变换法求得(10.5.33)～(10.5.34)式的解为

$$G(x,t\mid x_0,t_0)=\frac{1}{2a\sqrt{\pi(t-t_0)}}\exp\left[-\frac{(x-x_0)^2}{4a^2(t-t_0)}\right]\tag{10.5.35}$$

故得 $G(x,t|x_0,0)=\dfrac{1}{2a\sqrt{\pi t}}\exp\left[-\dfrac{(x-x_0)^2}{4a^2t}\right]$,一并代入(10.5.32)式,即得定解问题(10.5.30)～(10.5.31)式的解.

用类似的方法和思路，我们可推得一系列含时定解问题的积分公式.

3. 一维有界的波动问题

对于波动问题

$$\begin{cases} u_{tt}-a^2u_{xx}=f(x,t), \quad 0<x<l,t>0 & (10.5.36) \\ u|_{x=0}=u|_{x=l}=0 & (10.5.37) \\ u|_{t=0}=\varphi(x), \quad u_t|_{t=0}=\psi(x) & (10.5.38) \end{cases}$$

可推得其积分公式为

$$u(x,t)=\int_0^l \frac{\partial}{\partial t}G(x,t\mid x_0,0)\varphi(x_0)\mathrm{d}x_0+\int_0^l G(x,t\mid x_0,0)\psi(x_0)\mathrm{d}x_0$$
$$+\int_0^t \mathrm{d}t_0\int_0^l G(x,t\mid x_0,t_0)\mathrm{d}x_0 \tag{10.5.39}$$

其中，$G(x,t|x_0,t_0)$满足定解问题

$$\begin{cases} G_{tt}-a^2G_{xx}=0, \quad 0<x<l,t>0 & (10.5.40) \\ G|_{x=0}G|_{x=l}=0 & (10.5.41) \\ G|_{t=t_0}=0, \quad G_t|_{t=t_0}=\delta(x-x_0) & (10.5.42) \end{cases}$$

它可由分离变量法求出(见 8.1 节).

4. 一维无界的波动问题

对于波动问题

$$\begin{cases} u_{tt}-a^2u_{xx}=f(x,t), \quad -\infty<x<\infty,t>0 & (10.5.43) \\ u|_{t=0}=\varphi(x), \quad u_t|_{t=0}=\psi(x) & (10.5.44) \end{cases}$$

可得其解的积分公式为

$$u(x,t)=\int_{-\infty}^{\infty} \frac{\partial}{\partial t}G(x,t\mid x_0,0)\varphi(x_0)\mathrm{d}x_0+\int_{-\infty}^{\infty} G(x,t\mid x_0,0)\psi(x_0)\mathrm{d}x_0$$
$$+\int_0^t \mathrm{d}t_0\int_{-\infty}^{\infty} G(x,t\mid x_0,t_0)f(x_0,t_0)\mathrm{d}x_0 \tag{10.5.45}$$

其中，$G(x,t|x_0,t_0)$满足定解问题

$$\begin{cases} G_{tt}-a^2G_{xx}=0, \quad -\infty<x<\infty,t>0 & (10.5.46) \\ G|_{t=t_0}=0, \quad G_t|_{t=t_0}=\delta(x-x_0) & (10.5.47) \end{cases}$$

其解可由积分变换法求得.

5. 一些三维问题的积分公式

(1) 对于三维扩散方程的混合问题

$$\begin{cases} u_t-a^2\Delta u(M,t)=f(M,t), \quad M\in\tau \\ \left[\alpha\frac{\partial u}{\partial n}+\beta u\right]_\sigma=g(M',t), \quad M'\in\sigma \\ u|_{t=0}=\varphi(M) \end{cases} \tag{10.5.48}$$

其解的积分公式为

$$u(M,t)=\iiint_{\tau}G(M,t\mid M_0,0)\varphi(M_0)\mathrm{d}\tau_0+\int_0^t\mathrm{d}t_0\iiint_{\tau}G(M,t\mid M_0,t_0)f(M_0,t_0)\mathrm{d}\tau_0$$
$$+a^2\int_0^t\mathrm{d}t_0\iint_{\sigma}\left[G\frac{\partial u}{\partial n_0}-u\frac{\partial G}{\partial n_0}\right]\mathrm{d}\sigma_0 \tag{10.5.49}$$

其中,$G(M,t|M_0,t_0)$是定解问题

$$\begin{cases}G_t-a^2G(M,t)=0, & M\in\tau\\ \left[\alpha\dfrac{\partial G}{\partial n}+\beta G\right]_{\sigma}=0\\ G(M,t\mid M_0,t_0)\big|_{t=t_0}=\delta(M-M_0)\end{cases} \tag{10.5.50}$$

的解,可由分离变量法求得.而解(10.5.49)式中的最后一项,应根据不同的边界条件而具体化.

(2) 对于三维无界的扩散问题

$$\begin{cases}u_t-a^2\Delta u(M,t)=f(M,t), & -\infty<x,y,z<\infty;t>0\\ u\big|_{t=0}=\varphi(M)\end{cases} \tag{10.5.51}$$

其解的积分公式为

$$u(M,t)=\iiint_{-\infty}^{\infty}G(M,t\mid M_0,0)\varphi(M_0)\mathrm{d}\tau_0$$
$$+\int_0^t\mathrm{d}t_0\iiint_{-\infty}^{\infty}G(M,t\mid M_0,t_0)f(M_0,t_0)\mathrm{d}\tau_0 \tag{10.5.52}$$

其中,$G(M,t|M_0,t_0)$是定解问题

$$\begin{cases}G_t-a^2\Delta G=0, & -\infty<x,y,z<\infty;t>0\\ G(M,t\mid M_0,t_0)\big|_{t=t_0}=\delta(M-M_0)\end{cases} \tag{10.5.53}$$

的解,可由三维的傅氏变换法求得.

(3) 对于三维波动方程的混合问题

$$\begin{cases}u_{tt}-a^2\Delta u(M,t)=f(M,t), & M\in\tau\\ \left[\alpha\dfrac{\partial u}{\partial n}+\beta u\right]_{\sigma}=g(M',t), & M'\in\sigma\\ u\big|_{t=0}=\varphi(M), & u_t\big|_{t=0}=\psi(M)\end{cases} \tag{10.5.54}$$

其解的积分公式为

$$u(M,t)=\iiint_{\tau}\frac{\partial}{\partial t}G(M,t\mid M_0,0)\varphi(M_0)\mathrm{d}\tau_0+\iiint_{\tau}G(M,t\mid M_0,0)\psi(M_0)\mathrm{d}\tau_0$$
$$+\int_0^t\mathrm{d}t_0\iiint_{\tau}G(M,t\mid M_0,t_0)f(M_0,t_0)\mathrm{d}\tau_0+a^2\int_0^t\mathrm{d}t_0\iint_{\sigma}\left(G\frac{\partial u}{\partial n_0}-u\frac{\partial G}{\partial n_0}\right)\mathrm{d}\sigma_0 \tag{10.5.55}$$

其中,$G(M,t|M_0,t_0)$是定解问题

$$\begin{cases}G_{tt}-a^2\Delta G(M,t)=0\\ \left[\alpha\dfrac{\partial G}{\partial n}+\beta G\right]_{\sigma}=0\\ G(M,t\mid M_0,t_0)\big|_{t=t_0}=0, \quad G_t(M,t\mid M_0,t_0)\big|_{t=t_0}=\delta(M-M_0)\end{cases} \tag{10.5.56}$$

的解可由分离变量法求得.

(4) 对于三维无界的波动问题

$$\begin{cases} u_{tt}-a^2\Delta u(M,t)=f(M,t), & -\infty<x,y,z<\infty;t>0 \\ u|_{t=0}=\varphi(M), & u_t|_{t=0}=\psi(M) \end{cases} \tag{10.5.57}$$

其解的积分公式为

$$u(M,t)=\iiint_{-\infty}^{\infty}\frac{\partial G(M,t\mid M_0,0)}{\partial t}\varphi(M_0)\mathrm{d}\tau_0+\iiint_{-\infty}^{\infty}G(M,t\mid M_0,0)\psi(M_0)\mathrm{d}\tau_0$$
$$+\int_0^l\mathrm{d}t_0\iiint_{-\infty}^{\infty}G(M,t\mid M_0,t_0)f(M_0,t_0)\mathrm{d}\tau_0 \tag{10.5.58}$$

其中 $G(M,t|M_0,t_0)$ 是定解问题

$$\begin{cases} G_{tt}-a^2\Delta G(M,t)=0, & -\infty<x,y,z<\infty;t>0 \\ G|_{t=t_0}=0, & G_t|_{t=0}=\delta(M-M_0) \end{cases} \tag{10.5.59}$$

的解,可由三维的傅氏变换法求得.

习 题 10.5

1. 用格林函数法求解

$$\begin{cases} u_t-a^2u_{xx}=A\sin\omega t, & 0<x<l;t>0 \\ u_x|_{x=0}=0, & u_x|_{x=l}=0 \\ u|_{t=0}=0 \end{cases}$$

2. 用格林函数法求解有界弦振动问题

$$\begin{cases} u_{tt}-a^2u_{xx}=A\cos\frac{x}{l}\sin\omega t, & 0<x<l;t>0 \\ u_x|_{x=0}=0, & u_x|_{x=l}=0 \\ u|_{t=0}=0, & u_t|_{t=0}=0 \end{cases}$$

3. 用格林函数法求解如下的弦的受迫振动问题:

$$\begin{cases} u_{tt}-a^2u_{xx}=f(x,t), & 0<x<l;t>0 \\ u|_{x=0}=0, & u|_{x=l}=0 \\ u|_{t=0}=\varphi(x), & u_t|_{t=0}=\psi(x) \end{cases}$$

4. 试用格林函数法求解如下更一般的弦的受迫振动问题:

$$\begin{cases} u_{tt}-a^2u_{xx}=f(x,t), & 0<x<l;t>0 \\ u|_{x=0}=g(t), & u|_{x=l}=h(t) \\ u|_{t=0}=\varphi(x), & u_t|_{t=0}=\psi(x) \end{cases}$$

5. 用格林函数法求解三维无界区域的扩散问题

$$\begin{cases} u_t-a^2\Delta u=f(\boldsymbol{r},t) \\ u|_{t=0}=0 \end{cases}$$

6. 用格林函数法求解三维无界空间的波动问题

$$\begin{cases} u_{tt}-a^2\Delta u=f(\boldsymbol{r},t) \\ u|_{t=0}=\varphi(\boldsymbol{r}), & u_t|_{t=0}=\psi(\boldsymbol{r}) \end{cases}$$

本章小结

本章授课课件

本章习题分析与讨论

一、格林函数法的解题要领

1. 由格林第二公式(或推广的格林公式)等导出定解问题的解的积分式(其中含有 G);

2. 求出该定解问题相应的格林函数 G;

3. 将求得的 G 代入积分公式,化简整理即得定解问题的解.

二、格林函数的求法

1. 对于边界为简单几何形状的问题的狄氏格林函数(如:圆、球;平面等)可用电像法来求,这种方法的要领是将格林函数 G 视为其内置有点电荷的接地导体壳内任意一点处的电势,而用虚构的点电荷即电像产生的电势,来等效地代替感应电荷所产生的电势.

2. 其他问题的格林函数可用其他各种方法求,如本征函数展开法、傅氏变换法、分离变量法等.

三、格林函数法的优点

一旦求出了某个区域上的(狄氏)格林函数,便可"一劳永逸"地得到这个区域上的一切定解问题的解,而不管其具体的边界条件和方程的非齐次项的形式如何.

四、用电像法求得的几个特殊区域的格林函数

区　域	格林函数
圆域 $\rho<a$	$G=\frac{1}{2\pi}\ln\frac{\rho_0 r_1}{ar}$
球域 $\rho<a$	$G=\frac{1}{4\pi r}-\frac{a/\rho_0}{4\pi r_1}$
半平面 $y>0$	$G=\frac{1}{2\pi}\ln\frac{r_1}{r}$
半空间 $z>0$	$G=\frac{1}{4\pi r}-\frac{1}{4\pi r_1}$

几个常用的积分公式

类　型	定解问题	积分公式(基本解)	其格林函数满足
三维狄氏问题	$\begin{cases}\Delta u=-h(M), M\in\tau\\ u\|_{\sigma}=f(M)\end{cases}$	$u(M)=\int_{\tau}G(M,M_0)h(M_0)\mathrm{d}\tau_0-\int_{\sigma}f(M_0)\ \dfrac{\partial G}{\partial n_0}\mathrm{d}\sigma_0$	$G(M,M_0)=\dfrac{1}{4\pi r}+g,\begin{cases}\Delta g=0, M\in\tau\\ g\|_{\sigma}=-\dfrac{1}{4\pi r}\Big\|_{\sigma}\end{cases}$
二维狄氏问题	$\begin{cases}\Delta u(M)=-h(M), M\in\sigma\\ u\|_{l}=f(M)\end{cases}$	$u(M)=\iint_{\sigma}G(M,M_0)h(M_0)\mathrm{d}\sigma_0-\int_{l}f(M_0)\ \dfrac{\partial G}{\partial n_0}\mathrm{d}l_0$	$G=\dfrac{1}{2\pi}\ln\dfrac{1}{r}+g,\begin{cases}\Delta g=0, M\in\sigma\\ g\|_{l}=-\dfrac{1}{2\pi}\ln\dfrac{1}{r}\Big\|_{l}\end{cases}$
一维有界输运问题	$\begin{cases}u_t-a^2u_{xx}=f(x,t)\\ u\|_{x=0}=0, u\|_{x=l}=0\\ u\|_{t=0}=\varphi(x)\end{cases}$	$u(x,t)=\int_0^l G(x,t\mid x_0,0)\varphi(x_0)\mathrm{d}x_0$ $+\int_0^t\mathrm{d}t_0\int_0^l G(x,t\mid x_0,t_0)f(x_0,t_0)\mathrm{d}x_0$	$\begin{cases}G_t-a^2G_{xx}=0\\ G\|_{x=0}=0, G\|_{x=l}=0\\ G\|_{t=t_0}=0, G_t\|_{t=t_0}=\delta(x-x_0)\end{cases}$
三维无界运输问题	$\begin{cases}u_t-a^2\Delta u=f(M,t)\\ u\|_{t=0}=\varphi(M)\end{cases}$	$u(M,t)=\iiint_{-\infty}^{\infty}G(M,t\mid M_0,0)\varphi(M_0)\mathrm{d}M_0$ $+\int_0^t\mathrm{d}t_0\iiint_{-\infty}^{\infty}G(M,t\mid M_0,t_0)f(M_0,t_0)\mathrm{d}M_0$	$\begin{cases}G_t-a^2\Delta G=0\\ G\|_{t=t_0}=\delta(M-M_0)\end{cases}$
一维有界波动问题	$\begin{cases}u_{tt}=a^2u_{xx}=f(x,t)\\ u\|_{x=0}=0, u\|_{x=l}=0\\ u\|_{t=0}=\varphi(x), u_t\|_{t=0}=\psi(x)\end{cases}$	$u(x,t)=\int_0^l\dfrac{\partial}{\partial t}G(x,t\mid x_0,0)\varphi(x_0)\mathrm{d}x_0+\int_0^l G(x,t\mid x_0,0)\psi(x_0)\mathrm{d}x_0$ $+\int_0^t\mathrm{d}t_0\int_0^l G(x,t\mid x_0,t_0)f(x_0,t_0)\mathrm{d}x_0$	$\begin{cases}G_{tt}-a^2G_{xx}=0\\ G\|_{x=0}=0, G\|_{x=l}=0\\ G\|_{t=t_0}=0, G_t\|_{t=t_0}=\delta(x-x_0)\end{cases}$
三维无界波动问题	$\begin{cases}u_{tt}-a^2\Delta u=f(M,t)\\ u\|_{t=0}=\varphi(M), u_t\|_{t=0}=\psi(M)\end{cases}$	$u(M,t)=\int_0^t\mathrm{d}t_0\iiint_{-\infty}^{\infty}G(M,t\mid M_0,t_0)f(M_0,t_0)\mathrm{d}M_0$ $+\iiint_{-\infty}^{\infty}\Big[G(M,t\mid M_0,t_0)\psi(M_0)$ $+\varphi(M_0)\ \dfrac{\partial}{\partial t}G(M,t\mid M_0,t_0)\Big]\mathrm{d}M_0$	$\begin{cases}G_{tt}-a^2\Delta G=0\\ G\|_{t=t_0}=0, G_t\|_{t=t_0}=\delta(M-M_0)\end{cases}$

数学是一切科学的基础，而科学是一切知识的源泉.

——陈建功（著名的数学家、教育家，中国科学院院士）

在数学物理问题中一个方法的成功不是由于巧妙的谋略或是幸运的偶遇，而是因为它表达着物理真理的某个方面.

——O. G. 萨顿（著名教授，科学史学科的创立者，萨顿奖是国际科学史界的最高奖）

第三篇 特殊函数

特殊函数是一些高级超越函数的总称（不是代数函数的完全解析函数通称为超越函数），它多半是从寻求某些数理方程的解得出的，其种类繁多，而且不断有新的出现. 常见的有：勒让德多项式、贝塞尔函数、超几何函数、雅可比多项式、切比雪夫多项式、埃米特多项式、拉盖尔多项式等. 特殊函数在物理学、工程技术、计算方法等方面有广泛的应用.

本书在第二篇第八章分离变量法中，曾通过在柱坐标系和球坐标系中对亥姆霍兹方程、拉氏方程的分离变数，得到了几个变系数的常微分方程，如，贝塞尔方程、勒让德方程等. 本篇前两章将用级数解法对贝塞尔方程和勒让德方程进行求解，并对其解两类重要的特殊函数——贝塞尔函数和勒让德多项式的性质及其在分离变量法中的应用进行较详细的讨论；在此基础上最后一章再介绍特殊函数的普遍理论.

第十一章　勒让德多项式

在第二篇第八章中我们曾通过在球坐标系中对亥姆霍兹方程和拉氏方程分离变量而得到了关于变量 θ 的连带勒让德方程[见第二篇(8.4.34)式]

$$(1-x^2)y''-2xy'+\left[l(l+1)-\frac{m^2}{(1-x^2)}\right]y=0$$

其中 $x=\cos\theta, y=\Theta(\theta)$. 该方程当 $m=0$ 的特例为

$$(1-x^2)y''-2xy'+l(l+1)y=0$$

称为勒让德方程. 若物理问题关于 z 轴对称，即场量 $u(r,\theta,\varphi)$ 与 φ 无关，$\frac{\partial u}{\partial \varphi}=0$，则分离变量后所得到的关于变量 θ 的方程正是这种情形[见(8.4.29)～(8.4.32)式].

本章将在 $x=0$ 的邻域求解勒让德方程，并着重讨论其特解勒让德多项式(一种特殊函数)所具有的性质.

11.1　勒让德多项式

1. 勒让德方程的级数解

让我们首先求出勒让德方程

$$(1-x^2)y''-2xy'+l(l+1)y=0 \tag{11.1.1}$$

在 $x=0$ 点邻域的级数解.

由于 $x=0$ 为方程的常点，故在 $x=0$ 的邻域内可设其解[①]为

$$y=\sum_{k=0}^{\infty}c_k x^k \tag{11.1.2}$$

代入方程(11.1.1)得到

$$(1-x^2)\sum_{k=2}^{\infty}k(k-1)c_k x^{k-2}-2x\sum_{k=1}^{\infty}kc_k x^{k-1}+l(l+1)\sum_{k=0}^{\infty}c_k x^k=0$$

即

$$\sum_{k=2}^{\infty}k(k-1)c_k x^{k-2}+l(l+1)\sum_{k=0}^{\infty}c_k x^k-2\sum_{k=1}^{\infty}kc_k x^k-\sum_{k=2}^{\infty}k(k-1)c_k x^k=0$$

比较方程两边 x 的各次幂的系数有

$$2\cdot 1c_2+l(l+1)c_0=0$$

$$3\cdot 2c_3+[l(l+1)-2]c_1=0$$

……

$$(k+2)(k+1)c_{k+2}+[l(l+1)-k(k+1)]c_k=0$$

从而得如下一组系数递推公式

$$c_2=\frac{-l(l+1)}{2\cdot 1}c_0$$

$$c_3=-\frac{l(l+1)-2}{3\cdot 2}c_1$$

$$\cdots\cdots$$

$$c_{k+2}=-\frac{l(l+1)-k(k+1)}{(k+2)(k+1)}c_k,\quad k=0,1,2,\cdots \tag{11.1.3}$$

由(11.1.3)式于是有

$$c_4=-\frac{[l(l+1)-2\cdot 3]}{4\cdot 3}c_2=(-1)^2\frac{(l-2)l(l+1)(l+3)}{4!}c_0;$$

$$c_5=-\frac{[l(l+1)-3\cdot 4]}{5\cdot 4}c_3=(-1)^2\frac{(l-3)(l-1)(l+2)(l+4)}{5!}c_1;$$

$$\cdots\cdots$$

即

$$c_{2n}=\frac{(-1)^n(l-2n+2)(l-2n+4)\cdots l(l+1)\cdots(l+2n-1)}{(2n)!}c_0 \tag{11.1.4}$$

$$c_{2n+1}=\frac{(-1)^n(l-2n+1)(l-2n+3)\cdots(l-1)(l+2)\cdots(l+2n)}{(2n+1)!}c_1 \tag{11.1.5}$$

其中 $n=1,2,\cdots$将以上系数代入(11.1.2)式则得方程(11.1.1)的通解为

$$y(x)=y_0(x)+y_1(x)$$

其中

$$\begin{aligned}y_0(x)&=c_0\Big[1-\frac{l(l+1)}{2!}x^2+\frac{(l-2)l(l+1)(l+3)}{4!}x^4+\cdots\\&\quad+\frac{(-1)^n(l-2n+2)(l-2n+4)\cdots l(l+1)\cdots(l+2n-1)}{(2n)!}x^{2n}+\cdots\Big]\\&=c_0+c_2x^2+c_4x^4+\cdots+c_{2n}x^{2n}+\cdots\end{aligned} \tag{11.1.6}$$

这是只含有偶次幂的特解. 而

$$\begin{aligned}y_1(x)&=c_1\Big[x-\frac{(l-1)(l+2)}{3!}x^3+\frac{(l-3)(l-1)(l+2)(l+4)}{5!}x^5+\cdots\\&\quad+\frac{(-1)^n(l-2n+1)(l-2n+3)\cdots(l-1)(l+2)\cdots(l+2n)}{(2n+1)!}x^{2n+1}+\cdots\Big]\\&=c_1x+c_3x^3+c_5x^5+\cdots+c_{2n+1}x^{2n+1}+\cdots\end{aligned} \tag{11.1.7}$$

这是只含有奇次幂的特解.

2. 解的敛散性

既然解是无穷级数的形式,故必须讨论其敛散性. 由达朗贝尔判别法[见第一篇(3.2.2)式]和递推公式(11.1.3)知,$y_0(x)$和 $y_1(x)$的收敛半径为

$$R=\lim_{k\to\infty}\left|\frac{c_k}{c_{k+2}}\right|=\lim_{k\to\infty}\left|\frac{(k+2)(k+1)}{l(l+1)-k(k+1)}\right|=1$$

这就是说，当$|x|<1$时，$y_0(x)$和$y_1(x)$绝对收敛；当$|x|>1$时，y_0和y_1发散；当$|x|=1$时达朗贝尔判别法失效，但由高斯判别法[见第一篇(3.1.7)式]知$y_0(x)$和$y_1(x)$在$x=\pm1$发散. 因为此时$y_0(x)$和$y_1(x)$可表示为常数项级数

$$y_0=c_0+\sum_{n=1}^{\infty}c_{2n}=\sum_{n=0}^{\infty}f_n,$$

$$y_1=c_1+\sum_{n=1}^{\infty}(-1)^{2n+1}c_{2n+1}=\sum_{n=0}^{\infty}g_n$$

其中，c_{2n}和c_{2n+1}分别由(11.1.4)式和(11.1.5)式给出. 于是由(11.1.3)式，对于y_0有

$$\frac{f_n}{f_{n+1}}=\frac{(2n+2)(2n+1)}{(2n-l)(2n+1+l)}=1+\frac{1}{n}+O\left(\frac{1}{n^2}\right)$$

同样，对于y_1有

$$\frac{g_n}{g_{n+1}}=\frac{(2n+3)(2n+2)}{(2n+1-l)(2n+2+l)}=1+\frac{1}{n}+O\left(\frac{1}{n^2}\right)$$

因此$y_0(\pm1)$和$y_1(\pm1)$均发散.

3. 本征值和本征函数

在物理上我们常常是要求问题的有限解. 由于勒让德方程中$x=\cos\theta$，即$|x|\leqslant1$，这就要求我们所求得的级数解必须满足自然边界条件

$$y\big|_{|x|\leqslant1}\to\text{有限} \tag{11.1.8}$$

由上面的讨论知，当$x=\pm1$时y_0和y_1却均不满足这一条件. 但是由递推公式(11.1.3)我们看到，若取参数$l=0,1,2,\cdots$，则当$l=k$时便有$c_{l+2}=0$，于是接着便有$c_{l+4}=0,c_{l+6}=0,\cdots$，而$y_0(x)$和$y_1(x)$两级数解中势必有一个成为$l$次多项式.

具体而言，若$l=k=2n(n=0,1,2,\cdots)$，则

$$c_{l+2}=c_{2n+2}=0$$

于是

$$c_{2n+4}=0,\quad c_{2n+6}=0,\quad \cdots$$

$$y_0(x)=c_0+c_2x^2+c_4x^4+\cdots+c_lx^l \tag{11.1.9}$$

是一仅含有偶次幂的l次多项式[其中各次幂的系数依附于c_0，由(11.1.4)给出]. 而$y_1(x)$中由于不会出现终止项$c_{2n+2}=0$，故仍为无穷级数. 类似地有

若$l=k=2n+1(n=0,1,2,\cdots)$，则

$$c_{l+2}=c_{2n+3}=0$$

于是

$$c_{2n+5}=0,\quad c_{2n+7}=0,\quad \cdots$$

$$y_1(x)=c_1x+c_3x^3+c_5x^5+\cdots+c_lx^l \tag{11.1.10}$$

是一只含有奇次幂的l次多项式[其中各次幂系数依附于c_1，由(11.1.7)给出]. 而

$y_0(x)$仍为无穷级数.

综上所述,勒让德方程(11.1.1)只有当参数 l 取 0,1,2,…时,才在闭区间 $-1\leqslant x\leqslant 1$ 中有有限的解. 我们称参数 $l(l+1)$,$l=0,1,2,\cdots$为方程(11.1.1)在边界条件(11.1.8)下的**本征值**,而相应的 l 次多项式解(11.1.9)或(11.1.10)式,为**本征函数**.

4. 勒让德多项式

可以看出,以上 l 次多项式的系数是相当烦的,为了使以上多项式有比较简洁的形式,并使它在 $x=1$ 处的值恒为 1,选最高次幂的系数

$$c_l=\frac{(2l)!}{2^l(l!)^2}$$

并称以上 l 次多项式为 l **阶勒让德多项式**,记为 $P_l(x)$,则由(11.1.3)式有

$$c_k=\frac{(k+2)(k+1)}{k(k+1)-l(l+1)}c_{k+2}=-\frac{(k+2)(k+1)}{(l-k)(l+k+1)}c_{k+2}$$

于是

$$\begin{aligned}
c_{l-2}&=-\frac{l(l-1)}{2(2l-1)}c_l=(-1)\frac{l(l-1)}{2(2l-1)}\cdot\frac{(2l)!}{2^l(l!)^2}\\
&=(-1)\frac{(2l-2)!}{2^l(l-1)!(l-2)!}\\
c_{l-4}&=-\frac{(l-2)(l-3)}{4(2l-3)}c_{l-2}\\
&=(-1)^2\frac{(l-2)(l-3)}{4(2l-3)}\cdot\frac{(2l-2)!}{2^l(l-1)!(l-2)!}\\
&=(-1)^2\frac{(2l-4)!}{2^l\cdot 2(l-2)!(l-4)!}\\
c_{l-6}&=-\frac{(l-4)(l-5)}{6(2l-5)}c_{l-4}\\
&=(-1)^3\frac{(l-4)(l-5)}{6(2l-5)}\cdot\frac{(2l-4)!}{2^l\cdot 2(l-2)!(l-4)!}\\
&=(-1)^3\frac{(2l-6)!}{2^l 3!(l-3)!(l-6)!}
\end{aligned}$$

仿此做下去,用数学归纳法可得

$$c_{l-2n}=(-1)^n\frac{(2l-2n)!}{2^l n!(l-n)!(l-2n)!},\quad n=0,1,\cdots,\left[\frac{l}{2}\right]$$

其中

$$\left[\frac{l}{2}\right]=\begin{cases}\dfrac{l}{2}, & \text{当 } l \text{ 为偶数}\\[2ex] \dfrac{l-1}{2}, & \text{当 } l \text{ 为奇数}\end{cases}$$

故有

$$P_l(x) = \sum_{n=0}^{\left[\frac{l}{2}\right]} (-1)^n \frac{(2l-2n)!}{2^l n!(l-n)!(l-2n)!} x^{l-2n} \tag{11.1.11}$$

这是一按降幂排列的 l 次多项式，它是 l 阶勒让德方程(11.1.1)的一有界解，即

$$y = P_l(x) \tag{11.1.12}$$

由(11.1.11)式可得到

$$\left.\begin{aligned} P_0(x) &= 1 \\ P_1(x) &= x \\ P_2(x) &= \frac{1}{2}(3x^2-1) \\ P_3(x) &= \frac{1}{2}(5x^3-3x) \end{aligned}\right\} \tag{11.1.13}$$

等等. 且

$$P_0(1) = P_1(1) = P_2(1) = P_3(1) = \cdots \equiv 1$$

在讨论勒让德多项式的一些性质或在与其相关的一些计算中，还要用到它的别种表达式，下面我们导出它的其他两种表达式.

5. 勒让德多项式的微分表达式

$$P_l(x) = \frac{1}{2^l l!} \frac{\mathrm{d}^l}{\mathrm{d}x^l}(x^2-1)^l \tag{11.1.14}$$

这个表达式又称为**罗德里格斯**(Rodrigues)公式.

证明 由二项式展开定理

$$(a+b)^k = \sum_{n=0}^{k} \frac{k!}{n!(k-n)!} a^{k-n} b^n$$

可得到

$$(x^2-1)^l = \sum_{n=0}^{l} \frac{(-1)^n l!}{n!(l-n)!} x^{2l-2n}$$

因此

$$\begin{aligned} \frac{1}{2^l l!} \frac{\mathrm{d}^l}{\mathrm{d}x^l}(x^2-1)^l &= \frac{1}{2^l l!} \sum_{n=0}^{l} \frac{(-1)^n l!}{n!(l-n)!} \frac{\mathrm{d}^l}{\mathrm{d}x^l} x^{2l-2n} = \sum_{n=0}^{\left[\frac{l}{2}\right]} \frac{(-1)^n}{2^l n!(l-n)!} \\ &\quad \cdot (2l-2n)(2l-2n-1)\cdots(2l-2n-l+1) x^{2l-2n-l} \\ &= \sum_{n=0}^{\left[\frac{l}{2}\right]} \frac{(-1)^n (2l-2n)!}{2^l n!(l-n)!(l-2n)!} x^{l-2n} = P_l(x) \end{aligned}$$

6. 勒让德多项式的积分表达式

$$P_l(x) = \frac{1}{2\pi \mathrm{i}} \oint_{l^*} \frac{(\zeta^2-1)^l}{2^l(\zeta-x)^{l+1}} \mathrm{d}\zeta \tag{11.1.15}$$

其中 l^* 为包围 $\zeta = x$ 的回路. 此表达式又称为**施拉夫利**(Schläfli)公式.

证明 令 $f(z)=(z^2-1)^l$，则由解析函数的 n 阶导数公式[见第一篇(2.3.5)式]有

$$\frac{\mathrm{d}^l}{\mathrm{d}z^l}(z^2-1)^l=\frac{l!}{2\pi\mathrm{i}}\oint_{l^*}\frac{(\zeta^2-1)^l}{(\zeta-z)^{l+1}}\mathrm{d}\zeta$$

即

$$\frac{\mathrm{d}^l}{\mathrm{d}x^l}(x^2-1)^l=\frac{l!}{2\pi\mathrm{i}}\oint_{l^*}\frac{(\zeta^2-1)^l}{(\zeta-x)^{l+1}}\mathrm{d}\zeta$$

上式两边同乘以因子$\frac{1}{2^l l!}$便得(11.1.15)式.

注 ① 对于二阶线性常微分方程

$$w''(z)+p(z)w'(z)+q(z)w(z)=0 \tag{11.1.16}$$

若其系数 $p(z)$和 $q(z)$均在某点 z_0 及其邻域内解析，则称 z_0 为方程的**常点**.

在常点 $z=z_0$ 的邻域$|z-z_0|<R$ 内，方程(11.1.16)有唯一的一个满足初始条件

$$w(z_0)=c_0,\quad w'(z_0)=c_1$$

的形式为

$$w(z)=\sum_{k=0}^{\infty}c_k(z-z_0)^k \tag{11.1.17}$$

的幂级数解. 其中 c_0 和 c_1 是任意常数；而其他各次幂系数与 c_0 和 c_1 的关系，均由将形式解(11.1.17)代入方程(11.1.16)中通过比较方程两边同次幂的系数[即让左边$(z-z_0)$的各次幂的系数均为零]来确定(参见参考书目[5]，§95).

习 题 11.1

1. 在 $x=0$ 点的邻域求解常微分方程

$$y''+\omega^2y=0$$

2. 用级数解法求艾里方程

$$y''-xy=0$$

在 $x=0$ 点邻域分别满足条件 $y(0)=0,y'(0)=1$ 和 $y(0)=1,y'(0)=0$ 的级数解.

3. 在量子力学中讨论一维谐振子问题会遇到**厄米方程**. 在 $x=0$ 的邻域求解厄米方程

$$y''-2xy'+(\lambda-1)y=0$$

λ 取什么数值可使级数解退化为多项式？这些多项式乘以适当常数可使最高项成为$(2x)^n$ 形式，叫做**厄米多项式**，记作 $H_n(x)$. 写出前几个 $H_n(x)$.

4. 在 $x=0$ 的邻域内求解**雅可比**(Jacobi)**方程**

$$(1-x^2)y''+[\beta-\alpha-(\alpha+\beta+2)x]y'+\lambda(\alpha+\beta+\lambda+1)y=0.$$

其中 α,β,λ 均为常数.

5. 求方程 $y''-x^2y=0$ 在 $x=0$ 邻域内的两个级数解

11.2 勒让德多项式的性质

在这一节中，我们将首先导出勒让德多项式的母函数展开公式，由此再导出勒让

德多项式的其他一些有用性质.

如果函数 $w(x,t)$ 满足如下关系：

$$w(x,t)=\sum_{n}F_n(x)t^n,\quad t\text{ 为复数}$$

则称 $w(x,t)$ 为 $F_n(x)$ 的**母函数**(或生成函数).

1. $P_l(x)$ 的母函数

勒让德多项式最早是由勒让德在势论中引入的. 如图 11.1 所示,设在单位球的北极 N 点放有一电量 q 为 $4\pi\varepsilon_0$ 的正电荷,则由电学知识知,在球内任一点 M(设 M 与 N 之间的距离为 d)处的电势为

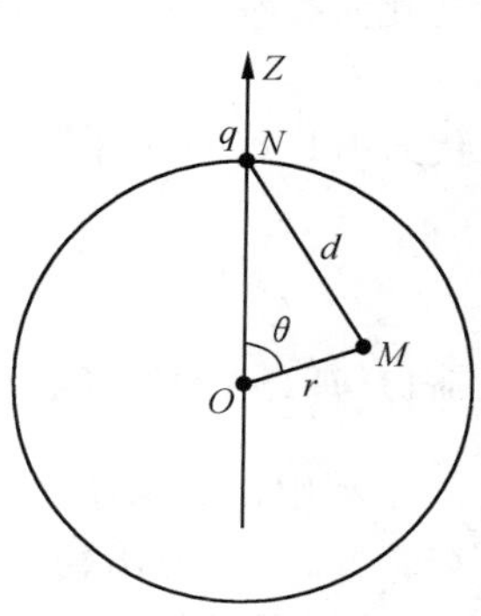

图 11.1

$$v(r,\theta)=\frac{1}{d}=\frac{1}{\sqrt{1-2r\cos\theta+r^2}}$$

其中 r,θ 均为球坐标变量(由于问题是轴对称的,所以与变量 φ 无关). 若令 $x=\cos\theta$,则

$$v(r,\theta)=\frac{1}{d}=\frac{1}{\sqrt{1-2rx+r^2}},\quad |x|\leqslant 1 \tag{11.2.1}$$

另一方面,在单位球内

$$\Delta v(r,\theta)=0,\quad r<1$$

用分离变量法求解此方程,令

$$v(r,\theta)=R(r)\Theta(\theta)$$

代入上式,实现变数分离得

$$\begin{cases} r^2\dfrac{\mathrm{d}^2R}{\mathrm{d}r^2}+2r\dfrac{\mathrm{d}R}{\mathrm{d}r}-l(l+1)R=0 & (11.2.2)\\ (1-x^2)y''-2xy'+l(l+1)y=0 & (11.2.3)\end{cases}$$

其中,$l=0,1,2,\cdots$;$x=\cos\theta$,$y=\Theta(\theta)$[参见第二篇 8.4 节]. 方程(11.2.2)是我们所熟悉的欧拉方程,其解为

$$R(r)=Ar^l+Br^{-(l+1)}$$

其中 A,B 为任意常数. 方程(11.2.3)的有限解已由(11.1.12)式给出,即

$$y_l(x)=P_l(x)$$

于是

$$v(r,\theta)=\sum_{l=0}^{\infty}[A_lr^l+B_lr^{-(l+1)}]P_l(\cos\theta) \tag{11.2.4}$$

注意到在原点处不存在电荷,所以 $v|_{r=0}=$有限,因此必须 $B_l=0$. 于是

$$v(r,\theta)=\sum_{l=0}^{\infty}A_lr^lP_l(\cos\theta),\quad r<1 \tag{11.2.5}$$

对比(11.2.1)式和(11.2.5)式,可得

$$\frac{1}{\sqrt{1-2rx+r^2}}=\sum_{l=0}^{\infty}A_l r^l P_l(x) \tag{11.2.6}$$

取 $x=1$,并注意到 $P_l(1)\equiv 1$,可得

$$\frac{1}{1-r}=\sum_{l=0}^{\infty}A_l r^l$$

与几何级数对比,于是可定出系数

$$A_l=1,\quad l=0,1,2,\cdots$$

代入(11.2.6)式并将 r 改写为 t(t 为复数)更具有一般性,最后得

$$\frac{1}{\sqrt{1-2tx+t^2}}=\sum_{l=0}^{\infty}P_l(x)t^l,\quad |t|<1 \tag{11.2.7}$$

所以,$P_l(x)$的母函数是含参数的初等函数$\dfrac{1}{\sqrt{1-2tx+t^2}}$.

利用特殊函数的母函数展开式,研究特殊函数将十分方便. 下面我们将利用(11.2.7)式,导出勒让德多项式的递推公式和归一性,这种用母函数来研究问题的方法,称做**母函数法**.

2. 递推公式

邻阶的勒让德多项式,满足如下的递推公式:

$$(l+1)P_{l+1}(x)-(2l+1)xP_l(x)+lP_{l-1}(x)=0,\quad l=1,2,3,\cdots \tag{11.2.8}$$

证明 将(11.2.7)式两边对 t 求导,得

$$(x-t)(1-2xt+t^2)^{-\frac{3}{2}}=\sum_{l=0}^{\infty}lP_l(x)t^{l-1}$$

以$(1-2xt+t^2)$乘两边,对左边再用(11.2.7)式得

$$(x-t)\sum_{l=0}^{\infty}P_l(x)t^l=(1-2xt+t^2)\sum_{l=0}^{\infty}lP_l(x)t^{l-1}$$

比较两边同次幂 t^l 的系数便得(11.2.8)式.

3. 正交归一性

勒让德多项式,在$[-1,1]$上满足如下正交归一关系:

$$\int_{-1}^{1}P_l(x)P_k(x)\mathrm{d}x=\frac{2}{2l+1}\delta_{kl} \tag{11.2.9}$$

证明 我们先证明其正交性,即

$$\int_{-1}^{1}P_l(x)P_k(x)\mathrm{d}x=0,\quad k\neq l$$

由于 $P_l(x)$和 $P_k(x)$分别为 l 阶和 k 阶勒让德方程的一特解,故有

$$\frac{\mathrm{d}}{\mathrm{d}x}\left[(1-x^2)\frac{\mathrm{d}P_l(x)}{\mathrm{d}x}\right]+l(l+1)P_l(x)=0$$

$$\frac{\mathrm{d}}{\mathrm{d}x}\left[(1-x^2)\frac{\mathrm{d}P_k(x)}{\mathrm{d}x}\right]+k(k+1)P_k(x)=0$$

以 $P_k(x)$乘以第一个式子，$P_l(x)$乘以第二个式子，再把结果相减，然后积分得

$$\int_{-1}^{1}P_k(x)\frac{\mathrm{d}}{\mathrm{d}x}[(1-x^2)P'_l(x)]\mathrm{d}x-\int_{-1}^{1}P_l(x)\frac{\mathrm{d}}{\mathrm{d}x}[(1-x^2)P'_k(x)]\mathrm{d}x$$
$$+[l(l+1)-k(k+1)]\int_{-1}^{1}P_l(x)P_k(x)\mathrm{d}x=0$$

对前两项利用分部积分得

$$(1-x^2)P_k(x)P'_l(x)\Big|_{-1}^{1}-\int_{-1}^{1}(1-x^2)P'_l(x)P'_k(x)\mathrm{d}x$$
$$-(1-x^2)P_l(x)P'_k(x)\Big|_{-1}^{1}+\int_{-1}^{1}(1-x^2)P'_k(x)P'_l(x)\mathrm{d}x$$
$$=[k(k+1)-l(l+1)]\int_{-1}^{1}P_l(x)P_k(x)\mathrm{d}x$$

即

$$[k(k+1)-l(l+1)]\int_{-1}^{1}P_l(x)P_k(x)\mathrm{d}x=0$$

因为 $k\neq l$，故有

$$\int_{-1}^{1}P_l(x)P_k(x)\mathrm{d}x=0$$

又由母函数关系式(11.2.7)式，有

$$\frac{1}{1-2xt+t^2}=\sum_{l=0}^{\infty}P_l(x)t^l\cdot\sum_{k=0}^{\infty}P_k(x)t^k=\sum_{l=0}^{\infty}\sum_{k=0}^{\infty}P_l(x)P_k(x)t^{l+k}$$

将上式两边对 x 积分，并引用正交性，便有

$$\int_{-1}^{1}\frac{\mathrm{d}x}{1-2xt+t^2}=\sum_{l=0}^{\infty}\sum_{k=0}^{\infty}\int_{-1}^{1}P_l(x)P_k(x)\mathrm{d}x\cdot t^{l+k}$$
$$=\sum_{l=0}^{\infty}\int_{-1}^{1}P_l^2(x)\mathrm{d}xt^{2l}$$

又

$$\int_{-1}^{1}\frac{\mathrm{d}x}{1-2xt+t^2}=-\frac{1}{2t}\int_{-1}^{1}\frac{\mathrm{d}(1-2xt+t^2)}{(1-2xt+t^2)}$$
$$=\frac{1}{2t}\ln\frac{(1+t)^2}{(1-t)^2}=\sum_{l=0}^{\infty}\frac{2}{2l+1}t^{2l}$$

对比上两式故有

$$\sum_{l=0}^{\infty}\frac{2}{2l+1}t^{2l}=\sum_{l=0}^{\infty}\int_{-1}^{1}P_l^2(x)\mathrm{d}xt^{2l}$$

比较等式两边 t^{2l}的系数，于是有

$$\int_{-1}^{1}P_l^2(x)\mathrm{d}x=\frac{2}{2l+1}$$

记

$$N_l^2=\frac{2}{2l+1}$$

称 N_l 为 $P_l(x)$的**模**，而$\dfrac{1}{N_l}$为 $P_l(x)$的**归一化因子**. 因为函数$\dfrac{P_l(x)}{N_l}$在$[-1,1]$上归一

$$\int_{-1}^{1}\left[\frac{P_l(x)}{N_l}\right]^2 \mathrm{d}x = 1$$

我们常常利用勒让德多项式的递推公式和正交归一性来计算一些含勒让德多项式的积分.

例 1　求积分$\int_{-1}^{1} xP_l(x)P_k(x)\mathrm{d}x$之值.

解　由递推公式(11.2.8)式有

$$xP_l(x) = \frac{1}{2l+1}[(l+1)P_{l+1}(x) + lP_{l-1}(x)]$$

所以

$$\int_{-1}^{1} xP_l(x)P_k(x)\mathrm{d}x = \frac{l+1}{2l+1}\int_{-1}^{1} P_{l+1}(x)P_k(x)\mathrm{d}x + \frac{l}{2l+1}\int_{-1}^{1} P_{l-1}(x)P_k(x)\mathrm{d}x$$

再利用正交性(11.2.9)式，便有

$$\int_{-1}^{1} xP_l(x)P_k(x)\mathrm{d}x = \begin{cases} \dfrac{2k}{4k^2-1}, & l = k-1 \\ \dfrac{2(k+1)}{(2k+3)(2k+1)}, & l = k+1 \\ 0, & l-k \neq \pm 1 \end{cases} \tag{11.2.10}$$

最后，我们讨论函数按 $P_1(x)$展开为广义傅氏级数的问题.

4. 广义傅氏展开

若函数 $f(x)$在区间$[-1,1]$上有连续的一阶导数，分段连续的二阶导数，且 $f(x)$在$[-1,1]$上平方可积，则$f(x)$在$[-1,1]$上可展开为如下的绝对且一致收敛的级数

$$f(x) = \sum_{l=0}^{\infty} C_l P_l(x) \tag{11.2.11}$$

其中

$$C_l = \frac{2l+1}{2}\int_{-1}^{1} f(x)P_l(x)\mathrm{d}x, \quad l = 0,1,2,\cdots \tag{11.2.12}$$

关于展开定理的证明，可参看参考书目[6]第 5 章，而展开系数公式(11.2.12)，只要在(11.2.11)两边乘上 $P_k(x)$后，再在区间$[-1,1]$上对 x 积分，并利用正交归一性(11.2.9)式便可得到.

由于在物理上常将某一作为表征的物理量展开成级数进行分析，而在数学上数理方程的解又常常是无穷级数的形式(如分离变量解)，这就使得函数的广义傅氏展开有重要意义和用处. 广义傅氏展开又称之为**完备性**.

例 2　在匀强电场 E_0 中，放一接地的导体球，球的半径等于 a，求球外电场.

解　选择球坐标系讨论此问题(见图 11.2). 在球外，由于没有电荷存在，故电势

v 满足拉氏方程

$$\Delta v = 0 \tag{11.2.13}$$

由于导体球接地,故有边界条件

$$v\big|_{r=a} = 0 \tag{11.2.14}$$

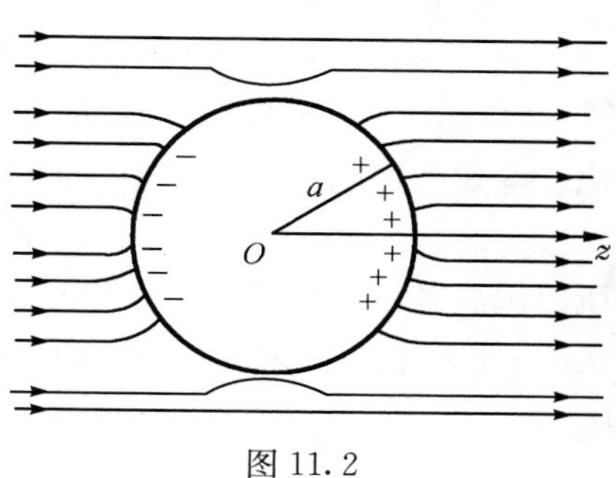

图 11.2

又由于问题中的区域是球外,延伸无穷远处,故还需考虑在无穷远处电势应满足的边界条件. 在无穷远处只有原来的匀强电场 $E=E_0$,其方向沿 z 轴,即 $E\big|_{r\to\infty} = -\left.\dfrac{\partial v}{\partial z}\right|_{r\to\infty} = E_0$,设在导体未放入前,$r=0$ 处的电势为 v_0,则在∞处电势满足的边界条件为

$$v\big|_{r\to\infty} = -E_0 z + v_0 = -E_0 r\cos\theta + v_0 \tag{11.2.15}$$

现在在球坐标中,用分离变量法来求解定解问题(11.2.13)~(11.2.15)式. 考虑到问题的轴对称性,故令

$$v(r,\theta) = R(r)\Theta(\theta) \tag{11.2.16}$$

代入(11.2.13)式,类似于前面的过程[见(11.2.2)~(11.2.4)式]实现变数分离,得其解为

$$v(r,\theta) = \sum_{l=0}^{\infty}\left[A_l r^l + B_l r^{-(l+1)}\right]P_l(\cos\theta) \tag{11.2.17}$$

将(11.2.17)式代入边界条件(11.2.14)式得

$$B_l = -a^{2l+1}A_l, \quad l = 0,1,2,\cdots$$

因此,解(11.2.17)式可写成

$$v(r,\theta) = \sum_{l=0}^{\infty} A_l\left[r^l - a^{2l+1}r^{-(l+1)}\right]P_l(\cos\theta) \tag{11.2.18}$$

再将上式代入边界条件(11.2.15)得

$$\sum_{l=0}^{\infty} A_l r^l P_l(\cos\theta) = v_0 - E_0 r\cos\theta \tag{11.2.19}$$

此式左边是函数 $f(x)=v_0-E_0 rx$ 以勒让德多项式 $P_l(x)$ 为基本函数族的广义傅氏展开,故由(11.2.11)式和(11.2.12)式立即可得

$$\begin{aligned}A_l r^l &= \frac{2l+1}{2}\int_{-1}^{1}(v_0 - E_0 rx)P_l(x)\mathrm{d}x \\ &= \frac{2l+1}{2}\left[v_0\int_{-1}^{1}P_0(x)P_l(x)\mathrm{d}x - E_0 r\int_{-1}^{1}P_1(x)P_l(x)\mathrm{d}x\right], \quad l = 0,1,2,\cdots\end{aligned}$$

而由正交归一公式(11.2.9)式便有

$$A_0 r^0 = v_0; \quad A_1 r = -E_0 r; \quad A_l r^l = 0, \quad l \neq 0,1$$

即

$$A_0 = v_0; \quad A_1 = -E_0; \quad A_l = 0, \quad l \neq 0,1$$

这样求展开系数,由于要计算积分,常常是相当麻烦的,特别是对于较复杂的函数 $f(x)$. 事实上此题不必这样做. 重写(11.2.19)为如下形式:

$$A_0P_0(\cos\theta)+A_1rP_1(\cos\theta)+A_2r^2P_2(\cos\theta)+\cdots$$
$$=v_0P_0(\cos\theta)-E_0rP_1(\cos\theta)$$

比较等式两边同阶勒让德多项式的系数立即可得

$$A_0=v_0;\quad A_1=-E_0;\quad A_l=0, l\neq 0,1$$

所以用展开系数公式(11.2.12)式求展开系数除非是不得已[如,没给出 $f(x)$ 的具体形式]才为之.将求得的系数 $A_l(l=0,1,2,\cdots)$ 代入解(11.2.18)得

$$v(r,\theta)=v_0-\frac{a}{r}v_0-E_0r\cos\theta+\frac{E_0a^3}{r^2}\cos\theta,\quad r\geqslant a$$

习 题 11.2

1. 试利用母函数关系式(11.2.7)式和递推公式(11.2.8)式导出下列递推公式:

(1) $P_l(x)=P'_{l+1}(x)-2xP'_l(x)+P'_{l-1}(x)$; (11.2.20)

(2) $P'_{l+1}(x)=xP'_l(x)+(l+1)P_l(x)$; (11.2.21)

(3) $xP'_l(x)-P'_{l-1}(x)=lP_l(x)$; (11.2.22)

(4) $P'_{l+1}(x)-P'_{l-1}(x)=(2l+1)P_l(x)$; (11.2.23)

(5) $(x^2-1)P'_l(x)=lxP_l(x)-lP_{l-1}(x)$. (11.2.24)

2. 计算积分

(1) $\int_{-1}^{1}x^2P_l(x)P_{l+2}(x)\mathrm{d}x$;　(2) $\int_{-1}^{1}xP_l(x)P_{l+1}(x)\mathrm{d}x$;

(3) $\int_{-1}^{1}P_l(x)\mathrm{d}x, l=1,2,3,\cdots$;　(4) $\int_{-1}^{1}(1-x^2)[P'_l(x)]^2\mathrm{d}x$.

3. 从(11.1.11)式出发证明

(1) $P_l(-x)=(-1)^lP_l(x)$; (11.2.25)

(2) $P_{2n+1}(0)=0, P'_{2n+1}(0)=\dfrac{(-1)^n(2n+2)!}{2^{2n+1}n!\,(n+1)!}$, (11.2.26)

$$P_{2n}(0)=(-1)^n\frac{(2n)!}{2^{2n}n!\,n!},\quad P'_{2n}(0)=0\quad(n=0,1,2,\cdots)\qquad(11.2.27)$$

(3) $P_l(1)=1, P_l(-1)=(-1)^l$ (11.2.28)

4. 求下列函数按勒让德多项式展开:

(1) $f(x)=x^3$;　(2) $f(x)=|x|$;

(3) $f(x)=\begin{cases}0, & -1\leqslant x<0\\ x, & 0\leqslant x<1\end{cases}$;　(4) $f(x)=\sqrt{1-2xt+t^2}$.

5. 设有一单位球,其边界球面上温度分布为

$$u|_{r=1}=\frac{1}{4}(\cos3\theta+3\cos\theta)$$

试求球内的稳定温度分布.

6. 设有一个半径为 a 的均匀介质球,介电常数为 ε,在与球心距离为 $b(b>a)$ 的地方放一点电荷 $4\pi\varepsilon_0 q$,求介质球内外的电势.

7. 设有半径为 a 的导体球壳,被一层过球心的水平的绝缘薄片分隔为两个半球壳.若上、下半球壳各充电到电势为 v_1 和 v_2,试求球壳内、外的电势分布.

8. 设有一个均匀的细圆环,环的半径等于 a,质量为 m,求它的引力势.

9. 求表面充电至电势为 $v_0(1+2\cos\theta+3\cos^2\theta)$ 的单位空心球内各点的电势(v_0 为常数).

10. 半径为 a 的半球,其球面保持恒温 u_0,而底面温度为零度.求半球内的稳定温度分布.

11. 长为 l 的柔软匀质轻绳,一端固定在以角速度 ω 转动的竖直轴上,由于惯性离心力的作用,弦的平衡位置为水平线.设初始位移为 $\varphi(x)$,初始速度为 $\psi(x)$,求解弦相对于水平线的横振动.

*12. 内半径为 a、外半径为 b 的薄圆环面均匀带电,其总电量为 $4\pi\varepsilon_0 q$,将球坐标系的原点取在环心,极轴垂直于环面,求空间各点的电势.

提示:$v(r,\theta)|_{\theta=0}=v(r,\theta)|_{\theta=\pi}=\dfrac{2q}{b^2-a^2}(\sqrt{b^2+r^2}-\sqrt{a^2+r^2})$.

13. 一半径为 a 的带电薄圆盘,其电荷密度 $\sigma(d)=\dfrac{4\varepsilon_0 v_0}{\pi\sqrt{a^2-d^2}}$,其中 d 为圆盘上任一点至盘心的距离,v_0 为常数.求空间各点的电势.

11.3 连带勒让德函数与球函数

在球坐标系中,当我们对拉氏方程

$$\Delta u = 0 \tag{11.3.1}$$

分离变量,即令

$$\left.\begin{aligned} u(r,\theta,\varphi) &= R(r)y(\theta,\varphi) \\ y(\theta,\varphi) &= \Theta(\theta)\Phi(\varphi) \end{aligned}\right\} \tag{11.3.2}$$

便可得到三个常微分方程(见第二篇 8.4 节)

$$\begin{cases} \Phi'' + m^2\Phi = 0, \quad m = 0,1,2,\cdots & (11.3.3) \\ r^2R'' + 2rR' - l(l+1)R = 0 & (11.3.4) \\ (1-x^2)y'' - 2xy' + \left[l(l+1) - \dfrac{m^2}{1-x^2}\right]y = 0, \quad x = \cos\theta, y = \Theta(\theta) & (11.3.5) \end{cases}$$

方程(11.3.3)式和(11.3.4)式的解都是我们所熟悉的,即

$$\Phi_m(\varphi) = A_m\cos m\varphi + B_m\sin m\varphi \tag{11.3.6}$$

$$R_l(r) = c_l r^l + d_l r^{-(l+1)} \tag{11.3.7}$$

因此,只要求出连带勒让德方程(11.3.5)式的解,便可得到拉氏方程在球坐标系中的解.现在我们就来求解方程(11.3.5).

1. 连带勒让德函数

由于 11.1 节中所求解过的勒让德方程(11.1.1),是连带勒让德方程(11.3.5)在轴对称(即 $m=0$)情况下的特例,故我们可通过连带勒让德方程和勒让德方程的联系,来得到连带勒让德方程的解.

对于方程(11.3.5),作变换

$$y(x)=(1-x^2)^{\frac{m}{2}}v(x) \tag{11.3.8}$$

则

$$y'(x)=(1-x^2)^{\frac{m}{2}}\left[v'(x)-\frac{mx}{1-x^2}v(x)\right]$$

$$y''(x)=(1-x^2)^{\frac{m}{2}}\left[v''(x)-\frac{2mx}{1-x^2}v'(x)+\frac{m^2x^2-m-mx^2}{(1-x^2)^2}v(x)\right]$$

代入(11.3.5)式并将方程两边乘以$(1-x^2)^{-\frac{m}{2}}$得

$$(1-x^2)v''-2(m+1)xv'+[l(l+1)-m(m+1)]v=0 \tag{11.3.9}$$

不难看出，这个方程正好是勒让德方程逐项微分 m 次的结果. 因为对于勒让德方程

$$(1-x^2)P''_l(x)-2xP'_l(x)+l(l+1)P_l(x)=0$$

微分一次，得

$$(1-x^2)[P'_l(x)]''-2x(1+1)[P'_l(x)]'+[l(l+1)-1(1+1)]P'_l(x)=0$$

两微分一次，得

$$(1-x^2)[P''_l(x)]''-2x(2+1)[P''_l(x)]'+[l(l+1)-2(2+1)]P''_l(x)=0$$

于是，连续微分 m 次，可得

$$(1-x^2)[P_l^{(m)}(x)]''-2x(m+1)[P_l^{(m)}(x)]'+[l(l+1)-m(m+1)]P_l^{(m)}(x)=0 \tag{11.3.10}$$

对比(11.3.9)式和(11.3.10)式知，$P_l^{(m)}(x)$是(11.3.9)式的一个特解，即

$$v(x)=P_l^{(m)}(x),\quad 0\leqslant m\leqslant l$$

代入(11.3.8)式，得

$$y(x)=(1-x^2)^{\frac{m}{2}}P_l^{(m)}(x)$$

记

$$P_l^m(x)=(1-x^2)^{\frac{m}{2}}P_l^{(m)}(x),\quad 0\leqslant m\leqslant l \tag{11.3.11}$$

称之为 m 阶 l 次的**连带勒让德函数**，则得连带勒让德方程(11.3.5)的一特解为

$$y=P_l^m(x) \tag{11.3.12}$$

显然，这个解在$-1\leqslant x\leqslant 1$是有界的. 因为 $m\geqslant 0$，而 $P_l(x)$是一个 l 次多项式. 这样一来，连带勒让德方程(11.3.5)和自然边界条件 $y|_{|x|\leqslant 1}=$有限值也构成本征值问题，其本征值为 $l(l+1)$，$l=0,1,2,\cdots$；本征函数就是连带勒让德函数 $P_l^m(x)$.

由(11.3.11)式我们易于写出前几个 $P_l^m(x)$，如

$$\left.\begin{aligned}
P_1^1(x)&=(1-x^2)^{\frac{1}{2}}=\sin\theta\\
P_2^1(x)&=3(1-x^2)^{\frac{1}{2}}x=\frac{3}{2}\sin 2\theta\\
P_2^2(x)&=3(1-x^2)=\frac{3}{2}(1-\cos 2\theta)\\
P_3^1(x)&=\frac{3}{2}(1-x^2)^{\frac{1}{2}}(5x^2-1)=\frac{3}{8}(\sin\theta+5\sin 3\theta)\\
P_3^2(x)&=15(1-x^2)x=\frac{15}{4}(\cos\theta-\cos 3\theta)
\end{aligned}\right\} \tag{11.3.13}$$

等等.

根据勒让德多项式的微分表达式(11.1.14),立即可写出连带勒让德函数的微分表达式

$$P_l^m(x)=\frac{(1-x^2)^{\frac{m}{2}}}{2^l l!}\frac{\mathrm{d}^{l+m}}{\mathrm{d}x^{l+m}}(x^2-1)^l \tag{11.3.14}$$

而由(11.3.14)式和解析函数的导数公式[第一篇(2.3.5)式],又可写出连带勒让德函数的**积分表达式**.

$$P_l^m(x)=\frac{(1-x^2)^{\frac{m}{2}}}{2^l}\cdot\frac{1}{2\pi\mathrm{i}}\frac{(l+m)!}{l!}\oint_{l^*}\frac{(\zeta^2-1)^l}{(\zeta-x)^{l+m+1}}\mathrm{d}\zeta \tag{11.3.15}$$

其中 l^* 为平面中包围 $\zeta=x$ 的回路.

(11.3.14)式虽然是在条件 $0\leqslant m\leqslant l$ 下得到的,但若把(11.3.14)式中的 m 换成 $-m$,所得到的函数

$$P_l^{-m}(x)=\frac{1}{2^l l!}(1-x^2)^{-\frac{m}{2}}\frac{\mathrm{d}^{l-m}}{\mathrm{d}x^{l-m}}(x^2-1)^l \tag{11.3.16}$$

也是方程的解. 因为(11.3.5)仅依赖于 m^2,且 m 是整数. 事实上可以证明,$P_l^{-m}(x)$和 $P_l^m(x)$只差一常数因子. 即

$$P_l^{-m}(x)=(-1)^m\frac{(l-m)!}{(l+m)!}P_l^m(x),\quad 0\leqslant m\leqslant l \tag{11.3.17}$$

2. 连带勒让德函数的性质

在勒让德多项式的基础上,我们易于导出连带勒让德函数的一系列性质. 比如,利用勒让德多项式的递推公式(11.2.8)和习题 11.2 中的第 1 题(4),便可导出连带勒让德函数的**递推公式**

$$(l+1-m)P_{l+1}^m(x)-(2l+1)xP_l^m(x)+(l+m)P_{l-1}^m(x)=0 \tag{11.3.18}$$

而连带勒让德函数的**正交归一性**表现为

$$\int_{-1}^1 P_l^m(x)P_k^m(x)\mathrm{d}x=\frac{(l+m)!}{(l-m)!}\frac{2}{2l+1}\delta_{kl}=(N_l^m)^2\delta_{kl} \tag{11.3.19}$$

它可通过分部积分 m 次并利用勒让德多项式的正交归一性得到. 其中 N_l^m 称为 $P_l^m(x)$ 的模.

类似的在区间$[-1,1]$上有连续的一阶导数,分段连续的二阶导数的函数$f(x)$,也可按连带勒让德函数进行**广义的傅氏展开**

$$f(x)=\sum_{l=0}^{\infty}C_l^m P_l^m(x) \tag{11.3.20}$$

其中

$$C_l^m=\frac{(2l+1)(l-m)!}{2(l+m)!}\int_{-1}^1 f(x)P_l^m(x)\mathrm{d}x \tag{11.3.21}$$

由(11.3.17)式可以看出,若用$-m$ 代替 m,(11.3.20)、(11.3.21)式仍然有效.

3. 球函数

到此为止,我们已可写出拉氏方程在球坐标系中的变量分离的解. 将(11.3.6)、

(11.3.7)和(11.3.12)式一并代入(11.3.2)得到拉氏方程(11.3.1)式的一系列特解为

$$u_{l,m}=\left(c_l r^l+d_l\frac{1}{r^{l+1}}\right)y_l^m(\theta,\varphi)$$

其中

$$y_l^m(\theta,\varphi)=P_l^m(\cos\theta)(A_m\cos m\varphi+B_m\sin m\varphi),\quad m=0,1,2,\cdots,l;l=0,1,2,\cdots \tag{11.3.22}$$

或

$$y_l^m(\theta,\varphi)=P_l^m(\cos\theta)\mathrm{e}^{\mathrm{i}m\varphi},\quad m=0,\pm1,\pm2,\cdots,\pm l;l=0,1,2,\cdots \tag{11.3.23}$$

而

$$u=\sum_{m=0}^{l}\sum_{l=0}^{\infty}u_{l,m}\quad 或\quad u=\sum_{m=-l}^{l}\sum_{l=0}^{\infty}u_{l,m}$$

显然，$y_l^m(\theta,\varphi)$是对拉氏方程 $\Delta u=0$，按变量 $u=R(r)Y(\theta,\varphi)$进行变量分离后，所得到的本征值问题

$$\begin{cases}\dfrac{1}{\sin\theta}\dfrac{\partial}{\partial\theta}\left(\sin\theta\dfrac{\partial Y}{\partial\theta}\right)+\dfrac{1}{\sin^2\theta}\dfrac{\partial^2 Y}{\partial\varphi^2}+l(l+1)Y=0\\ Y(\theta,\varphi)\ 单值、有限\end{cases} \tag{11.3.24}$$

的本征函数，其本征值为：$l(l+1)(l=0,1,2,\cdots)$和 $m(m=0,\pm1,\cdots,\pm l)$.

为了应用的方便，常将(11.3.23)式所表示的 $y_l^m(\theta,\varphi)$乘上 $P_l^m(\cos\theta)$和 $\mathrm{e}^{\mathrm{i}m\varphi}$的归一化常数后记为 $Y_{l,m}(\theta,\varphi)$，即

$$Y_{l,m}(\theta,\varphi)=(-1)^m\sqrt{\frac{2l+1}{4\pi}\frac{(l-|m|)!}{(l+|m|)!}}P_l^m(\cos\theta)\mathrm{e}^{\mathrm{i}m\varphi},$$
$$m=0,\pm1,\pm2,\cdots,\pm l;l=0,1,2,\cdots \tag{11.3.25}$$

并称之为 l **阶球函数**. 显然，l 阶球函数在单位球面上是正交归一的，即

$$\int_0^{\pi}\int_0^{2\pi}Y_{l,m}(\theta,\varphi)\overline{Y}_{l',m'}(\theta,\varphi)\sin\theta\mathrm{d}\varphi\mathrm{d}\theta=\delta_{mm'}\delta_{ll'} \tag{11.3.26}$$

其中 $\overline{Y}_{l,m}$是 $Y_{l,m}$的共轭复数，且

$$\overline{Y}_{l,m}=(-1)^m Y_{l,-m} \tag{11.3.27}$$

(11.3.27)式可由(11.3.17)式证得.

独立的 l 阶球函数共有 $2l+1$ 个，这由定义(11.3.25)立即可看出. 例如

$$\begin{cases}Y_{0,0}=\dfrac{1}{\sqrt{4\pi}}\\ Y_{1,0}=\sqrt{\dfrac{3}{4\pi}}\cos\theta,Y_{1,\pm1}=\mp\sqrt{\dfrac{3}{8\pi}}\sin\theta\mathrm{e}^{\pm\mathrm{i}\varphi}\\ Y_{2,0}=\sqrt{\dfrac{5}{16\pi}}(3\cos^2\theta-1),Y_{2,\pm1}=\mp\sqrt{\dfrac{15}{8\pi}}\sin\theta\cos\theta\mathrm{e}^{\pm\mathrm{i}\varphi}\\ Y_{2,\pm2}=\sqrt{\dfrac{15}{32\pi}}\sin^2\theta\mathrm{e}^{\pm\mathrm{i}2\varphi}\end{cases} \tag{11.3.28}$$

同样，定义在 $0<\theta<\pi,0\leqslant\varphi\leqslant2\pi$ 上的连续函数 $f(\theta,\varphi)$，可按球函数 $Y_{l,m}$进行广

义傅氏展开

$$f(\theta,\varphi)=\sum_{m=-l}^{l}\sum_{l=0}^{\infty}C_{l,m}Y_{l,m}(\theta,\varphi) \tag{11.3.29}$$

其中

$$C_{l,m}=\int_0^{\pi}\int_0^{2\pi}f(\theta,\varphi)\overline{Y}_{l,m}(\theta,\varphi)\sin\theta\mathrm{d}\varphi\mathrm{d}\theta \tag{11.3.30}$$

例 将 $f(\theta,\varphi)=\cos\varphi\sin3\theta$ 按球函数展开.

解 $\cos\varphi\sin3\theta=\sin3\theta\dfrac{\mathrm{e}^{\mathrm{i}\varphi}+\mathrm{e}^{-\mathrm{i}\varphi}}{2}$

由(11.3.13)式知

$$\sin3\theta=\frac{8}{15}P_3^1(\cos\theta)-\frac{1}{5}P_1^1(\cos\theta)$$

故

$$\begin{aligned}\cos\varphi\sin3\theta&=\left[\frac{8}{15}P_3^1(\cos\theta)-\frac{1}{5}P_1^1(\cos\theta)\right]\cdot\frac{\mathrm{e}^{\mathrm{i}\varphi}+\mathrm{e}^{-\mathrm{i}\varphi}}{2}\\&=\frac{4}{15}P_3^1(\cos\theta)\mathrm{e}^{\mathrm{i}\varphi}+\frac{4}{15}P_3^1(\cos\theta)\mathrm{e}^{-\mathrm{i}\varphi}-\frac{1}{10}P_1^1(\cos\theta)\mathrm{e}^{\mathrm{i}\varphi}-\frac{1}{10}P_1^1(\cos\theta)\mathrm{e}^{-\mathrm{i}\varphi}\\&=\frac{4}{15}\sqrt{\frac{4\pi}{6+1}\cdot\frac{4!}{2!}}Y_{3,1}(\theta,\varphi)+\frac{4}{15}\sqrt{\frac{4\pi}{7}\cdot\frac{4!}{2!}}Y_{3,-1}(\theta,\varphi)\\&\quad+\frac{1}{10}\sqrt{\frac{4\pi}{3}\cdot\frac{2!}{0!}}Y_{1,1}(\theta,\varphi)-\frac{1}{10}\sqrt{\frac{4\pi}{3}\cdot\frac{2!}{0!}}Y_{1,-1}(\theta,\varphi)\\&=-\frac{16}{15}\sqrt{\frac{3\pi}{7}}Y_{3,1}(\theta,\varphi)+\frac{16}{15}\sqrt{\frac{3\pi}{7}}Y_{3,-1}(\theta,\varphi)\\&\quad+\frac{1}{5}\sqrt{\frac{2\pi}{3}}Y_{1,1}(\theta,\varphi)-\frac{1}{5}\sqrt{\frac{2\pi}{3}}Y_{1,-1}(\theta,\varphi)\end{aligned}$$

最后两步,用到了公式(11.3.25)和(11.3.17). 当然,我们也可用展开系数公式(11.3.30)式求上述函数的球函数展开.

球函数在物理学中有着广泛应用,如在量子力学中,角动量平方算符

$$\hat{L}^2=-\hbar^2\left[\frac{1}{\sin\theta}\frac{\partial}{\partial\theta}\left(\sin\theta\frac{\partial}{\partial\theta}\right)+\frac{1}{\sin^2\theta}\frac{\partial^2}{\partial\varphi^2}\right]$$

的本征值方程为

$$-\hbar^2\left[\frac{1}{\sin\theta}\frac{\partial}{\partial\theta}\left(\sin\theta\frac{\partial}{\partial\theta}\right)+\frac{1}{\sin^2\theta}\frac{\partial^2}{\partial\varphi^2}\right]Y(\theta,\varphi)=\lambda\hbar^2Y(\theta,\varphi)$$

故其本征函数

$$Y(\theta,\varphi)=Y_{l,m}(\theta,\varphi),\quad m=0,\pm1,\cdots,\pm l;l=0,1,2,\cdots$$

就是球函数.

习 题 11.3

1. 用球函数把下列函数展开：

(1) $3\sin^2\theta\cos^2\varphi$； (2) $(1+3\cos\theta)\sin\theta\cos\varphi$.

2. 有一均匀的球体，球心在原点，在球面上温度为

(1) $u|_{r=a}=u_0\cos\theta(1-\cos\theta)$； (2) $u|_{r=a}=\cos\varphi\sin3\theta$.

试在稳定状态下，分别就这两种边界条件求球内的温度分布.

3. 试利用 $P_l^m(x)$ 的递推公式，证明球函数的递推公式

(1) $$\sin\theta e^{i\varphi}Y_{l,m}=\sqrt{\frac{(l-m+1)(l-m-1)}{(2l+1)(2l-1)}}Y_{l-1,m+1}-\sqrt{\frac{(l+m+1)(l+m+2)}{(2l+1)(2l+3)}}Y_{l+1,m+1};\tag{11.3.31}$$

(2) $$\sin\theta e^{-i\varphi}Y_{l,m}=-\sqrt{\frac{(l+m)(l+m-1)}{(2l+1)(2l-1)}}Y_{l-1,m-1}+\sqrt{\frac{(l-m+1)(l-m+2)}{(2l+1)(2l+3)}}Y_{l+1,m-1}.\tag{11.3.32}$$

*4. 试证球函数的加法公式

$$\begin{aligned}P_l(\cos\gamma)&=\sum_{m=-l}^{l}(-1)^m P_l^m(\cos\theta)P_l^{-m}(\cos\theta')e^{im(\varphi-\varphi')}\\&=\sum_{m=-1}^{l}\frac{(l-m)!}{(l+m)!}P_l^m(\cos\theta)P_l^m(\cos\theta')e^{im(\varphi-\varphi')}\\&=P_l(\cos\theta)P_l(\cos\theta')+2\sum_{m=1}^{l}\frac{(l-m)!}{(l+m)!}\cdot P_l^m(\cos\theta)P_l^m(\cos\theta')\cos m(\varphi-\varphi')\end{aligned}\tag{11.3.33}$$

其中

$$\cos\gamma=\cos\theta\cos\theta'+\sin\theta\sin\theta'\cos(\varphi-\varphi')$$

γ 是 OP(方向为 θ,φ)与改变了方向后的极轴 OP'(方向为 θ',φ')之间的夹角(见图 11.3).

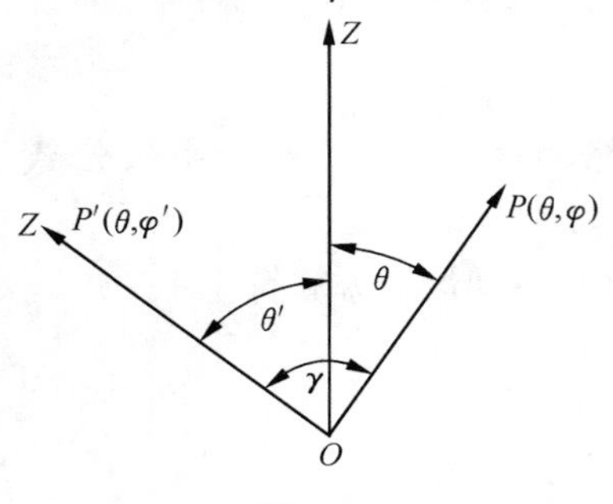

图 11.3

5. 证明：$P_l^{2n}(x)(n=0,\pm1,\pm2,\cdots,\pm n_m)$ 是多项式，而 $P_l^{2k-1}(x)(k=0,\pm1,\pm2,\cdots,\pm k_m)$ 不是多项式，其中

$$n_m=\begin{cases}\dfrac{l}{2}, & \text{当 } l \text{ 为偶数}\\ \dfrac{l-1}{2}, & \text{当 } l \text{ 为奇数}\end{cases};\quad k_m=\begin{cases}\dfrac{l}{2}, & \text{当 } l \text{ 为偶数}\\ \dfrac{l+1}{2}, & \text{当 } l \text{ 为奇数}\end{cases}$$

6. 试求解微观粒子的定态薛定谔方程

$$-\frac{\hbar^2}{z\mu}\Delta\psi(r,\theta,\varphi)+v(r)\psi(r,\theta,\varphi)=E\psi(r,\theta,\varphi)$$

其中，μ 是粒子质量，ψ 是定态波函数，$v(r)$ 是给定的中心势场，E 是能量.

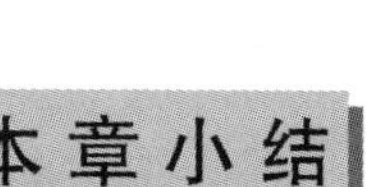

本章授课课件

本章习题分析与讨论

在球坐标系中 $\Delta u=0$ 的求解

在球坐标系中，$\Delta u=\dfrac{1}{r^2}\dfrac{\partial}{\partial r}\left(r^2\dfrac{\partial u}{\partial r}\right)+\dfrac{1}{r^2\sin\theta}\dfrac{\partial}{\partial\theta}\left(\sin\theta\dfrac{\partial u}{\partial\theta}\right)+\dfrac{1}{r^2\sin^2\theta}\dfrac{\partial^2 u}{\partial\varphi^2}$

令 $u(r,\theta,\varphi)=R(r)\Theta(\theta)\Phi(\varphi)$，则

$$\Delta u=0\rightarrow\begin{cases}\Phi''+m^2\Phi=0\rightarrow\Phi_m(\varphi)=A_m\cos m\varphi+B_m\sin m\varphi\\ r^2R''+2rR'-l(l+1)R=0\rightarrow R_l(r)=c_lr^l+d_lr^{-(l+1)}\\ (1-x^2)y''-2xy'+\left[l(l+1)-\dfrac{m^2}{1-x^2}\right]y=0\rightarrow y=\mathrm{P}_l^m(x)\\ \qquad\qquad\downarrow m=0\\ (1-x^2)y''-2xy'+l(l+1)y=0\rightarrow y=\mathrm{P}_l(x)\end{cases}$$

其中，$x=\cos\theta$，$y=\Theta(\theta)$.

故在球坐标系中，$\Delta u=0$ 的解为

$$u=\begin{cases}\displaystyle\sum_{l=0}^{\infty}\sum_{m=0}^{l}[A_m\cos m\varphi+B_m\sin m\varphi][c_lr^l+d_lr^{-(l+1)}]\mathrm{P}_l^m(\cos\theta)\xlongequal{m=0}\sum_{l=0}^{\infty}[c_lr^l+d_lr^{-(l+1)}]\mathrm{P}_l(\cos\theta)\\ (\text{或})\displaystyle\sum_{l=0}^{\infty}\sum_{m=-l}^{l}[c_{l,m}r^l+d_{l,m}r^{-(l+1)}]Y_{l,m}(\theta,\varphi)\xlongequal{m=0}\sum_{l=0}^{\infty}[c_lr^l+d_lr^{-(l+1)}]\mathrm{P}_l(\cos\theta)\end{cases}$$

若 $r<a$（即在球内），则 $d_l=0$；若 $r>a$（即在球外），则 $c_l=0$.

注：$\mathrm{P}_l(x)$、$\mathrm{P}_l^m(x)$ 的小结见本篇 16.1 后.

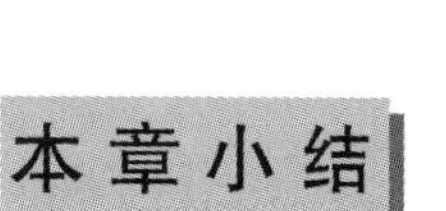

第十二章　贝塞尔函数

在第二篇第八章中我们曾通过在柱坐标系中对亥姆霍兹方程和拉氏方程分离变量而得到了关于变量 ρ 的贝塞尔方程[见第二篇(8.4.16)式]

$$x^2y''+xy'+(x^2-n^2)y=0$$

其中，$x=k\rho$，$y=R(\rho)$，而 $k^2=\lambda-\mu$(或 $-\mu$，当 $\lambda=0$ 时)是大于或等于零的常数，$n=0,1,2,\cdots$. 更一般有

$$x^2y''+xy'+(x^2-\nu^2)y=0$$

其中 ν 为任意实数. 本章将在 $x=0$ 的邻域求解贝塞尔方程，并着重讨论其特解贝塞尔函数(一种特殊函数)所具有的性质. 为了便于类比和掌握，基本采取类似于上一章的讨论顺序.

12.1　贝塞尔函数

1. 贝塞尔方程的级数解

由于 $x=0$ 为贝塞尔方程

$$x^2y''+xy'+(x^2-\nu^2)y=0 \tag{12.1.1}$$

的正则奇点，故在 $x=0$ 的邻域内，可设其解①为

$$y=x^\rho\sum_{k=0}^{\infty}c_kx^k=\sum_{k=0}^{\infty}c_kx^{\rho+k} \tag{12.1.2}$$

代入方程(12.1.1)得

$$\sum_{k=0}^{\infty}(k+\rho)(k+\rho-1)c_kx^{k+\rho}+\sum_{k=0}^{\infty}(k+\rho)c_kx^{k+\rho}+\sum_{k=0}^{\infty}c_kx^{k+\rho+2}-\nu^2\sum_{k=0}^{\infty}c_kx^{k+\rho}=0$$

即

$$\sum_{k=0}^{\infty}[(k+\rho)^2-\nu^2]c_kx^{k+\rho}+\sum_{k=0}^{\infty}c_kx^{k+\rho+2}=0 \tag{12.1.3}$$

令方程左边 x 的最低次幂项 x^ρ 的系数为零得

$$(\rho^2-\nu^2)c_0=0$$

取 $c_0\neq0$，则得指标方程

$$\rho^2-\nu^2=0 \tag{12.1.4}$$

由此求得指标

$$\rho_1=\nu,\quad \rho_2=-\nu$$

先取 $\rho=\rho_1=\nu$，并设 $\nu>0$，令

$$y_1 = \sum_{k=0}^{\infty} c_k x^{k+\nu} \tag{12.1.5}$$

代入方程(12.1.1)，则由(12.1.3)式有

$$\sum_{k=0}^{\infty}[(k+\nu)^2-\nu^2]c_k x^{k+\nu} + \sum_{k=0}^{\infty} c_k x^{k+\nu+2} = 0$$

令各次幂的系数为零，则得

$$(\nu^2-\nu^2)c_0 = 0$$

$$[(\nu+1)^2-\nu^2]c_1 = 0$$

$$\cdots\cdots$$

$$[(\nu+k)^2-\nu^2]c_k + c_{k-2} = 0$$

由此得一组系数递推公式

$$c_0 \neq 0 \qquad c_1 = 0[\text{因为}(\nu+1)^2-\nu^2>0]$$

$$c_2 = -\frac{1}{2(2\nu+2)}c_0 \qquad c_3 = -\frac{1}{3(2\nu+3)}c_1 = 0$$

$$c_4 = -\frac{1}{4(2\nu+4)}c_2 \qquad c_5 = 0$$

$$= (-1)^2\frac{1}{4\cdot 2(2\nu+4)(2\nu+2)}c_0$$

$$= (-1)^2\frac{1}{2^4\cdot 2(\nu+2)(\nu+1)}c_0$$

$$\cdots\cdots$$

于是有

$$c_{2n} = -\frac{1}{2n(2\nu+2n)}c_{2n-2} = (-1)^n\frac{1}{2^{2n}n!(\nu+n)(\nu+n-1)\cdots(\nu+1)}c_0$$

$$= (-1)^n\frac{c_0\Gamma(\nu+1)}{2^{2n}n!\Gamma(\nu+n+1)}$$

$$c_{2n+1} = 0$$

其中 $n=1,2,\cdots$.

将以上系数代入(12.1.5)式得贝塞尔方程的一个特解

$$y_1(x) = \sum_{k=0}^{\infty} c_k x^{k+\nu} = c_0 x^{\nu} + \sum_{n=1}^{\infty} c_{2n}x^{2n+\nu} = \sum_{n=0}^{\infty}\frac{(-1)^n c_0\Gamma(\nu+1)}{2^{2n}n!\Gamma(\nu+n+1)}x^{2n+\nu}$$

类似地，若令

$$y_2(x) = \sum_{k=0}^{\infty} c_k x^{k-\nu}$$

则可得贝塞尔方程的另一特解

$$y_2(x) = \sum_{n=0}^{\infty}\frac{(-1)^n c_0\Gamma(-\nu+1)}{2^{2n}n!\Gamma(-\nu+n+1)}x^{2n-\nu}$$

2. 解的敛散性

由于 $x=0$ 是方程的正则奇点,方程的另一奇点是 $x=\infty$,故级数解 $y_1(x)$ 的收敛范围是 $0\leqslant|x|<\infty$,而级数解 $y_2(x)$ 的收敛范围是 $0<|x|<\infty$.

3. 贝塞尔函数

为了方便及与其他理论一致起见,在上述贝塞尔方程的特解 $y_1(x)$ 中,选 $c_0=\dfrac{1}{2^\nu\Gamma(\nu+1)}$ 并记 $y_1(x)$ 为 $\mathrm{J}_\nu(x)$,称之为 ν 阶的**贝塞尔函数**,则

$$y_1(x)=\mathrm{J}_\nu(x)=\sum_{k=0}^{\infty}(-1)^k\frac{1}{k!\Gamma(\nu+k+1)}\left(\frac{x}{2}\right)^{2k+\nu} \tag{12.1.6}$$

类似的,对于特解 $y_2(x)$,若选 $c_0=\dfrac{1}{2^{-\nu}\Gamma(-\nu+1)}$,并记 $y_2(x)$ 为 $\mathrm{J}_{-\nu}(x)$,称之为 $-\nu$ 阶的贝塞尔函数,则

$$y_2(x)=\mathrm{J}_{-\nu}(x)=\sum_{k=0}^{\infty}(-1)^k\frac{1}{k!\Gamma(-\nu+k+1)}\left(\frac{x}{2}\right)^{2k-\nu} \tag{12.1.7}$$

$\mathrm{J}_\nu(x)$ 和 $\mathrm{J}_{-\nu}(x)$ 又均称为**第一类柱函数**.

显然,若 $\nu\neq n$(整数),$\mathrm{J}_\nu(x)$ 和 $\mathrm{J}_{-\nu}(x)$ 是线性无关的. 因为当 $x\to0$ 时,

$$\mathrm{J}_\nu(x)=\left(\frac{x}{2}\right)^\nu\sum_{k=0}^{\infty}(-1)^k\frac{1}{k!\Gamma(\nu+k+1)}\left(\frac{x}{2}\right)^{2k}\sim\left(\frac{x}{2}\right)^\nu\frac{1}{\Gamma(\nu+1)}$$

类似的

$$\mathrm{J}_{-\nu}(x)\sim\left(\frac{x}{2}\right)^{-\nu}\frac{1}{\Gamma(-\nu+1)}\to\infty$$

所以

$$\frac{\mathrm{J}_\nu(x)}{\mathrm{J}_{-\nu}(x)}\sim\left(\frac{x}{2}\right)^{2\nu}\frac{\Gamma(-\nu+1)}{\Gamma(\nu+1)}\neq\text{常数}$$

故此时贝塞尔方程的通解可表示为

$$y(x)=a_\nu\mathrm{J}_\nu(x)+b_\nu\mathrm{J}_{-\nu}(x) \tag{12.1.8}$$

其中 a_ν、b_ν 为任意常数(注意到问题的有限性,所以在研究柱体内部的解时应将 $\mathrm{J}_{-\nu}(x)$ 舍去.)

若 $\nu=n$,则 $\mathrm{J}_n(x)$ 和 $\mathrm{J}_{-n}(x)$ 是线性相关的. 因为

$$\mathrm{J}_{-n}(x)=\sum_{k=0}^{\infty}\frac{(-1)^k}{k!\Gamma(-n+k+1)}\left(\frac{x}{2}\right)^{2k-n}$$

而由 Γ 函数的定义知 $-n+k+1$ 应大于零即 $k>n-1$,故

$$\mathrm{J}_{-n}(x)=\sum_{k=n}^{\infty}\frac{(-1)^k}{k!\Gamma(-n+k+1)}\left(\frac{x}{2}\right)^{2k-n}$$

令 $k-n=l$,则 $k=n+l$.

$$\mathrm{J}_{-n}(x)=\sum_{l=0}^{\infty}\frac{(-1)^{l+n}}{(l+n)!\Gamma(l+1)}\left(\frac{x}{2}\right)^{2l+n}$$

$$= (-1)^n \sum_{l=0}^{\infty} \frac{(-1)^l}{l!\Gamma(l+n+1)} \left(\frac{x}{2}\right)^{2l+n}$$

$$= (-1)^n \mathrm{J}_n(x) \tag{12.1.9}$$

可见正、负 n 阶的贝塞尔函数只差一个常数因子，它们不能组合为通解，我们应按常微分方程的级数解法去寻求另一与 $\mathrm{J}_n(x)$ 线性无关的解，即令

$$y_2(x) = a\mathrm{J}_n(x)\ln x + x^{-n} \sum_{k=0}^{\infty} d_k x^k$$

代入方程(12.1.1)去具体确定各常数和系数. 但这样作其计算是相当麻烦和冗长的，在此我们不这样作，而将在 12.3 节中定义诺伊曼函数 $\mathrm{N}_n(x)$ 作为与 $\mathrm{J}_n(x)$ 线性无关的解. 我们将会看到，$N_n(x)$ 在 $x=0$ 是无限的.

由(12.1.6)式有

$$\mathrm{J}_n(x) = \sum_{k=0}^{\infty} \frac{(-1)^k}{k!(n+k)!} \left(\frac{x}{2}\right)^{2k+n} \tag{12.1.10}$$

整数阶的贝塞尔函数比较重要，特别是 $\mathrm{J}_0(x)$ 和 $\mathrm{J}_1(x)$，在应用上经常遇到，因此数学家已将它们的值制作成表(见数学手册).

4. 本征值问题

现在我们来讨论由在柱坐标系中对亥姆霍兹方程(或拉氏方程)分离变量所得到的贝塞尔方程在柱体内的本征值问题. 即

$$\begin{cases} \rho^2 R'' + \rho R' + (k^2\rho^2 - n^2)R = 0, & 0 < \rho < a \\ R(\rho)\big|_{\rho=0} \to 有限 \\ \left[\alpha \dfrac{\mathrm{d}R}{\mathrm{d}\rho} + \beta R\right]_{\rho=a} = 0 \end{cases} \tag{12.1.11}$$

其中 $k^2=\lambda-\mu$(或 $-\mu$)是待定常数；$n=0,1,2,\cdots$；$R(\rho)|_{\rho=0}\to$有限，是自然边界条件；α 和 β 是常数. 当 $\alpha=0$ 或 $\beta=0$ 或 α、β 均不为 0 时分别表示方程在 $\rho=a$ 端附有第一、第二、第三类齐次边界条件. 由自然边界条件 $R(\rho)|_{\rho=0}\to$有限，立即可得方程(12.1.11)的解为

$$R(\rho) = \mathrm{J}_n(k\rho) \tag{12.1.12}$$

下面仅就在 $\rho=a$ 端具有第一类边界条件

$$R(a) = 0 \tag{12.1.13}$$

的情况进行讨论.

由(12.1.10)式，可得

$$\mathrm{J}_0(x) = 1 - \left(\frac{x}{2}\right)^2 + \frac{1}{(2!)^2}\left(\frac{x}{2}\right)^4 - \frac{1}{(3!)^2}\left(\frac{x}{2}\right)^6 + \cdots + \frac{(-1)^k}{(k!)^2}\left(\frac{x}{2}\right)^{2k} + \cdots$$

$$\mathrm{J}_1(x)=\frac{x}{2}-\frac{1}{2!}\left(\frac{x}{2}\right)^3+\frac{1}{2!3!}\left(\frac{x}{2}\right)^5-\frac{1}{3!4!}\left(\frac{x}{2}\right)^7+\cdots+\frac{(-1)^k}{(k!)(k+1)!}\left(\frac{x}{2}\right)^{2k+1}+\cdots$$

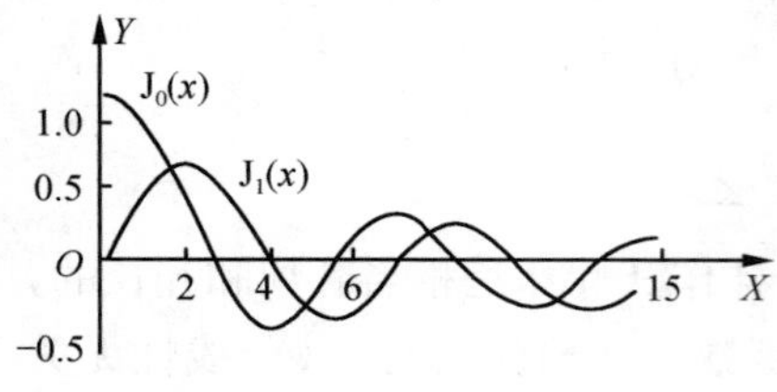

图 12.1

它们分别是 x 的偶函数和奇函数. 在图 12.1 中,画出了 $\mathrm{J}_0(x)$ 和 $\mathrm{J}_1(x)$ 当 $x>0$ 时的图形; $x<0$ 的图形可以分别根据 $\mathrm{J}_0(x)$ 和 $\mathrm{J}_1(x)$ 的奇偶性得到. 由此图形可以看出,$\mathrm{J}_n(x)$ 是一个衰减振荡函数,$\mathrm{J}_n(x)$ 的图线与 x 轴有无穷多个交点,即 $\mathrm{J}_n(x)=0$ 有无穷多个实数根. 我们称之为 **$\mathrm{J}_n(x)$ 的零点**. 并记作 x_m^n,表示 n 阶贝塞尔函数的第 m 个零点. 由图 12.1 我们大致可看出 $\mathrm{J}_0(x)$ 的零点分别为二点几、五点几、八点几等等. 事实上 $\mathrm{J}_0(x)$ 和 $\mathrm{J}_1(x)$ 的零点值,数学家也已将之制作成了表. $\mathrm{J}_0(x)$ 和 $\mathrm{J}_1(x)$ 的前八个零点为

m	1	2	3	4	5	6	7	8
x_m^0	2.4048	5.5201	8.6537	11.7915	14.9309	18.0711	21.2116	24.3525
x_m^1	0	3.8317	7.0156	10.1735	13.3237	16.4706	19.6159	22.7601

了解了 $\mathrm{J}_n(x)$ 的零点的存在,则由边界条件(12.1.13)式立即可得

$$ka=x_m^n$$

故本征值问题(12.1.11)、(12.1.13)式的**本征值**为

$$k_m^n=\frac{x_m^n}{a} \tag{12.1.14}$$

而相应的**本征函数**为

$$R(\rho)=\mathrm{J}_n(k_m^n\rho)=\mathrm{J}_n\left(\frac{x_m^n}{a}\rho\right) \tag{12.1.15}$$

至于其他两类边值问题,也可完全按照以上的方法,求得其本征值和本征函数,如在第二类边界条件

$$R'(a)=0$$

下,方程(12.1.11)的本征值和本征函数分别为

$$\tilde{k}_m^n=\frac{\tilde{x}_m^n}{a},\quad R(\rho)=\mathrm{J}_n\left(\frac{\tilde{x}_m^n}{a}\rho\right) \tag{12.1.16}$$

其中 $\tilde{x}_m^n$ 是 $\mathrm{J}_n'(k\rho)$ 的零点.

注 ① 对于本篇 11.1 节附注中的方程(11.1.16),即

$$w''(z)+p(z)w'(z)+q(z)w(z)=0 \tag{11.1.16}$$

若 $z=z_0$ 是它的**奇点**[即在 z_0 点 $p(z)$ 和 $q(z)$ 之一或均不解析],且是 $p(z)$ 不高于一阶的极点 $q(z)$ 不高于二阶的极点,则称 z_0 为该方程的**正则奇点**.

在正则奇点 $z=z_0$ 的邻域 $0<|z-z_0|<R$ 内,方程(11.1.16)至少有一个形式为 $w(z)=$

$(z-z_0)^{\rho}\sum_{k=0}^{\infty}c_k(z-z_0)^k$ 的正则解. 将此正则解代入方程(11.1.16),通过比较方程两边最低次幂项的系数[即让方程左边$(z-z_0)$的最低次幂的系数为零],便可得到一关于 ρ 的二次方程,称为**指标方程**(或**判别方程**),由此方程可求得两个**指标**(即二次方程的两个根):$\rho=\rho_1$,$\rho=\rho_2$(设$\rho_1>\rho_2$).那么,方程(11.1.16)的两线性无关解为

$$w_1(z)=(z-z_0)^{\rho_1}\sum_{k=0}^{\infty}c_k(z-z_0)^k \tag{12.1.17}$$

$$w_2(z)=\begin{cases}(z-z_0)^{\rho_2}\sum\limits_{k=0}^{\infty}d_k(z-z_0)^k, & \rho_1-\rho_2\neq\text{整数} \quad (12.1.18)\\ aw_1(z)\ln(z-z_0)+(z-z_0)^{\rho_2}\sum\limits_{k=0}^{\infty}d'_k(z-z_0)^k, & \rho_1-\rho_2=\text{整数} \quad (12.1.19)\end{cases}$$

其中 $\rho_1,\rho_2,a,c_k,d_k,d'_k$ 为常数,由将形式解代入方程(11.1.16)中逐个确定(参见参考文献[5],98节).

习　题　12.1

1. 量子力学中的氢原子问题,当用球坐标分离变量后,其波函数的径向方程是**拉盖尔**(Laguerre)**方程**. 试在 $x=0$ 的邻域求拉盖尔方程

$$xy''+(1-x)y'+\lambda y=0$$

的级数解. λ 取什么数值可使级数退化为多项式? 这些多项式乘以适当常数使最高幂项成为$(-x)^n$形式,叫做**拉盖尔多项式**,记作 $\mathrm{L}_n(x)$. 写出前几个 $\mathrm{L}_n(x)$.

2. 在 $x=0$ 的邻域内求解下列方程:

(1) $x^2y''+xy'+\left(x^2-\dfrac{1}{4}\right)y=0$; (2) $2x^2y''-xy'+(1-x^2)y=0$; (3) $xy''-xy'+y=0$;

(4) $x^2y''-2y=0$; (5) $xy''+2y'+m^2xy=0$; (6) $xy''+y'+xy=0$.

3. 求勒让德方程

$$(1-x^2)y''-2xy'+l(l+1)y=0$$

在 $x=1$ 的有界解.

12.2 贝塞尔函数的性质

1. $\mathrm{J}_n(x)$的母函数

对于整数阶的贝塞尔函数,有如下的母函数关系式:

$$\mathrm{e}^{\frac{x}{2}\left(t-\frac{1}{t}\right)}=\sum_{n=-\infty}^{\infty}\mathrm{J}_n(x)t^n \tag{12.2.1}$$

证　因为

$$\mathrm{e}^{\frac{x}{2}t}=\sum_{l=0}^{\infty}\frac{1}{l!}\left(\frac{xt}{2}\right)^l,\quad |t|<\infty \tag{12.2.2}$$

$$\mathrm{e}^{-\frac{x}{2t}}=\sum_{m=0}^{\infty}\frac{1}{m!}\left(-\frac{x}{2t}\right)^m,\quad |t|>0 \tag{12.2.3}$$

对于固定的 x，以上二级数在 $0<|t|<\infty$ 都是绝对收敛的，故可逐次相乘，即

$$\mathrm{e}^{\frac{x}{2}\left(t-\frac{1}{t}\right)}=\sum_{l=0}^{\infty}\frac{1}{l!}\left(\frac{xt}{2}\right)^{l}\cdot\sum_{m=0}^{\infty}\frac{1}{m!}\left(-\frac{x}{2t}\right)^{m}$$

注意到相乘后 t 的幂次数是可能大于、等于和小于零的，为了得到乘积中的 t 的正幂项 $t^n(n\geqslant 0)$，我们应取(12.2.3)式中所有各项而分别用(12.2.2)式中 $l=m+n$ 项去乘；为了得到乘积中 t 的负幂项 $t^{-k}(k>0)$，应取(12.2.2)式中所有各项而分别用(12.2.3)式中 $m=k+l$ 项去乘，于是

$$\mathrm{e}^{\frac{x}{2}\left(t-\frac{1}{t}\right)}=\sum_{n=0}^{\infty}\left[\sum_{m=0}^{\infty}\frac{(-1)^m}{(m+n)!m!}\left(\frac{x}{2}\right)^{2m+n}\right]t^n+\sum_{k=1}^{\infty}\left[\sum_{l=0}^{\infty}\frac{(-1)^{k+l}}{(k+l)!l!}\left(\frac{x}{2}\right)^{2l+k}\right]t^{-k}$$

将上式第二项中的 $-k$ 改作 n，l 改作 m，则

$$\begin{aligned}\mathrm{e}^{\frac{x}{2}\left(t-\frac{1}{t}\right)}&=\sum_{n=0}^{\infty}\left[\sum_{m=0}^{\infty}\frac{(-1)^m}{(m+n)!m!}\left(\frac{x}{2}\right)^{2m+n}\right]t^n\\&\quad+\sum_{n=-1}^{-\infty}(-1)^n\left[\sum_{m=0}^{\infty}\frac{(-1)^m}{(m-n)!m!}\left(\frac{x}{2}\right)^{2m-n}\right]t^n\\&=\sum_{n=-\infty}^{\infty}\mathrm{J}_n(x)t^n\end{aligned}$$

即，(12.2.1)式得证. 最后一步用到了(12.1.10)式和(12.1.9)式.

由此关系和洛朗级数的系数公式[见第一篇(3.4.3)式]，立即可得到 $\mathrm{J}_n(x)$ 的一种**积分表达式**

$$\mathrm{J}_n(x)=\frac{1}{2\pi\mathrm{i}}\oint_l\frac{\mathrm{e}^{\frac{x}{2}\left(t-\frac{1}{t}\right)}}{t^{n+1}}\mathrm{d}t \tag{12.2.4}$$

其中 l 为绕 $t=0$ 的任一闭曲线. 若取 l 为单位圆 $|t|=1$，则在 $|t|=1$ 上有 $t=\mathrm{e}^{\mathrm{i}\theta}$，于是又有

$$\mathrm{J}_n(x)=\frac{1}{2\pi}\int_{-\pi}^{\pi}\frac{\mathrm{e}^{\frac{x}{2}(\mathrm{e}^{\mathrm{i}\theta}-\mathrm{e}^{-\mathrm{i}\theta})}}{\mathrm{e}^{\mathrm{i}(n+1)\theta}}\cdot\mathrm{e}^{\mathrm{i}\theta}\mathrm{d}\theta=\frac{1}{2\pi}\int_{-\pi}^{\pi}\mathrm{e}^{\mathrm{i}(x\sin\theta-n\theta)}\mathrm{d}\theta \tag{12.2.5}$$

$$\mathrm{J}_n(x)=\frac{1}{2\pi}\int_{-\pi}^{\pi}\cos(x\sin\theta-n\theta)\mathrm{d}\theta \tag{12.2.6}$$

(12.2.5)式称为贝塞尔函数的路径积分，当 n 不为整数时，此式也成立. 利用贝塞尔函数的路径积分，可研究贝塞尔函数当变量甚大时的渐近行为①

$$\mathrm{J}_\nu(x)\sim\sqrt{\frac{2}{\pi x}}\cos\left(x-\frac{\nu\pi}{2}-\frac{\pi}{4}\right),\quad |x|\to\infty \tag{12.2.7}$$

2. 递推公式

我们当然可以如同上章中一样，利用母函数关系式(12.2.1)，而推得整数阶的贝塞尔函数的递推公式. 但为了得到任意阶贝塞尔函数的递推公式，我们将从贝塞尔函数的级数表达式(12.1.6)出发进行推导. 将(12.1.6)两边乘上 x^ν 后对 x 求导得

$$\begin{aligned}\frac{\mathrm{d}}{\mathrm{d}x}[x^\nu \mathrm{J}_\nu(x)] &= \frac{\mathrm{d}}{\mathrm{d}x}\left[2^\nu \sum_{k=0}^{\infty} \frac{(-1)^k}{k!\Gamma(\nu+k+1)}\left(\frac{x}{2}\right)^{2(k+\nu)}\right] \\ &= 2^\nu \sum_{k=0}^{\infty} \frac{(-1)^k(k+\nu)}{k!\Gamma(\nu+k+1)}\left(\frac{x}{2}\right)^{2(k+\nu)-1} \\ &= x^\nu \sum_{k=0}^{\infty} \frac{(-1)^k}{k!\Gamma(\nu+k)}\left(\frac{x}{2}\right)^{2k+\nu-1}\end{aligned}$$

即

$$\frac{\mathrm{d}}{\mathrm{d}x}[x^\nu \mathrm{J}_\nu(x)] = x^\nu \mathrm{J}_{\nu-1}(x) \tag{12.2.8}$$

类似可证

$$\frac{\mathrm{d}}{\mathrm{d}x}[x^{-\nu} \mathrm{J}_\nu(x)] = -x^{-\nu} \mathrm{J}_{\nu+1}(x) \tag{12.2.9}$$

将此二式左边的导数具体写出，并分别消去等式两边的公共因子 $x^{\nu-1}$ 和 $x^{-\nu-1}$ 便可得

$$\nu \mathrm{J}_\nu(x) + x\mathrm{J}'_\nu(x) = x\mathrm{J}_{\nu-1}(x) \tag{12.2.10}$$

$$-\nu \mathrm{J}_\nu(x) + x\mathrm{J}'_\nu(x) = -x\mathrm{J}_{\nu+1}(x) \tag{12.2.11}$$

消去 $\mathrm{J}'_\nu(x)$，可得

$$\mathrm{J}_{\nu-1}(x) + \mathrm{J}_{\nu+1}(x) = \frac{2\nu}{x}\mathrm{J}_\nu(x) \tag{12.2.12}$$

消去 $\mathrm{J}_\nu(x)$ 又可得

$$\mathrm{J}_{\nu-1}(x) - \mathrm{J}_{\nu+1}(x) = 2\mathrm{J}'_\nu(x) \tag{12.2.13}$$

由(12.2.10)我们看到，只要知道 $\mathrm{J}_\nu(x)$ 和 $\mathrm{J}_{\nu-1}(x)$ 之值，便可求得 $\mathrm{J}'_\nu(x)$ 之值；而由(12.2.11)看到，只要知道 $\mathrm{J}_\nu(x)$ 与 $\mathrm{J}'_\nu(x)$ 之值，便可求得 $\mathrm{J}_{\nu+1}(x)$ 之值，这样我们只要利用 $\mathrm{J}_0(x)$ 和 $\mathrm{J}_1(x)$ 的函数值的表，从原则上便可求得各整数阶贝塞尔函数及其导数之值.

(12.2.8)式和(12.2.9)式的两种特殊情况，也是常常要用到的. 若 $\nu=0$，则由(12.2.9)式有

$$\mathrm{J}'_0(x) = -\mathrm{J}_1(x) \tag{12.2.14}$$

若 $\nu=1$ 则由(12.2.8)有

$$\left.\begin{aligned}[x\mathrm{J}_1(x)]' &= x\mathrm{J}_0(x) \\ \text{或}\quad x\mathrm{J}_1(x) &= \int_0^x \xi \mathrm{J}_0(\xi)\mathrm{d}\xi\end{aligned}\right\} \tag{12.2.15}$$

例 1 计算积分 $\int_0^a x^3 \mathrm{J}_0(x)\mathrm{d}x$.

解
$$\begin{aligned}\int_0^a x^3 \mathrm{J}_0(x)\mathrm{d}x &= \int_0^a x^2[x\mathrm{J}_0(x)]\mathrm{d}x = \int_0^a x^2[x\mathrm{J}_1(x)]'\mathrm{d}x \\ &= [x^3\mathrm{J}_1(x)]\Big|_0^a - \int_0^a x\mathrm{J}_1(x)\mathrm{d}x^2 \\ &= a^3\mathrm{J}_1(a) - 2\int_0^a x^2\mathrm{J}_1(x)\mathrm{d}x\end{aligned}$$

$$= a^3 \mathrm{J}_1(a) - 2\int_0^a [x^2 \mathrm{J}_2(x)]' \mathrm{d}x$$

$$= a^3 \mathrm{J}_1(a) - 2a^2 \mathrm{J}_2(a)$$

这里,两次用到了递推公式(12.2.8).

3. 正交归一性

n 阶贝塞尔函数系$\{\mathrm{J}_n(k_m^n\rho)\}$:$\mathrm{J}_n(k_1^n\rho)$,$\mathrm{J}_n(k_2^n\rho)$,$\cdots$,在区间$[0,a]$上满足如下带权 ρ 的正交归一关系

$$\int_0^a \rho \mathrm{J}_n(k_m^n\rho)\mathrm{J}_n(k_l^n\rho)\mathrm{d}\rho = \frac{a^2}{2}[\mathrm{J}_{n+1}(k_l^n a)]^2 \delta_{ml} \tag{12.2.16}$$

证明 (12.1.11)式中的贝塞尔方程又可写为

$$\frac{\mathrm{d}}{\mathrm{d}\rho}\left(\rho\frac{\mathrm{d}R}{\mathrm{d}\rho}\right) + \left[k^2\rho - \frac{n^2}{\rho}\right]R = 0$$

由于 $\mathrm{J}_n(k_m^n\rho)$,$\mathrm{J}_n(k_l^n\rho)$均为贝塞尔方程的解,故有

$$\frac{\mathrm{d}}{\mathrm{d}\rho}\left[\rho\frac{\mathrm{d}\mathrm{J}_n(k_m^n\rho)}{\mathrm{d}\rho}\right] + \left[(k_m^n)^2\rho - \frac{n^2}{\rho}\right]\mathrm{J}_n(k_m^n\rho) = 0$$

$$\frac{\mathrm{d}}{\mathrm{d}\rho}\left[\rho\frac{\mathrm{d}\mathrm{J}_n(k_l^n\rho)}{\mathrm{d}\rho}\right] + \left[(k_l^n)^2\rho - \frac{n^2}{\rho}\right]\mathrm{J}_n(k_l^n\rho) = 0$$

将 $\mathrm{J}_n(k_l^n\rho)$遍乘前式,$\mathrm{J}_n(k_m^n\rho)$遍乘后式,相减之后再积分得

$$[(k_l^n)^2 - (k_m^n)^2]\int_0^a \rho \mathrm{J}_n(k_m^n\rho)\mathrm{J}_n(k_l^n\rho)\mathrm{d}\rho$$

$$= \int_0^a \mathrm{J}_n(k_l^n\rho)\frac{\mathrm{d}}{\mathrm{d}\rho}\left[\rho\frac{\mathrm{d}\mathrm{J}_n(k_m^n\rho)}{\mathrm{d}\rho}\right]\mathrm{d}\rho - \int_0^a \mathrm{J}_n(k_m^n\rho)\frac{\mathrm{d}}{\mathrm{d}\rho}\left[\rho\frac{\mathrm{d}\mathrm{J}_n(k_l^n\rho)}{\mathrm{d}\rho}\right]\mathrm{d}\rho$$

$$= \left[\rho \mathrm{J}_n(k_l^n\rho)\frac{\mathrm{d}\mathrm{J}_n(k_m^n\rho)}{\mathrm{d}\rho} - \rho \mathrm{J}_n(k_m^n\rho)\frac{\mathrm{d}\mathrm{J}_n(k_l^n\rho)}{\mathrm{d}\rho}\right]\Bigg|_0^a = 0$$

上式当 $\rho=a$ 时等于零,这是因为 $\mathrm{J}_n(k_m^n a)=\mathrm{J}_n(x_m^n)=0(m=1,2,\cdots,l,\cdots)$.

若 $m\neq l$,则 $k_l^n\neq k_m^n$,故有

$$\int_0^a \rho \mathrm{J}_n(k_m^n\rho)\mathrm{J}_n(k_l^n\rho)\mathrm{d}\rho = 0$$

若 $m=l$,令 $m\to l$,即 $k_m^n\to k_l^n$,此时有 $\mathrm{J}_n(k_l^n a)=0$,而 $\mathrm{J}_n(k_m^n a)\neq 0$;于是有

$$\int_0^a \rho \mathrm{J}_n(k_m^n\rho)\mathrm{J}_n(k_l^n\rho)\mathrm{d}\rho = \lim_{k_m^n\to k_l^n}\frac{-a\mathrm{J}_n(k_m^n a)\cdot \mathrm{J}_n'(k_l^n a)\cdot k_l^n}{(k_l^n)^2 - (k_m^n)^2}$$

$$= \lim_{k_m^n\to k_l^n}\frac{-a^2\mathrm{J}_n'(k_m^n a)\cdot \mathrm{J}_n'(k_l^n a)\cdot k_l^n}{-2k_m^n}$$

$$= \frac{a^2}{2}[\mathrm{J}_n'(k_l^n a)]^2$$

在上面证明过程中,由于当 $k_m^n\to k_l^n$ 时,出现了$\frac{0}{0}$型不定式,故运用了洛必达法则. 又

由(12.2.11)式有

$$J_n'(k_l^n a)=-J_{n+1}(k_l^n a)$$

所以

$$\int_0^a \rho J_n(k_m^n\rho)J_n(k_l^n\rho)\mathrm{d}\rho=\frac{a^2}{2}[J_{n+1}(k_l^n a)]^2,\quad m=l$$

至于函数系$\{J_n(\tilde{k}_m^n\rho)\}$，类似地可证明它满足如下正交归一关系：

$$\int_0^a \rho J_n(\tilde{k}_m^n\rho)J_n(\tilde{k}_l^n\rho)\mathrm{d}\rho=\frac{a^2}{2}\left[1-\left(\frac{n}{(\tilde{k}_l^n a)}\right)^2\right][J_n(\tilde{k}_l^n a)]^2\delta_{ml}\qquad(12.2.17)$$

4. 广义傅氏展开

可以证明，如果函数$f(\rho)$在区间$(0,a)$上有连续的一阶导数和分段连续的二阶导数，且$f(\rho)$在$(0,a)$上平方可积，则$f(\rho)$在$(0,a)$上可以展开为绝对且一致收敛的级数

$$f(\rho)=\sum_{m=1}^{\infty}C_m J_n(k_m^n\rho)\qquad(12.2.18)$$

其中

$$C_m=\frac{1}{\frac{a^2}{2}J_{n+1}^2(k_m^n a)}\int_0^a \rho f(\rho)J_n(k_m^n\rho)\mathrm{d}\rho\qquad(12.2.19)$$

例 2　半径为a、高为h的圆柱体，下底和侧面保持温度为零度，上底温度分布为$u=u_0$，求柱内稳定温度分布.

解　选择柱坐标系，其定解问题为

$$\begin{cases}\Delta u=0 & (12.2.20)\\ u|_{\rho=a}=0 & (12.2.21)\\ u|_{z=0}=0,u|_{z=h}=u_0 & (12.2.22)\end{cases}$$

由于问题关于z轴对称(与φ无关)，故令

$$u(\rho,z)=R(\rho)Z(z)\qquad(12.2.23)$$

代入(12.2.20)式得

$$\begin{cases}z''-k^2z=0\\ \rho^2R''+\rho R'+(k^2\rho^2-0)R=0\end{cases}$$

其中k^2为分离变量过程中引入的任意常数. 将边界条件(12.2.21)代入式(12.2.23)有

$$R(a)Z(z)=0$$

即

$$R(a)=0$$

解本征值问题

$$\begin{cases}\rho^2R''+\rho R'+k^2\rho^2R=0\\ R(a)=0\end{cases}$$

并注意到$R(0)\to$有限的自然边界条件，便有

$$R_m(\rho)=J_0(k_m^0\rho)$$

其中

$$k_m^0 = \frac{x_m^0}{a}$$

将 $k=k_m^0$ 代入关于 z 的方程而得其通解为

$$Z_m = A_m e^{k_m^0 z} + B_m e^{-k_m^0 z}$$

于是得到

$$u_m = R_m Z_m = (A_m e^{k_m^0 z} + B_m e^{-k_m^0 z}) J_0(k_m^0 \rho)$$

而由边界条件 $u|_{z=0}=0$ 有

$$A_m + B_m = 0$$

所以

$$u_m = C_m \mathrm{sh}(k_m^0 z) J_0(k_m^0 \rho)$$

而

$$u = \sum_{m=1}^{\infty} u_m = \sum_{m=1}^{\infty} C_m \mathrm{sh}(k_m^0 z) J_0(k_m^0 \rho) \qquad (12.2.24)$$

又由边界条件 $u|_{z=h}=u_0$ 有

$$\sum_{m=1}^{\infty} C_m \mathrm{sh}(k_m^0 h) J_0(k_m^0 \rho) = u_0$$

故由系数公式(12.2.19)有

$$C_m \mathrm{sh}(k_m^0 h) = \frac{\int_0^a \rho u_0 J_0(k_m^0 \rho) d\rho}{\frac{a^2}{2} J_1^2(k_m^0 a)}$$

而由公式(12.2.15)有

$$(k_m^0 \rho) J_0(k_m^0 \rho) = \frac{d}{d(k_m^0 \rho)} [(k_m^0 \rho) J_1(k_m^0 \rho)]$$

所以

$$\begin{aligned}
\int_0^a \rho J_0(k_m^0 \rho) d\rho &= \frac{1}{(k_m^0)^2} \int_0^a (k_m^0 \rho) J_0(k_m^0 \rho) d(k_m^0 \rho) \\
&= \frac{1}{(k_m^0)^2} \int_0^a \frac{d}{d(k_m^0 \rho)} [(k_m^0 \rho) J_1(k_m^0 \rho)] d(k_m^0 \rho) \\
&= \frac{1}{(k_m^0)^2} [k_m^0 \rho J_1(k_m^0 \rho)] \Big|_0^a = \frac{a}{k_m^0} J_1(k_m^0 a)
\end{aligned}$$

从而得

$$C_m = \frac{2u_0}{(\mathrm{sh} k_m^0 h) \cdot a^2 J_1^2(k_m^0 a)} \cdot \frac{a J_1(k_m^0 a)}{k_m^0} = \frac{2u_0}{\left(\mathrm{sh} \frac{x_m^0}{a} h\right) x_m^0 J_1(x_m^0)}$$

代入(12.2.24)式，得到定解问题(12.2.20)～(12.2.22)式的解为

$$u = \sum_{m=1}^{\infty} \frac{2u_0}{x_m^0} \frac{\mathrm{sh} \frac{x_m^0}{a} z}{\mathrm{sh} \frac{x_m^0}{a} h} \frac{J_0\left(\frac{x_m^0}{a} \rho\right)}{J_1(x_m^0)}$$

最后指出，若将 $f(\rho)$ 展开为本征函数族 $\{J_n(\tilde{k}_m^n \rho)\}$ $(m=1,2,3,\cdots)$ 的广义傅氏级数，则当 $n \neq 0$ 时

$$f(\rho)=\sum_{m=1}^{\infty}C_m\mathrm{J}_n(\tilde{k}_m^n\rho) \tag{12.2.25}$$

其中

$$C_m=\frac{2}{a^2\left[1-\left(\dfrac{n}{\tilde{k}_m^n a}\right)^2\right][\mathrm{J}_n(\tilde{k}_m^n a)]^2}\int_0^a f(\rho)\mathrm{J}_n(\tilde{k}_m^n\rho)\rho\mathrm{d}\rho \tag{12.2.26}$$

而当 $n=0$ 时则为

$$f(\rho)=c_0+\sum_{m=1}^{\infty}C_m\mathrm{J}_0(\tilde{k}_m^0\rho) \tag{12.2.27}$$

其中

$$C_0=\frac{2}{a^2}\int_0^a f(\rho)\rho\mathrm{d}\rho \tag{12.2.28}$$

注 ① 用路径积分公式和最陡下降法证明，见参考文献[3]第 7 章.

习 题 12.2

1. 若 $\nu=n$，试用母函数关系式(12.2.1)重新导出递推公式(12.2.12)和(12.2.13)式，由(12.2.12)和(12.2.13)式再导出(12.2.10)和(12.2.11)式.

2. 试证

$$\left.\begin{aligned}&(1)\quad \cos x=\mathrm{J}_0(x)+2\sum_{m=1}^{\infty}(-1)^m\mathrm{J}_{2m}(x)\\&(2)\quad \sin x=2\sum_{m=0}^{\infty}(-1)^m\mathrm{J}_{2m+1}(x)\end{aligned}\right\} \tag{12.2.29}$$

$$\left.\begin{aligned}&(3)\quad \mathrm{J}_0(x)+2\sum_{m=1}^{\infty}\mathrm{J}_{2m}(x)=1\\&(4)\quad 2\sum_{m=0}^{\infty}(2m+1)\mathrm{J}_{2m+1}(x)=x\end{aligned}\right\} \tag{12.2.30}$$

3. 在区间[0,1]试将函数 $f(\rho)=1$ 按零阶贝塞尔函数系 $\{J_0(k_m^0\rho)\}$ 展开，而将函数 $g(\rho)=\rho$，按一阶贝塞尔函数系 $\{J_1(k_m^1\rho)\}$ 展开($m=1,2,\cdots$).

4. 试证贝塞尔函数的加法公式

$$\mathrm{J}_n(x+y)=\sum_{k=-\infty}^{\infty}\mathrm{J}_k(x)\mathrm{J}_{n-k}(y) \tag{12.2.31}$$

5. 在圆柱形的结构，例如同轴线和圆形截面波导中，电磁场分量 E_z 所满足的方程用柱坐标表示为

$$\frac{\partial^2E_z}{\partial r^2}+\frac{1}{r}\frac{\partial E_z}{\partial r}+\frac{1}{r^2}\frac{\partial^2E_z}{\partial\varphi^2}+k^2E_z=0$$

试用分离变量法求解.

6. 圆柱形空腔内电磁振荡的定解问题为

$$\begin{cases}\Delta u+\lambda u=0,\quad \sqrt{\lambda}=\dfrac{\omega}{c}\\ u\,|_{r=a}=0\\ \left.\dfrac{\partial u}{\partial z}\right|_{z=0,l}=0\end{cases}$$

试证电磁振荡的固有频率为

$$\omega_{nm}=c\sqrt{\lambda}=c\sqrt{\left(\frac{x_m^0}{a}\right)^2+\left(\frac{n\pi}{l}\right)^2}$$

7. 设一无穷长的圆柱体,半径为 R,初温为常数 u_0,表面温度维持为零,求柱体内温度的变化.

8. 半径为 R 的圆形膜,边缘固定. 初始形状是旋转抛物面 $u|_{t=0}=(1-\rho^2/R^2)H$,初速为零,求解膜的振动情况.

9. 计算积分:

(1) $\int_0^x t^{-n}J_{n+1}(t)\mathrm{d}t$; (2) $\int_0^t J_0(\sqrt{x(t-x)})\mathrm{d}x$

10. 计算含贝塞尔函数的积分

(1) $\int_0^a x^4\mathrm{J}_1(x)\mathrm{d}x$; (2) $\int_0^a \mathrm{J}_0(x)\mathrm{d}x$;

(3) $\int_0^\infty x\mathrm{e}^{-ax}\mathrm{J}_1(bx)\mathrm{d}x$; (4) $\int_0^\infty \mathrm{e}^{-ax}\mathrm{J}_0(bx)\mathrm{d}x$, a,b 为实数, $a>0$.

11. 长为 l 的轴对称匀质细杆,其横截面积正比于它与尖端 $x=0$ 的距离. 已知杆的初始位移为 $\varphi(x)$,初始速度为零,杆的粗端是自由的,求解杆的纵振动情况.

12. 一半径为 R 的圆膜,边缘固定,质量密度为 σ(常数),单位面积上作用力为 $b\left(1-\frac{\rho^2}{R^2}\right)\sin\omega t$ (b,ω 为常数),求解膜的稳恒振动.

*12.3 其他柱函数

1. 第二类柱函数

在 12.1 中,我们已证明当 $\nu=n(0,1,2,\cdots)$ 时, $\mathrm{J}_n(x)$ 和 $\mathrm{J}_{-n}(x)$ 是线性相关的,需引入另一与 $\mathrm{J}_n(x)$ 线性无关的解来组成贝塞尔方程的通解. 为此,人们定义

$$\mathrm{N}_\nu(x)=\frac{\cos\nu\pi\mathrm{J}_\nu(x)-\mathrm{J}_{-\nu}(x)}{\sin\nu\pi} \tag{12.3.1}$$

为 ν 阶的贝塞尔方程的另一特解,称之为**第二类柱函数或诺伊曼函数**.

显然,当 ν 不为整数时, $N_\nu(x)$ 是贝塞尔方程的与 $\mathrm{J}_\nu(x)$ 线性无关的解. 因为 $N_\nu(x)$ 是两个线性无关的解 $\mathrm{J}_\nu(x)$ 和 $\mathrm{J}_{-\nu}(x)$ 的线性组合.

当 $\nu=n$ 时,(12.3.1)式右方是一不定式,我们可将之表示为

$$\mathrm{N}_n(x)=\lim_{\nu\to n}\mathrm{N}_\nu(x)=\lim_{\nu\to n}\frac{\cos\nu\pi\mathrm{J}_\nu(x)-\mathrm{J}_{-\nu}(x)}{\sin\nu\pi}$$

而由洛必达法则可得

$$\mathrm{N}_n(x)=\frac{1}{\pi}\left(\frac{\partial\mathrm{J}_\nu(x)}{\partial\nu}-(-1)^n\frac{\partial\mathrm{J}_{-\nu}(x)}{\partial\nu}\right)\bigg|_{\nu=n} \tag{12.3.2}$$

将 $\mathrm{J}_{\pm\nu}(x)$ 的级数表达式代入(12.3.2),经过冗长的计算,可得 $N_n(x)$ 的级数表达式为

$$N_n(x)=\frac{2}{\pi}J_n(x)\ln\frac{x}{2}-\frac{1}{\pi}\sum_{k=0}^{n-1}\frac{(n-k-1)!}{k!}\left(\frac{x}{2}\right)^{2k-n}$$
$$-\frac{1}{\pi}\sum_{k=0}^{\infty}\frac{(-1)^k}{k!(n+k)!}[\psi(k+1)+\psi(n+k+1)]\left(\frac{x}{2}\right)^{2k+n} \tag{12.3.3}$$

其中 $\psi(1)=-\gamma=-0.577216$ 是欧拉常数[①]，$\psi(k+1)=-\gamma+1+\frac{1}{2}+\cdots+\frac{1}{k}$. 当 $n=0$ 时，须去掉右方第二项有限和.

$N_n(x)$ 是贝塞尔方程的解. 因为

$$x^2J''_\nu(x)+xJ'_\nu(x)+(x^2-\nu^2)J_\nu(x)=0$$

将此式对 ν 求导得

$$x^2\frac{d^2}{dx^2}\frac{\partial J_\nu(x)}{\partial\nu}+x\frac{d}{dx}\frac{\partial J_\nu(x)}{\partial\nu}+(x^2-\nu^2)\frac{\partial J_\nu(x)}{\partial\nu}-2\nu J_\nu(x)=0 \tag{12.3.4}$$

同理

$$x^2\frac{d^2}{dx^2}\frac{\partial J_{-\nu}(x)}{\partial\nu}+x\frac{d}{dx}\frac{\partial J_{-\nu}(x)}{\partial\nu}+(x^2-\nu^2)\frac{\partial J_{-\nu}(x)}{\partial\nu}-2\nu J_{-\nu}(x)=0 \tag{12.3.5}$$

由(12.3.4)式减去 $(-1)^n$ 乘(12.3.5)式得

$$x^2\frac{d^2}{dx^2}\left[\frac{\partial J_\nu(x)}{\partial\nu}-(-1)^n\frac{\partial J_{-\nu}(x)}{\partial\nu}\right]+x\frac{d}{dx}\left[\frac{\partial J_\nu(x)}{\partial\nu}-(-1)^n\frac{\partial J_{-\nu}(x)}{\partial\nu}\right]$$
$$+(x^2-\nu^2)\left[\frac{\partial J_\nu(x)}{\partial\nu}-(-1)^n\frac{\partial J_{-\nu}(x)}{\partial\nu}\right]$$
$$-2\nu[J_\nu(x)-(-1)^nJ_{-\nu}(x)]=0$$

当 $\nu=n$ 时，则有

$$x^2N''_n(x)+xN'_n(x)+(x^2-n^2)N_n(x)=0$$

这就证明了当 $\nu=n$ 时，$N_n(x)$ 是 n 阶贝塞尔方程的解. 而且，$N_n(x)$ 也是与 $J_n(x)$ 线性无关的，因为当 $x=0$ 时由(12.1.10)式有

$$J_0(x)=1;\quad J_n(x)=0,\quad n\geqslant 1$$

故在 $x=0$ 点有

$$N_0(x)\sim\frac{2}{\pi}\ln\frac{x}{2}\to-\infty$$

$$N_n(x)\sim-\frac{(n-1)!}{\pi}\left(\frac{x}{2}\right)^{-n}\to-\infty,\quad n\geqslant 1$$

可见，当 x 为小变量时，$J_n(x)$ 和 $N_n(x)$ 有明显的不同行径.

综上所述，无论 ν 是否为整数，$N_\nu(x)$ 都是与 $J_\nu(x)$ 线性无关的贝塞尔方程的解，故**贝塞尔方程的通解**总可表示为

$$y=A_\nu J_\nu(x)+B_\nu N_\nu(x) \tag{12.3.6}$$

但注意到在 $x=0$ 点，当 $\nu=n$ 时，$N_n(x)\to-\infty$；当 $\nu\neq n$ 时，由于 $J_{-\nu}(x)\to\infty$ 故 $N_\nu(x)$ 也趋于 $-\infty$. 所以，在研究圆柱内部的亥姆霍兹方程或拉氏方程时，为了满足解在圆

柱轴(即 $\rho=0$ 或 $x=0$)上有限,应当舍去 $N_\nu(x)$.

还可以证明,当 $x\to\infty$时,诺伊曼函数的渐近行为为

$$N_\nu(x)\sim\sqrt{\frac{2}{\pi x}}\sin\left(x-\frac{\nu\pi}{2}-\frac{\pi}{4}\right)$$

2. 第三类柱函数

在实际应用中(如,在讨论波的散射问题时),人们又定义

$$\begin{cases}H_\nu^{(1)}(x)=J_\nu(x)+iN_\nu(x)\\H_\nu^{(2)}(x)=J_\nu(x)-iN_\nu(x)\end{cases}\tag{12.3.7}$$

为**第三类柱函数或汉开尔**(Hankel)函数. 显然,这两个汉开尔函数是贝塞尔方程的两线性无关的解. 由(12.3.7)式可看出,三类柱函数 $H_\nu^{(1)}(x)$,$H_\nu^{(2)}(x)$,$J_\nu(x)$,$N_\nu(x)$之间的关系、颇似 e^{ix}、e^{-ix}、$\cos x$、$\sin x$ 之间的关系.

通常把三类柱函数,统称为**柱函数**,以 $Z_\nu(x)$来表示. 由于 $N_\nu(x)$和 $H_\nu^{(1)}(x)$、$H_\nu^{(2)}(x)$的定义,均建立在 $J_\nu(x)$的基础之上,故很易证得 $N_\nu(x)$和 $H_\nu^{(1)}(x)$、$H_\nu^{(2)}(x)$也均满足与 $J_\nu(x)$所满足的同样的**递推关系**,于是有

$$\frac{d}{dx}[x^\nu Z_\nu(x)]=x^\nu Z_{\nu-1}(x)\tag{12.3.8}$$

$$\frac{d}{dx}[x^{-\nu}Z_\nu(x)]=-x^{-\nu}Z_{\nu+1}(x)\tag{12.3.9}$$

$$Z_{\nu-1}(x)+Z_{\nu+1}(x)=\frac{2\nu}{x}Z_\nu(x)\tag{12.3.10}$$

$$Z_{\nu-1}(x)-Z_{\nu+1}(x)=2Z'_\nu(x)\tag{12.3.11}$$

3. 球贝塞尔函数

在第二篇第八章中,我们曾通过在球坐标系中对亥姆霍兹方程分离变量,而得到了关于变量 r 的球贝塞尔方程[见第二篇(8.4.29)式],即

$$r^2\frac{d^2R}{dr^2}+2r\frac{dR}{dr}+[k^2r^2-l(l+1)]R=0$$

亦即

$$x^2\frac{d^2y}{dx^2}+2x\frac{dy}{dx}+[x^2-l(l+1)]y=0\tag{12.3.12}$$

其中,$x=kr$,$y=R$. 在第二篇中,我们已看到,若令 $y(x)=x^{-\frac{1}{2}}v(x)$,则 $v(x)$满足$l+\frac{1}{2}$阶的贝塞尔方程[第二篇(8.4.33)式]

$$x^2v''(x)+xv'(x)+\left[x^2-\left(l+\frac{1}{2}\right)^2\right]v(x)=0$$

因此球贝塞尔方程(12.3.12)的线性独立解为

$$x^{-\frac{1}{2}}J_{l+\frac{1}{2}}(x),\quad x^{-\frac{1}{2}}N_{l+\frac{1}{2}}(x)$$

$$x^{-\frac{1}{2}}\mathrm{H}_{l+\frac{1}{2}}^{(1)}(x), \quad x^{-\frac{1}{2}}\mathrm{H}_{l+\frac{1}{2}}^{(2)}(x)$$

但在现今的物理学中，通常是将以上解再乘上一个因子$\sqrt{\frac{\pi}{2}}$之后，记之为

$$\mathrm{j}_l(x)=\sqrt{\frac{\pi}{2x}}\mathrm{J}_{l+\frac{1}{2}}(x) \tag{12.3.13}$$

$$\mathrm{n}_l(x)=\sqrt{\frac{\pi}{2x}}\mathrm{N}_{l+\frac{1}{2}}(x) \tag{12.3.14}$$

$$\mathrm{h}_l^{(1)}(x)=\sqrt{\frac{\pi}{2x}}\mathrm{H}_{l+\frac{1}{2}}^{(1)}(x) \tag{12.3.15}$$

$$\mathrm{h}_l^{(2)}(x)=\sqrt{\frac{\pi}{2x}}\mathrm{H}_{l+\frac{1}{2}}^{(2)}(x) \tag{12.3.16}$$

分别称之为**第一类球贝塞尔函数**(或**球贝塞尔函数**)、**第二类球贝塞尔函数**(或**球诺伊曼函数**)和**第三类球贝塞尔函数**(或**球汉开尔函数**).

于是，方程(12.3.12)的通解可以写成

$$y(x)=A_l\mathrm{j}_l(x)+B_l\mathrm{n}_l(x) \tag{12.3.17}$$

当 l 为整数时，球贝塞尔函数可以用初等函数来表示，如

$$\mathrm{j}_0(x)=\frac{\sin x}{x}, \quad n_0(x)=-\frac{\cos x}{x} \tag{12.3.18}$$

$$\mathrm{j}_1(x)=\frac{1}{x^2}(\sin x-x\cos x), \quad n_1(x)=-\frac{1}{x^2}(\cos x+x\sin x)$$

类似于上两节对贝塞尔函数的讨论，我们有本征值问题

$$\begin{cases} r^2\dfrac{\mathrm{d}^2R}{\mathrm{d}r^2}+2r\dfrac{\mathrm{d}R}{\mathrm{d}r}+[k^2r^2-l(l+1)]R=0 \\ R(0)\neq\infty \\ R(a)=0 \end{cases} \tag{12.3.19}$$

的本征值和本征函数分别是

$$k=k_m^{(l+\frac{1}{2})}=\frac{x_m^{(l+\frac{1}{2})}}{a}, \quad R(r)=\mathrm{j}_l(k_m^{(l+\frac{1}{2})}r), \quad m=1,2,3,\cdots \tag{12.3.20}$$

其中 $x_m^{(l+\frac{1}{2})}$ 是 $\mathrm{J}_{l+\frac{1}{2}}(x)$的正零点.

本征函数族$\{\mathrm{j}_l(k_m^{(l+\frac{1}{2})}r)\}$对固定 l 满足如下正交归一关系

$$\int_0^a \mathrm{j}_l(k_m^{(l+\frac{1}{2})}r)\mathrm{j}_l(k_n^{(l+\frac{1}{2})}r)r^2\mathrm{d}r=\frac{\pi}{k_n^{(l+\frac{1}{2})}}\left(\frac{a}{2}\right)^2[\mathrm{J}_{l+\frac{3}{2}}(k_n^{(l+\frac{1}{2})}a)]^2\delta_{mn} \tag{12.3.21}$$

在区间 $0\leqslant r\leqslant a$ 上满足一定条件的 $f(r)$，均可按球贝塞尔函数展开为广义傅氏级数

$$f(r) = \sum_{m=1}^{\infty} c_m \mathrm{j}_l(k_m^{(l+\frac{1}{2})} r) \tag{12.3.22}$$

其中

$$c_m = \frac{1}{\dfrac{\pi}{k_m^{(l+\frac{1}{2})}}\left[\dfrac{a}{2}\mathrm{J}_{l+\frac{3}{2}}(k_m^{(l+\frac{1}{2})}a)\right]^2}\int_0^a f(r)\mathrm{j}_l(k_m^{(l+\frac{1}{2})}r)r^2\mathrm{d}r \tag{12.3.23}$$

例 1 半径为 a 的均匀导热介质球，原来的温度为 u_0 将它放入冰水中，使球面保持为零度. 求球内温度的变化.

解 显然温度 $u(r,t)$ 与 θ 和 φ 无关，故其定解问题为

$$\begin{cases} \dfrac{\partial u}{\partial t} - D\Delta u(r,t) = 0 & (12.3.24) \\ u\,|_{r=0} \to \text{有限} & (12.3.25) \\ u\,|_{r=a} = 0 & (12.3.26) \\ u\,|_{t=0} = u_0 & (12.3.27) \end{cases}$$

令

$$u(r,t) = R(r)T(t) \tag{12.3.28}$$

代入方程和边界条件得

$$\begin{cases} rR''(r) + 2R'(r) + \lambda rR(r) = 0 & (12.3.29) \\ R(0)\ \text{有限}, R(a) = 0 & (12.3.30) \end{cases}$$

$$T'(t) + \lambda DT(t) = 0 \tag{12.3.31}$$

方程(12.3.29)是零阶球贝塞尔方程. 本征值问题(12.3.29)～(12.3.30)的本征值和本征函数分别是

$$\lambda = \left(\frac{x_m^{(\frac{1}{2})}}{a}\right)^2, \quad R(r) = \mathrm{j}_0\left(\frac{x_m^{(\frac{1}{2})}}{a}r\right)$$

由(12.3.18)式又可写成

$$\lambda = \left(\frac{m\pi}{a}\right)^2, \quad R(r) = \frac{a}{m\pi r}\sin\frac{m\pi r}{a}, \quad m = 1,2,3,\cdots$$

将 λ 之值代入方程(12.3.31)并求解此方程得

$$T(t) = c_m \mathrm{e}^{-(\frac{m\pi}{a})^2 Dt}$$

于是

$$u(r,t) = \sum_{m=1}^{\infty} c_m \frac{a}{m\pi r}\sin\frac{m\pi r}{a}\mathrm{e}^{-(\frac{m\pi}{a})^2 Dt}$$

将此式代入初始条件(12.3.27)式定出系数 c_m，最后求得定解问题(12.3.24)～(12.3.27)式的解为

$$u(r,t) = \frac{2au_0}{\pi r}\sum_{m=1}^{\infty}\frac{(-1)^{m-1}}{m}\sin\frac{m\pi r}{a}\mathrm{e}^{-(\frac{m\pi}{a})^2 Dt}$$

4. 虚宗量贝塞尔函数

在第二篇中，我们曾引入了**虚宗量的贝塞尔方程**[见第二篇 8.4 注①]

$$x^2y''+xy'-(x^2+\nu^2)y=0 \tag{12.3.32}$$

其中 x 是实数. 易于看出,只要令 $z=\mathrm{i}x$,则方程(12.3.32)便化为自变数 z 的贝塞尔方程

$$z^2w''(z)+zw'(z)+(z^2-\nu^2)w=0$$

因此当 $\nu\neq n$(整数)时,方程(12.3.32)的两线性无关的解为

$$y=\mathrm{J}_{\pm\nu}(\mathrm{i}x)=\sum_{k=0}^{\infty}\frac{(-1)^k}{k!\Gamma(\pm\nu+k+1)}\left(\frac{\mathrm{i}x}{2}\right)^{2k\pm\nu}$$

$$=\mathrm{i}^{\pm\nu}\sum_{k=0}^{\infty}\frac{1}{k!\Gamma(\pm\nu+k+1)}\left(\frac{x}{2}\right)^{2k\pm\nu}$$

为了应用上的方便,经常希望将解表示为实数的形式,为此,人们定义

$$\begin{cases}\mathrm{I}_\nu(x)=\mathrm{i}^{-\nu}\mathrm{J}_\nu(\mathrm{i}x)\\ \mathrm{I}_{-\nu}(x)=\mathrm{i}^{\nu}\mathrm{J}_{-\nu}(\mathrm{i}x)\end{cases} \tag{12.3.33}$$

并称之为**虚宗量的贝塞尔函数**或**第一类虚宗量的柱函数**,则

$$\mathrm{I}_{\pm\nu}(x)=\sum_{k=0}^{\infty}\frac{1}{k!\Gamma(\pm\nu+k+1)}\left(\frac{x}{2}\right)^{2k\pm\nu} \tag{12.3.34}$$

当 $\nu\neq n$ 时 $\mathrm{I}_\nu(x)$ 和 $\mathrm{I}_{-\nu}(x)$ 当然是线性无关的. 而当 $\nu=n$ 时,我们有

$$\mathrm{I}_{-n}(x)=\mathrm{I}_n(x) \tag{12.3.35}$$

即 $\mathrm{I}_n(x)$ 和 $\mathrm{I}_{-n}(x)$ 是线性相关的. 为了寻求另一线性无关的解,人们定义

$$\mathrm{K}_\nu(x)=\frac{\pi}{2}\cdot\frac{\mathrm{I}_{-\nu}(x)-\mathrm{I}_\nu(x)}{\sin\nu\pi} \tag{12.3.36}$$

称之为**第二类虚宗量柱函数**或**麦克唐纳**(Macdonald)**函数**.

显然,当 $\nu\neq n$ 时,$\mathrm{K}_\nu(x)$ 是方程(12.3.32)的与 $\mathrm{I}_\nu(x)$ 线性无关的解. 当 $\nu=n$ 时

$$\mathrm{K}_n(x)=\lim_{\nu\to n}\frac{\pi}{2}\frac{\mathrm{I}_{-\nu}(x)-\mathrm{I}_\nu(x)}{\sin\nu\pi}=\frac{(-1)^n}{2}\left[\frac{\partial\mathrm{I}_{-\nu}(x)}{\partial\nu}-\frac{\partial I_\nu(x)}{\partial\nu}\right]_{\nu=n}$$

可计算出

$$\mathrm{K}_n(x)=\frac{1}{2}\sum_{k=0}^{n-1}(-1)^k\frac{(n-k-1)!}{k!}\left(\frac{x}{2}\right)^{2k-n}+(-1)^{n+1}\sum_{k=0}^{\infty}\frac{1}{k!(n+k)!}$$
$$\cdot\left[\ln\frac{x}{2}-\frac{1}{2}\psi(n+k+1)-\frac{1}{2}\psi(k+1)\right]\left(\frac{x}{2}\right)^{2k+n},\quad n=0,1,2,\cdots \tag{12.3.37}$$

当 $n=0$ 时,去掉右边第一项. 可见 $x=0$ 是 $\mathrm{K}_n(x)$ 的奇点

$$\mathrm{K}_0(x)\sim-\ln\frac{x}{2}\to\infty$$

$$\mathrm{K}_n(x)\sim\frac{(n-1)!}{2}\left(\frac{x}{2}\right)^{-n}\to\infty,\quad n\geqslant1$$

而由(12.3.34)有

$$\mathrm{I}_0(0)=1;\quad \mathrm{I}_n(0)=0,\quad n\geqslant1$$

故由类似于对诺伊曼函数的讨论知，$\mathrm{K}_n(x)$不仅是(12.3.32)的解，而且是(12.3.32)的一个与$\mathrm{I}_n(x)$线性无关的解.

总之，不论ν是否为整数，**虚宗量的贝塞尔方程**(12.3.32)**的通解**均可表示为

$$y(x)=A_\nu \mathrm{I}_\nu(x)+B_\nu \mathrm{K}_\nu(x) \tag{12.3.38}$$

在实际问题中，如果圆柱的上、下底具有齐次边界条件，而在圆柱的侧面有非齐次的边界条件，则在柱坐标系中用分离变量法解拉氏方程或亥姆霍兹方程时，便会出现虚宗量贝塞尔方程.

例 2 求定解问题

$$\begin{cases}\Delta u=0,0<\rho<b,0<\varphi<2\pi,0<z<h & (12.3.39)\\ u\big|_{z=0}=0,u\big|_{z=h}=0 & (12.3.40)\\ u\big|_{\rho=b}=u_0 & (12.3.41)\end{cases}$$

解 由于问题的对称性，令$u(\rho,z)=R(\rho)Z(z)$代入方程(12.3.39)和齐次边界条件(12.3.40)得

$$\begin{cases}Z''+\mu Z=0\\ Z(0)=0,\quad Z(h)=0\end{cases} \tag{12.3.42}$$

$$\frac{1}{\rho}\frac{\mathrm{d}}{\mathrm{d}\rho}\left(\rho\frac{\mathrm{d}R}{\mathrm{d}\rho}\right)-\mu R=0 \tag{12.3.43}$$

本征问题(12.3.42)的解是我们熟知的

$$\mu=k_m^2=\frac{m^2\pi^2}{h^2},\quad Z_m(z)=\sin\frac{m\pi}{h}z,\quad m=1,2,\cdots$$

将$\mu=k_m^2$代入方程(12.3.43)，并令$x=k_m\rho$，$y(x)=R(\rho)$，则方程(12.3.43)变为

$$x^2y''+xy'-x^2y=0$$

这是零阶虚宗量的贝塞尔方程，注意到$\mathrm{K}_0(0)\to\infty$，于是有

$$R_m(\rho)=y_m(x)=\mathrm{I}_0(k_m^0\rho),\quad m=1,2,\cdots$$

从而有

$$u(\rho,z)=\sum_{m=1}^{\infty}A_m\mathrm{I}_0\left(\frac{m\pi}{h}\rho\right)\sin\frac{m\pi}{h}z$$

代入非齐次边界条件(12.3.41)得

$$u(b,z)=u_0=\sum_{m=1}^{\infty}A_m\mathrm{I}_0\left(\frac{m\pi}{h}b\right)\sin\frac{m\pi}{h}z$$

即$A_m\mathrm{I}_0\left(\frac{m\pi}{h}b\right)$是$u_0$的傅氏正弦展开系数，为

$$A_m\mathrm{I}_0\left(\frac{m\pi}{h}b\right)=\frac{2}{h}\int_0^h u_0\sin\frac{m\pi}{h}z\,\mathrm{d}z=\frac{2u_0}{m\pi}\left(-\cos\frac{m\pi}{h}z\right)\bigg|_0^h=\frac{2u_0}{m\pi}[1-(-1)^m]$$

故

$$A_{2n}=0,\quad A_{2n+1}=\frac{4u_0}{(2n+1)\pi\mathrm{I}_0\left(\frac{2n+1}{h}\pi b\right)}$$

因此

$$u(\rho,z)=\frac{4u_0}{\pi}\sum_{n=0}^{\infty}\frac{\sin\frac{(2n+1)\pi}{h}z\,\mathrm{I}_0\left(\frac{2n+1}{h}\pi\rho\right)}{(2n+1)\mathrm{I}_0\left(\frac{2n+1}{h}\pi b\right)}\tag{12.3.44}$$

5. 可以化为贝塞尔方程的微分方程

我们已看到，球贝塞尔方程和虚宗量的贝塞尔方程均可化为贝塞尔方程. 实际上，在物理学中有许多微分方程都可以化为贝塞尔方程，因而能借助于贝塞尔方程的解来求得其解. 例如，我们可由贝塞尔方程

$$x^2y''+xy'+(x^2-\nu^2)y=0\tag{12.3.45}$$

出发，通过作变换

$$x=\mu t^{\beta},\quad y(x)=t^{-\alpha}w(t)\tag{12.3.46}$$

便可推得如下的一类方程

$$t^2w''(t)+(1-2\alpha)tw'(t)+[\mu^2\beta^2t^{2\beta}+(\alpha^2-\nu^2\beta^2)]w(t)=0\tag{12.3.47}$$

从而，我们可写出此方程的解为

$$w(t)=t^{\alpha}J_{\nu}(\mu t^{\beta})\tag{12.3.48}$$

其中，$J_\nu(x)$是 ν 阶的贝塞尔方程(12.3.45)的解. 我们所熟悉的艾里方程便是这类方程. 不难看出，在方程(12.3.47)中，只要取 $\alpha=\frac{1}{2}$，$\beta=\frac{3}{2}$，$\mu=\mathrm{i}\,\frac{2}{3}$，$\nu^2=\frac{1}{9}$，即，作变换

$$x=\mathrm{i}\,\frac{2}{3}t^{2/3},\quad y(x)=t^{-1/2}w(t)\tag{12.3.49}$$

则方程(12.3.47)就转化为艾里方程

$$w''(t)-tw(t)=0\tag{12.3.50}$$

我们在第 9 章曾经已求得其指数形式的解——艾里函数. 至此，读者也不妨自行求出其柱函数形式的解.

注 ① 参看参考文献[6]第 122 页.

② 见本节习题第 2 题.

习 题 12.3

1. 半奇数阶贝塞尔函数的一个重要特点是可以用初等函数来表示，试证

$$\left.\begin{aligned}\mathrm{J}_{\frac{1}{2}}(x)&=\sqrt{\frac{2}{\pi x}}\sin x\\ \mathrm{J}_{-\frac{1}{2}}(x)&=\sqrt{\frac{2}{\pi x}}\cos x\end{aligned}\right\}\tag{12.3.51}$$

$$\left.\begin{aligned} \mathrm{J}_{n+\frac{1}{2}}(x) &= (-1)^n\sqrt{\frac{2}{\pi}}x^{n+\frac{1}{2}}\ \frac{\mathrm{d}^n}{(x\mathrm{d}x)^n}\left(\frac{\sin x}{x}\right) \\ \mathrm{J}_{-\left(n+\frac{1}{2}\right)}(x) &= \sqrt{\frac{2}{\pi}}x^{n+\frac{1}{2}}\ \frac{\mathrm{d}^n}{(x\mathrm{d}x)^n}\left(\frac{\cos x}{x}\right) \end{aligned}\right\} \tag{12.3.52}$$

2. 试证，对于虚宗量的柱函数有如下递推公式：

$$\frac{\mathrm{d}}{\mathrm{d}x}[x^\nu \mathrm{I}_\nu(x)] = x^\nu \mathrm{I}_{\nu-1}(x), \quad \frac{\mathrm{d}}{\mathrm{d}x}[x^{-\nu}\mathrm{I}_\nu(x)] = x^{-\nu}\mathrm{I}_{\nu+1}(x),$$

$$\frac{\mathrm{d}}{\mathrm{d}x}[x^\nu \mathrm{K}_\nu(x)] = -x^\nu \mathrm{K}_{\nu-1}(x), \quad \mathrm{I}_{\nu-1}(x) - I_{\nu+1}(x) = \frac{2\nu}{x}\mathrm{I}_\nu(x),$$

$$\frac{\mathrm{d}}{\mathrm{d}x}[x^{-\nu}\mathrm{K}_\nu(x)] = -x^{-\nu}\mathrm{K}_{\nu+1}(x), \quad \mathrm{I}_{\nu-1}(x) + \mathrm{I}_{\nu+1}(x) = 2\mathrm{I}'_\nu(x),$$

$$\mathrm{K}_{\nu-1}(x) - \mathrm{K}_{\nu+1}(x) = -\frac{2\nu}{x}K_\nu(x), \quad \mathrm{K}_{\nu-1}(x) + \mathrm{K}_{\nu+1}(x) = -2K'_\nu(x).$$

3. 试证下列含有虚宗量的积分结果：

(1) $\displaystyle\int_0^\infty \mathrm{e}^{-\frac{1}{2}ax}\sin bx\,\mathrm{I}_0\left(\frac{1}{2}ax\right)\mathrm{d}x = \frac{1}{\sqrt{(2b)(a^2+b^2)}}\ \sqrt{b+\sqrt{a^2+b^2}}$,

$\displaystyle\int_0^\infty \mathrm{e}^{-\frac{1}{2}ax}\cos bx\,\mathrm{I}_0\left(\frac{1}{2}ax\right)\mathrm{d}x = \frac{1}{\sqrt{2b(a^2+b^2)}}\ \frac{a}{\sqrt{b+\sqrt{a^2+b^2}}}$, $a>0, b>0$;

(2) $\displaystyle\int_0^\infty \mathrm{J}_0(\alpha x)\mathrm{K}_0(\beta x)x\mathrm{d}x = \frac{1}{\alpha^2+\beta^2}$, $\alpha>0, \mathrm{Re}\beta>0$.

4. 半径为 a、高为 h 的导热介质圆柱，其侧面有强度为 $q(z)$ 的恒定热流垂直流入，上下两底保持恒温 u_0，求柱体内的稳定温度分布.

5. 圆柱体半径为 a，高为 h，上底保持温度 u_1，下底保持温度 u_2，侧面温度分布为 $f(z)=\dfrac{2u_1}{h^2}\left(z-\dfrac{h}{2}\right)z+\dfrac{u_2}{h}(h-z)$. 求柱内各点的稳定温度.

6. 半径为 $2a_0$ 的匀质球，初始温度为 $u|_{t=0}=\begin{cases} u_0, 0\leqslant r\leqslant a_0 \\ 0, a_0<r<2a_0 \end{cases}$ (u_0 为常数)，将球面温度保持为零度而使球冷却，求球内的温度变化.

*7. 一块半径为 a 的圆形金属板，围绕它的圆周被牢固地夹紧. 描述金属板振动的定解问题为

$$\begin{cases} \nabla^4 u + b\dfrac{\partial^2 u}{\partial t^2} = 0 \\ u|_{r=a} = 0, \quad \left.\dfrac{\partial u}{\partial r}\right|_{r=a} = 0 \end{cases}$$

(1) 考虑和这个解的等价的数学问题. 即在单位圆内求解

$$\begin{cases} \nabla^4 u - k^4 u = 0 \\ u|_{r=1} = 0, \quad \left.\dfrac{\partial u}{\partial r}\right|_{r=1} = 0 \end{cases}$$

设该本征值问题的最小本征值是 k_0^4，试用 k_0，a 和 b 表示板的最低振动模式的频率 ω？

(2) 注意到因式分解 $\nabla^4-k^4=(\nabla^2-k^2)(\nabla^2+k^2)$，给出适合于本问题 $\nabla^4 u-k^4 u=0$ 的两个线性独立解.

(3) 利用(1)的边界条件，求一个超越方程，它的本征值是 k.

(4) 如果金属板的周围是自由的而不是夹紧的,边界条件是什么?

* 8. 设 $K_0(x)=\int_0^{\infty}\exp(-x\cosh\varphi)\mathrm{d}\varphi$,证明

(1) $K_0(x)$满足虚宗量的零阶贝塞尔方程,即 $K_0(x)\equiv J_0(ix)$;

(2) 对很大的 x,$K_0(x)$具有渐近形式 $De^{-x}/\sqrt{x}$,并求出常数 D 的值.

(芝加哥大学研究生试题)

* 9. 计算和数 $\sum_{n=1}^{\infty}x_{nl}^{-2}$ 的值,其中 x_{nl} 是球贝塞尔函数 $j_l(z)$的第 n 个正的零点[即 $j_l(x_{nl})=0$]. 有用的公式

$$j_l(x)=\frac{2^l}{(2l+1)!!}\left[1-\frac{z^2}{2(2l+3)}+\frac{z^4}{8(2l+3)(2l+5)}-\cdots\right]$$

(第 7、9 题为加州理工学院研究生试题)

本章小结

本章授课课件

本章习题分析与讨论

在柱、球坐标系中 $\Delta u+\lambda u=0$ 的求解

在柱坐标中

$$\Delta u=\frac{1}{\rho}\frac{\partial}{\partial\rho}\left(\rho\frac{\partial u}{\partial\rho}\right)+\frac{1}{\rho^2}\frac{\partial^2 u}{\partial\varphi^2}+\frac{\partial^2 u}{\partial z^2}$$

令 $u(\rho,\varphi,z)=R(\rho)\Phi(\varphi)Z(z)$，则

1\. $\Delta u+\lambda u=0\rightarrow\begin{cases}Z''+\mu Z=0\rightarrow Z(z)=c_\mu e^{\sqrt{\mu}z}+d_\mu e^{-\sqrt{\mu}z} & ①\\ \Phi''+n^2\Phi=0\rightarrow\Phi_n(\varphi)=A_n\cos n\varphi+B_n\sin n\varphi & ②\\ \rho^2R''+\rho R'+[(\lambda-\mu)\rho^2-n^2]R=0\end{cases}$

$\rho^2R''+\rho R'+[(\lambda-\mu)\rho^2-n^2]R=0$：

若 $\lambda-\mu\geqslant 0$，令 $\lambda-\mu=k^2$ $\rightarrow\rho^2R''+\rho R'+(k^2\rho^2-n^2)R=0$

若 $\lambda-\mu<0$，令 $\lambda-\mu=-k^2$ $\rightarrow\rho^2R''+\rho R'-(k^2\rho^2+n^2)R=0$

又令 $x=k\rho$，$y(x)=R(\rho)$，则

$$\rho^2R''+\rho R'+(k^2\rho^2-n^2)R=0\rightarrow x^2y''+xy'+(x^2-n^2)y=0\rightarrow\begin{cases}y_{特}=\mathrm{J}_{\pm n}(x)\text{(柱体内)}\\ y_{通}=a_n\mathrm{J}_n(x)+b_n\mathrm{N}_n(x)\end{cases}\quad ③$$

$$\rho^2R''+\rho R'-(k^2\rho^2+n^2)R=0\rightarrow x^2y''+xy'-(x^2+n^2)y=0\rightarrow\begin{cases}y_{特}=\mathrm{I}_{\pm n}(x)\text{(柱体内)}\\ y_{通}=a'_n\mathrm{I}_n(x)+b'_n\mathrm{K}_n(x)\end{cases}\quad ③'$$

故在柱坐标系中，$\Delta u+\lambda u=0$ 的解，应由将上面的①、②、③(或③′)相乘后叠加得到，其中 μ、$\lambda-\mu$、叠加系数以及对③和③′之一的选择，都由题目所给定的边界条件确定，具体而言. 当圆柱的上、下底的边界条件至少有一个是非齐次的，而侧面的边界条件是齐次的时，其解应由①、②、③组合成；而当圆柱的上、下两底的边界条件是齐次的，而侧面的边界条件是非齐次的时，其解应由①、②和③′组成.

续表

2. 至于 $\Delta u=0$ 的求解，只需将上述求解过程每一步中的 λ 取零即可.

在球坐标系中

$$\Delta u=\frac{1}{r^2}\frac{\partial}{\partial r}\left(r^2\frac{\partial u}{\partial r}\right)+\frac{1}{r^2\sin\theta}\frac{\partial}{\partial\theta}\left(\sin\theta\frac{\partial u}{\partial\theta}\right)+\frac{1}{r^2\sin^2\theta}\frac{\partial^2 u}{\partial\varphi^2}$$

令 $u(r,\theta,\varphi)=R(r)\Theta(\theta)\Phi(\varphi)$，则

$$\Delta u+\lambda u=0\rightarrow\begin{cases}\Phi''+m^2\Phi=0\longrightarrow\Phi_m(\varphi)=A_m\cos m\varphi+B_m\sin m\varphi\\[2mm]\dfrac{1}{\sin\theta}\dfrac{\mathrm{d}}{\mathrm{d}\theta}\left(\sin\theta\dfrac{\mathrm{d}\Theta}{\mathrm{d}\theta}\right)+\left[l(l+1)-\dfrac{m^2}{\sin^2\theta}\right]\Theta=0\\ \quad\xrightarrow{x=\cos\theta,\,y(x)=\Theta(\theta)}(1-x^2)y''-2xy'+\left[l(l+1)-\dfrac{m^2}{1-x^2}\right]y=0\rightarrow y(x)=\mathrm{P}_l^m(x),\ |x|\leqslant 1\\[2mm]r^2R''+2rR'+[k^2r^2-l(l+1)]R=0\quad(k^2=\lambda)\\ \quad\xrightarrow{x=kr,\,y=R(r)}x^2y''-2xy'+[x^2-l(l+1)]y=0\rightarrow\begin{cases}y_{\text{特}}=\mathrm{j}_l(x)(\text{球内})\\ y_{\text{通}}=c_l\mathrm{j}_l(x)+d_ln_l(x)\end{cases}\end{cases}$$

于是，在球坐标系中，$\Delta u+\lambda u=0$ 在球域内的解为

$$u(r,\theta,\varphi)=\sum_{m=0}^{l}\sum_{l=0}^{\infty}(A_m\cos m\varphi+B_m\sin m\varphi)P_l^m(\cos\theta)\mathrm{j}_l(kr)$$

注：$\mathrm{J}_n(x)$的小结见本篇 16.1 节后.

第十三章　施图姆-刘维尔理论

13.1　施图姆-刘维尔本征值问题

本章相当于前面两章，即特殊函数问题的一个小结.

1. 施图姆-刘维尔型方程

在运用分离变量法求解偏微分方程时，会出现种种含有参量的常微分方程，如勒让德方程、贝塞尔方程等，这些方程初看起来无什么关系，但只要我们将之稍加变形，便均可写成下述方程：

$$\frac{\mathrm{d}}{\mathrm{d}x}\left[k(x)\frac{\mathrm{d}y}{\mathrm{d}x}\right]-q(x)y+\lambda\rho(x)y=0 \tag{13.1.1}$$

其中，$a\leqslant x\leqslant b,k(x)\geqslant 0,q(x)\geqslant 0,\rho(x)\geqslant 0,\lambda$ 为参数. 通常称(13.1.1)为**施图姆-刘维尔**(Sturm-Liouville)**方程**，而称 $\rho(x)$ 为**权函数**. 如贝塞尔方程

$$x^2y''+xy'+(k^2x^2-n^2)y=0$$

可写为

$$\frac{\mathrm{d}}{\mathrm{d}x}\left[x\frac{\mathrm{d}y}{\mathrm{d}x}\right]-\frac{n^2}{x}y+k^2xy=0$$

其中 $k(x)=x,q(x)=\dfrac{n^2}{x},\lambda=k^2,\rho(x)=x$. 又如，勒让德方程

$$(1-x^2)y''-2xy'+l(l+1)y=0$$

可写为

$$\frac{\mathrm{d}}{\mathrm{d}x}\left[(1-x^2)\frac{\mathrm{d}y}{\mathrm{d}x}\right]+l(l+1)y=0$$

其中 $k(x)=1-x^2,q(x)=0,\lambda=l(l+1),\rho(x)=1$.

任意的二阶常微分方程

$$y''(x)+p(x)y'(x)+h(x)y(x)=0$$

以函数 $k(x)=\exp\left[\int p(x)\mathrm{d}x\right]$乘其两端后均可写成施-刘型方程. 如：

对于厄米方程

$$y''-2xy'+2ny=0$$

有

$$k(x)=\mathrm{e}^{-x^2},\quad [\mathrm{e}^{-x^2}y']'+2n\mathrm{e}^{-x^2}y=0$$

对于拉盖尔方程

$$xy''+(1-x)y'+\alpha y=0$$

有

$$k(x)=x\mathrm{e}^{-x},\quad [x\mathrm{e}^{-x}y']'+\alpha\mathrm{e}^{-x}y=0$$

对于高斯方程

$$x(x-1)y''+[(\alpha+\beta+1)x-\gamma]y'+\alpha\beta y=0$$

有

$$k(x)=x^{\gamma}(x-1)^{\alpha+\beta+1-\gamma}$$

$$[x^{\gamma}(x-1)^{\alpha+\beta+1-\gamma}y']'+\alpha\beta x^{\gamma-1}(x-1)^{\alpha+\beta-\gamma}y=0$$

对于库默尔方程

$$xy''+(c-x)y'-ay=0$$

有

$$k(x)=x^{c}\mathrm{e}^{-x},\quad [x^{c+1}\mathrm{e}^{-x}y']'-x^{c}\mathrm{e}^{-x}y'-ax^{c}\mathrm{e}^{-x}y=0$$

等等.

2. 自然边界条件

定义在某一区间上的施图姆-刘维尔方程

$$\frac{\mathrm{d}}{\mathrm{d}x}\left[k(x)\frac{\mathrm{d}y}{\mathrm{d}x}\right]-q(x)y+\lambda\rho(x)y=0,\quad a\leqslant x\leqslant b$$

(1) 若端点 a 或 b 是 $k(x)$ 的一级零点,则在那个端点就存在着自然的边界条件.因为在此种情况下若(13.1.1)存在一有界解 $y_1(x)$,则由求解公式

$$y_2(x)=y_1(x)\left[\int_{x_0}^{x}\frac{\mathrm{e}^{-\int p(\zeta)\mathrm{d}\zeta}}{y_1^2(\zeta)}\mathrm{d}\zeta+c\right]=y_1(x)\left[\int_{x_0}^{x}\frac{\mathrm{d}\zeta}{k(\zeta)y_1^2(\zeta)}+c\right]^{①}$$

知,与 $y_1(x)$ 线性无关的解 $y_2(x)$ 在该端点必是无界的.即

$$y_2(a)=\infty\quad 或\quad y_2(b)=\infty$$

故此时存在有限性的自然边界条件

$$y(a)=有限\quad 或\quad y(b)=有限 \tag{13.1.2}$$

如,贝塞尔方程

$$\frac{\mathrm{d}}{\mathrm{d}x}\left[x\frac{\mathrm{d}y}{\mathrm{d}x}\right]-\frac{n^2}{x^2}y+k^2xy=0,\quad 0\leqslant x\leqslant a$$

$k(x)=x$,在端点 $x=0$ 的值 $k(0)=0$,在端点 $x=0$ 存在着自然边界条件 $y|_{x=0}\to$有限.又如,勒让德方程

$$\frac{\mathrm{d}}{\mathrm{d}x}\left[(1-x^2)\frac{\mathrm{d}y}{\mathrm{d}x}\right]+l(l+1)y=0,\quad -1\leqslant x\leqslant 1$$

$k(x)=1-x^2$,在端点 $x=\pm1$ 的值 $k(\pm1)=1-(\pm1)^2=0$,在端点存在着自然边界条件 $y|_{x=\pm1}\to$有限.

(2) 若 $k(a)=k(b)$,则在端点存在有周期性的自然边界条件

$$y(a)=y(b),\quad y'(a)=y'(b) \tag{13.1.3}$$

如,第二篇 8.4 节中我们所遇到的本征值问题.

$$\begin{cases}\Phi''(\varphi)+n^2\Phi(\varphi)=0\\ \Phi(0)=\Phi(2\pi)\end{cases}$$

即属此种情况的一个特例.

3. 施图姆-刘维尔本征值问题的共同性质

对施图姆-刘维尔方程附加以齐次的第一类、第二类或第三类的边界条件或自然边界条件

$$\begin{cases}\dfrac{\mathrm{d}}{\mathrm{d}x}\left[k(x)\dfrac{\mathrm{d}y}{\mathrm{d}x}\right]-q(x)y+\lambda\rho(x)y=0, \quad a\leqslant x\leqslant b\\ \left[\alpha\dfrac{\mathrm{d}y}{\mathrm{d}x}+\beta y(x)+\gamma k(x)\right]_{x=a,b}=0\end{cases} \tag{13.1.4}$$

就称为**施图姆-刘维尔本征值问题**. 这类本征值问题具有如下共同性质[②]：

(1) 如 $k(x)$ 及其导数连续，$q(x)$ 连续或者最多在边界有一阶极点，则存在无限多分立的实本征值

$$\lambda_1\leqslant\lambda_2\leqslant\lambda_3\leqslant\cdots$$

相应地，有本征函数(可以是 x 的复函数)

$$y_1(x), y_2(x), y_3(x), \cdots$$

(2) 所有本征值 $\lambda_m\geqslant0(m=1,2,3,\cdots)$.

(3) 相应于不同的本征值 λ_m 和 λ_n 的本征函数 $y_m(x)$ 和 $y_n(x)$，在区间 $[a,b]$ 上带权重 $\rho(x)$ 正交归一，即

$$\int_a^b\rho(x)y_m(x)\bar{y}_n(x)\mathrm{d}x=\begin{cases}0, & m\neq n\\ N_n^2, & m=n\end{cases} \tag{13.1.5}$$

其中 N_n 称为 $y_n(x)$ 的模，$\dfrac{1}{N_n}$ 称为归一化因子，$\bar{y}_n(x)$ 为 $y_n(x)$ 的共轭函数.

(4) 本征函数族 $\{y_m(x)\}$：$y_1(x), y_2(x), y_3(x), \cdots$ 是完备的. 即，若函数 $f(x)$ 具有连续一阶导数和分段连续的二阶导数且满足本征函数族 $y_m(x)(m=1,2,3,\cdots)$ 所满足的边界条件，则必可展开为绝对且一致收敛的级数

$$f(x)=\sum_{m=1}^{\infty}c_m y_m(x) \tag{13.1.6}$$

其中

$$c_m=\frac{1}{N_m^2}\int_a^b\rho(x)f(x)\bar{y}_m(x)\mathrm{d}x \tag{13.1.7}$$

事实上，只要 $f(x)$ 在 $[a,b]$ 上平方可积，就能按(13.1.6)展开(见参考文献[7] 15.3 节)

若施图姆-刘维尔方程的解，是不能用初等函数的有限形式表示的函数(如，贝塞尔函数、勒让德多项式等)，则称之为**特殊函数**，故常常将对特殊函数问题的研究，归结为对施图姆-刘维尔问题的研究.

现将两个主要的特殊函数的性质，列入本篇末的表中，作为本篇的小结. 读者不妨将本篇各章节和习题中所出现的其他特殊函数，如厄米多项式、拉盖尔多项式，此外还有超几何级数、合流超几何级数[③] 等这些物理学中常会遇到的特殊函数的主要性质，自己归纳整理后也列入该表中.

注 ① 见一般高等数学教科书中高阶常微分方程部分.

② 施-刘问题共性证明见二维码.

施-刘问题共性证明

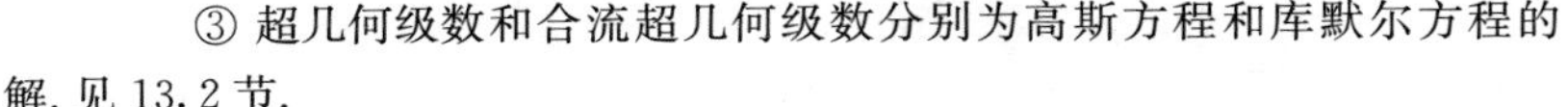

③ 超几何级数和合流超几何级数分别为高斯方程和库默尔方程的解. 见 13.2 节.

习 题 13.1

1. 厄米多项式的微分表达式为

$$\mathrm{H}_n(x)=(-1)^n \mathrm{e}^{x^2}\frac{\mathrm{d}^n \mathrm{e}^{-x^2}}{\mathrm{d}x^n} \tag{13.1.8}$$

试证

(1) 其母函数关系式：$\mathrm{e}^{-t^2+2tx}=\sum\limits_{n=0}^{\infty}\dfrac{\mathrm{H}_n(x)}{n!}t^n \quad (t>0)$ (13.1.9)

(2) 其递推公式：$\begin{cases}\mathrm{H}'_n(x)=2n\mathrm{H}_{n-1}(x)\\ \mathrm{H}_{n+1}(x)-2x\mathrm{H}_n(x)+2n\mathrm{H}_{n-1}(x)=0\end{cases}$ (13.1.10)

(3) 其正交归一性：$\int_{-\infty}^{\infty}\mathrm{e}^{-x^2}\mathrm{H}_m(x)\mathrm{H}_n(x)\mathrm{d}x=\begin{cases}0, & m\neq n\\ 2^n n!\sqrt{\pi}, & m=n\end{cases} \quad (m,n=0,1,2,\cdots)$

(13.1.11)

（芝加哥大学研究生试题）

2. 拉盖尔多项式的表达式为 $L_n(x)=\sum\limits_{k=0}^{n}\dfrac{(-1)^k(n!)^2}{(k!)^2(n-k)!}x^k$ (13.1.12)

试证：(1) 微分表达式为 $\mathrm{L}_n(x)=\mathrm{e}^x\dfrac{\mathrm{d}^n}{\mathrm{d}x^n}(x^n\mathrm{e}^{-x})$ (13.1.13)

(2) 母函数展开式为 $\dfrac{\mathrm{e}^{-\frac{xt}{1-t}}}{1-t}=\sum\limits_{n=0}^{\infty}\dfrac{1}{n!}\mathrm{L}_n(x)t^n$ (13.1.14)

(3) 正交归一性为 $\int_0^{\infty}\mathrm{e}^{-x}\mathrm{L}_m(x)\mathrm{L}_n(x)\mathrm{d}x=\begin{cases}0, & m\neq n\\ (n!)^2, & m=n\end{cases}$ (13.1.15)

3. 证明：施-刘方程

$$\frac{\mathrm{d}}{\mathrm{d}x}\left[k(x)\frac{\mathrm{d}y}{\mathrm{d}x}\right]-q(x)y+\lambda\rho(x)y=0,\quad a\leqslant x\leqslant b$$

的本征函数 $y_m(x)$ 和 $y_n(x)$ 在区间 $[a,b]$ 上带权重 $\rho(x)$ 正交归一

$$\int_a^b\rho(x)y_m(x)\bar{y}_n(x)\mathrm{d}x=\begin{cases}0, & m\neq n\\ N_n^2, & m=n\end{cases}$$

*4. (1) 考虑 $a\leqslant x\leqslant b$ 内的微分方程

$$\frac{\mathrm{d}y^2}{\mathrm{d}x^2}+w(x)[\lambda-q(x)]y=0$$

$w(x)$，$q(x)$是固定函数，且在 $a\leqslant x\leqslant b$ 中 $w(x)\geqslant 0$，方程的边界条件是

$$y(a)=0,\quad y'(b)=0$$

解释这个方程的本征值 $\lambda=\lambda_n$ 和本征函数的意义. 证明本征值是实的且具有不同本征值的本征函数以一个适当的权函数而正交. 叙述一般函数按这些本征函数的展开定理(你不需证明方程总是存在一个或更多个本征函数，假定它们存在而导出这些性质).

(2) 求下列系统的本征值

$$\begin{cases}\dfrac{\mathrm{d}^2 y}{\mathrm{d}x^2}+\lambda y=0, & 0\leqslant x\leqslant b\\ y(0)=0, & y'(b)=0\end{cases}$$

5. 量子力学中的薛定谔方程为

$$H\psi=E\psi$$

其中

$$H=-\frac{h^2}{2m}\frac{d^2}{dx^2}+V(x)$$

为哈密顿算符，ψ 和 E 分别是 H 的本征函数和本征值，m 是微观粒子的质量. 假定粒子在 δ 势阱中运动

$$V(x)=-a\delta(x)\quad(a>0)$$

对于束缚态情况($E<0$)，求解薛定谔方程.

*13.2 高斯方程和库默尔方程

在前两章中我们着重讨论了贝塞尔方程和勒让德方程，这两个在物理问题中常碰到的施图姆-刘维尔方程. 除此以外，高斯方程和库默尔方程也是物理中应用较广的施图姆-刘维尔方程. 特别是这两个方程及其解答与其他的斯-刘方程及其解答之间，有着千丝万缕的联系，故本节将对它们及其解答进行简单的介绍.

1. 高斯方程和超几何级数

高斯方程

$$x(x-1)y''+[(\alpha+\beta+1)x-\gamma]y'+\alpha\beta y=0 \tag{13.2.1}$$

又称超几何方程. 它有三个正则奇点 $x=0,1,\infty$. 其中 α,β 和 γ 是实数. 现求其在 $x=0$的级数解.

设

$$y(x)=\sum_{k=0}^{\infty}c_k x^{k+\rho},\quad c_0\neq 0 \tag{13.2.2}$$

则得判定方程的两个根分别为

$$\rho=\rho_1=0,\quad \rho=\rho_2=1-\gamma$$

设 $\gamma\neq$整数且 $\gamma>1$($\gamma<1$ 时结论相同)，则当 $\rho=\rho_1=0$ 时将(13.2.2)式代入(13.2.1)式得到 c_k 的递推公式为

$$c_{k+1}=\frac{(k+\alpha)(k+\beta)}{(k+\gamma)(k+1)}c_k,\quad k=0,1,2,\cdots \tag{13.2.3}$$

故当取 $c_0=1$ 时,可得方程(13.2.1)的第一个特解为

$$y_1(x)=1+\sum_{k=1}^{\infty}\frac{\alpha(\alpha+1)\cdots(\alpha+k-1)\beta(\beta+1)\cdots(\beta+k-1)}{k!\gamma(\gamma+1)\cdots(\gamma+k-1)}x^k$$

$$=\frac{\Gamma(\gamma)}{\Gamma(\alpha)\Gamma(\beta)}\sum_{k=0}^{\infty}\frac{\Gamma(\alpha+k)\Gamma(\beta+k)}{k!\Gamma(\gamma+k)}x^k \tag{13.2.4}$$

显然该级数解的收敛半径为 1. 常将此级数解记为 $F(\alpha,\beta,\gamma;x)$,即

$$F(\alpha,\beta,\gamma;x)=\frac{\Gamma(\gamma)}{\Gamma(\alpha)\Gamma(\beta)}\sum_{k=0}^{\infty}\frac{\Gamma(\alpha+k)\Gamma(\beta+k)}{k!\Gamma(\gamma+k)}x^k,\quad |x|<1 \tag{13.2.5}$$

称之为**超几何级数**. 于是,方程(13.2.1)有一超几何级数解

$$y_1(x)=F(\alpha,\beta,\gamma;x) \tag{13.2.6}$$

当 $|x|=1$ 时,由于在 k 足够大时

$$\left|\frac{c_kx^k}{c_{k+1}x^{k+1}}\right|=1+\frac{\gamma+1-\alpha-\beta}{k}+O\left(\frac{1}{k^2}\right)$$

故由高斯判别法得知,当 $\gamma>\alpha+\beta$ 时,$y_1(x)$ 收敛;而当 $\gamma\leqslant\alpha+\beta$ 时,$y_1(x)$ 发散.

用类似的方法我们可求得:当 $\rho=\rho_2=1-\gamma$ 时方程(13.2.1)的另一超几何级数特解

$$y_2(x)=x^{1-\gamma}F(\alpha-\gamma+1,\beta-\gamma+1,2-\gamma;x) \tag{13.2.7}$$

由对(13.2.5)式中级数的敛散性讨论立即可知,当 $|x|=1$ 时,亦当 $\gamma>\alpha+\beta$ 时收敛,$\gamma\leqslant\alpha+\beta$ 时,$y_2(x)$ 发散.

由上面讨论可知,当 $\gamma\neq$ 整数时高斯方程(13.2.1)的两个线性独立解为

$$\begin{cases}y_1(x)=F(\alpha,\beta,\gamma;x)\\ y_2(x)=x^{1-\gamma}F(\alpha-\gamma+1,\beta-\gamma+1,2-\gamma;x)\end{cases}$$

且当 $\gamma>\alpha+\beta$ 时,它们均在 $|x|\leqslant1$ 上收敛;当 γ 是整数时,方程的一个线性独立解是

$$y_1(x)=\begin{cases}F(\alpha,\beta,\gamma;x), & \gamma=1,2,3,\cdots\\ x^{1-\gamma}F(\alpha-\gamma+1,\beta-\gamma+1,2-\gamma;x), & \gamma=0,-1,-2,\cdots\end{cases}$$

而另一个线性独立解则应具有(12.1.18)式的形式. 在此不作详细讨论.

由递推公式(13.2.3)还可看出,当 α 或 $\beta=-l(l=0,1,2,\cdots)$ 时 $c_k=0(k\geqslant l+1)$,此时 $F(\alpha,\beta,\gamma;x)$ 退化为 l 次多项式. 事实上能够证明,勒让德方程是高斯方程的特例①,

$$\mathrm{P}_l(x)=F(-l,l+1,1;x) \tag{13.2.8}$$

2. 库默尔(Kummer)方程和合流超几何函数

在高斯方程中,若令 $x=\dfrac{X}{\beta}$,则高斯方程化为

$$X\left(\frac{X}{\beta}-1\right)y''(X)+\left[X+\frac{\alpha+1}{\beta}X-\gamma\right]y'(X)+\alpha y(X)=0$$

令 $\beta\to\infty$，仍记 X 为 x，则得

$$xy''+(\gamma-x)y'-\alpha y=0 \tag{13.2.9}$$

被称为**库默尔方程**或**合流超几何方程**. 它实际上是一个退化了的高斯方程. 其正则奇点为 $x=0,\infty$. 故当 $\gamma\neq$整数时，易于得到其两个线性独立的解为

$$\begin{aligned} y_1(x) &= \lim_{\beta\to\infty}F(\alpha,\beta,\gamma;x)=\frac{\Gamma(\gamma)}{\Gamma(\alpha)}\sum_{k=0}^{\infty}\frac{\Gamma(k+\alpha)}{k!\,\Gamma(k+\gamma)}x^k \\ &= F(\alpha,\gamma;x) \end{aligned} \tag{13.2.10}$$

$$\begin{aligned} y_2(x) &= \lim_{\beta\to\infty}x^{1-\gamma}F(\alpha-\gamma+1,\beta-\gamma+1,2-\gamma;x) \\ &= x^{1-\gamma}F(\alpha-\gamma+1,2-\gamma;x) \end{aligned} \tag{13.2.11}$$

其中

$$F(\alpha,\gamma;x)=\frac{\Gamma(\gamma)}{\Gamma(\alpha)}\sum_{k=0}^{\infty}\frac{\Gamma(k+\alpha)}{k!\,\Gamma(k+\gamma)}x^k \tag{13.2.12}$$

称为**库默尔函数**或**合流超几何级数**. 其收敛半径为∞.

由级数的系数递推公式可知，当 $\alpha=-n(n=0,1,2,\cdots)$时 $F(\alpha,\gamma;x)$退化为 n 次多项式.

许多特殊函数都能用合流超几何函数表示，如

贝塞尔函数　$$\mathrm{J}_\nu(x)=\frac{1}{\Gamma(\nu+1)}\mathrm{e}^{-\mathrm{i}x}\left(\frac{x}{2}\right)^\nu F\left(\nu+\frac{1}{2},2\nu+1;2\mathrm{i}x\right) \tag{13.2.13}$$

厄米函数　$$\mathrm{H}_\nu(x)=\frac{\sqrt{\pi}}{\Gamma\left(\frac{1-\nu}{2}\right)}F\left(-\frac{\nu}{2},\frac{1}{2};x^2\right)-\frac{\sqrt{2\pi}}{\Gamma\left(\frac{-\nu}{2}\right)}xF\left(\frac{1-\nu}{2},\frac{3}{2};x^2\right) \tag{13.2.14}$$

厄米多项式　$$\begin{cases} \mathrm{H}_{2n}(x)=(-1)^n\dfrac{(2n)!}{n!}F\left(-n,\dfrac{1}{2};x^2\right) & (13.2.15)\\ \mathrm{H}_{2n+1}(x)=(-1)^n\dfrac{(2n+1)!}{n!}2xF\left(-n,\dfrac{3}{2};x^2\right) & (13.2.16)\end{cases}$$

拉盖尔函数　$$\mathrm{L}_\nu^\mu(x)=\frac{1}{\Gamma(\nu+1)}F(-\nu,\mu+1,x) \tag{13.2.17}$$

拉盖尔多项式　$$\mathrm{L}_n(x)=F(-n,1;x) \tag{13.2.18}$$

误差函数　$$\mathrm{erf}(x)=\frac{2x}{\sqrt{\pi}}F\left(\frac{1}{2},\frac{3}{2};-x^2\right) \tag{13.2.19}$$

等等.

注　① 令 $x=\dfrac{1-t}{2},\alpha=-l,\beta=(l+1),\gamma=1$，则方程(13.2.1)便化为

$$(1-t^2)y''-2ty'+l(l+1)y=0$$

本篇主要特殊函数性质小结

本章授课课件

性质 \ 名称	$P_l(x)$	$P_l^m(x)$	$J_n(x)$
表达式	$P_l(x)=\begin{cases}\sum_{n=0}^{\left[\frac{l}{2}\right]}\frac{(-1)^n(2l-2n)!x^{l-2n}}{2^l n!(l-n)!(l-2n)!}\\ \frac{1}{2^l l!}\frac{d^l}{dx^l}(x^2-1)^l\\ \frac{1}{2\pi i}\oint_{l'}\frac{(\zeta^2-1)^l}{(\zeta-x)^{l+1}}d\zeta\\ l=0,1,2,\cdots\end{cases}$	$P_l^m(x)=\begin{cases}(1-x^2)^{m/2}P_l^{(m)}(x)\\ \frac{1}{2^l l!}(1-x^2)^{m/2}\frac{d^{l+m}}{dx^{l+m}}(x^2-1)^l\\ \frac{(1-x^2)^{m/2}}{2^l}\frac{1}{2\pi i}\frac{(l+m)!}{l!}\\ \cdot\oint_{l*}\frac{(\zeta^2-1)^l d\zeta}{(\zeta-x)^{l+m+1}}\\ m=0,1,\cdots,l\end{cases}$	$J_n(x)=\begin{cases}\sum_{k=0}^{\infty}\frac{(-1)k}{k!(n+k)!}\left(\frac{x}{2}\right)^{2k+n}\\ \frac{1}{2\pi}\int_{-\pi}^{\pi}e^{i(x\sin\theta-n\theta)}d\theta\\ \frac{1}{2\pi}\int_{-\pi}^{\pi}\cos(x\sin\theta-n\theta)d\theta\end{cases}$
关系母函数	$\frac{1}{\sqrt{1-2xt+t^2}}=\sum_{l=0}^{\infty}P_l(x)t^l$	$\frac{(2m-1)!!(1-x^2)^{m/2}}{(1-2xt+t^2)^{m+\frac{1}{2}}}=\sum_{l=m}^{\infty}P_l^m(x)t^{l-m}$	$e^{\frac{x}{2}(t-\frac{1}{t})}=\sum_{n=-\infty}^{\infty}J_n(x)t^n$
递推公式	$(l+1)P_{l+1}(x)=(2l+1)xP_l(x)-lP_{l-1}(x)$ $P'_{l+1}(x)-P'_{l-1}(x)=(2l+1)P_l(x)$	$(l+1-m)P_{l+1}^m(x)-(2l+1)xP_l^m(x)$ $+(l+m)P_{l-1}^m(x)=0$	$\frac{d}{dx}[x^\nu J_\nu(x)]=x^\nu J_{\nu-1}(x)$ $\frac{d}{dx}[x^{-\nu}J_\nu(x)]=-x^{-\nu}J_{\nu+1}(x)$
正交性	$\int_{-1}^{1}P_l(x)P_k(x)dx=\frac{2}{2l+1}\delta_{kl}$	$\int_{-1}^{1}P_l^m(x)P_k^m(x)=\frac{(l+m)!}{(l-m)!}\frac{2\delta_{kl}}{2l+1}$	$\int_0^a\rho J_n(k_m^n\rho)J_n(k_l^n\rho)d\rho=\frac{a^2}{2}[J_{n+1}(k_l^n a)]^2\delta_{ml}$
广义 Fourier 展开	$f(x)=\sum_{l=0}^{\infty}C_lP_l(x)$ $C_l=\frac{2l+1}{2}\int_{-1}^{1}f(x)P_l(x)dx$	$f(x)=\sum_{l=0}^{\infty}C_l^mP_l^m(x)$ $C_l^m=\frac{2l+1}{2}\frac{(l-m)!}{(l+m)!}\int_{-1}^{1}f(x)P_l^m(x)dx$	$f(\rho)=\sum_{m=1}^{\infty}C_mJ_n(k_m^n\rho)$ $C_m=\frac{1}{\frac{a^2}{2}[J_{n+1}(k_m^n a)]^2}\int_0^a\rho f(\rho)J_n(k_m^n\rho)d\rho$
常用值	$P_0(x)=1, P_1(x)=x$ $P_2(x)=\frac{1}{2}(3x^2-1)$ $P_l(1)\equiv1$， $P_l(-x)=(-1)^lP_l(x)$	$P_1^1(x)=(1-x^2)^{+}$ $P_2^1(x)=3(1-x^2)^{+}x$ $P_2^2(x)=3(1-x^2)$	$J_0(0)=1$， $J_n(0)=0(n\geqslant1)$ $J_{+}(x)=\sqrt{\frac{2}{\pi x}}\sin x$， $J_{-+}(x)=\sqrt{\frac{2}{\pi x}}\cos x$， $j_l(x)=\sqrt{\frac{\pi}{2x}}J_{l++}(x)$， $j_0(x)=\frac{\sin x}{x}$， $j_1(x)=-\frac{\cos x}{x}$

做研究就像登山，很多人沿着一条山路爬上去，到了最高点就满足了，可我常常要试十条路，然后比较哪条山路爬得最高.

——陈景润(中国著名数学家，中国科学院学部委员[院士]，在“哥德巴赫猜想”研究中保持世界领先水平)

记住要仰望星空，不要低头看脚下，无论生活如何艰难，请保持一颗好奇心.你总会找到自己的路和属于你的成功.

——霍金(理论物理学家、宇宙学家，英国皇家学会院士，美国国家科学院外籍院士)

*第四篇 近似方法及现代内容

在第二篇中我们已导出了数学物理中三类典型的二阶线性偏微分方程，并介绍了求其解析解的各种方法.然而，从数学的角度看，能用线性描绘的事物微乎其微！事实上大多事物的本来面目都是非线性的，线性只不过是一理想的或近似的情况而已.由于物理问题的复杂性，特别是突飞猛进地发展的现代科学的需求，使得仅用传统的三类典型方程来描绘数学物理问题已远远不够！

对于复杂的泛定方程和不规则的边界条件，我们也无法用第二篇所介绍的方法求得其解析解和对其进行研究.在这种情况下，采用某种方法求近似程度满足需要的近似解(包括解析近似解和数值近似解)以及新的研究方法具有重要的现实意义.

本篇将引入理论物理特别是近代物理中常会碰到的非线性方程和积分方程的有关知识；介绍求解方程解析近似解的变分法、摄动法以及数值近似解的分步傅里叶变换法；还介绍近 20 年来迅猛发展起来的一种新的变换分析方法—小波变换.

第十四章　变分法

变分法是求近似解析解的最有力的方法之一，它的原理和应用渗透到了物理学的各个部门，成为理论物理中广泛使用的一种数学工具. 通常所说的变分法就是求泛函极值的方法. 本章将从数学物理中应用的角度，来说明变分法的基本概念、原理及用来求解数学物理方程的基本思想. 为此，我们首先必须了解泛函的概念和泛函的极值问题.

14.1　泛函和泛函的极值

1. 泛函

泛函是函数概念的推广. 为了说明问题先看一个例子.

讨论力学中的**最速落径**(brachistochrone)问题. 如图 14.1 所示，已知 A 和 B 为不在同一铅垂线和同一高度的两点，要求找出 A、B 间的这样一条曲线，当一质点在重力作用下沿这条曲线无摩擦地从 A 滑到 B 时，所需时间 T 最小.

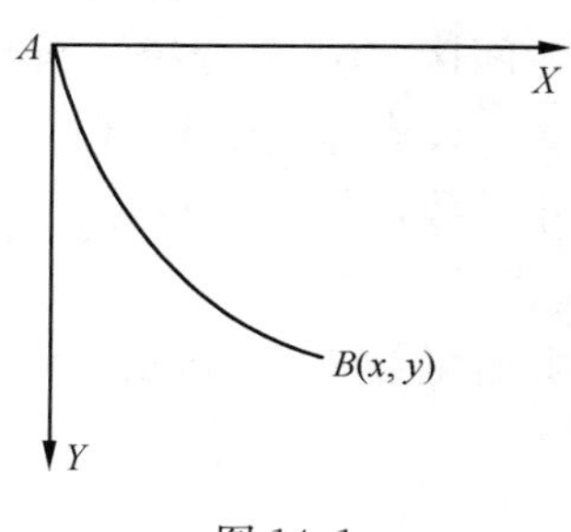

图 14.1

我们知道，此时质点的速度是

$$\frac{\mathrm{d}s}{\mathrm{d}t}=\sqrt{2gy}$$

其中 g 为重力加速度，故从 A 滑到 B 所需的时间为

$$T=\int_{t_1(A)}^{t_2(B)}\mathrm{d}t=\int_A^B\frac{\mathrm{d}s}{\sqrt{2gy}}=\int_A^B\frac{\sqrt{1+y'^2}}{\sqrt{2gy}}\mathrm{d}x$$

即

$$T[y(x)]=\int_A^B\frac{\sqrt{1+y'^2}}{\sqrt{2gy}}\mathrm{d}x \tag{14.1.1}$$

我们称上述的 T 为 $y(x)$的泛函，而称 $y(x)$可取的函数类，为泛函 $T[y(x)]$的定义域. 简单地说，泛函就是函数的函数(不是复合函数的那种含义). 一般地讲，设 C 是函数的集合，B 是实数或复数的集合，如果对于 C 的任一元素 $y(x)$，在 B 中都有一个元素 J 与之对应，则称 J 为 $y(x)$的**泛函**，记为

$$J = J[y(x)]$$

必须注意,泛函不同于通常讲的函数,决定通常函数的值的因素是自变量的取值,而**决定泛函的值的因素则是函数的取形**. 如,上面例子中的泛函 T 的变化是由函数 $y(x)$本身的变化(即从 A 到 B 的不同曲线)所引起的. 它的值既不取决于某一个 x 值,也不取决于某一个 y 值,而是取决于整个集合 C 中 y 与 x 的函数关系.

泛函通常以积分形式出现,比如,上面描述最速落径问题的(14.1.1)式. 一般,最简单而又**典型的泛函**可表为

$$J[y(x)] = \int_a^b F(x,y,y')\mathrm{d}x \tag{14.1.2}$$

其中 $F(x,y,y')$称为**泛函的核**.

2. 泛函的极值与泛函的变分

引入泛函的概念后,上述的最速落径问题就变为了求泛函 $T[y(x)]$的极小值问题. 泛函的极值问题在物理学中各部分都有,例如光学中的费马(Fermat)原理[①],分析力学中的哈密顿(Hamilton)原理[②]等,都是泛函的极值问题. 所谓**变分法**就是求泛函极值的方法,我们将会看到,研究泛函极值问题的方法可归纳为两类,一类叫**直接法**,即直接分析所提出的问题;另一类叫**间接法**,即把问题转化为求解微分方程. 为讨论间接方法,先介绍泛函的变分.

设有连续函数 $y(x)$,将它略为变形,即将 $y(x)$变为 $y(x)+t\eta(x)$,其中 t 为一个小参数,则称 $t\eta(x)$为 $y(x)$**的变分**. 记为

$$\delta y = t\eta(x) \tag{14.1.3}$$

此时函数 $y'(x)$将相应地变形为

$$\lim_{\Delta x\to 0}\frac{\Delta(y+t\eta)}{\Delta x} = y'(x)+t\eta'(x)$$

可见

$$\delta y' = t\eta'(x) = \frac{\mathrm{d}}{\mathrm{d}x}(\delta y) \tag{14.1.4}$$

这表明,对于一个给定的函数,**变分和微分两种运算可以互换次序**.

设(14.1.2)式中 F 对 x,y,y'都是连续二阶可导,y 的二阶导数连续,则当$y(x)$有变分 δy 时,J 的变化为

$$\begin{aligned}\Delta J &= J[y(x)+t\eta(x)] - J[y(x)]\\ &= \int_a^b [F(x,y+t\eta,y'+t\eta') - F(x,y,y')]\mathrm{d}x\\ &= \int_a^b \left[\frac{\partial F}{\partial y}t\eta + \frac{\partial F}{\partial y'}t\eta' + t\text{ 的高阶项}\right]\mathrm{d}x^{③}\end{aligned}$$

我们称上式右边的线性主部(即略去高阶无穷小量的部分)为泛函 $J[y(x)]$的第一次变分,简称**泛函的变分**,记为

$$\delta J=\int_a^b\left(\frac{\partial F}{\partial y}\delta y+\frac{\partial F}{\partial y'}\delta y'\right)\mathrm{d}x \tag{14.1.5}$$

3. 泛函取极值的必要条件——欧拉方程

设 $J[y(x)]$的极值问题有解

$$y=y(x) \tag{14.1.6}$$

现在推导这个解所满足的常微分方程,这是用间接法研究泛函极值问题的重要一环.设想这个解有变分 $t\eta(x)$,则 $J[y(x)+t\eta(x)]$可视为参数 t 的函数 $\Phi(t)=J[y(x)+t\eta(x)]$. 而当 $t=0$ 时,$y(x)+t\eta(x)=y(x)$对应于(14.1.6)式,即 $J[y(x)+t\eta(x)]$取极值. 于是,原来的泛函的极值问题,就化为一个求普通函数 $\Phi(t)$的极值问题. 由函数取极值的必要条件,有

$$\left.\frac{\mathrm{d}\Phi}{\mathrm{d}t}\right|_{t=0}=0$$

即

$$\left.\frac{\partial J[y(x)+t\eta(x)]}{\partial t}\right|_{t=0}=0$$

将(14.1.2)式代入,也就是

$$\int_a^b\left[\frac{\partial}{\partial t}F(x,y+t\eta,y'+t\eta')\right]_{t=0}\mathrm{d}x=0$$

即

$$\int_a^b\left(\frac{\partial F}{\partial y}\eta+\frac{\partial F}{\partial y'}\eta'\right)\mathrm{d}x=0$$

上式两边乘以 t 得

$$\int_a^b\left(\frac{\partial F}{\partial y}\delta y+\frac{\partial F}{\partial y'}\delta y'\right)\mathrm{d}x=0 \tag{14.1.7}$$

与(14.1.5)式比较可知,使得 $J[y(x)]$取极值的解(14.1.6)必须满足

$$\delta J=0 \tag{14.1.8}$$

此即**泛函取极值的必要条件**. 即,泛函 J 的极值函数 $y(x)$,必须是满足泛函的变分 $\delta J=0$ 的函数类 $y(x)$. 因此,把泛函的极值问题称为**变分问题**.

(14.1.7)式的积分号下既有 δy,又有 $\delta y'$,对第二项应用分部积分法可使积分号下只出现 δy

$$\int_a^b\frac{\partial F}{\partial y'}\delta y'\mathrm{d}x=\int_a^b\frac{\partial F}{\partial y'}\frac{\mathrm{d}}{\mathrm{d}x}(\delta y)\mathrm{d}x=\left.\frac{\partial F}{\partial y'}\delta y\right|_a^b-\int_a^b\frac{\mathrm{d}}{\mathrm{d}x}\left(\frac{\partial F}{\partial y'}\right)\delta y\mathrm{d}x$$

在简单的变分问题中,都保持 $\delta y|_{x=a}=0,\delta y|_{x=b}=0$,即,端点的函数值是固定的[④],故上式右边第一项为零,于是(14.1.7)式成为

$$\int_a^b\left[\frac{\partial F}{\partial y}-\frac{\mathrm{d}}{\mathrm{d}x}\left(\frac{\partial F}{\partial y'}\right)\right]\delta y\mathrm{d}x=0$$

上式对任意给定的$[a,b]$和任何的 δy 都成立,所以

$$\frac{\partial F}{\partial y}-\frac{\mathrm{d}}{\mathrm{d}x}\left(\frac{\partial F}{\partial y'}\right)=0 \tag{14.1.9}$$

即，泛函(14.1.2)式有极值的必要条件，又可表示为方程(14.1.9)式，称为泛函(14.1.2)的极值问题的**欧拉**(Euler)**方程**⑤.

较复杂的泛函的欧拉方程可仿照上述方法导出. 比如，对于取决于一个自变数的几个函数的泛函

$$J[y_1(x),y_2(x)\cdots y_n(x)]=\int_a^b F(x;y_1,y_2\cdots y_n;y_1',y_2'\cdots y_n')\mathrm{d}x$$

为了寻求这个泛函的极值条件，我们只让泛函中的一个函数，如 $y_k(x)$获得变分，而令其余的函数保持不变. 这样，原来的泛函 J 可以看成只依赖于一个函数的泛函 $J_k[y_k]$，而使得这个泛函具有极值的函数 $y_k(x)$应该满足

$$\frac{\partial F}{\partial y_k}-\frac{\mathrm{d}}{\mathrm{d}x}\left(\frac{\partial F}{\partial y_k'}\right)=0$$

这样的推理对于每一个函数都能适用，故泛函 $J[y_1(x),y_2(x),\cdots,y_n(x)]$的变分问题对应于下列欧拉方程组：

$$\frac{\partial F}{\partial y_i}-\frac{\mathrm{d}}{\mathrm{d}x}\left(\frac{\partial F}{\partial y_i'}\right)=0,\quad i=1,2,3,\cdots,n \tag{14.1.10}$$

另外，对于泛函取决于 $y(x)$及其 n 阶导数的情况，例如变分问题

$$\delta\int_a^b F(x;y,y',y'',y''')\mathrm{d}x=0$$

对应的欧拉方程是

$$\frac{\partial F}{\partial y}-\frac{\mathrm{d}}{\mathrm{d}x}\left(\frac{\partial F}{\partial y'}\right)+\frac{\mathrm{d}^2}{\mathrm{d}x^2}\left(\frac{\partial F}{\partial y''}\right)-\frac{\mathrm{d}^3}{\mathrm{d}x^3}\left(\frac{\partial F}{\partial y'''}\right)=0 \tag{14.1.11}$$

对于泛函取决于多元函数的情况，例如取决于三元函数 $u(x,y,z)$，其变分问题为

$$\delta\iiint_v F(x,y,z;u;u_x,u_y,u_z)\mathrm{d}x\mathrm{d}y\mathrm{d}z=0$$

对应的欧拉方程是偏微分方程

$$\frac{\partial F}{\partial u}-\frac{\partial}{\partial x}\left(\frac{\partial F}{\partial u_x}\right)-\frac{\partial}{\partial y}\left(\frac{\partial F}{\partial u_y}\right)-\frac{\partial}{\partial z}\left(\frac{\partial F}{\partial u_z}\right)=0 \tag{14.1.12}$$

例 1 求解最速落径问题，即变分问题

$$\delta\int_A^B\frac{\sqrt{1+y'^2}}{\sqrt{2gy}}\mathrm{d}x=0$$

解 目前我们只能用间接方法来求解. 由于

$$F=\frac{\sqrt{1+y'^2}}{\sqrt{2gy}}$$

不显含 x，故其欧拉方程⑤为

$$y'\frac{\partial}{\partial y'}\sqrt{\frac{1+y'^2}{y}}-\sqrt{\frac{1+y'^2}{y}}=c$$

即

$$\frac{y'^2}{\sqrt{y(1+y'^2)}}-\sqrt{\frac{1+y'^2}{y}}=c$$

亦即

$$\frac{1}{y(1+y'^2)}=c^2$$

令$\frac{1}{c^2}=c_1$，分离变数得

$$\frac{\sqrt{y}\mathrm{d}y}{\sqrt{c_1-y}}=\mathrm{d}x,\quad c_1\text{ 为积分常数}$$

再令

$$y=c_1\sin^2\frac{\theta}{2}$$

代入上式，则得

$$\mathrm{d}x=c_1\sin^2\frac{\theta}{2}\mathrm{d}\theta=\frac{c_1}{2}(1-\cos\theta)\mathrm{d}\theta$$

所以有

$$\begin{cases}x=\frac{c_1}{2}(\theta-\sin\theta)+c_2\\ y=\frac{c_1}{2}(1-\cos\theta)\end{cases}$$

此即摆线的参数方程，积分常数 c_1、c_2 可由 A、B 的位置决定.

4. 泛函的条件极值问题

在许多泛函的极值问题中，变量函数还受到一些附加条件的限制，其中最重要的一种是以积分形式表示的限制

$$\int_a^b G(x,y,y')\mathrm{d}x=l \tag{14.1.13}$$

即所谓等周问题[⑥]

$$\begin{cases}J[y(x)]=\int_a^b F(x,y,y')\mathrm{d}x, y(a)=y_0, y(b)=y_1\\ \int_a^b G(x,y,y')\mathrm{d}x=l\end{cases} \tag{14.1.14}$$

其中，l 和 y_0，y_1 均为常数. 用欧拉方程解这类问题，可仿照解函数的条件极值问题的**拉格朗日**(Lagrange)**乘子法**[⑦]，即将附加条件(14.1.13)乘以参数 λ，求其变分后，加到泛函的变分问题(14.1.8)中，得到

$$\delta\int_a^b[F(x;y,y')+\lambda G(x;y,y')]\mathrm{d}x=0$$

于是，问题转化为不带条件的由上式所表示的变分问题. 其对应的欧拉方程为

$$\frac{\partial F}{\partial y}+\lambda\frac{\partial G}{\partial y}-\frac{\mathrm{d}}{\mathrm{d}x}\left(\frac{\partial F}{\partial y'}+\lambda\frac{\partial G}{\partial y'}\right)=0 \tag{14.1.15}$$

这是通过 a 和 b 两点的 $y(x)$ 在附加条件(14.1.13)之下使泛函(14.1.2)取极值的必

要条件. 它是一个关于 $y(x)$的二阶常微分方程. 其通解中含有三个参数,即 λ 和两个积分常数. 它们可由条件 $y(a)=y_0$, $y(b)=y_1$ 和附加条件(14.1.13)来定.

例 2　求 $J[y(x)]=\int_0^1 (y')^2\mathrm{d}x$ 的极值,其中 y 是归一化的,即 $\int_0^1 y^2\mathrm{d}x=1$, 且已知 $y(0)=0$, $y(1)=0$.

解　这是求泛函的条件极值问题,可化为变分问题

$$\delta\int_0^1 (y'^2+\lambda y^2)\mathrm{d}x=0$$

对应的欧拉方程是

$$y''-\lambda y=0$$

其通解为

$$y=c_1\mathrm{e}^{\sqrt{\lambda}x}+c_2\mathrm{e}^{-\sqrt{\lambda}x}$$

代入条件 $y(0)=0$, $y(1)=0$ 得

$$y_n(x)=c_n\sin n\pi x,\quad n=1,2,\cdots$$

代入归一化条件得

$$\int_0^1 c_n^2\sin^2 n\pi x\mathrm{d}x=1$$

于是得 $c_n=\pm\sqrt{2}$,故原极值问题的解为

$$y_n=\pm\sqrt{2}\sin n\pi x$$

而泛函 $\int_0^1 (y')^2\,\mathrm{d}x$ 的极值为

$$\int_0^1 2\pi^2\cos^2 n\pi x\mathrm{d}x=n^2\pi^2$$

当 $n=1$ 时,极值函数 $y_1(x)=\pm\sqrt{2}\sin\pi x$ 使泛函取得最小值 π^2.

5. 求泛函极值的直接方法——里兹(Ritz)方法

上面,我们将变分问题归结为求解微分方程的问题. 而微分方程仅在不多的情况下能够积分为有限形式,因此人们就想到,从泛函本身出发,不经过微分方程直接求出其极值曲线. 这就是所谓研究泛函极值问题的**直接方法**.

里兹方法就是比较典型的直接方法. 其基本要点是,不把泛函 $J[y(x)]$放在它的全部定义域内来考虑,而把它放在其定义域的某一部分来考虑. 具体而言,取某种完备函数系

$$\varphi_1(x),\varphi_2(x),\cdots$$

尝试以其中的前几个来表示变分问题 $\delta J=0$ 的解,即,令解为

$$y(x)=f(\varphi_1,\varphi_2,\varphi_3,\cdots,\varphi_n;c_1,c_2,c_3,\cdots,c_n)\tag{14.1.16}$$

其中 $c_1,c_2,c_3,\cdots,c_n$ 为待定参数. 把上式代入 J 的表示式,J 便成了 $c_1,c_2,c_3,\cdots,c_n$ 的 n 元函数,即,$J[y(x)]=\Phi(c_1,c_2,\cdots,c_n)$. 由于 f 的形式是我们预先选定了的[如,可选 $f=\sum_{i=1}^{n}c_i\varphi_i(x)$], 故按照多元函数的极值的方法令

$$\frac{\partial \Phi}{\partial c_i} = 0, \quad i = 1,2,\cdots,n \tag{14.1.17}$$

而求出系数 $c_1,c_2,\cdots,c_n$，从而也就完全确定了 $y(x)$. 但这样得到的 $y(x)$ 并非 $\delta J=0$ 的严格解，而只是近似解，若将上述近似解记作 $y_n(x)$ 则严格解应该是

$$y(x) = \lim_{n\to\infty} y_n(x)$$

不过，这个极限过程是否收敛，收敛的快慢如何，是否收敛于严格解，都还是问题；而且实际问题中果真去求上列极限往往很麻烦，因此，通常就止于求出近似解.

在里兹方法中，如果函数系 $\varphi_1(x),\varphi_2(x),\cdots$ 选得适当，而且尝试函数 f 也取得适当，便能求出近似程度很高的近似解；如果选得不当，所得"近似解"可能与严格解相差很远. 至于怎样才能适当，并无一定方法可循，只能根据问题的性质(如边值的性质)结合经验来试选. 常常选择函数系为多项式或三角函数系.

例 3 用里兹方法解例 2，求其最小值.

解 试以 $c_n x^n$ 作为所选用的函数系，采用试探解

$$y(x) = x(x-1)(c_0 + c_1 x) \tag{14.1.18}$$

头两个因式的取用，是为了满足 $y(0)=0$ 和 $y(1)=0$. 将(14.1.18)式代入 $\int_0^1 (y')^2 \mathrm{d}x$，则

$$\begin{aligned} J[y(x)] &= \int_0^1 [3c_1x^2 + 2(c_0 - c_1)x - c_0]^2 \mathrm{d}x \\ &= \frac{1}{3}\left(c_0^2 + c_0c_1 + \frac{2}{5}c_1^2\right) \end{aligned} \tag{14.1.19}$$

由归一化条件 $\int_0^1 y^2\,\mathrm{d}x=1$ 得到

$$\frac{1}{30}\left(c_0^2 + c_0c_1 + \frac{2}{7}c_1^2\right) = 1 \tag{14.1.20}$$

在条件(14.1.20)式下求(14.1.19)式的极值本可采用拉格朗日乘子法，但本题有如下简便的方法，由(14.1.20)式

$$c_0^2 + c_0c_1 = 30 - \frac{2}{7}c_1^2$$

代入(14.1.19)式

$$J[y(x)] = \frac{1}{3}\left(30 - \frac{2}{7}c_1^2 + \frac{2}{5}c_1^2\right) = \frac{2}{3}\left(15 + \frac{2}{35}c_1^2\right)$$

显然，在 $c_1=0$ 时，$J[y(x)]$ 最小，其值为 10. 此时，由(14.1.20)式有 $c_0=\pm\sqrt{30}$，所以

$$y(x) = \pm\sqrt{30}\,x(x-1)$$

让我们将这个近似解与例 2 求得的严格解比较. 近似解为两条过(0,0)和(1,0)的、开口分别向上和向下的抛物线；严格解则为两条以(0,0)和(1,0)为拐点的正弦曲线. 在区间[0,1]上，它们是很相近的. 近似解反映泛函最小值的近似值为 10，而严格解表明泛函的最小值为 π^2.

在物理学中用变分法(中的直接方法)求泛函的极值是经常用到的. 如,在量子力学中常用变分法求体系基态能量,其基本步骤是:选取含有参量 λ 的尝试波函数 $\psi(\lambda)$,代入描述体系能量平均值的公式

$$\overline{H}=\int\psi^{*}\ \hat{H}\psi\mathrm{d}\tau$$

算出 $\overline{H}(\lambda)$,然后由

$$\frac{\partial\overline{H}(\lambda)}{\partial\lambda}=0$$

来求出 $\overline{H}(\lambda)$的最小值. 可以看到,用变分法求得的氦原子的基态能量,比另一近似方法微扰法求得的更接近.

注 ① 费马原理指出:光线在 A、B 两点间传播的实际路径,与其他可能的邻近的路程相比,其光程为极值. 即,光线的实际路径上光程的变分为零. 其数学表述为

$$\delta l=\delta\int_{A}^{B}n\mathrm{d}l=0 \tag{14.1.21}$$

其中,n 为介质的折射率,$\mathrm{d}l$ 为沿光线进行方向的路程元.

② 哈密顿原理指出:保守的、完整的力学体系在相同时间内,由某一初位形转移到另一已知位形的一切可能运动中,真实运动的作用函数具有极值,即,对于真实运动来讲,作用函数的变分等于零. 其数学表述为

$$\delta S=\delta\int_{t_0}^{t_1}L(q_i,\dot{q}_i,t)\mathrm{d}t=0,\quad i=1,2,\cdots,s \tag{14.1.22}$$

其中,L 为拉格朗日函数,等于力学体系动能和势能之差,q_i 为广义坐标,$\mathrm{d}t$ 为时间元.

除哈密顿原理外,在力学中用到变分法的还有虚功原理、最小作用量原理等其他一些原理,详见理论力学.

③ 这里引用了多元函数的泰勒展开公式:$F(x,y+\Delta y,z+\Delta z)=F(x,y,z)+\frac{\partial F}{\partial y}\Delta y+\frac{\partial F}{\partial z}\Delta z+\cdots$.

④ 如在最速落径问题中,$y+\delta y$ 和 y 两曲线都从 A 出发到 B 终止,即 $y+\delta y-y|_A=\delta y|_A=0$;$y+\delta_y-y|_B=\delta y|_B=0$. 有些变分问题其端点的函数值是可变的,如 $y(b)$是可变的,则(14.1.2)式的变分问题除满足(14.1.9)式外,在变端点还需满足自然边界条件$\left.\frac{\partial F}{\partial y'}\right|_{y=b}=0$,对此类变端点问题本书不作详细讨论.

⑤ (14.1.9)式是一个关于函数 $y(x)$的二阶常微分方程. 其中的偏导,不过是表明如何根据泛函 J 的核 F 来写出这个常微分方程. 若 F 不显含 x,则欧拉方程(14.1.9)可化为

$$y'\frac{\partial F}{\partial y'}-F=c \tag{14.1.23}$$

顺便提及,应该说方程(14.1.8)和(14.1.9)是等价的,如,在分析力学中,是用拉格朗日方程

$$\frac{\mathrm{d}}{\mathrm{d}x}\left(\frac{\partial L}{\partial\dot{q}_i}\right)-\frac{\partial L}{\partial q_i}=0,\quad i=1,2,\cdots,s \tag{14.1.24}$$

推出哈密顿原理(14.1.22)的,反过来,当然也可以从哈密顿原理推出拉格朗日方程.

⑥ 这种问题之所以称为等周问题,是因为在历史上这种问题始原于求一条通过 p_0 和 p_1 两点、长度固定为 l 的曲线 $y=y(x)$,使面积 $S=\int_a^b y(x)\mathrm{d}x$ 取极大值.

⑦ 所谓解函数的条件极值问题的拉格朗日乘子法是指：若要求函数 $y=f(x)$，$x=(x_1,x_2,\cdots,x_n)$在 $m(m<n)$个约束条件 $g_k(x)=0,k=1,2,\cdots,m$ 下的极值，可引进修正的函数 $F=y+\sum_{k=1}^{m}\lambda_k g_k$，式中 λ_k 为待定常数. 把 F 当作 $n+m$ 个变量 $x_1,x_2,\cdots,x_n$ 和 $\lambda_1,\lambda_2,\cdots,\lambda_m$ 的无约束函数，对这些变量求一阶偏导数得极值点所要满足的方程

$$\begin{cases}\dfrac{\partial F}{\partial x_i}=0, & i=1,2,\cdots,n\\ g_k=0, & k=1,2,\cdots,m\end{cases}$$

习 题 14.1

1. 证明：$\delta\int_a^b F(x)\mathrm{d}x=\int_a^b \delta F(x)\mathrm{d}x$.

2. 计算下列泛函的变分：

(1) $J[y(x)]=\int_{x_0}^{x_1}(y^2+y'^2-2y\mathrm{ch}x)\mathrm{d}x$；

(2) $J[y(x)]=\int_{x_0}^{x_1}(x^4y'+x^3y+3)\mathrm{d}x$.

3. 试导出二元函数 $u(x,y)$的欧拉方程

$$\frac{\partial F}{\partial u}-\frac{\partial}{\partial x}\left(\frac{\partial F}{\partial u_x}\right)-\frac{\partial}{\partial y}\left(\frac{\partial F}{\partial u_y}\right)=0$$

4. 对于泛函

$$J[u(x,y)]=\iint_D[u_x^2+u_y^2+2uf(x,y)]\mathrm{d}x\mathrm{d}y$$

和

$$J[u(x,y)]=\iint_D\left[\left(\frac{\partial u}{\partial x}\right)^2-\left(\frac{\partial u}{\partial y}\right)^2\right]\mathrm{d}x\mathrm{d}y$$

分别写出其欧拉方程.

5. 求连接一平面上两定点间的曲线段中最短者.

6. 在质点力学中，系统的作用量表示为

$$S=\int_{t_1}^{t_2}L(t,q,\dot{q})\mathrm{d}t$$

是 $q(t)$的泛函. 其中，$q(t)$和 $\dot{q}(t)$分别为广义坐标和广义速度，L 称为拉格朗日函数. 已知

(1) 自由质点的拉氏函数为

$$L=-mc^2\sqrt{1-\frac{v^2}{c^2}}$$

(2) 在势能场 $U(r)$中运动的质点的拉氏函数为

$$L=\frac{mv^2}{2}-U(r)$$

分别求它们的作用量 S 有极值的必要条件.

7. 在什么样的曲线上，下列泛函可能达到极值?

(1) $\begin{cases}J[y(x)]=\int_0^{\frac{\pi}{2}}[(y')^2-y^2]\mathrm{d}x\\ y(0)=0,y\left(\dfrac{\pi}{2}\right)=1;\end{cases}$

(2) $\begin{cases} J[y(x)] = \int_{x_0}^{x_1} (16y^2 - y''^2 + x^2)\mathrm{d}x \\ y(x_0) = y_0, y'(x_0) = y'_0 \\ y(x_1) = y_1, y'(x_1) = y'_1. \end{cases}$

8. 求解注释⑥中所述的始原的等周问题.

9. 用里兹方法求泛函 $J[y(x)] = \int_0^2 (y'^2 + y^2 + 2xy)\mathrm{d}x; y(0) = y(2) = 0$ 的极小值问题的近似解，并与其准确解进行比较.

提示：近似解可用 $y(x) = x(2-x)(c_0 + c_1 x + \cdots + c_n x_n)$ 来试探.

10. 用拉格朗日乘子法，再求一次例 3 中的极值.

*11. 假设大气的折射率 $n(y)$ 只依赖于高度 y.

(1) 利用费马原理，导出在大气中光线轨迹的微分方程；

(2) 一个旅行者与水平成角度 φ 的方向上看到“空中的绿洲”. 如果 $n = n_0\sqrt{1 - \Omega^2 y^2}$，其中 n_0 和 Ω 是常数，问这块绿洲离旅行者有多远？

（加州理工学院研究生试题）

14.2 用变分法解数理方程

变分法解数理方程的基本原理是：

(1) 把一个微分方程的本征值问题或者定解问题和一个泛函的极值问题联系起来，使原来的方程是这个泛函的欧拉方程.

(2) 用直接方法求出使泛函取极值的函数. 由于这函数必满足欧拉方程，它也是原方程的解.

本节将以亥姆霍兹方程的本征值问题和泊松方程的边值问题为例，说明如何把一个微分方程的本征值问题或边值问题化为一个泛函的极值问题，然后便可利用上节介绍的里兹方法来求泛函的极值，此即原问题的解.

1. 本征值问题和变分问题的关系

考虑亥姆霍兹方程的本征值问题

$$\begin{cases} \Delta u + \lambda u = 0 & (14.2.1) \\ u|_\sigma = 0 & (14.2.2) \end{cases}$$

其中设 u 在区域 τ 中有连续的二阶导数，λ 是参数，σ 是 τ 的边界.

将(14.2.1)左边乘以 $-u$，然后在 τ 上求积分，便得到一个泛函

$$J[u] = -\iiint_\tau (u\Delta u + \lambda u^2)\mathrm{d}\tau \qquad (14.2.3)$$

我们来求这个泛函的欧拉方程. 为了能够直接应用(14.1.12)式，先利用边界条件把泛函(14.2.3)化为只含 u 的一阶导数的积分. 由格林第一公式(10.2.3)有

$$J[u]=-\iiint_{\tau}(u\Delta u+\lambda u^{2})\mathrm{d}\tau=-\iint_{\sigma}u\frac{\partial u}{\partial n}\mathrm{d}\sigma+\iiint_{\tau}[(\nabla u)^{2}-\lambda u^{2}]\mathrm{d}\tau \tag{14.2.4}$$

而由边界条件(14.2.2)有

$$\iint_{\sigma}u\frac{\partial u}{\partial n}\mathrm{d}\sigma=0$$

于是

$$J[u]=\iiint_{\tau}[(\nabla u)^{2}-\lambda u^{2}]\mathrm{d}\tau \tag{14.2.5}$$

根据(14.1.12)，得这个泛函的欧拉方程为

$$\Delta u+\lambda u=0$$

这正是原本征值问题的方程(14.2.1).

又由上节对泛函的条件极值的讨论知，泛函(14.2.5)式的变分问题和泛函

$$J_{1}[u]=\iiint_{\tau}(\nabla u)^{2}\mathrm{d}\tau \tag{14.2.6}$$

在附加条件

$$\iiint_{\tau}u^{2}\mathrm{d}\tau=1 \tag{14.2.7}$$

之下的变分问题等价，因此，求解本征值问题(14.2.1)～(14.2.2)式，可归结为在归一化条件(14.2.7)式和边界条件(14.2.2)式下求泛函(14.2.6)式的极值的问题.

如果方程(14.2.1)带有第二类的边界条件

$$\left.\frac{\partial u}{\partial n}\right|_{\sigma}=0 \tag{14.2.8}$$

也会使泛函(14.2.4)在边界上的积分$\iint_{\sigma}u\frac{\partial u}{\partial n}\mathrm{d}\sigma$为零. 故本征值问题

$$\begin{cases}\Delta u+\lambda u=0\\ \left.\dfrac{\partial u}{\partial n}\right|_{\sigma}=0\end{cases}$$

所对应的泛函亦为(14.2.5)，但由于边界条件的不同，因此在求泛函极值时，与带有第一类边界条件的情况并不相同.

若方程(14.2.1)带有第三类边界条件

$$\left[\frac{\partial u}{\partial n}+hu\right]_{\sigma}=0 \tag{14.2.9}$$

此时，由(14.2.4)式有

$$\begin{aligned}J[u]&=-\iint_{\sigma}u\frac{\partial u}{\partial n}\mathrm{d}\sigma+\iiint_{\tau}[(\nabla u)^{2}-\lambda u^{2}]\mathrm{d}\tau\\&=-\iint_{\sigma}u\left[\frac{\partial u}{\partial n}+hu\right]\mathrm{d}\sigma+h\iint_{\sigma}u^{2}\mathrm{d}\sigma+\iiint_{\tau}[(\nabla u)^{2}-\lambda u^{2}]\mathrm{d}\tau\\&=\iiint_{\tau}[(\nabla u)^{2}-\lambda u^{2}]\mathrm{d}\tau+h\iint_{\sigma}u^{2}\mathrm{d}\sigma\end{aligned}$$

记

$$J_1[u]=\iiint_\tau(\nabla u)^2\mathrm{d}\tau+h\iint_\sigma u^2\mathrm{d}\sigma \tag{14.2.10}$$

故由类似于前面的讨论知，本征值问题

$$\begin{cases}\Delta u+\lambda u=0\\ \left(\dfrac{\partial u}{\partial n}+hu\right)_\sigma=0\end{cases}$$

可归结为在归一化附加条件(14.2.7)和边界条件(14.2.9)下求泛函(14.2.10)的极值问题.

对于任意的二阶常微分方程的本征值问题①

$$\begin{cases}\dfrac{\mathrm{d}}{\mathrm{d}x}[k(x)y'(x)]-q(x)y(x)+\lambda\rho(x)y(x)=0,\quad a\leqslant x\leqslant b\\ y(a)=y(b)=0,\quad 或\quad y'(a)=y'(b)=0\end{cases} \tag{14.2.11}$$

类似地，我们可以证明，它们均可归结为在归一化附加条件

$$\int_a^b\rho(x)y^2(x)\mathrm{d}x=1$$

和相应的边界条件下求泛函

$$J[y]=\int_a^b[k(x)(y')^2+qy^2]\mathrm{d}x$$

的极值问题.

2. 本征值与泛函的极值的关系

我们当然可借助于里兹方法来求泛函的极值，从而求得本征值问题的解. 为此，我们先以本征值问题(14.2.1)～(14.2.2)式为例来证明一个**重要结论**：

泛函(14.2.6)式的最小值 λ_0，就是本征值问题(14.2.1)～(14.2.2)式的最小本征值；而使泛函(14.2.6)式在边界条件(14.2.2)式和附加条件(14.2.7)式下取这最小值的函数 u_0，就是该本征值问题对应于本征值 λ_0 的本征函数.

证 设 u_0 是使泛函(14.2.6)式有最小值 λ_0 的极值函数，则

$$\begin{aligned}J_1[u_0]=\lambda_0&=\iiint_\tau(\nabla u_0)^2\mathrm{d}\tau\\&=\iiint_\tau\nabla\cdot(u_0\nabla u_0)\mathrm{d}\tau-\iiint_\tau u_0\Delta u_0\mathrm{d}\tau\\&=\iint_\sigma u_0\frac{\partial u_0}{\partial n}\mathrm{d}\sigma-\iiint_\tau u_0\Delta u_0\mathrm{d}\tau\end{aligned} \tag{14.2.12}$$

由边界条件(14.2.2)式有，右边第一项积分为零；又由于(14.2.1)式是在条件(14.2.7)式下泛函(14.2.6)式的欧拉方程，所以 u_0 满足方程(14.2.1)，即

$$\Delta u_0+\lambda u_0=0$$

由此得

$$\Delta u_0=-\lambda u_0$$

$$\iiint_{\tau} u_0 \Delta u_0 \mathrm{d}\tau = -\lambda \iiint_{\tau} u_0^2 \mathrm{d}\tau = -\lambda$$

代入(14.2.12)式有

$$J_1[u_0] = \lambda_0 = \lambda$$

这说明 λ_0 是本征值. 当然,相应的满足方程的 u_0 是本征函数.

其次,再证明 λ_0 是最小本征值. 设 λ_1 是小于 λ_0 的本征值,相应本征函数是 u_1,重复上述的推导(从 λ_1 倒推上去),得

$$J_1[u_1] = \iiint_{\tau} (\nabla u_1)^2 \mathrm{d}\tau = \lambda_1 < \lambda_0 = J_1[u_0]$$

而这是与 $J_1[u_0]$为泛函 $J[u]$的最小值相矛盾的. 故上述结论得证.

用类似的方法可以证明,若 u_1 是使泛函(14.2.6)式有次小值 λ_1 的极值函数,且它除了满足边界条件(14.2.2)式和附加条件(14.2.7)式外还满足与 u_0 正交的条件

$$\iiint_{\tau} u_1 u_0 \mathrm{d}\tau = 0$$

则由它得到的泛函的次小值 $J_1(u_1) = \lambda_1$ 就是相应本征值问题(14.2.1)~(14.2.2)式的次小本征值,而 u_1 是相应的本征函数,它满足方程

$$\Delta u_1 + \lambda u_1 = 0$$

依此类推,若找到了使得泛函取第 i 个极值 λ_i 的极值函数 u_i,它不仅满足(14.2.2)式和(14.2.7)式还满足与它前面所有的极值函数正交的条件

$$\iiint_{\tau} u_i u_j \mathrm{d}\tau = 0, \quad j = 0,1,\cdots,i-1$$

则 $\lambda_i = J_1[u_i]$为第 i 个本征值. 于是得到一系列本征值

$$\lambda_0 \leqslant \lambda_1 \leqslant \lambda_2 \leqslant \cdots \leqslant \lambda_i \leqslant \cdots$$

和相应的本征函数

$$u_0, u_1, u_2, \cdots, u_i, \cdots$$

至于其他的本征值问题,不难验证上述结论同样成立.

例 用变分法求边界固定半径为 b 的圆膜横振动的本征振动.

解 圆膜的横振动满足二维的波动方程,以圆膜的中心为原点取极坐标,则定解问题为

$$\begin{cases} u_{tt} - a^2 \dfrac{1}{\rho} \dfrac{\partial}{\partial \rho}\left(\rho \dfrac{\partial u}{\partial \rho}\right) = 0 \\ u\big|_{\rho=b} = 0 \end{cases}$$

令

$$u(\rho,t) = R(\rho)\mathrm{e}^{\mathrm{i}\omega t}$$

ω 是本征圆频率,则得

$$\begin{cases} \dfrac{1}{\rho} \dfrac{\mathrm{d}}{\mathrm{d}\rho}\left(\rho \dfrac{\mathrm{d}R}{\mathrm{d}\rho}\right) + \lambda R = 0 \\ R(b) = 0 \end{cases} \tag{14.2.13}$$

其中

$$\lambda = \frac{\omega^2}{a^2}$$

引进无量纲的变数 $x = \dfrac{\rho}{b}$（在应用变分法时常常如此），并记这时的函数 $R(\rho)$ 为 $y(x)$，λb^2 为 k，于是本征值问题(14.2.13)式化为

$$\begin{cases} \dfrac{\mathrm{d}}{\mathrm{d}x}\left(x\dfrac{\mathrm{d}y}{\mathrm{d}x}\right) + kxy = 0 & (14.2.14) \\ y(1) = 0 & (14.2.15) \end{cases}$$

对照(14.2.11)式，此时的变分问题是在边界条件(14.2.15)和归一化条件

$$\int_0^1 b^2 xy^2 \mathrm{d}x = 1 \tag{14.2.16}$$

之下求泛函

$$J[y] = \int_0^1 x\left(\frac{\mathrm{d}y}{\mathrm{d}x}\right)^2 \mathrm{d}x \tag{14.2.17}$$

的极小值问题. 为此，用里兹方法来求解. 选取含有两个参数 C_1 和 C_2 并满足边界条件 $y|_{x=1} = 0$ 的尝试函数[①]

$$y(x) = C_1(1-x^2) + C_2(1-x^2)^2 \tag{14.2.18}$$

将之代入归一化条件(14.2.16)和泛函(14.2.17)得

$$I(C_1, C_2) = b^2\int_0^1 xy^2 \mathrm{d}x = b^2\left(\frac{1}{6}C_1^2 + \frac{1}{4}C_1C_2 + \frac{1}{10}C_1^2\right) = 1 \tag{14.2.19}$$

$$J(C_1, C_2) = \int_0^1 x\left(\frac{\mathrm{d}y}{\mathrm{d}x}\right)^2 \mathrm{d}x = C_1^2 + \frac{4}{3}C_1C_2 + \frac{2}{3}C_2^2 \tag{14.2.20}$$

这是两个关于参量 C_1, C_2 的二元函数，由拉格朗日乘子法即取极值的条件

$$\frac{\partial}{\partial C_1}(J - \lambda I) = 0, \quad \frac{\partial}{\partial C_2}(J - \lambda I) = 0$$

得到关于 C_1, C_2 的齐次代数方程组

$$\begin{cases} \left(2 - \dfrac{k}{3}\right)C_1 + \left(\dfrac{4}{3} - \dfrac{k}{4}\right)C_2 = 0 \\ \left(\dfrac{4}{3} - \dfrac{k}{4}\right)C_1 + \left(\dfrac{4}{3} - \dfrac{k}{5}\right)C_2 = 0 \end{cases} \tag{14.2.21}$$

它有非零解的条件是系数行列式为零，即

$$\begin{vmatrix} 2 - \dfrac{k}{3} & \dfrac{4}{3} - \dfrac{k}{4} \\ \dfrac{4}{3} - \dfrac{k}{4} & \dfrac{4}{3} - \dfrac{k}{5} \end{vmatrix} = 0$$

由此解得 $k = 5.7841$ 或 $k = 36.8825$；因此，最小本征值 $\lambda_1 = \dfrac{5.7841}{b^2}$，代入 C_1, C_2 的代数方程组(14.2.21)中的任一方程，并与(14.2.19)式联立，于是求得

$$C_1 = \frac{1.650}{b}, \quad C_2 = \frac{1.054}{b}$$

代入(14.2.18),从而求得本征值问题的近似解为

$$y(x) = \frac{1.650}{b}(1 - x^2) + \frac{1.054}{b}(1 - x^2)^2$$

实际上本例的严格解可用分离变量法求出,其结果为

$$\lambda_1 = (2.4048/b)^2 = 5.7831/b^2$$

$$R(\rho) = J_0(2.4048\rho/b) = J_0(\sqrt{\lambda_1}\rho) = J_0(x_1^0\rho/b)$$

其中,λ_1 为最小本征值,$J_0(2.4048\rho/b)$为相应的本征函数;而 $J_0(\sqrt{\lambda_1}\rho)$称为零阶贝塞尔函数,$x_1^0=2.4048$ 是零阶贝塞尔函数的第一个零点(见第三篇). 由此我们看到近似本征值略大于严格本征值,相差是很小的.

3. 边值问题与变分问题的关系

下面我们以泊松方程的边值问题为例来说明微分方程的边值问题与变分问题的关系.

先考虑第一类边值问题

$$\begin{cases} \Delta u = -f(M), \quad M \in \tau & (14.2.22) \\ u|_\sigma = g(M), \quad M \in \sigma & (14.2.23) \end{cases}$$

其中,σ 为区域 τ 的边界. 仿照本节对本征值问题的做法,将$(\Delta u + f)$乘以 $-u$ 后在 τ 上积分,得泛函

$$J_1[u] = -\iiint_\tau (u\Delta u + fu)\mathrm{d}\tau = -\iint_\sigma u\frac{\partial u}{\partial n}\mathrm{d}\sigma + \iiint_\tau [(\nabla u)^2 - fu]\mathrm{d}\tau$$

其中后一步用了格林第一公式. 由于 g 是边界 σ 上的给定函数,故在边界条件(14.2.23)式下

$$\delta u|_\sigma = \delta g = 0(\text{包括 } g(M) = 0 \text{ 的情况})$$

故对 $J_1[u]$取变分并利用(10.2.4)式有

$$\delta J_1[u] = 2\iiint_\tau \nabla u \cdot \nabla\delta u\mathrm{d}\tau - \iiint_\tau f\delta u\mathrm{d}\tau = -\iiint_\tau (2\Delta u + f)\delta u\mathrm{d}\tau \qquad (14.2.24)$$

由泛函取极值的条件 $\delta J_1[u]=0$,得其欧拉方程为 $2\Delta u + f = 0$,这不是方程(14.2.22),但若将(14.2.24)式写为

$$\delta J_1[u] = -2\iiint_\tau (\Delta u + f)\delta u\mathrm{d}\tau + \iiint_\tau f\delta u\mathrm{d}\tau$$

则

$$\delta\left\{J_1[u] - \iiint_\tau fu\mathrm{d}\tau\right\} = -2\iiint_\tau (\Delta u + f)\mathrm{d}\tau$$

故若取泛函

$$J[u] = J_1[u] - \iiint_\tau fu\mathrm{d}\tau = \iiint_\tau [(\nabla u)^2 - 2fu]\mathrm{d}\tau \qquad (14.2.25)$$

则其相应的欧拉方程正是方程(14.2.22). 由此可见,求解边值问题(14.2.22)~(14.2.23),可归结为在边界条件(14.2.23)下求泛函(14.2.25)式的极值.

再考虑第二、三类边值问题,不妨设

$$\left[\frac{\partial u}{\partial n}+hu\right]_\sigma = g \tag{14.2.26}$$

于是,当 $h=0$ 时为第二类边界条件,$h\neq 0$ 时为第三类边界条件. 由于方程(14.2.22)对应的泛函是(14.2.25),故自然想到令

$$J_2[u] = \iiint_\tau [(\nabla u)^2 - 2fu]\mathrm{d}\tau$$

则在边界条件(14.2.26)下有

$$\begin{aligned}\delta J_2[u] &= 2\iiint_\tau (\nabla u\cdot\nabla\delta u - 2f\delta u)\mathrm{d}\tau\\ &= 2\iint_\sigma \frac{\partial u}{\partial n}\delta u\mathrm{d}\sigma - 2\iiint_\tau(\Delta u + f)\delta u\mathrm{d}\tau\\ &= 2\iint_\sigma (g-hu)\delta u\mathrm{d}\sigma - 2\iiint_\tau(\Delta u+f)\delta u\mathrm{d}\tau\end{aligned}$$

故

$$\delta\left\{J_2[u] - 2\iint_\sigma gu\mathrm{d}\sigma + \iint_\sigma hu^2\mathrm{d}\sigma\right\} = -2\iiint_\tau(\Delta u+f)\delta u\mathrm{d}\tau$$

于是,在边界条件(14.2.26)下方程(14.2.22)的泛函为

$$\begin{aligned}J[u] &= J_2[u] - 2\iint_\sigma gu\mathrm{d}\sigma + \iint_\sigma hu^2\mathrm{d}\sigma\\ &= \iiint_\tau[(\nabla u)^2 - 2fu]\mathrm{d}\tau - 2\iint_\sigma gu\mathrm{d}\sigma + \iint_\sigma hu^2\mathrm{d}\sigma\end{aligned} \tag{14.2.27}$$

即求解边值问题

$$\begin{cases}\Delta u = -f\\ \left.\dfrac{\partial u}{\partial n}\right|_\sigma = g\end{cases} \tag{14.2.28}$$

可归结为在第二类边界条件下求泛函

$$J[u] = \iiint_\tau[(\nabla u)^2 - 2fu]\mathrm{d}\tau - 2\iint_\sigma gu\mathrm{d}\sigma \tag{14.2.29}$$

的极值(因为此时 $h=0$);而求解边值问题

$$\begin{cases}\Delta u = -f\\ \left(\dfrac{\partial u}{\partial n}+hu\right)_\sigma = g\end{cases} \tag{14.2.30}$$

则可归结为在第三类边界条件下求泛函(14.2.27)的极值,亦即求泛函

$$J[u] = -\iiint_\tau(u\Delta u^2 + 2fu)\mathrm{d}\tau - \iint_\sigma gu\mathrm{d}\sigma \tag{14.2.31}$$

的极值.

注 ① 这里选择尝试函数为$(1-x^2)$的多项式而不是$(1-x)$的多项式,是为了使近似解在圆

膜中心 $x=0$ 处无尖点，即使 $\left.\frac{\mathrm{d}y}{\mathrm{d}x}\right|_{x=0}=0$.

此即施图姆-刘维尔本征值问题. 见第 3 篇第 13 章.

习 题 14.2

1. 证明亥姆霍兹方程的本征值问题

$$\begin{cases}\Delta u+\lambda u=-f(M)\\ \left[\dfrac{\partial u}{\partial n}+hu\right]_\sigma=g(M)\end{cases}$$

可化为在相同边界条件下的泛函

$$J[u]=\iiint_\tau u[\Delta u+\lambda u+2f]\mathrm{d}\tau+\iint_\sigma gu\,\mathrm{d}\sigma$$

的变分问题.

2. 求半径为 a 边缘固定的圆膜本征振动问题

$$\begin{cases}\dfrac{\mathrm{d}}{\mathrm{d}\rho}\left(\rho\dfrac{\mathrm{d}R}{\mathrm{d}\rho}\right)+\left(\dfrac{\omega}{c}\right)^2\rho R=0,\quad \rho<a\\ R(a)=0\end{cases}$$

的最低频率 ω_0.

提示：取尝试函数 $R(\rho)=1-\left(\frac{\rho}{a}\right)^n$.

3. 在矩形区域 D：$0\leqslant x\leqslant a, 0\leqslant y\leqslant b$ 内用变分法求方程

$$\frac{\partial^2 u}{\partial x^2}+\frac{\partial^2 u}{\partial y^2}=f(x,y)$$

具有零值边值条件的解.

提示：取试探函数

$$u=\sum_{p=1}^{n}\sum_{q=1}^{m}a_{pq}\sin\frac{p\pi x}{a}\sin\frac{q\pi y}{b}$$

并令

$$f(x,y)=\sum_{p=1}^{\infty}\sum_{q=1}^{\infty}\beta_{pq}\sin\frac{p\pi x}{a}\sin\frac{q\pi y}{b}$$

4. 求解本征值问题

$$\begin{cases}y''+\lambda y=0\\ y'(0)=0, y(1)=0\end{cases}$$

的最小本征值.

提示：取试探函数 $y(x)=(x^2-1)(c_0x^2+c_1)$.

5. 求方程 $\Delta u=-1$ 在正方形 $-a\leqslant x\leqslant a, -a\leqslant y\leqslant a$ 内的近似解，且在正方形的边界上等于 0.

提示：取试探函数 $u(x,y)=c(x^2-a^2)(y^2-a^2)$.

6. 试求薛定谔方程

$$-\frac{\hbar^2}{2m}\frac{\mathrm{d}^2\psi}{\mathrm{d}x^2}+kx^4\psi=E\psi,\quad -\infty<x<\infty$$

的能量 E 的最小值 E_0. 其中 k 是正常数.

提示：取试探函数 $\psi=c\mathrm{e}^{-\alpha x^2}\ (\alpha>0)$.

本章小结

本章授课课件

本章习题分析与讨论

变分法

- 基本问题：关于泛函极值的问题. 求泛函极值的方法有
  - 间接法：解微分方程. 即解欧拉方程，它是泛函取极值的必要条件
  - 直接法：里兹方法
- 解数理方程步骤
  1. 构造所需求解的方程或定解问题的泛函. 通常是将原方程通过用某量作用后在整个求解区间中积分，且使之满足原定解条件
  2. 适当选取试探函数，通常选择多项式或三角函数系；用里兹方法求泛函的极值，从而得到原定解问题近似解. 泛函条件极值的最小值，为相应本征值问题的最小本征值

第十五章　非线性方程

现代科学技术的发展，使人们必须改变科学研究的方法. 自 20 世纪 60 年代以来，非线性科学飞跃发展，在数学物理问题中以非线性方程——KdV(Korteweg-de Vries)方程为中心所展开的关于所谓孤立子(soliton)的研究，显得十分活跃，孤立子效应在浅水波、基本粒子、激光物理以及等离子体物理等方面的研究中，已引起了广泛的注意. 所以，引入本章以了解有关非线性方程的知识很有必要.

所谓**非线性方程**一般是指，含有未知函数和未知函数的导数的高次项的方程. 非线性方程是一个广阔的领域，它和线性方程在其性质上有着很大的差异. 如，对于线性方程而言解的唯一性、单值性、有限性等性质，对于某些非线性方程均可能不复存在，线性叠加原理失效. 正因为如此，对非线性方程不存在一般理论和求解方法，常常是对于不同的具体问题采用不同的手段，且能求得其解析解的方程屈指可数，必须谨慎处理. 常用于求解非线性方程的方法有反散射法、达布(Darboux)变换、巴克朗德(Bäcklund)变换等等. 其中反散射法可用于求解一大类的非线性偏微分方程，但由于受篇幅和教材性质的限制本书不可能一一展开讨论. 本章将仅对非线性方程的某些初等解法作简单的介绍，并以物理问题中的几个典型的非线性方程为例概略地讨论有关孤立波的问题.

15.1　非线性方程的某些初等解法

本节将通过对几个特例的讨论，来介绍非线性方程的某些初等解法. 这些解法的指导思想是寻找、选择某一种适当的变换，使方程化为线性方程或易于求解的方程. 这些特例的解法和结果，对于我们解决物理学中的一些具体问题是十分有用的.

1. 基尔霍夫(Kirchhoff) 变换

对于方程

$$\nabla\cdot[G(u)\,\nabla u]=0 \tag{15.1.1}$$

为了使之线性化，我们试探选择函数

$$w=w(u) \tag{15.1.2}$$

使

$$\nabla w=G(u)\,\nabla u \tag{15.1.3}$$

则由(15.1.2)式有

$$\nabla w = \frac{\mathrm{d}w}{\mathrm{d}u}\nabla u$$

将之与(15.1.3)式对比,易于看出 w 应满足

$$\frac{\mathrm{d}w}{\mathrm{d}u} = G(u)$$

即

$$w = \int_{u_0}^{u} G(\zeta)\mathrm{d}\zeta, \quad u_0 \text{ 为常数} \tag{15.1.4}$$

这样,方程(15.1.1)就化为了我们熟知的线性拉普拉斯方程.

$$\Delta w = 0$$

变换(15.1.4)式称为**基尔霍夫变换**. 显然,当方程(15.1.1)带有边界条件时,还必须对边界条件作相应变换.

2. 柯勒-霍普夫(Cole-Hopf)变换

方程

$$u_t + uu_x = \delta u_{xx} \tag{15.1.5}$$

是某些研究工作中所用到的非线性耗散方程——著名的伯格斯(Burgers)方程,其中 δ 是扩散系数(正实数). 如果没有左边的第二项,(15.1.5)则是一线性的扩散方程. 故我们试图将之变为这种线性方程来求解.

方程(15.1.5)又可写为

$$\frac{\partial u}{\partial t} = \frac{\partial}{\partial x}\left(\delta u_x - \frac{u^2}{2}\right) \tag{15.1.6}$$

于是,由全微分方程存在的充要条件①有

$$\mathrm{d}\psi = u\mathrm{d}x + \left(\delta u_x - \frac{u^2}{2}\right)\mathrm{d}t$$

显然 $\psi(x,t)$ 满足下列关系:

$$\psi_x = u \tag{15.1.7}$$

$$\psi_t = \delta u_x - \frac{u^2}{2} \tag{15.1.8}$$

由(15.1.7)式和(15.1.8)式得

$$\psi_t + \frac{1}{2}\psi_x^2 = \delta\psi_{xx} \tag{15.1.9}$$

故求解伯格斯方程(15.1.5)的问题就转化为了求解方程(15.1.9)的问题. 为了寻求方程(15.1.9)与易于求解的线性扩散方程

$$v_t = \delta v_{xx} \tag{15.1.10}$$

之间的关系,令

$$v = g(\psi) \tag{15.1.11}$$

代入(15.1.10)式,于是有

$$\psi_t - \delta\frac{g''(\psi)}{g'(\psi)}\psi_x^2 = \delta\psi_{xx} \tag{15.1.12}$$

对比(15.1.9)式和(15.1.12)式知 $g(\psi)$需满足方程

$$-\delta\frac{g''(\psi)}{g'(\psi)}=\frac{1}{2}$$

积分得

$$g(\psi)=c_1\mathrm{e}^{-\frac{1}{2\delta}\psi}+c_2$$

取 $c_1=1,c_2=0$ 并将 $g(\psi)$代入(15.1.11)式得

$$v=g(\psi)=\mathrm{e}^{-\frac{1}{2\delta}\psi}$$

即

$$\psi=-2\delta\ln v$$

代入(15.1.7)式得

$$u(x,t)=-2\delta\frac{\partial\ln v}{\partial x} \tag{15.1.13}$$

变换(15.1.13)式称为**柯勒-霍普夫变换**. 在处理非线性问题时,常常会用到这种变换. 由此已看到,选取柯勒-霍普夫变换后,求解非线性方程(15.1.5)式的问题便转化为了求解线性方程(15.1.10)式的问题.

对于高维方程及方程组

$$\frac{\partial u_i}{\partial t}+\sum_{j=1}^{3}u_j\frac{\partial u_i}{\partial x_j}=\delta\Delta u_i,\quad i=1,2,3 \tag{15.1.14}$$

类似地,可作变换

$$\boldsymbol{u}=-2\delta\,\nabla\ln\boldsymbol{v} \tag{15.1.15}$$

则求解(15.1.14)式便转化为了求解线性方程

$$\boldsymbol{v}_t=\delta\Delta\boldsymbol{v} \tag{15.1.16}$$

3. 相似变换

对于广义热传导方程

$$\frac{\partial u}{\partial t}=\frac{\partial}{\partial x}\left[G(u)\frac{\partial u}{\partial x}\right] \tag{15.1.17}$$

为了使之便于求解,我们试图使之变为关于某一新的变量如 ξ 的常微分方程. 为此,作变换

$$\begin{cases}u=u(\xi) & (15.1.18)\\ \xi=x^{\alpha}t^{\beta} & (15.1.19)\end{cases}$$

其中 α 和 β 为待定常数. 此时

$$\frac{\partial u}{\partial t}=\beta x^{\alpha}t^{\beta-1}\frac{\mathrm{d}u}{\mathrm{d}\xi}$$

$$\frac{\partial u}{\partial x}=\alpha x^{\alpha-1}t^{\beta}\frac{\mathrm{d}u}{\mathrm{d}\xi}$$

$$\frac{\partial}{\partial x}\left[G(u)\frac{\partial u}{\partial x}\right]=\alpha(\alpha-1)x^{\alpha-2}t^{\beta}G(u)\frac{\mathrm{d}u}{\mathrm{d}\xi}+\alpha^2x^{2(\alpha-1)}t^{2\beta}\frac{\mathrm{d}}{\mathrm{d}\xi}\left[G(u)\frac{\mathrm{d}u}{\mathrm{d}\xi}\right]$$

代入方程(15.1.17)，于是得

$$\beta\frac{x^2}{t}\xi\frac{\mathrm{d}u}{\mathrm{d}\xi}=\alpha(\alpha-1)\xi G(u)\frac{\mathrm{d}u}{\mathrm{d}\xi}+\alpha^2\xi^2\frac{\mathrm{d}}{\mathrm{d}\xi}\left[G(u)\frac{\mathrm{d}u}{\mathrm{d}\xi}\right]\qquad(15.1.20)$$

为使方程(15.1.20)变为只含变量 ξ(不显含 x 和 t)的常微分方程，显而易见只需令

$$\frac{x^2}{t}=g(\xi)\qquad(15.1.21)$$

即可. 其中 $g(\xi)$为 ξ 的任意函数，适当选取 $g(\xi)$的形式，可使方程(15.1.20)变为形式简洁易于求解的常微分方程. 比如取

$$g(\xi)=\xi^2$$

即

$$\xi=x/\sqrt{t}\qquad(15.1.22)$$

这意味着(15.1.19)式中 $\alpha=1,\beta=-\dfrac{1}{2}$. 于是方程(15.1.20)亦即方程(15.1.17)变为

$$\frac{\mathrm{d}}{\mathrm{d}\xi}\left[G(u)\frac{\mathrm{d}u}{\mathrm{d}\xi}\right]+\frac{\xi}{2}\frac{\mathrm{d}u}{\mathrm{d}\xi}=0\qquad(15.1.23)$$

这是一易于求解的常微分方程. 由变换(15.1.18)和(15.1.19)式所构成的解称为**自型解**，其中变换(15.1.19)式称为**相似变换**，而变换(15.1.22)称为**玻尔兹曼(Boltzmann)变换**.

4. 行波解

方程

$$\frac{\partial u}{\partial t}=\frac{\partial}{\partial x}\left[u^n\frac{\partial u}{\partial x}\right]\qquad(15.1.24)$$

是方程(15.1.17)当 $G(u)=u^n$ 的特例，故我们当然可通过引入相似变换而求得其自型解. 对于这种特例，我们也可采取下述解法：

令

$$\begin{cases}u=g(\xi)\\ \xi=x+at\end{cases}\qquad(15.1.25)$$

其中 a 为常数. 则

$$\frac{\partial u}{\partial t}=a\frac{\mathrm{d}g}{\mathrm{d}\xi}$$

$$\frac{\partial u}{\partial x}=\frac{\mathrm{d}g}{\mathrm{d}\xi}$$

代入(15.1.24)式于是得未知函数 $g(\xi)$的常微分方程

$$a\frac{\mathrm{d}g}{\mathrm{d}\xi}=\frac{\mathrm{d}}{\mathrm{d}\xi}\left(g^n\frac{\mathrm{d}g}{\mathrm{d}\xi}\right)$$

通过积分两次得

$$u=g(\xi)=\{n[a(x+at)+c]\}^{\frac{1}{n}}\qquad(15.1.26)$$

其中 c 为积分常数. 变换(15.1.25)称为**行波解**.

自型解和行波解对许多方程都是可以尝试的，例如对于下节将要讨论的正弦戈登方程

$$\varphi_{xx}-\varphi_{tt}=\sin\varphi$$

我们亦可用行波解(15.1.25)式尝试求得其解.

5. 端迹变换

在流体力学等物理问题中，常常会碰到如下形式的拟线性方程[②]组

$$\begin{cases}u_1\dfrac{\partial F}{\partial x}+u_2\dfrac{\partial F}{\partial y}+u_3\dfrac{\partial E}{\partial x}+u_4\dfrac{\partial E}{\partial y}=0\\ v_1\dfrac{\partial F}{\partial x}+v_2\dfrac{\partial F}{\partial y}+v_3\dfrac{\partial E}{\partial x}+v_4\dfrac{\partial E}{\partial y}=0\end{cases}\tag{15.1.27}$$

其中 $u_i,v_i(i=1,2,3,4)$ 仅仅是 F 和 E 的函数. 显然，方程组(15.1.27)是关于未知函数 $F(x,y)$ 和 $E(x,y)$ 的非线性方程组. 若雅可比(Jacobi)行列式

$$J\equiv\frac{\partial(F,E)}{\partial(x,y)}=F_xE_y-E_xF_y\neq 0$$

则可引入变换

$$\begin{cases}x=x(F,E)\\ y=y(F,E)\end{cases}\tag{15.1.28}$$

将方程组(15.1.27)化为未知函数 $x(F,E)$ 和 $y(F,E)$ 的方程组. 将会看到此方程组是线性齐次的. 将(15.1.28)式中的两式分别对 x 求导得

$$\begin{cases}1=x_FF_x+x_EE_x\\ 0=y_FF_x+y_EE_x\end{cases}\tag{15.1.29}$$

解此关于 F_x 和 E_x 的二元方程组得

$$\begin{cases}F_x=\dfrac{y_E}{x_Fy_E-x_Ey_F}=\dfrac{y_E}{j}=Jy_E\\ E_x=-Jy_F\end{cases}\tag{15.1.30}$$

其中

$$j=\frac{\partial(x,y)}{\partial(F,E)}=J^{-1}\neq 0$$

将(15.1.28)式中的两式分别对 y 求导，类似地可求得

$$\begin{cases}F_y=-Jx_E\\ E_y=Jx_F\end{cases}\tag{15.1.31}$$

将(15.1.30)式和(15.1.31)式代入(15.1.27)式于是得

$$\begin{cases}u_1\dfrac{\partial y}{\partial E}-u_2\dfrac{\partial x}{\partial E}-u_3\dfrac{\partial y}{\partial F}+u_4\dfrac{\partial x}{\partial F}=0\\ v_1\dfrac{\partial y}{\partial E}-v_2\dfrac{\partial x}{\partial E}-v_3\dfrac{\partial y}{\partial F}+v_4\dfrac{\partial x}{\partial F}=0\end{cases}\tag{15.1.32}$$

注意到u_i,$v_i(i=1,2,3,4)$只是F和E的函数(不是x和y的函数),所以此方程组当然是线性的.

变换(15.1.28)称为**端迹变换**,在流体力学中,它代表速度向量在x-y平面上的端点的轨迹.

注 ① 对于方程

$$P(x,y)\mathrm{d}x+Q(x,y)\mathrm{d}y=0 \tag{1}$$

若有

$$\mathrm{d}u=P(x,y)\mathrm{d}x+Q(x,y)\mathrm{d}y$$

则(1)式称为全微分方程.(1)式为全微分方程的充要条件是

$$\frac{\partial P}{\partial y}=\frac{\partial Q}{\partial x} \tag{2}$$

② 对于m阶的微分方程,若仅关于m阶的导数是线性的,而最高阶(m阶)导数的系数为未知函数及其低阶导数的函数,则称该方程为m阶拟线性方程.

习 题 15.1

1. 求解边值问题

$$\begin{cases}\nabla\cdot[\sin u\,\nabla u]=0, & y>0;-\infty<x<\infty\\ u\,|_{y=0}=x\end{cases}$$

2. 求方程$u_t=u_{xx}+u_{yy}$的自型解.

3. 求下述方程的广义行波解$u=f(\xi)$:

(1) $u_yu_{xy}-u_xu_{yy}=0,\xi=y+\varphi(x)$;

(2) $u_t+\frac{1}{2}(u_x^2+u_y^2)=\lambda(u_{xx}+u_{yy}),\xi=t+g(x)+h(y)$.

其中$\varphi(x)$,$g(x)$和$h(y)$为待定函数.

4. 求伯格斯方程的初值问题

$$\begin{cases}u_t+uu_x=\lambda u_{xx},-\infty<x<\infty,t>0\\ u(x,0)=f(x)\end{cases}$$

5. 求解方程组

$$\begin{cases}\dfrac{\partial V}{\partial x}+\left[\dfrac{1}{C}+\dfrac{PE}{(E^2+V^2)^{3/2}}\right]\dfrac{\partial V}{\partial t}=\dfrac{PV}{(E^2+V^2)^{3/2}}\dfrac{\partial E}{\partial t}\\ \dfrac{\partial E}{\partial x}+\left[\dfrac{1}{C}+\dfrac{PE}{(E^2+V^2)^{3/2}}\right]\dfrac{\partial E}{\partial t}=-\dfrac{PV}{(E^2+V^2)^{3/2}}\dfrac{\partial V}{\partial t}\end{cases}$$

15.2 孤波和孤子

1. KdV 方程

KdV 方程是孤波问题的模型.所谓**孤波**(solitary waves)是指一种单峰行进的波,它以常速传播且在传播过程中波形保持不变.孤波最早是在1834年由苏格兰的科学家斯柯特·罗素(Scott Russel)在他沿着河边骑马追踪一个水波[①]时所看到的.

直至 1895 年荷兰的两个科学家柯特维格(Kortweg)和德弗里斯(de Vries)才导出了在一个浅水沟表面上按一个方向传播的波的运动方程. 它的具体形式是

$$\frac{\partial \eta}{\partial t}=\sqrt{\frac{3}{2}}\sqrt{\frac{g}{l}}\frac{\partial}{\partial x}\left(\frac{2}{3}\alpha\eta+\frac{1}{2}\eta^2+\frac{1}{3}\sigma\frac{\partial^2\eta}{\partial x^2}\right) \tag{15.2.1}$$

其中 $\sigma=l^3/3-Tl/\rho g$ 是一个任意常数, l 是沟道的深度, T 是表面张力, ρ 是流体密度. 这就是著名的 KdV 方程. 为了使它的形式更为简捷,我们取

$$\eta = 8\alpha u,\quad \xi=\left(\frac{2\alpha}{\sigma}\right)^{1/2}x,\quad \tau=\left(\frac{2\alpha^3 g}{\sigma l}\right)^{1/2}t$$

于是得到

$$u_\tau+u_\xi+12uu_\xi+u_{\xi\xi\xi}=0 \tag{15.2.2}$$

这就是常见形式的 **KdV 方程**. 它现在在等离子体物理学、低温物理学和光学等领域中都有着广泛的应用.

为了寻找一个类似于斯柯特 · 罗素所观察到的孤波,我们必须求方程(15.2.2)的一个永久型的行波解. 为此,作变换

$$\begin{cases}u=u(\theta)\\ \theta=a\xi-\omega\tau+\delta\end{cases} \tag{15.2.3}$$

其中 a 和 δ 均为常数, δ 是相位因子,且当 $|\theta|\to\infty$ 时,要求 u 和它的各阶导数均趋于零,因为孤波要求一种**渐近稳定性**. 将(15.2.3)式代入(15.2.2)式且为简单见取 $\omega=a+a^3$ 得

$$u_{\theta\theta\theta}+\frac{12}{a^2}uu_\theta-u_\theta=0$$

两边对变量 θ 积分得

$$u_{\theta\theta}+\frac{6}{a^2}u^2-u+c_1=0$$

用 u_θ 乘上式再对 θ 积分得

$$\frac{1}{2}u_\theta^2+\frac{2}{a^2}u^3-\frac{1}{2}u^2+c_1u+c_2=0$$

由渐近稳定性立即可确定积分常数 $c_1=c_2=0$,于是得

$$u_\theta^2=u^2\left(1-\frac{4}{a^2}u\right)$$

即

$$\frac{a\mathrm{d}u}{u\sqrt{a^2-4u}}=\mathrm{d}\theta$$

两边积分,取积分常数为 0 并设 $a>0$ 得

$$\theta=\ln\frac{a-\sqrt{a^2-4u}}{a+\sqrt{a^2-4u}}$$

于是

$$\mathrm{e}^\theta=\frac{a^2-2u-a\sqrt{a^2-4u}}{2u}$$

即

$$2u(e^\theta+1)-a^2=-a\sqrt{a^2-4u}$$

两边平方并移项整理得

$$4u^2(e^\theta+1)^2-4a^2ue^\theta=0$$

所以

$$\begin{aligned}u&=\frac{a^2e^\theta}{(e^\theta+1)^2}=\frac{a^2}{e^\theta+2+e^{-\theta}}\\&=\frac{a^2}{(e^{\frac{\theta}{2}}+e^{-\frac{\theta}{2}})^2}=\frac{1}{4}a^2\operatorname{sech}^2\frac{\theta}{2}\\&=\frac{1}{4}a^2\operatorname{sech}^2\frac{1}{2}[a\xi-(a+a^3)\tau+\delta]\\&=\frac{1}{4}a^2\operatorname{sech}^2\frac{a}{2}\left[\xi-(1+a^2)\tau+\frac{\delta}{a}\right]\end{aligned}\tag{15.2.4}$$

这完全像斯柯特·罗素所观察到的孤波. 其图形如图 15.1 所示. 它是一个仅仅在小范围内向上凸的曲线. 当 τ 改变时该曲线以常速 $1+a^2$ 向右运动, 且其形状保持不变, 称为孤立子(soliton). 由于速度 $1+a^2$ 依赖于振幅, 因此一个峰较高的波比一个峰较低的波运动得快些. 由图 15.1 和(15.2.4)式还可看出, 其速率大的波波宽反而小.

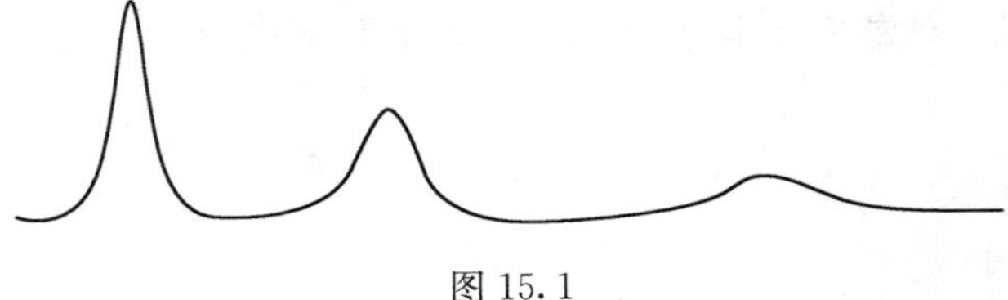

图 15.1

1965 年萨布斯基(Zabusky)和克鲁斯卡尔(Kruskal)发现, 当两个或更多的 KdV 孤波相碰撞时, 它们不受干涉破坏, 不消失, 萨布斯基和克鲁斯卡尔把它们称为**孤子**(soliton). 这个词的英语的最后两个字母"on", 是希腊语的"粒子"的意思, 所以孤子这个词生动地描绘了这些孤波的类粒子行径.

2. 正弦戈登(Gordon)方程

在场论中最早的模型之一是线性**克莱因(Klein)-戈登方程**

$$\varphi_{xx}-\varphi_{tt}=m^2\varphi\tag{15.2.5}$$

1958 年 Skyrme 提出了一个非线性场理论, 得到了非线性的场方程

$$\varphi_{xx}-\varphi_{tt}=\sin\varphi\tag{15.2.6}$$

这就是著名的**正弦戈登(SG)方程**. 该方程现已在超导光脉冲、超导性及非线性量子力学等方面有着广泛的应用.

为了解此方程, 先作坐标变换

$$\xi=\frac{x-t}{2},\quad \tau=\frac{x+t}{2}$$

则(15.2.6)式变为

$$\varphi_{\xi\tau} = \sin\varphi \tag{15.2.7}$$

继而取(15.2.7)式的两个独立解为

$$\varphi = u + v, \quad \bar{\varphi} = u - v \tag{15.2.8}$$

并考虑一对以变量 $u(\xi,\tau)$ 和 $v(\xi,\tau)$ 表示的方程

$$\begin{cases} u_\xi = f(v) \\ v_\tau = g(u) \end{cases} \tag{15.2.9}$$

其中 $f(v)$ 和 $g(u)$ 的形式,可通过将方程(15.2.9)分离为分别只含未知量 u 和 v 的方程来确定.将上述两方程分别对 τ 和 ξ 求导得

$$\begin{cases} u_{\xi\tau} = g(u)f'(v) \\ v_{\xi\tau} = g'(u)f(v) \end{cases} \tag{15.2.10}$$

为了使得变量 u 和 v 分离,我们将上述两方程相加和相减,于是得到

$$\begin{cases} (u+v)_{\xi\tau} = g(u)f'(v) + g'(u)f(v) \\ (u-v)_{\xi\tau} = g(u)f'(v) - g'(u)f(v) \end{cases} \tag{15.2.11}$$

由于 φ 和 $\bar{\varphi}$ 是方程(15.2.7)的两个独立解,故有

$$\begin{cases} \sin(u+v) = g(u)f'(v) + g'(u)f(v) \\ \sin(u-v) = g(u)f'(v) - g'(u)f(v) \end{cases} \tag{15.2.12}$$

将此二式相加得

$$g(u)f'(v) = \sin u\cos v$$

分离变量得

$$\frac{g(u)}{\sin u} = \frac{\cos v}{f'(v)} = \alpha$$

于是得

$$g(u) = \alpha\sin u \tag{15.2.13}$$

其中 α 为任意常数.类似的将(15.2.12)式中的两式相减并分离变量得

$$\frac{f(v)}{\sin v} = \frac{\cos u}{g'(u)} = \beta$$

于是得

$$f(v) = \beta\sin v = \frac{1}{\alpha}\sin v \tag{15.2.14}$$

因为 $u=\frac{1}{2}(\varphi+\bar{\varphi})$,$v=\frac{1}{2}(\varphi-\bar{\varphi})$,于是现在(15.2.9)式中的两式变为

$$\begin{cases} \frac{1}{2}(\varphi+\bar{\varphi})_\xi = \frac{1}{\alpha}\sin\frac{1}{2}(\varphi-\bar{\varphi}) \\ \frac{1}{2}(\varphi-\bar{\varphi})_\tau = \alpha\sin\frac{1}{2}(\varphi+\bar{\varphi}) \end{cases} \tag{15.2.15}$$

这是正弦戈登方程的**巴克朗德变换**.它们是一对与正弦戈登方程(15.2.7)的两个特解 φ 和 $\bar{\varphi}$ 相关的方程.显然,若(15.2.7)有某一特解 $\bar{\varphi}$,则代入巴克朗德变换

(15.2.29)式后所求得的 φ 也是方程(15.2.7)的特解. 易于看出 $\bar{\varphi}=0$ 就是(15.2.7)式的一特解，将之代入(15.2.15)式得

$$\varphi_\xi = 2\frac{1}{\alpha}\sin\frac{\varphi}{2} \tag{15.2.16}$$

$$\varphi_\tau = 2\alpha\sin\frac{\varphi}{2} \tag{15.2.17}$$

解方程(15.2.16)得

$$\varphi = 4\arctan\left\{\exp\left[\frac{1}{\alpha}\xi + c(\tau)\right]\right\} \tag{15.2.18}$$

将(15.2.18)式代入(15.2.17)式便可确定对变量 ξ 而言的积分常数为

$$c(\tau) = \alpha\tau + \delta$$

其中 δ 为常数，于是得方程(15.2.7)的一个特解为

$$\varphi = 4\arctan\left[\exp\left(\frac{1}{\alpha}\xi + \alpha\tau + \delta\right)\right] \tag{15.2.19}$$

变回原来的变量(x,t)，得正弦戈登方程(15.2.5)的一个特解为

$$\varphi = 4\arctan\exp[a(x-bt)+\delta] \tag{15.2.20}$$

其中

$$a = \frac{\alpha^2+1}{2\alpha},\qquad b = \frac{1-\alpha^2}{\alpha^2+1}$$

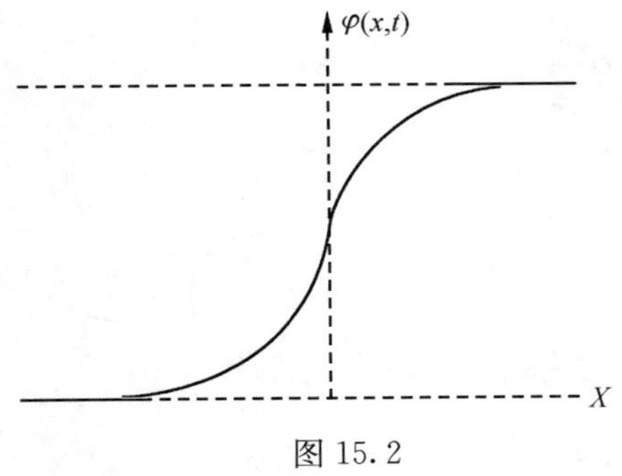

图 15.2

这个解已被命名为一个**“扭结”**，因为它表示出函数 φ 的一个扭弯. 图 15.2 画出了$\varphi(x,t)$随 x 的变化图. 将(15.2.19)式分别对 ξ 和 τ 求导可得

$$\varphi_\xi = 4\frac{1}{\alpha}\mathrm{sech}[a(x-bt)+\delta] \tag{15.2.21}$$

$$\varphi_\tau = 4\alpha\,\mathrm{sech}[a(x-bt)+\delta] \tag{15.2.22}$$

都是孤波，由此易于推想正弦戈登方程的解亦是孤波解，在此不详细论证.

3. 非线性薛定谔方程

随着等离子体物理和非线性光学的物理进展产生了如下的非线性方程：

$$\mathrm{i}\varphi_t + \varphi_{xx} + \beta\varphi\mid\varphi\mid^2 = 0 \tag{15.2.23}$$

由于它具有一个作为势 $\beta|\varphi|^2$ 的量子薛定谔方程的结构，故人们称之为**非线性薛定谔(NLS)方程**. 该方程现已用于近代量子力学、超导性、激光等方面. 其中 φ 是一个复函数，正因为如此，我们期望求一个具有振荡调制的渐近稳定的行波解. 为此，令

$$\begin{cases}\varphi = \mathrm{e}^{\mathrm{i}(kx-vt)}u(\theta)\\ \theta = x-bt\end{cases} \tag{15.2.24}$$

其中 k,v 都是待定常数. 将(15.2.24)式代入(15.2.23)式得

$$u_{\theta\theta}+\mathrm{i}(2k-b)u_\theta+(v-k^2)u+\beta u^3=0$$

取

$$k=\frac{b}{2},\quad v=\frac{b^2}{4}-a^2$$

则上述方程化为

$$u_{\theta\theta}-a^2u+\beta u^3=0 \tag{15.2.25}$$

两边乘以 u_θ 再积分得

$$u_\theta^2=c+a^2u^2-\frac{\beta}{2}u^4$$

注意到当 $|x|\to\infty$ 时 φ 及各阶导数趋于零的条件,故有积分常数 $c=0$. 于是

$$\frac{\mathrm{d}u}{u\sqrt{a^2-\frac{\beta}{2}u^2}}=\mathrm{d}\theta$$

两边积分并取积分常数为零得

$$\theta=-\frac{1}{a}\ln\frac{a+\sqrt{a^2-\frac{\beta}{2}u^2}}{\sqrt{\frac{\beta}{2}}u}$$

类似于前面(15.2.4)式导出的过程,立即可得

$$u(\theta)=a\sqrt{\frac{2}{\beta}}\operatorname{sech}a\theta \tag{15.2.26}$$

代入(15.2.24)可得非线性薛定谔方程的解为

$$\varphi(x,t)=a\sqrt{\frac{2}{\beta}}\exp\left\{i\left[\frac{1}{2}bx-\left(\frac{1}{4}b^2-a^2\right)t\right]\right\}\operatorname{sech}[a(x-bt)] \tag{15.2.27}$$

其中 a 和 b 为任意常数. 这是一个广义孤波解.

注 ① 斯柯特的叙述为:“我正在观察一条船的运动,这条船被两匹马拉着,沿着**狭窄**的**河道**迅速前进,船突然停了,河道内被船体扰动的水团却没有停下来,而是以剧烈受激的状态聚集在船头周围,然后形成了一个巨大的圆而光滑的**孤立水峰**,突然离开船头以**极大速度**向前推进,这水峰约有 30 英尺(1 英尺=0.3048 米)长,1~1.5 英尺高,在河道中行进时一直**保持着起初的形状**,速度也未见减慢,我骑着马紧紧跟着,发觉它以每小时 8~9 英里(1 英里=1609.344 米)的速度前进. 后来波的高度渐渐减小,过了 1~2 英里之后,终于消失在蜿蜒的河道中. 这就是我在 1834 年 8 月第一次偶然发现这奇异而美妙的现象的经过……”

习 题 15.2

1. 粒子物理中所谓的 φ^4 方程为

$$\varphi_{xx}-\varphi_{tt}=\lambda\varphi^3-m^2\varphi,\quad \lambda>0$$

试求出它的一个行波解

$$\varphi = \pm \tanh\left[\frac{1}{\sqrt{2}}\frac{1}{\sqrt{1-v^2}}(x-vt)+\delta\right]$$

2. 非线性光学中的麦克斯韦-布洛赫(Maxwell-Bloch)方程组为

$$\begin{cases} E_{xx} - E_{tt} = -aP_t \\ P_{tt} + \mu^2 P = (EN)_t \\ N_t = -EP \end{cases}$$

试在边界条件:"$|x|\to\infty$时 $E,P\to 0$;$N\to -1$"下,求出其孤波解

$$E = a\operatorname{sech}\frac{1}{2}(at-\omega x+\delta)$$

$$\omega^2 = a^2 + \frac{2a^2}{\frac{a^2}{4}+\mu^2}$$

3. 方程

$$\varphi_{\xi\tau} = \varphi - \varphi^3/6$$

是在特征坐标中的一种截断正弦戈登方程. 取 $\varphi = g/f$,证明该方程能简化为 g 和 f 的二阶齐次方程

$$\begin{cases} g^2 = 2(ff_{\xi\tau} - f_\xi f_\tau) \\ fg_{\xi\tau} + gf_{\xi\tau} - g_\xi f_\tau - g_\tau f_\xi = gf \end{cases}$$

用一个小参量 ε 展开 g 和 f

$$\begin{cases} g = \sum\limits_{n=0}^{\infty} \varepsilon^{2n+1} g^{(2n+1)} \\ f = 1 + \sum\limits_{n=1}^{\infty} \varepsilon^{2n} f^{(2n)} \end{cases}$$

证明,能求出其一个 1 参量的精确解为

$$\begin{cases} g = 2\sqrt{2}\exp\theta_1 \\ f = 1 + \exp 2\theta_1 \\ \theta = a_i\xi + \tau/a_i + \delta_i \end{cases}$$

4. 试用行波解(15.1.25)尝试,再次求解正弦戈登方程(15.2.6).

15.3 解析近似法之正则摄动法

由于大多数非线性方程无法求得其解析解(即精确解),因而我们不得不借助于解析近似法来求其**近似解析解**(即近似解的解析表达式). 在上一章中,我们已介绍了求解方程近似解析解的变分法,本节将介绍另一种求非线性方程近似解析解的正则摄动法.

1. 摄动法

摄动法的解题思想是:如果非线性方程的非线性项是高阶小量,作为初步近似,可将其略去,从而非线性问题便化为了线性问题;求解该线性问题,并将所得的解作为非线性问题的零级近似;再把原非线性定解问题的解看作它的零级近似解与一个待求的含有小参量的解(即摄动解)的和,代入原定解问题,略去更高阶小

量，得到关于摄动解的线性定解问题；求解该线性问题并将求得的解作为原定解问题的高一级的近似——一级近似；仿此步骤进行下去便可得到各级近似. 这种求近似解析解的方法被称为**摄动法**或**小参数法**，而以上这种带有小参量的定解问题被称为**摄动问题**.

摄动问题用数学式子可表示为

$$P_\varepsilon:\quad \begin{cases} L_\varepsilon u = f(x,\varepsilon), x\in\sigma \\ B_{j\varepsilon}u = \varphi_j(x,\varepsilon), x\in\Gamma, j=1,2,\cdots,k \end{cases} \tag{15.3.1}$$

其中 $0<\varepsilon\ll 1$，L_ε 和 $B_{j\varepsilon}$ 分别为区域 σ 上和 σ 的边界或部分边界 Γ 上的非线性微分算子，下标上的 ε 表示算子与 ε 有关. 由摄动法的思想可看出，用摄动法研究问题，首先需构造一解的小参量展开式使序列 $\{g_n(\varepsilon)\}$ 满足

$$\lim_{n\to\infty} g_n(\varepsilon) = 0,\quad \lim_{\varepsilon\to 0}\frac{g_{n+1}(\varepsilon)}{g_n(\varepsilon)} = 0$$

$$u(x,\varepsilon) = u_0(x) + \sum_{n=1}^{N} g_n(\varepsilon)u_n(x) + R_N(x,\varepsilon) \tag{15.3.2}$$

其中 u_0 为零级近似，R_N 为**余项**. 其次应讨论余项的值.

若

$$R_N(x,\varepsilon) = O(g_{N+1}(\varepsilon)) \tag{15.3.3}$$

则在摄动理论中称

$$u_0(x) + \sum_{n=1}^{\infty} g_n(\varepsilon)u_n(x) \tag{15.3.4}$$

为(15.3.1)式的**一致有效近似解**.

2. 正则摄动法

下面，我们将从一个具体的例子来介绍正则摄动法的解题步骤.

例 试在单位圆内求解定解问题

$$\begin{cases} \Delta u + \varepsilon\dfrac{\partial u}{\partial\rho}\dfrac{\partial u}{\partial\varphi} = 0, \quad \rho<1; 0<\varepsilon\leqslant 1 \\ u(\rho,\varphi)\big|_{\rho=1} = \cos\varphi \end{cases} \tag{15.3.5}$$

解 这是一含有小参量的非线性问题. 当 $\varepsilon=0$ 时，显然，(15.3.5)式变为了线性定解问题

$$\begin{cases} \Delta u = 0, \quad \rho<1 \\ u(1,\varphi) = \cos\varphi \end{cases} \tag{15.3.6}$$

由分离变量法立即可以求得其解，视为零级近似，并记作 u_0，即

$$u_0 = \rho\cos\varphi \tag{15.3.7}$$

又设

$$u = u_0 + \varepsilon u_1 = \rho\cos\varphi + \varepsilon u_1 \tag{15.3.8}$$

将(15.3.8)式代入(15.3.5)式，并略去 $O(\varepsilon^2)$ 得

$$\begin{cases}\Delta u_1 = \dfrac{1}{2}\rho\sin 2\varphi \\ u_1(1,\varphi) = 0\end{cases} \tag{15.3.9}$$

这是一线性的泊松方程的狄氏问题,我们可通过下述方法求得其解,即由(15.3.9)式右边函数的形式,可设(15.3.9)式的试探解为

$$u_1(\rho,\varphi) = f(\rho)\sin 2\varphi$$

代入(15.3.9)式得

$$\begin{cases}\rho^2 f''(\rho) + \rho f'(\rho) - 4f = \dfrac{1}{2}\rho^3 \\ f(1) = 0, f(0)\ \text{有界}\end{cases} \tag{15.3.10}$$

又根据(15.3.10)式右边函数的形式,可令

$$f = c\rho^k$$

代入(15.3.10)式的方程中可求得其特解为

$$f_c = \frac{1}{10}\rho^3$$

所以通解为

$$f = c_1\rho^2 + c_2\rho^{-2} + \frac{1}{10}\rho^3$$

再代入边界条件得

$$f = -\frac{1}{10}\rho^2 + \frac{1}{10}\rho^3$$

故

$$u_0 + \varepsilon u_1 = \rho\cos\varphi + \frac{\varepsilon}{10}(\rho^3 - \rho^2)\sin 2\varphi$$

此即定解问题(15.3.5)式的一级近似.

一般地,可令

$$u = u^{(0)}(\rho,\varphi) + \varepsilon u^{(1)}(\rho,\varphi) + \varepsilon^2 u^{(2)}(\rho,\varphi) + \cdots$$

代入(15.3.5)式,比较 ε 的同次幂系数可得

$$\begin{cases}\Delta u^{(0)} = 0 \\ u^{(0)}(1,\varphi) = \cos\varphi\end{cases}$$

$$\begin{cases}\Delta u^{(1)} = -\dfrac{\partial u^{(0)}}{\partial\rho}\dfrac{\partial u^{(0)}}{\partial\varphi} \\ u^{(1)}(1,\varphi) = 0\end{cases}$$

$$\begin{cases}\Delta u^{(2)} = -\dfrac{\partial u^{(0)}}{\partial\rho}\dfrac{\partial u^{(1)}}{\partial\varphi} - \dfrac{\partial u^{(1)}}{\partial\rho}\dfrac{\partial u^{(0)}}{\partial\varphi} \\ u^{(2)}(1,\varphi) = 0\end{cases}$$

……

这是一系列泊松方程的狄氏问题. 依次求解每一泊松方程的狄氏问题

$$\begin{cases}\Delta u^{(k)} = f(u^{(0)}, u^{(1)}, \cdots, u^{(k-1)}), k = 1,2,\cdots \\ u^{(k)}(1,\varphi) = 0\end{cases}$$

从而可得到定解问题(15.3.5)式的各级近似解.

用以上的摄动法求定解问题时,若小参量 ε 是方程中最高阶偏导数的系数,则求解会遇到困难.因为此时略去含 ε 的高阶项后,就会降低方程的阶数或改变方程的类型,因此所得的线性的近似方程的解将不可能满足原来定解问题的边界条件,因而上面所叙的正则摄动法失效,需考虑所谓的**奇异摄动法**.正则摄动法与奇异摄动法的区别就在于所求近似解在求解区域中是否一致有效.后者所涉及的内容已超过本课程内容,在此不再赘述.

顺便提及,对于非线性方程我们也可通过数值近似法,如差分法等求得其数值近似解,关于这方面的内容在"计算方法"、"数值计算"等课程和读物中会有所涉及.

当然,无论是摄动法还是差分法,也都同样适于解线性偏微分方程.

习 题 15.3

1. 气体平面定常无旋运动方程为

$$(a^2-u^2)w_{xx}-2uvw_{xy}+(a^2-v^2)w_{yy}=0$$

其中 $u=w_x,v=w_y,a^2=a_1^2+\frac{v-1}{2}(b_1^2-w_x^2-w_y^2)$,$a_1$,$v$ 和 b_1 为常数,$0<b_1<a_1$,边界条件为

$$\begin{cases}w_y\big|_{y=\varepsilon\sin x}=\varepsilon\cos x\cdot w_x\big|_{y=\varepsilon\sin x}\\ \lim\limits_{y\to\infty}w=b_1x\end{cases}$$

试用正则摄动法求该问题的一级近似解.

2. 用正则摄动法求定解问题

$$\begin{cases}\Delta u=0,\rho<R+\varepsilon\cos\varphi\\ u\big|_{\rho=R+\varepsilon\cos\varphi}=\sin\varphi,\varphi<\varepsilon\leqslant R\end{cases}$$

即令

$$u(\rho,\varphi)=u^{(0)}+\varepsilon u^{(1)}+\varepsilon^2u^{(2)}+\cdots$$

求 $u^{(0)},u^{(1)},u^{(2)}$.

15.4 数值解法之分步傅里叶变换法

当无法求得非线性方程解析解时,人们也常采用数值解法求得其近似解.如,传统的差分法、有限元法、蒙特卡洛方法等.这些方法在一般的计算物理、计算方法等教材中均有详述.本节将给大家将介绍在非线性光学中求解非线性薛定谔方程的分步傅里叶变换法(SSFT),它最早是在1973年开始使用的[①].由于它原理简单、易于编程,比大多数有限差分法精度高、见效快,故近些年来已受到许多学者青睐.

1. 光传输方程

光纤中光脉冲传输的方程为

$$\frac{\partial A}{\partial z}+\frac{\alpha}{2}A+\frac{\mathrm{i}\beta_2}{2}\frac{\partial^2A}{\partial T^2}-\frac{\beta_3}{6}\frac{\partial^3A}{\partial T^3}=\mathrm{i}\gamma\left[|A|^2A+\frac{\mathrm{i}}{\omega_0}\frac{\partial}{\partial T}(|A|^2A)-T_RA\frac{\partial|A|^2}{\partial T}\right]\tag{15.4.1}$$

称为广义非线性薛定谔方程. 其中 z 和 T 分别为光纤的长度和传播时间,A 为振幅,β_2、β_3 分别为二阶、三阶色散系数,γ 为非线性系数②.

高阶非线性方程(15.4.1),除了某些特殊情况,一般不能求得其解析解. 本节将介绍可对其进行数值求解的分步傅里叶变换法.

2. 分步傅里叶变换法的原理

记

$$\hat{D}=-\frac{\mathrm{i}}{2}\beta_2\frac{\partial^2}{\partial T^2}+\frac{1}{6}\beta_3\frac{\partial^3}{\partial T^3}-\frac{\alpha}{2} \tag{15.4.2}$$

$$\hat{N}=\mathrm{i}\gamma\left[|A|^2+\frac{\mathrm{i}}{\omega_0}\frac{1}{A}\frac{\partial}{\partial T}(|A|^2A)-T_R\frac{\partial|A|^2}{\partial T}\right] \tag{15.4.3}$$

式中 $\hat{D}$ 是微分算符,它表示线性介质的色散和吸收;$\hat{N}$ 是非线性算符,它决定了脉冲传输过程中光纤的非线性效应.

于是方程(15.4.1)可改写为如下形式:

$$\frac{\partial A}{\partial z}=(\hat{D}+\hat{N})A \tag{15.4.4}$$

一般而言,光在传输的过程中,其色散效应和非线性效应是同时起作用的. 现假定在传输过程中,光场每通过一小段距离 h,色散效应和非线性效应是分别独立起作用,也就是从 z 到 $z+h$ 的传输过程中,分两步进行:第一步仅有非线性起作用,即方程(15.4.4)中的 $\hat{D}=0$ 而变为方程(15.4.5),第二步仅有色散作用,即方程(15.4.4)中的 $\hat{N}=0$ 而变为方程(15.4.6)

$$\frac{\partial A}{\partial z}=\hat{N}A \tag{15.4.5}$$

$$\frac{\partial A}{\partial z}=\hat{D}A \tag{15.4.6}$$

方程(15.4.5)和(15.4.6)均为算符的线性(微分)方程,可用傅里叶变换法求解. 我们以适当的 h 为步长,只要 h 足够的小,一步步反复循环地分别求解方程(15.4.5)和(15.4.6),便可得到非线性方程(15.4.4),也就是光传输方程(15.4.1)的近似解. 这就是**分步傅里叶变换法**. 对于足够小的 h,它有足够的精度.

3. 分步傅里叶变换法的求解过程

当光脉宽大于 5 皮秒时,方程(15.4.1)中的三阶色散项和最后两项均可忽略,于是有如下形式的非线性薛定谔方程:

$$\mathrm{i}\frac{\partial A}{\partial z}+\frac{\mathrm{i}\alpha}{2}A-\frac{\beta_2}{2}\frac{\partial^2 A}{\partial T^2}+\gamma|A|^2A=0 \tag{15.4.7}$$

它是非线性科学的一个基本方程,被广泛应用于研究孤子.

为简单起见,我们现以非线性薛定谔方程(15.4.7)为例,来了解分步傅里叶变换法的解题过程. 显然,方程(15.4.7)的微分算符 $\hat{D}$ 和非线性算符 $\hat{N}$ 分别为

$$\hat{D}=-\frac{\mathrm{i}}{2}\beta_2\frac{\partial^2}{\partial T^2}-\frac{\alpha}{2} \tag{15.4.8}$$

$$\hat{N}=\mathrm{i}\gamma\,|A|^2 \tag{15.4.9}$$

因而此时的方程(15.4.5)和(15.4.6)的具体形式分别为

$$\frac{\partial A}{\partial z}=-\frac{\mathrm{i}}{2}\beta_2\frac{\partial^2 A}{\partial T^2}-\frac{\alpha}{2}A \tag{15.4.10}$$

$$\frac{\partial A}{\partial z}=\mathrm{i}\gamma\,|A|^2A \tag{15.4.11}$$

我们先求解色散算子方程(15.4.10),它是变量 T 的二阶线性偏微分方程,对它的各项(关于变量 T)施行傅里叶变换,并记

$$\widetilde{A}(z,\omega)=\int_{-\infty}^{\infty}A(z,T)\exp(-\mathrm{i}\omega T)dT$$

于是有

$$\frac{\mathrm{d}\widetilde{A}}{\mathrm{d}z}=-\frac{\mathrm{i}}{2}\beta_2\,(\mathrm{i}\omega)^2\widetilde{A}-\frac{\alpha}{2}\widetilde{A} \tag{15.4.12}$$

解之得

$$\widetilde{A}(z,\omega)=\widetilde{A}(0,\omega)\exp\left(\frac{\mathrm{i}}{2}\beta_2\omega^2-\frac{\alpha}{2}\right)z$$

其中 $\widetilde{A}(0,\omega)$ 是初始输入值 $A(0,T)$ 的傅氏变换. 求逆变换,从而得线性作用方程(15.4.10)的解为

$$A(z,T)=F^{-1}\left[\exp\left(\frac{\mathrm{i}}{2}\beta_2\omega^2-\frac{\alpha}{2}\right)z\right]*[A(0,T)] \tag{15.4.13}$$

再求解非线性算子方程(15.4.11),它是变量 z 的常微分方程,直接求解得

$$A(z,T)=A(0,T)\exp(\mathrm{i}\gamma\,|A(0,T)|^2z) \tag{15.4.14}$$

由上面的讨论可知,在设定步长 h 后,应通过以下两步循环计算 z 段光纤的色散和非线性效应

$$A_1(z,T)=A(0,T)\exp(\mathrm{i}\gamma\,|A(0,T)|^2z) \tag{15.4.15}$$

$$A(z,T)=F^{-1}\left[\exp\left(\frac{\mathrm{i}}{2}\beta_2\omega^2-\frac{\alpha}{2}\right)z\right]*[A_1(z,T)] \tag{15.4.16}$$

从而得到方程(15.4.7)的数值近似解. 特别要强调的是在计算过程中离散的傅里叶变换(DFT)和逆变换都应取快速傅里叶变换(FFT)和快速逆变换③,这样才能提高计算速度. 体现该方法的优点. 关于数值计算的编程,不属本教材内容,可参考其他计算方法教材及文献,在此不加叙述.

4. 对称分步傅里叶变换方法

我们知道,若以 h 为步长,方程(15.4.4)即(15.4.1)的精确解可表示为

$$A(z+h,T)=\mathrm{ext}[h(\hat{D}+\hat{N})]A(z,T) \tag{15.4.17}$$

而用分步傅里叶变换法分两步求得的(15.4.1)的近似解为

$$A(z+h,T)\simeq\mathrm{ext}(h\hat{D})\mathrm{ext}(h\hat{N})A(z,T) \tag{15.4.18}$$

对比此二式可看出，用分步傅里叶变换法求解时是忽略了算符 $\hat{D}$ 和 $\hat{N}$ 的非对异性的. 依据非对异性公式分析知，分步傅里叶变换法精确到步长 h 的二阶项[④].

倘若我们采用如下公式来代替(15.4.18)式：

$$A(z+h,T)\simeq \mathrm{ext}\left(\frac{h}{2}\hat{D}\right)\mathrm{ext}\left[\int_z^{z+h}\hat{N}(z')dz'\right]\mathrm{ext}\left(\frac{h}{2}\hat{D}\right)A(z,T) \quad (15.4.19)$$

即，使非线性包含在小区间 h 的中间，而不是边界，便可改善分步傅里叶变换法的精确度为 h 的三阶项[⑤]. 由于方程(15.4.19)中指数算符的对称形式，该方法称为**对称分步傅里叶方法**.

方程(15.4.19)中间的指数项内的积分，包含了与 z 有关的非线性算符 $\hat{N}$，若步长足够小，此中间项也可近似表示为 $\mathrm{ext}(h\hat{N})$，这与(15.4.18)式类似.

分步傅里叶变换法已广泛应用于各种光学领域，包括大气中的传播、折射梯度光纤、半导体激光器、非稳腔及波导等. 它也为求解其他的非线性方程提供了一种思路和途径，是一个很好的方法和工具.

注 ① 参见 A. Hasegawa and ETappert, Appl, Phys. Lett. 23, 142(1973).

② 参见 Govind P. Agrawal, Nonlinear Fiber Optics & Application of Nonlinear Fiber Optics

③ 参见张开明，顾昌鑫. 计算物理，复旦大学出版社，1987

④ 参见 G. H. Weiss and A. A. Maradudin, J. Math. Phys. 3, 771(1962)中的贝克豪斯多夫公式

⑤ 可通过将上述贝克豪斯多夫公式两次用于(15.4.19)式来证明.

本章小结

本章授课课件

1. 非线性方程不同于线性方程，它没有普遍适用的解法，只能根据具体情况具体而定. 对于大量的非线性方程，我们是无法求得其解析解的，只能利用解析近似法（如摄动法、变分法等）和数值计算方法（如差分法、分步傅里叶变换法等）求得其近似解析解和近似数值解.

2. 对少数非线性方程我们可通过反散射法、各种变换法等求得其解析解. 本章介绍了其中的某些初等解法，它们的主要做法是：

（1）或通过引入自变量的幂次组合（如相似变换）或线性组合（如行波解）使自变量的个数减少乃至化为常微分方程，而使求解难度大为降低；

（2）或引入某些自变量或函数的变换，如基尔霍夫变换、柯勒-霍普夫变换、端迹变换等，从而将非线性偏微分方程化为线性偏微分方程求解.

3. 本章解析求解了三个具有孤波解的方程. 对孤波和孤子我们都有了一定程度的了解. 值得指出的是，在物理学和其他实际问题中具有孤波解的当然不只是这三个方程，目前数学物理中发现的至少就已有六个. 这些问题求解的技巧性强，涉及的知识面广，鉴于篇幅的限制，在此我们不能一一详细介绍.

4. 本章介绍了求解非线性方程解析近似解的摄动法和数值近似解的分步傅里叶变换法.

第十六章　积分方程

积分方程是研究数学其他学科和各种物理问题的一个重要数学工具. 它在弹性介质理论和流体力学中应用很广，也常见于理论物理中. 本章将介绍求解积分方程的理论和方法，主要讨论非奇异积分方程求解的三个方面. 首先我们介绍了几种解积分方程的直观明显的方法；其次，我们讨论了如何将施密特-希尔伯特(Schimidt-Hilbert)理论用于解积分方程；最后，我们介绍了维纳-霍普夫(Wiener-Hopf)方法，这是一种用于求解特殊类型积分方程的更简捷的变换方法.

16.1　积分方程的几种解法

1. 方程的分类

在方程中，若未知函数在积分号下出现，则称这种方程为**积分方程**. 在这章中，我们将仅讨论一些简单类型的积分方程. 一般的线性积分方程，可写为如下的形式：

$$h(x)g(x)-\lambda\int_a^b K(x,y)g(y)\mathrm{d}y=f(x) \tag{16.1.1}$$

其中，$h(x)$和 $f(x)$是已知函数，$g(x)$是未知函数，λ 是常数因子(经常起一个本征值的作用)，而 $K(x,y)$被称为**积分方程的核**，也是已知函数.

在方程(16.1.1)中，若 $h(x)=0$，$\lambda=1$，则有

$$\int_a^b K(x,y)g(y)\mathrm{d}y=f(x) \tag{16.1.2}$$

称为**第一类的弗雷德霍姆(Fredholm)方程**；若 $h(x)=1$，则有

$$g(x)-\lambda\int_a^b K(x,y)g(y)\mathrm{d}y=f(x) \tag{16.1.3}$$

称为**第二类的弗雷德霍姆方程**. 有时候，对于 $y>x$ 时，$K(x,y)=0$. 在这种情况下，积分上限为 x，即方程(16.1.2)和(16.1.3)变为

$$\int_a^x K(x,y)g(y)\mathrm{d}y=f(x) \tag{16.1.4}$$

$$g(x)-\lambda\int_a^x K(x,y)g(y)\mathrm{d}y=f(x) \tag{16.1.5}$$

分别称为第一类和第二类的**伏特拉(Volterra)方程**.

积分方程也可采用算符的形式来表示，即方程(16.1.1)可写为

$$(h-\lambda\mathbf{K})g(x)=f(x) \tag{16.1.6}$$

其中 **K** 为**积分算符**,它表示用核相乘并对 y 从 a 到 b 的积分. 将积分方程写成这种形式,易于与含有矩阵和微分算符的算符方程相比较.

以上各方程中,若 $f(x)\equiv 0$,则为齐次方程.

2. 退化核的方程的解法

如果积分方程的核具有如下的形式

$$K(x,y)=\sum_{i=1}^{n}\varphi_i(x)\psi_i(y) \tag{16.1.7}$$

则被称为是**退化的**. 具有退化核的积分方程,可用初等的方法来求解. 下面,我们将通过二个具体的例子来说明如何求解退化核方程.

例 1 求解积分方程

$$g(x)-\lambda\int_0^1(xy^2+x^2y)g(y)\mathrm{d}y=x \tag{16.1.8}$$

解 令

$$A=\int_0^1 y^2 g(y)\mathrm{d}y,\quad B=\int_0^1 yg(y)\mathrm{d}y \tag{16.1.9}$$

则(16.1.8)变为

$$g(x)=x+\lambda Ax+\lambda Bx^2 \tag{16.1.10}$$

则将(16.1.10)式代入(16.1.9)式得

$$\begin{cases}A=\dfrac{1}{4}+\dfrac{1}{4}\lambda A+\dfrac{1}{5}\lambda B\\[2ex] B=\dfrac{1}{3}+\dfrac{1}{3}\lambda A+\dfrac{1}{4}\lambda B\end{cases} \tag{16.1.11}$$

方程组(16.1.11)的解是

$$A=\frac{60+\lambda}{240-120\lambda-\lambda^2},\qquad B=\frac{80}{240-120\lambda-\lambda^2}$$

代入(16.1.10)式,于是得积分方程(16.1.8)的解为

$$g(x)=\frac{(240-60\lambda)x+80\lambda x^2}{240-120\lambda-\lambda^2} \tag{16.1.12}$$

注意,有两个 λ 的值可使我们的解(16.1.12)式变为无穷大. 当 λ 取某些特殊值时,齐次积分方程有非零解,这样的 λ 值称为**积分方程的本征值**,而相应的非零解称做**本征函数**.

由上例我们看到,如果核是退化的,则解一个积分方程(16.1.3)的问题就简化为解一个大家非常熟悉的代数方程组的问题. 如果退化核(16.1.7)有 N 项,显然将有 N 个本征值. 当然它们不一定都不同. 既然退化核方程的解是与相应的线性代数方程组密切相关的,所以退化核方程的许多性质可由相应的代数方程组的有关性质导出. 弗雷德霍姆将之简化为一系列理论,这些理论被人们称为**弗雷德霍姆定理**. 我们将不加证明的叙述如下,因为根据学生以往所具有的本征值和代数方程组方面的经

验，这些理论，应是不难被接受和证明的[①].

定理 16.1 如果 λ 不是本征值，则对于任何的非齐次项 $f(x)$，非齐次方程(16.1.3)有唯一的解；如果 λ 是本征值，则齐次方程

$$g(x)-\lambda\int_a^b K(x,y)g(y)\mathrm{d}y=0 \tag{16.1.13}$$

至少有一个非平凡解即本征函数，而且与一个本征值相对应的、线性独立的本征函数只有一个.

定理 16.2 如果 λ 不是一个本征值，那么 λ 也不是转置方程

$$g(x)-\lambda\int_a^b K(y,x)g(y)\mathrm{d}y=f(x) \tag{16.1.14}$$

的一个本征值；如果 λ 是一个本征值，则 λ 也是转置方程的一个本征值，即

$$g(x)-\lambda\int_a^b K(y,x)g(y)\mathrm{d}y=0 \tag{16.1.15}$$

至少有一个非平凡解.

定理 16.3 若 λ 是一个本征值，则非齐次方程(16.1.3)有解的充要条件是：$f(x)$ 与转置齐次方程(16.1.15)的一切解正交. 即

$$\int_a^b \varphi(x)f(x)\mathrm{d}x=0 \tag{16.1.16}$$

其中 $\varphi(x)$ 满足(16.1.15)式.

事实上，定理 16.2 是这样一个事实的模拟，即矩阵和它的转置具有同样的本征值. 如果我们以 $\varphi(x)$ 乘以(16.1.3)式并对 x 积分，便可得到条件(16.1.16).

顺便提及，弗雷德霍姆定理仅严格地适用于非奇异的积分方程. 奇异积分方程[②]的理论是一个不同的问题.

对于具有退化核的伏特拉方程，常常能通过求微分而变为微分方程. 我们仍以一个具体的例子说明.

例 2

$$u(x)-\int_0^x xyu(y)\mathrm{d}y=x \tag{16.1.17}$$

解 令

$$g(x)=\int_0^x yu(y)\mathrm{d}y$$

代入方程(16.1.17)，则有

$$u(x)=x+xg(x)$$

所以

$$g'(x)=xu(x)=x[x+xg(x)]$$

解此微分方程得

$$g(x)=-1+c\mathrm{e}^{x^3/3}$$

于是得

$$u(x)=cx\mathrm{e}^{x^3/3}$$

将之代入原方程(16.1.17)可求得 $c=1$.

3. 具有位移核的方程的求解

如果核仅仅是$(x-y)$的一个函数，即所谓的**位移核**，且积分范围是$-\infty$到$+\infty$，则我们可以应用傅里叶变换来求解. 考虑方程

$$g(x)-\lambda\int_{-\infty}^{\infty}K(x-y)g(y)\mathrm{d}y=\varphi(x) \tag{16.1.18}$$

对此方程进行傅氏变换，并记

$$F[g(x)]=\tilde{g}(\omega),\quad F[K(x,y)]=\int_{-\infty}^{\infty}K(x,y)\mathrm{e}^{-\mathrm{i}\omega x}\mathrm{d}x=\widetilde{K}(\omega),\quad F[\varphi(x)]=\tilde{\varphi}(\omega)$$

则由卷积定理有

$$F\left[\int_{-\infty}^{\infty}K(x-y)g(y)\mathrm{d}y\right]=\widetilde{K}(\omega)\tilde{g}(\omega)$$

于是积分方程(16.1.18)变为

$$\tilde{g}(\omega)=\tilde{\varphi}(\omega)+\lambda\widetilde{K}(\omega)\tilde{g}(\omega)$$

因此

$$\tilde{g}(\omega)=\frac{\tilde{\varphi}(\omega)}{1-\lambda\widetilde{K}(\omega)}$$

如果我们能求上式的逆变换，则我们就能得到方程(16.1.18)的解.

如果积分区间是从 0 到 x，具有一位移核，且被积函数对于 $x<0$ 等于 0，则我们可用拉氏变换来求解. 因为在这种情况下也有相应的卷积积分定理.

4. 迭代解法

解积分方程

$$g(x)=f(x)+\lambda\int_{a}^{b}K(x,y)g(y)\mathrm{d}y \tag{16.1.19}$$

的一个直接方法是迭代法，我们首先取近似

$$g_0(x)\approx f(x)$$

作为零级近似将此式代入方程(16.1.19)式右边的积分中，便得到第一级近似

$$g_1(x)=f(x)+\lambda\int_{a}^{b}K(x,y)f(y)\mathrm{d}y$$

再将一级近似代入(16.1.19)式右边，便得到二级近似

$$g_2(x)=f(x)+\lambda\int_{a}^{b}K(x,y)f(y)\mathrm{d}y+\lambda^2\int_{a}^{b}\mathrm{d}y\int_{a}^{b}\mathrm{d}y'K(x,y)K(y,y')f(y')$$

重复迭代，于是得级数

$$g(x)=f(x)+\sum_{n=1}^{\infty}\lambda^n\int_{a}^{b}K_n(x,y)f(y)\mathrm{d}y \tag{16.1.20}$$

其中

$$\begin{cases}K_1(x,y)=K(x,y)\\ K_{n+1}(x,y)=\int_{a}^{b}K(x,y')K_n(y',y)\mathrm{d}y',\quad n=1,2,\cdots\end{cases} \tag{16.1.21}$$

被称为**诺伊曼级数**或积分方程(16.1.19)的**诺伊曼解**.可以证明,如果核 $K(x,y)$和$f(x)$在区间 $a\leqslant x,y\leqslant b$ 上连续,对于足够小的 λ③,该级数解将收敛.

例 3 对于粒子散射的问题,描述粒子运动的薛定谔方程是

$$-\frac{\hbar^2}{2m}\Delta\varphi(\boldsymbol{r})+V(\boldsymbol{r})\varphi(\boldsymbol{r})=E\varphi(\boldsymbol{r})$$

其中,$\varphi(\boldsymbol{r})$表示粒子的波函数,第一项表示粒子的动能,$V(\boldsymbol{r})$表示作用势,E 表示系统的总能量,它可表为

$$E=\frac{\hbar^2k^2}{2m}$$

故方程又可写为

$$\Delta\varphi(\boldsymbol{r})+k^2\varphi(\boldsymbol{r})=\frac{2m}{\hbar^2}V(\boldsymbol{r})\varphi(\boldsymbol{r}) \tag{16.1.22}$$

此方程具有边界条件

$$\varphi(\boldsymbol{r})\mid_{r\to\infty}\to \mathrm{e}^{\mathrm{i}\boldsymbol{k}\cdot\boldsymbol{r}}+f(\theta,\varphi)\frac{\mathrm{e}^{\mathrm{i}kr}}{r}$$

此式第一项表示入射粒子的平面波,第二项表示入射粒子与 $V(r)$的作用而散射的粒子的球面波. $k^2=2mE/\hbar^2$,($\boldsymbol{k}$ 为波矢,$|\boldsymbol{k}|=k$).于是,由格林函数法知亥姆霍兹方程(16.1.22)的格林函数为

$$G(\boldsymbol{r},\boldsymbol{r}')=\frac{1}{-4\pi}\frac{\mathrm{e}^{\mathrm{i}k|\boldsymbol{r}-\boldsymbol{r}'|}}{|\boldsymbol{r}-\boldsymbol{r}'|}$$

这样,我们可以将散射问题转变为积分方程

$$\varphi(\boldsymbol{r})=\mathrm{e}^{\mathrm{i}\boldsymbol{k}\cdot\boldsymbol{r}}-\frac{2m}{4\pi\hbar^2}\int\mathrm{d}\boldsymbol{r}'\frac{\mathrm{e}^{\mathrm{i}k|\boldsymbol{r}-\boldsymbol{r}'|}}{|\boldsymbol{r}-\boldsymbol{r}'|}V(\boldsymbol{r}')\varphi(\boldsymbol{r}')$$

其中第一项是用来调整解使之满足边界条件的补充(修正)函数.解可以写为诺伊曼级数(16.1.21).由第一次迭代,即取 $\varphi_0(\boldsymbol{r})=\mathrm{e}^{\mathrm{i}\boldsymbol{k}\cdot\boldsymbol{r}}$,我们可以得到一非常重要的结果,被称做**玻恩**(Born)**近似**

$$\varphi(\boldsymbol{r})\approx\mathrm{e}^{\mathrm{i}\boldsymbol{k}\cdot\boldsymbol{r}}-\frac{m}{2\pi\hbar^2}\int\mathrm{d}\boldsymbol{r}'\frac{\mathrm{e}^{\mathrm{i}k|\boldsymbol{r}-\boldsymbol{r}'|}}{|r-r'|}V(\boldsymbol{r}')\mathrm{e}^{\mathrm{i}\boldsymbol{k}\cdot\boldsymbol{r}'}$$

记

$$\varphi_1(\boldsymbol{r})=-\frac{m}{2\pi\hbar^2}\int\frac{\mathrm{e}^{\mathrm{i}k|\boldsymbol{r}-\boldsymbol{r}'|}}{|\boldsymbol{r}-\boldsymbol{r}'|}V(\boldsymbol{r}')\mathrm{e}^{\mathrm{i}\boldsymbol{k}\cdot\boldsymbol{r}'}\mathrm{d}\boldsymbol{r}'$$

继续迭代遂有

$$\varphi_2(\boldsymbol{r})=\left(-\frac{m}{2\pi\hbar^2}\right)^2\iint\frac{\mathrm{e}^{\mathrm{i}k|\boldsymbol{r}-\boldsymbol{r}'|}}{|\boldsymbol{r}-\boldsymbol{r}'|}V(\boldsymbol{r}')\frac{\mathrm{e}^{\mathrm{i}k|\boldsymbol{r}'-\boldsymbol{r}''|}}{|\boldsymbol{r}'-\boldsymbol{r}''|}V(\boldsymbol{r}'')\mathrm{e}^{\mathrm{i}\boldsymbol{k}\cdot\boldsymbol{r}''}\mathrm{d}\boldsymbol{r}'\mathrm{d}\boldsymbol{r}''$$

于是解可表为级数

$$\varphi(\boldsymbol{r})=\varphi_0(\boldsymbol{r})+\varphi_1(\boldsymbol{r})+\varphi_2(\boldsymbol{r})+\cdots$$

这个级数解当 $V(\boldsymbol{r})$较小时,便能很快收敛.

5. 弗雷德霍姆解法

弗雷德霍姆用下述方法,得到了方程(16.1.19)一个更完善的级数解,即通过细

分积分区间 $a<x<b$，用求和代替积分，解得到的代数方程，然后讨论无限多的细分的极限，结果得到积分方程(16.1.19)的解为

$$g(x)=f(x)+\lambda\int_a^b R(x,y;\lambda)f(y)\mathrm{d}y \tag{16.1.23}$$

其中 $R(x,y;\lambda)$ 被称为**解核**，是两个无穷级数的比

$$R(x,y;\lambda)=\frac{D(x,y;\lambda)}{D(\lambda)} \tag{16.1.24}$$

$$D(x,y;\lambda)\equiv\sum_{n=0}^{\infty}\frac{(-1)^n}{n!}\lambda^n B_n(x,y) \tag{16.1.25}$$

$$D(\lambda)\equiv\sum_{n=0}^{\infty}\frac{(-1)^n}{n!}C_n\lambda^n \tag{16.1.26}$$

而 B_n 的定义为

$$\begin{cases}B_0(x,y)\equiv K(x,y)\\ B_n(x,y)\equiv\int_a^b\int_a^b\cdots\int_a^b K\begin{pmatrix}x\ t_1\cdots t_n\\ y\ t_1\cdots t_n\end{pmatrix}\mathrm{d}t_1\mathrm{d}t_2\cdots\mathrm{d}t_n,\quad n=1,2,3\cdots\end{cases} \tag{16.1.27}$$

其中，行列式

$$K\begin{pmatrix}x\ t_1t_2\cdots t_n\\ y\ t_1t_2\cdots t_n\end{pmatrix}\equiv\begin{vmatrix}K(x,y)K(x,t_1)\cdots K(x,t_n)\\ K(t_1,y)K(t_1,t_1)\cdots K(t_1,t_n)\\ \cdots\cdots\\ K(t_n,y)K(t_n,t_1)\cdots K(t_n,t_n)\end{vmatrix} \tag{16.1.28}$$

C_n 的定义为

$$C_0\equiv 1,\quad C_n\equiv\int_a^b\int_a^b\cdots\int_a^b K\begin{pmatrix}t_1t_2\cdots t_n\\ t_1t_2\cdots t_n\end{pmatrix}\mathrm{d}t_1\mathrm{d}t_2\cdots\mathrm{d}t_n,\quad n=1,2,3\cdots \tag{16.1.29}$$

可以证明

$$C_{n+1}=\int_a^b B_n(y,y)\mathrm{d}y,\quad n=0,1,2\cdots \tag{16.1.30}$$

$$B_n(x,y)=C_nK(x,y)-n\int_a^b K(x,t)B_{n-1}(t,y)\mathrm{d}t,\quad n=1,2,\cdots \tag{16.1.31}$$

弗雷德霍姆解的重要性在于，(16.1.23)式和(16.1.25)式是收敛的，不像诺伊曼级数却常常发散. 本征值可通过分母函数 $D(\lambda)$ 求得.

例 4 求解方程

$$g(x)=f(x)+\lambda\int_0^1(x+y)g(y)\mathrm{d}y$$

其中 $f(x)$ 是已知函数，而 $\lambda\neq-6\pm4\sqrt{3}$.

解 此处核为 $K(x,y)=x+y$，故由(16.1.29)式和(16.1.27)式有

$$C_0=1,\qquad B_0(x,y)=x+y$$

在此基础上利用(16.1.30)式和(16.1.31)式可计算出

$$C_1=\int_0^1(y+y)\mathrm{d}y=1$$

$$B_1(x,y)=(x+y)-\int_0^1(x+t)(t+y)\mathrm{d}t=\frac{x+y}{2}-xy-\frac{1}{3}$$

$$C_2=\int_0^1\left(y-y^2-\frac{1}{3}\right)\mathrm{d}y=-\frac{1}{6}$$

$$B_2(x,y)=-\frac{1}{6}(x+y)-2\int_0^1(x+t)\left(\frac{t+y}{2}-ty-\frac{1}{3}\right)\mathrm{d}t=0$$

从而

$$C_n\equiv 0,\quad B_n\equiv 0,\quad n\geqslant 3$$

故由(16.1.25)式和(16.1.26)式有

$$D(x,y;\lambda)=(x+y)-\left(\frac{x+y}{2}-xy-\frac{1}{3}\right)\lambda$$

$$D(\lambda)=1-\lambda+\frac{1}{2}\left(-\frac{1}{6}\right)\lambda^2=1-\lambda-\frac{\lambda^2}{12}$$

代入解核公式得

$$R(x,y;\lambda)=\frac{x+y-\left(\frac{x+y}{2}-xy-\frac{1}{3}\right)\lambda}{1-\lambda-\frac{\lambda^2}{12}}$$

将此结果代入(16.1.23)式,即得需求解方程的解为

$$g(x)=f(x)-12\lambda\int_0^1\frac{(x+y)-\left(\frac{x+y}{2}-xy-\frac{1}{3}\right)\lambda}{\lambda^2+12\lambda-12}f(y)\mathrm{d}y$$

注 ① 见参考文献[8],第Ⅰ卷.

② 如果积分方程的积分区间为无限或核有奇异性,则称为奇异积分方程.

③ 易于证明,当$|\lambda|\leqslant\frac{\rho}{M(b-a)}<\frac{1}{M(b-a)}$,$M=\max|K(x,y)|$时即可.

习 题 16.1

1. 解积分方程

(1) $u(x)=\mathrm{e}^x+\lambda\int_0^1 xtu(t)\mathrm{d}t$;

(2) $u(x)=\lambda\int_0^{\pi}u(t)\sin(x-t)\mathrm{d}t$(两个本征值;两个解).

2. 求解

$$g(x)=x^2+\int_0^1 xyg(y)\mathrm{d}y$$

3. 求解积分方程

(1) $u(x)=x+\lambda\int_0^{\infty}\mathrm{e}^{-y}u(y)\mathrm{d}y$;　(2) $u(x)=\lambda\int_{-x}^{x}u(y)\cos y\,\mathrm{d}y$.

4.(1) 求下列积分方程的本征函数和本征值：

$$g(x) = \lambda\int_0^1 e^{x-y} g(y) dy$$

(2) 求解积分方程

$$g(x) = e^x + \lambda\int_0^1 e^{x-y} g(y) dy$$

5. 求解下列方程：

(1) $g(x) = x + \int_0^x g(y) dy$；

(2) $u(x) = x^\varepsilon + \lambda\int_0^x (x-y)^\varepsilon u(y) dy$ （ε 为整数）.

6. 求解积分方程

$$g(x) = x + \lambda\int_0^1 y(x+y) g(y) dy.$$

(1) 用弗雷德霍姆方法；

(2) 用诺伊曼方法(保留到 λ^2 项).

7. 对 $u(x)$求解

(1) $u(x) = e^{-x^2} + \lambda\int_{-\infty}^{\infty} e^{-(x-y)^2} u(y) dy$；　(2) $u(x) = \dfrac{1}{\cosh x} + \lambda\int_{-\infty}^{\infty} \dfrac{u(y)}{\cosh(x-y)} dy$.

8. 求解积分方程

$$g(x) = e^{-|x|} + \lambda\int_0^\infty g(y) \cos xy\, dy$$

提示：对积分方程取余弦变换.

9. 求解积分方程

$$g(x) = e^{-|x|} + \lambda\int_{-\infty}^{\infty} e^{-|x-y|} g(y) dy$$

当 $x \to \pm\infty$时，$g(x)$为有限值.

16.2 施密特-希尔伯特理论

现在，我们考虑一种不同于诺伊曼级数和弗雷德霍姆级数的近似方法. 这一近似方法是以考虑齐次积分方程的本征值和本征函数为基础的.

一个核 $K(x,y)$，如果满足

$$K(x,y) = K(y,x)$$

则 $K(x,y)$被称为**对称核**. 而如果

$$K(x,y) = \overline{K}(y,x)$$

则 $K(x,y)$被称为**厄米(Hermite)核**. 其中 $\overline{K}(y,x)$表示 $K(y,x)$的共轭. 一个厄米核的本征值是实数，而属于不同本征值的本征函数是正交的[①]. 这些论述的证明与矩阵的有关证明等同，我们留给学生自己证明.

1. 施密特-希尔伯特定理

设对称核 $K(x,y)$的正交归一的本征函数族为$\{g_i(x)\}$ $(i=1,2,3\cdots)$，相应的本

征值为 λ_i，且 $\int_a^b |K(x,y)|^2\mathrm{d}y$ 有界，则对于任何平方可积的函数 $h(x)$，函数

$$f(x) \equiv \int_a^b K(x,y)h(y)\mathrm{d}y \tag{16.2.1}$$

可以展开为本征函数族$\{g_i(x)\}$的绝对一致收敛的级数

$$f(x) = \sum_{i=1}^{\infty} \frac{1}{\lambda_i}(g_i,h)g_i(x) \tag{16.2.2}$$

其中

$$(g_i,h) = \int_a^b g_i(x)h(x)\mathrm{d}x, \quad i = 1,2,3\cdots \tag{16.2.3}$$

$\overline{g}_i(x)$为 $g_i(x)$的复共轭.

证 设 $f(x) = \sum_{i=1}^{\infty} f_i g_i(x)$，则

$$f_i = (g_i,f) = \int_a^b f(x)\overline{g}_i(x)\mathrm{d}x$$

将(16.2.1)式代入上式，并利用 $K(y,x) = \overline{K}(y,x)$ 和 $g_i(y) = \lambda_i\int_a K(y,x)g_i(x)\mathrm{d}x$，则得

$$f_i = \int_a^b\int_a^b K(x,y)\overline{g}_i(x)h(y)\mathrm{d}x\mathrm{d}y = \frac{1}{\lambda_i}\int_a^b \overline{g}_i(x)h(y)\mathrm{d}y = \frac{1}{\lambda_i}(g_i,h)$$

于是(16.2.2)得证. 至于一致收敛性的证明在此略去.

2. 具有对称核的方程的解

定理 16.4 设对称核 $K(x,y)$的正交归一的本征函数族为$\{g_i(x)\}$，相应的本征值是$\{\lambda_i\}$，如果 $\int_a^b |K(x,y)|^2\mathrm{d}x$ 有界，且函数 $f(x)$是平方可积的，则当 $\lambda\neq\lambda_i$ 时，弗雷德霍姆积分方程

$$g(x) - \lambda\int_a^b K(x,y)g(y)\mathrm{d}y = f(x) \tag{16.2.4}$$

的解为

$$g(x) = \lambda\sum_{i=1}^{\infty} \frac{(g_i,f)}{\lambda_i - \lambda}g_i(x) + f(x) \tag{16.2.5}$$

并称之为**施密特公式**.

证 由方程(16.2.4)有

$$\frac{g(x) - f(x)}{\lambda} = \int_a^b K(x,y)g(y)\mathrm{d}y$$

这与上述的施密特-希尔伯特定理中的(16.2.1)式形式完全相同，故由施密特-希尔伯特定理中的(16.2.2)式，有

$$\frac{g(x) - f(x)}{\lambda} = \sum_{i=1}^{\infty} \frac{(g_i,g)}{\lambda_i}g_i(x) \tag{16.2.6}$$

以 $\overline{g}_j(x)$ 乘以上式两边，并对 x 积分，则有

$$\frac{1}{\lambda}\left[\int_a^b g(x)\overline{g}_j(x)\mathrm{d}x-\int_a^b f(x)\overline{g}_j(x)\right]\mathrm{d}x=\sum_{i=1}^{\infty}\frac{(g_i,g)}{\lambda_i}\int_a^b g_i(x)\overline{g}_j(x)\mathrm{d}x$$

利用本征函数的正交性，于是有

$$\frac{(g_j,g)-(g_j,f)}{\lambda}=\frac{(g_j,g)}{\lambda_j}$$

即

$$(g_j,g)=\frac{\lambda_j}{\lambda_j-\lambda}(g_j,f),\quad j=1,2,3\cdots$$

将上式代入(16.2.6)式，即可得到施密特公式(16.2.5). 它可改写为

$$g(x)=f(x)+\lambda\int_a^b R(x,y;\lambda)f(y)\mathrm{d}y \tag{16.2.7}$$

其中解核

$$R(x,y;\lambda)=\sum_{i=1}^{\infty}\frac{1}{\lambda_i-\lambda}g_i(x)\overline{g}_i(y) \tag{16.2.8}$$

不难证得，解核还可以表示为如下几种形式：

$$R(x,y;\lambda)=K(x,y)+\lambda\int_a^b K(x,\xi)R(\xi,y;\lambda)\mathrm{d}\xi \tag{16.2.9}$$

$$R(x,y;\lambda)=K(x,y)+\lambda\sum_{i=1}^{\infty}\frac{(g_i,K)}{\lambda_i-\lambda}g_i(x) \tag{16.2.10}$$

$$R(x,y;\lambda)=K(x,y)+\lambda\sum_{i=1}^{\infty}\frac{\overline{g}_i(y)g_i(x)}{\lambda_i(\lambda_i-\lambda)} \tag{16.2.11}$$

3. 积分方程与常微分方程的关系

对于二阶常微分方程的初值问题

$$\begin{cases}y''(x)+p(x)y'(x)+h(x)y(x)=f(x)\\ y(0)=C_0,\quad y'(0)=C_1\end{cases} \tag{16.2.12}$$

我们易于验证它与伏特拉方程

$$g(x)+\int_0^x K(x,y)g(y)\mathrm{d}y=F(x) \tag{16.2.13}$$

是完全等价的. 其中

$$\begin{cases}g(x)=y''(x)\\ K(x,y)=p(x)+h(x)(x-y)\\ F(x)=f(x)-C_1p(x)-h(x)(C_0+C_1x)\end{cases} \tag{16.2.14}$$

也就是说，若 $y(x)$ 是二阶常微分方程初值问题(16.2.12)的解，则 $g(x)=y''(x)$ 必定是伏特拉方程(16.2.13)的解. 反之，若已知积分方程(16.2.13)的解是 $g(x)$，则不难证明定解问题(16.2.12)的解为

$$y(x) = C_0 + C_1 x + \int_0^x (x-y)g(y)\mathrm{d}y \tag{16.2.15}$$

这只要将 $g(x)=y''(x)$ 从 $0 \to x$ 积分两次即可，即

$$y(x) = C_0 + C_1 x + \int_0^x \left[\int_0^\alpha g(y)\mathrm{d}y\right]\mathrm{d}\alpha$$

交换积分次序得

$$y(x) = C_0 + C_1 x + \int_0^x \left[\int_y^x g(y)\mathrm{d}\alpha\right]\mathrm{d}y = C_0 + C_1 x + \int_0^x (x-y)g(y)\mathrm{d}y$$

易于验证，将(16.2.14)式代入定解问题(16.2.12)确实满足. 显然，若 $p(x)$，$h(x)$ 和 $f(x)$ 均连续，定解问题(16.2.12)的解存在且唯一.

由上可见，微分方程的定解问题和积分方程间可互相转换. 因此，我们可将不易求解的微分方程的问题转换为积分方程，而方便地用叠加解法求得其近似解.

注 ① 如果 $\int \bar{f}(x)g(x)\mathrm{d}x = 0$，则称此二函数是互相正交的.

② 见参考书目[8]第Ⅰ卷第三章.

习　题　16.2

1. 试求解积分方程

$$g(x) - \lambda\int_0^1 K(x,y)g(y)\mathrm{d}y = 0, \quad 0 \leqslant x \leqslant 1$$

等价的微分方程的本征值问题，其中

$$K(x,y) = \begin{cases} \dfrac{x(2-y)}{2}, & x \leqslant y \\ \dfrac{y(2-x)}{2}, & y \leqslant x. \end{cases}$$

2. 求解积分方程

(1) $g(x) - \lambda\int_0^{2\pi} \sin x \sin y g(y)\mathrm{d}y = f(x)$　[$f(x)$ 已知]；

(2) $g(x) - \lambda\int_0^1 (xy^2 + x^2 y)g(y)\mathrm{d}y = x$.

16.3　维纳-霍普夫方法

维纳-霍普夫方法，是一种用来求解某些积分方程的特殊的积分变换方法. 被称为维纳-霍普夫类型的积分方程

$$g(x) = \varphi(x) + \int_0^\infty K(x-y)g(y)\mathrm{d}y, \quad -\infty < x < \infty$$

其位移核和积分的半无限区间是重要的特色. 令 $g(x)=g_+(x)+g_-(x)$，其中对于 $x>0$，$g_+(x)=0$，而对于 $x<0$，$g_-(x)=0$. 那么

$$g_+(x) + g_-(x) = \varphi(x) + \int_{-\infty}^\infty K(x-y)g_-(y)\mathrm{d}y$$

现在取傅里叶变换,则

$$\tilde{g}_+(\omega)+\tilde{g}_-(\omega)=\tilde{\varphi}(\omega)+\widetilde{K}(\omega)\tilde{g}_-(\omega)$$

即

$$\tilde{g}_-(\omega)[1-\widetilde{K}(\omega)]+\tilde{g}_+(\omega)=\tilde{\varphi}(\omega) \tag{16.3.1}$$

因为对于 $x>0$,$g_+(x)=0$,所以 $\tilde{g}_+(\omega)$在上半 ω 平面中没有奇异性. 同样 $\tilde{g}_-(\omega)$在下半 ω 平面中也没有奇异性. 通常,对于某些 α 和 β 有

$$|K(x)|\lesssim\begin{cases}\mathrm{e}^{-\alpha x}, x\to\infty\\ \mathrm{e}^{\beta x}, x\to-\infty\end{cases}$$

因此 $\widetilde{K}(\omega)$在窄条区域 $-\beta<\mathrm{Im}\omega<\alpha$ 中是解析的. 我们假定函数 $\varphi(x)$在无穷远处至少也有这样的行为,则 $\tilde{\varphi}(\omega)$在窄条区域中也是解析的. 让我们分解 $1-\widetilde{K}(\omega)$为两个函数

$$1-\widetilde{K}(\omega)=\frac{A(\omega)}{B(\omega)}$$

其中 $A(\omega)$在 $\mathrm{Im}\omega<\alpha$ 中解析且不为零,而 $B(\omega)$在 $\mathrm{Im}\omega>-\beta$ 中解析且不为零.

方程(16.3.1)现在变为

$$\tilde{g}_-(\omega)A(\omega)+\tilde{g}_+(\omega)B(\omega)=\tilde{\varphi}(\omega)B(\omega) \tag{16.3.2}$$

其中 $\tilde{g}_-(\omega)A(\omega)$在 $\mathrm{Im}\omega<0$ 中没有奇点,$\tilde{g}_+(\omega)B(\omega)$在 $\mathrm{Im}\omega>0$ 中没有奇点,而 $\tilde{\varphi}(\omega)B(\omega)$在两个半平面中可能有奇点. 现在我们将 $\tilde{\varphi}(\omega)B(\omega)$按如下形式分开:

$$\tilde{\varphi}(\omega)B(\omega)=C(\omega)+D(\omega)$$

其中 $C(\omega)$在上半 ω 平面中没在奇点,而 $D(\omega)$在下半 ω 平面中没有奇点,于是方程(16.3.2)变为

$$\tilde{g}_-(\omega)A(\omega)-D(\omega)=C(\omega)-\tilde{g}_+(\omega)B(\omega) \tag{16.3.3}$$

上式的左边在下半 ω 平面中没有奇点,而右边在上半 ω 平面没有奇点. 因此,两边必须等于一个整函数. 更进一步,$\tilde{g}_+(\omega)$和 $\tilde{g}_-(\omega)$在 $\mathrm{Im}\omega=\pm\infty$时,趋于零. 通常能证明函数 $A,B,\cdots,D$ 最糟莫过于是多项式. 因此方程(16.3.3)的两边相当于某些多项式. 这就确定了 $g_+(x)$和 $g_-(x)$. 其中某些未知常数由物理推理或原积分方程中的代换确定.

例

$$g(x)=\mathrm{e}^{-|x|}+\lambda\int_0^\infty \mathrm{e}^{-|x-y|}g(y)\mathrm{d}y \tag{16.3.4}$$

函数 $\mathrm{e}^{-|x|}$的傅氏变换是

$$\int_{-\infty}^{\infty}\mathrm{e}^{-|x|}\mathrm{e}^{-\mathrm{i}\omega x}\mathrm{d}x=\frac{2}{1+\omega^2}$$

因而,积分方程(16.3.4)的傅氏变换是

$$\tilde{g}_+(\omega)+\tilde{g}_-(\omega)=\frac{2}{1+\omega^2}+\frac{2\lambda}{1+\omega^2}\tilde{g}_-(\omega)$$

或

$$\left(\frac{\omega^2-\xi^2}{\omega^2+1}\right)\tilde{g}_-(\omega)+\tilde{g}_+(\omega)=\frac{2}{1+\omega^2}$$

其中 $\xi^2=2\lambda-1$. 为了明确,我们将假定 ξ 为实数$\left(\lambda>\frac{1}{2}\right)$.

我们下一步是表达系数$\frac{\omega^2-\xi^2}{\omega^2+1}$作为$A(\omega)/B(\omega)$的商,其中$A(\omega)$在$\mathrm{Im}\omega<0$中是解析的,而$B(\omega)$在$\mathrm{Im}\omega>-1$中是解析的.很清楚,商仅可能为如下形式:

$$A(\omega)=\frac{\omega^2-\xi^2}{\omega-\mathrm{i}},\quad B(\omega)=\omega+\mathrm{i}$$

代入方程(16.3.2),得

$$\tilde{g}_-(\omega)\frac{\omega^2-\xi^2}{\omega-\mathrm{i}}+\tilde{g}_+(\omega)(\omega+\mathrm{i})=\frac{2}{\omega-\mathrm{i}}$$

即

$$\tilde{g}_-(\omega)\left(\frac{\omega^2-\xi^2}{\omega-\mathrm{i}}\right)-\frac{2}{\omega-\mathrm{i}}=-\tilde{g}_+(\omega)(\omega+\mathrm{i}) \tag{16.3.5}$$

(16.3.5)式的左边,在下半ω平面中没有奇点;而右边在上半ω平面中没有奇点.因此每边必须等于一个多项式.

现在我们应用基于$\tilde{g}_\pm(\omega)$的渐近行为的理论,来确定所需多项式的次数.设$P(\omega)$是ω的某一多项式,于是

$$(\omega+i)\tilde{g}_+(\omega)=P(\omega)$$

$$\tilde{g}_+(\omega)=\frac{P(\omega)}{\omega+\mathrm{i}}$$

如果当$|\omega|\to\infty$时$\tilde{g}_+(\omega)$减少,则$P(\omega)$仅可能是一个常数,我们称之为$\mathrm{i}A$,因此

$$\tilde{g}_+(\omega)=\frac{\mathrm{i}A}{\omega+\mathrm{i}}$$

$$g_+(x)=A\mathrm{e}^x,\quad x<0$$

同样

$$\tilde{g}_-(\omega)\left(\frac{\omega^2-\xi^2}{\omega+\mathrm{i}}\right)-\left(\frac{2}{\omega-\mathrm{i}}\right)=-\mathrm{i}A$$

$$\tilde{g}_-(\omega)=\frac{2}{\omega^2-\xi^2}-\frac{\mathrm{i}A(\omega-\mathrm{i})}{\omega^2-\xi^2}$$

故

$$g_-(x)=-\frac{2}{\xi}\sin\xi x+A\left(\cos\xi x+\frac{1}{\xi}\sin\xi x\right),\quad x>0$$

$$g(x)=\begin{cases}A\mathrm{e}^x, & x<0\\ -\frac{2}{\xi}\sin\xi x+A\left(\cos\xi x+\frac{1}{\xi}\sin\xi x\right), & x>0\end{cases} \tag{16.3.6}$$

习 题 16.3

1. 不用傅氏变换直接求解积分方程(16.3.4)

$$g(x)=\mathrm{e}^{-|x|}+\lambda\int_0^\infty\mathrm{e}^{-|x-y|}g(y)\mathrm{d}y,\quad -\infty<x<\infty;\lambda>\frac{1}{2}$$

并将求得的解与(16.3.6)相比较.

2. 如果$u(x)=\mathrm{e}^{-|x|}+\lambda\int_0^\infty|x-y|\mathrm{e}^{-|x-y|}u(y)\mathrm{d}y$,求$u(x)$.

本章小结

本章授课课件

在求解非奇异的积分方程时，常常可采用如下的几种有用的方法：

1. 如果核是可分离的，则可用代数方法求解. 在实际问题中，常常用可分离的核，近似表示一个复杂的核，这样可得到解答的途径.

2. 如果核仅仅是$(x-y)$的一个函数，用卷积理论可简化解的傅氏变换和拉氏变换的计算.

3. 如果有一个足够小的参数λ，积分的迭代法是一个有用的方法，否则需要一个弗雷德霍姆解.

4. 一旦一个厄米核的本征值和本征函数被求得，它们就能被用来构造积分算符的一个格林函数或解核. 那么，任一非齐次方程就可运用这个格林函数来求解.

对于具有位移核和半无限积分区域的情况，我们讨论了维纳-霍普夫技术. 许多其他的积分变换技术，在特殊情况下是有用的.

第十七章 小波变换

在积分变换法一章(第九章)中,我们曾引入了傅里叶变换的概念,虽然在那一章的侧重面是介绍如何用傅里叶变换法求解数理方程方程,但与此同时我们也了解到傅里叶变换是时域到频域互相转化的工具,曾经是信号处理领域应用最广泛、效果最好的一种分析手段.本章将引入信号时频分析和处理的更为理想的工具—小波变换(wavelet transform,wt).

小波分析,是当前数学中一个迅速发展的新领域.它继承和发展了短时傅里叶变换局部化的思想,同时又克服了窗口大小不随频率变化等缺点,能够提供一个随频率改变的“时间-频率”窗口,是时间(空间)频率的局部化分析.通过伸缩平移运算对信号(函数)逐步进行多尺度细化,小波变换可聚焦到信号的任意细节,从而解决了傅里叶变换的困难问题,成为继傅里叶变换以来在科学方法上的重大突破.由于受篇幅限制,本章将只介绍小波变换的由来及相关基本概念.

17.1 小波变换的由来

1. 傅里叶变换的困难

为方便起见,本章记函数 $f(t)$的傅里叶变换为 $\tilde{f}(\omega)$,则傅里叶变换和逆变换的表达式为

$$\tilde{f}(\omega)=\int_{-\infty}^{\infty}f(t)\mathrm{e}^{-\mathrm{i}\omega t}\mathrm{d}t \tag{17.1.1}$$

$$f(t)=\frac{1}{2\pi}\int_{-\infty}^{\infty}\tilde{f}(\omega)\mathrm{e}^{\mathrm{i}\omega t}\mathrm{d}\omega \tag{17.1.2}$$

众所周知,如果把 $f(t)$理解为信号的描述,则信号的傅里叶变换能给出信号的频率特性,即其频谱分析.但是傅里叶变换仅适用于确定性的平稳信号.从定义可以看出,为了应用傅里叶变换去研究一个信号的频谱特性,必须获得在整个时域$-\infty<t<\infty$中信号的全部信息.由于$|\mathrm{e}^{\pm\mathrm{i}\omega t}|=1$,即傅里叶变换的积分核在任何情形下的模都是1,所以信号 $f(t)$的频谱 $\tilde{f}(\omega)$的任一频点值都是由 $f(t)$在整个时间域上的贡献决定的;反之,信号 $f(t)$在任一时刻的状态,也是由频谱 $\tilde{f}(\omega)$在整个频域$-\infty<\omega<\infty$上的贡献决定的.所以在时域中傅里叶变换没有任何分辨能力,通过有限频段上的$\tilde{f}(\omega)$不能获得信号 $f(t)$在任何有限时间间隔内的频率信息.因为一个信号在某个时刻的一个小的邻域中发生了变化,那么整个频域都要受到影响.这就是说,傅里叶变

换在时域没有局域特性.

为研究信号在局部时间范围的频域特征，1946 年盖柏(Gabor)提出了著名的盖柏变换，之后又进一步发展为窗口傅里叶变换，窗口傅里叶变换是在傅里叶变换的框架内，将非平稳过程看成是一系列短时平稳信号的叠加，通过在时域上加上窗口来实现短时性. 从而弥补了傅里叶变换的一些不足.

2. 窗口傅里叶变换

设函数 $g(t)$平方绝对可积，则称 $f(t)g(t-\tau)$的傅里叶变换为 $f(t)$的**窗口 Fourier 变换**，也称 $f(t)$的**盖柏变换**，并记

$$G_f(\omega,\tau)=\int_{-\infty}^{\infty} f(t)g(t-\tau)\mathrm{e}^{-\mathrm{i}\omega t}\,\mathrm{d}t \tag{17.1.3}$$

而称

$$f(t)=\frac{1}{2\pi}\int_{-\infty}^{\infty}\mathrm{d}\tau\int_{-\infty}^{\infty} G_f(\omega,\tau)\mathrm{e}^{\mathrm{i}\omega t}g(t-\tau)\,\mathrm{d}\omega \tag{17.1.4}$$

为**窗口傅里叶变换的逆变换或反演公式**，$g(t)$称为**时窗函数**，以下均取时窗函数 $g(t)$满足

$$\int_{-\infty}^{\infty} |\,g(t)\,|^2\,\mathrm{d}t=1 \tag{17.1.5}$$

窗口傅里叶变换的逆变换公式(17.1.4)的得到是因为由傅里叶变换的反演公式，有

$$f(t)g(t-\tau)=\frac{1}{2\pi}\int_{-\infty}^{\infty} G_f(\omega,\tau)\mathrm{e}^{\mathrm{i}\omega t}\,\mathrm{d}\omega$$

于是

$$f(t)[g(t-\tau)]^2=\frac{1}{2\pi}\int_{-\infty}^{\infty} G_f(\omega,\tau)\mathrm{e}^{\mathrm{i}\omega t}g(t-\tau)\,\mathrm{d}\omega$$

从而

$$f(t)\int_{-\infty}^{\infty}[g(t-\tau)]^2\,\mathrm{d}\tau=\frac{1}{2\pi}\int_{-\infty}^{\infty}\mathrm{d}\tau\int_{-\infty}^{\infty} G_f(\omega,\tau)\mathrm{e}^{\mathrm{i}\omega t}g(t-\tau)\,\mathrm{d}\omega$$

而

$$\int_{-\infty}^{\infty}[g(t-\tau)]^2\,\mathrm{d}\tau=\int_{-\infty}^{\infty} |\,g(t)\,|^2\,\mathrm{d}\tau=1$$

代入上式即得到(17.1.4)式，记

$$t^*=\int_{-\infty}^{\infty} t\,|\,g(t)\,|^2\,\mathrm{d}t \tag{17.1.6}$$

$$\Delta t=\sqrt{\int_{-\infty}^{\infty}(t-t^*)^2\,|\,g(t)\,|^2\,\mathrm{d}t} \tag{17.1.7}$$

分别称为时窗函数 $g(t)$的**时窗中心**和**时窗半径**. 于是时窗函数 $g(t)$的窗口为$[t^*-\Delta t, t^*+\Delta t]$，**窗口的宽度为** $2\Delta t$. 若记时窗函数 $g(t-\tau)$的时窗中心和时窗半径分别为 t_τ^* 和 Δt_τ，则

$$t_\tau^*=\int_{-\infty}^{\infty} t\,|\,g(t-\tau)\,|^2\,\mathrm{d}t=\int_{-\infty}^{\infty}(u+\tau)\,|\,g(u)\,|^2\,\mathrm{d}u$$

$$=\int_{-\infty}^{\infty} u \mid g(u) \mid^2 \mathrm{d}u + \tau\int_{-\infty}^{\infty} \mid g(u) \mid^2 \mathrm{d}u = t^* + \tau$$

$$\Delta t_\tau = \sqrt{\int_{-\infty}^{\infty} (t - t_\tau^*)^2 \mid g(t-\tau) \mid^2 \mathrm{d}t} = \sqrt{\int_{-\infty}^{\infty} (u + \tau - t_\tau^*)^2 \mid g(u) \mid^2 \mathrm{d}u}$$

$$= \sqrt{\int_{-\infty}^{\infty} (u - t^*)^2 \mid g(u) \mid^2 \mathrm{d}u} = \Delta t$$

由此可见,**时窗中心在平移,而时窗半径不变.**

我们称时窗函数 $g(t)$ 的傅里叶变换,$\widetilde{g}(\omega)=F[g(t)]$ 为**频窗函数**并记

$$\omega^* = \frac{\int_{-\infty}^{\infty} \omega \mid \widetilde{g}(\omega) \mid^2 \mathrm{d}\omega}{\int_{-\infty}^{\infty} \mid \widetilde{g}(\omega) \mid^2 \mathrm{d}\omega} \tag{17.1.8}$$

$$\Delta\omega = \sqrt{\frac{\int_{-\infty}^{\infty} (\omega - \omega^*)^2 \mid \widetilde{g}(\omega) \mid^2 \mathrm{d}\omega}{\int_{-\infty}^{\infty} \mid \widetilde{g}(\omega) \mid^2 \mathrm{d}\omega}} \tag{17.1.9}$$

分别称为**频窗中心**和**频窗半径**. 当频窗函数是 $\widetilde{g}(\omega-\eta)$ 时,类似地可以推导出相应的频中心和频窗半径为

$$\omega_\eta^* = \omega^* + \eta, \quad \Delta\omega_\eta = \Delta\omega$$

因此**频窗中心在平移,频窗半径不变**,在时-频坐标系中,时窗和频窗共同作用,形成时-频窗. 窗口傅里叶变换把时域上的信号 $f(t)$ 映射到时-频域平面 (τ,ω) 中的一个二维函数 $G_f(\omega,\tau)$.

例
$$g(t) = \frac{b}{2\sqrt{\pi a}} \mathrm{e}^{-\frac{t^2}{4a}}, \quad a,b>0 \tag{17.1.10}$$

是一个常用的窗口函数称为**高斯函数**. 试求其时窗中心、时窗半径以及频窗函数和时-频窗面积.

解 易于求得其时窗中心为

$$t^* = \int_{-\infty}^{\infty} t \mid g(t) \mid^2 \mathrm{d}t = 0$$

并且时窗半径为

$$\Delta t = \sqrt{\int_{-\infty}^{\infty} (t - t^*)^2 \mid g(t) \mid^2 \mathrm{d}t} = \sqrt{a}$$

相应的频窗函数 $\widetilde{g}(\omega) = b\mathrm{e}^{-a\omega^2}$,因此可以计算频窗中心 $\omega^*=0$,频窗半径 $\Delta\omega = \frac{1}{2\sqrt{a}}$. 所以时-频窗面积为 $(2\Delta t)(2\Delta\omega)=2$.

众所周知,高频信号波长较短,即在时间轴上的扩展较窄,因此为了提取高频分量的信息,时窗应该尽量地调窄一些,并允许频窗适当地宽;而低频信号波长较长,即在时间轴上的扩展较宽,因此时窗应尽量地调宽一些,频窗应当尽量缩小,以保证有较高的频率分辨率. 然而,窗口傅里叶变换的窗函数一旦选定以后,其时-频窗口大小

和形状就固定不变了，与时间和频率无关，所以并没有很好地解决时-频局部化问题，这样就限制了窗口傅里叶变换的实际应用.

3. 小波变换的诞生

为了克服窗口傅里叶变换的不足，法国的地球物理学家 J. Morlet 在 1974 年首先提出了小波变换的概念. 当时 Morlet 在分析地震数据时提出将地震波按一个确定函数的伸缩平移系展开. 然后数学家 Meyer 对 Morlet 提出的方法进行系统研究，并与其他一些人的工作联合奠定了小波分析的基础.

17.2 小波变换

1. 连续小波变换

设 $\psi(t)$ 及其傅里叶变换 $\tilde{\psi}(\omega)$ 均为平方绝对可积函数，其宽度均为有限值，且满足相容性条件

$$C_\psi=\int_{-\infty}^{\infty}\frac{|\tilde{\psi}(\omega)|^2}{\omega}\mathrm{d}\omega<\infty \tag{17.2.1}$$

则称 $\psi(t)$ 为**基小波**或**小波母函数**，对于基小波 $\psi(t)$，定义 $f(t)$ 的**小波变换**. 为

$$(w_\psi f)(a,b)=\int_{-\infty}^{\infty}f(t)\psi_{a,b}^{*}(t)\mathrm{d}t \tag{17.2.2}$$

其中

$$\psi_{a,b}(t)=\frac{1}{\sqrt{|a|}}\psi\left(\frac{t-b}{a}\right),\quad a,b\in R,a\neq 0 \tag{17.2.3}$$

为由基小波 $\psi(t)$ 通过平移和伸缩生成的一族**小波**或**小波基函数**，a 和 b 为参数，分别为**伸缩因子**（或尺度因子）和**平移因子**（或位移因子）.

小波就是小的波形. 所谓“小”是指它具有衰减性；而称之为“波”则是指它的波动性，如图 17.1所示. 具有其振幅正负相间的震荡形式. 条件(17.2.1)意味着 $\tilde{\psi}(0)=0$. 即，$\int_{-\infty}^{\infty}\tilde{\psi}(t)\mathrm{d}t=0$. 可见 $\psi(t)$ 具有一定的振荡性，这正是称为小波的原因.

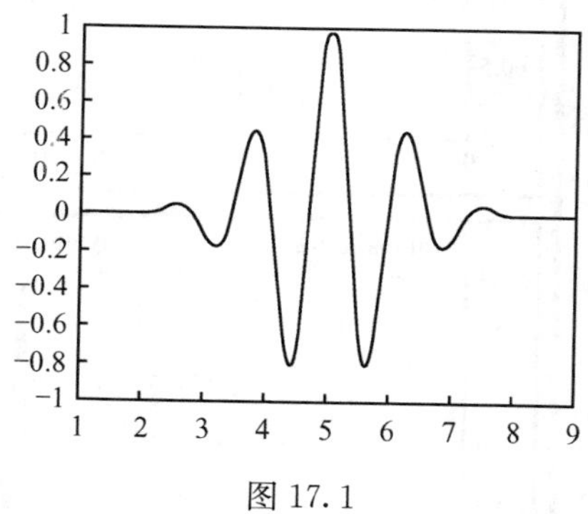

图 17.1

连续小波 $\psi_{a,b}(t)$ 的作用与窗口傅里叶变换中的 $g(t-\tau)\mathrm{e}^{-\mathrm{i}\omega t}$ 作用类似，其中 b 与 τ 一样都起着时间平移的作用，而 a 在连续小波变换中是一个尺度参数，它既能改变窗口的大小与形状，同时也能改变连续小波的频谱结构.

常用的基本小波有

哈尔(Haar)小波　$\psi(t)=\begin{cases}1, & 0\leqslant t<\frac{1}{2} \\ -1, & \frac{1}{2}\leqslant t<1 \\ 0, & \text{其他}\end{cases}$　(17.2.4)

Morlet 小波　$\psi(t)=\mathrm{e}^{\frac{t^2}{2}}\mathrm{e}^{\mathrm{i}\omega_0 t},\quad -\infty<t<\infty,\quad \omega_0\leqslant 5$　(17.2.5)

墨西哥草帽小波(Marr 小波)　$\psi(t)=(1-t^2)\left(\frac{1}{\sqrt{2\pi}}\right)\mathrm{e}^{\frac{t^2}{2}},-\infty<t<\infty$

(17.2.6)

图 17.2 给出了部分小波的波形：

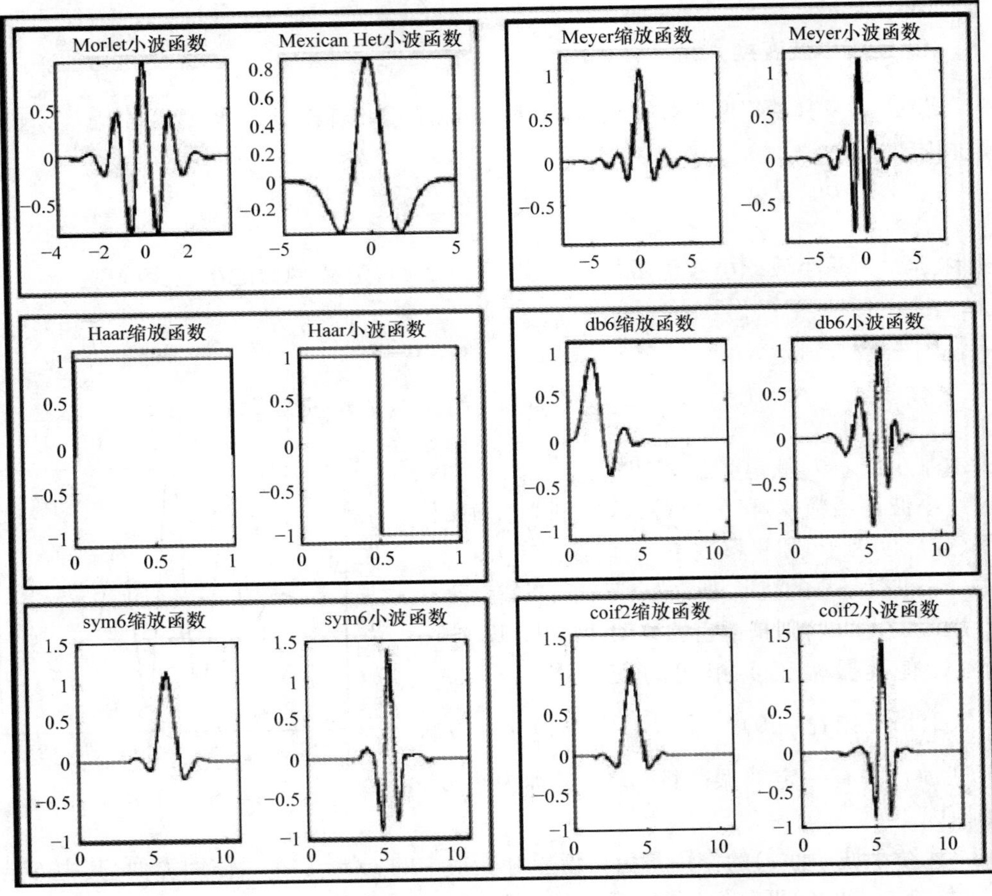

图 17.2

2. 离散小波变换

在实际应用中,需要对伸缩因子 a 和平移因 b 进行离散化处理,可以取 $a=a_0^m$, $b=nb_0a_0^m$, m,n 为整数, a_0 为大于 1 的常数, b_0 为大于 0 的常数, a 和 b 的选取与小波 $\psi(t)$ 的具体形式有关. 离散小波函数表示为

$$\psi_{m,n}(t)=\frac{1}{\sqrt{a_0^m}}\psi\left(\frac{t-nb_0a_0^m}{a_0^m}\right)=\frac{1}{\sqrt{a_0^m}}\psi(a_0^{-m}t-nb_0) \qquad (17.2.7)$$

相应的离散小波变换可以表示为

$$(w_\psi f)(m,n)=\int_{-\infty}^{\infty}f(t)\psi_{m,n}^*(t)\mathrm{d}t \qquad (17.2.8)$$

当 $a_0=2, b_0=1$ 时,离散少波变换为二进离散小波变换,这样便于分析,并适合于在计算机上进行高效的运算.

3. 小波变换的性质

设 $f(t), g(t)$ 平方绝对可积, k_1, k_2 是任意常数,则**小波变换具有如下一些主要性质:**

(1) 线性性质 $(w_\psi(k_1f+k_2g))(a,b)=k_1(w_\psi f)(a,b)+k_2(w_\psi g)(a,b)$ (17.2.9)

(2) 平移性质 $(w_\psi f(t-t_0))(a,b)=(w_\psi f(t))(a,b-t_0)$ (17.2.10)

(3) 尺度法则 $(w_\psi f(\lambda t))(a,b)=\frac{1}{\sqrt{\lambda}}(w_\psi f(t))(\lambda a,\lambda b),\quad \lambda>0$ (17.2.11)

与窗口傅里叶变换类似,在小波变换中,也可称 $\psi_{a,b}(t)$ 是**窗函数**,小波变换的时-频窗表现了小波变换的时-频局部化能力. 其**时窗中心** t^*,**时窗半径** Δt,**频窗中心** ω^* 和**频窗半径** $\Delta\omega$ 分别为

$$t^*=\frac{\int_{-\infty}^{\infty}t\mid\psi_{a,b}(t)\mid^2\mathrm{d}t}{\int_{-\infty}^{\infty}\mid\psi_{a,b}(t)\mid^2\mathrm{d}t},\qquad \Delta t=\sqrt{\frac{\int_{-\infty}^{\infty}(t-t^*)^2\mid\psi_{a,b}(t)\mid^2\mathrm{d}t}{\int_{-\infty}^{\infty}\mid\psi_{a,b}(t)\mid^2\mathrm{d}t}} \qquad (17.2.12)$$

$$\omega^*=\frac{\int_{-\infty}^{\infty}\omega\mid\tilde{\psi}_{a,b}(\xi)\mid^2\mathrm{d}\omega}{\int_{-\infty}^{\infty}\mid\tilde{\psi}_{a,b}(\omega)\mid^2\mathrm{d}\omega},\qquad \Delta\omega=\sqrt{\frac{\int_{-\infty}^{\infty}(\omega-\omega^*)^2\mid\tilde{\psi}_{a,b}(\omega)\mid^2\mathrm{d}\omega}{\int_{-\infty}^{\infty}\mid\tilde{\psi}_{a,b}(\omega)\mid^2\mathrm{d}\omega}} \qquad (17.2.13)$$

小波变换中的窗函数 $\psi_{a,b}(t)$ 是由 $\psi(t)$ 的平移和缩放得来的,分别记对应于 $\psi_{a,b}(t)$ 的有关量为:时窗中心 t_ψ^*、时窗半径 Δt_ψ、频窗中心 ω_ψ^* 和频窗半径 $\Delta\omega_\psi$

$$t^*=at_\psi^*+b,\quad \Delta t=a\Delta t_\psi,\quad \omega^*=a\omega_\psi^*,\quad \Delta\omega=a\Delta\omega_\psi$$

虽然 $\psi_{a,b}(t)$ 的时窗和频窗的中心与宽度随着 a,b 在变化,但是在时-频面上,窗口的面积不变,这是因为

$$(2\Delta t)(2\Delta\omega) = (2a\Delta t_\psi)\left(2\,\frac{1}{a}\Delta\omega_\psi\right) = (2\Delta t_\psi)(2\Delta\omega_\psi)$$

由 $f(t)$的小波变换$(w_\psi f)(a,b)$我们可得到其反演公式.

小波变换克服了傅里叶变换和窗口傅里叶变换的缺点,在时域和频域同时具有良好的局域化性质,被誉为"数学显微镜". 小波变换是泛函分析、调和分析和数值分析等数学分支发展的综合结晶,作为一种数学理论和方法在科学技术领域引起了越来越多的关注和重视.

小波变换联系了应用数学、物理学、计算机科学、信号与信息处理、图像处理、地震勘探等多个学科. 数学家认为,小波分析是一个新的数学分支,它是泛函分析、傅里叶分析、样条分析、数值分析的完美结晶;信号和信息处理专家认为,小波分析是时间-尺度分析和多分辨分析的一种新技术,它在信号分析、语音合成、图像识别、计算机视觉、数据压缩、地震勘探、大气与海洋波分析等方面的研究都取得了有科学意义和应用价值的成果.

小波变换同样也可用于求解数理方程,特别是用于数值求解. 在数字计算中,要把连续小波及其变换离散化. 一般对小波变换进行二进制离散,这种离散化的小波和相应的小波变换叫做二进小波和二进小波变换. 受篇幅限制,本书对这些内容都不再一一叙述. 感兴趣的读者,可参看相关书籍及论文[①].

注 ① 可供参考的书籍:

1. Barbara Burke Hubbard. The Word according to Waveletes. A K Peters, Wellesley, MA, 1996.

2. Mark A. Pinsky. Introduction to Fourier Aualysis and Wavelets. Pacific Grove, C A: Brooks/Cole. , 2002.

3. David K. Ruch. Wavelet Theory: an Elementary Approach with Applications, Hoboken, NJ: Wiley, 2009.

4. C. Sidney Burrus, Ramesh A. Gopinath, Haitao Guo, Introduction to wavelet Transforms: A Primer.

习题参考答案

第　一　篇

习题 1.1

4. (1) $1-\cos\alpha,\sin\alpha,2\sin\dfrac{\alpha}{2},\dfrac{\pi}{2}-\dfrac{\alpha}{2}$　(2) $\dfrac{16}{25},\dfrac{8}{25},\dfrac{8\sqrt{5}}{25},\arctan\dfrac{1}{2}$

(3) $0,-\dfrac{1}{8},\dfrac{1}{8},-\dfrac{\pi}{2}$　(4) $e\cos 1,e\sin 1,e,1$

5. $$\cos n\theta=\sum_{l=0}^{\left[\frac{n}{2}\right]}\frac{(-1)^l n!}{(2l)!(n-2l)!}\sin^{2l}\theta\cos^{n-2l}\theta$$

$$\sin n\theta=\sum_{l=0}^{\left[\frac{n}{2}\right]}\frac{(-1)^l n!}{(2l+1)!(n-2l-1)!}\sin^{2l+1}\theta\cos^{n-2l-1}\theta$$

$$\left[\frac{n}{2}\right]=\begin{cases}\dfrac{n}{2},\text{当 } n \text{ 为偶数}\\[2mm] \dfrac{n-1}{2},\text{当 } n \text{ 为奇数}\end{cases}$$

6. (1) $\pm\dfrac{1}{\sqrt{2}}\left(\sqrt{\sqrt{2}+1}+i\sqrt{\sqrt{2}-1}\right)$　(2) $-16\sqrt{3}-16i$

(3) $-\dfrac{\pi}{4}+2k\pi(k=0,\pm1,\pm2,\cdots)$　(4) $2^{-11}(-1+\sqrt{3}i)$

7. (1) $1,-\dfrac{1}{2}\pm i\dfrac{\sqrt{3}}{2}$　(2) $1+2i,1+i$

8. 大小：$\sqrt{2}$；方向：$\dfrac{\pi}{4}$

10. (1) $z^2+\bar{z}^2=2$

(2) $\left(\dfrac{1}{4a^2}-\dfrac{1}{4b^2}\right)z^2+\left(\dfrac{1}{2a^2}+\dfrac{1}{2b^2}\right)z\cdot\bar{z}+\left(\dfrac{1}{4a^2}-\dfrac{1}{4b^2}\right)\bar{z}^2-1=0$

(3) $z\bar{z}+z_0\bar{z}_0-z_0\bar{z}-z\bar{z}_0=R^2$

(4) $(A-iB)z+(A+iB)\bar{z}+2C=0$

习题 1.2

1. (1) $\dfrac{x^2+y^2-1}{(x+1)^2+y^2}$，　$\dfrac{2y}{(x+1)^2+y^2}$　(2) x^3-3xy^2，　$3x^2y-y^3$

3. (1) $\lim\limits_{n\to\infty}a_n=\lim\limits_{n\to\infty}\left(\dfrac{2}{5}\right)^n\cos\dfrac{n\pi}{3}+i\lim\limits_{n\to\infty}\left(\dfrac{2}{5}\right)^n\sin\dfrac{n\pi}{3}=0$

(2) $\lim\limits_{n\to\infty}a_n=\lim\limits_{n\to\infty}\frac{1}{n}\cos\frac{n-1}{2}\pi+i\lim\limits_{n\to\infty}\frac{1}{n}\sin\frac{n-1}{2}\pi=0$

习题 1.3

2. (1) 在复平面可导、解析 (2) 在 $z=0$ 可导、全平面不解析

(3) 每一单值支解析 (4) 在 $z=0$ 可导，全平面不解析

4. (1) $\left(1-\frac{1}{2}\mathrm{i}\right)z^2+\frac{1}{2}\mathrm{i}$ (2) $-\mathrm{i}(1-z)^2$ (3) $\frac{1}{2}-\frac{1}{z}$ (4) $\ln z$

5. 与虚轴相切于原点的圆族，复势 $\omega=\frac{C_1}{z}+C_2+\mathrm{i}C_3$（$C_1$、$C_2$、$C_3$ 为实数）

6. 抛物线族 $y^2=C^2-2Cx(C>0)$. 复势 $\omega=C_1\sqrt{z}+C_2+\mathrm{i}C_3$（$C_1$、$C_2$、$C_3$ 为实数）

7. 不能

习题 1.4

5. 均为无穷多值函数

6. (1) $\mathrm{i}k\pi(k=0,\pm1,\pm2,\cdots)$ (2) $\ln2+\mathrm{i}\left(\frac{\pi}{3}+2k\pi\right)(k=0,\pm1,\cdots)$

(3) $\left(2k+\frac{1}{2}\right)\pi-\mathrm{i}\ln(2\pm\sqrt{3})(k=0,\pm1,\cdots)$ (4) $k\pi+\mathrm{i}\frac{1}{2}\ln2(k=0,\pm1,\cdots)$

7. (1) 2 值；$1,\infty$ (2) 单值 (3) 6 值；$2,-2,\infty,1,-1$

(4) 2 值；$(2k+1)\frac{\pi}{2}(k=0,\pm1,\pm2,\cdots)$ (5) 单值 (6) 2 值；$0,\infty$

(7) 无穷多值；$0,\pm\pi,\pm2\pi,\cdots$ (8) 2 值；$1,2$

8. $-\frac{1}{2}(\sqrt{3}+\mathrm{i})$

9. $\sqrt{2}\mathrm{i}$

10. (1) $\mathrm{e}^{\mathrm{i}\ln\sqrt{2}}\mathrm{e}^{-\left(\frac{\pi}{4}+2k\pi\right)}(k=0,\pm1,\cdots)$ (2) $25\mathrm{e}^{-6k\pi}\mathrm{e}^{\mathrm{i}3\ln5}(k=0,\pm1,\cdots)$

(3) $\cos^5\varphi-10\cos^3\varphi\sin^2\varphi+5\cos\varphi\sin^4\varphi$ (4) $\ln\sqrt{2}+\mathrm{i}\left(\frac{1}{4}+2k\right)\pi(k=0,\pm1,\cdots)$

习题 1.5

1. 是 $w(=u+\mathrm{i}v)$ 平面中，由 $v=0$，$v^2=4(1-u)$ 和 $v^2=4(1+u)$ 三条曲线所组成的图形

2. $1,\pi;\frac{1}{2},-\frac{\pi}{2}$

3. (1) $u^2+v^2=\frac{1}{4}$ (2) $v=-u$ (3) $u=\frac{1}{2}$ (4) $\left(u-\frac{1}{2}\right)^2+v^2=\frac{1}{4}$

4. (1) $w=z^n$ 将 z 平面与正实轴夹角为 α 的角形区域：$0<\arg z<\alpha\left(0<\alpha\leqslant\frac{2\pi}{n}\right)$，保角变换为 w 平面与正实轴夹角 $n\alpha$ 的角形区域：$(0<\arg z\leqslant n\alpha)$，其反函数 $z=\sqrt[n]{w}$ 当然正好反过来（见图 1.15）

(2) $w=\mathrm{e}^z$ 将 z 平面的带形区域：$0<\mathrm{Im}z<h$ $(0<h\leqslant2\pi)$ 保角变换为 w 平面的角域：$0<\arg w<h$. 而其反函数 $z=\ln w$ 正好反过来（见图 1.16）

***5.** 提示：可选变换 $w=\sqrt{z}$. 等势线和电场线分别由一族开口向右的抛物线族（见图 1.17 中实线族）和开口向左的抛物线族（见图 1.17 中虚线族）给出

***6.** 提示：作变换 $w=\ln z$. 等势线是由 O 点出发的矢径：$\theta=$ 常数，$0<r<\infty$（见图 1.18(a) 中的实

线. 其中 $r=|z|$). 电场线是 $r=$常数($0<\theta<\pi$),它们是一些半圆(见图 1.18(a)中的虚线)

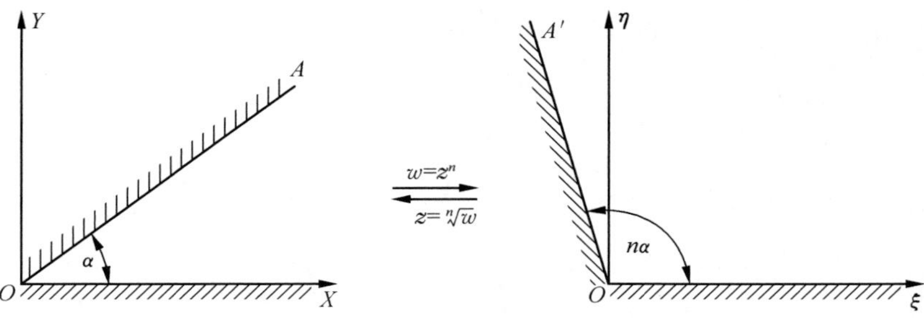

图 1.15

图 1.16

图 1.17

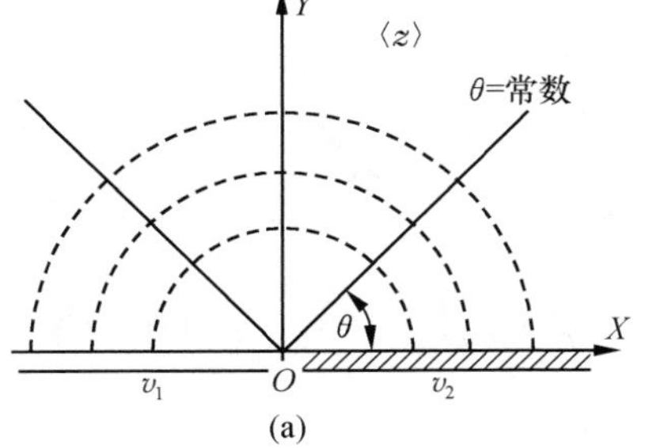

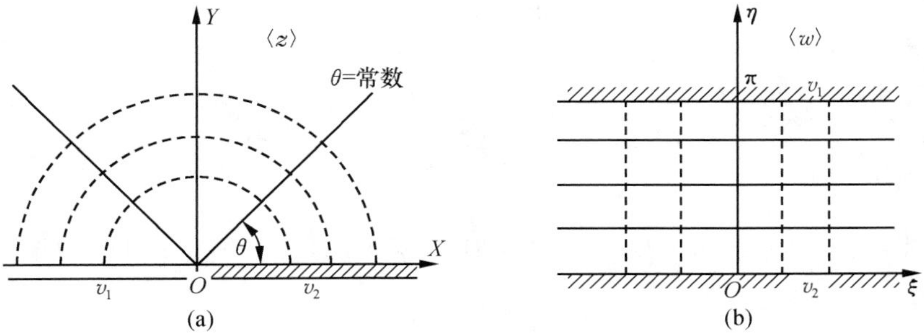

图 1.18

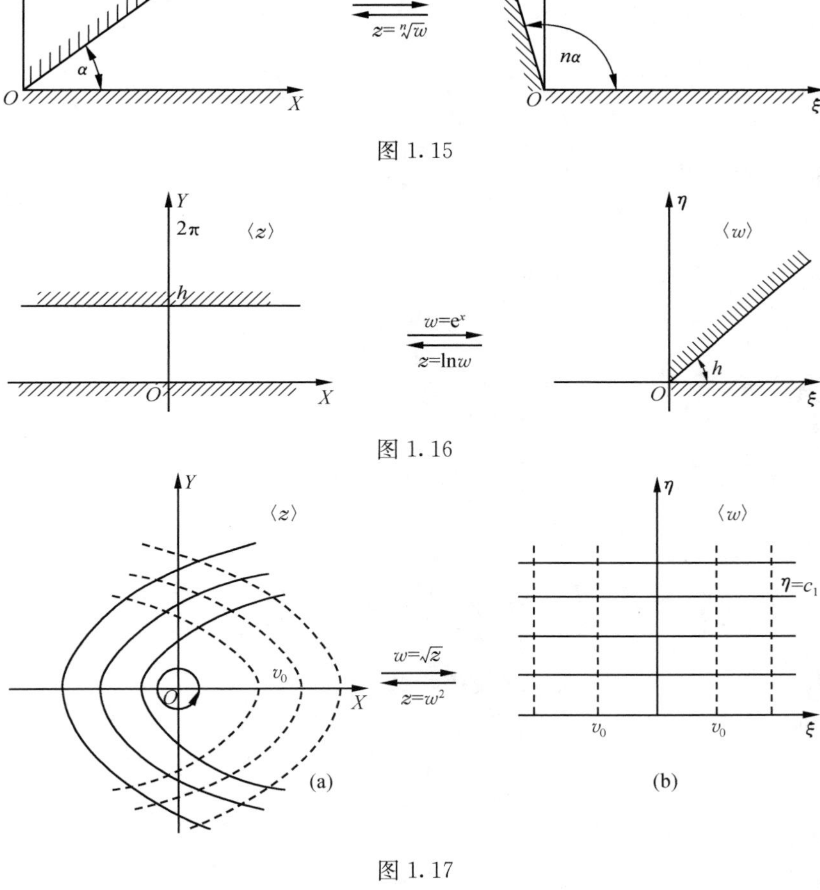

习题 2.1

1. $-\frac{1}{3}(1-\mathrm{i})$

2. (1) 1 (2) 2 (3) 2

5. $\begin{cases}\pi\mathrm{i}, n=1\\ \frac{r^{1-n}}{1-n}[(-1)^{1-n}-1], n\neq 1\end{cases}$

习题 2.2

1. (1) 0 (2) $4\pi\mathrm{i}$

2. (1) $-\frac{\mathrm{i}}{3}$ (2) 2ch1 (3) $-\frac{\pi}{2}\mathrm{e}$

习题 2.3

1. (1) $4\pi\mathrm{i}$ (2) $\sqrt{2}\pi\mathrm{i}$ (3) $2\pi\mathrm{i}$ (4) 0

2. (1) $\frac{\pi}{3}$ (2) $-\frac{\pi}{3}$ (3) 0

3. (1) $-\frac{\pi^5}{12}\mathrm{i}$ (2) $\mathrm{i}\pi\sqrt{2}\sin\left(1-\frac{\pi}{4}\right)$ (3) $-\frac{2\pi\mathrm{i}}{5!}$ (4) $4\pi\mathrm{i}$

4. $2\pi(-6+13\mathrm{i})$

6. (1) 1 (2) $-\frac{\mathrm{e}}{2}$ (3) $1-\frac{\mathrm{e}}{2}$

习题 3.2

1. (1) ∞ (2) 2 (3) e (4) 若$|a|\leqslant 1$,1;若$|a|>1$,$\frac{1}{|a|}$ (5) $\frac{1}{3}$

2. (1) R (2) 0 (3) R^n

3. (1) 除 $z=-1$ 外,在所有点上收敛(非绝对) (2) 绝对收敛

4. (1) 收敛,不绝对收敛 (2) 不绝对收敛.

习题 3.3

1. (1) 提示:$\frac{1}{(1-z)^2}=\left(\frac{1}{1-z}\right)'$ (2) $\sum_{k=0}^{\infty}(-1)^k\frac{a^k}{b^{k+1}}z^k$, $|z|<\left|\frac{b}{a}\right|$

(3) $\mathrm{e}\left(1+z+\frac{3}{2!}z^2+\frac{13}{3!}z^3+\cdots\right)$ (4) $\sum_{k=0}^{\infty}\frac{(-1)^k}{(2k+1)}z^{2k+1}$ (5) $\sum_{k=0}^{\infty}z^{3k}-\sum_{k=0}^{\infty}z^{3k+1}$ $(|z|<1)$

(6) $\sum_{n=1}^{\infty}\sum_{m=0}^{[(n-1)/2]}\frac{(-1)^m}{(2m+1)!}z^n$ $(|z|<1)$

2. (1) 提示:$\cos z=\cos(z-1+1)$ (2) $\frac{1}{4}+\sum_{k=1}^{\infty}(-1)^k\frac{(k-3)(z-1)^k}{2^{k+2}}$ $(|z-1|<2)$

(3) 提示:$\frac{z}{z+2}=1-\frac{2}{3}\frac{1}{1+\frac{z-1}{3}}$ $(|z-1|<3)$ (4) $\sum_{k=0}^{\infty}\frac{\sin\left(1-\frac{k\pi}{2}\right)}{k!}(z-1)^{2k}$ $(|z-1|<\infty)$

3. (1) $\sum_{k=1}^{\infty}(-1)^{k-1}\frac{z^{4k-1}}{(4k-1)(2k-1)!}$, $\sum_{k=0}^{\infty}(-1)^k\frac{z^{4k+1}}{(4k+1)(2k)!}$

(2) $\frac{2}{\sqrt{\pi}}\sum_{k=0}^{\infty}(-1)^k\frac{z^{2k+1}}{(2k+1)k!}$ (3) $\sum_{k=1}^{\infty}(-1)^{k-1}\frac{z^{2k-1}}{(2k-1)(2k-1)!}$

5. $2k\pi\mathrm{i}+\sum_{k=1}^{\infty}(-1)^{k-1}\frac{z^k}{k}\quad(|z|<1)$

6. (1) 4 级 (2) 15 级

* **7.** $\frac{z(1+z)}{(1-z)^3}$

* **8.** $\ln(1-\mathrm{e}^{-t})\sinh t+\frac{1}{2}+\frac{\mathrm{e}^{-t}}{4}$

习题 3.4

1. (1) 对于 $0<|z|<1,\frac{1}{z^2}-2\sum_{k=0}^{\infty}z^{k-2}$；对于 $1<|z|<\infty,\frac{1}{z^2}+2\sum_{k=0}^{\infty}\frac{1}{z^{k+3}}$

(2) $2\sum_{k=1}^{\infty}(-1)^k\frac{1}{z^{2k}}-\sum_{k=0}^{\infty}\frac{z^k}{2^{k+1}}$

(3) $\sum_{k=0}^{\infty}c_kz^k+\sum_{k=1}^{\infty}c_{-k}z^{-k}$ 其中 $c_k=c_{-k}=\sum_{n=0}^{\infty}\frac{1}{n!(n+k)!}\quad(k=0,1,2,\cdots)$

(4) $\sum_{k=0}^{\infty}c_{2k}z^{2k}+\sum_{k=1}^{\infty}c_{-2k}z^{-2k}$ 其中 $c_{2k}=c_{-2k}=(-1)^k\sum_{n=0}^{\infty}\frac{1}{(2n+1)!\,(2n+2k+1)!}\quad(k=0,1,2,\cdots)$

2. (1) $\sum_{k=0}^{\infty}(-1)^k(k+1)\frac{(z-\mathrm{i})^{k-2}}{(2\mathrm{i})^{k+2}}\quad(0<|z-\mathrm{i}|<2)$

(2) $(z-1)^2\sum_{k=0}^{\infty}(-1)^k\frac{1}{k!}\frac{1}{(z-1)^k}\quad(0<|z-1|<\infty)$

(3) $\frac{(-1)^k}{a^k}\sum_{n=0}^{\infty}\binom{n+k-1}{k-1}\left(\frac{z}{a}\right)^n\quad(|z|<a)$

(4) $\frac{1}{2}+z+z^2+\sum_{k=1}^{\infty}\frac{1}{(k+2)!z^k}\quad(0<|z|<\infty)$

(5) $-\sum_{k=0}^{\infty}\frac{\sin\left(1+\frac{k\pi}{2}\right)}{k!(z-1)^k}\quad(0<|z-1|<\infty)$

(6) $\sum_{n=-\infty}^{\infty}J_n(a)\left(\frac{z}{a}\right)^n(0<|z|<\infty)$ 其中，$J_m(a)=\begin{cases}\sum_{k=0}^{\infty}\frac{(-1)^k}{k!(k+m)!}\left(\frac{a}{2}\right)^{2k+m},m=0,1,2,\cdots\\ \sum_{k=-m}^{\infty}\frac{(-1)^k}{k!(k+m)!}\left(\frac{a}{2}\right)^{2k+m},m=-1,-2,\cdots\end{cases}$

3. $|z|<|a|:\frac{1}{b-a}\sum_{k=0}^{\infty}\frac{b^{k+1}-a^{k+1}}{a^{k+1}b^{k+1}}z^k$

$0<|z-a|<|b-a|:\frac{1}{a-b}\left[\frac{1}{z-a}+\sum_{k=0}^{\infty}\frac{(z-a)^k}{(b-a)^{k+1}}\right]$

$|a|<|z|<|b|:\frac{1}{a-b}\sum_{k=0}^{\infty}\left(\frac{z^k}{b^{k+1}}+\frac{a^k}{z^{k+1}}\right)$

5. (1) $\sum_{k=0}^{\infty}z^{k-1}$ (2) $-\sum_{k=0}^{\infty}\frac{1}{z^{k+2}}$ (3) $\sum_{k=-1}^{\infty}(-1)^k(z-1)^k$ (4) $\sum_{k=2}^{\infty}(-1)^{k-1}\frac{1}{(z-1)^k}$

(5) $\sum_{k=0}^{\infty}\left[-1+\frac{1}{2^{k+1}}\right](z+1)^k$ (6) $\sum_{k=0}^{\infty}\frac{1}{(z+1)^{k+1}}+\frac{1}{2}\sum_{k=0}^{\infty}\left(\frac{z+1}{2}\right)^k$

(7) $\sum_{k=0}^{\infty}(1-2^k)\frac{1}{(z+1)^{k+1}}$

习题 3.5

4. (1) $z=0$ 为一阶极点，$z=\pm 2\mathrm{i}$ 为二阶极点

(2) $z=1$ 为二阶极点，$z=\infty$ 为三阶极点

(3) $z=k\pi-\frac{\pi}{4}$ $(k=0,\pm 1,\cdots)$ 各为一阶极点；$z=\infty$ 为非孤立奇点

(4) $z=(2k+1)\pi\mathrm{i}$ $(k=0,\pm 1,\cdots)$ 各为一阶极点；$z=\infty$ 为非孤立奇点

(5) $z=\left(k+\frac{1}{2}\right)\pi$ $(k=0,\pm 1,\cdots)$ 各为二阶极点；$z=\infty$ 为非孤立奇点

(6) $z=\infty$ 为二阶极点

(7) $z=-1$ 为一阶极点，$z=\infty$ 为可去奇点

(8) $z=\pm\mathrm{i}$ 为一阶极点，$z=\infty$ 为本性奇点

(9) $z=\infty$ 为本性奇点

(10) $z=0$ 为本性奇点，$z=\infty$ 为一阶极点

(11) $z=\frac{1}{k\pi}(k=\pm 1,\pm 2,\cdots)$ 为本性奇点，$z=0$ 为非孤立奇点，$z=\infty$ 为本性奇点

(12) $z=-2$ 为二阶极点，$z=2$ 为非孤立奇点，$z=\infty$ 为三阶极点，$z=\frac{1}{(k+1/2)\pi}+2$ 为一阶极点

5. (1) 对一支为正则点，对另一支为二阶极点

(2) 对一支为一阶极点，对另外五支为正则点

(3) 对一支为正则点，对另一支为本性奇点

(4) 对两支都为一阶极点

6. (1) 当 $m\neq n$ 时为 $\max(m,n)$ 阶极点，当 $m=n$ 时为 k 阶极点 $(k\leqslant m)$ 或可去奇点或零点

(2) $m+n$ 阶极点

(3) 当 $m>n$ 时为 $m-n$ 阶极点，$m<n$ 时为 $n-m$ 阶零点，$m=n$ 时为可去奇点

7. (1) 能 (2) 能 (3) 否 (4) 否

习题 4.1

4. $F(z)=\frac{1}{(z-1)(z-2)}$

习题 4.2

3. (1) 6 (2) $\frac{1}{2^7}6!$ (3) $\Gamma(1-\alpha)\cos\frac{\alpha\pi}{2}$ (4) $\Gamma(1-\alpha)\sin\frac{\alpha\pi}{2}$

(5) $\Gamma(\alpha)\cos\alpha\theta$ (6) $\Gamma(\alpha)\sin\alpha\theta$

4. $\frac{(2n)!\,\pi}{2^{2n}(n!)^2}$

***5.** $\frac{\pi^2}{2}$

习题 4.3

3. (1) $2^{2n+1}B(n+1,n+1)=2^{2n+1}\dfrac{(n!)^2}{(2n+1)!}$ (2) $2^{p+q+1}B(p+1,q+1)$

(3) $\dfrac{1}{2}B\left(\dfrac{1-\alpha}{2},\dfrac{1+\alpha}{2}\right)=\dfrac{\pi}{2\cos\dfrac{\alpha\pi}{2}}$

习题 5.1

1. (1) $\pm\dfrac{1}{4}$,0 (2) 1,−1 (3) $\dfrac{1}{2}$ (4) $(-1)^{k-1}\dfrac{(2k+1)}{2}\pi$

(5) $-\sum\limits_{k=0}^{\infty}\dfrac{(-1)^k}{k!(k+1)!}\left(\dfrac{a}{2}\right)^{2k+1}=-J_1(a)$,$J_1(a)$ 为一阶贝塞尔函数(见第三篇)

(6) $(-1)^n\dfrac{1}{n!}$

2. (1) $\mathrm{res}f(-1)=(-1)^{m+1}\dfrac{(2m)!}{(m-1)!\,(m+1)!}$,$\mathrm{res}f(\infty)=(-1)^m\dfrac{(2m)!}{(m-1)!\,(m+1)!}$

(2) $\mathrm{res}f(0)=\dfrac{1}{9}$,$\mathrm{res}f(\pm3\mathrm{i})=-\dfrac{1}{54}(\sin3\mp\mathrm{i}\cos3)$,$\mathrm{res}f(\infty)=\dfrac{1}{27}(\sin3-3)$

(3) $\mathrm{res}f(-1)=2\sin2$,$\mathrm{res}f(\infty)=-2\sin2$ (4) $\mathrm{res}f(2)=-\mathrm{res}f(\infty)=-\dfrac{143}{24}$

(5) $\mathrm{res}f(\infty)=0$ (6) $\mathrm{res}f(0)=-\dfrac{1}{2}$,$\mathrm{res}f(\infty)=\dfrac{1}{2}$

3. (1) $-\dfrac{\pi\mathrm{i}}{\sqrt{2}}$ (2) $-2\pi\mathrm{i}$ (3) $-\dfrac{\pi\mathrm{i}}{121}$ (4) 1

* **5.** $\dfrac{\mathrm{i}\pi}{2}$

习题 5.2

1. (1) $\sqrt{2}\pi$ (2) $\dfrac{\pi}{\mu}\mathrm{e}^{-r\mu}$ (3) $\dfrac{\pi\exp(-a/\sqrt{2})}{2\sqrt{2}}\left(\cos\dfrac{a}{\sqrt{2}}+\sin\dfrac{a}{\sqrt{2}}\right)$ (4) $\dfrac{\pi}{2}\mathrm{e}^{-ab}$

2. (1) $\dfrac{2\pi}{1-b^2}$ (2) $\sqrt{2}\pi$ (3) $\dfrac{\pi}{2\sqrt{a(a+1)}}$ (4) $\dfrac{\pi}{2\sqrt{2}}$

* **5.** (1) $\dfrac{\pi^2}{6}$ (2) $\dfrac{\pi^4}{15}$

* **6.** (1) π (2) $\dfrac{\pi}{2}$

* **7.** $\pi^{1/2}$

* **8.** $\dfrac{1}{\cos(\alpha/2)}$

* **10.** (1) $2\pi(a^2-1)^{-1/2}$ (2) $-2\pi\mathrm{i}(1-a_0^2)^{-1/2}$ (3) $-2\int_0^{\pi/2}\dfrac{\mathrm{d}\theta}{\sin^2\theta}$,是发散的

* **11.** 当$|a|>|b|$时,$I=0$;当$|a|<|b|$时,$I=\dfrac{2\pi}{b}$

习题 5.3

3. (1) $-\dfrac{\pi}{2}$ (2) $-\dfrac{\pi}{2}$

4. (1) $\frac{\pi}{2}\left(1-\frac{3}{2e}\right)$ (2) $\frac{\pi}{2a^2}(1-e^{-a})$ *(3) $\frac{3}{4}\pi$

(4) $\frac{b-a}{2}\pi$ (5) $\frac{\pi}{2}e^{-4}(2\cos 2+\sin 2)$ (6) $\frac{\pi}{2}e^{-4}(-\cos 2+2\sin 2)$

5. *(1) $\frac{\pi}{\sin a\pi}$ (2) $\frac{\pi\sin(b-a)\pi}{\sin a\pi\sin b\pi}$ (3) $\frac{\pi}{2}\mathrm{th}\frac{\pi}{2}$ (4) $\frac{\pi}{2}\frac{1}{\cosh\frac{m\pi}{2}}$

7. * $\frac{1}{2}\pi^2R^4$

习题 5.4

1. (1) π (2) $\frac{\pi}{2}$

2. (1) $-\frac{\pi}{\sqrt{3}}$ (2) $\frac{\pi(1-\alpha)}{4\cos\frac{\pi\alpha}{2}}$ (3) $-\frac{\pi}{4}$ (4) $-\frac{7}{128}\pi^4$

3. (1) $\sqrt{\frac{\pi}{2}}$ (2) $\frac{\pi}{4}$

***4.** $\frac{\pi}{\sqrt{2}}$

***5.** $\frac{\pi^2}{2\sqrt{2}}$

第 二 篇

习题 6.2

6. $u_{tt}=\frac{1}{2}\omega^2\frac{\partial}{\partial x}[(l^2-x^2)u_x]$ （以水平线为 x 轴，原点取在竖轴上）

7. $u_{tt}=g\frac{\partial}{\partial x}[(l-x)u_x]+\omega^2u$ （以绳的上端为原点，沿竖直轴取 x 轴向下）

习题 6.3

1. $\begin{cases}u|_{x=0}=0\\u|_{x=l}=0\end{cases}$, $\begin{cases}u|_{t=0}=\varphi(x)\\u_t|_{t=0}=\psi(x)\end{cases}$

2. $\begin{cases}u_{tt}=a^2u_{xx}, & x\geqslant 0,t>0\\u|_{x=0}=A\sin\omega t, & t>0\\u|_{t=0}=\varphi(x),u_t|_{t=0}=\psi(x), & x\geqslant 0\end{cases}$

3. $\begin{cases}u_x|_{x=0}=\frac{F(t)}{ES}\\u_x|_{x=l}=\frac{F(t)}{ES}\end{cases}$ （E 为杨氏模量 S 为杆的横截面积）

4. $-u_x|_{x=0}=u_x|_{x=l}=\frac{q_0}{k}$ （k 为热导率）

5. $\begin{cases}u|_{x=0}=0,u_x|_{x=l}=0\\u|_{t=0}=\frac{b}{l}x,u_t|_{t=0}=0\end{cases}$

6. 两端受压：$\begin{cases} u|_{t=0}=\varepsilon(l-2x) \\ u_t|_{t=0}=0 \end{cases}$，一端受压：$\begin{cases} u|_{t=0}=-2\varepsilon x \\ u_t|_{t=0}=0 \end{cases}$

7. $\begin{cases} u_t^{\mathrm{I}}=\dfrac{k_1}{c_1\rho_1}u_{xx}^{\mathrm{I}} \quad (0<x<x_0) \\ u^{\mathrm{I}}(0,t)=0 \\ u^{\mathrm{I}}(x,0)=u_0 \end{cases}$，$\begin{cases} u_t^{\mathrm{II}}=\dfrac{k_2}{c_2\rho_2}u_{xx}^{\mathrm{II}} \quad (x_0<x<l) \\ u^{\mathrm{II}}(l,t)=0 \\ u^{\mathrm{II}}(x,0)=u_0 \end{cases}$

连接条件：$\begin{cases} u^{\mathrm{I}}|_{x_0-0}=u^{\mathrm{II}}|_{x_0+0} \\ k_1\dfrac{\partial u^{\mathrm{I}}}{\partial x}\Big|_{x_0-0}=k_2\dfrac{\partial u^{\mathrm{II}}}{\partial x}\Big|_{x_0+0} \end{cases}$

8. $u|_{t=0}=\begin{cases} \dfrac{F_0(l-h)}{T_0 l}x \quad (0\leqslant x\leqslant h) \\ \dfrac{F_0 h}{T_0 l}(l-x) \quad (h\leqslant x\leqslant l) \end{cases}$

***9.** (1) $\begin{cases} u|_{x=0}=0 \\ u_x|_{x=l+b}=-\dfrac{P}{ESg}u_{tt}(l+b,t) \end{cases}$ (2) $\begin{cases} u|_{x=0}=0 \\ u_x|_{x=l}=\dfrac{P\left[1-\dfrac{1}{g}u_{tt}(l,t)\right]}{ES} \end{cases}$

（E 为杨氏模量，S 为杆的横截面积）

习题 7.1

1. (1) t (2) $\sin x\cos at+x^2t+\dfrac{1}{3}a^2t^3$ (3) $x^3+3a^2xt^2+xt$ (4) $\cos x\cos at+t/e$

2. $\varphi(x-at)$

3. $\varphi\left(\dfrac{x-t}{2}\right)+\psi\left(\dfrac{x+t}{2}\right)-\varphi(0)$

4. $V(x,t)=A\cos k(x-at)$，$I(x,t)=\sqrt{\dfrac{C}{L}}A\cos k(x-at)$

5. $\dfrac{1}{x}[f_1(x+at)+f_2(x-at)]$

6. $\dfrac{(h-x-at)\varphi(x+at)+(h-x+at)\varphi(x-at)}{2(h-x)}+\dfrac{1}{2a(h-x)}\displaystyle\int_{x-at}^{x+at}(h-\xi)\psi(\xi)\mathrm{d}\xi$

7. (1) $f(3x+y)+g(x-y)$ (2) $f(x+y)+g(y)$

8. $\dfrac{1}{4}\sin(y+x)+\dfrac{3}{4}\sin(-y/3+x)+y^2/3+xy$

10. $u(x,t)=\begin{cases} \dfrac{1}{2}[\varphi(x+at)+\varphi(x-at)]+\dfrac{1}{2a}\displaystyle\int_{x-at}^{x+at}\psi(\alpha)\mathrm{d}\alpha & \left(t\leqslant\dfrac{x}{a}\right) \\ \dfrac{1}{2}[\varphi(x+at)-\varphi(at-x)]+\dfrac{1}{2a}\displaystyle\int_{at-x}^{x+at}\psi(\alpha)\mathrm{d}\alpha & \left(t\geqslant\dfrac{x}{a}\right) \end{cases}$

$t\leqslant\dfrac{x}{a}$ 时，端点影响未传到；$t\geqslant\dfrac{x}{a}$ 时，端点影响已传到，产生反射波

11. $u(x,t)=\begin{cases} 0 & \left(t\leqslant\dfrac{x}{a}\right) \\ A\sin\omega\left(t-\dfrac{x}{a}\right) & \left(t>\dfrac{x}{a}\right) \end{cases}$

12. $u(x,t)=\begin{cases}\dfrac{1}{2}[\varphi(x+at)+\varphi(x-at)]+\dfrac{1}{2a}\displaystyle\int_{x-at}^{x+at}\psi(\alpha)\mathrm{d}\alpha & \left(t\leqslant\dfrac{x}{a}\right)\\ \dfrac{1}{2}[\varphi(x+at)+\varphi(at-x)]+\dfrac{1}{2a}\displaystyle\int_{0}^{x+at}\psi(\alpha)\mathrm{d}\alpha & \\ \quad+\dfrac{1}{2a}\displaystyle\int_{0}^{at-x}\psi(\alpha)\mathrm{d}\alpha+\dfrac{Aa}{\omega ES}\left[\cos\omega\left(t-\dfrac{x}{a}\right)-1\right] & \left(t>\dfrac{x}{a}\right)\end{cases}$

（E 为杨氏模量，S 为杆的横截面积）

13. 反射波：$g\left(t+\dfrac{n_1x}{a}\right)=\begin{cases}0 & \left(t+\dfrac{n_1x}{a}<0,x<0\right)\\ \dfrac{n_1-n_2}{n_1+n_2}E_0\sin\omega\left(t+\dfrac{n_1x}{a}\right) & \left(t+\dfrac{n_1x}{a}>0,x>0\right)\end{cases}$

透射波：$h\left(t-\dfrac{n_2x}{a}\right)=\begin{cases}0 & \left(t<\dfrac{n_2x}{a},x>0\right)\\ \dfrac{2n_1E_0}{n_1+n_2}\sin\left(t-\dfrac{n_2x}{a}\right) & \left(t>\dfrac{n_2x}{a},x>0\right)\end{cases}$

习题 7.2

1. (1) $\dfrac{xt^2}{2}+\dfrac{at^3}{6}$ (2) $-4y^2$

2. (1) $t\sin x$ (2) $\sin x\cos y+xy-\dfrac{y^2}{2}$ (3) $3at+\dfrac{1}{2}axt^2$ (4) $\sin x\cos at+(e^t-1)(xt+x)-xte^t$

习题 7.3

1. $S(r,t)=\begin{cases}0, & 0\leqslant t<r-R\\ \dfrac{S_0(r-t)}{2r}, & r-R<t<r+R\\ 0, & r+R<t<\infty\end{cases}$

2. $x^2t+\dfrac{1}{3}a^2t^3+yzt$

5. $x^2(x+y)+a^2t^2(3x+y)$

习题 8.1

1. (1) $\displaystyle\sum_{n=1}^{\infty}\left[\frac{2}{l}\int_0^l\varphi(\alpha)\sin\frac{n\pi\alpha}{l}\mathrm{d}\alpha\right]e^{-\left(\frac{n\pi}{l}\right)^2Dt}\sin\frac{n\pi x}{l}$

(2) $\displaystyle\frac{a_0}{2}+\sum_{n=1}^{\infty}a_ne^{-\left(\frac{n\pi}{l}\right)^2Dt}\cos\frac{n\pi x}{l},\quad a_n=\frac{2}{l}\int_0^l\varphi(\alpha)\cos\frac{n\pi\alpha}{l}\mathrm{d}\alpha(n=0,1,\cdots)$

(3) $\displaystyle\sum_{n=0}^{\infty}a_ne^{-\frac{\left(n+\frac{1}{2}\right)^2\pi^2}{l^2}Dt}\sin\frac{n+\frac{1}{2}}{l}\pi x,\quad a_n=\frac{2}{l}\int_0^l\varphi(\alpha)\sin\frac{n+\frac{1}{2}}{l}\pi\alpha\mathrm{d}\alpha$

2. $\displaystyle\sum_{n=1}^{\infty}\frac{8h}{n^2\pi^2}\sin\frac{n\pi}{2}\cos\frac{n\pi a}{2}t\sin\frac{n\pi x}{2}$

3. (1) $3\cos at\sin x$

(2) $\displaystyle\sum_{n=1}^{\infty}\frac{6}{\pi}\left(\frac{2}{2n-1}\right)^2\left[\pi^2-\frac{8}{(2n-1)^2}\right]\sin\frac{2n-1}{2}\pi\cos\frac{(2n-1)}{2}at\sin\frac{(2n-1)}{2}x$

(3) $N_0-\frac{4N_0}{\pi}\sum_{k=0}^{\infty}\frac{1}{(2k+1)}e^{-4(2k+1)^2\pi^2}\sin(2k+1)\pi x$

(4) $\sum_{n=1}^{\infty}\frac{4[1-(-1)^n]}{(n\pi)^3\operatorname{sh}n\pi}\sin n\pi x\operatorname{sh}n\pi(y-1)$

4. $\sum_{n=1}^{\infty}a_nT(t)\sin\frac{n\pi x}{l}$，其中 $a_n=\frac{2}{l}\int_0^l g(x)\sin\frac{n\pi x}{l}dx$

$$T_n(t)=\begin{cases}\frac{2e^{-\alpha t/2}}{\sqrt{a^2-\alpha}}\operatorname{sh}\frac{\sqrt{a^2-\alpha}}{2}t & (a^2>\alpha)\\ te^{-\alpha t/2} & (a^2=\alpha)\\ \frac{2e^{-\alpha t/2}}{\sqrt{\alpha-a^2}}\sin\frac{\sqrt{\alpha-a^2}}{2}t & (a^2<\alpha)\end{cases}$$

$$\alpha=\left(\frac{2cn\pi}{l}\right)^2$$

5. $\frac{8Ql}{E\sigma\pi^2}\sum_{n=0}^{\infty}\frac{(-1)^n}{(2n+1)^2}\cos\frac{\left(n+\frac{1}{2}\right)\pi a}{l}t\sin\frac{\left(n+\frac{1}{2}\right)\pi}{l}x$ （E 为杨氏模量；σ 为杆的横截面积）

7. $\sin\pi x\sin\pi y\sin\pi z\cos\sqrt{3}\pi at$

8. $u_0-\frac{4u_0}{\pi}\sum_{n=0}^{\infty}\frac{1}{(2n+1)}e^{-\frac{(2n+1)^2}{4l^2}\pi^2a^2t}\sin\frac{2n+1}{2l}\pi x$

9. $\sum_{n=1}^{\infty}\left(A_n\cos\frac{n^2\pi^2a}{l}t+B_n\sin\frac{n^2\pi^2a}{l}t\right)\sin\frac{n\pi}{l}x$，其中$\begin{cases}A_n=\frac{2}{l}\int_0^l\varphi(\alpha)\sin\frac{n\pi\alpha}{l}d\alpha\\ B_n=\frac{2l}{n^2\pi^2a}\int_0^l\psi(\alpha)\sin\frac{n\pi\alpha}{l}d\alpha\end{cases}$

10.
$$u(x,y,t)=\frac{16Ab^4}{\pi^6}\sum_{n=0}^{\infty}\sum_{m=0}^{\infty}\frac{1}{(2n+1)^3(2m+1)^3}\cdot\sin\frac{(2n+1)\pi x}{b}\sin\frac{(2m+1)\pi y}{b}\cdot\cos\left[\sqrt{(2n+1)^2+(2m+1)^2}\frac{\pi at}{b}\right]$$

11. $E_n=\frac{n^2\pi^2\hbar^2}{8a^2\mu}$，$n=1,2,3,\cdots$；　$\psi(x,t)=\frac{1}{\sqrt{a}}e^{-i\frac{E_2}{\hbar}t}\sin\frac{\pi}{a}(x+a)$

12. $V(x,y,z)=\sum_{n,m=1}^{\infty}A_{nm}\sin(\alpha_nx)\sin(\beta_my)\sinh(\gamma_{nm}z)$

其中$A_{nm}=\frac{4}{ab\sinh(\gamma_{nm}C)}\int_0^a dx\int_0^b dy f(x,y)\sin(\alpha_nx)\sin(\beta_my)$

$$\alpha_n=\frac{n\pi}{a},\beta_m=\frac{m\pi}{b},\gamma_{nm}=\pi\sqrt{\frac{n^2}{a^2}+\frac{m^2}{b^2}}$$

13. 一般解为：$u(x,t)=\sum_{n=1}^{\infty}(C_n\cos\omega_nt+D_n\sin\omega_nt)\sin\frac{n\pi}{l}x$ 其中，$\omega_n=\sqrt{\left(\frac{n\pi a}{l}\right)^2+c}$，

$$C_n=\frac{2}{l}\int_0^l\varphi(x)\sin\frac{n\pi}{l}xdx,D_n=\frac{b}{\omega_n}C_n+\frac{2}{l\omega_n}\int_0^l\psi(x)\sin\frac{n\pi}{l}xdx$$

习题 8.2

1. $u(x,t)=\sum_{n=1}^{\infty}\left\{\frac{2T_0}{n\pi}[1-(-1)^n]e^{-\left(\frac{n\pi a}{l}\right)^2t}-\frac{2A}{a^2n\pi}\frac{[1-(-1)^ne^{-\alpha l}]}{\alpha^2+\left(\frac{n\pi}{l}\right)^2}\left[e^{-\left(\frac{n\pi a}{l}\right)^2t}-1\right]\right\}\sin\frac{n\pi}{l}x$

2. $\frac{blt^3}{12\rho}+\frac{2bl^3}{\rho a^2\pi^4}\sum_{n=1}^{\infty}\frac{(-1)^n-1}{n^4}\left[t-\frac{l}{n\pi a}\sin\frac{n\pi a}{l}t\right]\cos\frac{n\pi}{l}x+\frac{l}{2}t+\frac{2l^2}{a\pi^3}\sum_{n=1}^{\infty}\frac{1-(-1)^n}{n^3}\sin\frac{n\pi a}{l}t\cos\frac{n\pi}{l}x$，

其中 ρ 为弦密度，a 为波传播速度

3. (1) $\sum_{n=1}^{\infty}\frac{2A(-1)^n}{a^2}\left(\frac{l}{n\pi}\right)^3\left[\cos\frac{n\pi a}{l}t-1\right]\sin\frac{n\pi}{l}x$

(2) $$\sum_{n=0}^{\infty}\frac{2A}{\left(n+\frac{1}{2}\right)\pi}\cdot\frac{\left[\frac{\left(n+\frac{1}{2}\right)}{l}\pi a\right]^2\sin\omega t-\omega\cos\omega t+\omega e^{-\frac{\left(n+\frac{1}{2}\right)^2\pi^2a^2t}{l}}}{\left[\frac{\left(n+\frac{1}{2}\right)\pi a}{l}\right]^4+\omega^2}\cdot\sin\frac{\left(n+\frac{1}{2}\right)\pi}{l}x$$

(3) $$\frac{4Aa^2}{\pi^3}\sum_{k=0}^{\infty}\frac{1}{(2k+1)^3}\cdot\frac{\operatorname{sh}\left[(2k+1)\pi\frac{y}{a}\right]+\operatorname{sh}\left[(2k+1)\pi\frac{b-y}{a}\right]-\operatorname{sh}\left[(2k+1)\pi\frac{b}{a}\right]}{\operatorname{sh}\left[(2k+1)\pi\frac{b}{a}\right]}$$

$$\cdot\sin\frac{(2k+1)}{a}\pi x$$

(4) $\frac{A}{1+\omega^2a^2}\left(e^{-t}-\cos\omega at+\frac{1}{\omega a}\sin\omega at\right)\cos\omega x,\quad \omega=\frac{\pi}{2l}$

5. $$\frac{4I^2r}{c\rho\pi}\sum_{n=0}^{\infty}\frac{\sin\frac{2n+1}{l}\pi x}{(2n+1)\left[\frac{(2n+1)^2\pi^2a^2}{l^2}+\frac{h}{c\rho}\right]}\cdot\left\{1-e^{-\left[\frac{(2n-1)^2\pi^2a^2}{l^2}+\frac{h}{c\rho}\right]t}\right\}$$

习题 8.3

1. $\frac{Q}{E}x+\frac{8Ql}{E\pi^2}\sum_{n=0}^{\infty}\frac{(-1)^{n+1}}{(2n+1)^2}\cos\frac{\left(n+\frac{1}{2}\right)\pi a}{l}t\sin\frac{\left(n+\frac{1}{2}\right)\pi}{l}x$

2. $-\frac{2cl^2}{a^2\pi^3}\sum_{n=1}^{\infty}\frac{1}{n^3}\left(1-e^{-\frac{n^2\pi^2a^2}{l^2}t}\right)\sin\frac{n\pi}{l}x+\frac{ct}{l}(l-x)$

3. $u(x,t)=v(x,t)+w(x,t)$，其中

$$v(x,t)=\frac{2\omega Al}{a\pi^2}\sum_{n=1}^{\infty}\frac{(-1)^n}{n^2}\sin\frac{n\pi a}{l}t\sin\frac{n\pi x}{l}$$

$$+\frac{2\omega^2A}{a\pi^2}\sum_{n=1}^{\infty}\frac{(-1)^n}{n^2\left[\omega^2-\left(\frac{n\pi a}{l}\right)^2\right]}\left(n\pi a\sin\omega t-\omega l\sin\frac{n\pi}{l}at\right)\sin\frac{n\pi}{l}x$$

$$w(x,t)=\frac{Ax}{l}\sin\omega t$$

5. $u(x,t)=x+\frac{4}{a^2}\cos\frac{x}{2}+\left(1-\frac{4}{a^2}\right)\exp\left(\frac{a^2}{4}t\right)\cos\frac{x}{2}$

习题 8.4

1. $$u(\rho,\varphi)=\begin{cases}\frac{A}{a}\rho\cos\varphi & (\rho<a)\\ \frac{Aa}{\rho}\cos\varphi & (\rho>a)\end{cases}$$

2. $\sum_{n=1}^{\infty}A_n\rho^{\frac{n\pi}{\beta-\alpha}}\sin\frac{n\pi}{\beta-\alpha}(\varphi-\alpha)$，其中 $A_n=\frac{2}{\beta-\alpha}\cdot\alpha^{\frac{-n\pi}{\beta-\alpha}}\int_{\alpha}^{\beta}f(\varphi)\sin\frac{n\pi(\varphi-\alpha)}{\beta-\alpha}d\varphi$

*3. $a^2-\rho^2$

4. $u(r,\varphi)=-E_0 r\cos\varphi+E_0\dfrac{a^2}{r}\cos\varphi$

5. $u=\dfrac{r_1}{r_1^2-r_2^2}\cdot\dfrac{r^2-r_2^2}{r}\cdot\sin\theta$

6. $u(r,\varphi)=\dfrac{u_1+u_2}{2}+\dfrac{2(u_1-u_2)}{\pi}\sum\limits_{n=0}^{\infty}\left(\dfrac{r}{a}\right)^{2n+1}\cdot\dfrac{\sin(2n+1)\varphi}{2n+1}$

*8. $\dfrac{\cos 2\varphi}{a^4+b^4}\left[(a^4+b^4)\rho^4-(a^6+2b^6)\rho^2-(a^2-2b^2)\dfrac{a^4b^4}{\rho^2}\right]$

9. $u_1+\dfrac{4(u_0-u_1)}{\pi}\sum\limits_{k=0}^{\infty}\dfrac{1}{2k+1}\left(\dfrac{\rho}{a}\right)^{2k+1}\sin(2k+1)\varphi$

10. $\dfrac{q}{\pi H}+\dfrac{q}{2(k+Ha)}\sin\varphi+\dfrac{2q}{\pi}\sum\limits_{n=1}^{\infty}\dfrac{\rho^{2n}\cos^2 n\varphi}{a^{2n-1}(2kn+Ha)(1-4n^2)}$

习题 9.1

2. (1) $\begin{cases}\pi, & |\omega|<a\\ \dfrac{\pi}{2}, & |\omega|=a\\ 0, & |\omega|>a\end{cases}$ (2) $\sqrt{\dfrac{\pi}{\eta}}\mathrm{e}^{\frac{\omega^2}{-4\eta}}$

(3) $-\sqrt{\dfrac{\pi}{\eta}}\sin\left(\dfrac{\omega^2}{4\eta}-\dfrac{\pi}{4}\right)$, $\sqrt{\dfrac{\pi}{\eta}}\cos\left(\dfrac{\omega^2}{4\eta}-\dfrac{\pi}{4}\right)$

(4) $\dfrac{2a}{a^2+\omega^2}$ (5) $-\dfrac{\mathrm{i}\omega}{2a}\sqrt{\dfrac{\pi}{a}}\mathrm{e}^{-\frac{\omega^2}{4a}}$

3. $\dfrac{a(b-a)}{\pi b[x^2+(b-a)^2]}$

5. $\dfrac{C}{2\pi}\int_{-\infty}^{\infty}\mathrm{e}^{\mathrm{i}\frac{\omega^3}{3}+\mathrm{i}\omega x}\mathrm{d}\omega$

*9. $a\sin(at)$

*10. (1) 当 $t\leqslant-\tau$ 时，$x(t)=0$

(2) 当 $|t|<\tau$ 时，$x(t)=f_0\left[\dfrac{\mathrm{e}^{\mathrm{i}\omega_1(t-\tau)}}{(\omega_2-\omega_1)\omega_1}+\dfrac{\mathrm{e}^{\mathrm{i}\omega_2(t+\tau)}}{(\omega_1-\omega_2)\omega_2}-\dfrac{1}{\omega_1\omega_2}\right]$

(3) 当 $t\geqslant\tau$ 时，$x(t)=f_0\left[\dfrac{\mathrm{e}^{\mathrm{i}\omega_1(t-\tau)}}{\omega_1(\omega_2-\omega_1)}+\dfrac{\mathrm{e}^{\mathrm{i}\omega_2(t+\tau)}}{\omega_2(\omega_2-\omega_1)}-\dfrac{\mathrm{e}^{\mathrm{i}\omega_1(t+\tau)}}{\omega_1(\omega_1-\omega_2)}-\dfrac{\mathrm{e}^{\mathrm{i}\omega_1(t+\tau)}}{\omega_2(\omega_2-\omega_1)}\right]$

其中 $\omega_1=\mathrm{i}a+\omega_0\sqrt{1-\dfrac{a^2}{\omega_0^2}}$，$\omega_2=\mathrm{i}a-\omega_0\sqrt{1-\dfrac{a^2}{\omega_0^2}}$

习题 9.2

1. $\dfrac{1}{\pi}\int_{-\infty}^{\infty}\dfrac{y}{(x-\xi)^2+y^2}f(\xi)\mathrm{d}\xi$

3. $u(x,t)=\dfrac{1}{2\sqrt{\pi at}}\int_{-\infty}^{\infty}\varphi(x-\xi)\cos\left(\dfrac{\pi}{4}-\dfrac{\xi^2}{4at}\right)\mathrm{d}\xi-\dfrac{1}{2\sqrt{\pi at}}\int_{-\infty}^{\infty}\psi(x-\xi)\sin\left(\dfrac{\pi}{4}-\dfrac{\xi^2}{4at}\right)\mathrm{d}\xi$

4. $u(x,t)=\dfrac{1}{2}\mathrm{e}^{D\beta^2 t}\left[\mathrm{e}^{-\beta x}\operatorname{erfc}\left(\dfrac{2D\beta t-x}{2\sqrt{Dt}}\right)-\mathrm{e}^{\beta x}\operatorname{erfc}\left(\dfrac{2D\beta t+x}{2\sqrt{Dt}}\right)\right]$

6. (1) $e^{-a^2t}\sin x$　(2) x^2+1+2a^2t　**7.** $u(x,t)=\sqrt{\dfrac{\pi}{2}}e^{-|x+t|}$　**8.** $u(x,t)=f\left(x-\dfrac{t^2}{2}\right)$

习题 9.3

1. (1) $\dfrac{1}{p+2}$ $(\mathrm{Re}p>-2)$

(2) $\dfrac{p^3+2p^2-4p+2}{p^3(p-1)^2}$　(3) $\dfrac{p^2+2pa-a^2}{(p^2+a^2)^2}$

(4) $\dfrac{-5p^2-14p-188}{(p+2)(p^2+4p+40)}$　(5) $\dfrac{[np^n-(p-a)^{n+1}]\Gamma(n)}{(p-a)^{n+1}p^n}$　$(n>0)$

2. (1) $e^{-2t}\cos t+6e^{-2t}\sin t$　(2) $\dfrac{t\sin at}{2a}$

3. (1) $\dfrac{1}{ab}+\dfrac{1}{a-b}\left(\dfrac{e^{-at}}{a}-\dfrac{e^{-bt}}{b}\right)$　(2) $\dfrac{e^{-t}}{2}(\sin t-t\cos t)$

4. (1) e^t+e^{-2t}　(2) $\dfrac{1}{4}[(7+2t)e^{-t}-3e^{-3t}]$

(3) $3+4t-2e^t$　(4) $\begin{cases} y=\displaystyle\int_0^t(1-2\cos\tau)f(t-\tau)d\tau \\ z=-\displaystyle\int_0^t\cos\tau f(t-\tau)d\tau \end{cases}$

5. $\dfrac{1}{m\omega_0}\displaystyle\int_0^t f(\tau)\sin\omega_0(t-\tau)d\tau$，$\omega_0=\sqrt{\dfrac{k}{m}}$

6. $$\begin{cases} \dfrac{E_0}{L}\left(1-\dfrac{R}{2L}t\right)e^{-\frac{R}{2L}t}, & \text{当 } R^2=\dfrac{4L}{C} \\ \dfrac{E_0}{\sqrt{R^2-\frac{4L}{C}}}e^{-\frac{R}{2L}t}\left[\dfrac{\sqrt{R^2-\frac{4L}{C}}}{L}\mathrm{ch}\dfrac{\sqrt{R^2-\frac{4L}{C}}}{2L}t-\dfrac{R}{L}\mathrm{sh}\dfrac{\sqrt{R^2-\frac{4L}{C}}}{2L}t\right], & \text{当 } R^2>\dfrac{4L}{C} \\ \dfrac{E_0}{\sqrt{\frac{4L}{C}-R^2}}e^{-\frac{R}{2L}t}\left[\dfrac{\sqrt{\frac{4L}{C}-R^2}}{L}\cos\dfrac{\sqrt{\frac{4L}{C}-R^2}}{2L}t-\dfrac{R}{L}\sin\dfrac{\sqrt{\frac{4L}{C}-R^2}}{2L}t\right], & \text{当 } R^2<\dfrac{4L}{C} \end{cases}$$

习题 9.4

1. $xy+y+1$

2. $u(x,t)=u_0\,\mathrm{erfc}\left(\dfrac{x}{2a\sqrt{t}}\right)=u_0\left(1-\mathrm{erf}\dfrac{x}{2a\sqrt{t}}\right)$，其中 $\mathrm{erfc}(x)=\dfrac{2}{\sqrt{\pi}}\displaystyle\int_x^\infty e^{-u^2}du$ 称为**余误差函数**，

而 $\mathrm{erf}(x)=\dfrac{2}{\sqrt{\pi}}\displaystyle\int_0^x e^{-\xi^2}d\xi$ 称为**误差函数**

3. $$\frac{aA\omega}{E}\left\{\frac{\sin\frac{\omega x}{a}\sin\omega t}{\omega^2\cos\frac{\omega l}{a}}-\frac{16l^2}{\pi}\sum_{n=1}^{\infty}(-1)^n\cdot\frac{\sin\frac{(2n-1)a\pi t}{2l}\sin\frac{(2n-1)\pi t}{2l}}{(2n-1)[4\omega^2l^2-(2n-1)^2a^2\pi^2]}\right\}$$

4. $$\begin{cases} \dfrac{2}{\omega^2}\left[\sin^2\dfrac{\omega t}{2}-\sin^2\dfrac{1}{2}\omega\left(t-\dfrac{x}{a}\right)\right] & \left(t\geqslant\dfrac{x}{a}\right) \\ \dfrac{2}{\omega^2}\sin^2\dfrac{\omega t}{2} & \left(0<t<\dfrac{x}{a}\right) \end{cases}$$

5. $u(x,t)=u_0\dfrac{x}{l}+\dfrac{2u_0}{\pi}\sum\limits_{k=1}^{\infty}\dfrac{(-1)^k}{k}\cdot\sin\dfrac{k\pi x}{l}\mathrm{e}^{-\left(\frac{k\pi a}{l}\right)^2 t}$

6. $u(x,t)=\dfrac{\varphi(x+at)+\varphi(x-at)}{2}+\dfrac{1}{2a}\displaystyle\int_{x-at}^{x+at}\psi(\xi)\mathrm{d}(\xi)+\dfrac{1}{2a}\int_0^l\left[\int_{x-a(t-\tau)}^{x+a(t-\tau)}f(\xi,\tau)\mathrm{d}\xi\right]\mathrm{d}\tau$

7. $u(x,t)=\sin\dfrac{\pi x}{l}\exp\left[-\left(\dfrac{a\pi}{l}\right)^2 t\right]$

8. $u(x,t)=\dfrac{1}{\sqrt{\pi(4a^2+1)}}\exp\left[-\dfrac{(x-kt)^2}{4a^2t+1}\right]$

9. $u(x,t)=t\sin x$

习题 10.1

4. $1,\dfrac{1}{2\pi}\displaystyle\int_{-\infty}^{\infty}\mathrm{e}^{\mathrm{i}\omega x}\mathrm{d}\omega$

6. (1) 0 (2) $-\dfrac{1}{2}\cos 2$ (3) $-\cos\dfrac{1}{3}$ (4) -1

7. $\Delta v=-\dfrac{q}{\varepsilon_0}\delta(x-x_0,y-y_0,z-z_0)$

9. $f(t)=\begin{cases}0, & (t<0)\\ \dfrac{1}{2} & (t=0)\\ 1 & (t>0)\end{cases}$

10. (1) $\begin{cases}-\dfrac{1}{2}\sin x(x<0)\\ \dfrac{1}{2}\sin x \quad (x>0)\end{cases}$ (2) $\begin{cases}-\dfrac{1}{2}\cos x(x<0)\\ 0 \quad (x=0)\\ \dfrac{1}{2}\cos x \quad (x>0)\end{cases}$

习题 10.3

2. $2l\sum\limits_{n=1}^{\infty}\dfrac{\sin\dfrac{n\pi}{l}x\sin\dfrac{n\pi}{l}x_0}{(n\pi)^2}$

3. $\dfrac{\mathrm{i}}{2k}\mathrm{e}^{\mathrm{i}k|x-x_0|}$

*4. (1) $G(x,x')=\begin{cases}-\dfrac{1}{2\cos 2}\sin 2x\cos(2x'-2) & (x<x')\\ -\dfrac{1}{2\cos 2}\cos(2x-2)\sin 2x' & (x>x')\end{cases}$

(2) $u(x)=\dfrac{b+2a\sin 2}{2\cos 2}\sin 2x+a\cos 2x+\displaystyle\int_0^1 G(x,x')f(x')\mathrm{d}x'$

*5. (1) $y=\begin{cases}\dfrac{\sin k(x_1-b)\sin k(x-a)}{k\sin k(b-a)} & (x<x_1)\\ \dfrac{\sin k(x_1-a)\sin k(x-b)}{k\sin k(b-a)} & (x>x_1)\end{cases}$

(2) 设(1)的解为 $g(x,x_1)$ 则 $y(x)=\displaystyle\int_a^b g(x,\xi)f(\xi)\mathrm{d}\xi$

习题 10.4

4. $\dfrac{1}{\pi}\displaystyle\int_{-\infty}^{\infty}\dfrac{yf(\xi)}{(\xi-x)^2+y^2}\mathrm{d}\xi$

5. $u(x,y,z)=\dfrac{z}{2\pi}\displaystyle\iint_{-\infty}^{\infty}\dfrac{f(\xi,\eta)\mathrm{d}\xi\mathrm{d}\eta}{[(\xi-x)^2+(\eta-y)^2+z^2]^{3/2}}$

6. $u(x,y)=\dfrac{x}{\pi}\displaystyle\int_0^{\infty}f(\eta)\left[\dfrac{1}{x^2+(\eta-y)^2}-\dfrac{1}{x^2+(\eta+y)^2}\right]\mathrm{d}\eta$

7. $-\dfrac{1}{12}xy(x^2+y^2-a^2)$

8. $3\rho^2\cos2\theta+\rho^2$

9. (1) $\dfrac{1}{2\pi}\left(\ln\dfrac{\rho_0 r_1}{ar}-\ln\dfrac{\rho_0 r_1'}{ar'}\right)\quad(0\leqslant\theta\leqslant\pi)$

(2) $\dfrac{1}{4\pi}\left[\left(\dfrac{1}{r}-\dfrac{a}{\rho_0}\dfrac{1}{r_1}\right)-\left(\dfrac{1}{r'}-\dfrac{a}{\rho_0}\dfrac{1}{r'}\right)\right]\quad\left(0\leqslant\theta\leqslant\dfrac{\pi}{2},0\leqslant\varphi\leqslant2\pi\right)$

习题 10.5

1. $\dfrac{A}{\omega}(1-\cos\omega t)$

3. 解的积分公式为：$u(x,t)=\dfrac{\partial}{\partial t}\displaystyle\int_0^l\varphi(x_0)G(x,t\mid x_0,0)\mathrm{d}x_0+\int_0^l\psi(x_0)G(x,t\mid x_0,0)\mathrm{d}x_0$

$$+\int_0^t\int_0^l f(x_0,\tau)G(x,t\mid x_0,\tau)\mathrm{d}x_0\mathrm{d}\tau$$

$G(x,t|x_0,t_0)$满足的定解问题为：$\begin{cases}G_{tt}-a^2G_{xx}=0\\ G|_{x=0}=G|_{x=l}=0\\ G|_{t=t_0}=0,G_t|_{t=t_0}=\delta(x-x_0)\end{cases}$

4. 提示：先令 $u(x,t)=v(x,t)+g(t)+\dfrac{x}{l}[h(t)-g(t)]$，再用格林函数法求解 $v(x,t)$的定解问题

5. $\displaystyle\int_a^t\mathrm{d}t_0\iiint_{-\infty}^{\infty}f(r_0t_0)\left\{\dfrac{1}{[2a\sqrt{\pi(t-t_0)}]^3}\mathrm{e}^{-\frac{(r-r_0)^2}{4a^2(t-t_0)}}\right\}\mathrm{d}r_0$

6. $u(\boldsymbol{r},t)=\dfrac{1}{4\pi a}\left[\dfrac{\partial}{\partial t}\displaystyle\iiint\dfrac{\varphi(\boldsymbol{r}')}{|\boldsymbol{r}-\boldsymbol{r}'|}\delta(|\boldsymbol{r}-\boldsymbol{r}'|-at)\mathrm{d}\boldsymbol{r}'+\iiint\dfrac{\psi(\boldsymbol{r}')}{|\boldsymbol{r}-\boldsymbol{r}'|}\delta(|\boldsymbol{r}-\boldsymbol{r}'|-at)\mathrm{d}\boldsymbol{r}'\right]$

$$+\frac{1}{4\pi a}\int_0^t\mathrm{d}\tau\iiint\frac{f(\boldsymbol{r}',\tau)}{|\boldsymbol{r}-\boldsymbol{r}'|}\delta[|\boldsymbol{r}-\boldsymbol{r}'|-a(t-\tau)]\mathrm{d}\boldsymbol{r}'$$

化简得：$u(\boldsymbol{r},t)=\dfrac{1}{4\pi a}\left[\dfrac{\partial}{\partial t}\displaystyle\iint_{S_{at}^M}\dfrac{\varphi(\boldsymbol{r}')}{at}\mathrm{d}s'+\iint_{S_{at}^M}\dfrac{\psi(\boldsymbol{r}')}{at}\mathrm{d}s'\right]$

$$+\frac{1}{4\pi a^2}\iiint_{T_{at}^M}\frac{1}{|\boldsymbol{r}-\boldsymbol{r}'|}f\left(r,t-\frac{|\boldsymbol{r}-\boldsymbol{r}'|}{a}\mathrm{d}\boldsymbol{r}'\right)$$

第 三 篇

习题 11.1

1. $y(x)=c_0\cos\omega x+\dfrac{c_1}{\omega}\sin\omega x$

2. $y_1 = x + \sum_{n=1}^{\infty} \frac{x^{3n-1}}{3\cdot 4\cdot 6\cdot 7\cdots 3n(3n+1)}$

$y_2 = 1 + \sum_{n=1}^{\infty} \frac{x^{3n}}{2\cdot 3\cdot 5\cdot 6\cdots (3n-1)3n}$

3. $y = a_0 y_0(x) + a_1 y_1(x)$

$y_0(x) = 1 + \frac{1-\lambda}{2!}x^2 + \frac{(1-\lambda)(5-\lambda)}{4!}x^4 + \cdots + \frac{(1-\lambda)(5-\lambda)\cdots(4k-3-\lambda)}{(2k)!}x^{2k} + \cdots$

$y_1(x) = x + \frac{3-\lambda}{3!}x^3 + \frac{(3-\lambda)(7-\lambda)}{5!}x^5 + \cdots + \frac{(3-\lambda)(7-\lambda)\cdots(4k-1-\lambda)}{(2k+1)!}x^{2k+1} + \cdots$

当 $\lambda=4k-3$ 和 $\lambda=4k-1$ $(k=1,2,\cdots)$ 时，$y_0(x)$ 和 $y_1(x)$ 分别退化为多项式

$$\mathrm{H}_0(x) = 1;\ \mathrm{H}_1(x) = 2x;\ \mathrm{H}_2(x) = (2x)^2 - 2;\ \mathrm{H}_3(x) = (2x)^3 - 12x$$

4. $\sum_{n=0}^{\infty} C_n x^n$，其中 C_0, C_1 是任意常数，且

$$C_{k+2} = \frac{(k-\lambda)(k+\alpha+\beta+\lambda+1)}{(k+2)(k+1)}C_k + \frac{\alpha-\beta}{k+2}C_{k+1} \quad (k = 0,1,2,\cdots)$$

5. $y_1 = \sum_{n=0}^{\infty} \frac{\Gamma(3/4)}{n!\Gamma(n+3/4)}\left(\frac{x}{2}\right)^{4n}$，　$y_2 = \sum_{n=0}^{\infty} \frac{\Gamma(5/4)}{n!\Gamma(n+5/4)}\left(\frac{x}{2}\right)^{4n+1}$

习题 11.2

2. (1) $\frac{2(l+1)(l+2)}{(2l+1)(2l+3)(2l+5)}$　(2) $\frac{2(l+1)}{(2l+1)(2l+3)}$　(3) 0　(4) $\frac{2l(l+1)}{2l+1}$

4. (1) $\frac{3}{5}P_1(x) + \frac{2}{5}P_3(x)$

(2) $\sum_{k=0}^{\infty}(-1)^{k+1}\frac{(2k)!}{(2^k k!)^2}\frac{4k+1}{2(2k-1)(k+1)}P_{2k}(x)$

(3) $\frac{1}{2}P_1(x) + \sum_{k=0}^{\infty}(-1)^{k+1}\frac{(2k)!}{(2^k k!)^2}\cdot\frac{4k+1}{4(2k-1)(k+1)}P_{2k}(x)$

(4) $\sum_{k=0}^{\infty}\left(\frac{t^{k+2}}{2k+3} - \frac{t^k}{2k-1}\right)P_k(x)$

5. $\frac{1}{5}r\cos\theta(5r^2\cos^2\theta - 3r^2 + 3)$

6. $V_i(r,\theta) = \frac{q}{b}\sum_{l=0}^{\infty}\frac{2l+1}{(\varepsilon+1)l+1}\left(\frac{r}{b}\right)^l \mathrm{P}_l(\cos\theta)$　$(r<a)$

$V_e(r,\theta) = \frac{q}{R} - \frac{q(\varepsilon-1)}{a}\sum_{l=0}^{\infty}\frac{l}{(\varepsilon+1)l+1}\left(\frac{a^2}{br}\right)^{l+1}\mathrm{P}_1(\cos\theta)$　$[r>a, R=(r^2+b^2-2br\cos\theta)^{\frac{1}{2}}]$

7. $V_i(r,\theta) = \frac{v_1+v_2}{2} + \frac{v_1-v_2}{2}\cdot\sum_{k=0}^{\infty}(-1)^k\frac{(4k+3)(2k)!}{(2k+2)!!(2k)!!}\left(\frac{r}{a}\right)^{2k+1}\cdot P_{2k+1}(\cos\theta)$

$V_e(\alpha,\theta) = \frac{v_1+v_2}{2}\frac{a}{r} + \frac{v_1-v_2}{2}\cdot\sum_{k=0}^{\infty}(-1)^k\frac{(4k+3)(2k)!}{(2k+2)!!(2k)!!}\left(\frac{a}{r}\right)^{2k+2}\cdot P_{2k+1}(\cos\theta)$

8. $\frac{m}{a} + \frac{m}{a}\sum_{n=1}^{\infty}(-1)^n\frac{(2n-1)!!}{(2n)!!}\left(\frac{r}{a}\right)^{2n}P_{2n}(\cos\theta)$　$(r<a)$

$\frac{m}{r} + \frac{m}{a}\sum_{n=1}^{\infty}(-1)^n\frac{(2n-1)!!}{(2n)!!}\left(\frac{a}{r}\right)^{2n+1}P_{2n}(\cos\theta)$　$(r>a)$

其中 $(2n-1)!! = (2n-1)(2n-3)\cdots 3\times 1$，$(2n)!! = 2n(2n-2)\cdots 4\times 2$

9. $u(r,\theta)=2v_0[1+rP_1(\cos\theta)+r^2P_2(\cos\theta)]$

10. $u(r,\theta)=u_0\sum_{n=1}^{\infty}(-1)^n\dfrac{(4n+3)(2n-1)!!}{(2n+2)!!}\left(\dfrac{r}{a}\right)^{2n+1}P_{2n+1}(\cos\theta)$

11. $u(x,t)=\sum_{k=1}^{\infty}[a_k\cos\sqrt{2k(2k-1)}at+b_k\sin\sqrt{2k(2k-1)}at]\cdot P_{2k+1}\left(\dfrac{x}{l}\right)$

$$a_k=\frac{4k-1}{l}\int_0^1\varphi(x)P_{2k-1}\left(\frac{x}{l}\right)\mathrm{d}x$$

$$b_k=\frac{4k-1}{al\sqrt{2k(2k-1)}}\int_0^1\varphi(x)P_{2k-1}\left(\frac{x}{l}\right)\mathrm{d}x$$

***12.**
$$u(r,\theta)=\begin{cases}\dfrac{2q}{b^2-a^2}\left[(b-a)P_0(\cos\theta)+\dfrac{1}{2}\left(\dfrac{1}{b}-\dfrac{1}{a}\right)r^2P_2(\cos\theta)\right.\\ \qquad\left.-\dfrac{1}{8}\left(\dfrac{1}{b^3}-\dfrac{1}{a^3}\right)r^4P_4(\cos\theta)+\cdots\right],\text{当 } r<a\\ \dfrac{2q}{b^2-a^2}\left[\cdots\dfrac{1}{16}\dfrac{a^6}{r^5}P_4(\cos\theta)+\dfrac{1}{8}\dfrac{a^4}{r^3}P_2(\cos\theta)\right.\\ \qquad-\dfrac{1}{2}\dfrac{a^2}{r}P_0(\cos\theta)+bP_0(\cos\theta)-r|P_1(\cos\theta)|\\ \qquad\left.+\dfrac{1}{2}\dfrac{r^2}{b}P_2(\cos\theta)-\dfrac{1}{8}\dfrac{r^4}{b^3}P_4(\cos\theta)+\cdots\right],\text{当 } a<r<b\\ \dfrac{2q}{b^2-a^2}\left[\dfrac{1}{2}\dfrac{b^2-a^2}{r}P_0(\cos\theta)-\dfrac{1}{8}\dfrac{b^4-a^4}{r^3}P_2(\cos\theta)\right.\\ \qquad\left.+\dfrac{1}{16}\dfrac{b^6-a^6}{r^5}P_4(\cos\theta)+\cdots\right],\text{当 } r>b\end{cases}$$

13. $\dfrac{2v_0}{\pi}\left[\dfrac{\pi}{2}+\sum_{n=0}^{\infty}(-1)^{n+1}\dfrac{1}{2n+1}\left(\dfrac{r}{a}\right)^{2n+1}|P_{2n+1}(\cos\theta)|\right]$，当 $r<a$

$\dfrac{2v_0}{\pi}\sum_{n=0}^{\infty}(-1)^n\dfrac{1}{2n+1}\left(\dfrac{a}{r}\right)^{2n+1}P_{2n}(\cos\theta)$，当 $r>a$

习题 11.3

1. (1) $2\sqrt{\pi}Y_{0,0}(\theta,\varphi)-2\sqrt{\dfrac{\pi}{5}}Y_{2,0}(\theta,\varphi)+3\sqrt{\dfrac{2\pi}{15}}[Y_{2,2}(\theta,\varphi)+Y_{2,-2}(\theta,\varphi)]$

(2) $\sqrt{\dfrac{2\pi}{3}}[-Y_{1,1}(\theta,\varphi)+Y_{1,-1}(\theta,\varphi)]+\sqrt{\dfrac{6\pi}{5}}[-Y_{2,1}(\theta,\varphi)+Y_{2,-1}(\theta,\varphi)]$

2. (1) $u_0\left[-\dfrac{1}{3}+\dfrac{r}{a}\cos\theta-\dfrac{1}{3}\dfrac{r^2}{a^2}(3\cos^2\theta-1)\right]$

(2) $\cos\varphi\left[-\dfrac{r}{a}\dfrac{\sin\theta}{5}+\dfrac{r^3}{a^3}\dfrac{1}{5}(\sin\theta+5\sin3\theta)\right]$

6. $\psi(\gamma,\theta,\varphi)=R(r)Y_{l,m}(\theta,\varphi)$

$$\frac{\mathrm{d}}{\mathrm{d}r}[r^2R''(r)]-\left[l(l+1)+\frac{2\mu r^2}{\hbar^2}V(r)-\frac{2\mu r^2}{\hbar}E\right]R(r)=0$$

习题 12.1

1. $y=a_0\left[1+\dfrac{-\lambda}{(1!)^2}x+\dfrac{(-\lambda)(1-\lambda)}{(2!)^2}x^2+\cdots+\dfrac{(-\lambda)(1-\lambda)\cdots(k-1-\lambda)}{(k!)^2}x_k\right]$

当 $\lambda=0,1,2,\cdots$时，级数解退化为多项式：

$L_0(x)=1$

$L_1(x)=-x+1$

$L_2(x)=(-x)^2-4x+2$

$L_3(x)=(-x)^3+9x^2-18x+6$

2. (1) $y=c_0\dfrac{\sin x}{\sqrt{x}}+c_1\dfrac{\cos x}{\sqrt{x}}$ (2) $c_1y_1(x)+c_2y_2(x)$

其中 $y_1=x\left(1+\dfrac{1}{2\cdot 5}x^2+\dfrac{1}{2\cdot 4\cdot 5\cdot 9}x^4+\cdots\right),y_2=\sqrt{x}\left(1+\dfrac{1}{2\cdot 3}x^2+\dfrac{1}{2\cdot 4\cdot 3\cdot 7}x^4+\cdots\right)$

(3) $y_1=x$; $y_2=x\ln x-1+\sum\limits_{k=2}^{\infty}\dfrac{1}{(k-1)k!}x^k$

(4) $y(x)=c_0x^2+d_0\dfrac{1}{x}$

(5) 取 $\rho=0$,得 $y_1=\dfrac{\sin mx}{mx}$;取 $\rho=-2$,得 $y_2=\dfrac{\cos mx}{mx}$

(6) $y_1=J_0(x)$; $y_2=J_0(x)\ln x+\sum\limits_{k=0}^{\infty}\dfrac{(-1)^k}{(k!)^2}\left[\dfrac{1}{k}+\dfrac{1}{k-1}+\cdots+1\right]\left[\dfrac{x}{2}\right]^{2k}$

3. $y_1=\sum\limits_{k=0}^{\infty}\dfrac{\Gamma(k+1+l)}{(k!)^2\Gamma(-k+1+l)}\left(\dfrac{x-1}{2}\right)^k$; $y_2=\sum\limits_{k=0}^{\infty}\dfrac{(n+k)!}{(k!)^2(n-k)!}\left(\dfrac{x-1}{2}\right)^k$

习题 12.2

3. $1=\sum\limits_{m=1}^{\infty}\dfrac{2}{x_m^0J_1(x_m^0)}J_1(x_m^0\rho),\rho=\sum\limits_{m=1}^{\infty}\dfrac{2}{x_m^1J_2(x_m^1)}J_1(x_m^1\rho)$

5. $\sum\limits_{m=0}^{\infty}(A_m\cos m\varphi+B_m\sin m\varphi)\mathrm{J}_m(kp)$

7. $2u_0\sum\limits_{m=1}^{\infty}\mathrm{e}^{-D\left(\frac{x_m^0}{a}\right)^2t}\cdot\dfrac{\mathrm{J}_0\left(\dfrac{x_m^0}{a}\rho\right)}{x_m^0\mathrm{J}_1(x_m^0)}$

8. $8H\sum\limits_{m=1}^{\infty}\dfrac{1}{(x_m^0)^3\mathrm{J}_1(x_m^0)}\mathrm{J}_0\left(\dfrac{x_m^0}{R}\rho\right)\cos\dfrac{x_m^0}{R}at$

9. (1) $-x^{-n}J_n(x)+\dfrac{1}{2^nn!}$ (2) $2\sin\dfrac{t}{2}$

10. (1) $a^4\mathrm{J}_2(a)-2a^3\mathrm{J}_3(a)$ (2) $\sum\limits_{k=0}^{\infty}\dfrac{(-1)^ka^{2k+1}}{(k!\alpha^k)^2(2k+1)}$ (3) $b(a^2+b^2)^{-\frac{3}{2}}$ (4) $\dfrac{1}{\sqrt{a^2+b^2}}$

11. $A_0+\sum\limits_{n=1}^{\infty}A_n\mathrm{J}_0\left(\dfrac{x_n^1}{l}x\right)\cos\dfrac{x_n^1at}{l}$,其中 $A_0=\dfrac{2}{l^2}\int_0^l\varphi(x)\mathrm{d}x$

$A_n=\dfrac{2}{l^2[\mathrm{J}_0(x_n^1)]^2}\int_0^l\varphi(x)\mathrm{J}_0\left(\dfrac{x_n^1x}{l}x\right)x\mathrm{d}x$

12. $\dfrac{4}{\sigma\omega^2}\left\{\dfrac{ba^2}{R^2\omega^2}\left[\dfrac{\mathrm{J}_0\left(\dfrac{\omega}{a}\rho\right)}{\mathrm{J}_0\left(\dfrac{\omega}{a}R\right)}-1\right]+\left(\dfrac{\rho^2}{R^2}-1\right)\right\}\sin\omega t$

习题 12.3

4. $u(\rho,z)=u_0+\dfrac{2}{k\pi}\sum\limits_{n=1}^{\infty}\dfrac{1}{nI_0\left(\dfrac{n\pi a}{h}\right)}\int_0^hq(\xi)\sin\dfrac{n\pi\xi}{h}\mathrm{d}\xi I_0\left(\dfrac{n\pi}{h}\rho\right)\cdot x\sin\dfrac{n\pi z}{h}$

5. $u = u_2 + \frac{u_1 - u_2}{h}z + v, v = \sum_{n=1}^{\infty} A_n I_0\left(\frac{n\pi}{h}\rho\right)\sin\frac{n\pi}{h}z$

$$A_n = \begin{cases} \frac{-16u_1}{(n\pi)^3 I_0(n\pi a/h)} & (n = 2k+1, k = 0,1,2,\cdots) \\ 0 \quad (n = 2k, k = 0,1,2,\cdots) \end{cases}$$

6. $u = \frac{1}{r}\sum_{n=1}^{\infty} A_n \sin\frac{n\pi r}{2a_0} e^{-\left(\frac{n\pi a}{2a_0}\right)^2 t}$

$$A_{2k} = (-1)^{k+1}\frac{u_0 a_0}{k\pi} \quad (k = 1,2,3,\cdots)$$

$$A_{2k+1} = (-1)^k \frac{4u_0 a_0}{(2k+1)2\pi^2} \quad (k = 0,1,2,\cdots)$$

* **7.** (1) $\omega_0 = \frac{k_0^2}{a^2\sqrt{b}}$ (2) $u = AJ_0(ar) + BI_0(cr)$

(3) $\frac{J_0(k_0)}{J_1(k_0)} = -\frac{I_0(k_0)}{I_1(k_0)}$ (4) $\left.\frac{\partial^2 u}{\partial r^2}\right|_{r=a} = 0, \left.\frac{\partial^3 u}{\partial r^3}\right|_{r=a} = 0$

* **8.** (2) $D = \left(\frac{\pi}{2}\right)^{1/2}$

* **9.** $\sum_{n=1}^{\infty}\frac{1}{x_{nl}^2} = \frac{1}{2(2l+3)}$

习题 13.1

* **4.** (2) $\lambda = \left[\frac{\left(n+\frac{1}{2}\right)\pi}{b}\right]^2$

5. $\psi(x) = \frac{\sqrt{ma}}{h}\exp\left(-\frac{ma}{h^2}|x|\right)$

习题 14.1

2. (1) $\delta J = 2\int_{x_0}^{x_1}(-y'' + y - \text{ch}x)\delta y dx + 2y'\delta y\Big|_{x_0}^{x_1}$ (2) $\delta J = x^4\delta y\Big|_{x_0}^{x_1} - 3\int_{x_0}^{x_1} x^3\delta y dx$

4. $u_{xx} + u_{yy} = f(x,y); u_{xx} - u_{yy} = 0$

5. $y = c_1 x + c_2$,其中常数 c_1 和 c_2 由两定点的坐标定出

6. (1) $\frac{d}{dt}\frac{mv}{\sqrt{1-\left(\frac{v}{c}\right)^2}} = 0$ (2) $m\frac{dv}{dt} = -\nabla U$

7. (1) $\sin x$

(2) 欧拉方程为:$y^{(4)} - 16y = 0$;通解:$y = c_1 e^{2x} + c_2 e^{-2x} + c_3\cos 2x + c_4\sin 2x$;其中任意常数 c_1,c_2,c_3,c_4 由边界条件确定

8. 所求的曲线是圆:$(x-a)^2 + (x-b)^2 = \left(\frac{l}{2\pi}\right)^2$

9. 准确解 $y = \frac{2\text{sh}x}{\text{sh}2} - x$

* **11.** (1) $y' = \frac{1}{k}\sqrt{n^2(y) - k^2}$ (2) $d = \frac{\pi\cos\varphi}{\Omega}$,当 $n \to \infty, m \to \infty$ 时得准确解

习题 14.2

2. $\omega_0=2.414\,\dfrac{c}{a}$

3. 近似解：$\dfrac{-1}{\pi^2}\sum\limits_{p=1}^{n}\sum\limits_{q=1}^{m}\dfrac{B_{pq}}{\left(\dfrac{p^2}{a^2}+\dfrac{q^2}{b^2}\right)}\sin\dfrac{p\pi x}{a}\sin\dfrac{q\pi y}{b}$

4. $\lambda=2.468$

5. $u=\dfrac{5}{16a^2}(x^2-a^2)(y^2-b^2)$，如需更准确，则解可由下形式来求，即取

$$u=(x^2-a^2)(y^2-b^2)[c_0+c_1(x^2+y^2)]$$

6. $E_0=-\dfrac{3}{64}k$

习题 15.1

1. $u=\arccos\left(\dfrac{C_1\mathrm{e}^y+C_2\mathrm{e}^{-y}}{C_1+C_2}\cos x\right)$

2. $u=C_1\int_{\xi_0}^{y/\sqrt{t}}\mathrm{e}^{-\frac{\xi^2}{4}}\mathrm{d}\xi+C_2\int_{\eta_0}^{y/\sqrt{t}}\mathrm{e}^{-\frac{\eta^2}{4}}\mathrm{d}\eta$

3. (1) $g(y+\varphi(x))$； (2) $u=-2\lambda\ln|\mathrm{e}^{\frac{\xi}{\lambda(a^2+b^2)}}-C_1|+C_2$，其中 $\xi=t+at+by$

4. $u(x,t)=-2\lambda\dfrac{\partial\ln v}{\partial x}$，其中 $v(x,t)=\dfrac{1}{2\sqrt{\lambda\pi t}}\int_{-\infty}^{\infty}\mathrm{e}^{-\frac{1}{-2\lambda}\int_{\xi_0}^{\xi}f(\eta)\mathrm{d}\eta}\mathrm{e}^{-\frac{(x-\xi)^2}{4\lambda t}}\mathrm{d}\xi$

习题 15.2

1. $\varphi(x,t)=\pm\sqrt{\dfrac{n^2}{\lambda}}\tanh\left(\dfrac{1}{2}\sqrt{\dfrac{2}{v^2-1}}n(x-vt)\right)$

2. $E=2C_2\,\mathrm{sech}(C_2t+C_1x+C_3)$

4. $\varphi=g(\xi)$，其中 $g(\xi)$ 由等式 $\int\dfrac{dg}{\sqrt{\left|\dfrac{2\cos g}{a^2-1}+C_0\right|}}=\pm\xi+C_1$ 给出，$\xi=x+at$

习题 15.3

1. $w(x,y)=b_1x-\dfrac{\varepsilon a_1b_1\sin\left(x-\dfrac{\sqrt{b_1^2-a_1^2}}{a_1}y\right)}{\sqrt{b_1^2-a_1^2}}$

2. $u^{(0)}=\dfrac{\rho}{R}\sin\varphi$，　$u^{(1)}=-\dfrac{\rho^2\sin2\varphi}{2R^3}$，　$u^{(2)}=\dfrac{\rho^3\sin3\varphi}{4R^5}-\dfrac{\rho\sin\varphi}{4R^3}$

习题 16.1

1. (1) $u(x)=e^x+\dfrac{3\lambda}{3-\lambda}x$　(2) $u(x)=\pm\dfrac{2i}{\pi}(A\sin x-B\cos x)$，$A,B$ 为任意常数

2. $g(x)=x^2+\dfrac{3}{8}x$，　　3. (1) $u(x)=x+\dfrac{\lambda}{1-\lambda}$　(2) $u(x)$ 只有零解

4. (1) 本征值为 $\lambda=1$，本征函数为 $g(x)=A\mathrm{e}^x$　(2) $g(x)=\dfrac{\mathrm{e}^x}{1-\lambda}$

5. (1) $g(x)=\mathrm{e}^x-1$； (2) $u(x)=\dfrac{1}{2\pi\mathrm{i}}\int_{\beta-i\infty}^{\beta+i\infty}\dfrac{\varepsilon!}{p^{\varepsilon-1}(p^2-\lambda)}\mathrm{e}^{px}\mathrm{d}p$

6. (1) $g(x) = x + 144\lambda\int_0^1 \frac{y(x+y)-\lambda\left[\frac{xy^2}{2}+\frac{y(x+3y)}{3}+\frac{y}{4}\right]}{144-96\lambda+53\lambda^2}y\mathrm{d}y$

(2) $g(x)=g_0(x)+g_1(x)+g_2(x)=\frac{\lambda}{4}+\frac{\lambda^2}{12}+\left(3+\frac{2}{3}\lambda+\frac{17}{72}\lambda^2\right)x+\left(\frac{\lambda}{2}+\frac{6}{\lambda^2}\right)x^2$

7. (1) $\tilde{u}(\omega)=\frac{\sqrt{\pi}\mathrm{e}^{-\frac{\omega^2}{4}}}{1-\lambda\sqrt{\pi}\mathrm{e}^{-\frac{\omega^2}{4}}}$,求其逆变换,即为原方程的解

(2) $\tilde{u}(\omega)=\frac{\pi\mathrm{sech}\left(\frac{\pi\omega}{2}\right)}{1-\lambda\pi\mathrm{sech}\left(\frac{\pi\omega}{2}\right)}$,求其逆变换,即为原方程的解

8. $g(x)=\frac{\left(\mathrm{e}^{-|x|}+\frac{\lambda}{1+x^2}\right)}{1-\frac{\lambda^2\pi}{2}}$

9. $g(x)=\sqrt{\frac{1}{1-2\lambda}}\mathrm{e}^{-\frac{|x|}{\sqrt{1/(1-2\lambda)}}}$

习题 16.2

1. $g(x)=C\sin 2\sqrt{\lambda}$

2. (1) $g(x) = \lambda\frac{\frac{1}{\pi^2}\int_0^{2\pi}\sin x f(x)\mathrm{d}x}{\frac{1}{\pi}-\lambda}\sin x + f(x)$

(2) $g(x) = \lambda\left[\frac{\int_0^1 x\lambda_1(x+x^2)\mathrm{d}x}{\lambda_1-\lambda}\lambda_1(x+x^2)+\frac{\int_0^1 x\lambda_2(x+x^2)\mathrm{d}x}{\lambda_2-\lambda}\lambda_2(x+x^2)\right]+x$

参考文献

1. 梁昆淼. 数学物理方法. 2 版. 北京:人民教育出版社,1979
2. 姚端正. 数学物理方法学习指导. 北京:科学出版社,2001
3. 普里瓦洛夫 И И. 复变函数引论. 闵嗣鹤等译. 北京:人民教育出版社,1956
4. 吉洪诺夫 A H,萨马尔斯基 A A. 数学物理方程. 黄克欧等译. 北京:高等教育出版社,1959
5. 斯米尔诺夫 B И. 高等数学教程. 第三卷(第三分册). 叶彦谦译. 北京:人民教育出版社,1956
6. 王竹溪,郭敦仁. 特殊函数概论. 北京:科学出版社,1979
7. 郭敦仁. 数学物理方法. 北京:人民教育出版社,1978
8. Courant R, Hilbert D. Methods of Mathematical Physics, Parts Ⅰ and Ⅱ. New York: McGraw-Hill, 1953, 1962
9. Sveshnikov A, Tikhonov A. The Theory of Functions of A Complex Variable. Moscow: Mir Publishers, 1978
10. Wyld H W. Mathematical Methods for Physics. W. A. Benjamin, New York: University of Illinois at Urbana Champaign, 1976
11. Bradbury T C. Mathematical Methods with Applications to Problems in the Physics Sciences. New York: John Wiley & Sons,1984
12. Dodd R K, Eineck J C, Gibbon J D, Morris H C. Solitons and Nonlinear Wave Equations, Londou, New York: Academic Press, 1982
13. Tranter C J. Integral Transforms in Mathematical physics. New York: John Wiley & Sons, 1951
14. Jackson J D. Classical Electrodynamics. 2nd ed. New York: John Wiley & Sons,1976
15. Riley K F, Hobson M P, Bence S J. Mathematical Metheods for Physics and Engineering. Cambrige: Cambrige University Press, 2002

附录

Ⅰ. 矢量微分算子与拉普拉斯算符

1. 矢量微分算符∇

$$\nabla=\frac{\partial}{\partial x}i+\frac{\partial}{\partial y}j+\frac{\partial}{\partial z}k \tag{Ⅰ.1}$$

称为矢量微分算符，或矢量微分算子。

如果函数 $u(x,y,z)$ 和矢量 $\boldsymbol{A}(x,y,z)$ 具有连续的一阶偏导数，则定义

(1) 函数 $u(x,y,z)$ 的梯度为

$$\nabla u=\frac{\partial u}{\partial x}\boldsymbol{i}+\frac{\partial u}{\partial y}\boldsymbol{j}+\frac{\partial u}{\partial z}\boldsymbol{k} \tag{Ⅰ.2}$$

(2) 矢量 $\boldsymbol{A}(x,y,z)$ 的散度为

$$\nabla\cdot\boldsymbol{A}=\left(\frac{\partial}{\partial x}\boldsymbol{i}+\frac{\partial}{\partial y}\boldsymbol{j}+\frac{\partial}{\partial z}\boldsymbol{k}\right)\cdot(A_x\boldsymbol{i}+A_y\boldsymbol{j}+A_z\boldsymbol{k})=\frac{\partial A_x}{\partial x}+\frac{\partial A_y}{\partial y}+\frac{\partial A_z}{\partial z} \tag{Ⅰ.3}$$

(3) 矢量 $\boldsymbol{A}(x,y,z)$ 的旋度为

$$\nabla\times\boldsymbol{A}=\begin{vmatrix}\boldsymbol{i} & \boldsymbol{j} & \boldsymbol{k}\\ \frac{\partial}{\partial x} & \frac{\partial}{\partial y} & \frac{\partial}{\partial z}\\ A_x & A_y & A_z\end{vmatrix}=\begin{vmatrix}\frac{\partial}{\partial y} & \frac{\partial}{\partial z}\\ A_y & A_z\end{vmatrix}\boldsymbol{i}-\begin{vmatrix}\frac{\partial}{\partial x} & \frac{\partial}{\partial z}\\ A_x & A_z\end{vmatrix}\boldsymbol{j}+\begin{vmatrix}\frac{\partial}{\partial x} & \frac{\partial}{\partial y}\\ A_x & A_y\end{vmatrix}\boldsymbol{k}$$

$$=\left(\frac{\partial A_z}{\partial y}-\frac{\partial A_y}{\partial z}\right)\boldsymbol{i}+\left(\frac{\partial A_x}{\partial z}-\frac{\partial A_z}{\partial x}\right)\boldsymbol{j}+\left(\frac{\partial A_y}{\partial x}-\frac{\partial A_x}{\partial y}\right)\boldsymbol{k} \tag{Ⅰ.4}$$

2. 拉普拉斯算符 Δ

$$\Delta=\nabla^2=\frac{\partial^2}{\partial x^2}+\frac{\partial^2}{\partial y^2}+\frac{\partial^2}{\partial z^2} \tag{Ⅰ.5}$$

称为拉普拉斯算符，

$$\Delta u=\nabla\cdot(\nabla u)=\frac{\partial^2 u}{\partial x^2}+\frac{\partial^2 u}{\partial y^2}+\frac{\partial^2 u}{\partial z^2} \tag{Ⅰ.6}$$

$$\Delta\boldsymbol{A}=(\Delta A_x)\boldsymbol{i}+(\Delta A_y)\boldsymbol{j}+(\Delta A_z)\boldsymbol{k} \tag{Ⅰ.7}$$

3. ∇ 和 Δ 的运算公式

设函数 $u(x,y,z)$，$v(x,y,z)$ 和矢量 $\boldsymbol{A}(x,y,z)$，$\boldsymbol{B}(x,y,z)$ 的一阶偏导数存在，则

有

(1) $\nabla(u+v)=\nabla u+\nabla v$ （Ⅰ.8）

(2) $\nabla\cdot(\boldsymbol{A}+\boldsymbol{B})=\nabla\cdot\boldsymbol{A}+\nabla\cdot\boldsymbol{B}$ （Ⅰ.9）

(3) $\nabla\times(\boldsymbol{A}+\boldsymbol{B})=\nabla\times\boldsymbol{A}+\nabla\times\boldsymbol{B}$ （Ⅰ.10）

(4) $\nabla\cdot(u\boldsymbol{A})=(\nabla u)\cdot\boldsymbol{A}+u(\nabla\cdot\boldsymbol{A})$ （Ⅰ.11）

(5) $\nabla\times(u\boldsymbol{A})=(\nabla u)\times\boldsymbol{A}+u(\nabla\times\boldsymbol{A})$ （Ⅰ.12）

(6) $\nabla\cdot(\boldsymbol{A}\times\boldsymbol{B})=\boldsymbol{B}\cdot(\nabla\times\boldsymbol{A})-\boldsymbol{A}\cdot(\nabla\times\boldsymbol{B})$ （Ⅰ.13）

(7) $\nabla\times(\boldsymbol{A}\times\boldsymbol{B})=(\boldsymbol{B}\cdot\nabla)\boldsymbol{A}-\boldsymbol{B}(\nabla\cdot\boldsymbol{A})-(\boldsymbol{A}\cdot\nabla)\boldsymbol{B}+\boldsymbol{A}(\nabla\cdot\boldsymbol{B})$ （Ⅰ.14）

(8) $\nabla(\boldsymbol{A}\cdot\boldsymbol{B})=(\boldsymbol{B}\cdot\nabla)\boldsymbol{A}+(\boldsymbol{A}\cdot\nabla)\boldsymbol{B}+\boldsymbol{B}\times(\nabla\times\boldsymbol{A})+\boldsymbol{A}\times(\nabla\times\boldsymbol{B})$ （Ⅰ.15）

(9) $\nabla\times(\nabla u)=0$（当 u 的二阶偏导连续时） （Ⅰ.16）

(10) $\nabla\cdot(\nabla\times\boldsymbol{A})=0$（当 $\boldsymbol{A}$ 的二阶偏导连续时） （Ⅰ.17）

(11) $\nabla\times(\nabla\times\boldsymbol{A})=\nabla(\nabla\cdot\boldsymbol{A})-\Delta\boldsymbol{A}$（当 $\boldsymbol{A}$ 的二阶偏导连续时） （Ⅰ.18）

4. 常用的矢量定理和矢量公式

(1) **高斯定理**：对于空间中以 s 为边界面的任意体积 v 有

$$\oint_s \boldsymbol{A}\cdot \mathrm{d}\boldsymbol{s}=\oint_v \nabla\cdot\boldsymbol{A}\mathrm{d}v \tag{Ⅰ.19}$$

(2) **斯托克斯定理**：对于空间中以 l 为边界线的任意曲面积 s 有

$$\oint_l \boldsymbol{A}\cdot \mathrm{d}\boldsymbol{l}=\oint_s \nabla\times\boldsymbol{A}\cdot \mathrm{d}s \tag{Ⅰ.20}$$

(3) **格林公式**：对于平面上以 l 为边界围线的闭区域 $\bar{s}$ 中一阶连续可微的标量函数 u,v 有

$$\oint_l u\mathrm{d}x+v\mathrm{d}y=\iint_{\bar{s}}\left(\frac{\partial v}{\partial x}-\frac{\partial u}{\partial y}\right)\mathrm{d}s \tag{Ⅰ.21}$$

Ⅱ. 傅里叶变换简表

像原函数	像函数
$f(x)=\frac{1}{2\pi}\int_{-\infty}^{\infty}G(\omega)\mathrm{e}^{\mathrm{i}\omega x}\mathrm{d}\omega$	$G(\omega)=\int_{-\infty}^{\infty}f(x)\mathrm{e}^{-\mathrm{i}\omega x}\mathrm{d}x$
$\frac{\sin ax}{x}$	$\pi(\|\omega\|\leqslant a)$ $0(\|\omega\|>a)$
$\mathrm{e}^{\mathrm{i}\beta x}(a<x<b)$ $0(x<a$ 或 $x>b)$	$\frac{\mathrm{i}}{\beta-\omega}[\mathrm{e}^{\mathrm{i}a(\beta-\omega)}-\mathrm{e}^{\mathrm{i}b(\beta-\omega)}]$
$\mathrm{e}^{-cx+\mathrm{i}\beta x}(x>0)$ $0(x<0)$	$\frac{\mathrm{i}}{\beta-\omega+\mathrm{i}c}$
$\mathrm{e}^{-\eta x^2}(\mathrm{Re}\eta>0)$	$\sqrt{\frac{\pi}{\eta}}\mathrm{e}^{-\frac{\omega^2}{4\eta}}$
$\cos\eta x^2$	$\sqrt{\frac{\pi}{\eta}}\cos\left(\frac{\omega^2}{4\eta}-\frac{\pi}{4}\right)$
$\sin\eta x^2$	$-\sqrt{\frac{\pi}{\eta}}\sin\left(\frac{\omega^2}{4\eta}-\frac{\pi}{4}\right)$
$\|x\|^{-s}(0<\mathrm{Re}s<1)$	$\frac{2}{\|\omega\|^{1-s}}\Gamma(1-s)\sin\frac{1}{2}\pi s$
$\frac{1}{\|x\|}$	$\frac{\sqrt{2\pi}}{\|\omega\|}$
$\mathrm{e}^{-a\|x\|}$	$\frac{2a}{\omega^2+a^2}$
$\frac{1}{x^2+a^2},a>0$	$\frac{\pi}{a}\mathrm{e}^{-a\|\omega\|}$
$\begin{cases}\mathrm{e}^{-ax}, & x\geqslant 0,\\ 0, & x<0,\end{cases}\quad a>0$	$\frac{1}{a+\mathrm{i}\omega}$
$\frac{\mathrm{e}^{\pi x}}{(1+\mathrm{e}^{\pi x})^2}$	$\pi^2\ \frac{\omega}{\mathrm{sh}\omega}$
$\ln\frac{x^2+a^2}{x^2+b^2},a,b\geqslant 0$	$\frac{2\pi}{\|\omega\|}(\mathrm{e}^{b\|\omega\|-a\|\omega\|})$
$\mathrm{e}^{-\frac{x^2}{4a^2}},a>0$	$2a\sqrt{\pi}\mathrm{e}^{-a^2\omega^2}$
$\arctan\frac{x}{a},a>0$	$\mathrm{i}2\ \frac{\mathrm{e}^{-a\|\omega\|}}{\omega}$
$\delta(x-x_0)$	$\mathrm{e}^{-\mathrm{i}\omega x_0}$

Ⅲ. 拉普拉斯变换简表

像原函数	像函数
$f(t)=\frac{1}{2\pi i}\int_{\beta-i\infty}^{\beta+i\infty}F(p)e^{pt}dp$	$F(p)=\int_0^{+\infty}f(t)e^{-pt}dt$
1 或 $H(t)$	$\frac{1}{p}$
t^n， n是正整数	$\frac{n!}{p^{n+1}}$
t^α， $\alpha>-1$	$\frac{\Gamma(\alpha+1)}{p^{\alpha+1}}$
$e^{\alpha t}$	$\frac{1}{p-\alpha}$
$\sin bt$	$\frac{b}{p^2+b^2}$
$\cos bt$	$\frac{p}{p^2+b^2}$
$\mathrm{sh}\,bt$	$\frac{b}{p^2-b^2}$
$\mathrm{ch}\,bt$	$\frac{p}{p^2-b^2}$
$t^\alpha e^{ct}$， $\alpha>-1$	$\frac{\Gamma(\alpha+1)}{(p-c)^{\alpha+1}}$
$t^\alpha \sin bt$， $\alpha>-1$	$\frac{\Gamma(\alpha+1)[(p+ib)^{\alpha+1}-(p-ib)^{\alpha+1}]}{2i(p^2+b^2)^{\alpha+1}}$
$t^\alpha \cos bt$， $\alpha>-1$	$\frac{\Gamma(\alpha+1)[(p+ib)^{\alpha+1}+(p-ib)^{\alpha+1}]}{2(p^2+b^2)^{\alpha+1}}$
$e^{-at}\sin bt$	$\frac{b}{(p+a)^2+b^2}$
$e^{-at}\cos bt$	$\frac{p+a}{(p+a)^2+b^2}$
$\delta(t)$	1
$\frac{1}{\sqrt{\pi t}}\sin 2\sqrt{at}$	$\frac{1}{p\sqrt{p}}e^{-\frac{a}{p}}$
$\frac{1}{\sqrt{\pi t}}\cos 2\sqrt{at}$	$\frac{1}{\sqrt{p}}e^{-\frac{a}{p}}$
$\frac{1}{\sqrt{\pi t}}e^{-\frac{\alpha^2}{4t}}$	$\frac{1}{\sqrt{p}}e^{\alpha\sqrt{p}}$
$\frac{1}{\sqrt{\pi t}}e^{-2\alpha\sqrt{t}}$	$\frac{1}{\sqrt{p}}e^{\frac{\alpha^2}{p}}\mathrm{erfc}\left(\frac{\alpha}{\sqrt{p}}\right)$
$\mathrm{erf}(\sqrt{at})$	$\frac{\sqrt{a}}{p\sqrt{p+a}}$
$\mathrm{erf}\left(\frac{a}{2\sqrt{t}}\right)$	$\frac{1}{p}e^{-a\sqrt{p}}\ (a\geqslant 0)$

续表

像原函数	像函数
$e^t \operatorname{erf}(\sqrt{t})$	$\dfrac{1}{p+\sqrt{p}}$
$J_n(t)$， $n>-1$	$\dfrac{(\sqrt{p^2+1}-p)^2}{\sqrt{p^2+1}}$
$t^\nu J_\nu(t)$， $\nu>-\dfrac{1}{2}$	$\dfrac{2^\nu\Gamma\left(\nu+\dfrac{1}{2}\right)}{\sqrt{\pi}}\dfrac{1}{(p^2+1)^{\nu+\frac{1}{2}}}$
$t^{\frac{n}{2}} J_n(2\sqrt{t})$	$\dfrac{1}{p^{n+1}}e^{-\frac{1}{p}}$
$\dfrac{e^{bt}-e^{at}}{t}$	$\ln\dfrac{p-a}{p-b}$
$\dfrac{1}{\sqrt{\pi t}}\sin\dfrac{1}{2t}$	$\dfrac{1}{\sqrt{p}}e^{-\sqrt{p}}\sin\sqrt{p}$
$\dfrac{1}{\sqrt{\pi t}}\cos\dfrac{1}{2t}$	$\dfrac{1}{\sqrt{p}}e^{-\sqrt{p}}\cos\sqrt{p}$
$\int_0^t \dfrac{\sin\xi}{\sqrt{2\pi\xi}}d\xi$	$\dfrac{1}{2\sqrt{2}pi}\dfrac{\sqrt{p+i}-\sqrt{p-i}}{\sqrt{p^2+1}}$
$\int_0^t \dfrac{\cos\xi}{\sqrt{2\pi\xi}}d\xi$	$\dfrac{1}{2\sqrt{2}p}\dfrac{\sqrt{p+i}+\sqrt{p-i}}{\sqrt{p^2+1}}$

索引

F

Z